Some Trigonometric Identities

$$\sin(x \pm y) = \sin x \cos y \pm \cos x \sin y \qquad \cos(x \pm y) = \cos x \cos y \mp \sin x \sin y$$

$$\sin x \sin y = \frac{1}{2}\cos(x-y) - \frac{1}{2}\cos(x+y) \qquad \cos x \cos y = \frac{1}{2}\cos(x-y) + \frac{1}{2}\cos(x+y)$$

$$\sin x \cos y = \frac{1}{2}\sin(x+y) + \frac{1}{2}\sin(x-y) \qquad \cos x \sin y = \frac{1}{2}\sin(x+y) - \frac{1}{2}\sin(x-y)$$

$$\sin^2 x + \cos^2 x = 1 \qquad \cos 2x = \cos^2 x - \sin^2 x \qquad \sin 2x = 2\sin x \cos x$$

$$\sin^2 x = \frac{1}{2}(1 - \cos 2x) \qquad \cos^2 x = \frac{1}{2}(1 + \cos 2x)$$

$$e^{ix} = \cos x + i \sin y$$

$$\sin x = \frac{e^{ix} - e^{-ix}}{2i} \qquad \cos x = \frac{e^{ix} + e^{-ix}}{2} \qquad \tan x = \frac{1 - e^{-2ix}}{1 + e^{-2ix}}$$

$$\sinh x = \frac{e^{x} - e^{-x}}{2} \qquad \cosh x = \frac{e^{x} + e^{-x}}{2} \qquad \tanh x = \frac{1 - e^{-2x}}{1 + e^{-2x}}$$

$$\cosh^2 x - \sinh^2 x = 1$$

$$\sinh ix = i \sin x \qquad \cosh ix = \cos x \qquad \sinh x = -i \sin x \qquad \cosh x = \cos ix$$

Some Power Series

$$f(x) = f(0) + f'(0)x + \frac{1}{2!}f''(0)x^2 + \frac{1}{3!}f'''(0)x^3 + \cdots$$

$$e^x = 1 + x + \frac{x^2}{2!} + \frac{x^3}{3!} + \cdots$$

$$\sin x = x - \frac{x^3}{3!} + \frac{x^5}{5!} - \frac{x^7}{7!} + \cdots$$

$$\cos x = 1 - \frac{x^2}{2!} + \frac{x^4}{4!} - \frac{x^6}{6!} + \cdots$$

$$\sinh x = x + \frac{x^3}{3!} + \frac{x^5}{5!} + \cdots$$

$$\cosh x = 1 + \frac{x^2}{2!} + \frac{x^4}{4!} + \cdots$$

$$\ln(1+x) = x - \frac{x^2}{2} + \frac{x^3}{3} - \frac{x^4}{4} + \cdots \qquad -1 < x \le 1$$

$$\ln\frac{1+x}{1-x} = 2\left(x + \frac{x^3}{3} + \frac{x^5}{5} + \cdots\right) \qquad |x| < 1$$

$$\frac{1}{1-x} = 1 + x + x^2 + x^3 + \cdots \qquad |x| < 1$$

$$(1 \pm x)^n = 1 \pm nx + \frac{n(n-1)}{2}x^2 \pm \frac{n(n-1)(n-2)}{3!}x^3 + \cdots \qquad |x| < 1$$

$$(1 \pm x)^{-n} = 1 \mp nx + \frac{n(n+1)}{2!}x^2 \mp \frac{n(n+1)(n+2)}{3!}x^3 + \cdots \qquad |x| < 1$$

Some Definite Integrals

$$\int_0^\infty x^{n-1}e^{-x}\,dx = \Gamma(n) \qquad \Gamma(n) = (n-1)\Gamma(n-1) = (n-1)! \qquad \Gamma(1/2) = \pi^{1/2}$$

$$\int_0^\infty e^{-ax^2}dx = \frac{1}{2}\left(\frac{\pi}{a}\right)^{1/2} \qquad a > 0$$

$$\int_0^\infty x^{2n}e^{-ax^2}dx = \frac{1\cdot 3\cdot 5\cdots(2n-1)}{2^{n+1}a^n}\left(\frac{\pi}{a}\right)^{1/2} \qquad (n \text{ a positive integer and } a > 0)$$

$$\int_0^\infty x^{2n+1}e^{-ax^2}dx = \frac{n!}{2a^{n+1}} \qquad (n \text{ a positive integer and } a > 0)$$

$$\int_0^\infty e^{-ax}\cos bx\,dx = \frac{a}{a^2+b^2} \qquad a > 0$$

$$\int_0^\infty e^{-ax}\sin bx\,dx = \frac{b}{a^2+b^2} \qquad a > 0$$

$$\int_0^\infty e^{-ax^2}\cos bx\,dx = \left(\frac{\pi}{4a}\right)^{1/2} e^{-b^2/4a} \qquad a > 0$$

$$\int_0^1 x^{n-1}(1-x)^{m-1}dx = 2\int_0^{\pi/2} \sin^{2n-1}\theta\,\cos^{2m-1}\theta\,d\theta = B(n,m) = \frac{\Gamma(n)\Gamma(m)}{\Gamma(n+m)} \qquad n > 1,\ m > 1$$

$$\frac{2}{\sqrt{\pi}}\int_0^x e^{-u^2}du = \operatorname{erf}(x) = 1 - \operatorname{erfc}(x)$$

$$\int_0^a \sin\frac{n\pi x}{a}\sin\frac{m\pi x}{a}\,dx = \int_0^a \cos\frac{n\pi x}{a}\cos\frac{m\pi x}{a}\,dx = \frac{a}{2}\delta_{nm} \qquad (m \text{ and } n \text{ integers})$$

$$\int_0^a \cos\frac{n\pi x}{a}\sin\frac{m\pi x}{a}\,dx = 0 \qquad (m \text{ and } n \text{ integers})$$

$$\int_0^\pi \cos^n\theta\,\sin\theta\,d\theta = \int_{-1}^1 x^n\,dx = \begin{cases} 0 & \text{if } n \text{ is an odd integer} \\ \dfrac{2}{n+1} & \text{if } n \text{ is an even integer} \end{cases}$$

$$\int_0^\pi \cos^n\theta\,\sin^3\theta\,d\theta = \int_{-1}^1 x^n(1-x^2)\,dx = \begin{cases} 0 & \text{if } n \text{ is an odd integer} \\ \dfrac{4}{(n+1)(n+3)} & \text{if } n \text{ is an even integer} \end{cases}$$

$$\int_{-\infty}^\infty \frac{\sin x}{x}\,dx = \int_{-\infty}^\infty \frac{\sin^2 x}{x^2}\,dx = \pi$$

Mathematics for Physical Chemistry
Opening Doors

화 학 수 학

Donald A. McQuarrie

자유아카데미

MATHEMATICS FOR PHYSICAL CHEMISTRY

OPENING DOORS

Donald A. McQuarrie

저자서문

지난 몇 년간 학부생들에게 자연과학을 지도하면서, 내가 가장 좋아하는 인용은 James Caballero가 말한 것으로서, 다음과 같은 그의 말을 이 책의 서문으로 택하였다. "나는 내 학생들이 더 이상 수학 과목을 선택하지 않으려고 하는 순간에 주의 깊게 들으라고 충고한다. 학생들은 아마도 문이 닫히는 소리를 들을 것이다." 바로 그런 학생들을 위하여 이 책을 쓴 것이다. 이 책은 수년 전에 내가 John Simon과 함께 저술한 물리화학: 분자 관점(*Physical Chemistry: A Molecular Approach*)과 내가 최근에 저술한 양자화학(*Quantum Chemistry*) 2판에 수록된 수학적 요점들을 기초로 하여 쓴 것이다. 이 수학적 요점들은 관련된 결과들을 이해하기 위하여, 단지 최소한의 것들을 설명하는 수학적인 주제들을 요약한 것들로 구성되었다. 지난 수년간 자연과학 책들을 출판하면서, 출판사로부터 물리화학이 수학 때문에 너무 어렵다는 말을 들어왔으나, 수학이 없이 물리화학을 이해하기는 정말 어렵다. 이 수학적 요점들은 물리화학의 각 분야에 수학을 적용하기 전에 먼저 요점들을 읽고, 학생들이 수학에 대하여 염려하는 시간을 줄이고 물리화학을 보다 더 공부하도록 도와주기 위한 것이다. 많은 사람들이 이 수학적 요점들을 보완하여 책으로 낼 것을 조언하였고, 바로 이 책이 그 결실이다.

많은 자연과학 전공 학생들에게 수학과목을 어렵게 만드는 것은 수학을 가르치는 교수가 응용을 염두에 두지 않고 단지 수학 자체만을 가르치기 때문이다. 결과적으로 이러한 교수들은 어떤 정리를 타당하게 만드는 각각의 조건들이나 특정한 기술들을 엄정하게 확인하고 전달하는 것이 필요하다고 생각한다. 대부분의 자연과학 전공 학생들은 단지 수학을 물리화학적인 문제들에 응용하고, 어느 정도의 물리적인 직관을 수학과목에 적용하기를 원하며, 엄정한 수학 공부는 시간 낭비라고 느낀다. 불행하게도, 이러한 직관이 항상 옳은 것은 아니다. 17, 18세기에 미분적분학이 개발된 이후, 수학자들은 어떤 특성을 가질 수 있는 많은 반직관적인 함수들의 예를 찾아냈다. 예를 들어, 모든 점에서 연속이지만, 도함수를 가지지 못하는 함수이다. 사실상, 이러한 수학적 반증들은 B.R. Gelbaum과 J.M.H. Olmsted가 저술하고 Dover사에서 출판한 "해석학의 반증들(*Countereamaples in Analysis*)"에 잘 기술되어 있다. 이러한 반증들이 물리적인 문제들에서는 거의 일어나지 않지만, 수학에서는 아주 중요하다. 그러므로 수학을 가르치는 교수들과 배우는 학생들 사이에는 자연스럽게 정당화할 수 있는 견해 차이가 있다. 그래서 이해가 잘 되지는 않지만, 다음과 같은 말이 있다. "응용 수학자는 순수 수학자를 이해 못하고, 순수 수학자는 응용 수학자를 신뢰하지 않는다."

이 책은 23장으로 구성된다. 각 장은 아주 짧고, 길어야 20쪽 정도이고, 잠시 앉아서 읽을 수 있다. 비록 조건에 따라서 몇몇 정리가 있기는 해도, 물리화학적인 문제에 적용할 수 있도록, 응용적인 측면에서 예를 들었다. 각 장에는 수학적 기술들을 잘 설명해 주는 여러 예제들이 있다. 많은 문제를 풀지 않고는 물리화학을 배울 수 없다. 이러한 이유로 각 장에는 약 30여 문제들이 있다. 이 문제들은 각 장에 기술된 내용을 보충하거나 확장하기 위한 것이고, 대부분의 것들은 물리화학인 문제들에 대한 응용을 설명하고 있다. 이 책에는 모두 합쳐 600 문제 이상이 수록되었고, 책의 끝 부분에 문제들에 대한 해답을 수록하였다.

모든 책의 내용에서, 전산 대수 시스템(computer algebra systems, CAS)이라고 부르는 *Mathematica, Maple* 또는 *MathCad*와 같은 일반적인 수학프로그램을 사용하는 방법에 대하여 설명하였다. 이 CAS들의 비교는 *http://em.wikipedia.org/wiki/Computer_algebra_system*에 수록되어 있다. 이 CAS들은 전에 지루하게 느끼던 계산을 쉽게할 수 있도록 도와준다. 이 프로그램들에 대한 사용허가를 대부분의 화학과가 가지고 있을 것이다. 이 프로그램들로 수치해석적인 계산뿐만 아니라, 대수학적인 처리도 할 수 있다. 이 프로그램들을 배우고 사용하는 것은 어렵지 않고, 모든 자연과학을 배우는 학생들은 이것들 중의 하나에 대한 사용 방법을 꼭 알아야 한다. 이 프로그램들을 사용하면, 물리적인 해석에만 전념하고 대수학에 빠져서 헤매지 않을 것이다. 그리고 이 프로그램들을 사용하면, 변수를 바꿔가면서 방정식의 특성을 찾을 수 있고, 그 결과를 그림으로 도시할 수 있다. 사실 이 책의 모든 그림들은 Humboldt 주립대학교의 Mervin Hanson교수가 *Mathematica*를 사용하여 그렸다. 이 프로그램들을 사용하여 풀어야 할 문제들이 많고, 다른 문제들도 이 프로그램들의 하나를 사용하면 훨씬 쉽게 풀 수 있을 것이다.

거의 모든 주제에 대하여, 이 컴퓨터 시대에 또 다른 유용한 것은 웹사이트이며, 수학도 마찬가지이다. 대부분의 물리화학을 공부하는 학생들은 한 번쯤은 삼각함수표, 적분표, 그 외의 다른 표들을 수록한 *CRC Standard Math Tables*와 같은 수학핸드북을 가지고 있었으나, 현재는 이것들을 온라인을 통하여 사용할 수 있다. 이 책에서 저자는 많은 주제에 대하여 유용한 웹사이트를 제시하였다. 웹사이트가 때로는 없어지는 경우도 있어서, 현재도 사용할 수 있는 것들만을 포함시키려고 했다. 만약에 접속이 되지 않는 웹사이트가 있으면, Google을 통하여 관련된 것들을 찾을 수 있다. 이 책의 맨 마지막에 모든 웹사이트의 목록을 수록하였다.

한 권의 책을 출판하는 데 얼마나 많은 사람들이 참여하는가를 알게 되면 항상 놀랍다. 그 중에서도 가장 고마운 분들은 내가 잘못 이해하거나 알고 있는 것을 자주 지적해 주는 평론가들이다. Wabash 대학의 Scott Feller, Humboldt 주립대학교의 Mervin Hanson, Amherst 대학의 Helen Leung과 Mark Marshall, Colorado 대학교의 John Taylor가 가장 도움을 준 평론가들이다. 또한 Wilsted & Taylor Publishing Services의 Christine Taylor와 그녀의 동료들에게 감사를 드린다. 특히, Jennifer Uhlich는 세심하고 유능하게 내 원고를 아름다운 책으로 만들었고, Yvonne Tsang은 아름다운 책을 디자인하였으며, Jennifer McClain은 우아하게 원고를 정리하였고, ICC Macmillan의 Bill Clark과 Gunjan Chandola는 내가 경험한 것들 중에서 가장 훌륭한 식자작업을 하였다. 그리고 Mervin Hanson이 *Mathematica*로 얻은 그림의 설명을 하나의 군더더기도 없이 매끄럽게 해준 것과, University Science Books의 Jane Ellis가 이 책의 초본을 여러 번 자세히 살펴보고, 앞서 인용한 James Caballero의 말과 조화를 잘 이룰 수 있는 표지를 제시해준 것과, Bruce Armbruster과 그의 부인 및 조수 Kathy가 주위에서 가장 훌륭한 출판가이고 좋은 친구가 되어준 것에 대하여 다시 한 번 더 감사한다. 마지막으로 내 원고를 TeX로 작성해주고, 전체 원고를 꼼꼼히 읽고, 전체적으로 나에게 가장 좋은 조언을 해준 내 아내 Carole에게도 감사한다.

이 책에 철자가 잘못되었거나 개념이 잘못된 것들이 있으면, 저자에게 그것을 알려주면 다음 인쇄에서 고치도록 하겠다. 또한 이 책의 내용에 대한 일반적인 지적, 질문과 조언 등을 *mquarrie@mcn.org*나 University Science Books의 웹사이트 *www.uscibooks.com*로 보내주시면 고맙겠다.

역자서문

지난 여러 해 동안 학부생들에게 물리화학을 가르치면서, 수강학생들이 공통적으로 하는 말이 있다. 그것은 물리화학이 수학 때문에 너무 어렵다는 말이다. 그러나 McQuarrie 교수가 앞의 서문에서도 말하였듯이, 수학이 없이 물리화학을 이해하기는 정말 어렵다. 많은 대학에서 물리화학 강의를 이해하거나 물리화학을 전공으로 공부하기 원하는 학생들을 위하여, 화학수학 강의를 개설하고 있다. 그러나 대부분 과목 명칭은 화학수학이지만, 실제로는 화학을 전공하지 않은 수학전공 교수들이 강의를 담당하고 있다. 그런데 문제는 McQuarrie 교수도 지적하였듯이, 수학을 가르치는 교수가 응용을 염두에 두지 않고 단지 수학 자체만을 가르치기 때문이다. 화학과에서 수학을 가르치는 것은 물리화학의 각 분야에 수학을 적용하기 전에 먼저 요점들을 파악하고, 학생들이 수학에 대하여 염려하는 시간을 줄여서, 물리화학을 보다 더 흥미롭게 공부하도록 도와주기 위한 것이다.

물론 지금까지 여러 가지 다양한 화학수학 책들이 출판되었지만, 대부분 그 내용이 너무 쉬워서, 실제로 물리화학을 깊게 이해하는 데에 크게 도움을 주지 못했고, 주로 물리학이나 공학에 편중된 응용들을 예로 들은 책들을 화학수학의 교재로 활용하였다. 그러한 요구와 필요성에 잘 맞는 책을 기대하던 중에, "*Statistical Mechanics*"라는 책으로 우리에게 잘 알려진 Donald A. McQuarrie 교수가 "*Mathematics for Physical Chemistry*"라는 제목의 화학수학 책을 최근에 출판하였다. 이 책은 몇 년 전에 McQuarrie 교수가 저술한 "Mathematical Methods for Scientists and Engineers"의 축약본이기는 하나, 중요한 차이는 이 새로운 책에서는 모든 예제와 문제가 물리화학에 관한 것이라는 것이다. 또한 이 책은 수학의 기초가 많지 않는 학생들도 그 기초로부터 이해할 수 있도록 구성되었다는 것이다. 이에 이 새로운 책이 물리화학을 수강하거나 전공하려는 학생들에게 큰 도움을 줄 것으로 판단되어 번역을 하게 되었다. 역자들은 원문에 충실하게 번역하려고 노력하였고, 전문술어는 가능한 한 대한화학회에서 제정한 술어를 사용하였다. 여러 선배와 동료교수들의 충고와 조언은 이 책이 다시 인쇄될 때 크게 도움이 될 것으로 본 역자들은 확신한다.

끝으로 이 번역책의 출판을 적극적으로 지원해주고 수고를 아끼지 않은 자유아카데미와 담당 직원들에게 감사를 드린다.

2010년 2월 역자 일동

책의 내용에 관한 문의 사항은 아래 교수님께 문의해 주시기 바랍니다.

1장	백경구	baeck@kangnung.ac.kr
2장	백경구	baeck@kangnung.ac.kr
3장	백경구	baeck@kangnung.ac.kr
4장	장낙한	nhjang@kongju.ac.kr
5장	김윤수	yunsukim@korea.ac.kr
6장	장낙한	nhjang@kongju.ac.kr
7장	장낙한	nhjang@kongju.ac.kr
8장	김철주	cjkim@chonbuk.ac.kr
9장	김윤수	yunsukim@korea.ac.kr
10장	김철주	cjkim@chonbuk.ac.kr
11장	김철주	cjkim@chonbuk.ac.kr
12장	김윤수	yunsukim@korea.ac.kr
13장	류 설	sryu@chosun.ac.kr
14장	류 설	sryu@chosun.ac.kr
15장	이기환	khlee@kongju.ac.kr
16장	이기환	khlee@kongju.ac.kr
17장	최종하	jhchoi@anu.ac.kr
18장	최종하	jhchoi@anu.ac.kr
19장	류 설	sryu@chosun.ac.kr
20장	이기환	khlee@kongju.ac.kr
21장	강영기	ykkang@chungbuk.ac.kr
22장	강영기	ykkang@chungbuk.ac.kr
23장	최종하	jhchoi@andong.ac.kr

CONTENTS

차 례

제 1 장

단일 변수의 함수 : 미분

1장과 2장에서는 **미적분학**(*calculus*)의 본질적인 특징들을 복습한다. 함수의 개념을 복습하고, 미분과 적분의 과정을 복습할 것이다. 미적분의 전체 과정을 한 장에서 복습하는 것은 당연히 불가능하지만, 물리화학 강좌들의 대부분 문제들은 미적분학에서 다루는 내용들 중에서 실제 일부분만을 사용한다. 학생들은 여러 함수들의 **미분**(*differentiation*)을 기본 원리로부터 유도하는 데 상당히 많은 시간을 예전에 보냈겠지만, 수많은 웹사이트 등을 포함한 여러 곳에 이 결과들, 즉 미분 공식들이 표로 잘 정리되어 있다. 함수의 곱에 대한 미분을 유도하는 것과 같은 몇 가지 일반적인 규칙들을 이들 표(미적분표)와 함께 사용하면 거의 모든 함수를 미분할 수 있다. 미분의 반대 과정, 다시 말해서 특정한 결과를 얻기 위해서 어떤 함수를 미분해야 하는지를 정하는 것을 **역미분**(*antidifferentiation*) 또는 **적분**(*integration*)이라고 한다. 여러 함수들을 적분하는 것을 배우기 위하여 학생들이 미적분학 강좌에서 아주 많은 시간을 보냈음이 분명하다. 다행스럽게도, 미분에 대한 것과 마찬가지로 이들 적분의 결과도 표로 잘 정리되어 여러 웹사이트에서 구할 수 있다. 1장과 2장의 목적 중 하나는 이들 여러 웹사이트들을 소개하고 이들을 자신감 있게 사용하도록 격려하는 것이다. 서문에서 언급하였듯이 대부분 물리화학 강좌 수준의 수학이 요구하는 것은 20%의 재능과 80%의 확신인데, 화학 분야의 어떤 학생이라도 예제 풀이 과정을 통하여 이러한 확신을 얻을 수 있다.

1.1 함수

미적분학에서 공부한 바와 같이, **함수**(*function*)라는 것은 어느 한 숫자 x를 다른 한 숫자 y에 연관시키는 규칙이다. 이 규칙을 $y = f(x)$라고 써서 표시하는데, 여기서 f는 함수를 나타낸다. 만약 각각의 x값으로부터 하나의 y값만 만들어지면 이 함수를 **단일값**(*single-valued*) 함수라 하고, 둘 이상의 y값이 만들어지면 f는 **다중값**(*multi-valued*) 함수라고 한다. 함수로 정의되기 위해서는 단일값만을 가져야 하는 것으로 요구되는 경우도 있지만, 이 책에서는 보다 확장되고 자유로운 정의를 채택한다.

예들을 살펴보자. $-2 \le x \le 2$ 범위의 x값들에 대한 $y = x^2$ 또는 $y = f(x) = x^2$라는 관계를 생

각해 보자. 이 경우에는 각 x값으로부터 하나의 y값만 이끌어내기 때문에 f는 단일값 함수이다. 이제 $0 \le x \le 1$ 범위의 x값들에 대한 $y^2 = x$을 생각해 보자. y에 대하여 풀이하면 $y = \pm\sqrt{x}$를 얻게 되는데, 이것은 각각의 x값에 대한 y값이 두 개임을 보여 준다. 이 관계를 하나의 다중값 함수 $y = \pm\sqrt{x}$로 보거나 두 개의 단일값 함수 $y = f_1(x) = \sqrt{x}$와 $y = f_2(x) = -\sqrt{x}$로 간주할 수 있다.

엄밀하게 말하면, 함수라는 것은 f로 표시하고 f를 x에 적용하였을 때 얻어지는 값을 $y = f(x)$로 표기해야 하지만, 보통은 $f(x)$를 함수, 특히 'x에 대한 함수'라고 한다. x를 y로 보내는 규칙을 x에 적용할 때 y값이 나온다는 것을 나타내기 위하여 심지어 $y = y(x)$라고 적기도 하는데, 이러한 표기법이 흔히 사용되며 매우 편리하다. 하여간 x를 **독립 변수**(*independent variable*)라 부르며, y를 **종속 변수**(*dependent variable*)라 부른다.

대수 함수(*algebraic function*)와 **초월 함수**(*transcendental function*)라는 넓은 의미의 두 종류 함수가 있다. 대수 함수는 한정된 개수의 덧셈, 뺄셈, 곱셈, 나눗셈, 제곱근을 취하는 것과 같은 대수 연산들의 항들로 표현될 수 있다. 예를 들어 $y(x) = (x^2+2)/(x-1)$과 $y(x) = (x^3+x^2+3)/\sqrt{x^2-3}$은 대수 함수이다. 대수 함수들은 본질적으로 **다항식**(*polynomial*)이거나 다항식 사이의 비율 혹은 다항식의 거듭제곱(심지어는 분수제곱)의 비율이다. 대수 함수가 아닌 것들을 초월 함수라고 부른다. **삼각 함수**(*trigonometric function*), **지수 함수**(*exponential function*), **로그 함수**(*logarithmic function*)가 초월 함수의 예이다. 이 함수들은 한정된 개수의 덧셈, 뺄셈, 곱셈, 나눗셈, 제곱근을 취하는 것과 같은 대수 연산들의 항으로 표현될 수 없기 때문에 초월 함수라고 부른다(초월 함수를 대수 연산들의 항으로 표현하려면 무한개의 항들이 필요하다!). 어떤 면에서 이들 함수는 대수 연산을 초월하는 셈이다.

처음에는 삼각형 변들 사이의 비율로 삼각 함수를 배우겠지만, 단위원(unit circle, 반지름이 1인

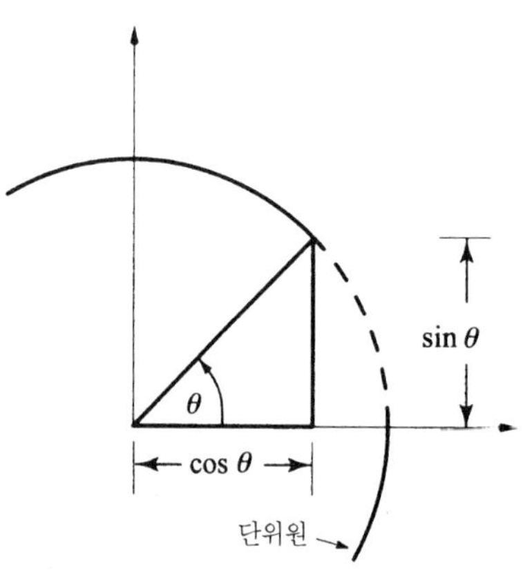

[그림 1.1] 각도 θ를 이에 대응하는 호의 길이로 어떻게 표시할 수 있는지를 보여 주는 단위원. 이 그림에서 두꺼운 수직선은 $\sin\theta$와 같고, 두꺼운 수평선은 $\cos\theta$와 같다. 이 그림은 왜 삼각 함수를 원주 함수라고도 부르는지를 보여 준다.

원)을 바탕으로 삼각 함수를 생각하는 것이 더 좋다. 그림 1.1은 단위원 안에 그려진 내부 각 θ를 보여 준다. θ는 각도에 대응하는 호의 길이로 측정할 수 있음을 주목하라. 따라서 90°에 해당하는 호의 길이는 $2\pi/4 = \pi/2$ 에 해당하고, 180°에 해당하는 호의 길이는 $2\pi/2 = \pi$에 해당하는 식이다(단위원의 반지름 $r = 1$이기 때문에 원 전체의 호 길이, 즉 원주는 $2\pi r = 2\pi$이다). 그림 1.1에서 두껍게 표시된 수직선의 길이가 사인 함수인데, 만약 수직선이 수평-축의 위에 있으면 사인 함수는 양수값을 가지고 아래에 있으면 음수값을 가진다. 그림 1.2는 θ값에 대한 $\sin\theta$의 그래프를 보여 준다. θ값이 0이거나 π일 때 $\sin\theta$는 0의 값을 가지며, $\theta = \pi/2$일 때는 +1, $\theta = 3\pi/2$일 때는 −1, $\theta = 2\pi$일 때는 $\sin\theta = 0$이고, 여기서부터 다시 반복되는 변화를 시작한다는 것을 주목하라. θ값이 2π 이상으로 증가하는 경우에는, θ가 시계 반대방향으로 회전하면서 휩쓸고 지나가는 호 부분이 처음에 시작하였던 부분을 중첩하는 것으로 생각한다. 그림 1.2는 음수값의 θ가 허용됨을 보이는데, 이것은 그림 1.1에서 시계 방향으로 회전하는 θ에 해당한다. 여기서 채택하는 θ의 단위를 **라디안**(*radian*)이라고 부르는데, 각도(degree)보다 더 자주 쓰이며, 어떤 의미에서는 각도보다 더 근원적이다.

그림 1.1에서 두꺼운 수평선이 $\cos\theta$이다. θ가 그림 1.1의 단위원 둘레를 시계 반대방향으로 돌아가면 두꺼운 수평선의 길이는 $\theta = 0$일 때 +1과 같고, $\theta = \pi/2$일 때 0, $\theta = \pi$일 때는 −1과 같이 변함을 주목하라. 그림 1.3은 θ값에 대한 $\cos\theta$의 그래프를 보여 준다. $\cos\theta$의 값은 θ가 $\pm 2\pi$ 변함에 따라 동일한 값이 반복된다. $\sin\theta$와 $\cos\theta$과 같이 동일한 값이 반복되는 함수를 **주기 함수**(*periodic function*)이라고 한다. $\sin\theta$와 $\cos\theta$는 2π마다 동일한 값이 반복되기 때문에 **주기**(*period*)가 2π이며, 이러한 특성을 수식 $f(\theta) = f(\theta + 2\pi)$로 나타낼 수 있다.

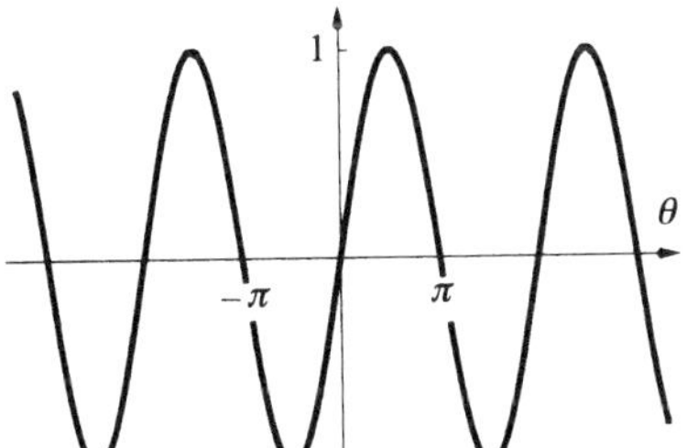

[그림 1.2] θ값에 대한 $\sin\theta$의 그래프. θ는 어떤 값이든 가질 수 있음을 주목하라. 2π보다 큰 θ값은 θ가 그림 1.1의 원에서 시계 반대방향으로 한 바퀴 이상 더 돌았음을 의미한다. θ의 음수값은 θ가 시계 방향으로 회전함을 뜻한다. $\sin\theta$값은 2π마다 한 번씩 동일한 값을 반복함을 주목하라. 주기가 2π인 이러한 주기성을 $\sin(\theta + 2\pi) = \sin\theta$로 표시할 수 있다.

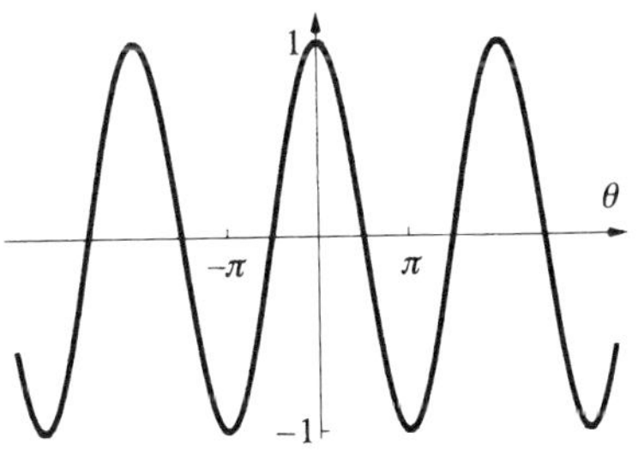

[그림 1.3] θ값에 대한 $\cos\theta$의 그래프. $\cos\theta$는 주기가 2π인 주기성이며, $\cos(\theta + 2\pi) = \cos\theta$임을 주목하라. 또한, 그림 1.2와 1.3은 비슷하며 단지 한 쪽의 곡선이 다른 쪽 곡선에서 $\pi/2$ 단위만큼 옮겨져 있을 뿐이고, 이 관계는 $\sin(\theta + \pi/2) = \cos\theta$와 $\cos(\theta + \pi/2) = -\sin\theta$에 해당함을 주목하라.

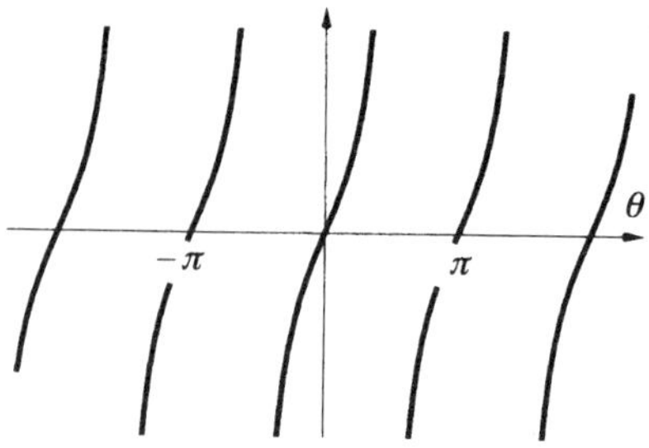

[그림 1.4] θ값에 대한 $\tan\theta$의 그래프. $\theta = \pm\pi/2,\ \pm 3\pi/2,\ \ldots$에서 $\cos\theta$는 0이 되기 때문에 이들 θ값에서 $\tan\theta$는 발산하며, $\tan\theta = \tan(\theta+\pi)$임을 주목하라.

그림 1.4는 $\tan\theta = \sin\theta/\cos\theta$의 그래프를 보여 준다. $\theta = \pm\pi/2,\ \pm 3\pi/2,\ \ldots$에서 $\cos\theta$는 0이 되기 때문에 이들 θ값에서 $\tan\theta$는 발산함(다시 말해, 제한되지 않은 무한대가 됨)을 주목하라. $\sin\theta$나 $\cos\theta$와는 달리, $\tan\theta$의 주기는 π이기 때문에 $\tan\theta = \tan(\theta+\pi)$이다.

지수 함수 e^x와 로그 함수 $\ln x$는 두 가지 중요한 초월 함수이다. 이들 두 함수 사이에는 특별한 관계가 있다. 만약 $y = y(x) = e^x$이면 $x = x(y) = \ln y$이다. 두 함수 $y(x) = e^x$와 $x(y) = \ln y$는 서로의 **역함수**(*inverse function*)이다. 즉 함수 e^x는 x를 $y = e^x$로 보내고, 함수 $x = \ln y$는 y를 다시 x로 되돌린다.

$$y = e^x \qquad x = \ln y$$

이들 두 관계를 이용하면 다음과 같음을 알 수 있다.

$$y = e^{\ln y}\text{와}\quad x = \ln e^x \tag{1.1}$$

이들 두 식을 사용하면 로그 함수의 여러 성질들을 증명하기가 쉽다. 예를 들어 $u = e^x$이고 $v = e^y$라고 하면 다음과 같이 쓸 수 있고,

$$uv = e^x e^y = e^{x+y}$$

양변의 로그를 취하면

$$\ln uv = x + y = \ln u + \ln v \tag{1.2}$$

덧붙여서, $u = e^x$이고 $v = e^y$이면 다음과 같음을 알 수 있다.

$$\ln\frac{u}{v} = \ln uv^{-1} = x - y = \ln u - \ln v \tag{1.3}$$

이 관계들을 이용하여 $x < 1$이면 $\ln x < 0$이라는 것을 보일 수 있다. 즉, $x = u/v$로 할 때, $u < v$이면 식 1.3의 오른쪽은 음수값이 된다는 것($\ln x < 0$이라는 것)을 알 수 있다. 마지막으로 $u = e^x$로 놓으면, $u^n = e^{nx} = e^{n\ln u}$이기 때문에 다음과 같이 됨을 알 수 있다.

$$\ln u^n = n \ln u \tag{1.4}$$

그림 1.5는 $y = e^x$와 $y = \ln x$의 그래프를 보여 준다. x축과 y축을 바꾸기만 하면 두 그래프 중 한

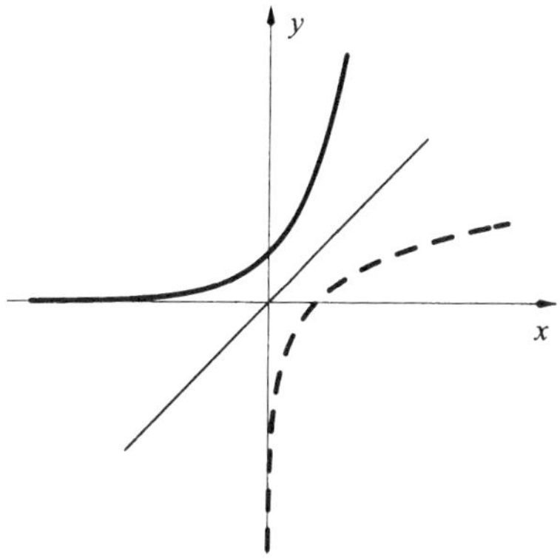

[그림 1.5] 지수 함수 e^x(굵은 선)와 로그 함수 $\ln x$(점선)를 x에 대하여 그린 그래프. 이들 두 함수는 $y = x$의 선(가느다란 선)에 대하여 대칭이다.

그래프에서 다른 그래프를 얻거나, $y = x$에 해당하는 선을 중심으로 뒤집어서 마찬가지 결과를 얻게 됨을 주목하라.

자주 등장하는 두 함수인 쌍곡 사인(hyperbolic sine, $\sinh x$)과 쌍곡 코사인(hyperbolic cosine, $\cosh x$)은 다음과 같이 e^x들로 정의된다.

$$\sinh x = \frac{e^x - e^{-x}}{2} \text{와} \quad \cosh x = \frac{e^x + e^{-x}}{2} \tag{1.5}$$

그림 1.6은 $\sinh x$와 $\cosh x$의 그래프를 보여 준다. 양끝은 고정되어 있고 그 중간은 자유롭게 매달린 케이블선이 쌍곡 코사인 함수로 묘사된다(이 모양의 선을 현수선이라고 부른다). 미국 세인트루이스 시에 있는 게이트웨이 아치(Gateway Arch)라는 구조물은 쌍곡 코사인 함수를 뒤집어 놓은 모양이다. $\cosh x$는 y축에 대하여 대칭인 반면, $\sinh x$는 y축에 대하여 반사시켰을 때 그 값의 부호가 바뀐다는 것을 주목하라. 이 성질들은 함수 표시를 써서 $\cosh(-x) = \cosh(x)$와 $\sinh(-x) = -\sinh(x)$로 표시할 수 있다. 일반적으로 $f(-x) = f(x)$ 특성을 가지는 함수는 **짝함수**(또는 **우함수**, *even function*)라고 부르며, $f(-x) = -f(x)$ 특성을 가지는 함수는 **홀함수**(또는 **기함수**, *odd function*)라고 부른다.

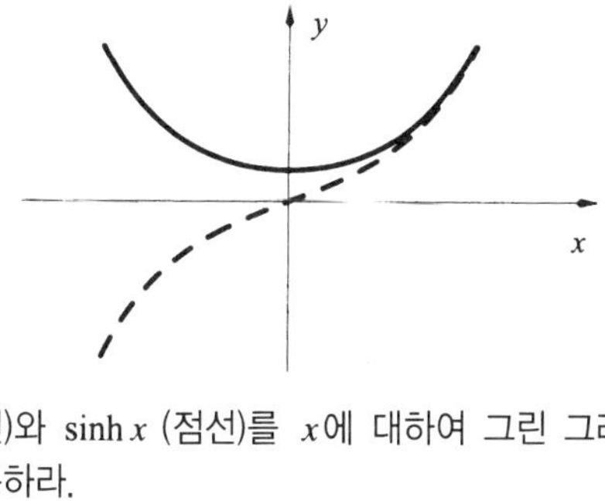

[그림 1.6] 함수 $\cosh x$ (굵은 선)와 $\sinh x$ (점선)를 x에 대하여 그린 그래프. $\cosh x$는 y축에 대하여 대칭인 반면, $\sinh x$는 반-대칭임을 주목하라.

예제 1-1

$\sinh x$는 x에 대한 홀함수임을 보이시오.

풀이 $$\sinh(-x) = \frac{e^{-x} - e^{x}}{2} = -\frac{e^{x} - e^{-x}}{2} = -\sinh x$$

$\sinh x$와 $\cosh x$를 쌍곡선 함수라고 부르는 이유가 궁금하다면, 다음 두 식

$$\cos^2 u + \sin^2 u = 1 \text{와} \quad \cosh^2 u - \sinh^2 u = 1$$

을 원에 대한 식($x^2 + y^2 = 1$)과 쌍곡선에 대한 식($x^2 - y^2 = 1$)에 각각 비교해보면 알 수 있다.

1.2 연속성

물리화학에서 다루는 대부분의 함수는 연속 함수이다. 연속이라는 것의 의미를 이 절에서 정의하겠지만, 연속 함수의 그래프는 종이에서 펜을 떼지 않고 그릴 수 있다는 것과 같은 뜻으로, 연속성에 대한 직관적인 개념을 학생들은 이미 가지고 있을 것이다. 비록 우리가 다루는 대부분의 함수들이 연속 함수이지만 모두 다 그렇지는 않다. 그림 1.7은 벤젠의 몰-엔트로피가 온도에 따라 변하는 것을 보여 주는 그래프다. 몰-엔트로피는 일정 온도 구간 안에서는 연속이다. 그러나 279 K(벤젠의 정상 녹는점)과 353 K(벤젠의 정상 끓는점)에서 불연속적으로 급변한다. 이들 불연속 점들은 물리적인 관점에서 흥미로운 현상이 존재함을 의미하는데, 이 경우에는 상-전이에 해당한다. 물리화학에서 다루는 불연속인 어떤 다른 함수를 생각해 낼 수 있는가?

연속성(*continuity*)의 개념에 대하여 논의하기 전에 극한의 개념을 도입해야 한다. 임의의 함수 $f(x)$를 생각해 보자. 만약 x가 a에 무한히 가까워질 때 $f(x)$의 값과 l 사이의 차이가 무한히 작아지면 다음과 같이 표현한다.

$$\lim_{x \to a} f(x) = l \tag{1.6}$$

이것을 다른 방식으로 표현하면 다음과 같다.

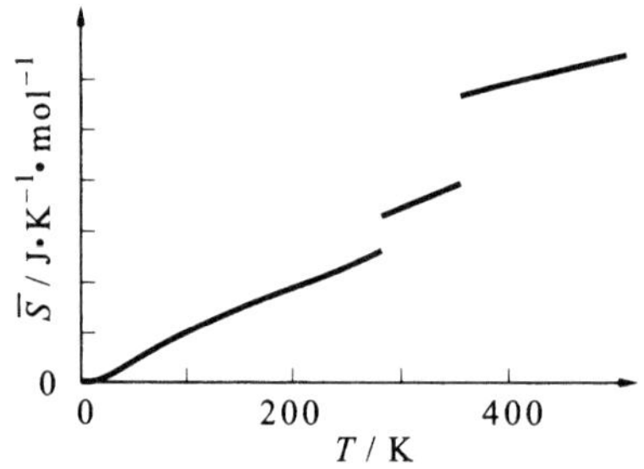

[그림 1.7] 벤젠의 몰-엔트로피가 0 K에서 500 K 사이에서 온도에 따라 변하는 그래프.

$$|f(x) - l| \longrightarrow 0 \qquad \text{as } x \longrightarrow a \tag{1.7}$$

x를 a에 충분히 가깝게, 그러나 **a 자체와 같지는 않게** 하면, $f(x)$를 l에 원하는 만큼 가깝게 만들 수 있다는 것을 식 1.7은 의미한다. $x = a$에서 $f(x)$가 실제로 정의될 필요조차 없다. 예를 들어 다음 식을 보면,

$$\lim_{x \to 0} \frac{\sqrt{x+16} - 4}{x}$$

분모에 x가 있기 때문에 $x = 0$으로 놓을 수 없는 것이 분명하지만, x를 원하는 만큼 작게 할 수는 있다. 그림 1.8은 $f(x) = (\sqrt{x+16} - 4)/x$을 x값이 작은 부근에서 x에 대하여 나타낸 그래프인데, $x \to 0$일 때 이 함수의 값이 유한한 한계(1/8)로 가는 것처럼 보인다. 정말로 그렇다는 것을 보기 위하여 $f(x)$에 $\sqrt{x+16} + 4$를 곱하고 나누면 다음이 얻어지는데, 마지막 단계에서 $x \to 0$일 때 $x + 16 \to 16$이라는 사실을 적용한다.

$$\begin{aligned}
\lim_{x \to 0} \frac{\sqrt{x+16} - 4}{x} \cdot \frac{\sqrt{x+16} + 4}{\sqrt{x+16} + 4} &= \lim_{x \to 0} \frac{x}{x(\sqrt{x+16} + 4)} \\
&= \lim_{x \to 0} \frac{1}{\sqrt{x+16} + 4} = \frac{1}{8}
\end{aligned}$$

함수를 적용하는 예에서, 한쪽 방향에서만 x가 a에 접근하는 경우에 $x = a$에서 그 함수의 극한값이 관심의 대상인 경우가 있다. 만약 $x - a$가 양수값들인 경우를 통하여 (다시 말해서 오른쪽으로부터) x가 a에 접근할 때 $f(x)$가 극한값 l을 가진다면 이러한 극한을 다음과 같이 표시한다.

$$\lim_{x \to a+} f(x) = l_+ \tag{1.8}$$

이 극한을 표현하는 또 다른 동등한 방식은 다음과 같다.

$$\lim_{x \to a+} f(x) = \lim_{\epsilon \to 0} f(a + \epsilon) = l_+ \qquad \epsilon > 0 \tag{1.9}$$

이 극한을 $x = a$에서 $f(x)$의 **오른쪽 극한**(*right-hand limit*)이라고 부르며, $f(a+)$로 표기하기도 한다. 당연히 다음과 같은 **왼쪽 극한**(*left-hand limit*)도 있다.

$$\lim_{x \to a-} f(x) = \lim_{\epsilon \to 0} f(a - \epsilon) = f(a-) = l_- \qquad \epsilon > 0 \tag{1.10}$$

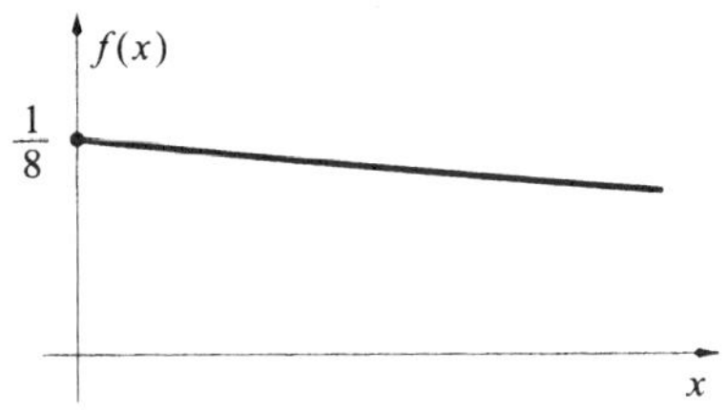

[그림 1.8] $f(x) = (\sqrt{x+16} - 4)/x$을 x값이 작은 부근에서 x에 대하여 나타낸 그래프.

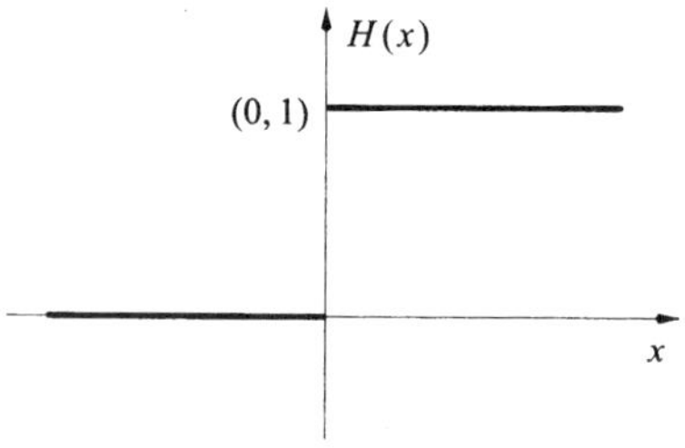

[그림 1.9] $x < 0$일 때 $H(x) = 0$이고, $x > 0$일 때 $H(x) = 1$인 헤비사이드 계단 함수.

동일한 점에서 서로 다른 오른쪽 극한과 왼쪽 극한을 가지는 좋은 예는 다음과 같이 정의되는 (그림 1.9) 헤비사이드 계단 함수(Heaviside step function)이다.

$$H(x) = \begin{cases} 0 & x < 0 \\ 1 & x > 0 \end{cases} \tag{1.11}$$

이 경우에 $H(0+) = 1$인 반면에 $H(0-) = 0$이다. 짐작하는 바와 같이 어느 한 점(헤비사이드 계단 함수에서는 $x = 0$인 점)에서 오른쪽과 왼쪽의 극한값이 다른 함수는 그 점에서 불연속이다.

실제로, 만약 다음이 성립하면 함수는 $x = a$에서 연속이다.

$$\lim_{x \to a\pm} f(x) = \lim_{\epsilon \to 0} f(a \pm \epsilon) = f(a) \qquad \epsilon > 0 \tag{1.12}$$

물론 이 경우에 $f(a)$는 유한한 값이라고 가정한다. 만약 ($f(a)$는 유한한 값이라는 조건을 함께) 식 1.12가 충족되지 않으면 $f(a)$는 $x = a$에서 불연속이다. 직관적으로, 불연속이라는 것은 함수의 그래프에서 보이는 건너뜀이다. 예를 들어 헤비사이드 계단 함수(그림 1.9)는 $x = 0$에서 1 만큼 건너뛰는 불연속을 가진다. 함수 $f(x) = 1/(1-x)^2$에서는 $x = 1$ 지점에서 다른 형태의 불연속성이 나타난다(그림 1.10). 이 경우에 $x = 1$에서 $f(x)$는 유한하지 않으며 따라서 연속이 아니다.

오른쪽 극한과 왼쪽 극한이 있는 것과 마찬가지로, 오른쪽 연속성과 왼쪽 연속성이 있다. 예를 들어 만약 $\lim_{x \to a+} f(x) = f(a)$이거나 더 간단하게 $f(a+) = f(a)$이면, $f(x)$는 $x = a$에서 오른쪽 연속이다. 따라서 $f(a-) = f(a+)$인 함수는 $x = a$에서 연속이다.

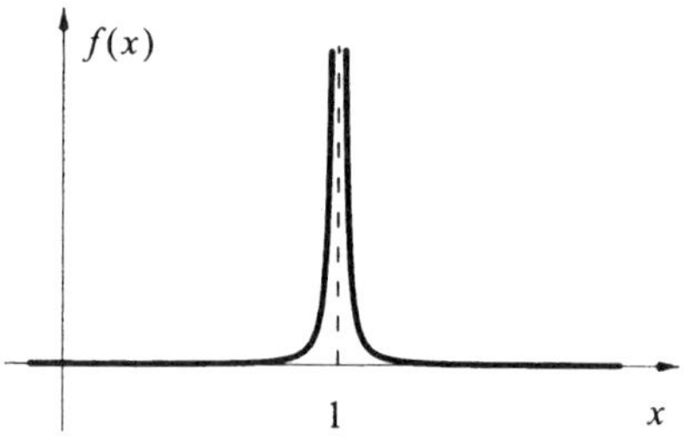

[그림 1.10] 불연속 함수 $f(x) = 1/(1-x)^2$를 $x = 1$ 근처에서 x에 대하여 그린 그래프.

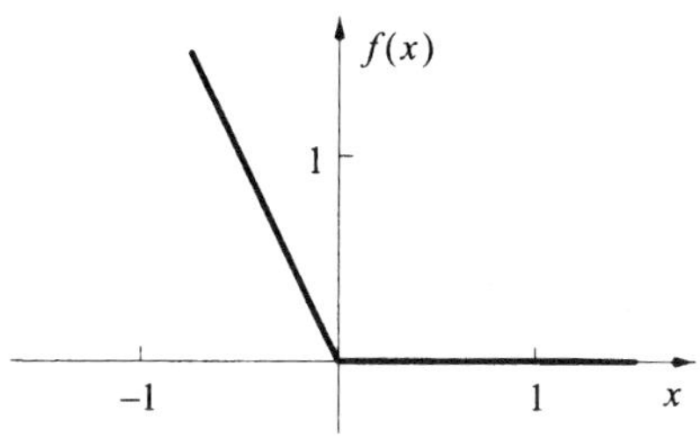

[그림 1.11] 함수 $f(x) = |x| - x$를 x에 대하여 그린 그래프.

예제 1-2

$f(x) = |x| - x$는 x축을 따라 연속인가?

풀이 $x \le 0$일 때는 $f(x) = -2x$이고 $x \ge 0$일 때는 $f(x) = 0$이다. 따라서 $f(x)$는 x축의 전체 영역에서 연속이다(그림 1.11 참조).

헤비사이드 계단 함수가 비록 전체 구역에서 연속이지는 않지만, 그것은 조각적 연속이다. 만약 전체 구역을 부분 구역으로 나눌 수 있고, 각 부분 구역에서는 함수가 연속이며 부분 구역의 끝 지점에서 함수가 유한한 극한값을 가지면, 그 함수는 **조각적 연속**(*piecewise continuous*)이라고 한다. 그림 1.9는 헤비사이드 계단 함수가 두 부분 구역 $(-\infty, 0)$과 $(0, \infty)$에서 조각적 연속임을 보여 준다. 조각적 연속인 함수의 또 다른 예는 그림 1.7에 보인 벤젠의 몰-엔트로피이다.

1.3 미분

어떤 점 x에서 함수 $y(x)$의 미분은 그 점 x에서 $y(x)$에 접하는 직선의 기울기라는 것을 기억하자. 점 x에서 $y(x)$의 미분은 다음과 같은 극한 과정으로 정의된다.

$$y'(x) = \frac{dy}{dx} = \lim_{\Delta x \to 0} \frac{\Delta y}{\Delta x} = \lim_{\Delta x \to 0} \frac{y(x + \Delta x) - y(x)}{\Delta x} \tag{1.13}$$

$\Delta x \to 0$라는 극한은 Δx가 **정확하게 0이 되도록 하지는 않으면서도**, 원하는 만큼 얼마든지 작은 값이라도 되는 것임을 기억하자. 그림 1.12는 이러한 극한 과정을 보여 준다. 미적분 강좌의 도입 부분에서 위의 식 1.13을 사용하여 여러 함수들을 미분하는 방법을 배웠을 것이다. 예를 들어 $y(x) = x^2 + 2$라면, 미분은 다음과 같이 구한다.

$$\begin{aligned} y'(x) = \frac{dy}{dx} &= \lim_{\Delta x \to 0} \frac{(x + \Delta x)^2 + 2 - x^2 - 2}{\Delta x} \\ &= \lim_{\Delta x \to 0} (2x + \Delta x) = 2x \end{aligned}$$

또 다른 예로 $f(x) = 1/x$를 생각해 보자. 이 경우는 다음과 같다.

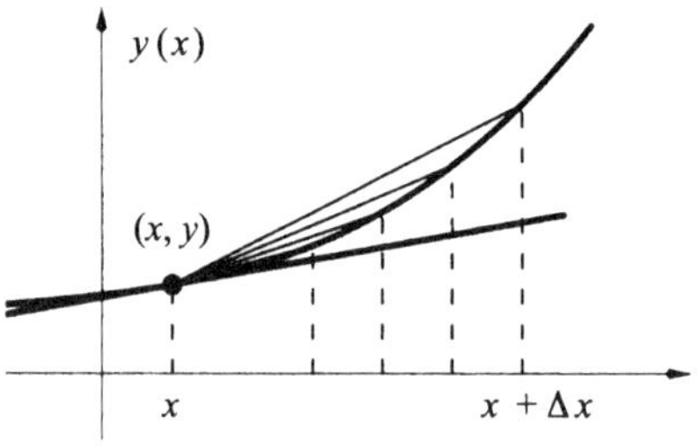

[그림 1.12] $y(x)$의 미분을 정의할 때의 극한 과정을 보여 주는 예시. $\Delta x \to 0$이 되면서 $[y(x+\Delta x) - y(x)]/\Delta x$의 비율이 (x, y) 점에서 접선의 기울기에 접근한다.

$$y'(x) = \frac{dy}{dx} = \lim_{\Delta x \to 0} \frac{1}{\Delta x}\left(\frac{1}{x+\Delta x} - \frac{1}{x}\right)$$
$$= \lim_{\Delta x \to 0} \frac{1}{\Delta x}\left[-\frac{\Delta x}{x(x+\Delta x)}\right] = \lim_{\Delta x \to 0}\left[-\frac{1}{x(x+\Delta x)}\right] = -\frac{1}{x^2}$$

조금 더 어려운 $y(x) = \sin x$ 경우에는

$$\frac{d \sin x}{dx} = \lim_{\Delta x \to 0} \frac{\sin(x+\Delta x) - \sin x}{\Delta x}$$

다음과 같은 삼각 함수의 항등식을 적용하면

$$\sin\alpha - \sin\beta = 2\cos\frac{\alpha+\beta}{2}\sin\frac{\alpha-\beta}{2}$$

다음과 같이 쓸 수 있다.

$$\frac{d \sin x}{dx} = \lim_{\Delta x \to 0} \frac{2\cos(x+\Delta x/2)\sin(\Delta x/2)}{\Delta x} = \lim_{\epsilon \to 0} \frac{\cos(x+\epsilon)\sin\epsilon}{\epsilon}$$

여기서 $\epsilon = \Delta x/2$이다. $\cos(x+\epsilon)$의 극한은 바로 $\cos x$이다. 한편, $(\sin\epsilon)/\epsilon$의 극한은 0/0이기 때문에 부정(indeterminate, 정할 수 없음)에 해당하는데, 실제로는 1과 같다(연습문제 1-30). 따라서 다음과 같음을 알 수 있다.

$$\frac{d \sin x}{dx} = \cos x$$

여러 웹사이트들이 삼각 함수들의 항등식에 대한 표들을 제공하는데, 특히 좋은 것 하나가 *http://www.sosmath.com/trig/Trig5/trig5/trig5.html*이다.

미적분 강좌에서는 여러 함수들을 미분하는 데 식 1.13을 사용하고, 그 결과식을 $(uv)' = uv' + u'v$와 $(u/v)' = (vu' - uv')/v^2$ 같은 일반 규칙들과 함께 사용하여 어떤 다른 함수들을 미분한다. 미분식에 대한 표들을 제공하는 여러 웹사이트들이 있는데, 그 중에서 좋은 것 하나가 위키피디아(Wikipedia) 웹사이트인 *http://en.wikipedia.org/wiki/Table_of_derivatives* 이다.

예제 1-3

$y = f(x) = x^2 e^{-x} \cos x$를 미분하시오.

풀이 두 함수의 곱에 대한 미분 규칙을 그대로 확장한 $(uvw)' = u'vw + uv'w + uvw'$을 사용하면 다음과 같다.

$$\begin{aligned} y'(x) &= 2xe^{-x} \cos x - x^2 e^{-x} \cos x - x^2 e^{-x} \sin x \\ &= xe^{-x}[2\cos x - x(\cos x + \sin x)] \end{aligned}$$

합성 함수를 미분하는 것도 미적분 강좌에서 배웠을 것이다. 합성 함수는 함수의 함수를 말한다. 만약 $y = f(u)$이고 $u = g(x)$이면, $y = f(g(x))$는 x에 대한 합성 함수이다. x에 대한 y의 미분은 다음과 같은 **연쇄 법칙**(*chain rule*)으로 주어진다는 것을 기억하자.

$$\frac{dy}{dx} = \frac{dy}{du}\frac{du}{dx} \tag{1.14}$$

예를 들어 만약 $y(x) = \sin(x^2+2)$라면, $y = f(u) = \sin u$이고 $u = x^2+2$이기 때문에 다음과 같이 된다.

$$\frac{dy}{dx} = (\cos u)2x = 2x\cos(x^2+2)$$

예제 1-4

$y(x) = e^{-(x^2+a^2)^{1/2}}$이고, a는 상수인 경우에 dy/dx를 구하시오.

풀이 $y = e^{-u}$이고, $u = (x^2+a^2)^{1/2}$로 놓고 연쇄 법칙을 사용한다.

$$\frac{dy}{dx} = \frac{dy}{du}\frac{du}{dx} = \left(-e^{-u}\right)\left[\frac{x}{(x^2+a^2)^{1/2}}\right] = -\frac{xe^{-(x^2+a^2)^{1/2}}}{(x^2+a^2)^{1/2}}$$

만약 c_1과 c_2가 상수이면 다음과 같음을 미적분 강좌에서 배웠을 것이다.

$$\frac{d}{dx}[c_1 f_1(x) + c_2 f_2(x)] = c_1\frac{df_1}{dx} + c_2\frac{df_2}{dx} \tag{1.15}$$

이러한 성질을 가지는 연산을 **선형 연산**(*linear operation*)이라고 한다. 미분은 선형 연산이다.

일차 미분으로 제한할 필요가 있겠는가? 순차로 미분하여 이차 미분, 삼차 미분 등을 만들 수 있다. 예를 들어 만약 $y(x) = x^2e^x$라면, 일차 미분은 다음과 같고

$$y'(x) = \frac{dy}{dx} = (2x + x^2)e^x$$

이차 미분은 다음과 같다.

$$y''(x) = \frac{d^2y}{dx^2} = \frac{d}{dx}(2x + x^2)\,e^x = (2 + 4x + x^2)\,e^x$$

지금까지 논의한 모든 경우에서는 $y = f(x)$의 명확한 표현이 있었다. 이러한 것들을 **양함수**(*explicit function*, 명시적 함수)라 부른다. 더 일반적으로 $f(x, y) = c$(여기서 c는 상수) 형태의 함수를 가질 때, x의 간단한 형태로 y를 표현할 수 없는 경우가 있을 수 있다. 예를 들어 그림 1.13에 그래프로 그려진 다음 함수를 생각해 보자.

$$f(x, y) = x^3y + xy^3 = 2 \tag{1.16}$$

$f(x, y) = c$ 형태로 주어지는 함수를 **음함수**(*implicit function*, 암시적 함수)라 부른다. y를 x의 간단한 항들로(혹은 x를 y의 간단한 항들로) 표현하도록 식 1.16을 풀이하기 쉽지 않지만, 그럼에도 불구하고 dy/dx를 찾을 수 있다. $y = y(x)$임을 염두에 둔다면 (비록 $y(x)$의 명확한 형태를 가지고 있지 않지만) 다음과 같이 $f(x, y)$를 x에 대하여 미분할 수 있다.

$$x^3\frac{dy}{dx} + 3x^2y + 3xy^2\frac{dy}{dx} + y^3 = 0$$

이것을 dy/dx에 대하여 정리하면 다음과 같이 된다.

$$\frac{dy}{dx} = -\frac{3x^2y + y^3}{x^3 + 3xy^2} \tag{1.17}$$

이러한 과정을 **음함수 미분법**(*implicit differentiation*)이라고 한다. dy/dx를 x와 y 둘 다 포함하는 항으로 표현하는 것이 이상하거나 충분하지 않은 것으로 생각될 수 있지만, 문제될 게 없다. 그림 1.13의 그래프에서 (1,1) 점에서의 기울기를 원한다면, $x = y = 1$을 식 1.17에 대입하기만 하면 $dy/dx = -1$이라는 결과를 얻는다. 그림에 보인 접선의 식은 $y = -x + b$이고 $x = y = 1$로 놓으면 $b = 2$라는 것을 알 수 있으며, 따라서 접선의 식은 $y = -x + 2$이다(그림 1.13 참조).

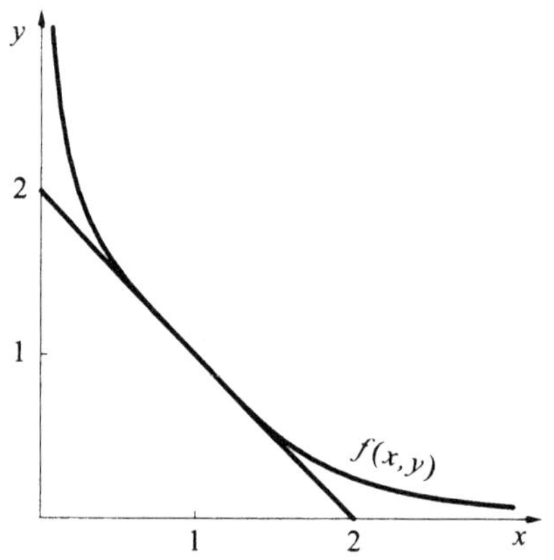

[그림 1.13] 음함수 $f(x, y) = x^3y + xy^3 = 2$와 (1,1) 점에서 접선 $y = -x + 2$.

1.4 극값

미분의 주요한 적용들 중 하나가 함수의 최대값들과 최소값들(극값, extrema)을 찾는 것이다. $f'(x) = 0$인 점들은 기울기가 수평이고, 이 점들을 $f(x)$의 **임계점**(*critical point*)이라고 한다. $f'(c) = 0$가 임계점을 정의하는 조건이기는 하지만 $f(x)$가 그 점에서 극값을 가진다고 보장하지는 않는다. 이것을 보여 주는 가장 간단한 예가 $f(x) = x^3$인데, 이 경우 $f'(0) = 0$이지만 $x = 0$에서 $f(x)$가 극값은 아니다(그림 1.15b 참조). $f'(c) = 0$는 $f(c)$가 극값이 될 **필요**(*necessary*) 조건이기는 하지만 **충분**(*sufficient*) 조건은 아니다.

$a \le x \le b$구간에서 $f(x)$와 $f'(x)$가 연속이라고 하자. 만약 $f'(x) > 0$이면 x가 증가하면서 $f(x)$가 증가하고, $f'(x) < 0$이면 x가 증가하면서 $f(x)$가 감소한다는 것을 기억하자. 따라서 $x < c$에서 $f'(x) > 0$이고 $x > c$에서 $f'(x) < 0$이면, $f(x)$는 $x = c$에서 아래를 향하여 오목(concave downward)하다. $x = c$ 주변에서 $f(x)$의 그래프가 $x = c$에 접하는 접선의 아래에 놓이면 함수 $f(x)$는 $x = c$에서 아래를 향하여 오목한 것이다(그림 1.14a). 반면에 $x < c$에서 $f'(x) < 0$이고 $x > c$ 에서 $f'(x) > 0$이면, $f(x)$는 $x = c$에서 위를 향하여 오목(concave upward)하다. $x = c$ 주변에서 $f(x)$의 그래프가 $x = c$에 접하는 접선의 위에 놓이면 함수 $f(x)$는 $x = c$에서 위를 향하여 오목한 것이다(그림 1.14b).

오목함의 형태는 이차 도함수의 부호와 연관된다. $f''(x) = df'(x)/dx$이기 때문에 x가 증가하면서 $f'(x)$가 어떻게 변하는지에 의하여 $f''(x)$의 부호가 정해진다. 만약 $f''(x) > 0$이면, x가 증가하면서 $f'(x)$가 증가하고 $f(c)$는 극소점이다. 반면 $f''(x) < 0$이면, x가 증가하면서 $f'(x)$가 감소하고 $f(c)$는 극대점이다. 이 조건들은 임계점이 극값인지 아닌지를 결정하는 이차 도함수 판정법을 제공한다. 즉 만약 $f'(x) = 0$이고, $f''(x)$가 존재하면 다음과 같다.

1. $f''(c) < 0$면 $x = c$에서 $f(x)$는 극대이다.
2. $f''(c) > 0$면 $x = c$에서 $f(x)$는 극소이다.
3. $f''(c) = 0$면 더 분석해 보기 전에 결정할 수 없다.

만약 함수 $f(x)$의 오목한 방향이 c에서 변하면, $x = c$점을 **변곡점**(*inflection point*)이라고 한다

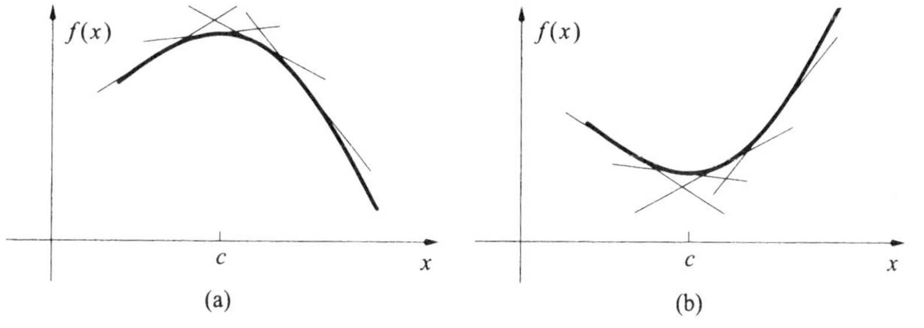

[그림 1.14] (a) 아래를 향하여 오목한 함수의 그래프. (b) 위를 향하여 오목한 함수의 그래프.

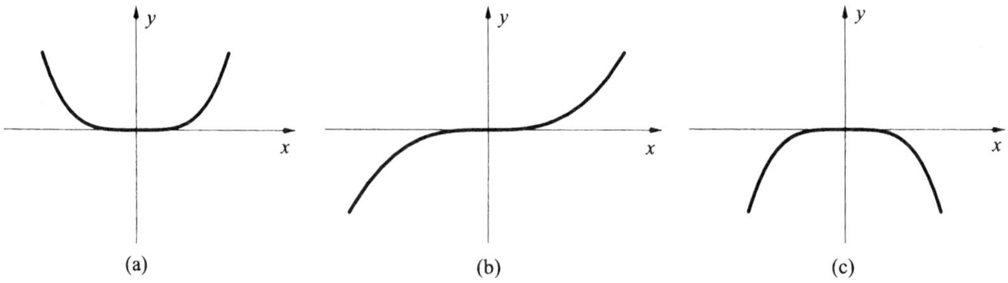

[그림 1.15] x에 대한 함수 (a) $f(x)=x^4$, (b) $g(x)=x^3$, (c) $h(x)=-x^4$의 그래프.

(변곡점에서 $f'(x) = 0$일 필요는 없다!). 따라서 변곡점에서 $f''(x)=0$이다. 어느 점 c가 변곡점이기 위해서는 다음 조건을 충족해야 한다.

1. $f''(c)=0$
2. $x = c$에서 $f''(x)$의 부호가 바뀌어야 한다.

그런데 많은 학생들은 $f''(c)=0$라는 조건이 $x = c$가 변곡점이라는 것을 의미하는 것으로 생각하는 것 같지만, 그렇지 않다. 세 함수 $f(x) = x^4$, $g(x) = x^3$, $h(x) = -x^4$는 모두가 $x = 0$에서 일차 미분값과 이차 미분값이 0이지만, $x=0$에서 $f(x)$는 극소점이고, $g(x)$는 변곡점이며, $h(x)$는 극대점이다(그림 1.15). 따라서, 만약 극점에서 $f''(x)=0$라면 이 극점의 특성을 정하기 위해서는 더 높은 차수의 미분을 조사해야 한다.

예제 1-5

$f(x) = 3x^5 - 20x^3$의 극소점들과 극대점들을 x의 전체 구간에서 찾으시오.

풀이 일차 도함수가 0이 되어야 하기 때문에 식은

$$f'(x) = 15x^4 - 60x^2 = 0$$

$x=0$와 $x = \pm 2$의 세 점에서 임계점을 가진다는 것을 보여 준다. 이차 도함수는 다음과 같다.

$$f''(x) = 60x^3 - 120x$$

$f''(2) = 240 > 0$이고, $f''(-2) = -240 < 0$라는 사실은 $x = 2$가 극소점이고, $x = -2$가 극대점이라는 것을 말해준다. 한편, $f''(0)=0$라는 사실은 $x=0$이 변곡점일 가능성을 말하는데, $x=0$에서 $f''(x)$의 부호가 바뀐다는 사실은 $x=0$가 변곡점이라는 것을 확인해준다(그림 1.16 참조).

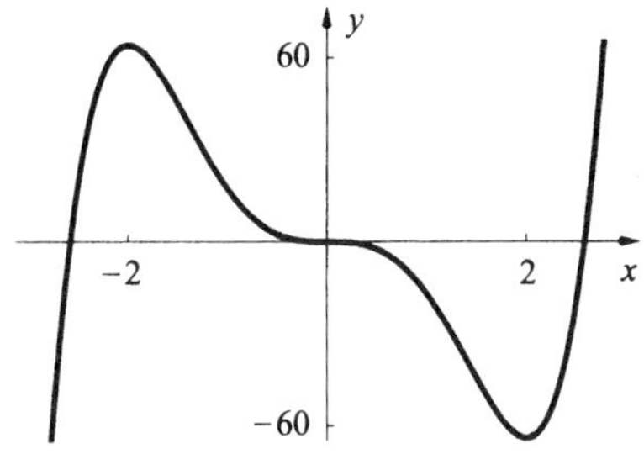

[그림 1.16] 예제 1−5의 함수 $f(x) = 3x^5 - 20x^3$를 x에 대하여 그린 그래프.

예제 1-6

$f(x) = x^2(1-x)^2$의 극소점들과 극대점들을 x의 전체 구간에서 찾으시오. 만약 변곡점이 있으면 그것도 찾으시오.

풀이 함수의 일차 도함수가 0이 되어야 하기 때문에 다음 식은

$$f'(x) = 2x(1-x)^2 - 2x^2(1-x) = 2x(1-x)(1-2x) = 0$$

$x = 0$, $x = 1/2$, $x = 1$인 점들이 임계점임을 알려준다. 함수의 이차 도함수는 다음과 같다.

$$f''(x) = 12x^2 - 12x + 2$$

따라서 $f''(0) > 0$, $f''(1) > 0$, $f''(1/2) < 0$라는 사실은 임계점 $x = 0$와 $x = 1$은 극소점이고, $x = 1/2$은 극대점임을 알려준다. 변곡점이 되려면 $f''(x) = 0$여야 하며, 이것에 의하면 $x = (3 \pm \sqrt{3})/6$, 또는 $x = 0.211\ldots$과 $x = 0.787\ldots$이다. 다음 표는 이들 두 점이 모두 다 변곡점이라는 것을 보여 준다(그림 1.17 참조).

임계점		
$0.211\ldots$	$f''(0.20) = 0.08 > 0$	$f''(0.22) = -0.059 < 0$
$0.787\ldots$	$f''(0.78) = -0.059 < 0$	$f''(0.79) = 0.009 > 0$

마지막으로 생각해 볼 까다로운 내용으로, $-1 < x < 1$ 구간에서 $f(x) = x^{2/3}$을 살펴보자. 이 경우 $f'(x) = 2/(3x^{1/3})$인데, x가 양수값에서 0으로 접근할 때($\rightarrow 0$)는 일차 미분값이 ∞로 발산하

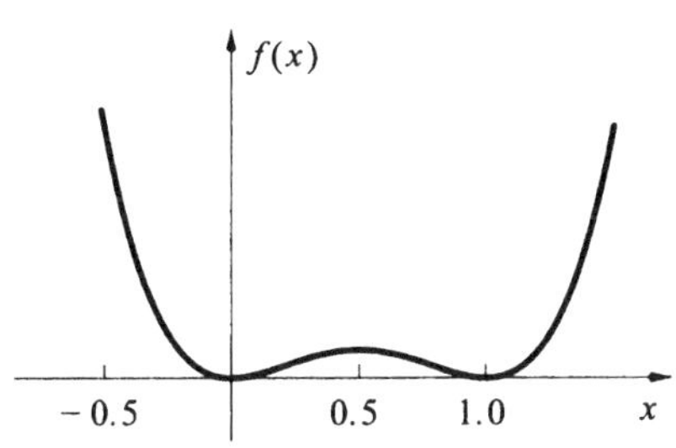

[그림 1.17] 예제 1−6의 함수 $f(x) = x^2(1-x)^2$를 x에 대하여 그린 그래프.

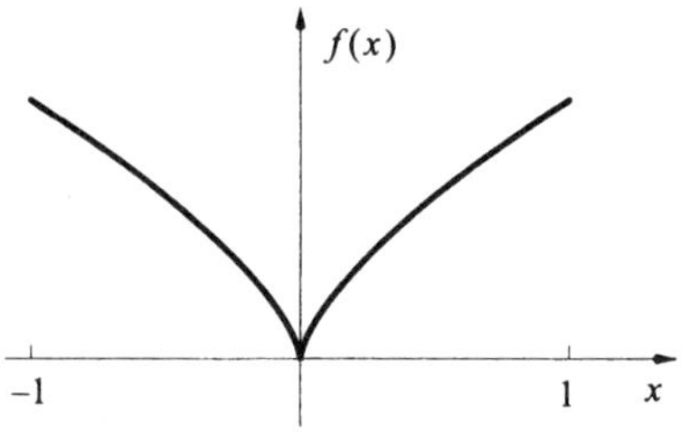

[그림 1.18] $-1 < x < 1$에서 함수 $f(x) = x^{2/3}$를 x에 대하여 그린 그래프.

고, x가 음수값에서 0으로 접근할 때($\rightarrow 0$)는 일차 미분값이 $-\infty$로 발산한다. 그래서 $f'(x)$가 $x = 0$에서 연속이지 않지만, 이 점에서 $f(x)$는 극소값을 가진다. 앞에서 설명한 극값을 결정하는 기준을 적용하려면 전체 구간에서 $f'(x)$가 존재하면서 또한 연속이어야 한다는 것을 이 예제가 보여 준다.

연습문제

1-1. 함수 (a) $y = |x|$, (b) $y = 1/(x-1)$, (c) $y = x^{2/3}$의 그래프를 $-3 \leq x \leq 3$ 구간에서 그리시오.

1-2. 함수 $x/|x|$의 그래프를 $-5 < x < 5$ 구간에서 그리시오.

1-3. $y(x) = x - |x|$를 $-5 < x < 5$ 구간에서 그리시오.

1-4. 다음 각 함수가 짝함수인지, 홀함수인지, 그 어느 것에도 해당하지 않는지 구별하시오.

(a) $\tanh x$ (b) $e^x \sin x$ (c) $\dfrac{e^x}{(e^x+1)^2}$ (d) $\cos x + \sin x$

1-5. 함수 $y(x) = H(x) - H(x-1)$의 그래프를 $0 < x < 4$ 구간에서 그리시오. 여기서 $H(x)$는 식 1.11에서 정의한 헤비사이드 계단 함수이다.

1-6. 다음과 같이 정의된 함수의 그래프를 $t \geq 0$에 대하여 그리시오.

$$f(t) = t - 2(t-2)H(t-2) + 2(t-4)H(t-4) - 2(t-6)H(t-6) + \cdots$$

여기서 $H(x)$는 식 1.11에서 정의된 헤비사이드 계단 함수이다. 함수 $f(t)$를 말로 설명하시오.

1-7. 다음 함수들 중 어느 것이 주기 함수인가? 주기 함수인 경우 그 주기는 무엇인가?

(a) $\sin x + 2\cos x$ (b) $\tan 2x$ (c) $|\cos x|$ (d) $\dfrac{\sin x}{x}$

1-8. 다음 조건을 만족하는 x값들을 구하시오.

(a) $x^2 + 2 < 3x$ (b) $-2 < \dfrac{3x+1}{x+1} < 2$ (c) $0 \leq \sin x \leq 1$

1-9. 그림 1.6에 있는 $\sinh x$와 $\cosh x$의 그래프는 x가 커질 때 왜 같은 값으로 만나는가?

1-10. $\sin x$와 $\sin^{-1} x$를 하나의 그래프에 함께 그리시오. 이들 두 그래프는 $y = x$인 선에 대하여 대칭인가? $\sin^{-1} x$는 x에 대한 단일값 함수인가?

1-11. (a) $\lim_{x\to 0+} \dfrac{1}{1-e^{-1/x}}$와 (b) $\lim_{x\to 0-} \dfrac{1}{1-e^{-1/x}}$를 구하시오.

1-12. $0 < x < 2\pi$ 에서 $f(x)$가 연속이 되는 α와 β를 찾으시오.

$$f(x) = \begin{cases} -\sin x & 0 < x < \pi/2 \\ \alpha \sin x + \beta & \pi/2 < x < 3\pi/2 \\ \left(x - \dfrac{3\pi}{2}\right)^2 & 3\pi/2 < x < 2\pi \end{cases}$$

1-13. 다음 함수들을 미분하시오.

(a) $(2+x)e^{-x^2}$ (b) $\dfrac{\sin x}{x}$ (c) $x^2 \tan 2x$ (d) $e^{-\sin x}$

1-14. $f(x) = |x|$는 $x = 0$ 에서 미분을 가지는가?

1-15. 다음 함수들의 $y''(x)$를 구하시오.

(a) $y(x) = x^2 \cos x$ (b) $y(x) = e^{-x} \sin x$ (c) $y(x) = x^2 \ln x$

1-16. 다음 함수들의 $y'(x)$와 $y''(x)$를 구하시오.

(a) $y(x) = e^{-x^2}$ (b) $y(x) = \sin e^{-x}$ (c) $y(x) = e^{-\tan x}$

1-17. $f(x, y) = x^4 y + x^2 y^3 = 2$ 에 대하여 (1,1) 점에서를 dy/dx 구하시오. 접선에 대한 식은 무엇인가?

1-18. $f(x) = x^3 - 3x + 1$ 의 극값들과 변곡점들을 x축 전체에서 찾으시오.

1-19. $f(x) = x^5 + 2x$ 의 극값들과 변곡점들을 x축 전체에서 찾으시오.

1-20. $f(x) = 2x^3 - 3x^2 - 12x + 3$의 극값들과 변곡점들을 x축 전체에서 찾으시오.

1-21. $f(x) = 3x^4 - 4x^3 - 24x^2 + 48x - 20$ 의 극값들과 변곡점들을 x축 전체에서 찾으시오.

1-22. $\dfrac{d}{dx}u^v = vu^{v-1}\dfrac{du}{dx} + (\ln u)u^v \dfrac{dv}{dx}$ 임을 보이시오. 힌트: $y = u^v$ 로 놓고 $\ln y$를 미분하시오. 이번 문제의 결과를 이용하여 $\dfrac{d}{dx}x^x$를 구하시오.

1-23. 수직으로 발사된 물체의 속도를 시간에 대한 함수 $h(t) = 40(128t - 32t^2)$로 주어졌다. 이 물체는 어느 높이까지 올라가는가?

1-24. 직사각형의 둘레 길이가 주어졌을 때 가장 넓은 면적이 가지려면 정사각형이어야 함을 보이시오.

1-25. 곡선 $xy^2 = 1$에서 원점에 가장 가까운 점은 어디인가? 힌트: 함수 $D = (x^2 + y^2)^{1/2}$를 고려하시오.

1-26. 흑체 복사의 식은 다음과 같다.

$$\rho(\lambda, T) = \frac{8\pi hc}{\lambda^5} \frac{1}{e^{hc/\lambda k_B T} - 1}$$

여기서 $\rho(\lambda, T)d\lambda$는 λ와 $\lambda + d\lambda$ 사이의 에너지, λ는 복사선의 파장, h는 플랑크 상수, k_B는 볼츠만 상수, c는 빛의 속도, T는 절대 온도이다. 빈(Wien)의 변위 법칙은 $\lambda_{max}T =$ 상수(constant)인데, 여기서 λ_{max}는 $\rho(\lambda, T)$가 최대인 λ값이다. 흑체 복사 법칙으로부터 빈의 변위 법칙을 유도하고, "상수" $= hc/4.965k_B$ 임을 보이시오.

1-27. 다음 관계식을 보이시오.

$$\frac{d^2uv}{dx^2} = v\frac{d^2u}{dx^2} + 2\frac{du}{dx}\frac{dv}{dx} + u\frac{d^2v}{dx^2}$$

$(x+y)^2 = x^2 + 2xy + y^2$의 경우와 마찬가지로, 위 식에서 우변 항들의 계수들이 1, 2, 1임을 주목하라. 이제 uv의 더 고차 미분에 대한 식을 구한 후 이 식에서 우변 항들의 계수들을 $(x+y)^n$을 전개했을 때 나오는 항들의 계수와 비교하시오.

1-28. 이번 문제는 왜 e가 미적분에서 그토록 자연히 등장하는지를 보여 준다. 지수 함수 $y(x) = b^x$를 고려해 보자. 여기서 b가 상수일 때, 다음 관계가 성립함을 보이시오.

$$\frac{dy}{dx} = b^x \lim_{h\to 0} \frac{(b^h - 1)}{h} \tag{1}$$

이 식의 극한이 무엇이든 간에 이것을 c라고 표시하면 위 식 (1)은 다음과 같이 된다.

$$\frac{dy}{dx} = cb^x = cy(x)$$

만약 $c = 1$이면, $y(x)$는 그것의 미분이 자신과 같은 함수가 된다. 만약 b가 다음과 같을 때, 실제로 그러함을 보이시오.

$$b = (1+h)^{1/h} \qquad \text{as } h \longrightarrow 0$$

이것을 다음과 같이 표현할 수 있다.

$$b = \left(1 + \frac{1}{n}\right)^n \qquad \text{as } n \longrightarrow \infty$$

계산기 또는 컴퓨터를 사용하여 $b \to 2.71828\ldots = e$임을 보이시오.

1-29. e라는 수가 어떻게 자연스럽게 나타나는지를 보여 주는 또 다른 예가 있다. 이율이 r인 예금으로 은행에 돈을 맡기고, 이자를 1년에 한 번씩 받는 복리 예금이라고 가정하자. 우선 n년 지난 후에 돈이 $(1+r)^n$배 증가함을 보이시오. 이제 이자가 반년마다 지급된다고 가정하고, 이 경우에는 돈이 불어나는 비율이 $(1+r/2)^{2n}$임을 보이시오. 이런 식으로 논의를 계속하여, 이제 매일 이자가 복리로 계산된다고 가정하면 돈이 불어나는 비율이 $(1+r/365)^{365n}$임을 보이시오. 년 이율 6%일 때, 5년 후 원금이 불어난 비율은 1.3382(1년마다 지급), 1.3439(반년마다 지급), 1.3498(매일 지급)과 같음을 보이시오. 마지막으로 매순간마다 연속하여 이자가 지급되는 복리라면 이 경우($r = 0.06$, $n = 5$) 돈이 불어난 비율은 $e^{rn} = 1.3499$임을 보이시오(따라서 $e = 2.71828...$).

1-30. 그림 1.19를 이용하여 $\lim_{x\to 0} \frac{\sin x}{x} = 1$임을 보이시오. 힌트: 면적 사이의 다음 관계를 이용하시오. 삼각형 Δoab의 면적 < 부채꼴 oad의 면적 < 삼각형 Δocd의 면적.

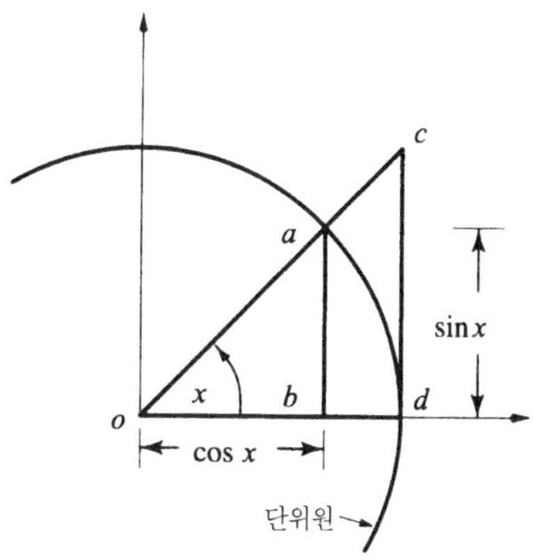

[그림 1.19] $\lim_{x \to 0} \frac{\sin x}{x} = 1$을 증명하는 데 관련된 그림.

제 2 장

단일 변수의 함수 : 적분

2장에서는 미적분학 강좌의 복습을 계속한다. 첫 장에서는 미분을 복습하였고 이번 장에서는 적분을 복습한다. 두 가지 연산(미분과 적분)은 '미적분의 기본 정리' 라고 하는 것에 의하여 서로 연관되는데, 이것은 미분 과정을 되돌리는 것이 적분 과정이라는 관점에서, 적분이 역미분에 해당한다는 것을 보여 준다. 먼저, 곡선 아래 부분의 면적을 근사하는 사각형들의 면적을 합한 것의 극한값으로 적분을 정의하는 **리만의 정의**(*Riemann's definition*)를 제시한 후, '미적분의 기본 정리' 를 다룬다. 그 다음, 적분을 하는 데 사용할 수 있는 몇 가지 방법들을 간단하게 다룬 후, 마지막 절에서는 적분 한계들 중 하나 이상이 무한대인 **이상 적분**(*improper integral*)을 다룬다. 이러한 형태의 적분이 수렴할 것인지를 시험하는 간단한 판정법들을 제시한다.

2.1 적분의 정의

적분 개념은 원래 주어진 곡선 아래의 면적을 계산하기 위하여 발전하였지만, 오늘날에는 극한 과정으로 적분을 정의한다. 그림 2.1의 상황을 생각해 보자. 구간 (a, b)가 n개의 부분 구간들, (a, x_1), (x_1, x_2), $\cdots$, (x_{n-1}, b)로 나누어지고, 점 ξ_j가 j번째 구간 안에 위치한다고 하자. 여기서 $j = 1, 2, \ldots, n$이다. $x_0 = a$, $x_n = b$, $\Delta x_j = x_j - x_{j-1}$이라고 할 때, 다음과 같은 합을 만들어보자.

$$S_n = \sum_{j=1}^{n} f(\xi_j)(x_j - x_{j-1}) = \sum_{j=1}^{n} f(\xi_j)\Delta x_j$$

기하학적으로 이 합은 그림 2.1의 사각형들의 면적을 합한 것으로 나타내며, 이것을 **리만 합**(*Riemann sum*)이라고 부른다. 만약 구간 (a, b)를 더욱 더 좁은 폭을 가지는 부분 구간들로 계속 더 나눈다면 극한값에 접근하게 되는데, 이것을 **리만 적분**(*Riemann integral*)이라 부르며 다음과 같이 나타낸다.

$$\int_a^b f(x)dx = \lim_{h \to 0} \sum_{j=1}^{n} f(\xi_j)\Delta x_j \tag{2.1}$$

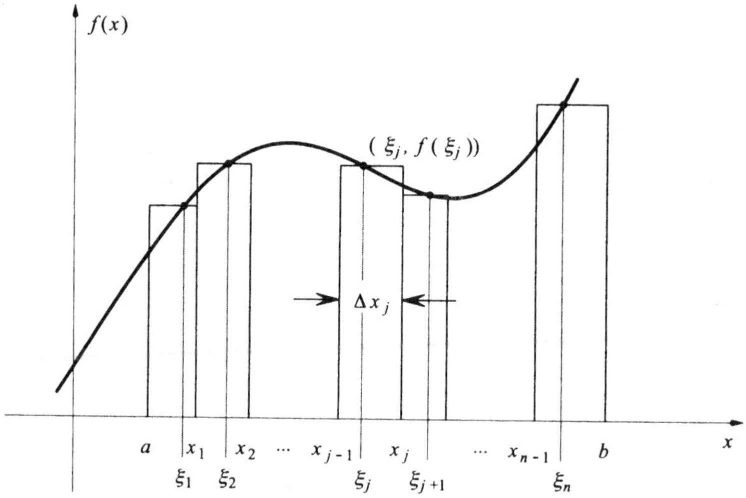

[그림 2.1] 리만 합의 설명에 관련된 그림.

여기서 h는 부분 구간들 중 가장 큰 구간의 폭이다. 만약 모든 부분 구간들이 동일한 폭을 가지면 $h=(b-a)/n$이고, 그림 2.1에서 $h \to 0$이면 $n \to \infty$이다. 만약 $a \le x \le b$에서 $f(x)$가 연속이면(혹은 최소한 조각적 연속이면) 식 2.1의 극한값이 존재한다. a에서 b까지 $f(x)$를 적분한 것이 기하학적으로는 $f(x)$를 나타내는 곡선과 x축, 그리고 $x=a$와 $x=b$에서의 수직선으로 둘러싸인 (a와 b 사이에서 $f(x)$가 항상 양의 값이면) 부분의 전체 면적을 나타낸다. a와 b 사이에서 $f(x)$가 항상 양의 값이 아닌 경우에는 이 적분이 x축 위의 면적은 양수값, x축 아래의 면적은 음수값으로 처리하여 더하였을 때의 알짜 면적을 나타낸다.

적분을 하기 위하여 식 2.1을 실제로 사용하는 것은 아니다. 아는 바와 같이, 그리고 아래에서 보여 주는 바와 같이, 적분과 미분은 서로 반대 과정의 연산이기 때문에 흔히 미분에 대한 식들의 표를 거꾸로 적용하여 적분을 한다. 그러나 그러한 것을 다루기 이전에, 식 2.1에 주어진 정의에 따라 나오는 적분의 몇 가지 성질들을 여기서 지적하여야 한다. 만약 c_1과 c_2가 상수이면 다음 관계가 성립한다.

$$\int_a^b [c_1 f_1(x) + c_2 f_2(x)]\,dx = c_1 \int_a^b f_1(x)\,dx + c_2 \int_a^b f_2(x)\,dx \tag{2.2}$$

즉, 적분은 선형 연산이다. 식 2.2는 미분에 대한 식 1.15와 비슷하다. 식 2.1로부터 나오는 또 다른 성질은 다음과 같다.

$$\int_a^b f(x)\,dx = \int_a^c f(x)\,dx + \int_c^b f(x)\,dx \tag{2.3}$$

여기서 $a \le c \le b$이다. 수평 축을 꼭 x로 하여야 할 특별한 이유는 없기 때문에 다음과 같이 여러 가지로 쓸 수 있다.

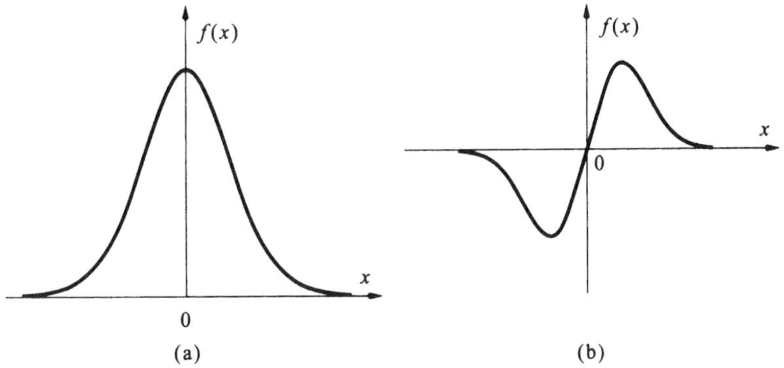

[그림 2.2] (a) x에 대한 짝함수의 그래프. (b) x에 대한 홀함수의 그래프. 짝함수는 y축에 대하여 대칭이고, 홀함수는 부호가 바뀐다.

$$\int_a^b f(x)\,dx = \int_a^b f(u)\,du = \int_a^b f(t)\,dt$$

이 경우의 적분 변수를 **임시 변수**(*dummy variable*)라고 한다. 적분의 결과는 단지 a와 b의 값에만 의존한다.

짝함수와 홀함수의 적분이 가지는 특별한 성질을 보이기 위하여, 함수를 나타내는 곡선 아래의 알짜 면적으로 적분값을 해석하는 것을 적용할 수 있다. 앞의 1장에서 $f(-x) = f(x)$이면 $f(x)$를 짝함수라 하고, $f(-x) = -f(x)$이면 $f(x)$를 홀함수라고 하였다(그림 2.2 참조). 양쪽에 대칭인 구간에서 짝함수, $f_{\text{even}}(x)$의 적분을 생각해 보자.

$$I = \int_{-a}^{a} f_{\text{even}}(x)\,dx$$

그림 2.2a를 보면, $-a$에서 0 사이의 면적은 0에서 a사이의 면적과 같다는 것을 알 수 있기 때문에 적분값 I는 다음과 같이 된다.

$$I = \int_{-a}^{a} f_{\text{even}}(x)\,dx = 2\int_{0}^{a} f_{\text{even}}(x)\,dx \tag{2.4}$$

마찬가지로 다음이 성립한다.

$$\int_{-a}^{a} f_{\text{odd}}(x)\,dx = 0 \tag{2.5}$$

2.2 미적분의 기본 정리

지금까지 다룬 적분들은 정해진 한계들 사이의 적분이며, 이것들을 **정적분**(*definite integral*)이라고 한다. 만약 적분의 상한(upper limit)이 x로 치환되면 적분 결과 자체가 x에 의존하는 형태로 정의되며, 이것을 **부정 적분**(*indefinite integral*)이라 부르고, 다음과 같이 표시한다.

$$F(x) = \int_a^x f(u)\,du \tag{2.6}$$

그런데 여기서는 적분의 상한과 적분 변수를 구별하기 위하여 적분 변수를 x가 아닌 u를 사용함을 주의하라. 적분 변수는 임시 변수이기 때문에 무엇을 적분 변수로 사용하든 관계없다. 즉 다음과 같이 여러 가지 다른 표현들이 완전히 서로 동등하다.

$$F(x) = \int_a^x f(u)\,du = \int_a^x f(z)\,dz = \int_a^x f(t)\,dt$$

그러나 다음과 같이 쓰는 것은 좋지 않은 방식인데, 왜냐하면 적분의 상한인 x와 적분 변수 x는 다른 값을 나타내기 때문이다.

$$F(x) = \int_a^x f(x)\,dx$$

'**미적분의 기본 정리**' (*fundamental theorem of calculus*)에 의하면, 만약 $f(x)$가 구간 (a, b)에서 연속이고 다음 관계가 성립하면

$$F(x) = \int_a^x f(u)\,du + c \tag{2.7}$$

$F(x)$가 $f(x)$의 **역미분**(*antiderivative*)이라고 한다. 여기서 c는 상수이다. 다시 말해서 (a, b) 구간에서 $F'(x) = f(x)$이다. '미적분의 기본 정리'는 미분과 적분이 서로의 반대 과정이라는 것을 말해준다.

식 2.7로부터 $f(x)$를 얻기 위하여, 다음과 같이 적분 상한 x에 대하여 미분한다.

$$F(x+\Delta x) - F(x) = \int_a^{x+\Delta x} f(u)\,du - \int_a^x f(u)\,du = \int_x^{x+\Delta x} f(u)\,du \tag{2.8}$$

만약 $(x, x + \Delta x)$ 구간에서 $f(u)$가 연속이면, 매우 작은 Δx에 대해서는 $f(u)$가 거의 일정하며 $f(x)$값과 동일하다. 만약 식 2.8을 Δx로 나누고 $\Delta x \to 0$인 극한을 택하면 적분기호 안의 $f(x)$를 끄집어 내어 다음과 같이 쓸 수 있다.

$$\frac{dF}{dx} = F'(x) = f(x) \tag{2.9}$$

식 2.7과 2.9는 '미적분의 기본 정리'를 요약한 것이다.

$f(x)$의 곡선과 x축 사이의 알짜 면적으로 적분을 해석하는 것과 함께 식 2.7을 사용하여 정적분에 대한 표준식을 표시할 수 있다. 먼저, $x = \beta$로 놓고 그 다음에 $x = \alpha$로 한 다음에 $F(\beta) - F(\alpha)$를 만들면 다음과 같이 됨을 알 수 있다.

$$F(\beta) - F(\alpha) = \int_\alpha^\beta f(x)\,dx = \Big[F(x)\Big]_\alpha^\beta \tag{2.10}$$

여기서 마지막 부분은 $F(\beta) - F(\alpha)$ 나타내는 일반적인 방식이다.

다음 관계가 성립하기 때문에 식 2.10은 식 2.3을 증명하는 데 쓸 수 있다.

$$\begin{aligned}\int_\alpha^\beta f(x)\,dx = \int_\alpha^c f(x)\,dx + \int_c^\beta f(x)\,dx &= F(c) - F(\alpha) + F(\beta) - F(c)\\ &= F(\beta) - F(\alpha)\end{aligned}$$

또한 식 2.10은 다음과 같은 중요한 결과를 유도하는 데도 쓸 수 있다.

$$\int_\alpha^\beta f(x)\,dx = -\int_\beta^\alpha f(x)\,dx = -[F(\alpha) - F(\beta)] = F(\beta) - F(\alpha) \tag{2.11}$$

미분하였을 때 $f(x)$가 되는 함수를 찾으면 적분을 구할 수 있음을 식 2.7과 2.10이 보여 준다. 예를 들어 $\int_0^{\pi/2} \cos x\,dx$를 구하려면, 미분 공식 표를 들여다보고 $d\sin x/dx = \cos x$를 찾을 수 있기 때문에 다음과 같이 쓸 수 있다.

$$\int_0^{\pi/2} \cos x\,dx = \Big[\sin x\Big]_0^{\pi/2} = \sin(\pi/2) - \sin 0 = 1$$

예제 2-1

$\int_0^1 x^3\,dx$을 구하시오.

풀이 $dx^4/dx = 4x^3$이라는 사실을 사용하여 다음과 같이 쓴다.

$$\int_0^1 x^3\,dx = \frac{1}{4}\Big[x^4\Big]_0^1 = \frac{1}{4}$$

위의 두 예는 사실 상당히 쉽다. 미분 공식 표에서 $F(x)$의 미분에 그대로 해당하는 것을 찾는다면 행운이지만, 그렇지 않은 경우에는 주어진 적분을 적절히 처리하여 미분 공식 표를 이용할 수 있는 형태로 바꿔야 한다.

2.3 적분 방법들

미적분 강좌를 수강하면서 여러 가지 적분을 구하기 위하여 많은 날들을 보냈을 것이다. 주어진 적분들을 쉽게 인식할 수 있는 역미분의 형태로 바꾸는 데 사용할 수 있는 여러 가지의 기발한 방법과 책략들이 있다. 예를 들면 부분 적분 방법, 삼각 함수 치환법, 부분 분수 방법, 그리고 기타 여러 가지 치환법들이 있다. 충분한 연습을 하면 대부분의 학생들이 이들 기법에 꽤 익숙해지지만, 그러나 적분은 여전히 일종의 예술과 같은 것이다. 이들 방법들 중에서 부분 적분 방법이 아마도 가장 유용한 것이다. 부분 적분은 다음 공식을 사용한다는 것을 기억하자.

$$\int u\,dv = uv - \int v\,du \tag{2.12}$$

두 함수의 곱을 미분하는 공식을 적분하면 위 공식이 얻어진다(연습문제 2-4).

다음을 적분하기 위하여 부분 적분을 써보자.

$$F(x) = \int x \cos x\,dx$$

이 경우 "u" $= x$와 "dv" $= \cos x\,dx$로 놓으면, "du" $= dx$이고 "v" $= \sin x$이기 때문에 식 2.12에 따라 다음과 같이 된다.

$$\int x\cos x\,dx = x\sin x - \int \sin x\,dx = x\sin x + \cos x + c$$

여기서 c는 적분 상수이다. $x\sin x + \cos x + c$를 미분하면 $x\cos x$가 된다는 것으로부터 위의 적분 결과를 확인할 수 있다.

예제 2-2

치환을 하면 주어진 적분이 좀 더 명확한 형태로 바뀌는 경우가 자주 있다. 다음 적분을 구하시오.

$$I = \int_0^2 x\,e^{-x^2}\,dx$$

풀이 $de^{\pm x}/dx = \pm e^{\pm x}$이기 때문에 $e^{\pm x}$을 포함한 적분을 어떻게 구하는지 알고 있다. 따라서 $x^2 = u$로 치환해 보자. 그러면 $du = 2x\,dx$이기 때문에 다음과 같이 된다.

$$I = \int_0^2 x\,e^{-x^2}\,dx = \frac{1}{2}\int_0^4 e^{-u}\,du = \frac{1}{2}\Big[-e^{-u}\Big]_0^4 = \frac{1-e^{-4}}{2}$$

$x=0$일 때 $u=0$이고, $x=2$일 때 $u=4$이기 때문에 x에 대한 적분 한계가 0부터 2인 것을 u에 대한 적분 한계 0부터 4로 바꿔야 함을 주목하라.

예제 2-3

양자 역학에서 자주 등장하는 다음 적분을 구하시오.

$$I = \int_0^{\pi} \cos^2\theta \sin\theta\,d\theta$$

풀이 $x = \cos\theta$로 놓으면 $dx = -\sin\theta\,d\theta$이기 때문에 다음과 같이 된다.

$$I = \int_0^{\pi}\cos^2\theta\sin\theta\,d\theta = -\int_1^{-1} x^2\,dx = \int_{-1}^{1} x^2\,dx = \frac{1}{3}\Big[x^3\Big]_{-1}^{1} = \frac{2}{3}$$

여러 형태의 적분을 이런 방식으로 계속해 나갈 수 있는데, 학생들은 이런 식의 적분을 이미 해본 경험이 있을 것이다.

적분 공식에 대한 좋은 표를 사용할 수 있으면 많은 적분을 더 쉽게 할 수 있음이 분명하다. 미적분 공식에 대한 표준 인쇄 매체인 '*CRC Standard Mathematical Tables and Formulae*'은 많은 대학에서 인터넷 온라인으로 접속이 가능한데, 적분 공식 표만 50여 페이지 이상이다. 미적분 공식들을 가장 완전하게 포함한 표(무려 1000페이지가 넘는다!)는 Gradshteyn과 Ryzhik가 저술한 '*Tables of Integrals, Series, and Products*'인데, 이것은 응용수학 분야에 종사하는 사람들에게는 꼭 필요한 것이다. 적분표들을 제공하는 여러 웹사이트들이 있는데, 좋은 것 중 하나가 위키피디아(Wikipedia) 웹사이트인 *http://en.wikipedia.org/wiki/table_of_integrals*이다. 이상의 참고 자료들 외에도 여러 상용 프로그램들이 있는데 *Mathematica, MathCad, Maple* 등의 컴퓨터 프로그램들은 미분과 부정 적분 및 정적분을 구하는 데 사용될 수 있다. 이들 프로그램들은 숫자로 답을 제공할 수 있을 뿐만 아니라 대수 조작을 수행할 수도 있기 때문에 전산 대수 시스템(Computer Algebra System, CAS)이라고 부른다. 예를 들어 *Mathematica*에서 다음과 같은 명령을 수행하면

```
Integrate [ x^3 Cos [ a x ], x ]
```

다음과 같은 부정 적분을 준다.

$$\int x^3 \cos ax\, dx = \frac{3(a^2x^2-2)\cos ax}{a^4} + \frac{x(a^2x^2-6)\sin ax}{a^3}$$

또한 다음 명령을 수행하면

```
Integrate [ x Log [ a x + b ], {x, 0, 1} ]
```

다음과 같은 정적분 결과를 준다.

$$\int_0^1 x \ln(ax+b)\, dx = \frac{2ab - a^2 + 2b^2 \ln b + 2(a^2-b^2)\ln(a+b)}{4a^2}$$

*Maple*과 *MathCad* 같은 다른 CAS 프로그램들도 동일한 기능을 가지고 있다. 거의 모든 과학기술 분야의 교육기관들이나 혹은 산업계의 연구실들은 이들 CAS 프로그램들 중 최소한 하나 이상의 사용권을 가지고 있다. 이들 프로그램들 중 어느 것 하나의 사용법을 익혀두면 대수 처리를 하는 데 걸리는 시간을 절약할 수 있을 뿐 아니라 대수 조작에 수반하는 실수들을 줄일 수 있으며, 대수 조작의 어려움에 얽매이지 않고 과학기술 문제의 본질에 집중할 수 있게 해 줄 것이다.

'**잘 정의된**' (*well-defined*) 정적분을 가지기 위하여 함수가 꼭 연속일 필요는 없다. '조각적 연속' 이기만 하면 된다(조각적 연속의 정의에 대해서는 1.2절의 마지막 문단을 보라). 그림 2.3은 간단한 조각적 연속 함수를 보여 준다. $f(x)$가 $a \le x \le b$ 구간에서 조각적 연속이면서 $x = c$에서 건너뜀이 있다고 가정하자. 그러면 적분은 다음과 같이 구해진다.

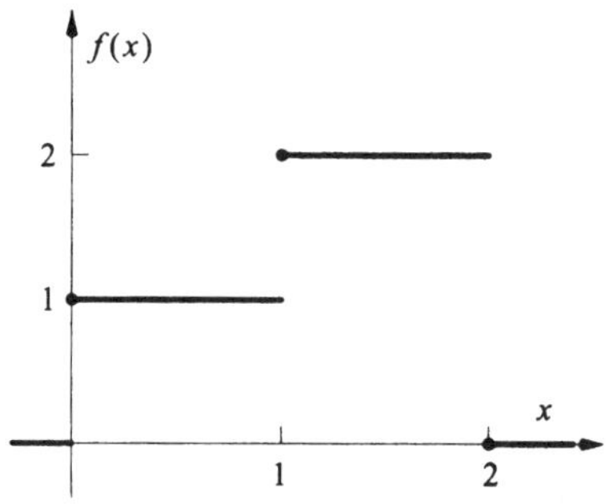

[그림 2.3] $x < 0$에서 $f(x) = 0$, $0 \le x < 1$에서 $f(x) = 1$, $1 \le x < 2$에서 $f(x) = 2$, $x \ge 2$에서 $f(x) = 0$인 함수.

$$I = \int_a^b f(x)\,dx = \lim_{\epsilon \to 0} \int_a^{c-\epsilon} f(x)\,dx + \lim_{\epsilon \to 0} \int_{c+\epsilon}^b f(x)\,dx \tag{2.13}$$

예제 2-4

x축과 다음 함수 사이의 면적을 구하시오(그림 2.3).

$$f(x) = \begin{cases} 0 & x < 0 \\ 1 & 0 \le x < 1 \\ 2 & 1 \le x < 2 \\ 0 & x \ge 2 \end{cases}$$

풀이

$$I = \lim_{\epsilon \to 0} \int_0^{1-\epsilon} dx + \lim_{\epsilon' \to 0} \int_1^{2-\epsilon'} 2\,dx$$

$$= \lim_{\epsilon \to 0}(1 - \epsilon) + 2 \lim_{\epsilon' \to 0} (2 - \epsilon' - 1) = 3$$

$f(x)$ 아래는 면적이 1과 2인 두 사각형으로 이루어져 있기 때문에 $f(x)$ 아래의 면적이 3이라는 것을 기하학적으로도 알 수 있다.

다음 예제는 불연속 함수를 적분하기 위하여 식 2.13에 있는 것과 같은 극한 과정을 항상 거칠 필요는 없다는 것을 보여 준다.

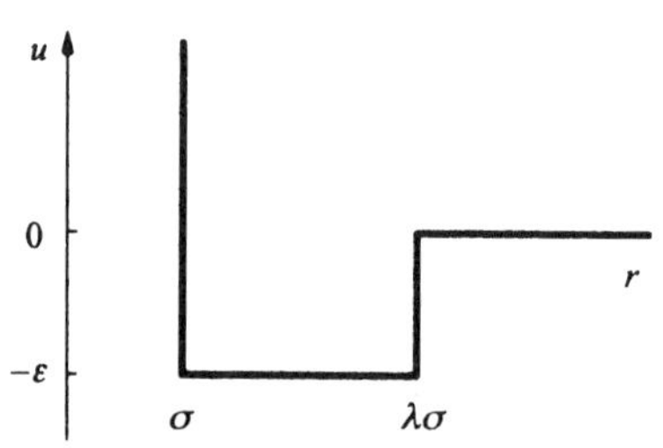

[그림 2.4] 두 개의 구형 대칭 분자들 사이의 상호작용 인력에 대한 사각-우물 퍼텐셜 에너지.

예제 2-5

x의 거리로 분리되어 있는 두 개의 구형 대칭 분자 사이의 상호작용 인력에 대한 사각-우물 퍼텐셜 에너지가 다음과 같이 주어진다(그림 2-4 참조).

$$u(r) = \begin{cases} \infty & 0 < r < \sigma \\ -\varepsilon & \sigma < r < \lambda\sigma \\ 0 & r > \lambda\sigma \end{cases}$$

여기서 σ, λ, ε은 분자의 특성에 따른 상수들이다. 불완전 기체 이론의 이차 **비리알**(*virial*) 계수는 다음과 같이 주어진다.

$$B(T) = -2\pi \int_0^\infty [e^{-u(r)/k_B T} - 1] r^2 dr$$

여기서 k_B는 볼츠만(Boltzmann) 상수이며, T는 절대 온도이다. 사각-우물 퍼텐셜의 $B(T)$에 대한 식을 유도하시오.

풀이

$$\begin{aligned} B(T) &= -2\pi \int_0^\sigma (-1) r^2\, dr - 2\pi \int_\sigma^{\lambda\sigma} (e^{\epsilon/k_B T} - 1) r^2\, dr \\ &= \frac{2\pi\sigma^3}{3}[1 + (\lambda^3 - 1)(e^{\epsilon/k_B T} - 1)] \end{aligned}$$

예제 2-4에는 세 곳의 건너뜀이 있고, 예제 2-5에는 두 곳의 건너뜀이 있지만, 한 곳 이상에서 건너뛰는 불연속을 가지는 경우로 식 2.13을 일반화하는 것은 자명하다. 또한 각 구간 끝단에서의 $f(x)$ 값이 적분값에 영향을 주지 않는다. 예를 들어 예제 2-4에서 $f(x) = 1$이 $0 \le x < 1$ 사이, $0 < x < 1$ 사이, $0 \le x \le 1$ 사이, $0 < x \le 1$ 사이 어느 경우이든지 결과에는 전혀 차이가 없다.

미분 공식을 사용하면 어떤 (미분 가능한) 함수들의 미분을 구하는 것도 가능하지만, 알려진 함수들의 항으로 표시할 수 없는 많은 적분들이 있다. 잘 알려진 여러 함수들이 실제로는 적분항들로 정의됨을 4장에서 보게 될 것이다. 예를 들면 **오차 함수**(*error function*)는 다음과 같이 정의됨을 보게 될 것이다.

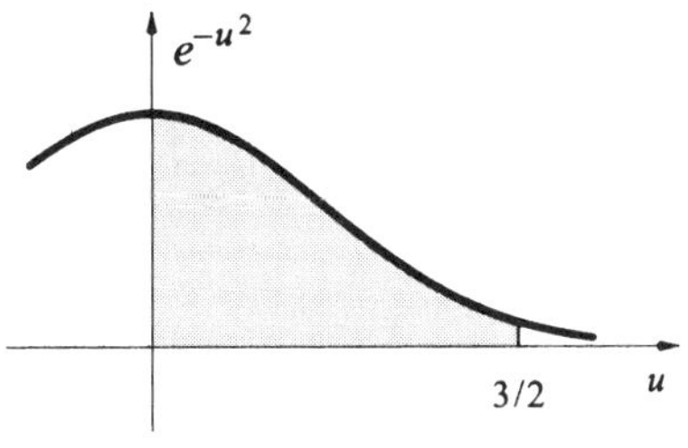

[그림 2.5] $u=0$부터 3/2 구간에서 u 축과 e^{-u^2} 그래프 사이의 면적은 $\int_0^{3/2} e^{-u^2}\, du$와 같다.

$$\mathrm{erf}(x) = \frac{2}{\sqrt{\pi}} \int_0^x e^{-u^2} du$$

예를 들어 erf(1.5)를 계산하려면 그림 2.5에 보인 것처럼 0부터 3/2까지 구간에서 u축과 e^{-u^2}의 그래프 사이의 면적을 정하면 된다. 이것을 구하는 많은 수치 방법들이 있다. 미적분 강좌에서 사다리꼴 근사와 **심슨 근사**(*Simpson's approximation*)을 배운 것을 기억할 것이다. 이 방법들은 기본적으로 이 면적에 대한 수치 근사를 제공한다(23장 참조). 이 적분을 수치 방법으로 계산하는 데 상용 컴퓨터 프로그램인 *Mathematica*, *MathCad*, *Maple* 등을 쓸 수 있다. *Mathematica*에서 다음과 같은 명령을 실행하면

```
NIntegrate [ Exp [ -x ^ 2 ], {x, 0, 3/2} ]
```

다음 결과를 준다.

$$\int_0^{3/2} e^{-u^2} du = 0.856\,188$$

2.4 이상 적분

무한 한계를 포함하는 적분을 **이상 적분**(*improper integral*)이라 하며, 다음과 같이 정의된다.

$$\int_a^{\infty} f(x)\,dx = \lim_{c\to\infty} \int_a^c f(x)\,dx \tag{2.14}$$

또는 다음과 같이 정의된다.

$$\int_{-\infty}^{b} f(x)\,dx = \lim_{c\to-\infty} \int_c^b f(x)\,dx \tag{2.15}$$

이상 적분을 정의하는 극한 과정이 존재하면, '적분이 수렴한다' 고 하거나 **수렴성**(*convegent*)이라고 한다. 그렇지 않으면 '적분이 발산' 한다고 하거나 **발산성**(*divergent*)이라고 한다.

예제 2-6

$\int_1^{\infty} dx/x^p$의 수렴 성질을 p의 함수로 조사하시오.

풀이

$$\int_1^{\infty} \frac{dx}{x^p} = \lim_{b\to\infty} \int_1^b \frac{dx}{x^p} = \lim_{b\to\infty} \left[\frac{1}{1-p} \frac{1}{x^{p-1}} \right]_1^b$$

만약 $p > 1$이면 다음과 같고,

$$\lim_{b\to\infty} \frac{1}{1-p} \left(\frac{1}{b^{p-1}} - 1 \right) = \frac{1}{1-p}(0-1) = \frac{1}{p-1}$$

만약 $p < 1$이면 다음과 같고,

$$\lim_{b\to\infty} \frac{1}{1-p}(b^{1-p} - 1) = \infty$$

만약 $p = 1$이면 다음과 같다.

$$\int_1^\infty \frac{dx}{x^p} = \lim_{b\to\infty} \int_1^b \frac{dx}{x} = \lim_{b\to\infty} \ln b = \infty$$

따라서 만약 $p > 1$이면 수렴하고, $p \le 1$이면 발산한다. 이 결과는 기억해 둘만 하다.

예제 2-7

$\int_a^\infty e^{-sx}dx$의 수렴 성질을 s의 함수로 조사하시오.

풀이

$$\begin{aligned}\int_a^\infty e^{-sx}\,dx &= \lim_{b\to\infty}\int_a^b e^{-sx}\,dx \\ &= \lim_{b\to\infty}\frac{e^{-sa} - e^{-sb}}{s} = \frac{e^{-sa}}{s} \quad (s > 0)\end{aligned}$$

따라서 만약 $s > 0$이면 수렴하고, $s \le 0$이면 발산한다.

적분을 하지 않고도 그 적분이 수렴하는지 아닌지를 미리 정할 수 있으면 매우 쓸모 있다. 여기에 쓸 수 있는 한 가지 판정법이 있는데, **p 판정법**(*p test*)이라 부르며, 이것은 예제 2-6의 결과에 바탕을 두고 있다.

만약 $\lim_{x\to\infty} x^p f(x) = K$라면

1. $p > 1$이고 K가 유한한 값이면 $\int_a^\infty f(x)\,dx$는 수렴한다.
2. $p \le 1$이고 $K \neq 0$이면 $\int_a^\infty f(x)\,dx$는 발산한다.

다음 적분의 수렴 여부를 조사해보자

$$I = \int_0^\infty f(x)\,dx = \int_0^\infty \frac{e^{-x}}{(1+x)^2}\,dx$$

이 경우 $\lim_{x\to\infty} x^2 f(x) = K = 0$가 된다. 따라서 $p > 1$이고 K가 유한한 값이기 때문에 이 적분은 수렴한다.

예제 2-8

p 판정법을 사용하여 다음 적분의 수렴 여부를 조사하시오.

$$I = \int_1^\infty f(x)\,dx = \int_1^\infty \frac{x^2}{(x^6+1)^{1/2}}\,dx$$

풀이 $\lim_{x\to\infty} xf(x) = K = 1$임을 알 수 있다. 따라서 $p = 1$이고 $K \neq 0$이기 때문에 이 적분은 발산한다.

연습문제

2-1. 다음의 역미분을 찾으시오.

(a) x^n (b) $\frac{1}{x}$ (c) e^{-x} (d) $\sin x$ (e) $\frac{1}{1+x}$

2-2. 다음을 적분을 구하시오.

(a) $\int_1^2 \frac{dT}{T}$ (b) $\int_0^\pi \sin u\,du$ (c) $\int_0^1 e^{-z}\,dz$ (d) $\int_{T_1}^{T_2} \frac{dT}{T^2}$

2-3. 치환 방법을 사용하여 다음을 적분을 구하시오.

(a) $\int_0^{\pi/4} \tan u\,du$ (b) $\int_0^1 \frac{t\,dt}{1+t^2}$ (c) $\int_0^2 \frac{w\,dw}{1+w^2}$

2-4. 부분 적분의 공식을 유도하시오.

2-5. 부분 적분 방법으로 다음을 구하시오.

(a) $\int xe^{-x}dx$ (b) $\int x\sin x\,dx$ (c) $\int \ln x\,dx$ (d) $\int x^2\ln x\,dx$

2-6. 부분 적분 방법으로 다음을 구하시오.

(a) $\int_0^\pi x^2\cos x\,dx$ (b) $\int_1^2 x\ln x\,dx$ (c) $\int_0^\infty x^2e^{-x}\,dx$ (d) $\int_0^{\pi/2} x^2\sin x\,dx$

2-7. 다음을 구하시오.

(a) $\int_{-\pi}^{\pi} \sin^3\theta\,d\theta$ (b) $\int_{-\infty}^{\infty} xe^{-x^2}\,dx$ (c) $\int_{-2}^{2} \frac{t^3\,dt}{1+t^2}$

2-8. 다음을 구하시오.

(a) $\int_0^\pi \sin 2x\,dx$ (b) $\int_0^\infty xe^{-x^2}\,dx$ (c) $\int_0^{\pi/2} x\sin x^2\,dx$ (d) $\int_0^\pi \cos\theta\sin^2\theta\,d\theta$

2-9. $x = 0$부터 2까지 사이에서 $y = 2x$와 $y = x^2$으로 둘러싸인 면적을 구하시오.

2-10. $-a \le x \le a$에서 $f(x) = \sqrt{a^2 - x^2}$ 곡선과 x축 사이의 면적을 구하시오.

2-11. 만약 $f(x) = f(-x)$이면 $\int_{-A}^{A} f(x)\,dx = 2\int_0^A f(x)\,dx$이고, $f(x) = -f(x)$이면 $\int_{-A}^{A} f(x)\,dx = 0$이라는 것을 실제 적분 계산으로 보이시오.

2-12. 이번 문제는 중요하고 실용적인 적분 조작을 보여 준다. 흑체 복사 법칙(연습문제 1-26)을 모든 파장에 대하여 적분한 슈테판–볼츠만(Stefan–Boltzmann) 법칙은 온도에 대한 의존성이 T^4이라는 것을 말해준다. 적분을 하지 않고도 이 결과를 보일 수 있는가?

2-13. $\int_0^\infty e^{-\beta x^2}\,dx/(1+\beta x^2)^2$ 적분 결과는 상수$/\beta^{1/2}$과 같다는 것을 적분을 하지 않고 보이시오.

2-14. $\int_0^\infty x^n e^{-\alpha x}$ 적분 결과는 상수$/\alpha^{n+1}$과 같다는 것을 적분을 하지 않고 보이시오.

2-15. 양자 역학에서 강체-회전자 또는 수소 원자를 다룰 때 다음 적분이 나온다.

$$I = \int_0^\pi (3\cos^2\theta - 1)^2 \sin\theta\, d\theta$$

$x = \cos\theta$로 놓고, 다음이 성립함을 보이시오.

$$I = \int_{-1}^{1} (3x^2 - 1)^2\, dx = \frac{8}{5}$$

2-16. 예제 2-4에 주어진 함수의 부정 적분이 다음과 같음을 보이시오.

$$F(x) = \begin{cases} 0 & x < 0 \\ x & 0 < x < 1 \\ 1 + 2(x-1) & 1 < x < 2 \\ 3 & x > 2 \end{cases}$$

$F(x)$는 모든 구간에서 연속임을 보이시오. 예제 2-4의 불연속 함수를 적분한 결과는 연속임을 주목하시오. 이 결과는 적분이라는 것이 매끄럽게 만드는 과정에 해당함을 보여 준다.

2-17. x축과 다음 함수 사이의 면적을 적분으로 구하시오.

$$f(x) = \begin{cases} 0 & x < 0 \\ x & 0 < x < 1 \\ 1 & 1 < x < 2 \\ 3 - x & 2 < x < 3 \\ 0 & x > 3 \end{cases}$$

이제 $f(x)$의 그래프를 그림으로 그리고, 기하 방법으로 면적을 구한 후, 적분에 의한 결과와 비교하시오.

2-18. 앞 문제에서 주어진 함수의 적분 $F(x)$을 구하시오. 이것을 그래프로 그려서, 적분 결과가 연속임을 보이시오(연습문제 2-16 참조).

2-19. p 판정법을 적용하여 $\displaystyle\int_1^\infty \frac{x^2+1}{(x^6+1)^{1/2}}dx$가 발산하는 것을 보이시오.

2-20. p 판정법을 적용하여 $\displaystyle\int_1^\infty \frac{x^2\,dx}{x^4+1}$가 수렴하는 것을 보이시오.

2-21. 만약 $p < 1$이면 $\displaystyle\int_a^b \frac{dx}{(x-a)^p}$가 수렴하고, $p \geq 1$이면 발산하는 것을 보이시오($b > a$로 간주하시오).

2-22. $\int_0^\infty e^{-x^2+6x}dx$가 수렴하는 것을 보이시오.

2-23. 만약 $G(x) = \int_a^{u(x)} f(z)\,dz$이면 다음이 성립한다는 것을 미분의 정의를 사용하여 보이시오.

$$\frac{dG}{dx} = f(u(x))\frac{du}{dx}$$

이것을 **라이프니츠 규칙**(*Leibniz's rule*)이라고 한다. 만약 적분의 하한이 a가 아니라 x의 함수, 예컨대 $v(x)$라면 그 결과는 무엇인가?

제 3 장

급수와 극한

수식에 포함된 변수들 중 하나의 값이 작은(혹은 큰) 경우에 그 함수가 어떤 거동을 하는지 조사할 필요가 자주 있다. 예를 들어 플랑크(Planck)의 흑체 복사 분포 법칙은 진동수가 낮은 영역에서 어떤 거동을 하는지 조사하기를 원할 수 있다.

$$\rho_\nu(T)\,d\nu = \frac{8\pi h}{c^3}\frac{\nu^3 d\nu}{e^{\beta h\nu}-1}$$

여기서 ν는 진동수, h는 플랑크 상수, c는 빛의 속도이고, $\beta = 1/k_{\rm B}T$ 에서 T는 절대 온도이며, $k_{\rm B}$는 볼츠만(Boltzmann) 상수이다. 이 거동을 조사하기 위해서는 e^x를 다음과 같이 무한 급수(끝없이 계속되는 무수한 항들을 포함하는 급수)로 쓸 수 있다는 사실을 이용한다.

$$e^x = 1 + x + \frac{x^2}{2!} + \frac{x^3}{3!} + \cdots$$

이 관계를 $\rho_\nu(T)$에 대한 위의 식에 적용한 후, ν가 작은 값인 경우에 대하여 정리하면 다음과 같이 된다.

$$\begin{aligned}\rho_\nu(T)\,d\nu &= \frac{8\pi h}{c^3}\frac{\nu^3 d\nu}{[1+\beta h\nu + (\beta h\nu)^2/2 + \cdots] - 1} \\ &\approx \frac{8\pi h}{c^3}\frac{\nu^3 d\nu}{\beta h\nu} = \frac{8\pi k_{\rm B}T}{c^3}\nu^2 d\nu\end{aligned}$$

따라서 ν가 작은 값인 경우에 $\rho_\nu(T)$는 ν^2에 비례한다는 것을 알 수 있다. 이번 3장에서는 몇 가지 유용한 급수들을 복습하고 이들을 물리 문제들에 적용할 것이다.

3.1 무한 급수의 수렴과 발산

무한 급수(*infinite series*)는 다음 형식으로 표현된다.

$$\sum_{n=1}^{\infty} u_n = u_1 + u_2 + u_3 + \cdots \tag{3.1}$$

식 3.1의 덧셈에서 지표 n은 임시 변수라는 것을 강조하자. 즉 이것은 단지 1, 2, 3, …으로 변하기만 한다. 따라서 다음과 같이 어떤 방식으로 적어도 된다.

$$\sum_{n=1}^{\infty} u_n = \sum_{j=1}^{\infty} u_j = \sum_{l=1}^{\infty} u_l$$

식 3.1의 N번째 부분합(Partial sum)을 다음과 같이 정의한다.

$$S_N = \sum_{n=1}^{N} u_n$$

만약 다음과 같이 되고,

$$\lim_{N \to \infty} S_N = S$$

S가 유한한 값이면 이 급수는 수렴하며, S를 이 무한 급수의 합이라고 부른다. 그렇지 않으면 이 급수는 발산한다.

무한 급수의 표준 예로 기하 급수가 있는데, 이 경우 N번째 부분합은 다음과 같다.

$$S_N = \sum_{j=0}^{N} x^j = 1 + x + x^2 + \cdots + x^N \tag{3.2}$$

이 경우 덧셈이 $j = 0$부터 시작한다는 것을 주목하라. 이 경우에는 S_N에 대한 닫힌 형식(closed-form)의 표현을 얻는 것이 가능하다(쉽다)는 것이 다음과 같이 드러난다. 즉, S_N에 x를 곱한 후 그 결과를 S_N에서 빼면 다음과 같고,

$$S_N - xS_N = 1 - x^{N+1}$$

이것은 다음과 같이 정리된다.

$$S_N = \frac{1 - x^{N+1}}{1 - x} \tag{3.3}$$

따라서 다음과 같음을 알 수 있다.

$$\lim_{N \to \infty} S_N = \begin{cases} \dfrac{1}{1-x} & |x| < 1 \\ \infty & |x| > 1 \end{cases}$$

$x = 1$인 경우 $S_N = N + 1$이고, $x = -1$이면 S_N이 1과 0 사이를 진동함을 식 3.2로부터 곧바로 알 수 있다. 따라서 $x = 1$이면 부분합의 극한은 발산하고, $x = -1$이면 하나의 유일한 값으로 정해지지 않는다. 그러므로 $|x| < 1$이면 기하 급수는 수렴하고, $|x| \geq 1$이면 발산한다는 것을 알 수 있다.

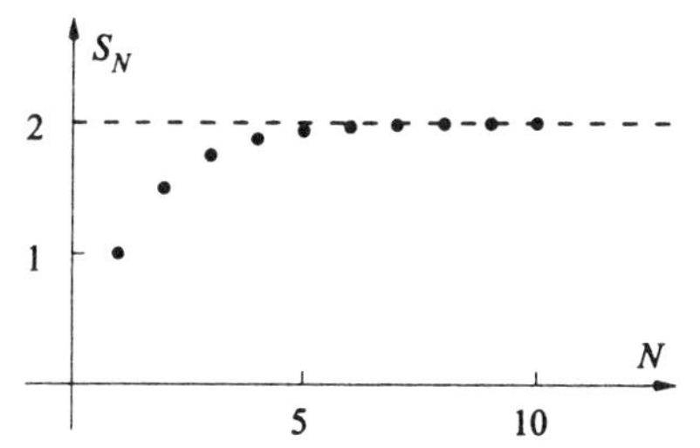

[그림 3.1] $x = 1/2$인 기하 급수의 부분합을 나타내는 $2[1-(1/2)^{N+1}]$의 그래프. 극한값이 점선으로 표시되었다.

그림 3.1은 $x = 1/2$인 기하 급수의 부분합이 N에 따라 변하는 것을 보여 준다. 기하 급수는 흔히 다음과 같이 적는다.

$$\sum_{n=0}^{\infty} x^n = \frac{1}{1-x} = 1 + x + x^2 + x^3 + \cdots \qquad |x| < 1 \tag{3.4}$$

예제 3-1

양자 역학의 조화 진동자로 묘사되는 2-원자 분자의 분배 함수(partition function)는 다음과 같다.

$$q(T) = \sum_{n=0}^{\infty} e^{-(n+\frac{1}{2})h\nu/k_B T} \tag{1}$$

여기서 h는 플랑크 상수, ν는 진동자의 진동수, k_B는 볼츠만 상수, T는 절대 온도이다. $q(T)$를 닫힌 형식으로 표현하시오.

풀이 무한한 항들의 합으로 표현된 위 식에서 $e^{-h\nu/2k_B T}$를 끄집어내고, $r = e^{-h\nu/k_B T} < 1$로 놓자. 그리고 기하 급수에 대한 식을 사용하면 다음과 같이 된다.

$$q(T) = e^{-h\nu/2k_B T} \sum_{n=0}^{\infty} r^n = \frac{e^{-h\nu/2k_B T}}{1 - e^{-h\nu/k_B T}}$$

식(1)은 무한히 많은 단계를 필요로 하는 데 반하여, 위 식에 의한 수치 계산은 몇 단계만 필요하기 때문에 $q(T)$를 닫힌 형식으로 구하는 것이라고 한다.

만약 급수가 수렴하려면 $n \to \infty$가 되면서 $u_n \to 0$가 될 필요가 있다는 것은 자명하다. 그러나 이 조건은 급수가 수렴하기 위한 **필요 조건**이기는 하지만 충분 조건은 아니라는 사실을 주목하는 것은 흥미롭고 중요하다. n번째 항이 0에 접근하기는 하지만 급수가 수렴하지는 않는 전형적인 예가 **조화 급수**(*harmonic series*)이다.

$$S = \sum_{n=1}^{\infty} \frac{1}{n}$$

연습문제 3-5는 $N \to \infty$이 되면서 $S_N \to \infty$인 것에 대한 표준 증명 과정을 제시한다.

무한 급수가 수렴하는지 아닌지 하는 사실은 유한한 수의 항들을 더하거나 혹은 빼 주어도 전혀 영향 받지 않는다. 예를 들어 수렴하는 급수의 앞부분에 100개 항을 더한다면 (그것들의 합이 c라고 하면) 그 급수의 부분합은 S_N 대신에 $S_N + c$가 될 것이며, 추가 항들이 더해진 급수의 합 S_+는 다음과 같다.

$$S_+ = \lim_{N\to\infty} (S_N + c) = S + c$$

어떠한 순환 소수도 유리수로 표현될 수 있다는 것을 보이는데 기하 급수를 사용할 수 있다. 예를 들어 소수 $a = 0.0909090909\cdots$를 생각해 보자. a를 다음과 같이 기하 급수 형태로 쓸 수 있다.

$$\begin{aligned} a &= \frac{9}{10^2} + \frac{9}{10^4} + \frac{9}{10^6} + \cdots \\ &= 9\sum_{n=1}^{\infty} \frac{1}{10^{2n}} = 9\sum_{n=1}^{\infty} \frac{1}{(100)^n} = \frac{9}{100}\sum_{n=0}^{\infty} \frac{1}{(100)^n} = \frac{9/100}{1 - 1/100} = \frac{9}{99} = \frac{1}{11} \end{aligned}$$

식 3.3으로부터 식 3.4를 유도하는 과정은 무한 급수에 대한 중요한 것을 알려준다. 즉 식 3.4는 $|x| < 1$인 경우에는 수렴하고, $|x| \geq 1$인 경우에는 발산한다. 주어진 급수가 수렴하는지 발산하는지를 어떻게 알 수 있을까? 소위 말하는 '수렴-판정'이라는 것들이 여러 가지 있지만, 그 중에서 간단하고 쓸모 있는 것이 **비율 판정법**(*ratio test*)이다. 비율 판정법을 적용하려면 **n**번째 항인 u_n에 대한 $(n+1)$번째 항인 u_{n+1}의 비율의 절대값을 만든 후, **n**값을 매우 크게 한다.

$$r = \lim_{n\to\infty} \left| \frac{u_{n+1}}{u_n} \right| \tag{3.5}$$

만약 $r < 1$이면 급수는 수렴하고, $r > 1$이면 발산하며, 만약 $r = 1$이면 이 판정법으로는 수렴 여부를 결론지을 수 없다. 이 판정법을 기하 급수(식 3.4)에 적용해 보자.

$$r = \lim_{n\to\infty} \left| \frac{x^{n+1}}{x^n} \right| = |x|$$

따라서 만약 $|x| < 1$이면 이 급수는 수렴하고, $|x| > 1$이면 발산한다는 것을 알 수 있다. $x = 1$이면 이 급수는 실제로 발산하지만, 비율 판정법은 이것을 알려주지 않는다. $x = 1$일 때 이 급수의 거동을 결정하기 위해서는 다른 방법을 사용해야 한다.

예제 3-2

이번 3장의 도입 부분에서 e^x를 다음과 같이 쓴다는 것을 제시하였고, 다음 절에서는 그 사실을 보일 것이다.

$$e^x = \sum_{n=0}^{\infty} \frac{x^n}{n!} = 1 + x + \frac{x^2}{2!} + \frac{x^3}{3!} + \cdots \tag{3.6}$$

이 지수-급수가 수렴하는 x의 값들을 정하시오.

풀이 비율 판정법은 어떤 정해진 x에 대한 다음 값을 준다.

$$r = \lim_{n\to\infty} \left| \frac{x^{n+1}/(n+1)!}{x^n/n!} \right| = \lim_{n\to\infty} \left| \frac{x}{n+1} \right| = 0$$

따라서 이 지수-급수는 모든 x값에 대하여 수렴한다고 결론지을 수 있다.

급수의 수렴 여부를 따지는 실제로 유용한 또 다른 판정법은 **극한 비교 판정법**(*limit comparison test*)이다.

$\sum u_n$과 $\sum v_n$가 양수값의 항들로 이루어진 급수라고 하자. 만약 다음 극한이 존재하고 $0 < t < \infty$라면

$$t = \lim_{n\to\infty} \frac{u_n}{v_n}$$

두 급수 모두가 수렴하거나 혹은 둘 다 발산한다.

이 판정법을 적용하려면 비교하는 데 사용할 적당한 급수를 알고 있어야 한다. 매우 유용하고 많은 경우를 다룰 수 있는 두 급수는 기하 급수와

$$\sum_{n=0}^{\infty} t^n = 1 + t + t^2 + t^3 + \cdots \qquad |t| < 1$$

다음 급수이다.

$$\sum_{n=1}^{\infty} \frac{1}{n^s} = \frac{1}{1^s} + \frac{1}{2^s} + \frac{1}{3^s} + \cdots \qquad s > 1 \tag{3.7}$$

($s = 1$이면 이 급수는 조화 급수에 해당하는데, 조화 급수는 발산한다.)

이제 급수 $\sum_{n=1}^{\infty} u_n = \sum_{n=1}^{\infty} (n^2 + n)/(n^4 + n + 6)$의 수렴 성질을 조사하는 데 극한 비교 판정법을 사용해보자. 이 판정법은 $n \to \infty$인 극한을 포함하기 때문에 매우 큰 n값을 따져야 할 것이다. 그러한 경우에 $n^2 + n \to n^2$이고 $n^4 + n + 6 \to n^4$이기 때문에 $n \to \infty$이 되는 경우에 $u_n = (n^2 + n)/(n^4 + n + 6) \to 1/n^2$이 된다. 따라서 극한 비교 판정법의 v_n을 $1/n^2$으로 선택하면 다음과 같음을 알 수 있다.

$$t = \lim_{n\to\infty} \frac{u_n}{v_n} = 1$$

급수 $\sum_{n=1}^{\infty} v_n = \sum_{n=1}^{\infty} 1/n^2$는 수렴하기 때문에(식 3.7 참조), 급수 $\sum_{n=1}^{\infty} u_n = \sum_{n=1}^{\infty} (n^2+n)/(n^4+n+6)$는 수렴한다.

예제 3-3

$\sum_{n=1}^{\infty} u_n = \sum_{n=1}^{\infty} (2n^2-1)/(n^3+n+2)$의 수렴 여부를 조사하시오.

풀이 n값이 매우 큰 경우에, $2n^2-1 \to 2n^2$이고 $n^3+n+2 \to n^3$이기 때문에 $n \to \infty$이 되면서 $u_n = (2n^2-1)/(n^3+n+2) \to 2/n$이 된다. v_n을 $1/n$으로 선택하면 $t = \lim_{n\to\infty} \frac{u_n}{v_n} = 2$이다. 급수 $\sum_{n=1}^{\infty} v_n = \sum_{n=1}^{\infty} 1/n$는 발산하기 때문에 이번 문제에서 주어진 급수 $\sum_{n=1}^{\infty} (2n^2-1)/(n^3+n+2)$는 발산한다.

비율 판정법은 위 두 예제들의 급수가 수렴하는지 아닌지에 대하여 어떤 결론도 주지 못한다. 그러나 극한 비교 판정법은 수렴 여부를 판단해 준다. 연습문제 3-28은 급수의 수렴 여부를 판단하는 또 다른 판정법을 제시한다.

3.2 멱급수

다음 형태의 무한 급수를 x의 **멱급수**(거듭제곱 급수, *power series*)라고 부른다.

$$S(x) = \sum_{n=0}^{\infty} a_n x^n = a_0 + a_1 x + a_2 x^2 + \cdots \tag{3.8}$$

식 3.8의 $S(x)$가 수렴하는지 여부를 정하기 위하여 비율 판정법을 적용해 보자.

$$\lim_{n\to\infty} \left| \frac{a_{n+1}x^{n+1}}{a_n x^n} \right| = |x| \lim_{n\to\infty} \left| \frac{a_{n+1}}{a_n} \right| = |x|\, l$$

여기서 $l = \lim_{n\to\infty} |a_{n+1}/a_n|$이다. 따라서 이 급수는 $|x| < 1/l = R$이면 수렴하고 $|x| > 1/l = R$이면 발산한다. 이 급수가 수렴하는 x의 영역 $-R < x < R$을 이 급수의 **수렴 구간**(*interval of convergence*)이라고 부른다.

예제 3-4

다음 급수의 수렴 구간을 찾으시오.

$$S(x) = \sum_{n=1}^{\infty} \frac{x^n}{n \cdot 2^n}$$

풀이

$$\lim_{n\to\infty}\left|\frac{a_{n+1}x^{n+1}}{a_n x^n}\right| = |x| \lim_{n\to\infty}\left|\frac{n\cdot 2^n}{(n+1)2^{n+1}}\right| = \frac{|x|}{2}$$

이 급수는 $|x| < 2$이면 수렴하고 $|x| > 2$이면 발산한다. 따라서 수렴 구간은 $-2 < x < 2$이다.

멱급수는 다음과 같은 중요한 특성들을 가진다.

1. 만약 $-R < x < R$ 구간에서 $f(x) = \sum_{n=0}^{\infty} a_n x^n$가 수렴하면, $f(x)$는 그 구간에서 연속이다.
2. 만약 $-R < x < R$ 구간에서 $f(x) = \sum_{n=0}^{\infty} a_n x^n$가 수렴하면, 다음 적분은 그 구간에서 수렴한다.

$$\int_0^x f(t)\,dt = \sum_{n=0}^{\infty} \frac{a_n x^{n+1}}{n+1}$$

3. 만약 $-R < x < R$ 구간에서 $f(x) = \sum_{n=0}^{\infty} a_n x^n$가 수렴하면, 다음 미분은 그 구간에서 수렴한다.

$$f'(x) = \sum_{n=1}^{\infty} n a_n x^{n-1}$$

본질적으로 멱급수는 각 항별로 미분하거나 적분하는 것이 가능하다.

예를 들어 다음과 같은 기하(멱) 급수는 $|t| < 1$이면 수렴한다.

$$\frac{1}{1-t} = \sum_{n=0}^{\infty} t^n = 1 + t + t^2 + \cdots \qquad |t| < 1$$

만약 $|x| < 1$인 조건하에서 $t = 0$부터 $t = x$까지 이 식의 양변을 적분하면 다음을 얻는다.

$$\int_0^x \frac{dt}{1-t} = -\ln(1-x) = \sum_{n=1}^{\infty} \frac{x^n}{n} = x + \frac{x^2}{2} + \frac{x^3}{3} + \cdots \qquad -1 \le x < 1 \tag{3.9}$$

적분 구간의 끝 부분인 $x = \pm 1$ 지점을 분석해 보면 이 급수가 $x = -1$이면 수렴하지만, $x = 1$이면 발산하는 것을 보이기 때문에 위 식에서 $-1 \le x < 1$이라고 적는다. 이 기하 급수를 항별로 미분하여 다음을 얻을 수도 있다.

$$\frac{1}{(1-x)^2} = \sum_{n=1}^{\infty} n x^{n-1} = 1 + 2x + 3x^2 + \cdots \qquad -1 < x < 1 \tag{3.10}$$

예제 3-5

다음 수식의 닫힌 표현(closed expression)을 유도하시오.

$$f(x) = \sum_{n=0}^{\infty} n x^n$$

풀이 먼저 다음 관계로부터 이 급수의 수렴 구간이 $-1 < x < 1$이라는 것을 주목하자.

$$\lim_{n\to\infty}\left|\frac{(n+1)x^{n+1}}{nx^n}\right| = |x|\lim_{n\to\infty}\left|\frac{n+1}{n}\right| = |x|$$

이제 $f(x)$가 기하 급수와 비슷하지만 x^n 앞에 n이 있다는 것을 주목하자. 그런데 이 형태는 x^n을 미분하여(식 3.10 참조) nx^{n-1}을 얻고, 그 다음 x를 곱하면 위 식에 도달할 수 있다. 따라서 만약 다음과 같은 식에서 출발하고

$$\frac{1}{1-x} = \sum_{n=0}^{\infty} x^n = 1 + x + x^2 + \cdots \qquad |x| < 1$$

이 식의 양 변을 미분한 후 x를 곱하면 다음을 얻는다.

$$\frac{x}{(1-x)^2} = x + 2x^2 + 3x^3 \cdots = \sum_{n=1}^{\infty} nx^n \qquad |x| < 1$$

이 급수는 양자 역학 조화 진동자의 평균 진동 에너지를 계산하는 데 사용된다(연습문제 3-17).

이번 절에서는 $\ln(1-x)$와 $(1-x)^{-2}$에 대한 급수를 유도하였는데, 이들 각각은 기하 급수로부터 유도되었다. 다음 절에서는 (적합하게 조건-갖춘, *well-behaved*) 어떤 함수에 대해서도 해당하는 멱급수를 유도하는 일반적인 방법을 학습할 것이다.

3.3 매클로린 급수

주어진 어떤 함수에 해당하는 무한 급수를 어떻게 찾는지가 실제로 제기되는 의문이다. 예를 들어 식 3.6을 어떻게 유도하는가? 먼저 주어진 함수 $f(x)$가 멱급수(즉, x의 거듭제곱들의 항들로 이루어진 급수)로 표현될 수 있다고 가정한다.

$$f(x) = c_0 + c_1x + c_2x^2 + c_3x^3 + \cdots$$

여기서 c_j들이 바로 정해져야 할 것들이다. 그러면 우선 $x = 0$로 놓고 $c_0 = f(0)$를 찾는다. 이제 이 급수를 x에 대하여 한 번 미분하면 다음이 되고,

$$\frac{df}{dx} = c_1 + 2c_2x + 3c_3x^2 + \cdots$$

여기서 $x = 0$로 놓고 $c_1 = (df/dx)_{x=0}$를 찾는다. 다시 또 미분하면 다음과 같아지고

$$\frac{d^2f}{dx^2} = 2c_2 + 3\cdot 2c_3x + \cdots$$

$x = 0$로 놓으면 $c_2 = (d^2f/dx^2)_{x=0}/2$를 얻는다. 한 번 더 미분하면 다음과 같아지고

$$\frac{d^3 f}{dx^3} = 3 \cdot 2c_3 + 4 \cdot 3 \cdot 2x + \cdots$$

$x = 0$로 놓고 $c_3 = (d^3 f/dx^3)_{x=0}/3!$를 얻는다. 일반적인 결과는 다음과 같고

$$c_n = \frac{1}{n!}\left(\frac{d^n f}{dx^n}\right)_{x=0} \tag{3.11}$$

따라서 다음과 같이 쓸 수 있다.

$$f(x) = f(0) + \left(\frac{df}{dx}\right)_{x=0} x + \frac{1}{2!}\left(\frac{d^2 f}{dx^2}\right)_{x=0} x^2 + \frac{1}{3!}\left(\frac{d^3 f}{dx^3}\right)_{x=0} x^3 + \cdots \tag{3.12}$$

식 3.12를 $f(x)$에 대한 **매클로린**(*Maclaurin*) 급수라고 부른다.

식 3.12를 몇 가지 간단한 함수들에 적용하기 전에 이것의 타당함에 대하여 고려해 보아야 한다. 어떤 조건에서 식 3.12 오른쪽의 무한 급수가 함수 $f(x)$와 같게 되는지 의아해 할 것이다. 이러한 급수 전개가 타당하기 위해서 $f(x)$가 갖추어야 할 조건들이 있음은 분명하다. 식 3.12를 유도하는 과정에 의하면 $f(x)$에 대한 모든 차수의 미분이 $x = 0$에서 유한하여야 함을 분명히 요구한다(불행히도 이것은 **필요 조건**일 뿐이며 충분 조건은 아니다. 연습문제 3-33은 $x = 0$에서 모든 차수의 미분이 유한하지만 식 3.12가 정당하지 않은 함수의 경우를 보여 준다). $f(x)$가 충족하여야 하는 조건들을 여기서 다루기에는 너무 복잡하여 생략하지만, 그 내용들은 미적분학 교재들에 포함되어 있다. 물리화학에서 다루는 거의 모든 함수들은 이러한 조건들을 만족하지만 식 3.12가 $f(x)$에 어느 정도의 제한을 준다는 사실을 알고는 있어야 한다.

식 3.12를 $f(x) = e^x$에 적용하면 다음과 같음을 알 수 있다.

$$\left(\frac{d^n e^x}{dx^n}\right)_{x=0} = 1$$

따라서 다음 식이 성립하는데,

$$e^x = 1 + x + \frac{x^2}{2!} + \frac{x^3}{3!} + \cdots$$

이것은 식 3.6과 일치한다. 식 3.12를 직접 적용하여 (연습문제 3-18) 얻을 수 있는 다른 중요한 매클로린 급수들은 다음과 같다.

$$\sin x = x - \frac{x^3}{3!} + \frac{x^5}{5!} - \frac{x^7}{7!} + \cdots \tag{3.13}$$

$$\cos x = 1 - \frac{x^2}{2!} + \frac{x^4}{4!} - \frac{x^6}{6!} + \cdots \tag{3.14}$$

$$\tan x = x + \frac{x^3}{3} + \frac{2x^5}{15} + \cdots \tag{3.15}$$

$$\ln(1+x) = x - \frac{x^2}{2} + \frac{x^3}{3} - \frac{x^4}{4} + \cdots \quad -1 < x \le 1 \tag{3.16}$$

$$(1+x)^n = 1 + nx + \frac{n(n-1)}{2!}x^2 + \frac{n(n-1)(n-2)}{3!}x^3 + \cdots \quad |x| < 1 \tag{3.17}$$

식 3.13에서 3.15까지의 급수들은 모든 값에서 수렴하지만, 식의 뒷부분에 나타낸 바와 같이 식 3.16은 $-1 < x \le 1$에서만 수렴하며, 식 3.17은 $|x| < 1$인 경우에만 수렴한다. 식 3.17의 경우에 n이 양의 정수이면, 이 급수는 무한 급수가 아니라 일정한 길이 이후에 끊긴다는 것을 주목하라. 예를 들어 $n = 2$이면 다음과 같고

$$(1+x)^2 = 1 + 2x + x^2$$

$n = 3$이면 다음과 같다.

$$(1+x)^3 = 1 + 3x + 3x^2 + x^3$$

n이 양의 정수인 경우의 식 3.17을 이항 전개(binomial expansion)라고 부른다. 만약 n이 양의 정수가 아니면 (즉, 양의 분수이거나 음수이면) 이 급수 전개는 무한히 계속되고, 이 경우 식 3.17은 이항 급수(binomial series)라고 부른다. 예를 들면 다음 두 경우와 같다.

$$(1+x)^{1/2} = 1 + \frac{x}{2} - \frac{1}{8}x^2 + \cdots \tag{3.18}$$

$$(1+x)^{-1/2} = 1 - \frac{x}{2} + \frac{3}{8}x^2 + \cdots \tag{3.19}$$

위키피디아 웹사이트 *http://en.wikipedia.org/wiki/Calculus.Taylor_Series*는 여러 함수들의 멱급수들을 포함하고 있다. 한편 연습문제 3-26은 $x = 0$가 아니라 $x = x_0$ 지점에서 전개하는 테일러 급수(Taylor series)를 설명한다.

3.4 멱급수의 적용

멱급수는 실제로 수많은 경우에 적용된다. 예를 들어 다음 적분이 유한하지 알기를 원한다고 가정하자.

$$I = \int_0^1 \frac{\sin x}{x^2} dx$$

이 경우 $x = 0$ 근처에서 분모가 0에 접근하기 때문에 다루기가 어렵다. $\sin x$ 대신에 식 3.13을 사용하고 I를 다음과 같이 써 보자.

$$I = \int_0^1 \frac{1}{x^2}\left(x - \frac{x^3}{3!} + \frac{x^5}{5!} + \cdots\right) dx = \int_0^1 \frac{dx}{x} - \int_0^1 \frac{x}{3!} dx + \int_0^1 \frac{x^3}{5!} dx + \cdots$$

위 식의 적분들 중에서 두 번째 항부터는 모두 유한하지만, 첫 번째 적분은 발산한다.

$$\int_0^1 \frac{dx}{x} = \Big[\ln x\Big]_0^1 = \infty$$

따라서 I 자체가 발산한다.

적분을 계산하는 경우에도 멱급수를 사용할 수 있다. 다음 적분은 흑체 복사 이론에서 등장한다.

$$I = \int_0^\infty \frac{x^3}{e^x - 1}dx$$

분모와 분자에 e^{-x}를 곱한 후 기하 급수에 대한 식을 사용하여 분모를 e^{-x}의 멱급수로 전개한다.

$$I = \int_0^\infty \frac{x^3 e^{-x}\,dx}{1 - e^{-x}} = \int_0^\infty x^3 e^{-x}\left[\sum_{n=0}^{\infty}(e^{-x})^n\right]dx$$

여기 포함된 급수는 $x > 0$에 대하여 수렴하는 (e^{-x}의) 멱급수이기 때문에 위 식을 각 항별로 적분하여 다음과 같이 쓸 수 있다.

$$I = \sum_{n=0}^{\infty}\int_0^\infty x^3 e^{-x(n+1)}dx = \sum_{n=0}^{\infty}\frac{1}{(n+1)^4}\int_0^\infty u^3 e^{-u}du = 6\sum_{n=0}^{\infty}\frac{1}{(n+1)^4} = 6\sum_{n=1}^{\infty}\frac{1}{n^4}$$

이 식에 들어있는 덧셈의 결과는 대부분의 수학책에 나와 있는데, $\pi^4/90$과 같다. 따라서 $I = \pi^4/15$임을 알 수 있다.

멱급수를 다룰 때 매우 쓸모 있고 자주 사용되는 표기법을 소개하기 좋은 시점인 듯하다. x^2과 그 이상의 거듭제곱항들을 한꺼번에 표시하기 위하여 $O(x^2)$라고 쓴다. 예를 들어 $\cos x = 1 - x^2/2! + x^4/4! + \cdots$이기 때문에 $\cos x = 1 - x^2/2 + O(x^4)$라고 쓴다. 이 표기법은 다음 예제에서 보게 되는 것처럼 급수 전개를 중간에서 생략하는 경우에 무시되는 x의 거듭제곱들을 기록관리 개념에서 계속 기억하기 위하여 사용한다.

예제 3-6

(염화 소듐의 수용액과 같은) 강전해질 용액에 대한 통계 역학의 한 이론에 의하면 그 용액의 열역학 에너지는 다음 식과 같다.

$$U(\kappa, a) = -\frac{x^2 + x - x(1+2x)^{1/2}}{4\pi\beta a^3}$$

여기서 $\beta = 1/k_B T$이고, a는 양이온과 음이온의 평균 반지름이며, $x = \kappa a$에서 κ는 용액의 농도에 따라 정해진 인수값이다. $\kappa \to 0$이면, 즉 묽은 농도에서는 U가 κ^3에 따라 변함을 보이시오.

풀이 먼저 U를 x의 멱급수로 써야 한다. 이항 급수를 적용하면 다음과 같다.

$$-(4\pi\beta a^3)U = x^2 + x - x(1+2x)^{1/2} = x^2 + x - x\left[1 + \frac{2x}{2} - \frac{(2x)^2}{8} + O(x^3)\right]$$
$$= x^2 + x - x - x^2 + \frac{x^3}{2} + O(x^4) = \frac{x^3}{2} + O(x^4)$$

여기에 $x = \kappa a$라는 것을 적용하면 다음 결과가 된다.

$$U = -\frac{\kappa^3}{8\pi\beta} + O(\kappa^4)$$

전해질 용액에 대한 이론에서 등장하는 또 다른 예는 다음과 같다. 한 이론에 따르면 강전해질 용액의 삼투압을 다음과 같은 함수 σ를 사용하여 표현한다.

$$\sigma(x) = \frac{3}{x^3}\left[1 + x - \frac{1}{1+x} - 2\ln(1+x)\right] \tag{3.20}$$

여기서도 $x = \kappa a$이다. 카파(κ) 값이 작은 (묽은 용액) 경우, $\sigma(x)$의 거동은 다음과 같다.

$$\sigma(x) = \frac{3}{x^3}\left\{1 + x - [1 - x + x^2 - x^3 + x^4 + O(x^5)] - 2\left[x - \frac{x^2}{2} + \frac{x^3}{3} - \frac{x^4}{4} + O(x^5)\right]\right\}$$
$$= \frac{3}{x^3}\left[\frac{x^3}{3} - \frac{x^4}{2} + O(x^5)\right] = 1 - \frac{3}{2}x + O(x^2)$$

그림 3.2는 x값이 작은 경우에 $\sigma(x) - 1 = -3x/2 + O(x^2)$임을 보여 준다. $1/(1+x)$와 $\ln(1+x)$에 대한 각각의 급수 전개에서 무시되는 x의 첫 번째 거듭제곱항을 $O(x^5)$로 표시하여 x의 거듭제곱항들의 변화를 관리하고 있음을 주목하라. 이러한 변화를 추적하는 이 표기법을 사용하지 않으면 x의 어떤 거듭제곱항들을 한 부분에서는 무시하는데, 다른 부분에서는 무시하지 않는 것과 같은 실수를 하기 쉽다. 위의 두 경우에서와 같이(이 경우 x^0, x^1, x^2 항들이 소거된다) 여러 항들이 소거되

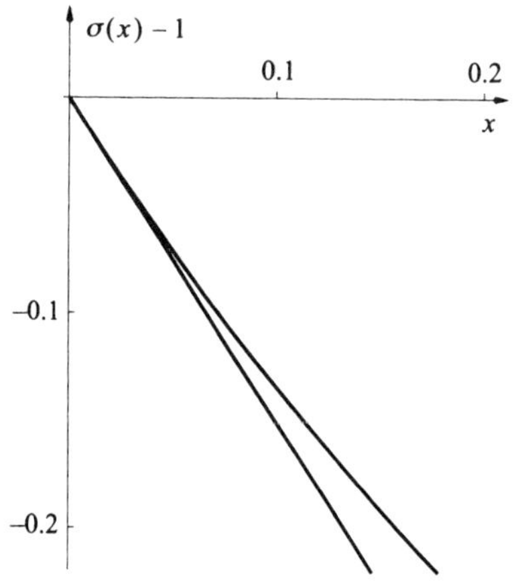

[그림 3.2] x값이 작을 때, 식 3.20으로 주어진 $\sigma(x) - 1$과 $\sigma(x) - 1 = -3x/2$을 x에 대하여 비교하고 있는데, $x \to 0$이면 $\sigma(x) - 1 = -3x/2 + O(x^2)$임을 보인다.

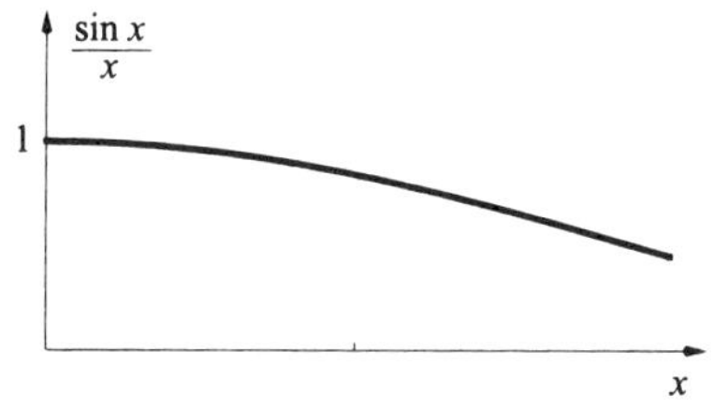

[그림 3.3] x에 대한 $\sin x/x$의 그래프인데, $x \to 0$일 때 $\sin x/x \to 1$임을 보인다.

는 경우에 이러한 실수를 조심하는 것이 실제로 중요하다.

물리화학에서 사용하는 수많은 결과들을 유도하는 데 이번 장에서 제시된 급수들을 사용할 수 있다. 예를 들어 다음과 같은 극한을 생각해 보자.

$$l = \lim_{x\to 0} \frac{\sin x}{x} \tag{3.21}$$

이 경우 $x \to 0$이면 $\sin x$와 x 둘 다 0에 접근하기 때문에 이 비율은 **부정형**(*indeterminate form*)이라고 부른다. 이러한 경우에는 다음과 같은 **로피탈 규칙**(*l' Hôpital's rule*)을 사용할 수 있다.

$$\lim \frac{f(x)}{g(x)} = \lim \frac{f'(x)}{g'(x)} \tag{3.22}$$

만약 $\lim f'(x)/g'(x)$도 부정형으로 나타나면 식 3.22에 일차 미분 대신에 이차 미분을 사용하고, 그래도 부정형이면 삼차 미분을 사용하는 방식으로 계속해 나갈 수 있다. 식 3.21에 로피탈 규칙을 적용하면 다음과 같다.

$$\lim_{x\to 0} \frac{\sin x}{x} = \lim_{x\to 0} \frac{\dfrac{d\sin x}{dx}}{\dfrac{dx}{dx}} = \lim_{x\to 0} \cos x = 1$$

그림 3.3의 x에 대한 $\sin x/x$의 그래프는 $x \to 0$일 때 $\sin x/x \to 1$임을 보여 준다(연습문제 1-30은 이 결과에 대한 기하학적 증명을 제공한다). 식 3.13을 x로 나눈 후 $x \to 0$로 놓아서 위와 동일한 결과를 유도할 수도 있다(이 두 방법은 실제로 동등한 것이다. 연습문제 3-23 참조).

예제 3-7

로피탈 규칙과 $\cos x$에 대한 매클로린 급수를 사용하여 다음을 구하시오.

$$\lim_{x\to 0} \frac{1-\cos x}{x^2}$$

풀이 로피탈 규칙을 적용하면 다음과 같다.

$$\lim_{x\to 0} \frac{1-\cos x}{x^2} = \lim_{x\to 0} \frac{\sin x}{2x} = \lim_{x\to 0} \frac{\cos x}{2} = \frac{1}{2}$$

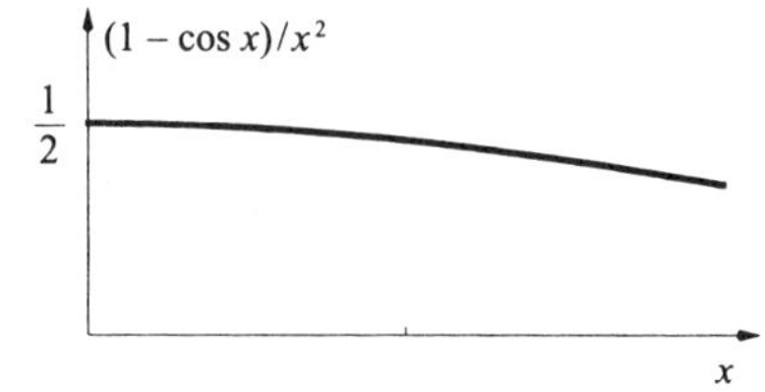

[그림 3.4] x에 대한 $(1-\cos x)/x^2$의 그래프인데, $x \to 0$일 때 $(1-\cos x)/x^2 \to 1/2$임을 보인다.

한편 $\cos x$에 대한 매클로린 급수를 사용하면 다음과 같다(그림 3.4 참조).

$$\lim_{x\to 0}\frac{1-\cos x}{x^2} = \lim_{x\to 0}\frac{1-\left(1-\dfrac{x^2}{2}+O(x^4)\right)}{x^2} = \frac{1}{2}$$

급수와 극한을 포함하는 마지막 예를 하나 다루어 보자. 결정의 몰-열용량의 온도-의존성에 대한 아인슈타인(Einstein) 이론은 다음 식으로 주어진다.

$$C_V = 3R\left(\frac{\Theta_E}{T}\right)^2 \frac{e^{-\Theta_E/T}}{(1-e^{-\Theta_E/T})^2} \tag{3.23}$$

여기서 R은 기체 상수이고, Θ_E는 아인슈타인 온도라고 부르는데, 고체의 종류에 따라 정해지는 고유한 값이다. 이제 이 식이 높은 온도에서의 뒬롱-프티(Dulong Petit) 극한, 즉 $C_V \to 3R$ 관계를 준다는 것을 보이자. 먼저 식 3.23에서 $x = \Theta_E/T$로 놓으면 다음과 같아진다.

$$C_V = 3Rx^2\frac{e^{-x}}{(1-e^{-x})^2} \tag{3.24}$$

T가 클 때 x는 작기 때문에 다음 관계식을 쓸 수 있다.

$$e^{-x} = 1 - x + O(x^2)$$

그러면 $x \to 0$ $(T \to \infty)$이면 식 3.24는 다음과 같아진다.

$$C_V = 3Rx^2\frac{1-x+O(x^2)}{[x+O(x^2)]^2} \longrightarrow 3R$$

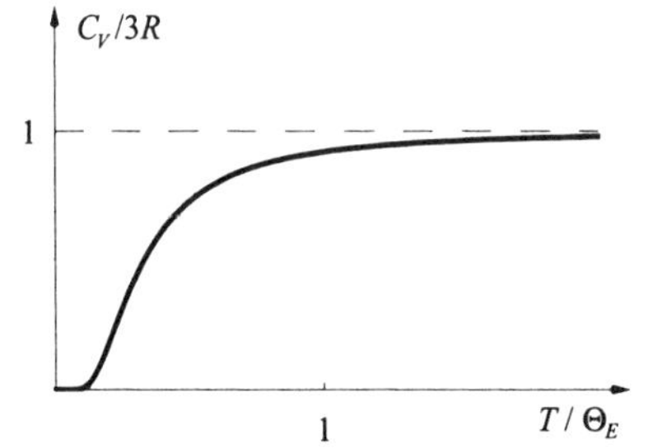

[그림 3.5] 식 3.23의 $C_V/3R$를 T/Θ_E에 대하여 그린 그래프인데, $T \to \infty$일 때 $C_V/3R$임을 보인다.

이 결과를 뒬롱-프티 법칙이라고 부르는데, 이에 따르면 단원자(monationic) 고체 결정의 몰 열용량은 높은 온도에서 $3R = 24.9\ \mathrm{J{\cdot}K^{-1}{\cdot}mol^{-1}}$이 된다. 높은 온도라 함은 보통 $T \gg \Theta_E$인 경우를 말하는데, 많은 물질의 경우 약 500 K 정도에 해당한다. 그림 3.5는 T/Θ_E에 대한 $C_V/3R$의 변화 그래프를 보여 준다.

연습문제

3-1. 급수 $S = \sum_{n=0}^{\infty} 1/3^n$을 계산하시오.

3-2. 급수 $S = \sum_{n=1}^{\infty} (-1)^{n+1}/2^n$을 계산하시오.

3-3. 순환 소수 $0.27272727\cdots$을 분수로 표시하시오.

3-4. $0.142\,142\cdots$가 유리수(rational number)임을 보이시오.

3-5. 이번 문제는 조화 급수가 발산함을 보이는 표준 증명이다. 먼저 다음과 같음을 보이고

$$S_2 = 1 + \frac{1}{2} = \frac{3}{2},\ S_4 > 1 + \frac{2}{2},\ S_8 > 1 + \frac{3}{2},\ S_{16} > 1 + \frac{4}{2}$$

그 다음에 $N \to \infty$가 되면 S_N이 유한하지 않음을 보이시오.

3-6. 급수 $S = \frac{1}{2^5} + \frac{1}{2^7} + \frac{1}{2^9} + \frac{1}{2^{11}} + \cdots$을 계산하시오.

3-7. 다음 각 급수들의 수렴 여부를 판정하시오.

(a) $\sum_{n=1}^{\infty} \frac{1}{n!}$ (b) $\sum_{n=1}^{\infty} \frac{n}{n^3+3}$ (c) $\sum_{n=1}^{\infty} \frac{\ln n}{n}$ (d) $\sum_{n=1}^{\infty} \frac{2^n}{3^n+n}$

3-8. 다음 각 급수들의 수렴 여부를 판정하시오.

(a) $\sum_{n=0}^{\infty} \frac{3^n}{n!}$ (b) $\sum_{n=1}^{\infty} \frac{1}{n^2+\ln n}$ (c) $\sum_{n=1}^{\infty} \frac{1}{4n+1}$ (d) $\sum_{n=1}^{\infty} \frac{n}{3^n}$

3-9. 다음 각 급수들이 수렴하는 x값들(즉 수렴 구간)을 찾으시오.

(a) $\sum_{n=0}^{\infty} (2x)^n$ (b) $\sum_{n=0}^{\infty} (x-1)^n$ (c) $\sum_{n=0}^{\infty} \left(\frac{2x-1}{3}\right)^n$ (d) $\sum_{n=0}^{\infty} e^{nx}$

3-10. $\sum_{n=1}^{\infty} \sin(n\pi/2)$는 수렴하는가?

3-11. $x = 0.0050,\ 0.0100,\ 0.0150\ \cdots,\ 0.1000$인 각 경우에 e^x와 $1+x$의 차이를 백분율로 계산하시오. 이 차이의 크기를 x가 작아질 때에 대하여 평가하고 논하시오.

3-12. $x = 0.0050,\ 0.0100,\ 0.0150\ \cdots,\ 0.1000$인 각 경우에 $\ln(1+x)$와 x의 차이를 백분로 계산하시오. 이 차이의 크기를 x가 작아질 때에 대하여 평가하고 논하시오.

3-13. 다음 급수가 수렴하는 x값들을 찾으시오.

(a) $\sum_{n=1}^{\infty} \frac{x^n}{n(n+1)}$ (b) $\sum_{n=1}^{\infty} \frac{x^n}{n^n}$ (c) $\sum_{n=1}^{\infty} \frac{x^{2n+1}}{(2n+1)!}$ (d) $\sum_{n=1}^{\infty} \frac{x^n}{2n-1}$

3-14. $\dfrac{1}{(1-x)^3} = \dfrac{1}{2}\sum_{n=1}^{\infty} n(n+1)x^{n-1}$ $|x| < 1$임을 보이시오.

3-15. $\dfrac{1}{2}\ln\dfrac{1+x}{1-x} = \sum_{n=0}^{\infty}\dfrac{x^{2n+1}}{2n+1}$ $|x| < 1$임을 보이시오.

3-16. $\sum_{n=1}^{\infty} n^2 x^n$을 닫힌 형식으로 구하시오.

3-17. 양자 역학의 조화 진동자 에너지는 $\varepsilon_n = \left(n + \frac{1}{2}\right) h\nu$, $n = 0, 1, 2, \cdots$로 주어진다. 여기서 h는 플랑크 상수, ν는 진동자의 기본 진동수이다. 그러면 조화 진동자의 평균 진동 에너지는 다음 식으로 주어지는데,

$$\varepsilon_{\text{vib}} = (1 - e^{-h\nu/k_{\text{B}}T})\sum_{n=0}^{\infty} \varepsilon_n e^{-nh\nu/k_{\text{B}}T}$$

여기서 k_{B}는 볼츠만 상수이고 T는 절대 온도이다. 이것은 다음과 같은 닫힌 형태의 수식이 됨을 보이시오.

$$\varepsilon_{\text{vib}} = \frac{h\nu}{2} + \frac{h\nu e^{-h\nu/k_{\text{B}}T}}{1 - e^{-h\nu/k_{\text{B}}T}}$$

3-18. 식 3.12를 사용하여 식 3.13과 3.14를 유도하시오.

3-19. 식 3.6, 3.13, 3.14는 다음 관계식과 일치함을 보이시오.

$$e^{ix} = \cos x + i \sin x$$

3-20. 식 3.6을 $\sinh x = (e^x - e^{-x})/2$와 $\cosh x = (e^x + e^{-x})/2$라는 정의와 함께 사용하여 다음 관계가 성립함을 보이시오.

$$\sinh x = x + \frac{x^3}{3!} + \frac{x^5}{5!} + \cdots, \quad \cosh x = 1 + \frac{x^2}{2!} + \frac{x^4}{4!} + \cdots$$

3-21. 식 3.13과 3.14, 그리고 앞 문제의 결과들은 다음 관계식과 일치함을 보이시오.

$$\sin ix = i \sinh x \qquad \cos ix = \cosh x$$

$$\sinh ix = i \sin x \qquad \cosh ix = \cos x$$

3-22. $x \to 0$가 될 때, 다음 함수들의 극한을 계산하시오.

(a) $f(x) = \dfrac{e^{-x}\sin^2 x}{x^2}$ (b) $f(x) = x \ln x$ (c) $f(x) = \dfrac{1 - \cosh x}{x^2}$

3-23. 로피탈 규칙은 분모와 분자 모두에 매클로린 급수를 만드는 것에 해당함을 보이시오. 두 방법(로피탈 규칙를 적용하는 방법과 매클로린 급수를 적용하는 방법)을 각각 적용하여 다음 극한을 구하시오.

$$\lim_{x \to 0} \frac{\ln(1+x) - x}{x^2}$$

3-24. 물리화학의 첫 학기에는 등장하지 않지만 고급 단계에서 등장하는 두 가지 극한이 있는데, 처음 것은 아무리 큰 어떤 n값에 대해서도 $\lim_{x \to \infty} x^n e^{-x} = 0$라는 것이고, 두 번째는 α가 아무리 작을지라도 $\alpha > 0$이

면 $\lim_{x\to 0} x^{\alpha}\ln x = 0$ 라는 것이다. 로피탈 규칙을 사용하여 이 두 극한을 증명하시오. 이들 두 극한은 기억해둘만한 가치가 있다.

3-25. 다음 적분을 a의 거듭제곱들로 전개하여 a^5 크기까지 구하시오.

$$I = \int_0^a x^2 e^{-x}\cos^2 x\,dx$$

3-26. 매클로린 급수는 $x = 0$지점에 대한 전개이다. 반면, x_0지점에 대하여 전개한 다음 형태의 급수를 **테일러 급수**(*Taylor series*)라고 부른다.

$$f(x) = c_0 + c_1(x - x_0) + c_2(x - x_0)^2 + \cdots$$

먼저 $c_0 = f(x_0)$임을 보이시오. 이제 위 전개의 양변을 x에 대하여 미분하고 $x = x_0$로 놓아서 $c_1 = (df/dx)_{x=x_0}$인을 보이시오. 비슷한 방식으로 다음과 같음을 보이면,

$$c_n = \frac{1}{n!}\left(\frac{d^n f}{dx^n}\right)_{x=x_0}$$

테일러 급수는 다음과 같이 된다.

$$f(x) = f(x_0) + \left(\frac{df}{dx}\right)_{x=x_0}(x - x_0) + \frac{1}{2}\left(\frac{d^2 f}{dx^2}\right)_{x=x_0}(x - x_0)^2 + \cdots$$

3-27. 다음 관계식에서 출발하여

$$\frac{1}{1-x} = 1 + x + x^2 + \cdots$$

$x = 1/x$로 놓아 다음과 같이 쓰고,

$$\frac{1}{1 - \frac{1}{x}} = \frac{x}{x-1} = 1 + \frac{1}{x} + \frac{1}{x^2} + \cdots$$

이들 두 표현식을 더하면 다음과 같이 된다.

$$1 = \cdots + \frac{1}{x^2} + \frac{1}{x} + 2 + x + x^2 + \cdots$$

이 과정이 합당한가? 무엇이 잘못되었는가?

3-28. 2.4절에서 적분의 수렴 여부를 판단하는 p-판정법을 다루었다. 이번 문제는 무한 급수의 수렴 여부에 대한 p-판정법을 제시한다. $\lim_{n\to\infty} n^p u_n = l$인 경우에 만약 $p > 1$이고 l이 유한하면(심지어 0이어도) $\sum u_n$은 수렴하지만, $p < 1$이고 $l \neq 0$이면(무한대일수도 있다) $\sum u_n$은 발산한다. 이 방법을 적용하여 다음 각 급수들이 수렴하는지를 판정하시오.

(a) $\displaystyle\sum_{n=0}^{\infty} ne^{-n^2}$ (b) $\displaystyle\sum_{n=3}^{\infty} \frac{1}{n^2+3}$ (c) $\displaystyle\sum_{n=1}^{\infty} \frac{1}{n^{3/2}}$ (d) $\displaystyle\sum_{n=1}^{\infty} \frac{1}{\sqrt{2n+1}}$

3-29. 결정의 몰 열용량에 대한 디바이(Debye) 이론은 다음과 같다.

$$C_V = 9R\left(\frac{T}{\Theta_D}\right)^3 \int_0^{\Theta_D/T} \frac{x^4 e^x}{(e^x - 1)^2}\, dx$$

여기서 R은 이상기체 상수, T는 절대 온도이고 Θ_D는 디바이 온도라고 부르는 것으로 결정의 종류에 따라 정해지는 인수값이다. 먼저 높은 온도에서는 (뒬롱-프티 법칙에 해당하는) $C_V \to 3R$임을 보이시오. 이제 낮은 온도에서는 $C_V \to$ 상수 $\times\ T^3$임을 보이시오(이것을 보이기 위하여 어떤 적분도 구할 필요는 없다). 이 마지막 결과가 그 유명한 '디바이의 T^3법칙' 이다.

3-30. $\sinh bx$를 멱급수로 전개한 후 각 항별로 적분하여 $\int_0^\infty e^{-ax} \sinh bx\, dx = b/(a^2 - b^2)$, $|b| < a$임을 보이시오. 이 적분을 다른 방법으로 구할 수 있는가?

3-31. $\int_0^1 \frac{e^{-x} - 1 + x}{x^2}$은 수렴하는가?

3-32. $\int_0^1 \frac{\cos x}{x}\, dx$은 수렴하는가?

3-33. e^{-1/x^2}을 매클로린 급수로 전개하시오. 이것은 $x = 0$에서 모든 차수의 미분이 존재하지만 그럼에도 불구하고 식 3.12가 타당하지 않은 함수의 한 예이다.

제 4 장

적분으로 정의된 함수

2장에서 언급하였듯이, 부정 적분을 가지지 않는 많은 함수들이 있다. 바꿔 말하면, 많은 부정 적분 중에는 기초적인 함수에 의해 나타낼 수가 없는 경우가 많다. 기초적인 함수는 1장에서 논의하였던 대수 함수, 삼각 함수, 지수 함수, 로그 함수를 의미한다. 그들이 어떤 의미에서 반드시 어려운 것만은 아니라고 우리가 최초에는 말하더라도, 자연과학의 문제에 넓게 쓰이면서 기초적인 것으로 생각되지 않는 많은 다른 함수들이 있다. 이들 많은 함수들은 적분에 의해 정의된다.

$$f(x) = \int_0^x e^{-u^2}\,du$$

예를 들어 위와 같은 식에 의해 정의된 x의 함수가 자연과학 문제에서 자주 일어난다는 것을 이 장에서 알 수 있다. 실제로 그것은 매우 자주 일어나며, 우리는 그것에 이름을 붙이고 소위 기초적인 함수라고 불리는 곁에 두면서 그것을 표준 수학 함수로 껴안는다. 이 장에서는 그런 네 개의 함수인 감마 함수, 베타 함수, 오차 함수, 디락 델타 함수에 대하여 논의할 것이다.

응용수학에서 쓰이는 여러 가지 함수에 대한 표준 참고문헌은 밀턴 아브라모비츠와 아이린 스테건에 의해 편집된 **공식, 그래프 및 수표가 있는 수학 함수 안내서**(*Handbook of Mathematical Functions with Formulas, Graphs, and Mathematical Tables*) 1045페이지에 나와 있다. 1964년에 미국 국가표준국(현재 미국 표준기술원)이라 불리던 곳에 의해 처음 출판되었고, **응용수학 시리즈 55** (*Applied Mathematical Series 55, AMS55*)로 참조되었던 이 책은, *http://www.convertit.com/Go/Convertit/Reference/AMS55.ASP*에서 전부 온라인으로 이용할 수 있다. 자연과학 문제에 수학을 적용하려는 모든 사람들에게 이 책은 보물과 같다.

4.1 감마 함수

$1 \cdot 2 \cdot 3 \cdots n$과 동일한 $n!$식은 N개의 분자들을 n개 분자의 양자 준위에 분배할 수 있는 방법의 수와 같이 어떤 것의 순열과 조합을 하나하나 셀 때 일어난다(21장 참조). 1700년대에 오일러는 n이

양의 정수일 때 $n!$를 낳은 함수를 소개하였으나, n이 양의 정수가 아닐 때도 그것은 잘 정의된다. 이 함수는 **감마 함수**(*gamma function*)라 부르고, 적분식에 의해 다음과 같이 정의된다.

$$\Gamma(x) = \int_0^{\infty} z^{x-1}e^{-z}dz \qquad x > 0 \tag{4.1}$$

피적분 함수는 x와 z의 함수이고 z에 대해 적분함으로써 결과적으로 적분은 x의 함수이다. 만약 x가 2와 같거나 더 큰 양의 정수라면, $\Gamma(x)$을 부분 적분할 수 있다. $e^{-z}dz$를 "dv"로 두고 z^{x-1}를 "u"로 둠으로써 다음 식을 얻는다.

$$\Gamma(x) = \left[-z^{x-1}e^{-z}\right]_0^{\infty} + (x-1)\int_0^{\infty} z^{x-2}e^{-z}dz = (x-1)\int_0^{\infty} z^{x-2}e^{-z}dz$$

여기서 마지막 적분을 식 4.1의 $\Gamma(x)$과 비교한다면, 그것이 $\Gamma(x-1)$과 같다는 것을 알 수 있으며, 따라서 다음 식을 얻는다.

$$\Gamma(x) = (x-1)\Gamma(x-1) \tag{4.2}$$

이때 $\Gamma(x-1) = (x-2)\Gamma(x-2)$ 등을 식 4.2에 대입함으로써 다음 식을 얻을 수 있다.

$$\Gamma(x) = (x-1)(x-2)\cdots\Gamma(1) \tag{4.3}$$

여기서 $\Gamma(1) = \int_0^{\infty} e^{-z}dz = 1$ 이다.

따라서 식 4.3은 다음과 같다.

$$\Gamma(x) = (x-1)(x-2)\cdots(1) = (x-1)! \qquad x = 2,\ 3,\ \cdots \tag{4.4}$$

지금 시점까지 식 4.4는 $x \geq 2$인 정수값으로 제한되었으나, x의 다른 값에 대한 계승(factorial)을 정의하기 위해 그것을 이용할 수 있다. 만약 식 4.4에 $x = 1$을 두면 $\Gamma(1) = 1$이며(식 4.1 참조), 따라서 전에 마주쳤을지도 모르는 관계인 $0! = \Gamma(1) = 1$이라고 말할 수 있다. $0! = 1$인 사실을 신경쓰지 않아야 한다. 즉 친숙한 관계 $n! = 1 \cdot 2 \cdot 3 \cdots n$은 양의 정수에 대해서만 성립한다.

정수가 아닌 수에 대한 계승을 정의하기 위해 식 4.4를 이용할 수 있다. 계승에 대한 확장, 즉 일반화는 실제로 매우 편리한 것으로 판명된다. 식 4.4에 $x = 1/2$로 둘 때, $\Gamma(1/2) = (-1/2)!$로 쓸 수 있으며, 여기서 $\Gamma(1/2)$ 값을 얻기 위해 식 4.1을 이용할 수 있다. $z = u^2$으로 둘 때, 식 4.1은 다음과 같다.

$$\Gamma(1/2) = \int_0^{\infty} z^{-1/2}e^{-z}dz = 2\int_0^{\infty} e^{-u^2}du = \sqrt{\pi}$$

따라서 $\Gamma(1/2) = (-1/2)! = \sqrt{\pi}$ 이다(연습문제 4-5). $\Gamma(3/2) = (1/2)!$은 어떠한가? 간단히 식 4.2를 이용하면, 다음과 같다.

$$\Gamma(3/2) = (1/2)\Gamma(1/2) = \frac{\sqrt{\pi}}{2}$$

비슷하게,

$$\Gamma\left(\frac{5}{2}\right) = \frac{3}{2}\Gamma\left(\frac{3}{2}\right) = \frac{3}{2}\cdot\frac{1}{2}\cdot\Gamma\left(\frac{1}{2}\right) = \frac{3\sqrt{\pi}}{4}$$

여러분은 왜 양의 정수보다 다른 수의 계승을 고려하는지에 의문을 가질지도 모른다. 자연과학 문제에서 자연적으로 일어나는 많은 함수의 정의는 **Γ(1/2)**과 $\Gamma(1/3)$과 같은 양과 관련이 있다. 다음의 예제와 예제 4-3, 예제 4-4는 다른 의미를 준다.

예제 4-1

감마 함수($a > 0$)에 의해 $\int_0^\infty xe^{-ax^4}dx$의 값을 구하시오.

풀이 $u = ax^4$ 으로 두면, 그때 $x = (u/a)^{1/4}$, $dx = u^{-3/4}du/4a^{1/4}$이다. 따라서 다음과 같다.

$$\int_0^\infty xe^{-ax^4}dx = \frac{1}{4a^{1/2}}\int_0^\infty \frac{e^{-u}}{u^{1/2}}du = \frac{\Gamma(1/2)}{4a^{1/2}} = \frac{1}{4}\left(\frac{\pi}{a}\right)^{1/2}$$

아브라모비츠와 스테건의 6장은 감마 함수의 많은 다른 성질을 보여 준다.

4.2 베타 함수

이 절에서는 오일러에 의해 도입된 다른 유용한 함수를 논의할 것이다. 그것은 **베타 함수**(*beta function*)이며, 다음과 같이 정의된다.

$$B(x, y) = \int_0^1 z^{x-1}(1-z)^{y-1}dz \qquad 0 < x,\ 0 < y \tag{4.5}$$

$1 - z = u$로 둠으로써 $B(x, y) = B(y, x)$임을 알 수 있다(연습문제 4-11). 바꿔 말하면, 베타 함수는 x와 y의 대칭 함수이다. $B(x, y)$는 다음 관계에 의해 감마 함수와 관계있는 것으로 알 수 있다.

$$B(x, y) = \frac{\Gamma(x)\Gamma(y)}{\Gamma(x+y)} \tag{4.6}$$

그것은 또한 $B(x, y) = B(y, x)$임을 보여 준다. 식 4.6의 증명은 연습문제 4-12에 개략적으로 나타나 있다.

식 4.5의 적분은 상자 안에 있는 입자의 양자 역학적 문제를 다양하게 취급할 때 일어난다. 그 경우, x와 y는 정수값 2, 3, ...을 가진다.

예제 4-2

적분 $\int_0^1 z^4(1-z)^4dz$의 값을 구하시오.

풀이 $x = y = 5$일 때, 식 4.5와 4.6을 간단히 이용하면 다음을 얻는다.

$$\int_0^1 z^4(1-z)^4dz = \frac{\Gamma(5)\Gamma(5)}{\Gamma(10)} = \frac{(4!)^2}{9!} = \frac{4\cdot 3\cdot 2}{9\cdot 8\cdot 7\cdot 6\cdot 5} = \frac{1}{630}$$

이항식을 이용하여 $(1-z)^4$을 전개하고, 각 항을 적분함으로써 예제 4-2의 적분값을 구할 수 있다.

베타 함수는 변수를 간단히 바꿈으로써 또 다른 유용한 형태로 변환될 수 있다. 식 4.5에서 $z = \sin^2\theta$로 둔다면, 다음과 같다(연습문제 4-13).

$$B(x, y) = 2\int_0^{\pi/2} (\sin\theta)^{2x-1}(\cos\theta)^{2y-1}d\theta \qquad 0 < x,\ 0 < y \tag{4.7}$$

식 4.5, 4.6, 4.7은 많은 적분값을 구하는 데 이용될 수 있다. 이들은 다음 예제에 의해 잘 설명된다.

예제 4-3

$\int_0^2 u^3(4-u^2)^{3/2}du$의 값을 구하시오.

풀이 먼저 $u^2 = 4z$로 두자. 그러면 $(4-u^2)^{3/2} = 8(1-z)^{3/2}$, $u^3 = 8z^{3/2}$, $du = dz/z^{1/2}$이다. 그때

$$\int_0^2 u^3(4-u^2)^{3/2}du = 64\int_0^1 z(1-z)^{3/2}dz$$

$$= 64\frac{\Gamma(2)\Gamma(5/2)}{\Gamma(9/2)} = 64\frac{\frac{3}{2}\cdot\frac{1}{2}\cdot\Gamma\left(\frac{1}{2}\right)}{\frac{7}{2}\cdot\frac{5}{2}\cdot\frac{3}{2}\cdot\frac{1}{2}\cdot\Gamma\left(\frac{1}{2}\right)} = \frac{256}{35}$$

여기서 $\Gamma(5/2)$와 $\Gamma(9/2)$ 값을 구하기 위해 반복적으로 식 4.2를 이용하였다.

예제 4-4

$\int_0^\pi \cos^6\theta\, d\theta$의 값을 구하시오.

풀이 만약 극한이 0에서 $\pi/2$이라면, $x = 1/2$와 $y = 7/2$일 때 식 4.7을 이용할 수 있다. 그러나 $\cos^6\theta$가 $\theta = \pi/2$에 대해 대칭이고(그림 4.1), 따라서 $\int_0^\pi = 2\int_0^{\pi/2}$이라는 것을 주목하라. 식 4.7을 이용하여 다음과 같이 쓸 수 있다.

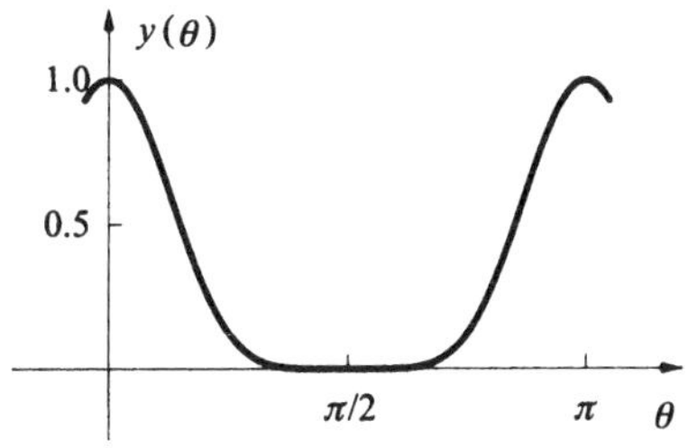

[그림 4.1] 함수 $y(\theta) = \cos^6 \theta$은 $\theta = \pi/2$에 대해 대칭이다.

$$\int_0^{\pi} \cos^6 \theta \, d\theta = 2 \int_0^{\pi/2} \cos^6 \theta \, d\theta = \frac{\Gamma(1/2)\Gamma(7/2)}{\Gamma(4)} = \frac{\sqrt{\pi} \cdot \frac{5}{2} \cdot \frac{3}{2} \cdot \frac{1}{2} \cdot \sqrt{\pi}}{3 \cdot 2} = \frac{5\pi}{16}$$

약간의 연습과 경험을 통해 베타 함수에 의해 많은 적분을 풀 수 있다. 아브라모비츠와 스테건의 6장은 베타 함수의 많은 다른 성질을 보여 준다.

4.3 오차 함수

기본적인 함수에 의해 나타낼 수는 없지만, 가장 일반적으로 일어나는 중요한 적분 중의 하나가 $\int_0^x e^{-u^2} du$ 형태이다. 이런 형태의 적분은 매우 자주 일어나며, 정의된 x의 함수는 응용수학의 표준 함수이다. 여기서 다음 적분에 의해 **오차 함수**(*error function*)를 정의한다.

$$\text{erf}\,(x) = \frac{2}{\sqrt{\pi}} \int_0^x e^{-u^2} du \qquad -\infty < x < \infty \tag{4.8}$$

간단한 함수에 의해 $\text{erf}(x)$를 나타낼 수 없더라도, 그것은 완전히 잘 정의된 x의 함수이며, 수치 적분에 의해 값을 구할 수 있다(23장 참조).

식 4.8에서 인수 $2/\sqrt{\pi}$이 선택되며, 따라서 $\text{erf}\,(\infty) = 1$이 된다. 더구나, 다음(연습문제 4-16)을 보이는 것은 쉽다.

$$\text{erf}\,(-x) = -\text{erf}\,(x) \tag{4.9}$$

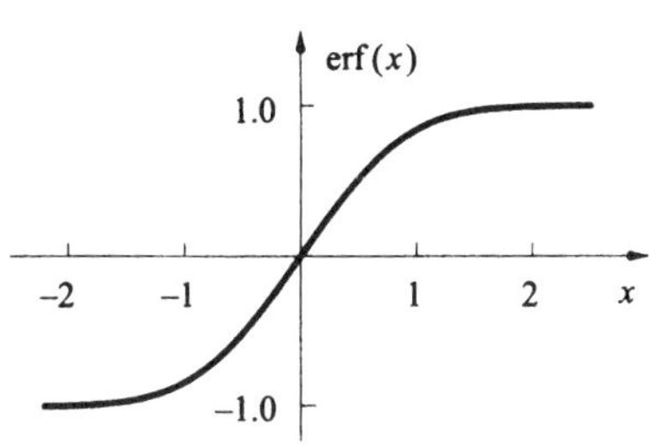

[그림 4.2] x에 따라 도시된 오차 함수 $\text{erf}\,(x)$.

따라서 $\operatorname{erf}(-\infty) = -1$이다. 오차 함수의 표는 많은 웹사이트에서 이용가능하다(이 장의 도입에 인용된 아브라모비츠-스테건 웹사이트의 310 페이지에 가거나, 구글에서 "오차 함수표"를 검색하면 된다). 그림 4.2는 x에 따라 도시된 $\operatorname{erf}(x)$를 보여 준다.

예제 4-5

오차 함수는 기체의 반응 속도론에서 자주 일어난다. v와 $v + dv$ 사이에서 성분 속도(x, y 또는 z)를 갖는 분자의 분율은 다음 식에 의해 주어진다.

$$f(v)\,dv = \left(\frac{m}{2\pi k_B T}\right)^{1/2} e^{-mv^2/2k_B T}\,dv$$

여기서 m은 분자의 질량, T는 켈빈 온도, k_B는 볼츠만 상수이다.
$-(2k_B T/m)^{1/2} \le v \le (2k_B T/m)^{1/2}$을 가지는 분자의 분율을 계산하시오.

풀이 $(2k_B T/m)^{1/2} = v_0$로 두자. 피적분 함수가 v의 짝함수(우함수)이기 때문에 분율은 다음과 같이 주어진다.

$$F = \int_{-v_0}^{v_0} f(v)\,dv = 2\int_0^{v_0} f(v)\,dv = \frac{2}{v_0\sqrt{\pi}}\int_0^{v_0} e^{-mv^2/2k_B T}\,dv$$

지금 $mv^2/2k_B T = v^2/v_0^2 = u^2$로 두면, 다음과 같이 쓸 수 있다.

$$F = \frac{2}{\sqrt{\pi}}\int_0^1 e^{-u^2}du = \operatorname{erf}(1) = 0.84270$$

그리하여 분자의 약 84%가 $(2k_B T/m)^{1/2}$보다 작은 크기의 성분 속도 또는 동등하게 $k_B T$보다 더 작은 $mv_0^2/2$의 일차원 운동 에너지를 가진다.

x성분 속도가 v_0보다 더 큰 기체 분자의 분율을 계산한다고 가정하자(특정한 에너지를 가진 분자의 분율을 결정하기 위해). 그러면 다음과 같이 계산할 수 있다(그림 4.3 참조).

$$F = \int_{-\infty}^{-v_0} f(v)\,dv + \int_{v_0}^{\infty} f(v)\,dv = 2\left(\frac{m}{2\pi k_B T}\right)^{1/2}\int_{|v_0|}^{\infty} e^{-mv^2/2k_B T}\,dv$$

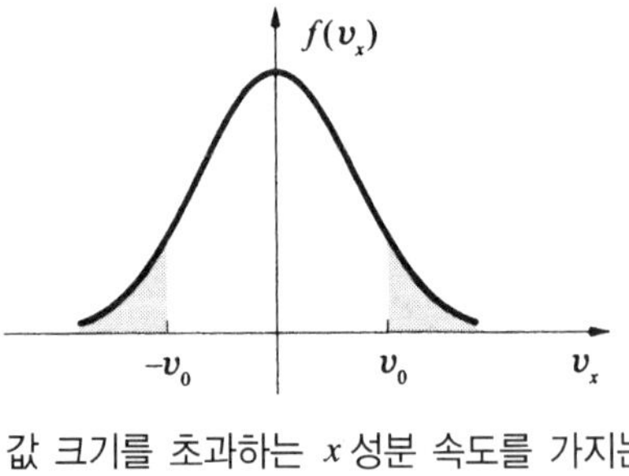

[그림 4.3] 그림자 구역은 어떤 값 크기를 초과하는 x성분 속도를 가지는 기체 분자의 분율을 나타낸다.

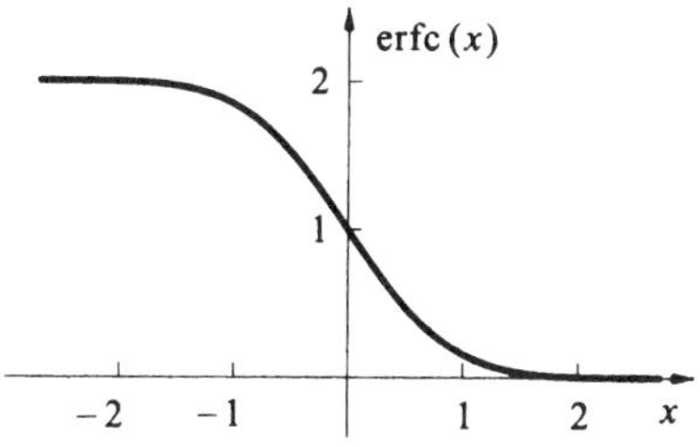

[그림 4.4] x에 따라 도시된 상보 오차 함수 erf(x).

예제 4-5에 했던 것처럼 하면 이 적분값을 구할 수 있다.

$$F = \frac{2}{\sqrt{\pi}} \int_1^\infty e^{-u^2} du$$

그것은 다음 식의 특별한 경우이다.

$$F(x) = \frac{2}{\sqrt{\pi}} \int_x^\infty e^{-u^2} du$$

식 4.8은 $F(1) = 1 - \text{erf}(1)$ 또는 분자의 약 16%가 $(2k_B T/m)^{1/2}$을 초과하는 크기의 성분 속도를 갖는 것을 말한다. 물론, 이 결과와 그에 더하여 예제 4-5의 결과를 기대해야만 한다.

$F(x) = 1 - \text{erf}\,(x)$이더라도, 이 적분은 **상보 오차 함수**(*complementary error function*, erfc(x)) 라고 정의되어 사용될 만큼 자주 일어난다.

$$\text{erfc}\,(x) = 1 - \text{erf}(x) = \frac{2}{\sqrt{\pi}} \int_x^\infty e^{-u^2} du \tag{4.10}$$

$\text{erfc}\,(-\infty) = 2$, $\text{erfc}\,(0) = 1$ 및 $\text{erfc}\,(\infty) = 0$이라는 것을 주목하라(그림 4.4 참조).

많은 부정 적분이 오차 함수 또는 그와 관련된 함수에 의해 나타날 수 있다. 예를 들어 유용한 일반적 적분은 다음과 같다(연습문제 4-20).

$$\int_0^\infty e^{-(au^2+2bu+c)} du = \left(\frac{\pi}{4a}\right)^{1/2} e^{(b^2-ac)/a} \text{erfc}\left(\frac{b}{\sqrt{a}}\right)$$

아브라모비츠와 스데건의 7장은 오차 함수의 많은 다른 성질과 함께 이와 같은 많은 적분을 나타낸다.

4.4 디락 델타 함수

이 절에서는 함수가 아닌 유명한 함수를 소개할 것이다. 그림 4.5에 의해 정의된 함수를 생각해 보자.

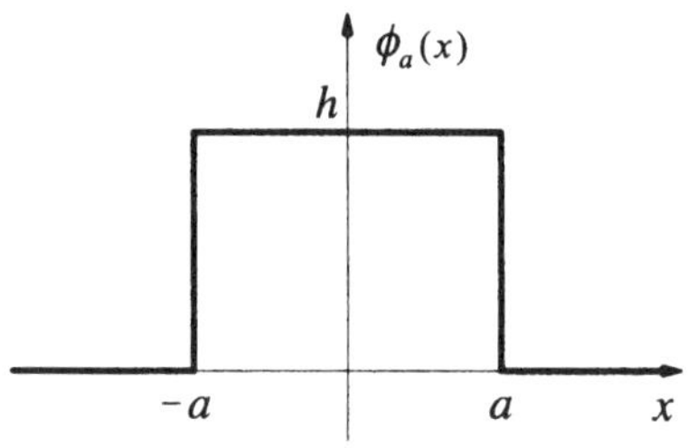

[그림 4.5] x에 따라 도시된 식 4.11에 의해 정의된 함수 $\phi_a(x)$.

$$\phi_a(x) = \begin{cases} 0 & x < -a \\ h & -a < x < a \\ 0 & x > a \end{cases} \tag{4.11}$$

여기서 h와 a는 다음과 같은 관계가 있다.

$$\int_{-\infty}^{\infty} \phi_a(x)\,dx = 2ah = 1 \tag{4.12}$$

바꿔 말하면, 곡선 아래에 있는 면적은 1이다. 지금 $f(x)$가 연속 함수일 때 적분을 다음 형태로 두자.

$$I = \int_{-\infty}^{\infty} \phi_a(x) f(x)\,dx$$

$\phi_a(x)$의 정의 때문에, 다음과 같이 된다.

$$I = \int_{-a}^{a} \phi_a(x) f(x)\,dx$$

$a \to 0$일 때 이 적분의 극한은 관심을 끄는데, 이 경우에 만약 $f(x)$가 연속이라면 함수 $f(x)$는 x가 $-a$부터 $+a$로 변할 때 $f(0)$와 매우 다르지 않다. 따라서 적분 기호 아래로부터 $f(0)$를 제거할 수 있다. 그러므로 $a \to 0$일 때, I는 다음과 같이 된다.

$$\lim_{a\to 0} I = f(0) \lim_{a\to 0} \int_{-a}^{a} \phi_a(x)\,dx = f(0) \lim_{a\to 0} \int_{-a}^{a} h\,dx = f(0) \tag{4.13}$$

$\phi_a(x)$에 $f(x)$를 곱하고 $2ah = 1$에서 $a \to 0$와 $h \to \infty$로 둘 때 적분함으로써 $x = 0$에서 $f(x)$의 값을 변환하였다.

어떤 x값에서 $f(x)$를 변환하기 위해 $\phi_a(x)$와 같은 식을 이용할 수 있다. $f(x_0)$을 분리하기 위해 $2ah = 1$일 때, 다음과 같이 두자(그림 4.6).

$$\phi_{a0}(x) = \begin{cases} 0 & x < x_0 - a \\ h & x_0 - a < x < x_0 + a \\ 0 & x_0 + a < x \end{cases} \tag{4.14}$$

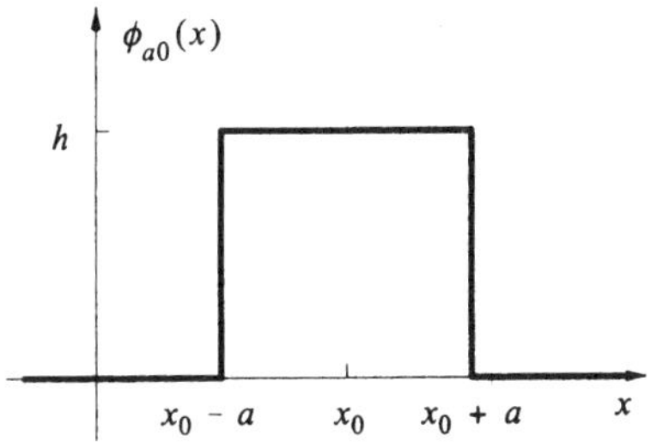

[그림 4.6] x에 따라 도시된 식 4.14에 의해 정의된 함수 $\phi_{a0}(x)$.

식 4.14는 $x = 0$에서보다 x_0에서 중심이 잡히도록 $\phi_a(x)$를 간단히 정의한다. 분명하게,

$$\lim_{a\to 0}\int_{-\infty}^{\infty}\phi_{a0}(x)f(x)\,dx = f(x_0) \tag{4.15}$$

식 4.15의 극한 과정에서, $\phi_{a0}(x)$은 사각형 $2ah = 1$의 면적을 가지면서 점점 더 좁아지고 점점 더 커진다. 이 극한 "함수"를 $\delta(x - x_0)$로 나타내고 다음과 같이 쓴다.

$$\delta(x - x_0) = \begin{cases} 0 & x \neq x_0 \\ \infty & x = x_0 \end{cases} \tag{4.16}$$

$2ah = 1$에서 $a \to 0$와 $h \to \infty$일 때, 식 4.16이 $\phi_{a0}(x)$에 대한 약식 표시법이라는 것을 항상 명심해야만 한다. 물리적으로, 식 4.16은 $x = x_0$에서 전압 스파이크 또는 x가 시간을 나타낸다면 충격력을 나타낸다. $\delta(x - x_0)$에 의해 $f(x)$가 연속 함수일 때 다음 식을 쓴다.

$$\int_{-\infty}^{\infty}\delta(x - x_0)\,dx = 1 \tag{4.17}$$

$$\int_{-\infty}^{\infty}\delta(x - x_0)f(x)\,dx = f(x_0) \tag{4.18}$$

식 4.17과 4.18은 1927년에 영국의 이론 물리학자 폴 디락에 의해 도입된 **디락 델타 함수**(*Dirac delta function*)를 정의하기 위해 사용된다. 식 4.18은 델타 함수의 **판별 성질**(*sifting property*)을 나타낸다.

예제 4-6

$I = \int_{-\infty}^{\infty}\delta(x - x_0)\cos x\,dx$의 값을 구하시오.

풀이 함수 $\cos x$는 연속이므로, 간단히 $\cos x$에 있는 x를 x_0로 대체하여 다음을 얻는다.

$$I = \cos x_0$$

극한 과정에서 델타 함수처럼 작용하는 또 다른 함수는 **가우스 분포 함수**(*Gaussian distribution function*)이다.

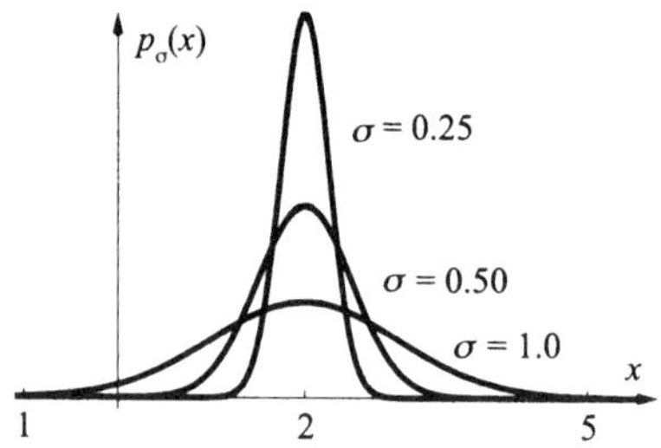

[그림 4.7] $\sigma = 1.0$, 0.50 및 0.25와 $x_0 = 2$에 대해 x에 따라 도시된 식 4.19의 가우스 분포.

$$p_\sigma(x) = \frac{1}{(2\pi\sigma^2)^{1/2}} e^{-(x-x_0)^2/2\sigma^2} \tag{4.19}$$

가우스 분포는 유명한 종모양의 곡선이다. 그림 4.7은 여러 σ값에 대해 x에 따라 도시된 $p_\sigma(x)$를 보여 준다. 함수는 $x = x_0$에서 중앙에 있고, x_0에 대한 폭이 σ값에 따라 좌우된다. 즉 σ가 더 작을수록 $p_\sigma(x)$는 더 좁아지고, 더 뾰족해진다. 식의 앞쪽에 있는 인수 $(2\pi\sigma^2)^{-1/2}$는 다음을 확실히 한다.

$$\int_{-\infty}^{\infty} p_\sigma(x)\, dx = 1$$

그림 4.7에 있는 곡선은 곡선 아래의 면적이 모두 같기 때문에(1과 같다), σ값이 감소함에 따라 더 좁아지고 더 크게 된다.

만약 식 4.19에 있는 $p_\sigma(x)$에 연속 함수 $f(x)$를 곱하고 $\sigma \to 0$으로 둔다면, 그 때 식은 $\delta(x - x_0)$로 접근하고 다음과 같이 된다.

$$\lim_{\sigma\to 0}(2\pi\sigma^2)^{-1/2} \int_{-\infty}^{\infty} f(x)\, e^{-(x-x_0)^2/2\sigma^2} dx = f(x_0)$$

예제 4-7

$I(\sigma) = (2\pi\sigma^2)^{-1/2} \int_{-\infty}^{\infty} e^{-(x-x_0)^2/2\sigma^2} \cos x\, dx$의 값을 정확하게 구하시오. 그리고 $\sigma \to 0$으로 둘 때 $\lim_{\sigma\to 0} I(\sigma) = \cos x_0$임을 보이시오.

풀이

$$I(\sigma) = (2\pi\sigma^2)^{-1/2} \int_{-\infty}^{\infty} e^{-z^2/2\sigma^2} \cos(z + x_0)\, dz$$

$\cos(z + x_0) = \cos x_0 \cos z - \sin x_0 \sin z$의 관계를 이용하여 다음 식을 얻는다.

$$I(\sigma) = (2\pi\sigma^2)^{-1/2} \left[\cos x_0 \int_{-\infty}^{\infty} e^{-z^2/2\sigma^2} \cos z\, dz - \sin x_0 \int_{-\infty}^{\infty} e^{-z^2/2\sigma^2} \sin z\, dz\right]$$

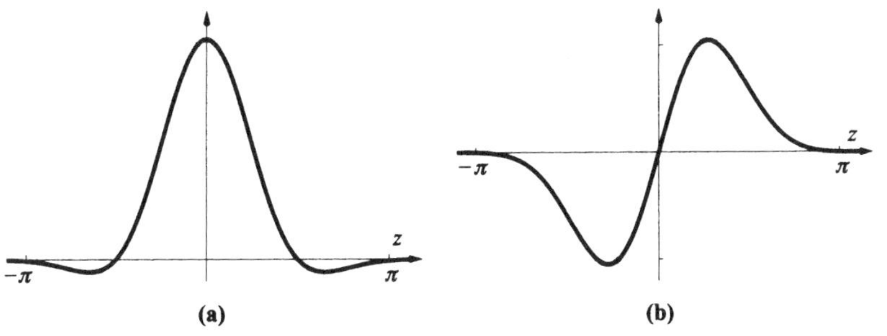

[그림 4.8] $\sigma = 1$에 대해 z에 따라 (a) $e^{-z^2/2\sigma^2}\cos z$ (b) $e^{-z^2/2\sigma^2}\sin z$의 도시. $e^{-z^2/2\sigma^2}\cos z$은 짝함수, $e^{-z^2/2\sigma^2}\sin z$은 홀함수를 보여 준다.

첫 번째 적분은 $2(\pi/2)^{1/2}\sigma e^{-\sigma^2/2}$와 같고 두 번째 적분은 피적분 함수가 z의 홀함수(기함수)이기 때문에 0과 같다(그림 4.8).

따라서

$$I(\sigma) = e^{-\sigma^2/2}\cos x_0$$

또한

$$\lim_{\sigma\to 0} I(\sigma) = \cos x_0$$

델타 함수는 엄밀한 의미에서 함수가 아니나, 만약 적분 기호 아래서 연속 함수를 곱한다면 그것은 의미를 가지게 된다. 예를 들어 연속 함수 $f(x)$를 곱함으로써 $x\delta(x)$에 의미를 부여할 수 있고, 적분하여 다음을 얻는다.

$$\int_{-\infty}^{\infty} f(x)\,x\,\delta(x)\,dx = f(0)\cdot 0\cdot 1 = 0 \tag{4.20}$$

그리고 가끔 다음 식을 볼 수 있다.

$$x\delta(x) = 0 \tag{4.21}$$

그러나 식 4.21이 식 4.20의 약식 표시법이라는 것을 명심하라. 비슷하게, 다음 식을 쓸 수도 있다(연습문제 4-24).

$$x\delta'(x) = -\delta(x) \tag{4.22}$$

$$\delta(ax) = \frac{1}{|a|}\delta(x) \tag{4.23}$$

마지막으로 다시 한 번 이 관계식의 의미를 깨달아야 한다.

연습문제

4-1. $a > 0$일 때, $\int_0^\infty e^{-au}u^{3/2}du$의 값을 구하시오.

4-2. (a) $3\,\Gamma(5/2)/2\,\Gamma(1/2)$와 (b) $3\Gamma(5/4)/2\Gamma(1/4)$의 값을 구하시오.

4-3. 감마 함수에서 $a > 0$일 때, $\int_0^\infty xe^{-ax^2}\,dx$의 값을 구하시오.

4-4. 감마 함수에서 $n > -1$일 때, $\int_0^1 (\ln x)^n dx$의 값을 구하시오. 힌트: $\ln x = -z$로 두시오.

4-5. 이 문제는 14장에서 논의하는 극좌표 평면과 관계가 있다. 이 문제에서 $I = \int_0^\infty e^{-x^2}dx = \sqrt{\pi}/2$을 증명하기 위해 기교를 사용할 것이다. 먼저 I를 제곱하고 그것을 다음처럼 쓰시오.

$$I^2 = \int_0^\infty e^{-x^2}dx \int_0^\infty e^{-y^2}dy = \int_0^\infty \int_0^\infty e^{-(x^2+y^2)}dxdy$$

극좌표면($x = r\cos\theta$, $y = r\sin\theta$)으로 변환하시오. 그리고 $I^2 = \pi/4$, 즉 $I = \sqrt{\pi}/2$임을 보이기 위해 직교 좌표의 미분 면적은 $dxdy$이며, 반면 극좌표면에서는 $rdrd\theta$이라는 사실을 이용하시오.

4-6. 가끔 사용되는 계승 표시법은 $n!! = n(n-2)(n-4)\cdots$이다. 여기서 만약 n이 기수라면 $n = 1$에서 곱은 종결되고, n이 서수라면 $n = 2$에서 곱은 종결된다. (a) 10!!과 (b) 7!!의 값을 구하시오.

4-7. 감마 함수에서 m과 n이 양의 정수를 일 때, $\int_0^\infty x^m e^{-x^n}dx$의 값을 구하시오.

4-8. $a > 0$일 때, $\int_0^\infty x^{2n}e^{-ax^2}dx = \Gamma\left(n+\frac{1}{2}\right)/2a^{n+1/2}$임을 보이시오.

4-9. 수소 원자에 대한 많은 평균값의 계산은 $\beta > 0$일 때 다음과 같은 형태의 적분에 관련된다.

$$I_n = \int_0^\infty r^n e^{-\beta r}dr$$

$I_n = \dfrac{n!}{\beta^{n+1}}$임을 보이시오.

4-10. $\ln x$은 적분 $\ln x = \int_1^x du/u$에 의해 정의될 수 있다. 단지 이 정의를 이용하여, $\ln ab = \ln a + \ln b$와 $\ln a^b = b\ln a$임을 보이시오. 힌트: 첫 번째 부분에 대해 $\int_1^{ab} = \int_1^a + \int_a^{ab}$를 쓰고, 그때 두 번째 적분에 대입하시오.

4-11. $B(x, y) = B(y, x)$임을 보이시오.

4-12. 이 문제는 14장에서 논의할 극좌표면과 관련이 있으며, 다음 방법으로 식 4.6을 유도할 수 있다. $\Gamma(m) = \int_0^\infty z^{m-1}e^{-z}dz$으로 시작하고 $z = x^2$로 두시오. $\Gamma(n)$에 대해 같은 방법으로 하시오. $\Gamma(m)\Gamma(n)$을 이중 적분으로 만들고, 극좌표면($x = r\cos\theta$, $y = r\sin\theta$)으로 변환하시오. 직교 좌표의 미분 면적은 $dxdy$이며, 반면 극좌표면에서는 $drd\theta$이라는 사실을 이용하시오. 마지막으로 식 4.7을 이용하시오.

4-13. 식 4.5에서 $z = \sin^2\theta$로 둠으로써 식 4.7을 유도하시오.

4-14. $\int_0^{2\pi}\cos^6\theta d\theta$의 값을 구하시오. 힌트: 먼저 $\cos^6\theta$을 도시하시오.

4-15. $\int_0^2 u^2\sqrt[3]{8-u^3}\,du$의 값을 구하시오.

4-16. $\mathrm{erf}\,(-x) = -\mathrm{erf}\,(x)$임을 증명하시오.

4-17. 예제 4-5를 참조하여, $\text{Prob}\{-v_{x0} \le v_x \le v_{x0}\} = \text{erf}\,[(m/2k_B T)^{1/2} v_{x0}]$임을 보이시오.

4-18. 기체 분자의 x성분 속도가 $v_{x0} > 0$의 값을 초과하는 확률은 다음과 같이 주어진다.

$$\text{Prob}\{v_x > v_{x0}\} = \left(\frac{m}{2\pi k_B T}\right)^{1/2} 2 \int_{v_{x0}}^{\infty} e^{-mv_x^2/2k_B T} dv_x$$

$u_0 = +(m/2k_B T)^{1/2} v_{x0}$일 때, 확률이 $\text{erfc}\,(u_0)$에 의해 주어진다는 것을 보이시오.

4-19. 기체의 반응 속도론은 기체 분자의 **속력**(*speed*)이 c_0값을 초과할 확률에 대해 다음 식을 제공한다.

$$\text{Prob}\{c \ge c_0\} = 4\pi \left(\frac{m}{2\pi k_B T}\right)^{3/2} \int_{c_0}^{\infty} c^2 e^{-mc^2/2k_B T} dc$$

여기서 $c = (v_x^2 + v_y^2 + v_z^2)^{1/2} \ge 0$은 분자의 속력이다.

$\text{Prob}\{c \ge c_0\} = \frac{2}{\sqrt{\pi}} \left\{ \left(\frac{m}{2k_B T}\right)^{1/2} c_0 e^{-mc_0^2/2k_B T} + \frac{\sqrt{\pi}}{2} \text{erfc}\left[\left(\frac{m}{2k_B T}\right)^{1/2} c_0\right] \right\}$임을 보이시오.

4-20. $a > 0$일 때, $\int_0^{\infty} e^{-(ax^2+2bx+c)} dx = (\pi/4a)^{1/2} e^{(b^2-ac)/a} \text{erfc}\,(b/\sqrt{a})$임을 보이시오.

4-21. $a > 0$일 때, $\int_0^{\infty} \frac{e^{-at} dt}{\sqrt{t+x^2}} = \left(\frac{\pi}{a}\right)^{1/2} e^{ax^2} \text{erfc}\,(\sqrt{a}x)$임을 보이시오.

4-22. 상보 오차 함수는 조화 진동자의 양자 역학적 논의에서도 일어난다. 조화 진동자는 용수철에 의해 연결된 두 질량의 진동 운동 모델로도 이용될 수 있다(이원자 분자의 모델). 만약 x가 평형 위치에 있는 용수철의 변위라면, 그때 두 질량은 $x = 0$에 대해 사인파 모양으로 진동하고, 계의 퍼텐셜 에너지는 $V(x) = kx^2/2$로 주어진다. 여기서 k는 용수철의 힘 상수이다. 두 질량의 최대 변위는 E가 전체 에너지일 때 $x_{\max} = (2E/k)^{1/2}$로 주어짐을 보이시오. $x_{\max}$ 양은 고전적으로 **허용된 진폭**(*classically allowed amplitude*)이라 불린다. 양자 역학의 많은 특이한 결과의 하나는 진동자가 충분한 에너지를 가지지 않더라도, 진동자의 변위가 고전적으로 허용된 진폭을 초과할 수 있는 확률이 0이 아니라는 것이다. 가장 낮은 에너지 상태에 있는 양자 역학적 조화 진동자에 대해, 이 확률은 다음과 같이 주어진다.

$$\text{Prob} = 2\left(\frac{\alpha}{\pi}\right)^{1/2} \int_{\alpha^{-1/2}}^{\infty} e^{-\alpha x^2} dx$$

여기서 α는 진동자의 특성을 나타내는 양의 상수이다. 이 확률은 $\text{Prob} = \text{erfc}(1) = 1 - \text{erf}(1) = 0.15730$에 의해 주어짐을 보이시오. 그리하여, 변위가 고전적으로 허용된 진폭을 초과할 가능성이 거의 16% 정도 있음을 알 수 있다.

4-23. 식 4.21과 4.22의 실제 의미를 쓰시오.

4-24. 식 4.23을 증명하시오.

4-25. $I(\sigma) = (2\pi\sigma^2)^{-1/2} \int_{-\infty}^{\infty} e^{-(x-x_0)^2/2\sigma^2} \sin x\, dx$ 값을 정확하게 구하시오. 그리고 $\sigma \to 0$로 둘 때, $\lim_{\sigma \to 0} I(\sigma) = \sin x_0$ 임을 보이시오.

4-26. 적분 $I = h \int_{-a}^{a} \cos(x+b)\, dx$ 값을 구하고, $2ah = 1$일 때 $a \to 0$로 둠으로써 식 4.13을 정확하게 증명하시오.

4-27. $a \neq b$에 대해 $\int_{-\infty}^{\infty} \delta(x-a)\,\delta(x-b)\,dx = \delta(a-b)$임을 논의하시오.

4-28. $\delta(f(x)) = \dfrac{1}{|f'(a)|}\delta(x-a)$임을 보이시오. 여기서 $f'(a)$는 $f(x)$와 $f(a)=0$의 미분이다. 힌트: $x \approx a$에 대해 $f(x) \approx f(a)\,(x-a)$인 사실을 이용하고 그때 식 4.23을 이용하시오.

4-29. 델타 함수에 대한 또 다른 표현은 다음과 같다.

$$\delta(x) = \frac{1}{\pi}\lim_{\epsilon\to 0}\frac{\epsilon}{x^2+\epsilon^2}$$

먼저 $\int_{-\infty}^{\infty}\delta(x)\,dx = 1$임을 보이시오. 지금 다음 식을 보임으로써 식 4.18을 증명하시오.

$$\frac{1}{\pi}\lim_{\epsilon\to 0}\int_{-\infty}^{\infty}\frac{\epsilon\cos(x+b)}{x^2+\epsilon^2}\,dx = \cos b$$

4-30. $\text{erf}(x)$의 매클로린 전개를 유도하시오. 힌트: 식 3.12를 이용하지 마시오. 식 4.8에서 e^{-u^2}을 전개하고 각 항마다 적분하시오.

4-31. $(2n)!! = 2^n n!$과 $(2n+1)!! = (2n+1)!/2^n n!$임을 보이시오.

제 5 장

복소수

복소수는 $x^2 - x + 1 = 0$ 형태의 이차 방정식을 고려할 때 소개되는데, 이 이차식에서

$$x = \frac{1}{2} \pm \frac{\sqrt{-3}}{2} = \frac{1}{2} \pm i\frac{\sqrt{3}}{2}$$

가 되며, 여기서 $i = \sqrt{-1}$은 허수 단위이다. a와 b가 실수인 $a + ib$ 형태의 수를 **복소수**(*complex number*)라 부르며, $a = 0$이면, $x = ib$를 **허수**(*imaginary number*)라 부른다. 일반적으로 여기서 뜻하는 것은 이차 방정식을 풀 수 있으려면 허수를 반드시 도입해야 한다는 것이다. 처음에는 복소수의 도입에 커다란 저항이 있었으며, 복소수가 수 체계의 적법한 일원으로 받아들여지기까지 오랜 세월이 걸렸다는 것은 놀라운 일이 아니다. "허수"라는 바로 그 이름이 이 수들에 어떤 정도의 신비함을 시사하는 것 같다.

복소수가 이차 방정식과 관련해서만 나타났다고 하면 방정식 $x^2 - x + 1 = 0$이 해가 없다고 주장함으로써 이것을 거부하기가 쉬웠을지도 모른다. 어쨌든 아마도 $\sin x = 2$가 x의 실수값에 대해서는 해가 없다고 편하게 말할 것이다. 역사적으로 복소수는 삼차 방정식의 해의 연구에서 가장 당혹스러운 것이었다. 삼차 방정식 $x^3 + 2x^2 - x - 2 = 0$을 생각해 보라. 이 방정식은 세 실근 ± 1과 -2를 가짐을 검사하여 증명할 수 있다. 그럼에도 세 근을 계산하는 (꽤 성가신) 표준 공식으로 이 방정식을 풀면 음수의 제곱근이 여러 중간 단계에서 나타난다. 마지막 결과는 이 세 실근인데, 따라서 허수의 발생은 어떤 공식도 무효로 하지 않는다. 드디어, 수학자들은 허수를 묵인할 뿐만 아니라 완전히 품게 되었다.

여러분은 더 복잡한 (17차 방정식과 같은) 다항 방정식은 복소수 "너머"에 있는 형태의 수의 도입을 필요로 하지 않는지 생각할지도 모른다. 결국 그렇지 않음이 밝혀졌다. 대수학에는 바로 **대수학의 기본 정리**(*fundamental theorem of algebra*)라는 놀랄 만한 정리가 있는데, 이것은 모든 N차 다항 방정식 $a_N x^N + a_{N-1} x^{N-1} + \cdots + a_1 x + a_0 = 0$에는, 복소수를 계수로 함에도 불구하고, 복소수에 걸쳐 정확히 N개의 근이 있다고 한다. 바꿔 말하면, 복소수는 모든 다항 방정식을 풀기에 충분하다.

5.1 복소수와 복소수 평면

서론에서 밝혔듯이, a와 b가 실수며 $i^2 = -1$인, $a+ib$ 형태의 수를 복소수라고 부른다. 보통, 복소수를

$$z = x + iy \tag{5.1}$$

로 쓰는데, x는 z의 실수 부분, y는 허수 부분이며, 이것을

$$x = \mathrm{Re}(z) \qquad y = \mathrm{Im}(z) \tag{5.2}$$

로 나타낸다.

복소수들의 실수 부분과 허수 부분을 따로따로 더하거나 뺌으로써 복소수들을 더하거나 뺀다. 예를 들어 $z_1 = 2 + 3i$이고, $z_2 = 1 - 4i$이면

$$z_1 - z_2 = (2-1) + [3 - (-4)]\,i = 1 + 7i$$

더욱이,

$$2z_1 + 3z_2 = 2(2+3i) + 3(1-4i) = 4 + 6i + 3 - 12i = 7 - 6i$$

로 쓸 수 있다.

복소수들을 곱하려면 두 양을 이항식과 같이 단순히 곱하고 $i^2 = -1$인 사실을 이용한다. 예를 들면,

$$(2-i)(-3+2i) = -6 + 3i + 4i - 2i^2 = -4 + 7i$$

복소수들을 나누려면 z의 켤레 복소수를 도입하는 것이 편리한데, 이것을 z^*로 표시하고 i를 $-i$로 바꾸어 만든다. 예를 들어 $z = x + iy$이면 $z^* = x - iy$이다. 복소수에 그 켤레 복소수를 곱한 것은 실수 양이 됨에 주목하라.

$$zz^* = (x+iy)(x-iy) = x^2 - i^2y^2 = x^2 + y^2 \tag{5.3}$$

zz^*의 제곱근을 z의 크기 또는 절대값이라 부르며, 이것을 $|z|$로 표시한다. 이제 두 복소수의 몫을 생각해 보라.

$$z = \frac{2+i}{1+2i}$$

분자와 분모에 분모의 켤레 복소수 $1-2i$를 곱하면, 이 비를 $x+iy$의 형태로 쓸 수 있다.

$$z = \frac{2+i}{1+2i}\left(\frac{1-2i}{1-2i}\right) = \frac{4-3i}{5} = \frac{4}{5} - \frac{3}{5}i$$

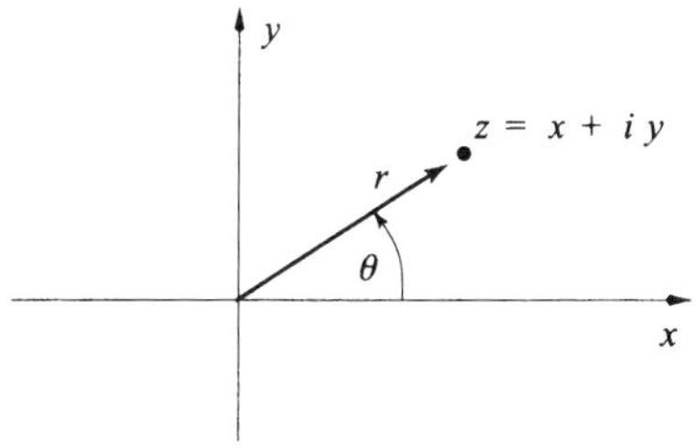

[그림 5.1] 복소수 $z = x + iy$를 이차원 좌표계의 한 점으로 표시하기. 이 그림의 평면을 복소수 평면이라고 부른다.

예제 5-1

$z^{-1} = \dfrac{x}{x^2 + y^2} - \dfrac{iy}{x^2 + y^2}$임을 보이시오.

풀이

$$z^{-1} = \frac{1}{z} = \frac{1}{x + iy} = \frac{1}{x + iy}\left(\frac{x - iy}{x - iy}\right) = \frac{x - iy}{x^2 + y^2} = \frac{x}{x^2 + y^2} - \frac{iy}{x^2 + y^2}$$

복소수는 실수 부분과 허수 부분의 두 부분으로 되어 있기 때문에, 복소수를 이차원 좌표계의 한 점으로 표시할 수 있는데 그림 5.1에 보인 바와 같이 실수 부분은 수평 (x) 축에 따라, 허수 부분은 수직 (y) 축에 따라 도시한다. 이와 같은 그림의 평면을 **복소수 평면**(*complex plane*)이라고 부른다. 이 그림의 원점에서 점 $z = (x, y)$까지 벡터 $\mathbf{r}$을 그리면 이 벡터의 길이 $r = (x^2 + y^2)^{1/2}$은 z의 **크기** 또는 **절대값**이다. 벡터 $\mathbf{r}$이 x 축과 이루는 각 θ는 z의 편각이다.

예제 5-2

$|z - 1| = 2$로 그려지는 복소수 평면의 곡선을 결정하시오.

풀이

$$|z - 1| = |(x - 1) + iy| = [(x - 1)^2 + y^2]^{1/2}$$

따라서 $|z - 1| = 2$는

$$(x - 1)^2 + y^2 = 4\text{와 같고}$$

이것은 $x = 1$, $y = 0$에 중심을 둔 반지름이 2인 원이다.

복소수 평면에서 두 수의 더하기에는 훌륭한 기하학적 해석이 있다. 그림 5.3은 $z_1 = x_1 + iy_1$과 $z_2 = x_2 + iy_2$의 더하기를 도해한다. 점 $z_1 + z_2$는 변들이 z_1과 z_2인 평행사변형을 만든다. 우리는 z_1과 z_2의 더하기는 **평행사변형 법칙**(*parallelogram law*)을 만족시킨다고 말한다.

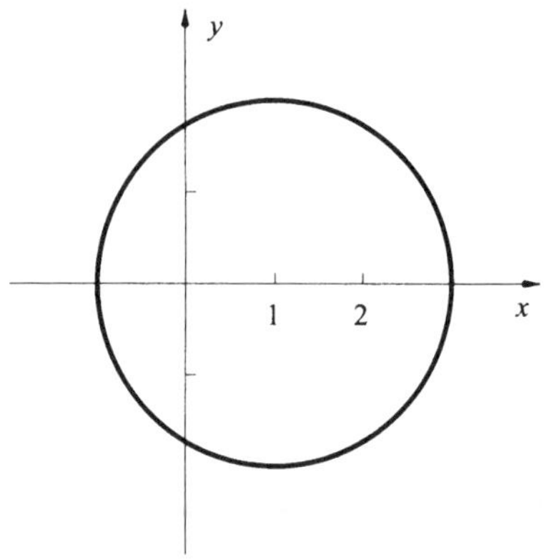

[그림 5.2] $|z-1|=2$, 또는 $(x-1)^2+y^2=4$의 복소수 평면의 그래프.

그림 5.1을 보면, 복소수 z를 극 형태로 나타낼 수 있음을 알게 된다.

$$x = r\cos\theta \qquad y = r\sin\theta \tag{5.4}$$

그리고

$$z = r\cos\theta + ir\sin\theta \tag{5.5}$$

여기서

$$r = (x^2 + y^2)^{1/2} \tag{5.6}$$

은 원점에서 점 $(x,\ y)$까지의 거리이며,

$$\tan\theta = \frac{y}{x}\text{이다.} \tag{5.7}$$

위에서 말한 바와 같이, 각 θ는 z의 편각이고 r은 그 크기이다. 이 두 양을 종종 $\theta = \arg z$와 $r = |z|$로 표시한다. 식 5.5를 z의 극 형태라고 부른다.

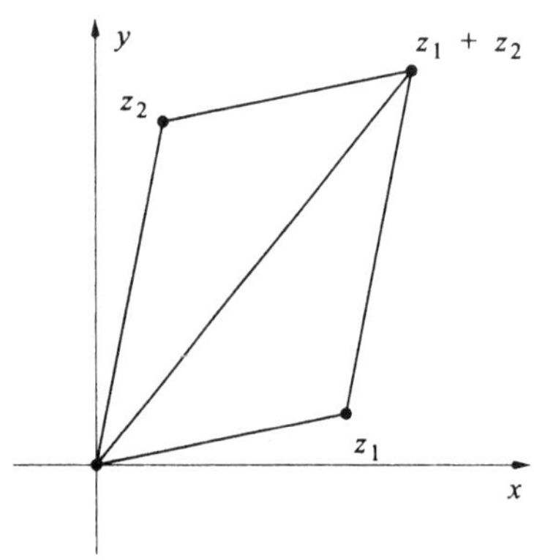

[그림 5.3] 두 복소수 z_1과 z_2의 더하기에 대한 기하학적 해석.

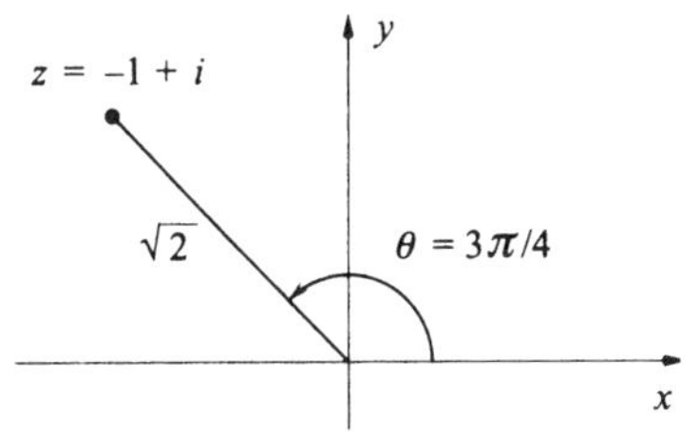

[그림 5.4] 복소수 $z = -1 + i$ 의 극 형태.

예제 5-3

$z = -1 + i$를 극 형태로 표시하시오.

풀이 z의 크기는 $\sqrt{2}$이고 $\tan\theta = \frac{1}{-1} = -1$이다. 그림 5.4에서 보듯이 각 θ는 두 번째 사분면에 있으므로 $\theta = 3\pi/4$이다. 그러므로 z의 극 형태는

$$z = \sqrt{2}\left(\cos\frac{3\pi}{4} + i\sin\frac{3\pi}{4}\right)\text{이다.}$$

위의 예제는 각 θ가 어느 사분면에 있는지 알아야만 한다는 사실을 보여 준다. $\tan^{-1}(-1)$을 계산하려고 휴대용 계산기를 쓴다면 $-\pi/4$를 얻을 것이다. 그 이유는 $\tan^{-1}\theta$가 다중값 함수이기 때문이다(연습문제 5-3).

5.2 오일러 식과 복소수의 극 형태

$z = x + iy$를 r과 θ의 식으로 표시하는 또 다른 방법은 **오일러 식**(*Euler's Formula*)에 따른다.

$$e^{i\theta} = \cos\theta + i\sin\theta \tag{5.8}$$

이것은 연습문제 5-14에서 유도된다. 식 5.8을 써서 z를

$$z = r(\cos\theta + i\sin\theta) = re^{i\theta} \tag{5.9}$$

로 표시할 수 있다.

식 5.9는 z의 극 형태와 오일러 식이 동등함을 보여 준다. $|z| = (zz^*)^{1/2} = (re^{i\theta}re^{-i\theta})^{1/2} = r$임에 주의하라.

예제 5-4

$e^{-i\theta} = \cos\theta - i\sin\theta$임을 보이고, 이 결과와 z의 극 표시를 써서 $|e^{i\theta}| = 1$임을 보이시오.

풀이 $e^{-i\theta} = \cos\theta - i\sin\theta$임을 증명하려면, 식 5.8과 $\cos\theta$가 θ의 짝함수 θ $[\cos(-\theta) = \cos\theta]$이고 $\sin\theta$가 θ의 홀함수 $[\sin(-\theta) = -\sin\theta]$인 사실을 이용한다. 그러므로,

$$e^{-i\theta} = \cos(-\theta) + i\sin(-\theta) = \cos\theta - i\sin\theta$$

더욱이,

$$|e^{i\theta}| = [(\cos\theta + i\sin\theta)(\cos\theta - i\sin\theta)]^{1/2} = (\cos^2\theta + \sin^2\theta)^{1/2} = 1$$

예제 5-5

$z_1 = 1 + i$와 $z_2 = -1 - i$를 오일러 식으로 나타내시오.

풀이 두 경우에 모두 $r = \sqrt{2}$다. 점 $z = 1 + i$는 첫 번째 사분면에 있으므로 $\tan^{-1}(1) = \pi/4$이고,

$$z_1 = \sqrt{2}\,e^{i\pi/4}$$

점 $z = -1 - i$은 세 번째 사분면에 있으므로 $\tan^{-1}(1) = 5\pi/4$이고,

$$z_2 = \sqrt{2}\,e^{5\pi i/4}$$

z_1과 z_2가 모두 같은 y/x 값을 가짐에 주목하라. 다시금, 각 θ가 어느 사분면에 있는지 알아야만 함을 보게 된다.

복소수들을 곱하고 나누는 것은 극 형태로 하면 쉽다.

$$z_1 z_2 = (r_1 e^{i\theta_1})(r_2 e^{i\theta_2}) = r_1 r_2 e^{i(\theta_1+\theta_2)}$$

$$\frac{z_1}{z_2} = \frac{r_1}{r_2} e^{i(\theta_1-\theta_2)}$$

예를 들면, 예제 5-5에서 z_1과 z_2의 곱은 $z_1 z_2 = 2e^{6\pi i/4} = 2e^{3\pi i/2} = -2i$이고, 그 비는 $z_1/z_2 = e^{-i\pi} = -1$이다.

삼각법의 여러 항등식들을 유도하기 위해 복소수들의 극 형태를 이용할 수 있다. 예를 들면,

$$e^{i\alpha} e^{i\beta} = e^{i(\alpha+\beta)}$$

로 시작하여 다음과 같이 쓴다.

$$(\cos\alpha + i\sin\alpha)(\cos\beta + i\sin\beta) = \cos(\alpha+\beta) + i\sin(\alpha+\beta)$$

좌변을 전개하고 양변의 실수 부분과 허수 부분을 같게 하여

$$\cos\alpha\cos\beta - \sin\alpha\sin\beta = \cos(\alpha+\beta)$$

$$\sin\alpha\cos\beta + \cos\alpha\sin\beta = \sin(\alpha+\beta)$$

를 얻는다.

$e^{i\omega t}$라는 식은 물리적 응용에서 흔히 나타난다. $e^{i\omega t} = \cos\omega t + i\sin\omega t$이므로 이 식은 복소수 평

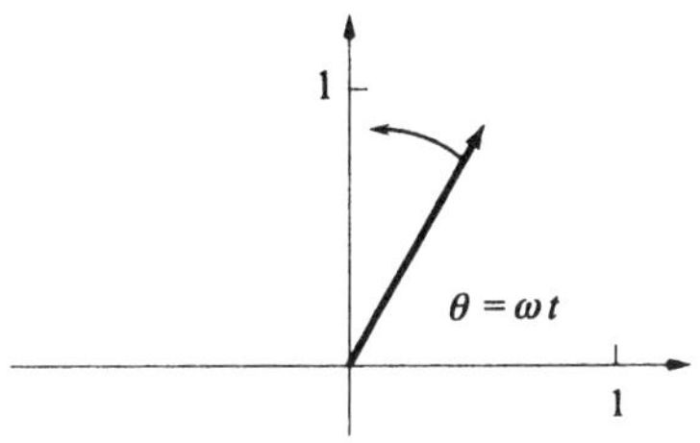

[그림 5.5] $e^{i\omega t}$ 식은 원점의 주위를 초당 ω 라디안의 진동수로 반시계 방향으로 회전하는 단위 벡터라는 물리적 해석을 지닌다.

면에서 원점의 주위를 초당 ω 라디안의 진동수로 반시계 방향으로 회전하는(그림 5.5) 단위 벡터(길이가 1인 벡터)라는 물리적 해석을 지닌다. 이 해석에 따르면, $e^{-i\omega t}$는 시계 방향으로 도는 단위 벡터로 볼 수 있다.

또한 아래 식들을 유도하기 위해 오일러 식을 쓸 수 있다 (연습문제 5-10).

$$\sin\theta = \frac{e^{i\theta} - e^{-i\theta}}{2i} \quad \text{및} \quad \cos\theta = \frac{e^{i\theta} + e^{-i\theta}}{2} \tag{5.10}$$

이 두 식들에는 훌륭한 기하학적 해석이 있다. 위에서 말한 바와 같이, 그림 5.6에서 보듯이 $e^{i\omega t}/2$는 복소수 평면에서 반시계 방향으로 도는 벡터로, $e^{-i\omega t}/2$는 시계 방향으로 도는 것으로 볼 수 있다. $t = 0$에서 두 벡터의 합은 양의 실축을 따라 단위 길이를 가리킨다. t가 변하면서 두 벡터는 수직 성분들이 상쇄하고 수평 성분들이 $+1$과 -1 사이에서 $\cos\omega t$에 따라 초당 ω 라디안의 진동수로 앞뒤로 진동하도록 반대 방향으로 돈다.

식 5.10은 삼각법의 항등식들을 유도하기 위해 다음과 같이 쓸 수 있다.

$$\begin{aligned}\sin\alpha\cos\beta &= \frac{(e^{i\alpha} - e^{-i\alpha})}{2i}\frac{(e^{i\beta} + e^{-i\beta})}{2} = \frac{e^{i(\alpha+\beta)} - e^{-i(\alpha+\beta)}}{4i} + \frac{e^{i(\alpha-\beta)} - e^{-i(\alpha-\beta)}}{4i} \\ &= \frac{1}{2}\sin(\alpha+\beta) + \frac{1}{2}\sin(\alpha-\beta)\end{aligned}$$

또한 $\sin x$ 또는 $\cos x$를 포함하는 적분의 값을 구하기 위하여 식 5.10을 쓸 수 있다.

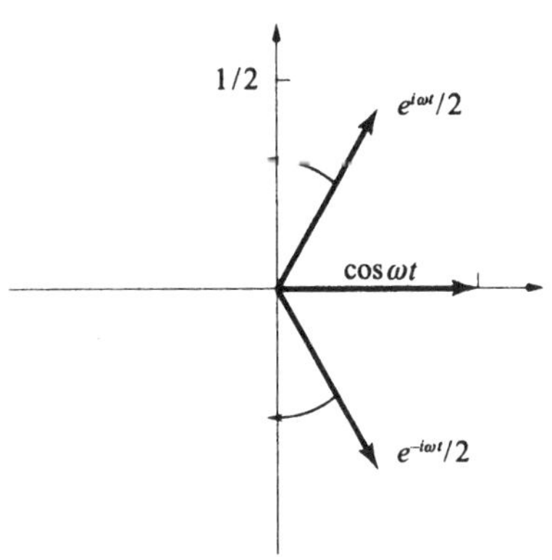

[그림 5.6] 식 $\cos\omega t = (e^{i\omega t} + e^{-i\omega t})/2$의 기하학적 해석.

예제 5-6

식 5.10을 써서 $I = \int_0^\infty e^{-\alpha t} \sin t \, dt \qquad (\alpha > 0)$의 값을 구하시오.

풀이

$$I = \frac{1}{2i}\int_0^\infty e^{-(\alpha-i)t}dt - \frac{1}{2i}\int_0^\infty e^{-(\alpha+i)t}dt$$
$$= \frac{1}{2i}\left(\frac{1}{\alpha-i} - \frac{1}{\alpha+i}\right) = \frac{2i}{2i(\alpha^2+1)} = \frac{1}{\alpha^2+1}$$

예제 5-6 I의 값을 다른 방법으로 구할 수 있다. $e^{it} = \cos t + i \sin t$이므로 I를 다음과 같이 쓸 수 있다.

$$I = \int_0^\infty e^{-\alpha t} \sin t \, dt = \text{Im} \int_0^\infty e^{-(\alpha-i)t}dt = \text{Im}\left(\frac{1}{\alpha-i}\right) = \frac{1}{\alpha^2+1}$$

이 절차에서 다음을 부산물로 얻는다.

$$\int_0^\infty e^{-\alpha t} \cos t \, dt = \text{Re} \int_0^\infty e^{-(\alpha-i)t}dt = \text{Re}\left(\frac{1}{\alpha-i}\right) = \frac{\alpha}{\alpha^2+1}$$

예제 5-7

다음과 같은 합계

$$S(\theta) = \sum_{n=0}^{N} \cos n\theta \text{ 는}$$

군론, 결정학 및 광학에서 나온다. $S(\theta)$에 관한 닫혀 있는 식을 유도하시오.

풀이 $\cos n\theta$를 $(e^{in\theta} + e^{-in\theta})/2$로 표시하고, $x = e^{\pm i\theta}$로 하여 식 3.2를 이용한다. 그러므로,

$$S(\theta) = \frac{1}{2}\sum_{n=0}^{N} e^{in\theta} + \frac{1}{2}\sum_{n=0}^{N} e^{-in\theta} = \frac{1}{2}\left[\frac{1-e^{i(N+1)\theta}}{1-e^{i\theta}}\right] + \frac{1}{2}\left[\frac{1-e^{-i(N+1)\theta}}{1-e^{-i\theta}}\right]$$
$$= \frac{1-\cos\theta+\cos N\theta-\cos(N+1)\theta}{2(1-\cos\theta)}$$

마지막 줄에서 두 항들을 합했고 식 5.10을 여러 번 썼다(연습문제 5-24 참조).

연습문제

5-1. 다음 양들의 실수와 허수 부분들을 찾으시오.

(a) $(2-i)^3$ (b) $e^{\pi i/2}$ (c) $e^{-2+i\pi/2}$ (d) $(\sqrt{2}+2i)e^{-i\pi/2}$

5-2. $z = x + 2iy$일 때, 다음을 구하시오.

(a) $\mathrm{Re}(z^*)$ (b) $\mathrm{Re}(z^2)$ (c) $\mathrm{Im}(z^2)$ (d) $\mathrm{Re}(zz^*)$ (e) $\mathrm{Im}(zz^*)$

5-3. 다음 복소수들에 대하여 $\tan^{-1}\theta$의 값을 결정하시오.

(a) $-1-i$ (b) $-1+i$ (c) $1-i$ (d) $-i$

5-4. 다음 수들을 $re^{i\theta}$의 형태로 표시하시오.

(a) $6i$ (b) $4-\sqrt{2}i$ (c) $-1-2i$ (d) $1+i$

5-5. 다음의 복소수들을 $x+iy$ 형태로 표시하시오.

(a) $e^{-i\pi/4}$ (b) $6e^{2\pi i/3}$ (c) $e^{-(\pi/4)i+\ln 2}$ (d) $e^{-2\pi i}+e^{4\pi i}$

5-6. 복소수를 i로 곱하는 것은 그 수를 복소수 평면에서 반시계 방향으로 90° 돌리는 기하학적 해석을 지닌다는 말을 논의하시오.

5-7. $e^{i\pi} = -1$임을 증명하시오. 이 관계식에서 수의 성질에 관하여 논평하시오.

5-8. $\mathrm{Re}(z) = (z+z^*)/2$이고 $\mathrm{Im}(z) = (z-z^*)/2i$임을 보이시오.

5-9. 복소수 평면에서 $1 \le |z+i| \le 3$으로 기술되는 영역을 결정하시오.

5-10. $\cos\theta = (e^{i\theta}+e^{-i\theta})/2$이고 $\sin\theta = (e^{i\theta}-e^{-i\theta})/2i$ 임을 보이시오.

5-11. 식 5.8을 써서 드무아브르(de Moivre)의 공식

$$\cos n\theta + i\sin n\theta = (\cos\theta + i\sin\theta)^n$$

을 유도하시오.

드무아브르의 공식을 써서 다음 삼각법의 항등식들을 유도하시오.

$$\cos 2\theta = \cos^2\theta - \sin^2\theta$$
$$\sin 2\theta = 2\sin\theta\cos\theta$$
$$\cos 3\theta = \cos^3\theta - 3\cos\theta\sin^2\theta = 4\cos^3\theta - 3\cos\theta$$
$$\sin 3\theta = 3\cos^2\theta\sin\theta - \sin^3\theta = 3\sin\theta - 4\sin^3\theta$$

5-12. (a) $(1+i)^{10}$과 (b) $(1-i)^{12}$의 값을 구하시오.

5-13. 다음 함수들의 집합을 고려하시오.

$$\Phi_m(\phi) = \frac{1}{\sqrt{2\pi}}e^{im\phi} \qquad m = 0, \pm 1, \pm 2, \ldots \quad 0 \le \phi \le 2\pi$$

먼저

$$\int_0^{2\pi} \Phi_m(\phi)\,d\phi = \begin{cases} 0 & \text{for all values of } m \neq 0 \\ \sqrt{2\pi} & m = 0 \end{cases}$$ 임을 보이고

이제는

$$\int_0^{2\pi} \Phi_m^*(\phi)\Phi_n(\phi)\,d\phi = \begin{cases} 0 & m \neq n \\ 1 & m = n \end{cases}$$ 임을 보이시오.

5-14. 이 문제는 오일러 식의 유도를 제공한다. 다음 식

$$f(\theta) = \ln(\cos\theta + i\sin\theta) \tag{1}$$

로부터 시작하여

$$\frac{df}{d\theta} = i \tag{2}$$

임을 보이고 식 (2)의 양변을 적분하여

$$f(\theta) = \ln(\cos\theta + i\sin\theta) = i\theta + c \tag{3}$$

를 얻으시오.

c는 적분 상수이다. $c = 0$임을 보이고 식 (3)을 지수 형태로 하여 오일러 식을 얻으시오.

5-15. 오일러 식과 드무아브르의 공식을(연습문제 5-11) 써서 많은 적분들의 값을 구할 수 있다. 우선

$$\int_0^{\pi} e^{i2n\theta}\,d\theta = 0 \qquad n = \pm 1,\ \pm 2,\ \ldots$$ 임을 보이고

이 결과를 써서

$$\int_0^{\pi} \sin^2\theta\,d\theta = \frac{\pi}{2} \quad \text{및} \quad \int_0^{\pi} \cos^2\theta\,d\theta = \frac{\pi}{2}$$ 임을 보이고

같은 방법을 써서

$$\int_0^{\pi} \cos^4\theta\,d\theta = \int_0^{\pi} \sin^4\theta\,d\theta = \frac{3\pi}{8}$$ 임을 보이시오.

(다음 문제 참조)

5-16. $\int_0^{\pi} \cos^{2n}\theta\,d\theta$와 $\int_0^{\pi} \sin^{2n}\theta\,d\theta$의 값을 구하는 또 다른 방법이 있다(앞 문제 참조). 우선 $\cos\theta$를

$$\cos\theta = \frac{e^{i\theta} + e^{-i\theta}}{2}$$ 로 쓰고

이항 정리를 다음의 형태로 쓰고

$$(x + y)^{2n} = \sum_{m=0}^{2n} \frac{(2n)!}{m!(2n-m)!} x^m y^{2n-m}$$

$x = e^{i\theta}$와 $y = e^{-i\theta}$로 하여

$$\int_0^{\pi} \cos^{2n}\theta\, d\theta = \pi \frac{(2n)!}{2^{2n}(n!)^2} \qquad n = 0,\ 1,\ 2,\ \ldots$$ 임을 보이고

비슷한 접근법으로

$$\int_0^{\pi} \sin^{2n}\theta\, d\theta = \pi \frac{(2n)!}{2^{2n}(n!)^2} \qquad n = 0,\ 1,\ 2,\ \ldots$$ 임을 보이시오.

5-17. 오일러 식을 써서

$$\cos ix = \cosh x \qquad \text{및} \qquad \sin ix = i \sinh x$$

이제

$$\sinh ix = i \sin x \qquad \text{및} \qquad \cosh ix = \cos x$$

임을 보이시오.

5-18. 오일러 식을 써서

$$\cos\alpha\cos\beta = \frac{1}{2}\cos(\alpha+\beta) + \frac{1}{2}\cos(\alpha-\beta)$$
$$\sin\alpha\sin\beta = \frac{1}{2}\cos(\alpha-\beta) - \frac{1}{2}\cos(\alpha+\beta)$$

임을 보이시오.

5-19. i^i의 값을 구하시오.

5-20. 방정식 $x^2 = 1$은 두 다른 해 $x = \pm 1$을 갖는다. 방정식 $x^N = 1$은 1의 N 근이라고 부르는 N개의 다른 해를 갖는다. 이 문제는 1의 N근을 찾는 방법을 보여 준다. 몇 근은 복소수임을 보게 될 것이므로 이 방정식을 $z^N = 1$로 쓰자. 이제 z를 $e^{i\theta}$로 하여 $e^{iN\theta} = 1$, 또는

$$\cos N\theta + i \sin N\theta = 1$$

을 얻는다.

이제 n이 N개의 다른 값 $0, 1, 2, \cdots, N-1$을 가질 때 $N\theta = 2\pi n$이거나 또는

$$z = e^{2\pi i n/N} \qquad n = 0,\ 1,\ 2,\ \ldots,\ N-1$$

임을 입증하시오.

$N = 1$과 $N = 2$에 대하여 $z = 1$과 $z = \pm 1$을 각각 얻음을 보이시오. 이제 $N = 3$에 대하여

$$z = 1,\ -\frac{1}{2} + i\frac{\sqrt{3}}{2} \quad \text{및} \quad -\frac{1}{2} - i\frac{\sqrt{3}}{2}$$

임을 보이시오. 각 근이 단위 크기임을 보이시오. 이 세 근을 복소수 평면에 도시하시오. 이제 $N = 4$에 대하여 $z = 1, i, -1$ 및 $-i$임을 보이고 $N = 6$에 대하여

$$z = 1,\ -1,\ \frac{1}{2} \pm i\frac{\sqrt{3}}{2} \quad \text{및} \quad -\frac{1}{2} \pm i\frac{\sqrt{3}}{2}$$

임을 보이시오. $N = 4$에 대한 네 근과 $N = 6$에 대한 여섯 근을 복소수 평면에 도시하시오. $N = 3$, $N = 4$, $N = 6$에 대한 도표들을 비교하시오. 어떤 경향이 보이는가?

5-21. 앞 문제의 결과들을 써서 $z^3 = 8$의 세 다른 근들을 구하시오.

5-22. **슈바르츠 부등식**(*Schwarz inequality*)에서는 $z_1 = x_1 + iy_1$이고 $z_2 = x_2 + iy_2$이면, $x_1x_2 + y_1y_2 \le |z_1| \cdot |z_2|$라고 한다. 이 부등식을 증명하기 위해서 그 제곱에서 시작한다.

$$(x_1x_2 + y_1y_2)^2 \le |z_1|^2|z_2|^2 = (x_1^2 + y_1^2)(x_2^2 + y_2^2)$$

이제 $(x_1y_2 - x_2y_1)^2 \ge 0$인 사실을 이용하여 이 부등식을 증명하시오.

5-23. $\int_0^\infty e^{-a^2x^2}\,dx = \sqrt{\pi}/2a$에서 시작하여 $a = (1-i)/\sqrt{2}$로 놓고 그 결과를 실수 부분과 허수 부분으로 나누어

$$\int_0^\infty \cos x^2\,dx = \int_0^\infty \sin x^2\,dx = \frac{1}{2}\left(\frac{\pi}{2}\right)^{1/2}$$

임을 보이시오.

5-24. $\displaystyle\sum_{n=0}^{N} \sin n\theta = \frac{\sin\theta - \sin(N+1)\theta + \sin N\theta}{2(1-\cos\theta)}$임을 보이시오.

제 6 장

상미분 방정식

많은 과학적 법칙은 미분 방정식에 의해 표현될 수 있다. 실제로 미분 방정식은 법칙을 공식으로 나타내는 데 가장 일반적이고 유용한 방법이다. 미분 방정식은 함수의 미분에 의해 한 개 또는 더 많은 변수의 함수를 나타낸다. 만약 미지의 함수가 단지 한 개의 독립 변수에 의존한다면, 그때 이 식은 **상미분 방정식**(*ordinary differential equation*)이라고 불린다. 상미분 방정식은 반드시 상미분을 포함한다. 다음은 상미분 방정식의 예이다.

$$\text{(a) } \frac{dy}{dx} = 2y^2 \qquad \text{(b) } x^2\frac{d^2y}{dx^2} + x\frac{dy}{dx} + y = e^x \qquad \text{(c) } (x^2+y^2)\frac{dy}{dx} = xy$$

각각의 경우, 한 개의 독립 변수 x와 한 개의 종속 변수 y가 있다. 만약 미지의 함수가 한 개의 독립 변수보다 더 많은 변수에 의존한다면, 그때 이 식은 **편미분 방정식**(*partial differential equation*)이라고 불린다. 편미분 방정식은 반드시 편미분을 포함한다. 다음은 편미분 방정식의 예이다.

$$\frac{\partial^2 u}{\partial x^2} + \frac{\partial^2 u}{\partial y^2} = 0 \text{ 과 } \frac{\partial u}{\partial t} = \frac{\partial^2 u}{\partial x^2}$$

15장과 16장 전까지는 편미분 방정식을 논의하지 않을 것이다.

미분 방정식을 논의할 때 자주 사용되는 몇 가지 용어가 있다. $y(x)$가 대체되어 방정식의 양쪽이 같을 때, $y(x)$는 상미분 방정식의 **해**(*solution*)라고 말한다. 상미분 방정식의 **계수**(*order*)는 방정식에서 일어나는 가장 높은 미분의 차수이다. 위의 방정식 (a)와 (c)는 일차 방정식(first-order equation)이고, (b)는 이차 방정식이다.

이 장에서는 선형 미분 방정식만을 논의할 것이다. 만약 종속 변수(함수 형태)와 그의 모든 미분이 단지 1의 멱수로 나타나고 $y(x)$와 그의 미분에 공통으로 관련된 항이 없다면, 이 미분 방정식을 선형이라고 말한다. 방정식 (b)는 셋 중에서 유일한 선형 미분 방정식이다. 방정식 (a)는 y^2 항 때문에 비선형이고, 방정식 (c)는 $y^2\,dy/dx$ 항 때문에 비선형이다.

선형 미분 방정식은 비선형 미분 방정식보다 풀기가 훨씬 더 쉬운 것으로 알려져 있다. 다행히도 많은 자연의 법칙이 고도의 정밀성으로 선형 미분 방정식에 의해 표현될 수 있다. 그 결과, 선형 미분 방정식은 응용문제에서 자주 나타난다.

6.1 일차 선형 미분 방정식

$p(x)$와 $q(x)$가 알려진 함수일 때, 일차 선형 미분 방정식(linear first-order differential equation)의 일반적인 형태는 다음과 같다.

$$\frac{dy}{dx} + p(x)y = q(x) \tag{6.1}$$

예를 들어, 미분 방정식

$$\frac{dy}{dx} + \frac{1}{x}y = x^2$$

는 이 형태이다. 만약 식 6.1의 오른쪽에 $q(x)$ 항이 없다면 그것을 다음과 같이 쓸 수 있기 때문에 풀기가 더 쉬워질 것이다.

$$\frac{dy}{y} = -p(x)\,dx \tag{6.2}$$

그리고 다음 식으로 얻기 위해 양쪽을 적분한다.

$$y(x) = e^{-\int p(x)\,dx}$$

여기서는 당분간 적분 상수를 무시한다. 식 6.1을 풀기 위해 $u(x)$가 결정될 때, 간단히 다음 형태의 해를 얻으려고 한다.

$$y(x) = u(x)e^{-\int p(x)\,dx} \tag{6.3}$$

만약 식 6.3을 식 6.1에 대입한다면, 다음 식을 얻는다.

$$\frac{du}{dx}e^{-\int p(x)\,dx} - p(x)u(x)e^{-\int p(x)\,dx} + p(x)u(x)e^{-\int p(x)\,dx} = q(x)$$

또는 간단히

$$\frac{du}{dx}e^{-\int p(x)\,dx} = q(x)$$

변수를 분리하여 다음 식으로 얻음으로써 이 식은 $u(x)$에 대해 풀기가 쉬워진다.

$$du = q(x)e^{\int p(x)\,dx}\,dx$$

그리고 양쪽을 적분한다.

$$u(x) = \int q(x)e^{\int p(x)\,dx}\,dx + \beta \tag{6.4}$$

여기서 β는 적분 상수이다. 식 6.4를 식 6.3에 대입하면, 식 6.1의 해로 다음 식이 얻어진다.

$$y(x) = e^{-\int p(x)\,dx}\left[\int q(x)e^{\int p(x)\,dx}dx + \beta\right] \tag{6.5}$$

식 6.5는 하나의 적분 상수를 포함하고 있다는 것을 주목하라. 일차 미분 방정식을 푸는 것은 한 번의 적분을 수행하여 하나의 적분 상수를 얻는 것과 같다.

일단은 계속해서 나가기 전에 어떻게 식 6.1의 해를 구했는지에 대해 논의해야만 한다. $y(x)$ 또는 그의 미분과 관련되지 않은 항을 0으로 두고 간단한 방정식의 해를 구했으며, 그때 처음 방정식의 해는 미지의 함수와 간단한 방정식에 대한 해의 곱이라는 것을 가정하였다. 그 다음 곱을 거꾸로 처음의 방정식에 대입함으로써 미지의 함수를 결정할 수 있었다. 이것은 속임수처럼 보일지도 모르며, 사실은 그렇다. 미분 방정식에 대한 많은 공부는 초보자에게 해를 구하기 위해 다양한 속임수 또는 예언적인 대입으로 여겨질지 모른다. 그러나 많은 것들처럼, 이 방법은 경험적으로 훨씬 덜 영감을 받는 것이다.

다음 방정식을 풀기 위해 식 6.5를 이용해 보자.

$$x\frac{dy}{dx} + 2y = x^3$$

이 식을 식 6.1의 형태로 바꾸기 위해 먼저 x로 나눈다.

$$\frac{dy}{dx} + \frac{2}{x}y = x^2$$

그때 $\int p(x)\,dx = \int 2\,dx/x = 2\ln x = \ln x^2$이고, 따라서 $e^{\int p\,dx} = e^{\ln x^2} = x^2$이다. 그러므로 직접적인 대입으로 입증할 수 있듯이, 식 6.5는 다음과 같은 식을 준다.

$$y(x) = \frac{1}{x^2}\left[\int x^4\,dx + \beta\right] = \frac{1}{x^2}\left[\frac{x^5}{5} + \beta\right] = \frac{x^3}{5} + \frac{\beta}{x^2}$$

예제 6-1

조건이 $y(1) = 3$일 때 미분 방정식을 푸시오.

$$x\frac{dy}{dx} - y = x$$

풀이 방정식을 식 6.1의 형태로 바꾸기 위해 먼저 x로 나눈다.

$$\frac{dy}{dx} - \frac{1}{x}y = 1$$

그때 $\int p\,dx = -\ln x$이고, 따라서 $e^{\int p\,dx} = e^{-\ln x} = 1/x$이다. 그러므로 식 6.5는 다음과 같이 된다.

$$y(x) = x\left[\int \frac{dx}{x} + \beta\right] = x[\ln x + \beta] = x \ln x + \beta x$$

조건 $y(1) = 3$은 $3 = \beta$임을 주며, 따라서 해는 다음과 같다.

$$y(x) = x \ln x + 3x$$

또 다른 예제로 두 단계의 반응 속도 과정을 생각해 보자.

$$\mathrm{A} \xrightarrow{k_1} \mathrm{B} \xrightarrow{k_2} \mathrm{C}$$

이 반응 속도 과정은 연속적인 방사성 붕괴 또는 화학 반응을 나타낼지도 모른다. 이 과정을 나타내는 미분 방정식은 다음과 같다.

$$\begin{aligned}\frac{d\mathrm{A}}{dt} &= -k_1\mathrm{A}\\ \frac{d\mathrm{B}}{dt} &= k_1\mathrm{A} - k_2\mathrm{B}\\ \frac{d\mathrm{C}}{dt} &= k_2\mathrm{B}\end{aligned} \tag{6.6}$$

초기 조건 $A(0) = A_0$와 $B(0) = C(0) = 0$에 대해 식을 풀어보자. 다음과 같이 씀으로써 $A(t)$에 대해 처음의 식을 풀 수 있다.

$$\frac{dA}{A} = -k_1\,dt$$

그리고 다음 식을 얻기 위해 양쪽을 적분한다.

$$\ln A(t) = -k_1 t + c$$

여기서 c는 적분 상수이다. $A(0) = A_0$ 라는 사실을 이용할 때, $\ln A(t) = -k_1 t + \ln A_0$을 얻는다. 즉

$$A(t) = A_0 e^{-k_1 t}$$

여기서 A_0는 A의 초기값이며, 이 결과를 $B(t)$에 대한 식에 대입하여 다음 식을 얻는다.

$$\frac{dB}{dt} + k_2 B = k_1 A_0 e^{-k_1 t}$$

이 식은 지금 식 6.1의 형태이다. 이 경우, "$e^{\int p(x)\,dx}$" $= e^{k_2 t}$이다. 따라서

$$B(t) = e^{-k_2 t}\left[k_1 A_0 \int e^{(k_2-k_1)t}dt + \beta\right] = \frac{k_1 A_0 e^{-k_1 t}}{k_2 - k_1} + \beta e^{-k_2 t}$$

$B(0) = 0$로 둠으로써 β를 결정할 수 있으며, 그것은 $\beta = -k_1 A_0/(k_2 - k_1)$을 준다.

$$B(t) = \frac{k_1 A_0}{k_2 - k_1}(e^{-k_1 t} - e^{-k_2 t}) \tag{6.7}$$

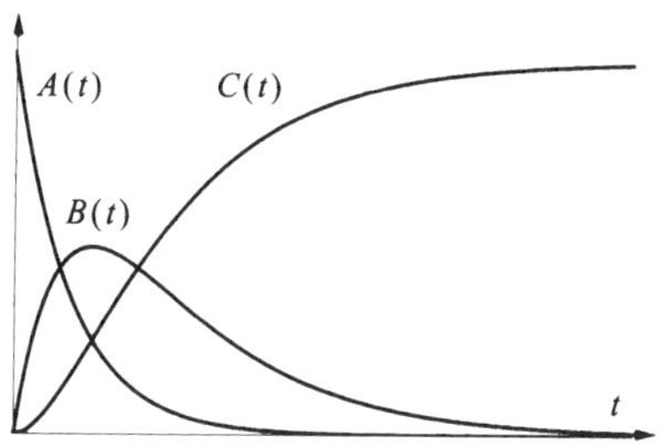

[그림 6.1] $A_0 = 1,\ k_1 = 2,\ k_2 = 1$에 대해 식 6.6의 해에 대한 도시.

질량 균형 조건 $A(t) + B(t) + C(t) = A(0) + B(0) + C(0) = A_0$으로부터 $C(t)$를 결정할 수 있다. 그림 6.1은 식 6.6의 해를 $A_0 = 1,\ k_1 = 2,\ k_2 = 1$에 대해 도시한 것이다. $A(t)$는 단조롭게 감소하고, $B(t)$는 처음 증가하다가 다시 감소하며, $C(t)$는 단조롭게 증가한다는 것을 주목하라. 시간이 독립 변수이고 $t = 0$에서 양을 나타내는 값이 주어질 때, 이와 같은 문제를 **초기값 문제**(*initial value problem*)라고 부른다.

일차 선형 미분 방정식은 희석 문제라고 불리는 분류의 문제를 푸는 데 사용된다. 여기에 한 예가 있다. 초기에 3M의 NaCl 용액 50 L가 100 L 용기에 들어 있다. 이때 1M의 NaCl 용액이 8 L/min 의 속도로 용기 안으로 흘러들어 가서 균일한 용액이 되고, 이 용액이 다시 6 L/min 의 속도로 용기로부터 흘러 나간다. 용기가 가득 찰 때, 용액의 농도를 계산해 보자. 먼저 용기가 가득 차기 전 어떤 시간 t에서 용기에 있는 용액의 부피는 다음과 같이 주어진다는 것에 주목하라.

$$\begin{aligned} V(t) &= 50\ \mathrm{L} + (8\ \mathrm{L \cdot min^{-1}} - 6\ \mathrm{L \cdot min^{-1}})(t\ \mathrm{min}) \\ &= 50\ \mathrm{L} + (2\ \mathrm{L \cdot min^{-1}})(t\ \mathrm{min}) \end{aligned}$$

용기는 25분에 100 L로 가득 찰 것임을 주목하라. 만약 우리가 어떤 시간 t에서 염의 몰수로 $n(t)$로 둔다면, 그때 농도는 $n(t)/V(t) = n(t)/[50\ \mathrm{L} + (2\ \mathrm{L \cdot min^{-1}})(t\ \mathrm{min})]$으로 주어질 것이다. 시간 간격 t에서 $t + \Delta t$ 사이에서 NaCl의 몰수 변화는 유입량과 유출량 사이의 차이에 의해 주어진다.

$$\Delta n(t) = (8\ \mathrm{L \cdot min^{-1}})(1.00\ \mathrm{mol \cdot L^{-1}})\Delta t - (6\ \mathrm{L \cdot min^{-1}})\frac{n(t)}{50\ \mathrm{L} + (2\ \mathrm{L \cdot min^{-1}})(t\ \mathrm{min})}\Delta t$$

대응하는 미분 방정식(모든 단위를 제외)은 Δt로 나누고 $\Delta t \to 0$인 극한을 취함으로써 얻어진다.

$$\frac{dn}{dt} + \frac{6n}{50 + 2t} = 8$$

이 경우에 "$\int p(x)\,dx$" $= 6\int dt/(50 + 2t) = 3\ln(50 + 2t)$이며, 따라서 "$e^{\int p\,dx}$" $= (50 + 2t)^3$이다. 식 6.5는 다음과 같다고 할 수 있다.

$$n(t) = \frac{1}{(50 + 2t)^3}\left[8\int (50 + 2t)^3\,dt + \beta\right] = \frac{1}{(50 + 2t)^3}\left[64\int (25 + t)^3\,dt + \beta\right]$$

여기서 적분값을 구하기 위해 $u = 25 + t$로 두면, 다음과 같은 식을 얻는다.

$$\begin{aligned} n(t) &= \frac{1}{(50+2t)^3}\left[64\int u^3\,du + \beta\right] \\ &= \frac{1}{(50+2t)^3}[16u^4 + \beta] \\ &= \frac{1}{(50+2t)^3}[16(25+t)^4 + \beta] \\ &= \frac{(50+2t)^4 + \beta}{(50+2t)^3} \end{aligned} \tag{6.8}$$

$n(0) = (50\text{ L})(3.00\text{ mol}\cdot\text{L}^{-1}) = 150\text{ mol}$이라는 사실을 이용할 때, $\beta + (50)^4 = 150(50)^3$ 또는 $\beta = 2(50)^4$이라는 것을 알 수 있다. 시간의 함수인 농도는 $c(t) = n(t)/V(t)$이며, 다음과 같다.

$$c(t) = \frac{(50+2t)^4 + 2(50)^4}{(50+2t)^4}$$

용기는 25분 후에 가득 차며, 따라서 그때 농도는 $c(25) = 9/8$ 이다. 그림 6.2는 시간에 따라 도시한 $c(t)$를 보여 준다.

6.2 상수 계수의 동차 선형 미분 방정식

앞 절에서는 일차 선형 미분 방정식의 일반해를 구하였다. 이것은 일반적인 고차 선형 미분 방정식에서는 가능하지 않다. 그러나 이 절에서는 만약 계수가 상수라면 고차 선형 미분 방정식을 풀 수 있다는 것을 알 수 있을 것이다. 다행히도 물리적 응용에서 나타나는 매우 많은 미분 방정식은 선형이고 상수 계수를 가지고 있다. 먼저 일반적인 고차 선형 미분 방정식의 몇 가지 성질에 대해 논의하고, 다음으로 상수 계수를 가진 선형 미분 방정식을 논의하는 데 이 절의 나머지를 보낼 것이다.

일반적인 **n**차 선형 미분 방정식은 다음과 같은 형태로 쓰일 수 있다.

$$a_n(x)\frac{d^n y}{dx^n} + a_{n-1}(x)\frac{d^{n-1}y}{dx^{n-1}} + \cdots + a_1(x)\frac{dy}{dx} + a_0(x)y = f(x) \tag{6.9}$$

y 또는 그의 도함수에 관련된 모든 항은 첫 번째의 멱으로 나타나며 교차항이 없다는 점을 주목하

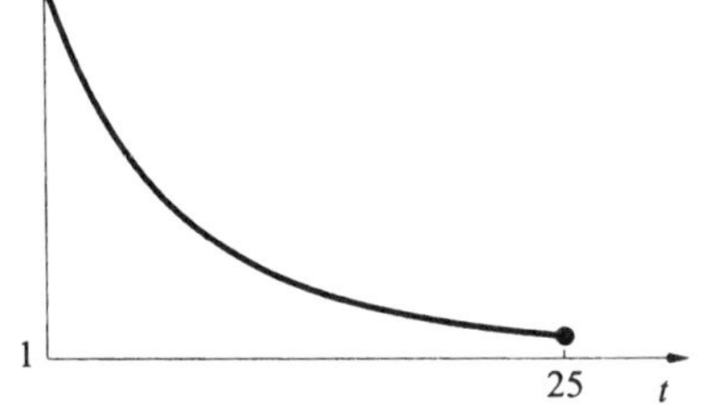

[그림 6.2] 시간에 따른 $c(t)$의 도시.

라. $f(x) = 0$이면, 식 6.9는 **동차**(*homogeneous*)라 불리며, 그렇지 않으면, **비동차**(*nonhomogeneous*)라고 한다. 식 6.9는 가끔 다음과 같이 간단한 형태로 쓰는 것이 편리하다.

$$\mathcal{L}y(x) = f(x) \tag{6.10}$$

여기서 $\mathcal{L}$은 선형 미분 연산자이다.

$$\mathcal{L} = a_n(x)\frac{d^n}{dx^n} + a_{n-1}(x)\frac{d^{n-1}}{dx^{n-1}} + \cdots + a_1(x)\frac{d}{dx} + a_0(x) \tag{6.11}$$

바꿔 말하면, $\mathcal{L}$은 $y(x)$에 작용하여 식 6.9의 왼쪽을 나타낸다. 동차 선형 미분 방정식, $\mathcal{L}y(x) = 0$의 중요한 성질은 $y(x)$가 해라면, $cy(x)$ 또한 해라는 것이다. 여기서 c는 상수이다. 더구나 만약 $y_1(x)$과 $y_2(x)$가 $\mathcal{L}y(x) = 0$의 해라면, $c_1y_1(x) + c_2y_2(x)$ 또한 해이다. 즉, $\mathcal{L}y_1(x) = 0$과 $\mathcal{L}y_2(x) = 0$이기 때문에 다음과 같다.

$$\mathcal{L}[c_1y_1(x) + c_2y_2(x)] = c_1\mathcal{L}y_1(x) + c_2\mathcal{L}y_2(x) = 0 \tag{6.12}$$

이 과정은 계속해서 할 수 있으며, 만약 $y_1(x)$, $y_2(x)$, $\cdots$, $y_n(x)$이 동차 방정식의 해라면, 선형 결합인 $c_1y_1(x) + c_2y_2(x) + \cdots + c_ny_n(x)$도 해라고 말할 수 있다.

이제 상수 계수를 가진 동차 선형 미분 방정식을 논의하는 데 이 절의 나머지를 보낼 것이다. 이들은 예제에 의해 가장 잘 논의된다. 다음 식을 가지고 시작하자.

$$y''(x) + y'(x) - 6y(x) = 0 \tag{6.13}$$

이 식은 그의 미분이 그 자신의 배수가 되는 함수에 의해 만족된다. 함수 $e^{\alpha x}$(α는 상수)는 그런 함수이다. 만약 $y = e^{\alpha x}$를 식 6.13으로 대입하면, 다음 식을 얻는다.

$$(\alpha^2 + \alpha - 6)e^x = 0$$

인수 $e^x \neq 0$이므로 식은 다음과 같다.

$$\alpha^2 + \alpha - 6 = 0 \tag{6.14}$$

즉, $\alpha = 2$와 $\alpha = -3$이다. 식 6.14는 식 6.13의 **보조식**(*auxiliary equation*)이라 부른다. 식 6.13에 대한 두 해는 e^{2x}와 e^{-3x}이며, 식 6.12에 따라 다음과 같다.

$$y(x) = c_1e^{2x} + c_2e^{-3x} \tag{6.15}$$

이차 미분 방정식인 식 6.13의 이 해는 두 개의 임의 상수를 포함하고 있는 것을 주목하라. 식 6.13이 이차(second-order)이기 때문에 해를 얻기 위해 반드시 두 번 적분해야 하며, 따라서 두 개의 적분 상수를 갖는다.

만약 $y(x)$가 해라면 $y(x)$의 어떤 배수도 해이기 때문에, 서로의 배수인 두 해와 실제로 다른 두 해 사이를 구별해야만 한다. 다음 식을 만족하는 방법이 $c_1 = c_2 = 0$인 단지 한 가지라면, $y_1(x)$와 $y_2(x)$의 두 함수는 **선형 독립**(*linearly independent*, 일차 독립)이라고 말한다.

$$c_1y_1(x) + c_2y_2(x) = 0 \tag{6.16}$$

그렇지 않으면, $y_1(x)$와 $y_2(x)$는 **선형 종속**(*linearly dependent*)이다. 예를 들어 $y_1(x) = e^x$와 $y_2(x) = 2e^x$로 가정하자. 명백하게 이들은 하나가 다른 것의 배수이기 때문에 선형 종속이다. 식 6.15와 같이 쓸 때, $c_1 = 1$과 $c_2 = -1/2$는 이 식을 만족한다. 식 6.15에서 식을 만족하는 0이 아닌 c_1과 c_2값이 없기 때문에, 두 함수 $y_1(x) = e^{2x}$와 $y_2(x) = e^{-3x}$는 선형 독립이다. 두 함수에 대해 선형 독립은 그들이 서로의 배수가 아니라는 것을 의미한다. 이차 선형 미분 방정식에 대해, 오직 두 개의 선형 독립인 해가 있을 수 있다. $y_1(x)$와 $y_2(x)$가 선형 독립일 때, $y(x) = c_1y_1(x) + c_2y_2(x)$ 형태의 이차 선형 미분 방정식에 대한 해는 선형 독립이며, **일반해**(*general solution*)라고 불린다. 식 6.15는 식 6.13의 일반해이다. n차 선형 미분 방정식에 대해, n개의 선형 독립인 해가 있다. 20장에서 더 자세하게 함수의 선형 독립(일차 독립)을 논의할 것이다.

예제 6-2

조건 $y(0) = 0$와 $y'(0) = 6$을 따르는 미분 방정식의 해를 구하시오.

$$y'' + y' - 2y = 0$$

풀이 보조식은 $\alpha^2 + \alpha - 2 = 0$이며, 그것은 $\alpha = 1$과 $\alpha = -2$을 준다. 일반해는 다음과 같다.

$$y(x) = c_1e^x + c_2e^{-2x}$$

조건 $y(0) = 0$와 $y'(0) = 6$을 적용하면, $c_1 + c_2 = 0$과 $c_1 - 2c_2 = 6$를 얻는다. 즉, $c_1 = 2$와 $c_2 = -2$이다. 그리하여 **특수해**(*particular solution*)는 다음과 같다.

$$y(x) = 2e^x - 2e^{-2x}$$

다음의 미분 방정식

$$y''(x) - 2y'(x) + y(x) = 0 \tag{6.17}$$

을 풀려고 하면, 보조식 $\alpha^2 - 2\alpha + 1 = 0$은 하나의 실근 $\alpha = 1$만을 준다. 따라서 $y(x) = e^x$은 하나의 해이나, 일반해를 갖는 또 다른 해를 찾을 필요가 있다. 하나의 해를 가지면서 또 다른 해를 찾는 경우는 흔치 않다. 이것은 **차수의 축소**(*reduction of order*)라 불리는 방법에 의해서 매우 훌륭하게 수행될 수 있다. 지금 가지고 있는 해는 $y(x) = ce^x$이다. 두 번째 해를 구하기 위해 다음 식을 **가정한다**(*assume*).

$$y(x) = u(x)e^x \tag{6.18}$$

여기서 $u(x)$가 결정된다. 식 6.18을 식 6.17에 대입하면, 다음 식을 얻는다.

$$u''(x)e^x + 2u'(x)e^x + u(x)e^x - 2[u'(x)e^x + u(x)e^x] + u(x)e^x = 0$$

즉

$$u''(x)e^x = 0$$

인수 $e^x \neq 0$이며, 따라서 $u''(x) = 0$이다. 이것은 $u(x) = c_1x + c_2$를 주며, 그것을 식 6.18에 대입하면 다음과 같은 식을 준다.

$$y(x) = (c_1x + c_2)e^x = c_1xe^x + c_2e^x \tag{6.19}$$

e^x와 xe^x가 선형 독립이기 때문에 이것은 식 6.17에 대한 일반해이다. 특별한 예로 차수의 축소 방법을 소개했더라도, 이 방법은 일반적이다(연습문제 6-7b와 6-8b 참조).

6.3 진동하는 해

지금까지 보조식의 근은 실수였다. ω가 상수일 때, 다음 식을 생각해 보자.

$$x''(t) + \omega^2 x(t) = 0 \tag{6.20}$$

보조식은 $\alpha^2 + \omega^2 = 0$이고, 따라서 $\alpha = \pm i\omega$이다. 이 경우에 일반해는 다음과 같다.

$$x(t) = c_1e^{i\omega t} + c_2e^{-i\omega t} \tag{6.21}$$

오일러 식 $e^{i\theta} = \cos\theta + i\sin\theta$을 사용하여 식 6.21를 다음과 같이 쓸 수 있다.

$$x(t) = c_3\cos\omega t + c_4\sin\omega t \tag{6.22}$$

여기서 $c_3 = c_1 + c_2$와 $c_4 = i(c_1 - c_2)$이다. 식 6.21과 식 6.22는 동일하며, 둘 다 식 6.20의 일반해이다. 연습문제 6-18은 식 6.22가 다음과 같은 더 알기 쉬운 형태로 쓰일 수 있다는 것을 보여준다.

$$x(t) = A\cos(\omega t + \phi) \tag{6.23}$$

여기서 $A = (c_3^2 + c_4^2)^{1/2}$와 $\phi = \tan^{-1}(-c_4/c_3)$이다.

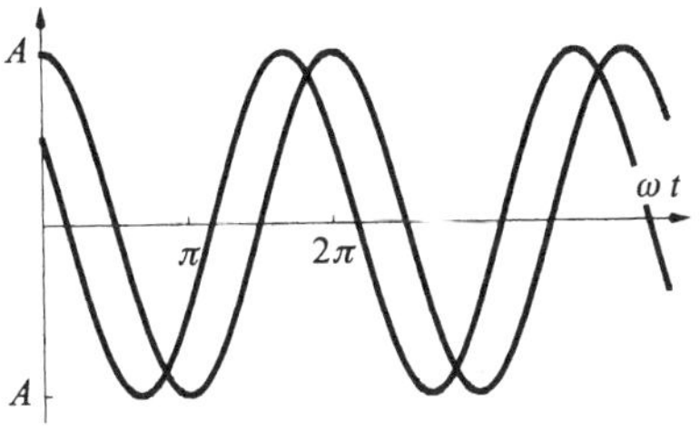

[그림 6.3] ϕ의 두 값에 대하여 주기 함수 $x(t) = A\cos(\omega t + \phi)$가 ωt에 따라 도시되었다. 운동은 진동수 $\nu = \omega/2\pi$와 진폭 A의 조화 진동이라는 것을 주목하라.

예제 6-3

다음 값이 식 6.20의 일반해임을 보이시오.

$$x(t) = A\cos(\omega t + \phi)$$

풀이 $x(t)$의 이차 미분은 다음과 같다.

$$x''(t) = -\omega^2 A\cos(\omega t + \phi)$$

따라서 $x''(t) + \omega^2 x(t) = 0$이다. A와 ϕ가 상수이기 때문에 이것을 일반해라고 말한다. 예를 들면 그들의 값은 $x(t)$와 $x'(t)$의 초기값에 따라 결정된다.

그림 6.3은 식 6.23에 의해 주어진 $x(t)$가 ωt에 따라 도시된 것을 보여 준다. $x(t)$는 초당 진동수 $\nu = \omega/2\pi$ 주기로 진동하며, 진폭 A는 $x(t)$의 최대 변위라는 것을 주목하라. $x(t)$의 초기값을 말하는 각 ϕ는 위상각이라 부른다.

식 6.20은 고전 조화 진동자의 운동 방정식이다. 이것은 그것을 유도해야만 할 만큼 충분히 중요한 결과이다. 그림 6.4에 보인 것처럼, 용수철에 달려 있는 질량 m을 생각해 보자. m에 작용하는 중력은 없고, 단지 용수철에 의한 힘만이 있다고 가정하자. 늘어나거나 압축되는 용수철의 길이는 x_0로 두자. 후크의 법칙에 따르면 질량 m에 작용하는 힘은 $f = -k(x - x_0)$이며, k는 용수철의 특성을 나타내는 상수이고 용수철의 **힘상수**(*force constant*)라고 부른다. 음(−)의 부호는 힘의 방향을 나타낸다. 즉, $x > x_0$ (팽창)일 때는 그림 6.4에서 왼쪽으로 작용하고, $x < x_0$ (압축)일 때는 오른쪽으로 작용한다. 질량의 운동량은 $p = mdx/dt$이다. 뉴턴의 운동 제2법칙에 따르면 운동량의 변화 속도는 힘과 같다. 즉, 이 경우에 힘은 $-k(x - x_0)$이며, 운동량의 변화 속도는 $dp/dt = md^2x/dt^2$이다. 결과적으로, 운동 방정식은 다음과 같이 주어진다.

$$m\frac{d^2x}{dt^2} = -k(x - x_0)$$

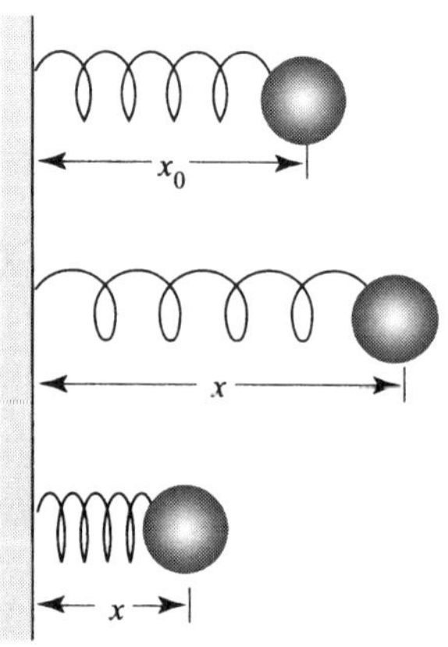

[그림 6.4] 용수철에 의해 벽에 연결된 질량 m인 물체.

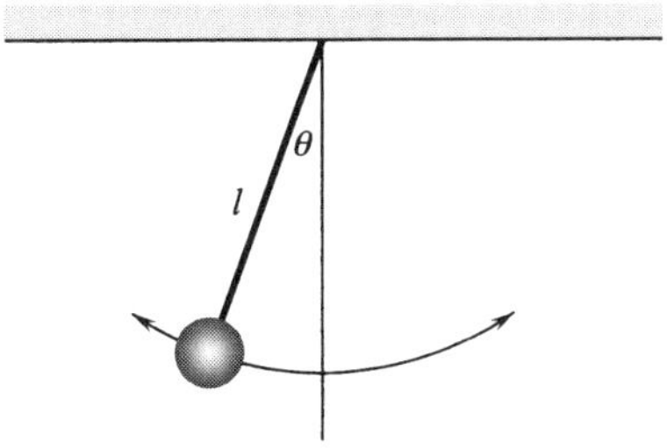

[그림 6.5] 단면에서 진동하는 진자. 진자 지지대는 강체이며 질량이 없고, 질량 m을 지지한다.

원래 길이로부터의 변위를 $\xi = x - x_0$로 두면, 다음 식을 얻는다.

$$m\frac{d^2\xi}{dt^2} + k\xi = 0$$

만약 위의 식을 m으로 나누고 $\omega^2 = k/m$으로 둔다면, 식 6.20을 얻는다. 따라서 조화 진동자의 각 진동수가 $\omega = (k/m)^{1/2}$라는 것을 알 수 있다. 식 6.23은 진동 운동을 나타낸다.

식 6.20은 조화 진동자의 운동뿐 아니라 작은 각 사이를 운동하는 진자, 유도자와 축전기를 포함하는 회로에서의 전류, 작은 상자 속에서의 양자 역학적 입자 및 수많은 다른 것들을 나타낸다. 구체적으로 고정된 면에서 흔들리는 진자의 경우를 생각해 보자. 진자가 수직에 대하여 만드는 각이 θ일 때, 호의 길이 $s(t) = l\theta(t)$에 의하여 진자의 운동 방정식을 나타낼 것이다(그림 6.5).

지지되는 질량의 운동량은 mds/dt에 의해 주어지고, 따라서 f가 질량에 작용하는 힘일 때 뉴턴의 운동 방정식은 다음과 같다.

$$m\frac{d^2s}{dt^2} = f \tag{6.24}$$

$s(t) = l\theta(t)$라는 사실을 이용할 때, 식 6.24를 다음과 같이 쓸 수 있다.

$$ml\frac{d^2\theta}{dt^2} = f(\theta) \tag{6.25}$$

h가 최저 위치에 있는 질량의 높이일 때, mgh로 주어진 퍼텐셜 에너지로부터 힘을 결정할 수 있다. 그림 6.5에 근거하여, 다음 식을 얻는다.

$$V(\theta) = mg(l - l\cos\theta) \tag{6.26}$$

따라서 힘은 다음과 같이 주어진다.

$$f(\theta) = -\frac{\partial V}{\partial s} = -\frac{1}{l}\frac{\partial V}{\partial \theta} = -mg\sin\theta \tag{6.27}$$

작은 값의 θ에 대해 $\sin\theta \approx \theta$(식 3.13 참조)라는 사실을 이용할 때, 힘은 $f = -mg\theta$가 된다. 그러므로 식 6.25는 다음과 같다.

$$ml\frac{d^2\theta}{dt^2} = -mg\theta$$

즉

$$\frac{d^2\theta}{dt^2} + \omega_0^2\theta = 0 \tag{6.28}$$

여기서 $\omega_0 = (g/l)^{1/2}$ 은 진자의 자연적인 각진동수이다. 초기 조건인 $t = 0$에서 $\theta(0) = \theta_0$과 $d\theta/dt = 0$일 때, 식 6.28에 대한 해는 $\theta(t) = \theta_0 \cos\omega_0 t$이다. 물리적으로, 이 해는 각진동수 $\omega_0 = (g/l)^{1/2}$인 진자의 좌우운동을 표현한다.

예제 6-4

식 6.20과 비슷한 식은 모든 물리화학적 강의에서 다른 일차원 상자에 있는 양자 역학적 입자의 문제에서도 일어난다. 물리적으로, 이 계는 0에서 a까지 직선에 놓여 가두어진 퍼텐셜이 없는 입자를 나타낸다. 이 계에 대한 슈뢰딩거 방정식은 다음과 같다.

$$\frac{d^2\psi}{dx^2} + \frac{2mE}{\hbar^2}\psi(x) = 0 \qquad 0 \le x \le a \tag{1}$$

여기서 $\psi(x)$은 입자의 파동 함수, m은 입자의 질량, $\hbar$는 2π로 나누어진 플랑크 상수 및 E는 입자의 에너지이다. 파동 함수는 **경계 조건**(*boundary condition*)이라 불리는 조건 $\psi(0) = \psi(a) = 0$을 만족해야만 한다. 경계 조건에 지배되는 미분 방정식을 푸는 것을 **경계값 문제**(*boundary value problem*)라 부른다. 위의 경계값 문제를 푸시오.

풀이 통상적으로 $\psi(x)$은 $e^{\alpha x}$ 형태라고 가정한다. 그것은 다음과 같은 보조식을 이끌어낸다.

$$\alpha^2 + \frac{2mE}{\hbar^2} = 0$$

즉 $\alpha = \pm i(2mE/\hbar^2)^{1/2}$ 이다. $k = (2mE/\hbar^2)^{1/2}$일 때, 일반해는 다음과 같이 주어진다.

$$\psi(x) = A\cos kx + B\sin kx$$

$x = 0$에서 경계 조건은 $A = 0$이 되어야 하며, $x = a$에서 경계 조건은 $B\sin ka = 0$이 되어야 한다. $B = 0$으로 둠으로써 이 조건을 만족할 수 있으나, 이것은 구간 $(0, a)$에서 모든 x에 대해 $\psi(x) = 0$을 준다. 이것은 **자명해**(*trivial solution*)라고 불린다. $\sin ka = 0$을 요구함으로써 경계 조건 또한 만족할 수 있다. $n = 1, 2, 3, \cdots$(자명해를 주기 때문에 $n = 0$을 제외한다.)일 때, 그것은 언제나 $ka = n\pi$에서 일어난다. 따라서 다음과 같이 에너지가 주어지는 것을 알 수 있다.

$$E = \frac{n^2\pi^2\hbar^2}{2ma^2} = \frac{n^2h^2}{8ma^2} \qquad n = 1,\ 2,\ 3,\ \ldots$$

이 값은 일차원 상자에서 입자의 허용되는 에너지이다.

파동 함수는 다음과 같다.

$$\psi_n(x) = B\sin\frac{n\pi x}{a} \qquad 0 \le x \le a$$

여기서 $\psi_n(x)$가 정규화되도록 요구함으로써 B값을 결정할 수 있다. 바꿔 말하면, 다음과 같이 요구된다.

$$\int_0^a \psi_n^2(x)\,dx = 1 = B^2\int_0^a \sin^2\frac{n\pi x}{a}\,dx = \frac{a}{2}B^2$$

따라서 (정규화된) 파동 함수가 다음과 같음을 알 수 있다.

$$\psi_n(x) = \left(\frac{2}{a}\right)^{1/2}\sin\frac{n\pi x}{a} \qquad 0 \le x \le a$$

보조식의 근이 켤레 복소수인 다음 식을 생각해 보자.

$$x''(t) + 2x'(t) + 10x(t) = 0 \tag{6.29}$$

보조식은 $\alpha^2 + 2\alpha + 10 = 0$이며, 따라서 $\alpha = -1 \pm 3i$이다. $c_3 = c_1 + c_2$와 $c_4 = i(c_1 - c_2)$일 때, 일반해는 다음과 같다.

$$\begin{aligned} x(t) &= c_1e^{-t}e^{3it} + c_2e^{-t}e^{-3it} \\ &= e^{-t}(c_3\cos 3t + c_4\sin 3t) \end{aligned}$$

이 식은 동등한 형태(연습문제 6-18)에서 쓰일 수 있다.

$$x(t) = Ae^{-t}\cos(3t + \phi) \tag{6.30}$$

여기서 $A = (c_3^2 + c_4^2)^{1/2}$와 $\phi = \tan^{-1}(-c_4/c_3)$이다. 따라서 이 경우에 해는 시간에 따라 변위가 감소하여 운동이 정지하는 감쇠 조화 행동을 보여 준다(그림 6.6).

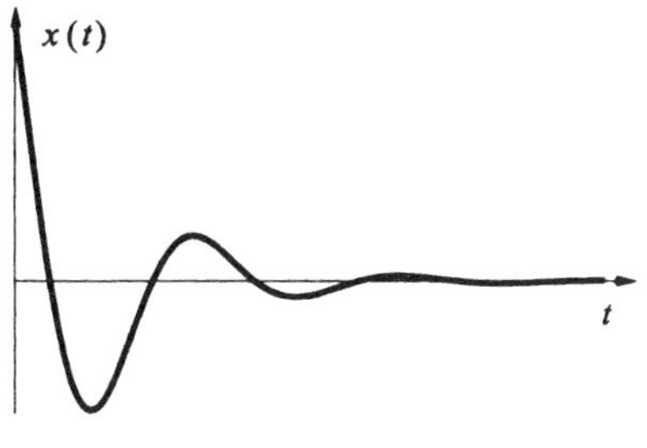

[그림 6.6] 식 6.30에 의해 주어진 함수 $x(t)$가 $\phi = 1/2$일 때 t에 따라 도시되었으며, 그것은 감쇠 진동 행동을 보여 준다.

또 다른 예로 점성 매질 속으로 운동하면서 저항을 받는 그림 6.5에 있는 진자를 생각해 보자. 점성력이 운동 $ds/dt = ld\theta/dt$에 비례하며 방향이 반대라고 말함으로써, 이 저항을 매우 단순한 방법으로 도입할 수 있다. 그때 식 6.28은 γ가 마찰 계수일 때 다음과 같이 된다.

$$\frac{d^2\theta}{dt^2} + \gamma\frac{d\theta}{dt} + \omega_0^2\theta = 0 \tag{6.31}$$

초기 조건 $\theta(0) = \theta_0$와 $d\theta/dt = 0$에서 식 6.31을 풀어 보자. 보조식은 $\alpha^2 + \gamma\alpha + \omega_0^2 = 0$이며, 다음 값을 준다.

$$\alpha = -\frac{\gamma}{2} \pm \frac{1}{2}(\gamma^2 - 4\omega_0^2)^{1/2} \tag{6.32}$$

진자의 운동이 γ^2와 $4\omega_0^2$의 상대값에 의존한다는 것을 알 수 있다.

만약 $\gamma^2 > 4\omega_0^2$이면, 그때 식 6.32에서 주어진 α는 실수가 될 것이고 진동 행동을 보이지 않을 것이다. 진자는 단순히 수직 위치로 떨어져서 정지할 것이며, 매우 점성이 큰 매질에서의 운동을 보여준다. 이 행동을 보기 위해, 구체적으로 $\gamma = 3$과 $\omega_0^2 = 5/4$로 두자. 이 경우 $\alpha = -\frac{3}{2} \pm 1 = -5/2$와 $-1/2$이다. 초기 조건 $\theta(0) = \theta_0$와 $\theta'(0) = 0$에 대해, 그것은 다음과 같이 된다(연습문제 6-15).

$$\theta(t) = \frac{\theta_0}{4}(5e^{-t/2} - e^{-5t/2}) \tag{6.33}$$

식 6.33은 그림 6.7에 도시되어 있으며, 진자가 진동하지 않고 단순히 수직 위치로 떨어지는 것을 알 수 있다.

만약 $4\omega_0^2 > \gamma^2$이면, α는 켤레 복소수이고 식 6.31의 해는 다음과 같다.

$$\theta(t) = e^{-\gamma t/2}(c_1 \cos\omega t + c_2 \sin\omega t)$$

여기서 $\omega = (4\omega_0^2 - \gamma^2)^{1/2}/2$이다. 구체적으로 $\gamma = 1$과 $\omega_0^2 = 5/4$이며, 이 경우 $\omega = 1$이다. 초기 조건 $\theta(0) = \theta_0$와 $d\theta/dt = 0$을 적용하면, 다음과 같다(연습문제 6-16).

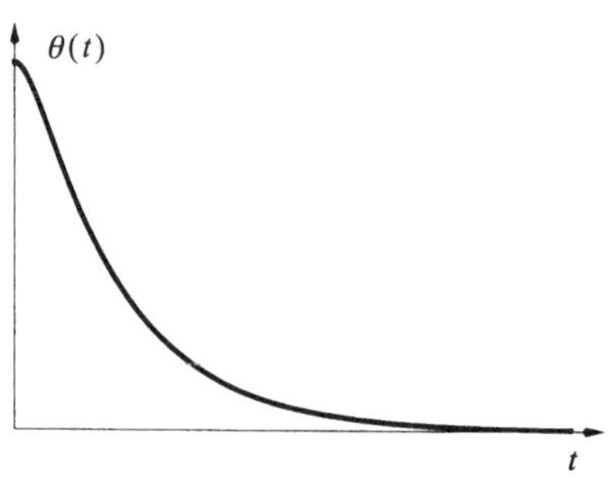

[그림 6.7] t에 따라 도시된 식 6.33. 운동에 대한 저항은 이 경우에 매우 크며, 진자는 진동을 하지 않고 단순히 수직 위치로 떨어진다.

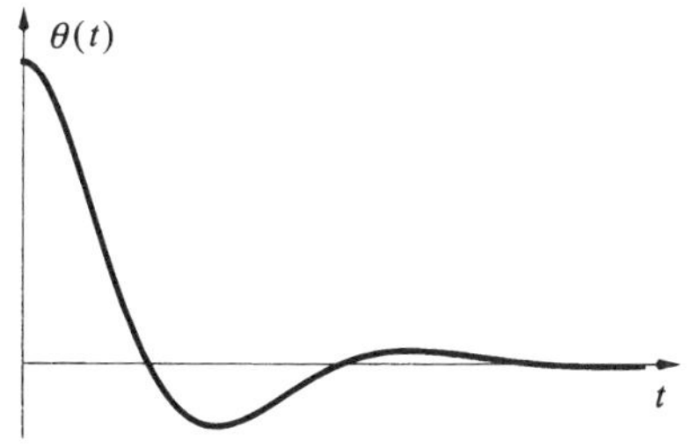

[그림 6.8] t에 따라 도시된 식 6.35. 이 경우, 진자는 수직 위치에서 정지하기 전에 몇 번의 진동을 겪는다.

$$\theta(t) = \theta_0 e^{-t/2}\left(\cos t + \frac{1}{2}\sin t\right) \tag{6.34}$$

연습문제 6-18의 결과를 이용할 때, 식 6.34는 다음과 같이 쓸 수 있다(연습문제 6-19).

$$\theta(t) = \frac{\sqrt{5}\theta_0}{2}e^{-t/2}\cos(t - 0.4636) \tag{6.35}$$

식 6.35는 그림 6.8에서 t에 따라 도시되어 있다. 진자는 변위가 감소하여 결국 정지하는 진동을 겪는다는 것을 주목하라.

6.4 미분 방정식의 해를 구하는 두 가지 소중한 방법

첫 번째 방법은 책을 참조하는 것이다. 조지 머피(George M. Muphy)에 의해 쓰인 **상미분 방정식과 그들의 해**(*Ordinary Differential Equation and Their Solutions*, 참고문헌 참조)에는 많은 미분 방정식이 나와 있다. 책의 전반부는 다양한 미분 방정식을 푸는 데 이용될 수 있는 방법을 소개하며, 책의 후반부는 해를 가지고 있는 미분 방정식을 200페이지에 걸쳐 나열하고 있다. 이 목록의 가장 큰 특징은 포함된 많은 미분 방정식의 어느 것이든지 곧바로 알 수 있는 방법으로 조직되어 있다는 것이다. 표는 동차 및 비동차 방정식을 포함한다. 불행히도, 이 1960년도 책은 절판되어 있다. 그럼에도 불구하고, 이것은 도서관에 책이 있는지 없는지를 알아볼 가치가 있을 만큼 중요한 방법이다.

두 번째 소중한 방법은 *Mathematica*, *Maple* 또는 *MathCad*와 같은 전산 대수 시스템(computer algebra system, CAS)이다. 이 프로그램은 분석적으로(가끔은 기호적으로) 미분 방정식을 풀 수 있다. 예를 들어, 한 줄 명령어는 다음과 같다.

```
DSolve [ y''[ x ] + 3 y'[ x ] + 2 y[ x ] == 12 x Exp[ 2 x ], y[ x ], x ]
```

*Mathematica*는 다음과 같은 해를 준다.

$$y(x) = e^{2x}\left(-\frac{7}{12} + x\right) + c_1 e^{-2x} + c_2 e^{-x} \tag{6.36}$$

다음은 비동차 미분 방정식이다.

$$\frac{dy^2}{dx^2} + 3\frac{dy}{dx} + 2y = 12xe^{2x} \tag{6.37}$$

이들 프로그램은 또한 방정식의 체계에 대한 해석해를 내놓을 수도 있다. 예를 들어, *Mathematica*의 명령어

```
DSolve [ {x'[ t ] == 4 x[ t ] - y[ t ] + Exp [ -t ], y'[ t ] == 5 x[ t ]
 - 2 y[ t ] + 2 Exp[ -t ], x[ 0 ] == 0, y[ 0 ] == 0}, {x[ t ], y[ t ]}, t ]
```

는 다음과 같은 해를 준다.

$$\begin{aligned} x(t) &= -\frac{3}{16}e^{-t} + \frac{3}{16}e^{3t} + \frac{1}{4}te^{-t} \\ y(t) &= -\frac{3}{16}e^{-t} + \frac{3}{16}e^{3t} + \frac{5}{4}te^{-t} \end{aligned} \tag{6.38}$$

이때 두 개의 연립 미분 방정식은 다음과 같으며, $x(0) = 0$와 $y(0) = 0$을 가지고 있다.

$$\begin{aligned} \frac{dx}{dt} &= 4x - y + e^{-t} \\ \frac{dy}{dt} &= 5x - 2y + 2e^{-t} \end{aligned} \tag{6.39}$$

미분 방정식을 기호적으로 풀 수 있는 이들 CAS의 능력은 약간 제한적이지만, 이들 체계가 수치적으로도 미분 방정식을 풀 수 있다는 것을 알고 있어야만 한다. 이 책에서는 미분 방정식을 푸는 데 수치적 방법을 논의하지는 않을 것이다. 그러나 그들은 미분 방정식에 대한 대부분의 책에서 논의되고 있다(책 뒷부분의 참고문헌에서 에드워드와 페니의 책 참조). 예를 들어, *Mathematica*는 비선형 방정식에 대해서는 분석적 해를 제공할 수 없다.

$$2y''(x) + y'(x) + 8y^3 = 0 \tag{6.40}$$

그러나 명령어

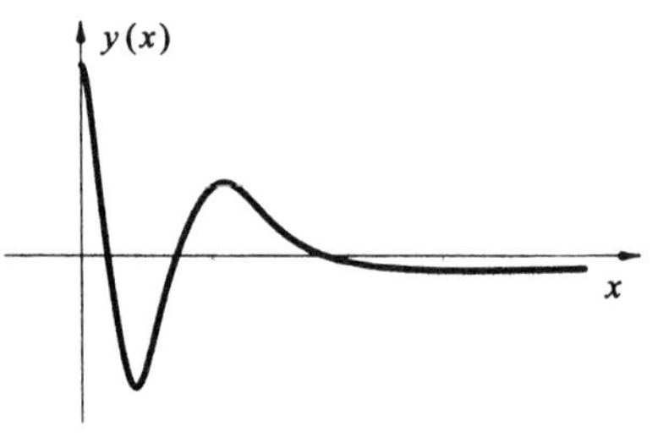

[그림 6.9] 초기 조건이 $y(0) = 1$과 $y'(0) = 0$인 식 6.40의 수치해에 대한 도시.

```
NDSolve [ { 2 y''[ x ] + y'[ x ] + 8 y[ x ]^3 == 0, y[ 0 ] == 1,
 y'[ 0 ] == 0}, y[ x ], {x, 0, 20 } ]
```

은 초기 조건 $y(0) = 1$, $y'(0) = 0$을 가지고 구간 $0 \le x \le 20$에 걸쳐 수치해를 제공한다. 그것은 그림 6.9에 도시되어 있다.

이들 공급 자료의 어느 것도 어떻게 해를 얻는지를 이해할 수 있는 대체물이 아니며, 그들은 단지 보조물일 뿐이다.

연습문제

6-1. 다음 미분 방정식의 일반해를 구하시오.

(a) $\dfrac{dy}{dx} = x^2 - 3x^2 y$ (b) $\dfrac{dy}{dx} + \dfrac{2}{x}y = x^2 + 2$

(c) $t\dfrac{ds}{dt} = (3t + 1)s + t^3 e^{3t}$ (d) $(x + y^2)\dfrac{dy}{dx} = 1$

6-2. $x = 2$일 때, $y = 2$에서 다음 미분 방정식의 해를 구하시오.

$$x\frac{dy}{dx} + y = 2x$$

6-3. 초기 조건이 $m(0) = 20$일 때, 미분 방정식을 푸시오.

$$\frac{dm}{dt} + \frac{4m}{20 + t} = 2$$

6-4. 화학 반응 속도 및 다른 형태의 속도 과정에서, 두 종 A와 B의 가역 반응을 나타내는 도식 $A \underset{k_2}{\overset{k_1}{\rightleftharpoons}} B$을 자주 만난다. k_1과 k_2가 **반응 속도 상수**(*rate constant*)일 때, 이 가역 반응에 대한 반응 속도식은 $dA/dt = -k_1 A$로 쓰일 수 있다. $A_0 = A(0)$이고 $B_0 = B(0)$일 때, 질량 보존에 의해 $A(t) + B(t) = A_0 + B_0$이다. $A(t)$와 $B(t)$에 대해 위의 식을 푸시오. $B_{eq}/A_{eq} = k_1/k_2 = K_{eq}$임을 보이시오.

6-5. 큰 용기에 농도가 20 g/L인 소금물 100 L가 들어 있다. 농도가 2 g/L인 소금물이 $10\ L\cdot min^{-1}$의 속도로 용기 안으로 더해지고, 이 용액의 용기로부터 유출이 $5\ L\cdot min^{-1}$이다. 이때 용기 안에 있는 소금의 최소량을 계산하시오. 용액은 격렬하게 저어지기 때문에 균일한 농도로 유지된다고 가정한다.

6-6. 큰 용기에 2.00 M 용액 100 L가 들어 있다. 순수한 물을 $2.00\ L\cdot s^{-1}$의 속도로 용기 안으로 퍼 올려 균일한 용액이 되고, 이 용액이 $1.00\ L\cdot s^{-1}$의 속도로 용기 밖으로 빠져나간다. 용기의 용액이 0.10 M보다 더 작아질 때까지 걸리는 시간은 얼마인가?

6-7. 다음 미분 방정식의 일반해를 구하시오.

(a) $y''(x) - y'(x) - 2y(x) = 0$

(b) $y''(x) - 6y'(x) + 9y(x) = 0$

(c) $y''(x) + 4y'(x) + y(x) = 0$

6-8. 다음 각 경우에 $y(0) = 1$과 $y'(0) = 1$일 때, 각 미분 방정식의 해를 구하시오.

(a) $y''(x) - 4y(x) = 0$

(b) $y''(x) + 2y'(x) + 4y(x) = 0$

(c) $y''(x) + 9y(x) = 0$

6-9. 다음 각 경우에 $y(0) = 1$과 $y'(0) = 1$일 때, 각 미분 방정식의 해를 구하시오.

(a) $y''(x) + 6y'(x) = 0$

(b) $y''(x) - 4y'(x) + 3y(x) = 0$

(c) $y''(x) + 4y(x) = 0$

6-10. 다음 미분 방정식의 해를 구하시오.

(a) $y(0) = 2$ 와 $y'(0) = 4$ 일 때, $y''(x) - 4y(x) = 0$

(b) $y(0) = -1$과 $y'(0) = 0$일 때, $y''(x) - 5y'(x) + 6y(x) = 0$

(c) $y(0) = 2$ 일 때, $y'(x) - 2y(x) = 0$

6-11. $y = x^2$가 $x^2y''(x) + xy'(x) - 4y(x) = 0$을 만족하는 것으로 주어질 때, 차수의 축소를 이용하여 이차의 해를 구하시오.

6-12. $y = x$가 $x^2y''(x) - xy'(x) + y(x) = 0$을 만족하는 것으로 주어질 때, 차수의 축소를 이용하여 이차의 해를 구하시오.

6-13. $x(t) = \cos \omega t$는 진동수 $\nu = \omega/2\pi$를 가지고 진동한다는 것을 증명하시오. $x(t) = A\cos \omega t + B \sin \omega t$는 같은 진동수 $\omega/2\pi$를 가지고 진동한다는 것을 증명하시오.

6-14. 다음 초기값 문제를 풀고, $x(t)$는 진동수 $\omega/2\pi$를 가지고 진동한다는 것을 증명하시오.

(a) $\dfrac{d^2x}{dt^2} + \omega^2 x(t) = 0 \quad x(0) = 0;\ x'(0) = v_0$

(b) $\dfrac{d^2x}{dt^2} + \omega^2 x(t) = 0 \quad x(0) = x_0;\ x'(0) = v_0$

6-15. 식 6.33을 증명하시오.

6-16. 식 6.34를 증명하시오.

6-17. $C = (A^2 + B^2)^{1/2}$와 $\phi = \tan^{-1}(A/B)$일 때, $A\cos t + B\sin t$는 $C\sin(t + \phi)$로 쓰일 수 있다는 것을 보

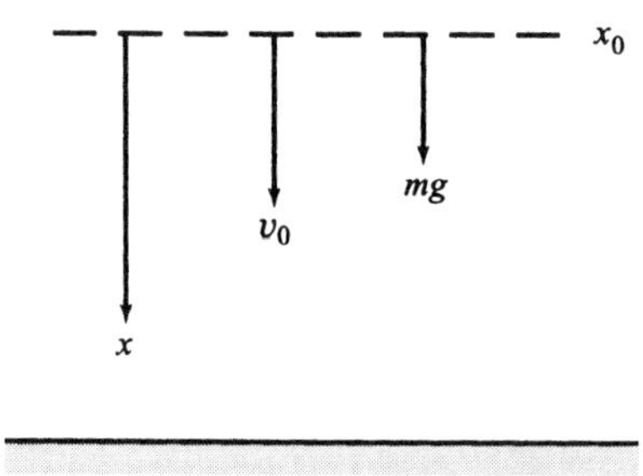

[그림 6.10] 연습문제 6-20에 이용될 기하 모형.

이시오. 〔힌트: 삼각 함수의 정리 $\sin(\alpha+\beta) = \sin\alpha\cos\beta + \cos\alpha\sin\beta$로부터 거꾸로 사용하시오.〕

6-18. $C = (A^2 + B^2)^{1/2}$와 $\phi = \tan^{-1}(A/B)$일 때, $C = (A^2 + B^2)^{1/2}$는 $C\sin(t+\phi)$로 쓰일 수 있다는 것을 보이시오. 〔힌트: 삼각 함수의 정리 $\cos(\alpha+\beta) = \cos\alpha\cos\beta - \sin\alpha\sin\beta$로부터 거꾸로 사용하시오.〕

6-19. 식 6.34로부터 식 6.35를 유도하기 위해 연습문제 6-18의 결과를 이용하시오.

6-20. 속도에 비례하는 저항을 가지고 높이 h로부터 떨어지는 물체를 생각하자. 이 계에 대한 뉴턴의 방정식은 다음과 같음을 보이시오(그림 6.10 참고).

$$m\frac{d^2x}{dt^2} = -\gamma\frac{dx}{dt} + mg \qquad \text{또는} \qquad \frac{dv}{dt} + \frac{\gamma}{m}v = g$$

여기서 γ는 마찰 계수이다. $t = 0$일 때 $v = 0$이라면, $v(t)$에 대해 이 식을 푸시오. v가 한계 속도 $v_{\text{lim}} = mg/\gamma$를 가짐을 보이시오. 이 한계 속도를 **종단 속도**(*terminal velocity*)라고 부른다.

6-21. 속도의 제곱에 비례하는 저항에 대한 앞의 문세를 다시 생각하여 다음의 식을 보이시오.

$$v(t) = \left(\frac{mg}{\gamma}\right)^{1/2}\tanh\left(\frac{g\gamma}{m}\right)^{1/2}t$$

v가 $(mg/\gamma)^{1/2}$의 한계 속도를 가지는 것을 보이시오.

6-22. 조화 진동자 방정식을 풀 때 복소수를 사용하는 또 다른 방법이 있다. 이 이차 미분 방정식을 두 개의 일차 미분 방정식으로 쓸 수 있다는 것을 보이시오.

$$\frac{dp}{dt} = -kx \text{와} \qquad \frac{dx}{dt} = \frac{p}{m}$$

지금 $\eta = k^{1/2}x + ip/m^{1/2}$을 놓을 때, 이들 두 미분 방정식이 다음과 같다는 방정식임을 보이 시오.

$$\frac{d\eta}{dt} = -i\omega\eta$$

여기서 $\omega^2 = k/m$이다. 다음과 같은 해를 얻기 위해 이 방정식을 푸시오.

$$\eta = (k^{1/2}x_0 + im^{1/2}v_0)e^{-i\omega t}$$

즉, 실수 부분과 허수 부분을 등식으로 나타내면 다음과 같다.

$$x(t) = x_0\cos\omega t + \frac{v_0}{\omega}\sin\omega t$$
$$p(t) = p_0\cos\omega t - m\omega x_0\sin\omega t$$

6-23. 식 6.36이 식 6.37의 해라는 것을 증명하시오.

6-24. 식 6.38이 식 6.39의 해라는 것을 증명하시오.

제 7 장

미분 방정식의 멱급수해

앞 장에서는 상수 계수를 가지고 있는 선형 미분 방정식(linear differential equation)의 푸는 법을 배웠다. 그러나 일반적으로 다음과 같은 미분 방정식의 형태에 대해 적어도 유한 단계에서 해석해를 구하도록 허용되는 방법은 없다.

$$a_2(x)\frac{d^2y}{dx^2} + a_1(x)\frac{dy}{dx} + a_3(x)y(x) = 0$$

이때 a_j가 x를 잘 따르는 함수이더라도, 계수는 상수가 아니다. 그러나 x의 멱급수에 의해 위의 방정식을 풀도록 허용되는 방법이 있다. 가장 간단한 응용으로, $y(x)$가 다음과 같은 형태라고 가정한다.

$$y(x) = \sum_{n=0}^{\infty} a_n x^n$$

이때 이것을 미분 방정식에 도입하면, 멱급수에서 모든 계수 $\{a_n\}$을 결정할 수 있다. 그때 간단한 해석해인 것처럼 멱급수해를 이용하고 다룰 수 있다.

급수해를 사용하는 것이 특별히 편리한 방법이 아니라고 생각할 수도 있다. 그러나 자연과학에서 가장 중요한 미분 방정식의 대부분은 무한 급수에 의해만 풀릴 수 있다고 밝혀졌다. 이들 방정식은 가끔 상수 계수가 아닌 이차 방정식이며, 그들을 도입하고 중요한 문제에 적용한 수학자의 이름을 따서 지어졌다. 그리하여 해가 르장드르 다항식으로 된 르장드르 방정식, 베셀 함수로 된 베셀의 방정식과 다른 명명된 식을 가진다.

이들 "명명" 함수가 형식적으로 멱급수에 의해서만 정의되더라도, 그들 사이의 많은 특성과 관계를 추론하는 것이 가능하다. 조만간 삼각 함수처럼 이들 함수에 대하여 편안하게 될 것이다. 실제로 만약 다음 방정식의 홀수 및 짝수 멱급수해로 $\sin x$와 $\cos x$를 형식적으로 정의하더라도,

$$y''(x) + y(x) = 0$$

수많은 삼각 함수의 항등식은 여전히 남을 것이다.

7.1 멱급수 방법

매우 간단한 예제를 통해 멱급수 방법으로 미분 방정식을 푸는 방법을 설명하려고 한다. 다음 방정식을 생각하자.

$$y''(x) + y(x) = 0 \tag{7.1}$$

앞 장에서 $y(x) = a \cos x + b \sin x$를 얻기 위해 이 방정식을 여러 번 풀었다. 그러나 여기서는 앞 장의 방법을 사용하여 그것을 풀 수 없다고 가정하자. 이제 $y(x)$는 x의 급수라고 가정하자.

$$y(x) = \sum_{n=0}^{\infty} a_n x^n \tag{7.2}$$

그때 해야 할 일은 식 7.2가 식 7.1의 해가 되도록 식 7.2에서 a_n을 결정하는 것이다. 식 7.2를 식 7.1에 대입하면, 다음 식을 얻는다.

$$\sum_{n=0}^{\infty} n(n-1)\, a_n x^{n-2} + \sum_{n=0}^{\infty} a_n x^n = 0 \tag{7.3}$$

여기서 만약 $n = 0$ 또는 $n = 1$이라면, 첫 합은 사라진다는 것에 주목하라. 따라서 식 7.3은 다음과 같이 쓸 수 있다.

$$\sum_{n=2}^{\infty} n(n-1)\, a_n x^{n-2} + \sum_{n=0}^{\infty} a_n x^n = 0 \tag{7.4}$$

전개된 식 7.2의 첫 합은 다음과 같다.

$$2a_2 + 3 \cdot 2a_3 x + 4 \cdot 3a_4 x^2 + \cdots$$

이 급수를 길잡이로 이용하여, 식 7.4에서 합의 지수를 n으로부터 $m = n - 2$로 바꿈으로써 첫 합의 최저 극한을 0에서 시작하는 것으로 바꿀 수 있다. 이 경우, 식 7.4는 다음과 같이 된다.

$$\sum_{m=0}^{\infty} (m+2)(m+1)\, a_{m+2} x^m + \sum_{n=0}^{\infty} a_n x^n = 0$$

m과 n은 그저 임의의 지수이기 때문에, 이 결과는 다음과 같다.

$$\sum_{n=0}^{\infty} (n+2)(n+1)\, a_{n+2} x^n + \sum_{n=0}^{\infty} a_n x^n = 0$$

즉

$$\sum_{n=0}^{\infty} [\,(n+2)(n+1)\, a_{n+2} + a_n\,]\, x^n = 0 \tag{7.5}$$

(합의 지수를 변화시키는 것은 약간의 연습이 필요하며, 연습문제 7-1에서 연습을 할 것이다).

만약 멱급수가 어떤 구간에서 사라진다면, 그때 급수의 계수 각각은 0과 같아야만 한다는 사실을 지금 이용한다. 그러므로 식 7.5는 다음과 같은 식을 준다.

$$a_{n+2} = -\frac{a_n}{(n+2)(n+1)} \qquad n = 0,\ 1,\ 2, \ldots \tag{7.6}$$

식 7.6은 a_n의 항으로 a_{n+2}에 대한 **점화식**(*recursion formula*)이다. 식 7.6에서 $n = 0, 1, 2, \cdots$으로 놓을 때, a_0의 항으로 짝수 아래첨자인 a, a_1의 항으로 홀수 아래첨자인 a를 얻는다. 그리하여 두 개의 분리된 계수 집합을 얻는다. $n = 0$으로 시작할 때 n의 짝수값에 대해 가진다.

$$a_2 = -\frac{a_0}{2\cdot 1} \qquad a_4 = -\frac{a_2}{4\cdot 3} = \frac{a_0}{4\cdot 3\cdot 2\cdot 1} = \frac{a_0}{4!} \qquad a_6 = -\frac{a_4}{6\cdot 5} = -\frac{a_0}{6!}$$

일반적인 결과는 다음과 같다.

$$a_{2n} = \frac{(-1)^n}{(2n)!}a_0 \qquad n = 0,\ 1,\ 2, \ldots \tag{7.7}$$

단지 짝수 아래첨자인 계수(모두 a_0의 항)만을 결정했다는 것을 주목하라. 홀수 아래첨자인 계수를 결정하기 위해, $n = 1$로 시작하고 식 7.6에서 n의 홀수값을 사용한다.

$$a_3 = -\frac{a_1}{3\cdot 2} \qquad a_5 = -\frac{a_3}{5\cdot 4} = \frac{a_1}{5\cdot 4\cdot 3\cdot 2} = \frac{a_1}{5!} \qquad a_7 = -\frac{a_5}{7\cdot 6} = -\frac{a_1}{7!}$$

즉

$$a_{2n+1} = \frac{(-1)^n}{(2n+1)!}a_1 \qquad n = 0,\ 1,\ 2, \ldots \tag{7.8}$$

만약 식 7.7과 식 7.8을 식 7.2에 대입하면, 다음 식을 얻는다.

$$y(x) = a_0 \sum_{n=0}^{\infty} \frac{(-1)^n}{(2n)!}x^{2n} + a_1 \sum_{n=0}^{\infty} \frac{(-1)^n}{(2n+1)!}x^{2n+1} \tag{7.9}$$

식 7.1에 대해 일반해를 기대했던 것처럼, 해는 두 임의의 상수를 가진다는 것을 주목하라. 실제로 식 7.9의 두 멱급수는 각각 $\cos x$와 $\sin x$의 매클로린 급수(식 3.13과 3.14)이다. 따라서 식 7.9는 식 7.1이 상수 계수를 가지기 때문에 쉽게 얻을 수 있었던 다음과 같은 식이 된다.

$$y(x) = a_0 \cos x + a_1 \sin x \tag{7.10}$$

그럼에도 불구하고, 절차를 설명하기 위해서 멱급수 방법을 사용하였다. 일반적으로 어떤 알려진 함수를 가진 결과의 멱급수해를 확인할 수는 없을 것이나, 그것만으로 멱급수를 다루어야만 할 것이다.

식 7.9의 두 해가 삼각법의 사인과 코사인 함수였다는 것을 알지 못했다고 가정하자. 그러면 다음의 두 함수를 정의할 수 있었을지도 모른다.

$$s(x) = \sum_{n=0}^{\infty} \frac{(-1)^n x^{2n+1}}{(2n+1)!}, \qquad c(x) = \sum_{n=0}^{\infty} \frac{(-1)^n x^{2n}}{(2n)!}$$

첫 번째는 x의 함수로서, 이들 급수를 수치적으로 평가하고 그들을 도시했을지도 모른다(이것은 대부분의 특수 함수가 처음 연구되었을 때보다 확실히 오늘날이 훨씬 더 쉽다). 그때 $s'(x) = c(x)$와 $c'(x) = -s(x)$라는 것에 주목했을지도 모른다. 약간의 참을성을 가지고, 다음과 같은 식 등을 주목했을지도 모른다.

$$c(x) \pm i\, s(x) = e^{\pm ix} = \sum_{n=0}^{\infty} \frac{(\pm ix)^n}{n!}$$

만약 $s(x)$와 $c(x)$가 다른 문제의 수에서 일어났다면, 그때 그들은 궁극적으로 이름이 주어졌을 것이고 수학적 문헌의 일부가 되었을 것이다.

예제 7-1

멱급수 방법으로 다음 방정식을 푸시오.

$$y''(x) + 3xy'(x) + 3y(x) = 0$$

풀이 식 7.2를 위의 방정식에 대입하면 다음 식을 얻는다.

$$\sum_{n=0}^{\infty} n(n-1)\, a_n x^{n-2} + 3x \sum_{n=0}^{\infty} n a_n x^{n-1} + 3\sum_{n=0}^{\infty} a_n x^n = 0$$

$\sum_{n=0}^{\infty} (n+2)(n+1)\, a_{n+2} x^n$ 처럼 첫 합을 다시 쓰고 다음 식을 얻기 위해 항을 모아라.

$$\sum_{n=0}^{\infty} \{(n+2)(n+1)\, a_{n+2} + 3(n+1)\, a_n\} x^n = 0$$

x^n의 계수를 0과 같다고 놓음으로써 다음 점화식을 얻는다.

$$a_{n+2} = -\frac{3}{n+2} a_n \qquad n = 0, 1, 2, \ldots$$

0으로 시작하고 n의 짝수값으로 작용하면, 다음 식을 얻는다.

$$a_2 = -\frac{3}{2} a_0 \qquad a_4 = -\frac{3}{4} a_2 = \frac{3^2}{4 \cdot 2} a_0$$

$$a_6 = -\frac{3}{6} a_4 = -\frac{3^3}{6 \cdot 4 \cdot 2} a_0 = -\frac{3^3}{2^3 3!} a_0$$

더 많은 a_{2n}를 결정하기 위해 계속하면, 일반항은 다음과 같이 발견된다.

$$a_{2n} = \frac{(-1)^n 3^n}{2^n n!} a_0$$

홀수 아래첨자의 a는 다음과 같다.

$$a_3 = -a_1 \qquad a_5 = -\frac{3}{5}a_3 = \frac{3}{5}a_1$$

$$a_7 = -\frac{3}{7}a_5 = -\frac{3^2}{7\cdot 5}a_1 = -\frac{3^3}{7\cdot 5\cdot 3}a_0$$

일반항은 다음과 같다.

$$a_{2n+1} = \frac{(-1)^n 3^n}{(2n+1)\dots 5\cdot 3\cdot 1}a_1$$

a_n에 대한 이들 결과를 멱급수에 대입하면, 다음 식을 얻는다.

$$y(x) = a_0 \sum_{n=0}^{\infty} \frac{(-1)^n 3^n}{2^n n!} x^{2n} + a_1 \sum_{n=0}^{\infty} \frac{(-1)^n 3^n}{(2n+1)!!} x^{2n+1}$$

여기서 표준 기수법 $(2n+1)!! = (2n+1)\cdots 5\cdot 3\cdot 1$을 소개하였다. 연습문제 7-8은 각 멱급수가 x의 모든 값에 대해 수렴한다는 것을 보여 준다. 여기 $e^{-3x^2/2}$에서 첫 급수를 확인할 수 있는가?

7.2 르장드르 방정식의 급수해

다음 방정식을 생각해 보자.

$$(1-x^2)y''(x) - 2xy'(x) + \alpha(\alpha+1)y(x) = 0 \qquad (7.11)$$

여기서 $\alpha(\alpha+1)$은 상수이며, 선견지명을 가지고 이 형태를 쓴다. **르장드르 방정식**(*Legendre's equation*)이라 불리는 식 7.11은 과학과 공학에서 가장 유명하고 중요한 미분 방정식의 하나이다. 식 7.11이 구면 좌표와 관련된 문제에서 자연적으로 일어난다는 것을 16장에서 배울 것이다.

만약

$$y(x) = \sum_{n=0}^{\infty} a_n x^n$$

을 식 7.11에 대입하면, 다음 식(연습문제 7-11)을 얻는다.

$$a_{n+2} = -\frac{(\alpha-n)(\alpha+n+1)}{(n+1)(n+2)}a_n \qquad n \ge 0 \qquad (7.12)$$

$n=0$으로 시작하고 짝수값 n을 사용한다면, 다음 식을 얻는다.

$$
\begin{aligned}
a_2 &= -\frac{\alpha(\alpha+1)}{1\cdot 2}a_0 \\
a_4 &= -\frac{(\alpha-2)(\alpha+3)}{3\cdot 4}a_2 = \frac{\alpha(\alpha-2)(\alpha+1)(\alpha+3)}{4!}a_0 \\
a_6 &= -\frac{(\alpha-4)(\alpha+5)}{5\cdot 6}a_4 = -\frac{\alpha(\alpha-2)(\alpha-4)(\alpha+1)(\alpha+3)(\alpha+5)}{6!}a_0
\end{aligned} \tag{7.13}
$$

즉, 일반적으로

$$a_{2n} = (-1)^n \frac{\alpha(\alpha-2)\cdots(\alpha-2n+2)(\alpha+1)(\alpha+3)\cdots(\alpha+2n-1)}{(2n)!}a_0 \quad n \ge 1 \tag{7.14}$$

비슷하게, 다음 식을 얻는다.

$$
\begin{aligned}
a_3 &= -\frac{(\alpha-1)(\alpha+2)}{3!}a_1 \\
a_5 &= \frac{(\alpha-1)(\alpha-3)(\alpha+2)(\alpha+4)}{5!}a_1
\end{aligned} \tag{7.15}
$$

즉, 일반적으로

$$a_{2n+1} = (-1)^n \frac{(\alpha-1)(\alpha-3)\cdots(\alpha-2n+1)(\alpha+2)(\alpha+4)\cdots(\alpha+2n)}{(2n+1)!}a_1 \quad n \ge 1 \tag{7.16}$$

그때 식 7.11의 두 선형 독립해는 다음과 같다.

$$y_1(x) = \sum_{n=0}^{\infty} a_{2n}x^{2n}, \qquad y_2(x) = \sum_{n=0}^{\infty} a_{2n+1}x^{2n+1} \tag{7.17}$$

임의의 α값에 대해, 식 7.17의 두 급수는 $x = \pm 1$에서 발산한다. 하지만 많은 응용에서, θ가 구면 좌표의 편각일 때 $x = \cos\theta$이다(14장 참조). 결과적으로 가끔 $x = \pm 1$점에서 유한인 해를 요구하는데, 그것은 $\theta = 0$과 $\theta = \pi$에 해당한다. 이것은 실제로 쉽게 얻을 수 있는 것으로 판명된다. 만약 α를 0 또는 양의 정수로 놓는다면, 그때 식 7.17의 두 급수 중 하나는 끝이 잘라나가서 결과적으로 다항식이 될 것이다. 그때 그의 계수를 0과 같게 놓음으로써 다른(발산) 급수를 제거한다. 그리하여 정수의 α값에 대해 식 7.11의 다항식해를 항상 가질 것이다.

이것이 그렇다는 것을 알기 위해, 먼저 $\alpha = 0$으로 놓자. 이것은 식 7.14에서 $a_2 = a_4 = \cdots = 0$, 즉 $n \ge 1$에 대해 $a_{2n} = 0$이다. 따라서 $y_1(x) = a_0$를 가지며, 그것은 분명하게 수렴한다. 식 7.17에서 $y_2(x)$가 $\alpha = 0$에 대해 수렴하지 않더라도, 식 7.16에서 $a_1 = 0$으로 놓음으로써 그것을 효과적으로 제거할 수 있다. 그때 홀수 아래첨자인 모든 계수는 0과 같게 되며, 그것은 $y_2(x)$를 0과 같게 만든다. 그러므로 완전한 해는 $\alpha = 0$에 대해 $y(x) = a_0$이다.

$\alpha = 1$로 놓는 경우, 식 7.16에서 $a_3 = a_5 = \cdots = 0$, 즉 $n \ge 1$에 대해 $a_{n+2} = 0$이며, 그것은 $y_2(x) = a_1x$를 주고 분명하게 수렴한다. 식 7.17에서 $y_1(x)$가 $\alpha = 1$에 대해 수렴하지 않더라도, a_0

$= 0$으로 놓으면, 그때 짝수 아래첨자인 모든 계수는 0과 같게 되며 그것이 $y_1(x) = 0$이 되게 한다. 그러므로 완전한 해는 $\alpha = 1$에 대해 $y(x) = a_1 x$이다.

$\alpha = 2$로 놓는 경우, $a_4 = a_6 = \cdots = 0$, 즉 $n \geq 2$에 대해 $a_{2n} = 0$이다. 이것은 $y_1(x) = a_0 + a_2 x^2 = a_0(1 - 3x^2)$를 준다. 여기서 식 7.13으로부터 $a_2 = -\alpha(\alpha + 1)a_0/2 = -3a_0$ 라는 사실을 이용하였다. $a_1 = 0$으로 놓으면, 그때 홀수 아래첨자인 모든 계수는 0과 같게 되며, 그것은 $y_2(x) = 0$을 만든다. 그러므로 완전한 해는 $\alpha = 2$에 대해 $y(x) = a_0(1 - 3x^2)$이다.

이 방법을 계속한다면, $\alpha = 0, 1, 2, \cdots$에 대해 식 7.11의 다항식해를 생성한다(연습문제 7-12). 이들 해를 $f_n(x)$로 표시한다면(n은 α의 값), 그때 다음 식(임의의 상수 a_0와 a_1을 1과 같다고 놓음) 등을 가진다.

$$\begin{aligned} f_0(x) &= 1 \qquad & f_1(x) &= x \\ f_2(x) &= 1 - 3x^2 \qquad & f_3(x) &= x - \frac{5x^3}{3} \end{aligned} \tag{7.18}$$

이들 다항식의 각각은 $x = 1$에서 유한인 식 7.11의 해이다.

예제 7-2

$f_3(x) = x - 5x^3/3$이 식 7.11의 해($\alpha = 3$일 때)라는 것을 보이시오.

풀이

$$f_3'(x) = 1 - 5x^2; \qquad f_3''(x) = -10x$$

$\alpha = 3$일 때 이들과 $f_n(x)$을 식 7.11에 대입하면, 다음 식을 얻는다.

$$(1-x^2)f_3''(x) - 2xf_3'(x) + 12f_3(x) = -10x + 10x^3 - 2x + 10x^3 + 12x - 20x^3 = 0$$

식 7.18에 주어진 다항식의 어떤 배수는 또한 식 7.11의 해이며, 따라서 어떤 곱셈 상수를 자유롭게 선택할 수 있다. $x = 1$일 때 $P_n(x) = c_n f_n(x) = 1$인 상수를 선택하는 것이 통상적이다. 그리하여 다음과 같은 식 등을 정의한다.

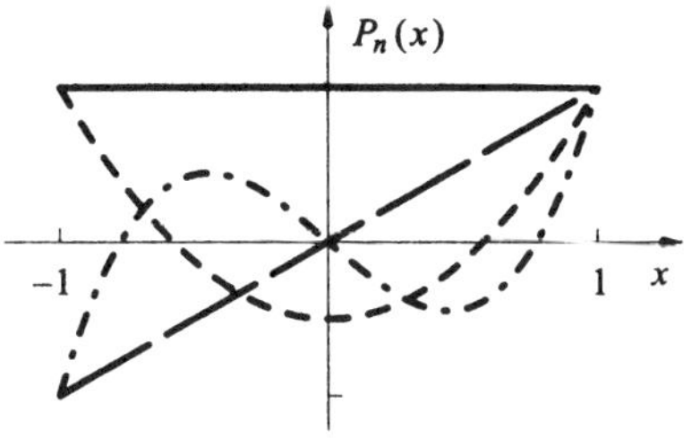

[그림 7.1] x에 따라 도시된 처음 몇 개의 르장드르 다항식: $P_0(x)$(실선), $P_1(x)$(긴 점선), $P_2(x)$(짧은 점선), $P_3(x)$(길고 짧은 점선). $P_n(x)$은 -1과 $+1$ 사이에서 n개의 0값을 가지는 것을 주목하라.

$$P_0(x) = 1 \quad P_1(x) = x \quad P_2(x) = \frac{1}{2}(3x^2 - 1) \quad P_3(x) = \frac{1}{2}(5x^3 - 3x) \tag{7.19}$$

식 7.19에 정의된 다항식은 **르장드르 다항식**(*Legendre polynomial*)이라고 부른다. n값에 따라 $P_n(x)$은 짝수 또는 홀수라는 것을 주목하라. 처음 몇 개의 르장드르 다항식은 그림 7.1에 도시되어 있다.

예제 7-3

다음과 같은 조건을 만족할 때

$$\int_a^b \phi_n(x)\phi_m(x)\,dx = 0 \qquad (m \neq n\text{이면})$$

함수 $\{\phi_n(x)\}$의 집합은 구간 (a, b)에서 **직교**(*orthogonal*)한다고 말한다. 구간 $(-1, 1)$에서 처음 몇 개의 르장드르 다항식이 직교함을 보이시오.

풀이 직교성에 대한 위의 정의를 이용할 때, $P_n(x)$의 유/무(바꿔 말하면, 짝수-홀수 특징) 때문에 다음 식을 얻는다.

$$\int_{-1}^{1} P_0(x)P_1(x)\,dx = \int_{-1}^{1} P_0(x)P_3(x)\,dx = \int_{-1}^{1} P_1(x)P_2(x)\,dx = 0$$

그에 더하여,

$$\int_{-1}^{1} P_0(x)P_2(x)\,dx = \frac{1}{2}\int_{-1}^{1}(3x^2 - 1)\,dx = 0$$

$$\int_{-1}^{1} P_1(x)P_3(x)\,dx = \frac{1}{2}\int_{-1}^{1}(5x^4 - 3x^2)\,dx = 0$$

식 7.13으로부터 식 7.16까지에서 $\alpha = 0, 1, 2, \cdots$일 때, 식 7.14 또는 식 7.16 중의 하나에서 다항식해를 더하여 다른 것으로부터 $x = \pm 1$에서 발산하는 무한 급수를 얻는다는 것을 명심해야만 한다. 예를 들어 $\alpha = 0$이면, 식 7.14는 $P_0(x) = 1$이 되고, 반면 식 7.16은 다음 식을 준다.

$$y_2(x) = a_1\left(x + \frac{x^3}{3} + \frac{x^5}{5} + \frac{x^7}{7} + \cdots\right) \tag{7.20}$$

이 무한 급수는 $(1/2)\ln[(1 + x)/(1 - x)]$와 같다(연습문제 7-16). 이 두 번째 해를 $Q_0(x)$로 표시하는 것이 통상적이며, 따라서 다음과 같이 쓴다.

$$Q_0(x) = \frac{1}{2}\ln\frac{1+x}{1-x} = x + \frac{x^3}{3} + \frac{x^5}{5} + \cdots \tag{7.21}$$

그리하여, $\alpha = 0$일 때 식 7.11의 완전한 해는 $P_0(x)$와 $Q_0(x)$의 선형 결합이다(그림 7.2).

$$y(x) = c_1 P_0(x) + c_2 Q_0(x) \tag{7.22}$$

α가 0 또는 양의 정수일 때, 르장드르 방정식의 일반해는 다음과 같다.

$$y(x) = c_1 P_n(x) + c_2 Q_n(x) \qquad n = 0,\ 1,\ 2, \ldots \tag{7.23}$$

여기서 $P_n(x)$은 x의 모든 값에 대해 유한인 n차수 다항식이고, $Q_n(x)$은 $x = \pm 1$에서 발산하는 로그 함수이다. 일반적으로 많은 다수의 응용에서 $y(x)$가 $x = \pm 1$에서 유한이기를 원하기 때문에, $c_2 = 0$을 선택하고 르장드르 다항식을 푸는 일을 한다. 이것이 매우 자주 일어나서 n이 정수일 때 르장드르 방정식의 비다항식해가 있다는 것을 잊는 경향이 있다.

이 장을 끝마치기 전에 다음 방정식을 생각해 보자.

$$4x^2 y''(x) + (3x + 1)y(x) = 0 \tag{7.24}$$

식 7.2를 이 식에 대입하면, 모든 a_n이 0이 된다는 것을 알고 있다(연습문제 7-2). 식 7.24에 대한 멱급수해는 없으며, 식 7.1과 7.11은 두 멱급수해를 산출하고, 식 7.24는 해를 산출하지 못한다. 이들 방정식 사이의 유일한 차이는 $y(x)$와 그의 미분에 있는 항의 계수이며, 따라서 멱급수해를 가질 수 있는지 또는 없는지를 말하는 데는 분명히 이들 계수에 어떤 특징이 있다. 실제로 그들의 계수에 의해 미분 방정식 해의 본성을 나타내는 좋은 이론이 있다. 식 7.2처럼 단순한 멱급수 대신에 많은 미분 방정식은 다음과 같은 형태의 해를 요구한다.

$$y(x) = x^r \sum_{n=0}^{\infty} a_n x^n$$

여기서 r은 짝수일 필요가 없는 정수이다. 이 이론은 가끔 미분 방정식 책에서 프로베니우스의 방법으로 알려져 있다. 이 장의 목적이 미분 방정식의 급수해를 간단히 소개하는 데 있기 때문에, 이 방법을 논의하지는 않을 것이다(연습문제 7-22 참조).

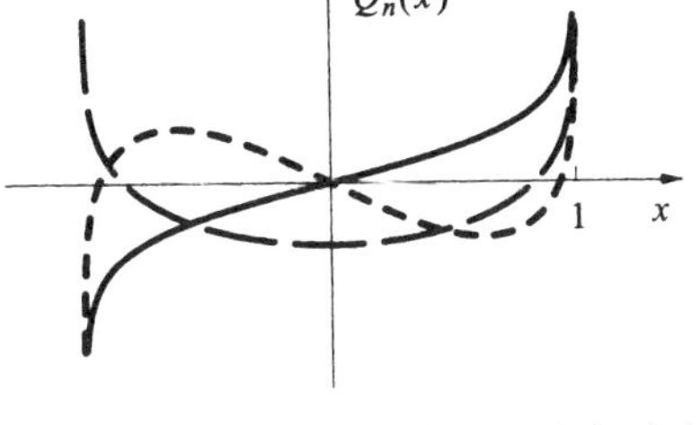

[그림 7.2] x에 따라 도시된 르장드르 다항식에 대한 처음 몇 개의 이차 해, $Q_0(x)$(실선), $Q_1(x)$(긴 점선), $Q_2(x)$(짧은 점선), $P_3(x)$(길고 짧은 점선). 그들은 $x = \pm 1$에서 모두 발산하는 것을 주목하라.

연습문제

7-1. 처음 0이 아닌 항이 $n=0$에서 시작되도록 다음 합을 다시 쓰시오.

(a) $\sum_{n=1}^{\infty} na_n x^{n-1}$ (b) $\sum_{n=2}^{\infty} n(n-1)a_n x^{n-2}$ (c) $\sum_{n=2}^{\infty}(n-2)c_{n-2}x^n$

7-2. 다음 점화식으로부터 a_0항으로 a_n에 대한 일반식을 구하시오. 각각의 경우는 $n \geq 0$를 따른다.

(a) $a_{n+1} = -\dfrac{2a_n}{n+1}$ (b) $a_{n+1} = \dfrac{n+2}{2(n+1)}a_n$ (c) $a_{n+1} = -\dfrac{a_n}{(n+1)^2}$

7-3. $a_{n+2} = -a_n/(n+1)(n+2)$에서 a_0항으로 a_n과 a_2항으로 a_{2n+1}에 대한 일반식을 구하시오.

7-4. 식 7.2 형태의 멱급수를 이용하여 방정식 $y'(x)+y(x)=0$을 푸시오.

7-5. 식 7.2 형태의 멱급수를 이용하여 방정식 $(1-x^2)y''(x)-2xy'(x)+2y(x)=0$을 푸시오.

7-6. 식 7.2 형태의 멱급수를 이용하여 방정식 $(1-x^2)y''(x)-6xy'(x)-4y(x)=0$을 푸시오.

7-7. 앞의 문제(7-6)에서 각각의 급수가 다음 식으로 합쳐질 수 있다는 것을 보이시오.

$$y(x) = \frac{a_0}{(1-x^2)^2} + \frac{a_1(3x-x^3)}{3(1-x^2)^2}$$

7-8. 예제 7-1에서 모든 x값에 대해 각각의 급수해가 수렴한다는 것을 보이시오.

7-9. 다음의 급수가 각각 수렴할 때 x값을 구하시오.

(a) $\sum_{n=1}^{\infty}\dfrac{(-1)^{n+1}x^n}{n}$ (b) $\sum_{n=0}^{\infty}\dfrac{(-1)^n x^{2n}}{(2n)!}$ (c) $\sum_{n=0}^{\infty}\dfrac{x^n}{2^n}$

7-10. 방정식 $y''(x)+y(x)=0$의 해는 $\sin x$와 $\cos x$이며 각각 홀함수와 짝함수이다. 이 결과를 주는 미분 방정식에 대한 어떤 특징이 있어야만 한다. 만약 $y_1(x)$이 해이면, 그때 $y_1(-x)$도 해이고 $y_1(-x)$은 $y_1(x)$의 상수곱인 함수 $y_1(x)$을 선택할 수 있다는 것을 보이시오. 이 상수는 ± 1, 즉 $y_1(x)$은 x의 짝함수 또는 홀함수 중의 하나라는 것을 보이시오.

7-11. 식 7.12를 유도하시오.

7-12. 식 7.18에 주어진 다항식해를 $f_5(x)$까지 확장하시오.

7-13. 앞 문제(7-12)에서 산출한 다항식 $f_4(x)$와 $f_5(x)$가 르장드르 방정식을 만족한다는 것을 보이시오.

7-14. $P_4(x)$와 $P_5(x)$에 대한 식을 유도하기 위해 연습문제 7-12에서 산출한 다항식 $f_4(x)$와 $f_5(x)$를 이용하시오.

7-15. $\ln[(1+x)/(1-x)]/2$의 매클로린 급수는 식 7.20에 의해 주어진다는 것을 보이시오.

7-16. $\ln[(1+x)/(1-x)]$은 $\alpha=0$일 때 르장드르 방정식의 해이라는 것을 보이시오.

7-17. 르장드르 방정식은 $[(1-x^2)y'(x)]' + \alpha(\alpha+1)y(x)=0$으로 쓰일 수 있다는 것을 보이시오.

7-18. 이 문제에서는 일반적으로 르장드르 다항식이 구간 $(-1, 1)$에서 직교한다는 것을 보일 것이다. $\alpha = n$과 $\alpha = m$일 때 앞 문제의 르장드르 방정식을 가지고 시작하시오. 먼저 $P_m(x)$를 곱하고 두 번째 $P_n(x)$를 곱한 후, -1부터 1까지 양쪽의 결과를 부분 적분하시오. 지금 결과를 등식화하고 직교성 조건을 보이시오.

7-19. 르장드르 방정식의 해는 x의 짝함수 또는 홀함수 중의 하나로 선택될 수 있다는 것에 논의하시오(연습문제 7-10 참조). 그들은 그럴까?

7-20. 가끔 자연과학 문제에서 θ가 구면 좌표($0 \le \theta \le \pi$)에서 편각일 때 식 7.11의 x는 $\cos\theta$와 같다. θ에 의해 식 7.11을 나타내시오.

7-21. 식 7.2를 식 7.24에 대입하면 모든 $a_n = 0$이라는 것을 보이시오.

7-22. 이 문제에서 미분 방정식의 급수해에 숨어 있는 약간의 이론을 발전시킬 것이다. 다음 선형 미분 방정식을 생각해 보자.

$$A(x)y''(x) + P(x)y'(x) + Q(x)y(x) = 0 \tag{1}$$

여기서 $A(x)$, $P(x)$, $Q(x)$는 공통 요인을 포함하지 않는 다항식이다. 점 x_0을 포함하는 어떤 구간에서 식 (1)을 풀려 한다고 가정하자. 만약 $A(x_0) \neq 0$라면, 그때 점 x_0는 **정측점**(*ordinary point*)이라고 불린다. 이 경우, 다음 식을 얻기 위해 식 (1)을 $A(x)$로 나눌 수 있다.

$$y''(x) + p(x)y'(x) + q(x)y(x) = 0 \tag{2}$$

여기서 $p(x) = P(x)/A(x)$이고 $q(x) = Q(x)/A(x)$이다. 만약 $A(x)$, $P(x)$, $Q(x)$가 다항식이고 그들이 점 x_0에 대해 테일러 급수 전개를 가질 경우, 식 (2)에서 함수 $p(x)$와 $q(x)$는 일반적으로 다항식의 비가 될 걸이다. 여기서 정측점에 관한 중요한 정리를 말하려고 한다.

만약 x_0가 다음 식의 정측점이면

$$y''(x) + p(x)y'(x) + q(x)y(x) = 0 \tag{3}$$

그때 식 (3)의 일반해는 두 선형 독립 멱급수로 이루어져 있다.

$$y(x) = c_1 \sum_{n=0}^{\infty} a_n(x - x_0)^n + c_2 \sum_{n=0}^{\infty} b_n(x - x_0)^n$$

여기서 c_1과 c_2는 임의의 상수이고 a와 b는 7.1절에서 결정된
다. 더구나, 두 멱급수는 $x = x_0$에서 수렴하는 테일러 급수를 가지며, 각각의 수렴 구간은 적어도 $p(x)$와 $q(x)$의 급수 전개에 대해 수렴 구간의 더 작은 것만큼 크다.

점 $x = 0$의 부근에서 다음 방정식의 해를 생각해 보자.

$$(1 - x^2)y''(x) - 6xy'(x) - 4y(x) = 0 \tag{4}$$

$x = 0$에서 $1 - x^2 \neq 0$이기 때문에 이 점은 정측점이다. 다음을 보이시오.

$$p(x) = -6\sum_{n=0}^{\infty} x^{2n+1} \text{와} \quad q(x) = -4\sum_{n=0}^{\infty} x^{2n}$$

이들 급수 각각의 수렴 구간은 $-1 < x < 1$임을 보이시오. 식 (4)에 대한 멱급수해는 다음과 같은 것으로 밝혀진다(연습문제 7-6).

$$y(x) = a_0 \sum_{n=0}^{\infty} (n+1)x^{2n} + a_1 \sum_{n=0}^{\infty} \frac{2n+3}{3} x^{2n+1} \tag{5}$$

식 (5)에서 두 급수가 $|x| < 1$에 대해 수렴한다는 것을 보이기 위해 무한 급수의 비에 의한 판정법을 사용하시오.

7-23. 점 $x = 0$에 대해 $(1+4x^2)y''(x) - 8y(x) = 0$의 멱급수해의 수렴 구간을 예측하기 위해 앞 문제(7-22)의 방법을 사용하시오.

7-24. $y(x) = e^{-3x^2/2}$가 예제 7-1에 있는 미분 방정식의 해라고 주어졌다면, 차수의 축소 방법을 이용하여 다른 해를 구하시오. 그 결과를 부정 적분으로 남겨 두시오. 그 결과의 멱급수가 예제 7-1에 있는 것과 같다는 것을 보이기 위해 CAS를 사용하시오.

제 8 장

직교 다항식

7장에서 르장드르 다항식(Legendre polynomial)과 같은 특별한 함수들은 미분 방정식의 해(solution)로서 정의될 수 있다는 것을 배웠다. 이 특별한 함수들은 여러 가지 물리학적인 문제에서 나타나기 때문에 표준 함수로 알려져 있다. 르장드르 미분 방정식과 그 해는 자연스럽게 구대칭(spherical symmetry)을 갖는 문제들을 푸는 데 활용되고, 많은 응용 분야에 적용된다.

응용 수학 분야에서 활용되는 다른 형태의 특별 함수들이 많이 있으며, 이런 대부분의 함수들은 직교 다항식(orthogonal polynomial)으로 구성된다. 8.1절에서 르장드르 다항식을 다시 소개하고 그들의 성질에 대하여 더 자세히 공부할 것이다. 그리고 르장드르 다항식은 르장드르 미분 방정식의 해 이외에도 다른 방법으로 정의될 수 있다는 것을 보여줄 것이다. 르장드르 다항식의 가장 중요한 성질 중 하나는 이 다항식이 어떤 함수를 $-1 \le x \le 1$ 구간에서 전개하는 데 사용될 수 있다는 것이다.

특별한 예로서 8.2절에서 르장드르 다항식을 포함하는 직교 다항식의 일반적 이론을 전개할 것이다. 일반적인 이론은 라게르 다항식(Laguerre polynomial), 에르미트 다항식(Hermite polynomial), 체비세프 다항식(Chebyshev polynomial), 그리고 다른 형태의 다항식을 유도할 수 있게 해줄 것이다. 이러한 모든 특별한 다항식들의 성질은 결국 그들의 정의된 미분 방정식에 따라 다르게 나타난다.

8.1 르장드르 다항식

7장에서 르장드르 다항식이 다음 미분 방정식의 해라는 것을 배웠다.

$$(1-x^2)y''(x) - 2xy'(x) + n(n+1)y(x) = 0 \tag{8.1}$$

여기서 n은 정수이다. 처음 몇 개의 르장드르 다항식은

$$\begin{aligned} &P_0(x) = 1 \qquad P_1(x) = x \qquad P_2(x) = \frac{1}{2}(3x^2 - 1) \\ &P_3(x) = \frac{1}{2}(5x^3 - 3x) \qquad P_4(x) = \frac{1}{8}(35x^4 - 30x^2 + 3) \end{aligned} \tag{8.2}$$

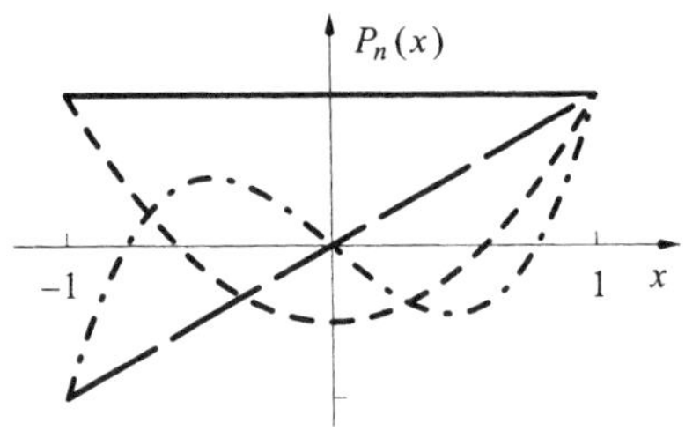

[그림 8.1] 르장드르 다항식들. $P_0(x)$(실선), $P_1(x)$(긴 점선), $P_2(x)$(짧은 점선), $P_3(x)$(점선).

식 8.2이고, 그림 8.1에 나타나 있다. 르장드르 다항식 $P_n(x)$는 $-1 < x < 1$ 구간에서 n값에 따라서 다르다는 것을 주목해야 한다. 또한, 르장드르 다항식 $P_n(x)$는 n이 홀수이면 홀함수(odd function)이고, n이 짝수이면 짝함수(even function)라는 것을 명심해야 한다.

르장드르 다항식은 어떤 한 점에서 나타나는 값이 아니라 (−1, 1) 구간에서 함수들의 직교 세트를 형성해야 한다(그러나, 연습문제 7-18 참조). 예를 들면,

$$\int_{-1}^{1} P_1(x)P_3(x)\,dx = \frac{1}{2}\int_{-1}^{1} x(5x^3 - 3x)\,dx = 0$$

일반적으로,

$$\int_{-1}^{1} P_n(x)P_m(x)\,dx = 0 \qquad (m \neq n\text{ 이면}) \tag{8.3}$$

르장드르 다항식의 직교성질은 그들을 정의하는 미분 방정식으로부터 유래된다. 식 8.1을 살펴보자. 르장드르 미분 방정식을 다음과 같은 형태로 쓸 수 있다(연습문제 8-1).

$$-[(1 - x^2)P_n'(x)]' = n(n+1)P_n(x) \tag{8.4}$$

$P_m(x)$에 대하여 유사한 식을 쓰면,

$$-[(1 - x^2)P_m'(x)]' = m(m+1)P_m(x) \tag{8.5}$$

식 8.4에 $P_m(x)$를 곱하고, $x = -1$에서 $x = +1$까지 적분하면,

$$-\int_{-1}^{1} [(1 - x^2)P_n'(x)]'P_m(x)\,dx = n(n+1)\int_{-1}^{1} P_n(x)P_m(x)\,dx$$

위 식의 왼쪽 항을 부분 적분법으로 적분하면 다음과 같다.

$$\begin{aligned} -\Big[(1 - x^2)P_n'(x)P_m(x)\Big]_{-1}^{1} + \int_{-1}^{1}(1 - x^2)P_n'(x)P_m'(x)\,dx &= \\ \int_{-1}^{1}(1 - x^2)P_n'(x)P_m'(x)\,dx = n(n+1)\int_{-1}^{1} P_n(x)P_m(x)\,dx& \end{aligned} \tag{8.6}$$

식 8.5에 $P_n(x)$를 곱하고, $x = -1$에서 $x = +1$까지 양쪽 항들을 적분한다. 그 다음 왼쪽 항을 부분

적분법으로 적분하면 다음과 같이 된다.

$$\int_{-1}^{1} (1-x^2)P_n'(x)P_m'(x)\,dx = m(m+1)\int_{-1}^{1} P_n(x)P_m(x)\,dx \tag{8.7}$$

식 8.6에서 식 8.7을 빼면 다음과 같다.

$$[n(n+1) - m(m+1)]\int_{-1}^{1} P_n(x)P_m(x)\,dx = 0$$

만일 $n \neq m$이면, 르장드르 다항식의 직교 조건인 식 8.3이 된다.

르장드르 다항식은 하나의 다항식이 다른 항으로 표현되는 데 사용될 수 있는 회귀식(recursion formula)을 만족한다.

$$(n+1)P_{n+1}(x) - (2n+1)xP_n(x) + nP_{n-1}(x) = 0 \tag{8.8}$$

예제 8-1

식 8.8을 사용하여 $P_0(x) = 1$과 $P_1(x) = x$일 때, $P_2(x)$와 $P_3(x)$를 유도하시오.

풀이 식 8.8에서 $n = 1$을 대입하면

$$2P_2(x) = 3xP_1(x) - P_0(x)$$

또는

$$P_2(x) = \frac{1}{2}(3x^2 - 1)$$

식 8.8에서 $n = 2$를 대입하면

$$3P_3(x) = 5xP_2(x) - 2P_1(x)$$

또는

$$P_3(x) = \frac{1}{2}(5x^3 - 3x)$$

다음 함수는 르장드르 다항식의 **생성 함수**(*generating function*)라고 한다.

$$G(x,t) = \frac{1}{(1-2xt+t^2)^{1/2}} \tag{8.9}$$

이 함수는 다음과 같은 성질을 가지고 있다.

$$G(x,t) = \sum_{n=0}^{\infty} P_n(x)t^n \qquad |t| < 1 \tag{8.10}$$

식 8.10에서 t^n의 계수가 n-번째 르장드르 다항식 $P_n(x)$이다. 그래서 $G(x, t)$는 t에 대하여 **매클로린 전개**(*Maclaurim expansion*)를 하면 르장드르 다항식이 생성된다는 것이다.

예제 8-2

식 8.9를 사용하여 처음부터 세 개의 르장드르 다항식을 구하시오.

풀이 다음과 같은 전개식을 사용한다.

$$(1-z)^{-1/2} = 1 + \frac{z}{2} + \frac{3}{8}z^2 + \frac{5}{16}z^3 + \cdots$$

여기서, $z = 2xt - t^2$

$$\begin{aligned} G(x,t) &= 1 + xt - \frac{t^2}{2} + \frac{3}{8}[4x^2t^2 - 4xt^3 + O(t^4)] + \frac{5}{16}[8x^3t^3 + O(t^4)] \\ &= 1 + xt + \frac{3x^2-1}{2}t^2 + \frac{5x^3-3x}{2}t^3 + O(t^4) \\ &= P_0(x) + P_1(x)t + P_2(x)t^2 + P_3(x)t^3 + O(t^4) \end{aligned}$$

예제 8-2에서 알 수 있는 것처럼, 식 8.9는 르장드르 다항식을 생성하는 데 사용하기에는 어색하다. 그러나 르장드르 다항식의 일반적 성질을 유도하는 데에는 유용하게 사용된다. 예를 들어 연습문제 8-5와 8-6은 식 8.9를 사용하여 다음의 결과를 보여 줄 수 있다(르장드르 다항식의 정규화 계수).

$$\int_{-1}^{1} P_n^2(x)\,dx = \frac{2}{2n+1} \tag{8.11}$$

이 결과를 식 8.3과 함께 쓰면, 다음과 같다.

$$\int_{-1}^{1} P_n(x)P_m(x)\,dx = \frac{2}{2n+1}\delta_{nm} \tag{8.12}$$

여기서, δ_{nm}은 특별한 기호로서 다음과 같은 의미를 갖는다.

$$\delta_{nm} = \begin{cases} 0 & m \neq n \\ 1 & m = n \end{cases} \tag{8.13}$$

이 기호는 **크로네커 델타**(*Kronecker delta*)라고 부르며, 응용 수학에서 흔히 쓰는 기호이다. 크로네커 델타는 앞으로 자주 쓸 것이고, 연습문제 8-8은 그것을 취급하는 약간의 예들을 보여줄 것이다.

예제 8-3

르장드르 다항식에서 첫 번째에서 세 개의 다항식이 식 8.11에 따른다는 것을 보이시오.

풀이

$$\int_{-1}^{1} P_0^2(x)\,dx = \int_{-1}^{1} dx = 2 \qquad \int_{-1}^{1} P_1^2(x)\,dx = \int_{-1}^{1} x^2 dx = \frac{2}{3}$$

$$\int_{-1}^{1} P_2^2(x)\,dx = \frac{1}{4}\int_{-1}^{1} (3x^2-1)^2 dx = \frac{2}{5}$$

르장드르 다항식의 성질과 더불어 다음 절에서 공부하게 될 다른 직교 다항식들의 성질은 적절하게 잘 정의된 함수 $f(x)$를 르장드르 다항식의 무한 급수로서 전개하는 것이 가능하다는 것이다.

$$f(x) = \sum_{n=0}^{\infty} a_n P_n(x) \tag{8.14}$$

이러한 함수의 전개를 **푸리에-르장드르 급수**(*Fourier-Legendre Series*)라고 부른다. 식 8.14의 양변에 $P_m(x)$를 곱하고 난 다음, x에 대하여 적분하면 무한 급수의 계수, a_n값들을 결정할 수 있다. 이때 식 8.12의 결과를 사용하면 계수, a_n값이 얻어진다(연습문제 8-8 참조).

$$\int_{-1}^{1} f(x)P_m(x)\,dx = \sum_{n=0}^{\infty} a_n \int_{-1}^{1} P_n(x)P_m(x)\,dx = \sum_{n=0}^{\infty} \frac{2a_n}{2n+1}\delta_{nm}$$

또는

$$= \frac{2a_m}{2m+1}$$

$$a_n = \frac{2n+1}{2}\int_{-1}^{1} f(x)P_n(x)\,dx \tag{8.15}$$

여기서 첫 번째 줄에서 두 번째 줄로 가는 데에 다음을 사용하였다(연습문제 8-8 참조).

$$\textstyle\sum_m c_m \delta_{nm} = c_n$$

예제 8-4

다음 함수를 르장드르 다항식들로 전개하시오(그림 8.2 참조).

$$f(x) = \begin{cases} 1+x & -1 \le x < 0 \\ 1-x & 0 \le x \le 1 \end{cases}$$

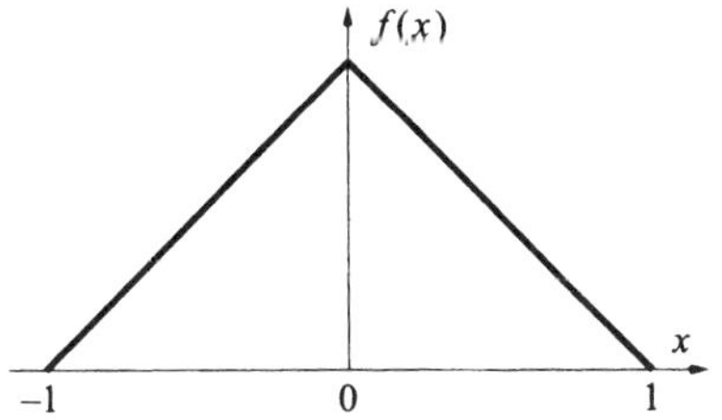

[그림 8.2] 예제 8-4에 사용된 함수를 x에 대하여 나타낸 그림.

$$f(x) = \begin{cases} 1+x & -1 \le x < 0 \\ 1-x & 0 \le x \le 1 \end{cases}$$

풀이

$$f(x) = \sum_{n=0}^{\infty} a_n P_n(x)$$

여기서

$$a_n = \frac{2n+1}{2} \int_{-1}^{1} f(x) P_n(x)\, dx$$

따라서

$$a_0 = \frac{1}{2} \left[\int_{-1}^{0} (1+x)\, dx + \int_{0}^{1} (1-x)\, dx \right] = \frac{1}{2}$$

함수 $f(x)$는 x의 짝함수이기 때문에 다음의 결과가 된다.

$$\begin{aligned} a_1 &= \frac{3}{2} \left[\int_{-1}^{0} x(1+x)\, dx + \int_{0}^{1} x(1-x)\, dx \right] = 0 = a_3 = a_5 = \cdots \\ a_2 &= \frac{5}{2} \left[\int_{-1}^{0} (1+x) P_2(x)\, dx + \int_{0}^{1} (1-x) P_2(x)\, dx \right] \\ &= 5 \int_{0}^{1} (1-x) P_2(x)\, dx = -\frac{5}{8} \\ a_4 &= 9 \int_{0}^{1} (1-x) P_4(x)\, dx = -\frac{9}{48} \end{aligned}$$

계수 a_n을 계산하는 데에는 CAS을 사용할 수 있으며, 그림 8.3은 함수 $f(x)$를 급수 중 약간의 부분적인 합과 비교하여 보여주고 있다.

식 8.14와 같은 무한 급수 식을 쓸 때 고려해야 할 여러 가지 문제점들이 있다. 급수가 수렴하는가? 그리고 x값이 어떤 값일 때 수렴하는가? 식 8.14의 오른쪽 합이 수렴하더라도 원래 함수 $f(x)$와 똑같은 값을 갖는가? 이러한 문제점들을 다루는 정리가 있다.

만일 $f(x)$와 그 일차 도함수가 $-1 < x < 1$ 구간에서 구분적 연속적이면, 식 8.15에 주어진 계

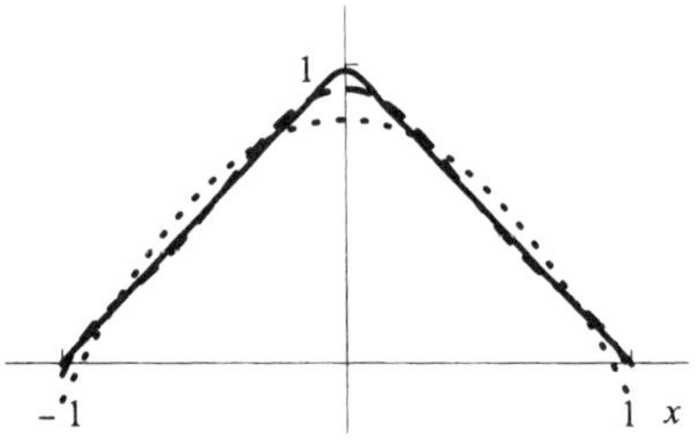

[그림 8.3] 예제 8-4에서 급수의 부분합을 나타낸 그림. 그 항의 합(점선), 4항의 합(끊긴 선), 16항의 합(실선) ($f(x)$의 그래프는 그림 8.2 참조).

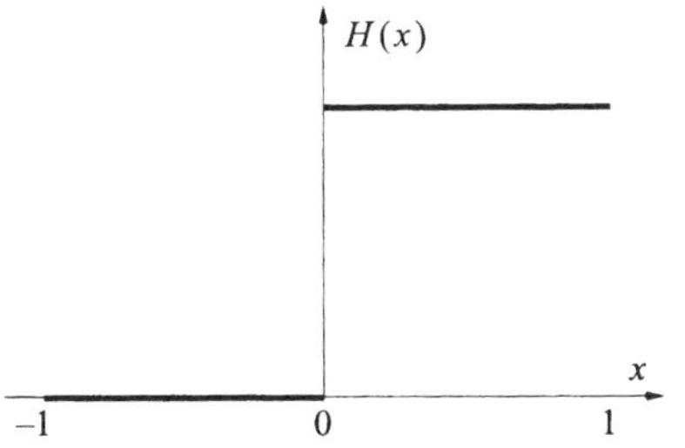

[그림 8.4] 식 8.16에 주어진 부분적 연속 함수인 헤비사이드 계단 함수.

수 a_n을 갖는 식 8.14는 $-1 < x < 1$ 구간에 있는 모든 x값에 대하여 $[f(x+) + f(x-)]/2$값에 수렴한다.

만일 $f(x)$가 x에서 점프 불연속점을 가지면, 그 불연속점에서 $f(x)$의 평균값이 $[f(x+) + f(x-)]/2$이고, $f(x)$가 연속적인 함수이면 $f(x)$값과 동일하다는 것을 주의해야 한다.

이 정리는 $f(x)$가 불연속 함수라도, 식 8.14가 타당함을 말해준다. 이것은 연속 함수들의 급수인 푸리에-르장드르 급수가 불연속점이 있는 함수들을 나타낼 수 있음을 말해준다. 예를 들어 매클로린 급수는 함수 $f(x)$가 연속적일 뿐만 아니라, 모든 도함수가 연속적인 조건이 요구된다. 다음 장에서 푸리에 급수는 역시 불연속 함수들을 표현할 수 있다는 것을 보여 줄 것이다. 그 한 예로서 **헤비사이드 계단 함수**(*Heaverside step function*)를 생각해보자.

$$H(x) = \begin{cases} 0 & -1 \le x < 0 \\ 1 & 0 \le x \le 1 \end{cases} \tag{8.16}$$

함수 $H(x)$는 $x = 0$에서 점프하고 불연속점을 갖는다. $H(x-) = 0$이고, $H(x+) = 1$이며, $[H(x+) + H(x-)]/2 = 1/2$이다. 따라서 좌극한과 우극한의 평균값은 1/2이 된다(그림 8.4 참조). 즉, $H(x)$의 푸리에-르장드르 급수 전개는 다음과 같이 주어진다.

$$a_n = \frac{2n+1}{2}\int_{-1}^{1} H(x)P_n(x)\,dx = \frac{2n+1}{2}\int_{0}^{1} dx\, P_n(x)$$

CAS을 사용하면, 계수 a_n을 계산할 수 있고 전개식의 부분적인 합을 그림으로 나타낼 수 있다. 그

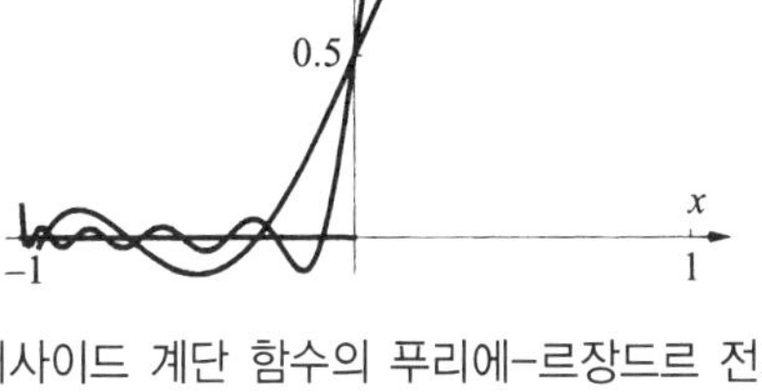

[그림 8.5] 식 8.16에 정의된 헤비사이드 계단 함수의 푸리에-르장드르 전개 급수의 다섯 개 항의 합과 20개 항의 합. 세 개의 그래프는 $x = 0$인 점에서 $f(x) = [f(x+) + f(x-)]/2 = 1/2$을 지난다는 것에 주의하라.

림 8.5는 다섯 개 항의 부분합과 20개 항의 부분합을 보여 주고 있다. $a_0 = 1/2$이고 $n \geq 1$에 대하여 모든 계수 a_{2n}값은 이 전개식에서 0이 된다는 것은 명백하다. 그 이유를 알 수 있겠는가?(연습문제 8-26) 그림 8.5에서 세 개의 모든 곡선은 $x=0$ (불연속점)에서 $f(x) = [f(x+) + f(x-)]/2 = 1/2$인 점을 통과한다.

이 절에서 마지막으로 한 가지 토픽을 논의할 것이다. 함수 $f(x)$를 식 8.14에서 정해진 몇 개의 항으로 근사적으로 나타냈다고 가정해보자. 그러면 이 근사식의 정확성을 어떻게 평가할 수 있겠는가? 다음 적분값을 생각해보자.

$$D_N^2 = \int_{-1}^{1} \left[f(x) - \sum_{n=0}^{N} \alpha_n P_n(x) \right]^2 dx \tag{8.17}$$

여기서 D_N^2은 식 8.14에서 N개 항까지의 합과 $f(x)$값의 **제곱 평균 오차**(*mean square error*)라고 부른다. 이 제곱 평균 오차의 크기는 N개의 르장드르 다항식의 합으로 나타낸 $f(x)$의 근사값에 대한 정확도의 측정이다. 연습문제 8-11은 식 8.17에서 a_n값이 식 8.15에서의 a_n값과 같다면, D_N^2값이 a_n에 대하여 최소값이 된다는 것을 보여 주는 예이다. 이 결과는 르장드르 다항식의 유한합으로 표시되는 함수 $f(x)$의 "최선의 근사식(best approximation)"이 다음과 같이 주어진다고 할 수 있다.

$$f(x) \approx \sum_{n=0}^{N} a_n P_n(x)$$

"최선의 근사식"을 다항식의 유한합과 $f(x)$ 사이의 제곱 평균 오차가 최소화된 것으로 정의한다면, 전개식의 계수 a_n은 식 8.15으로 주어진다. 그림 8.6과 8.7은 D_N^2이 예제 8-4에서 전개식으로 표현

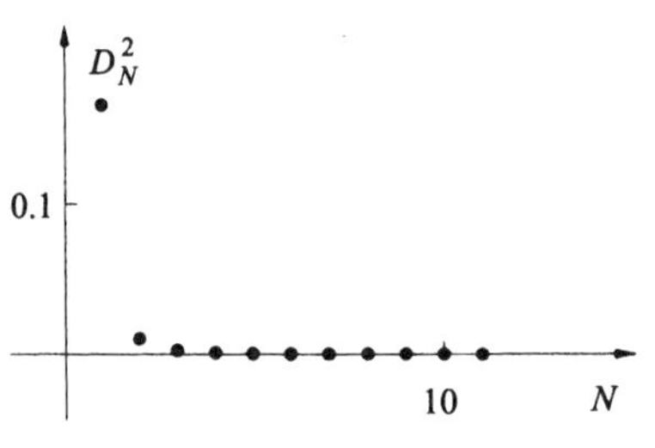

[그림 8.6] 예제 8-4에 주어진 전개 급수에 대한 N값에 따른 D_N^2의 그래프.

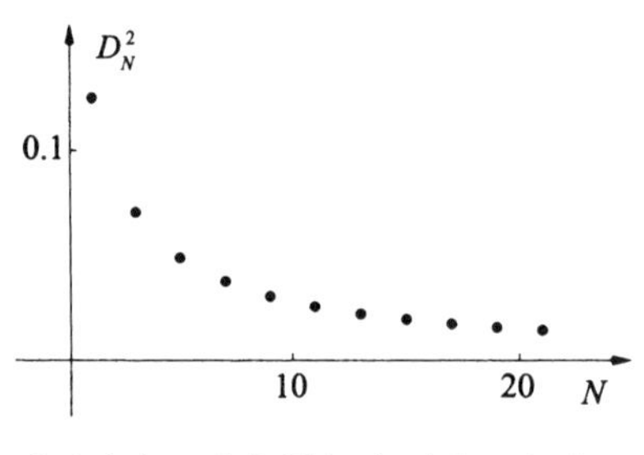

[그림 8.7] 식 8.11에 정의된 헤비사이드 계단 함수의 전개 급수에 N 대한 값에 따른 D_N^2의 그래프.

할 때, N값에 대하여 그린 것과 식 8.16으로 주어진 함수 $f(x)$의 전개식으로 표현할 때, 연속 함수는 식 8.16으로 주어진 불연속 함수보다 훨씬 더 빠르게 수렴한다는 것을 알아야 한다.

8.2 직교 다항식

앞 절에서 살펴본 바와 같이 르장드르 다항식은 응용 수학에서 자주 쓰이는 "이름 있는 다항식(name polynomial)" 중의 하나이다. 이 절에서 특별히 다항식 중 어느 것에든지 적용되는 직교 다항식들의 일반적인 이론을 제시할 것이다.

일련의 함수 $\phi_0(x)$, $\phi_1(x)$, $\phi_2(x)$, …에 대하여 생각해보자. 아래의 조건을 만족한다면, 이 함수들은 가중치 함수(weight function), $r(x) \geq 0$에 대하여 $a \leq x \leq b$ 구간에서 **직교**(*orthogonal*)한다고 말한다.

$$\int_a^b r(x)\,\phi_i(x)\,\phi_j(x)\,dx = 0 \qquad i \neq j \tag{8.18}$$

르장드르 다항식에 대해서는 $r(x)$가 1과 같다. 가중치 함수 $r(x)$가 포함되었음을 주목해야 하는데, 식 8.18에 덧붙여 다음과 같은 식이 만족된다면,

$$\int_a^b r(x)\,\phi_i^2(x)\,dx = 1 \tag{8.19}$$

그 함수들의 집합 $\{\phi_n(x)\}$는 $a \leq x \leq b$ 구간에서 가중치 함수 $r(x)$에 대하여 **직교정규화**(*orthonormal*)된다고 말한다. 여기서 식 8.18과 식 8.19를 하나의 식으로 나타낼 수 있다.

$$\int_a^b r(x)\,\phi_i(x)\,\phi_j(x)\,dx = \delta_{ij} \tag{8.20}$$

식 8.20은 그 함수의 집합 $\{\phi_i(x)\}$에 대한 직교정규화 조건이다.

구간과 가중치 함수는 다항식에 따라 조건으로 지정된다. 이것은 예를 들어 구체적으로 이해할 수 있다. 함수 $\phi_0(x) = 1$이라고 하고, 함수 $\phi_1(x) = c_1x + c_2$이라고 하면, 다음 관계식이 만족되어야 한다.

$$\int_a^b r(x)\,\phi_0(x)\phi_1(x)\,dx = 0 = c_1\int_a^b r(x)x\,dx + c_2\int_a^b r(x)\,dx \tag{8.21}$$

이 식은 $\phi_1(x)$가 상수 c_1과 c_2를 포함하는 함수로 표현될 수 있다는 것을 나타내고 있다. 르장드르 다항식에서 취급했던 것처럼, 함수 $\phi_1(1) = 1$인 조건에 알맞은 상수를 결정할 수 있다. 또는 다른 편리한 방법으로, $\phi_1(x)$가 정규화되는 조건을 사용하여 알맞은 상수를 결정할 수 있다. $\phi_2(x)$를 알아내기 위해서 이 함수를 $\phi_2(x) = c_3x^2 + c_4x + c_5$라고 놓고, $\phi_2(x)$는 $\phi_0(x)$와 $\phi_1(x)$에 대하여 직교한다는 조건을 사용한다. 이렇게 하면 함수 $\phi_2(x)$에 포함되어 있는 상수들 c_3, c_4, c_5를 구할 수

있다. 이런 과정을 연속적으로 수행하면, 직교 다항식의 집합인 함수들이 모두 구해진다. 이 과정을 **그램-슈미트 직교정규화**(*Gram-Schmidt orthonormalization*)라고 부른다.

예제 8-5

그램-슈미트 직교정규화를 사용하여 가중치 함수 e^{-x}이고, $0 \le x < \infty$ 구간에서 직교하는 다항식을 처음부터 세 개 항까지 구하시오. 각 함수에서 상수들은 $\phi_n(0) = n!$인 조건을 갖도록 제한한다(이것이 보편적인 규칙이다).

풀이 $\phi_0(x) = 1$이고, $\phi_1(x) = c_1 x + c_2$라고 하자. 식 8.21에 대입하면 다음 식과 같이 된다.

$$c_1 \int_0^\infty e^{-x} x\, dx + c_2 \int_0^\infty e^{-x} dx = c_1 + c_2 = 0$$

따라서 $\phi_1(x) = c_1(x - 1)$이다. $\phi_1(0) = 1!$이어야 한다는 조건을 적용하면, $c_1 = -1$이 된다. 따라서 $\phi_1(x) = 1 - x$라고 할 수 있다. 다시 $\phi_2(x) = c_3 x^2 + c_4 x + c_5$라고 놓고, $\phi_2(x)$가 $\phi_0(x) = 1$과 직교한다는 조건을 적용하면,

$$c_3 \int_0^\infty e^{-x} x^2 dx + c_4 \int_0^\infty e^{-x} x\, dx + c_5 \int_0^\infty e^{-x} dx = 0$$

그리고 $\phi_2(x)$가 $\phi_1(x) = 1 - x$와 직교한다는 조건을 적용하면,

$$c_3 \int_0^\infty e^{-x}(1 - x)x^2 dx + c_4 \int_0^\infty e^{-x}(1 - x)x\, dx + c_5 \int_0^\infty e^{-x}(1 - x) dx = 0$$

이 두 개의 식은 $2c_3 + c_4 + c_5 = 0$과 $-4c_3 - c_4 = 0$이므로 $\phi_2(x) = c_3(x^2 - 4x + 2)$가 된다. $\phi_2(0) = 2!$이 되어야 한다는 조건에 따라서 $c_3 = 1$이 된다. 계속해서 이런 과정을 수행하면 $\phi_3(x)$를 구할 수 있다.

$$\phi_3(x) = -x^3 + 9x^2 - 18x + 6$$

이러한 다항식을 **라게르 다항식**(*Laguerre polynomial*), $L_n(x)$라고 부른다. 라게르 다항식은 수소 원자의 양자 역학적 처리 과정에서 다루게 된다.

직교 다항식에 공통적으로 포함되는 가중치 함수와 정의된 구간이 표 8-1에 주어져 있다. 이미 8-1절에서 르장드르 다항식에 대하여 자세하게 다루었다. **버금 라게르 다항식**(*associated Laguerre polynomial*)은 $\alpha = 0$이면, 라게르 다항식(예제 8-5)으로 변환된다. 버금 라게르 다항식은 수소 원자의 양자 역학적 처리 과정에서 다루게 된다. **에르미트 다항식**(*Herrmite polynomial*), $H_n(x)$는 조화 진동자(harmonic oscillator)의 양자 역학적 처리 과정에서 다루게 된다. 그리고 체비세프 다항식(Chebyshev polynomial) 다항식은 수치 해석에서 사용된다. 에르미트 다항식에서 첫

[표 8.1] **직교 다항식들의 공통적인 사항들**

다항식 이름	기호	구간	가중치 함수
르장드르	$P_n(x)$	$-1 \le x \le 1$	1
체비세프	$T_n(x)$	$-1 \le x \le 1$	$(1-x^2)^{-1/2}$
라게르	$L_n(x)$	$0 \le x < \infty$	e^{-x}
버금 라게르	$L_n^\alpha(x)$	$0 \le x < \infty$	$x^\alpha e^{-x}$
에르미트	$H_n(x)$	$-\infty < x < \infty$	e^{-x^2}

번째부터 몇 개가 다음과 같이 주어진다(연습문제 8-14).

$$\begin{gathered} H_0(x)=1 \qquad H_1(x)=2x \qquad H_2(x)=4x^2-2 \\ H_3(x)=8x^3-12x \qquad H_4(x)=16x^4-48x^2+12 \end{gathered} \tag{8.22}$$

$H_n(-x) = (-1)^n H_n(x)$임을 잘 기억하기 바란다. 즉, 에르미트 다항식은 정수 n이 짝수이면 짝함수이고, n이 홀수이면 홀함수이다. 그리고 x^n항의 계수는 2^n이다(관례에 따라 주어진다).

예제 8-6

에르미트 다항식 $H_0(x)$가 가중치 함수 e^{-x^2}에 대하여 $(-\infty, \infty)$ 구간에서 $H_1(x)$ 그리고 $H_n(x)$와 직교하는 것을 보이시오.

풀이

$$\int_{-\infty}^{\infty} e^{-x^2} H_0(x)H_1(x)\,dx = 2\int_{-\infty}^{\infty} xe^{-x^2}\,dx = 0$$

적분 함수는 x에 대하여 홀함수이므로,

$$\begin{aligned} \int_{-\infty}^{\infty} e^{-x^2} H_0(x)H_2(x)\,dx &= \int_{-\infty}^{\infty}(4x^2-2)e^{-x^2}\,dx \\ &= 8\int_0^{\infty} x^2e^{-x^2}\,dx - 4\int_0^{\infty} e^{-x^2}\,dx \\ &= 8\frac{\sqrt{\pi}}{4} - 4\frac{\sqrt{\pi}}{2} = 0 \end{aligned}$$

모든 직교 다항식들은 식 8.8과 유사한 형태의 회귀식을 만족한다. 표 8.2는 표 8.1에 주어진 직교 다항식들에 대한 회귀식들을 정리한 표이다.

[표 8.2] **표 8.1에 주어진 직교 다항식들의 회귀식들**

	회귀식	
$P_n(x)$	$(n+1)P_{n+1}(x)-(2n+1)xP_n(x)+nP_{n-1}(x)=0$	$n \geq 1$
$T_n(x)$	$T_{n+1}(x)-2xT_n(x)+T_{n-1}(x)=0$	$n \geq 1$
$L_n(x)$	$L_{n+1}(x)+(x-1-2n)L_n(x)+n^2L_{n-1}(x)=0$	$n \geq 1$
$L_n^\alpha(x)$	$(n+1-\alpha)L_{n+1}^\alpha+(n+1)(x+\alpha-2n-1)L_n^\alpha(x)+(n+1)n^2L_{n-1}^\alpha(x)=0$	$n \geq \alpha+1$
$H_n(x)$	$H_{n+1}(x)-2xH_n(x)+2nH_{n-1}(x)=0$	$n \geq 1$

예제 8-7

표 8.2에 주어진 체비세프 다항식에 대한 회귀식을 통해 $T_3(x)$를 유도하시오. $T_0(x) = 1$이고 $T_1(x)=x$이며, $T_2(x)=2x^2-1$이다.

풀이 표 8.2에서 $n=2$이면

$$\begin{aligned} T_3(x) &= 2xT_2(x)-T_1(x)=2x(2x^2-1)-x \\ &= 4x^3-3x \end{aligned}$$

회귀식이 주어진다면 생성 함수를 유도해내는 것이 가능하다. 표 8.3은 표 8.2에 주어진 회귀식에 대응되는 생성 함수들을 정리한 표이다.

예제 8-8

표 8.3에 있는 생성 함수를 사용하여 처음부터 세 번째까지의 에르미트 다항식을 구하시오.

풀이

$$e^{2xt-t^2}=1+(2xt-t^2)+\frac{(2xt-t^2)^2}{2!}+O(t^3)$$

[표 8.3] **표 8.1에 주어진 직교 다항식들에 대한 생성 함수들.**

	생성 함수	
$P_n(x)$	$(1-2xt+t^2)^{-1/2}=\sum_{n=0}^{\infty}P_n(x)t^n$	$\|t\|<1$
$T_n(x)$	$\frac{1-xt}{1-2xt+t^2}=\sum_{n=0}^{\infty}T_n(x)t^n$	$\|t\|<1$
$L_n(x)$	$\frac{e^{-xt/(1-t)}}{1-t}=\sum_{n=0}^{\infty}\frac{I_n(x)}{n!}t^n$	$\|t\|<1$
$L_n^\alpha(x)$	$(-t)^\alpha\frac{e^{-xt/(1-t)}}{(1-t)^{\alpha+1}}=\sum_{n=\alpha}^{\infty}\frac{L_n^\alpha(x)}{n!}t^n$	$\|t\|<1$
$H_n(x)$	$e^{2xt-t^2}=\sum_{n=0}^{\infty}\frac{H_n(x)}{n!}t^n$	

[표 8.4] **표 8.1에 주어진 직교 함수들에 대한 식 8.23의 적분 조건들.**

	적분 조건
$P_n(x)$	$\int_{-1}^{1} P_n(x)P_m(x)\,dx = \frac{2}{2n+1}\delta_{nm}$
$L_n^{\alpha}(x)$	$\int_{0}^{\infty} e^{-x}x^{\alpha}L_n^{\alpha}(x)L_m^{\alpha}(x)\,dx = \frac{(n!)^3}{(n-\alpha)!}\delta_{nm}$
$T_n(x)$	$\int_{-1}^{1} \frac{T_n(x)T_m(x)}{(1-x^2)^{1/2}}\,dx = \begin{cases} \frac{\pi}{2}\delta_{nm} & n \neq 0 \\ \pi\delta_{nm} & n = 0 \end{cases}$
$H_n(x)$	$\int_{-\infty}^{\infty} e^{-x^2}H_n(x)H_m(x)\,dx = 2^n\sqrt{\pi}\,n!\delta_{nm}$

$$
\begin{aligned}
&= 1 + (2x)t + (2x^2 - 1)t^2 + O(t^3) \\
&= H_0(x) + H_1(x)t + \frac{H_2(x)}{2!}t^2 + O(t^3)
\end{aligned}
$$

변수 t에 대한 지수끼리 정리하면 식 8.22와 일치하는 에르미트 다항식이 된다. $H_0(x) = 1$, $H_1(x) = 2$, $H_2(x) = 4x^2 - 2$

생성 함수를 사용하여 직교 다항식들을 구해내는 것은 n값이 증가할수록 수작업으로 하기에 매우 힘든 일이다. 그러나 CAS을 사용하면 쉽게 구할 수 있다. 앞 절에서 지적한 것처럼 생성 함수들은 다음과 같은 적분 조건에 대한 값을 결정하는 데 사용될 수 있다.

$$\int_a^b r(x)\phi_n(x)\phi_m(x)\,dx = h_n\delta_{nm} \tag{8.23}$$

연습문제 8-16은 에르미트 다항식에 대하여 이런 과정에 따라 문제를 푸는 예이다. 표 8.4는 표 8.1에 주어진 직교 함수들에 대한 적분 조건, 식 8.23을 정리한 표이다.

생성 함수들을 사용하여 직교 다항식이 만족되는 미분 방정식들을 유도할 수 있다. 표 8.5는 각 다항식에 대응되는 미분 방정식들을 정리한 표이다.

이 장에서 마무리하며, 직교 다항식들의 합으로 나타낸 함수들의 근사법에 대하여 논의할 것이다. 르장드르 다항식에 대하여 앞 절에서 알아본 것처럼 제곱 평균 오차, D_N^2이 최소가 되는 계수 α_n값을 찾아야 한다.

[표 8.5] **표 8.1에 주어진 직교 다항식들에 대한 미분 방정식들.**

	미분 방정식
$P_n(x)$	$(1-x^2)y''(x) - 2xy'(x) + n(n+1)y(x) = 0$
$T_n(x)$	$(1-x^2)y''(x) - xy'(x) + n^2y(x) = 0$
$L_n^{\alpha}(x)$	$xy''(x) + (\alpha+1-x)y'(x) + (n-\alpha)y(x) = 0$
$H_n(x)$	$y''(x) - 2xy'(x) + 2ny(x) = 0$

$$D_N^2 = \int_a^b r(x)\left[f(x) - \sum_{n=0}^{N} \alpha_n \phi_n(x)\right]^2 dx \tag{8.24}$$

만일 D_N^2을 α_n에 대해 미분하여 0이 되는 조건을 찾는다면 계수 α_n은 다음과 같이 표시된다(연습문제 8-23).

$$\alpha_n = a_n = \frac{\int_a^b r(x) f(x) \phi_n(x)}{\int_a^b r(x) \phi_n^2(x) dx} \tag{8.25}$$

나아가서, $r(x)f^2(x)$의 적분이 $a \le x \le b$ 구간에서 유한한 값을 갖는다면 다음식과 같이 된다.

$$\lim_{N\to\infty} D_N^2 = \lim_{N\to\infty} \int_a^b r(x)\left[f(x) - \sum_{n=0}^{N} a_n \phi_n(x)\right]^2 dx = 0 \tag{8.26}$$

이런 식에 따라 수렴하는 것을 **평균값 내에서 수렴**(*convergence in the mean*)이라고 부른다.

결론적으로, 여러 가지 직교 다항식들에 대한 정의는 한 가지로 표현될 수 없으며, 불행하게도 저자들마다 다양한 정의를 사용하고 있다. 예를 들어 어떤 저자는 에르미트 다항식들을 정의할 때 가중치 함수로서 e^{-x^2} 대신에 $e^{-x^2/2}$를 사용한다. 또한, 라게르 다항식과 버금 라게르 다항식에도 여러 가지 다른 정의를 사용하고 있다. 예컨대 생성 함수를 정의할 때 $n!$을 포함하거나 1로 쓴다(표 8.3 참조). 또한, $L_n(0)$을 정의할 때도 $n!$을 쓰거나 1을 쓴다. 여기서는 대부분의 양자화학 책에서 쓰고 있는 정의들을 사용하였다(책 뒷부분의 참고문헌 참조). 이러한 모든 정의들은 가장 보편적이고 물리적 결과에 영향을 미치지 않는다. 그러나 한 식에서 다음 식으로 전개될 때 주의 깊게 다루어야 한다.

연습문제

8-1. 식 8.1과 식 8.4가 동일한 식임을 보이시오.

8-2. $P_1(x)$가 $P_2(x)$와 직교하고, 또한 $P_4(x)$와 직교한다는 것을 분명하게 보이시오.

8-3. 식 8.8을 사용하여 $P_2(x)$와 $P_3(x)$로부터 $P_4(x)$에 대한 식을 유도하시오.

8-4. 두 개의 합에 대한 $S_1 = \sum_{n=1}^{3} a_n$과 $S_2 = \sum_{n=1}^{2} b_n$을 생각해보자. S_1과 S_2의 곱을 이중합(double summation)으로 쓸 수 있다는 것을 아는 것은 중요하다. 그것을 두 개의 다른 합 기호를 사용할 때 필요가 있으며, 그 곱셈은 다음과 같이 쓸 수 있다.

$$S_1 S_2 = \sum_{n=1}^{3} \sum_{m=1}^{2} a_n b_m$$

이러한 이중합을 전개하여 그 이중합이 $S_1 S_2 = (a_1 + a_2 + a_3)(b_1 + b_2)$와 같다는 것을 보이시오.

$$S_1 S_2 \neq \sum_{n=1}^{3} \sum_{n=1}^{2} a_n b_n$$

이 기호가 올바르게 표시되어 있는가?

8-5. 이 문제와 다음 문제에서 르장드르 다항식(식 8.9)의 생성 함수를 사용하면, 그 다항식들이 서로 직교한다는 것을 증명할 수 있다. 다음 식에서 출발하면

$$\begin{aligned} G(x,t)G(x,u) &= \sum_{n=0}^{\infty} \sum_{m=0}^{\infty} P_n(x) P_m(x) t^n u^m \\ &= (1-2xt+t^2)^{-1/2}(1-2xu+u^2)^{-1/2} \end{aligned}$$

생성 함수의 곱, $G(x,t)G(x,u)$를 다른 합기호로 표시된 이중합으로 쓸 수 있다는 것을 숙지해야 한다. 함수의 곱, $G(x,t)G(x,u)$를 $\sum_{n=0}^{\infty}\sum_{n=0}^{\infty}$ 형식의 합으로 쓰는 것은 잘못된 것이다(연습문제 8-4 참조). $\int_{-1}^{1} G(x,t)G(x,u)\,dx =$ 변수 t와 u에 대하여 각각 의존하는 함수가 아니고, 변수 t와 u의 곱의 함수 라고 하면, 르장드르 다항식은 서로 직교한다는 결론을 내릴 수 있다.

8-6. 앞 문제에 있는 적분을 수행하고, 그 결과가 단지 tu의 함수라는 것을 분명하게 보이시오. 그 결과를 사용하여 식 8.11을 증명하시오. 약간의 대수학(algebra)을 적용시키면, 그 결과는 $\frac{1}{z}\ln\frac{1+z}{1-z}$으로 주어지며, 여기서 $z=(ut)^{1/2}$이다.

8-7. 식 8.9의 생성 함수를 사용하여 $P_n(1)=1$임을 보이고, $P_n(-1)=(-1)^n$임을 보이시오.

8-8. 다음 관계식이 올바른 것을 보이시오.

$$\sum_{n=1}^{\infty} c_n \delta_{nm} = c_m \tag{1}$$

또한 아래 식이 올바른 것을 보이시오.

$$\sum_n \sum_m a_n b_m \delta_{nm} = \sum_n a_n b_n = \sum_m a_m b_m \tag{2}$$

식 (1)은 크로네커 델타는 디락 델타(Dirac delta)에서 불연속적인 경우를 나타내고 있다는 것을 보여준다.

8-9. 적분 $I=\int_{-1}^{1} x P_n(x) P_m(x)\,dx$은 원자 분광학 분야에서 많이 쓰이는 적분이다. 이 적분이 다음과 같이 표시된다는 것을 보이시오.

$$I = \frac{2(n+1)}{(2n+1)(2n+3)}\delta_{m,n+1} + \frac{2n}{(2n+1)(2n-1)}\delta_{m,n-1}$$

8-10. $x=0$, $y=0$, $z=1$에 있는 점전하로부터 공간상의 어떤 점에서 느끼는 정전기적 퍼텐셜 에너지는 $1/R$로 주어진다. 여기서 R은 그 점전하와 한 점 사이의 거리이다. 다음 관계식을 보이시오.

$$\frac{1}{R} = \frac{1}{(1-2r\cos\theta + r^2)^{1/2}}$$

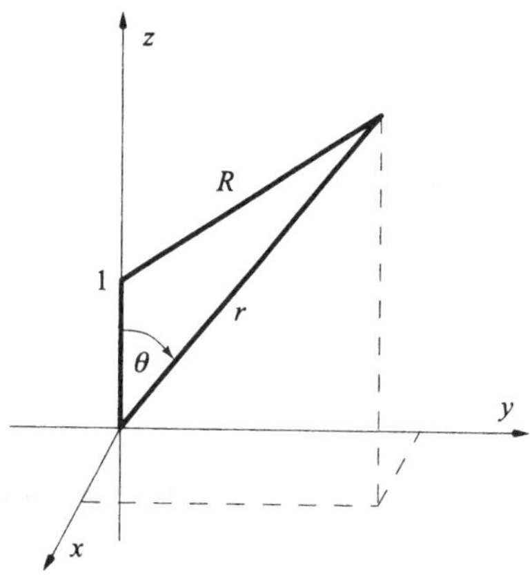

[그림 8.8] 연습문제 8-10에서 결과를 얻어내는 데 사용되는 기하학적 좌표.

여기서, r과 θ는 그림 8.8에서 보여 주고 있다. 그리고 다음 식을 보이시오.

$$\frac{1}{R} = \sum_{n=0}^{\infty} \frac{P_n(\cos\theta)}{r^{n+1}} \qquad \text{if } r > 1$$

이 결과는 정전기학 분야에서 중요하게 응용된다.

8-11. 식 8.17에서 α_n이 식 8.15에 주어진 a_n과 같다면, 식 8.17에 주어진 값 D_N^2은 α_n에 대하여 최소값임을 보이시오.

8-12. 함수 $f(x) = \sin \pi x$를 르장드르 다항식으로 전개하시오. 첫 번째 몇 개의 합들을 그림으로 그리시오. CAS을 사용하여 이 문제를 풀어보시오.

8-13. 식 8.17에서 출발하여 다음 관계식을 보이시오.

$$\int_{-1}^{1} f^2(x)\,dx \geq \sum_{n=0}^{N} \frac{2}{2n+1}\alpha_n^2$$

이 부등식은 르장드르 다항식에 대한 베셀 부등식(Bessel's inequality)이라 부른다.

8-14. 그램-슈미트 직교화를 사용하여 $(-\infty, \infty)$ 구간에서 함수 e^{-x^2}에 대하여 직교하며, 정규화된 다항식을 첫 번째부터 세 번째까지 구하시오. x^n는 계수는 2^n이 된다고 가정하시오.

8-15. 표 8.2에 주어진 회귀식을 사용하여 $H_2(x)$와 $H_3(x)$로부터 $H_4(x)$에 대한 식을 유도하시오.

8-16. 이 문제에서 표 8.3에 주어진 에르미트 다항식에 대한 생성 함수를 사용하여 표 8.4에 주어진 적분 구간을 결정하려고 한다. 먼저, $G(x,t)$와 $G(x,u)$의 곱을 e^{-x^2}에 곱하고, $-\infty$에서 ∞까지 적분하면 다음과 같다.

$$\int_{-\infty}^{\infty} e^{-x^2} e^{2xt-t^2} e^{2xu-u^2}\,dx = \sum_{n=0}^{\infty}\sum_{m=0}^{\infty} \frac{t^n}{n!}\frac{t^m}{m!} \int_{-\infty}^{\infty} e^{-x^2} H_n(x) H_m(x)\,dx \qquad (1)$$

$G(x,t)G(x,u)$의 곱이 다른 합기호를 갖는 이중합으로 쓸 수 있다는 것을 주목하라. $G^2(x,t)$를 $\sum_{n=0}^{\infty}\sum_{n=0}^{\infty}$ 형태의 합으로 쓰는 것은 잘못된 것이다(연습문제 8-4 참조). 이제 위 적분식의 왼쪽 항을 적분할 수 있

다. 그 적분이 다음과 같이 표현되는 것을 보이시오.

$$\int_{-\infty}^{\infty} e^{-x^2} e^{2xt-t^2} e^{2xu-u^2} dx = e^{-2ut} \int_{-\infty}^{\infty} e^{-[x-(t+u)]^2} dx$$
$$= e^{-2ut} \int_{-\infty}^{\infty} e^{-z^2} dz = \sqrt{\pi}\, e^{-2ut}$$

그러므로 식(1)의 왼쪽 항은 곱의 함수이다. 이 결과는 식(1)의 오른쪽 항에 있는 적분값이 어떤 값이 되어야 한다고 말할 수 있는가? 이제 식 8.23에 주어진 기호를 사용하여 식(1)을 다음과 같이 쓸 수 있다.

$$\sum_{n=0}^{\infty} \frac{(ut)^n}{(n!)^2} h_n = \sqrt{\pi} e^{-2ut}$$

매클로린 급수에서 왼쪽 항의 함수를 전개하면 다음과 같음을 보이시오. 그 결과는 표 8.4에 주어진 것과 일치한다.

$$h_n = \int_{-\infty}^{\infty} e^{-x^2} H_n^2(x)\, dx = \sqrt{\pi}\, 2^n n!$$

8-17. 적분 $I = \int_{-\infty}^{\infty} e^{-x^2} H_n(x) x H_m(x)\, dx$ 은 조화 진동자 모델을 사용하여 이원자 분자의 진동 스펙트럼을 논의할 때 나타난다. $m = n \pm 1$이 아닌 경우, 이 적분값이 0이 되는 것을 보이시오.

8-18. 양자 역학적 조화 진동자의 평균 퍼텐셜 에너지는 적분 $I = \int_{-\infty}^{\infty} e^{-x^2} H_n(x) x^2 H_n(x)\, dx$에 직접적으로 관련된다. 적분값 $I = (n + \frac{1}{2})\sqrt{\pi}\, 2^n n!$ 임을 보이시오.

8-19. 라게르 다항식에 대한 회귀식을 사용하여 예제 8-5에서 계산된 $L_3(x)$에 대한 식이 올바르다는 것을 보이시오.

8-20. 표 8.3에 있는 라게르 다항식에 대한 생성 함수를 사용하여 다음 식을 보이시오(연습문제 8-5, 8-6, 8-16 참조).

$$\int_0^{\infty} e^{-x} L_n(x) L_m(x) dx = (n!)^2 \delta_{nm}$$

8-21. 버금 라게르 다항식은 다음 식으로부터 생성될 수 있다.

$$L_n^{\alpha}(x) = \frac{d^{\alpha}}{dx^{\alpha}} L_n(x)$$

이 식을 사용하여 예제 8-5에 주어진 라게르 다항식 $L_1(x)$, $L_2(x)$, $L_3(x)$로부터 버금 라게르 다항식 $L_1^1(x)$, $L_2^1(x)$, $L_3^1(x)$, $L_2^2(x)$, $L_3^2(x)$, $L_3^3(x)$를 구하시오.

8-22. 앞 문제에서 만들어낸 버금 라게르 다항식들을 사용하여 표 8-4에 주어진 적분 조건을 증명하시오.

8-23. 식 8.25를 유도하시오.

8-24. 8장에서 다룬 모든 직교 다항식들은 **로드리게스 식**(*Rodrogues formular*)이라고 불리는 미분식으로부터 유도해 낼 수 있다. 예를 들면, 에르미트 다항식의 로드리게스 식은 다음과 같다.

$$H_n(x) = (-1)^n e^{x^2} \frac{d^n}{dx^n} e^{-x^2}$$

이 식을 사용하여 $H_0(x)$부터 $H_3(x)$까지 에르미트 다항식을 유도하시오.

8-25. 앞 문제와 비슷하게 라게르 다항식의 로드리게스 식은 다음과 같다.

$$L_n(x) = e^x \frac{d^n}{dx^n}(x^n e^{-x})$$

이 식을 사용하여 예제 8-5에 있는 네 개의 라게르 다항식을 유도하시오.

8-26. 식 8.16에 정의된 함수의 르장드르 식으로 전개할 때, 그 함수가 x의 홀함수가 아닐지라도, 첫 항의 계수 $a_0 = 1/2$이고, $n \geq 1$인 경우에 나머지 모든 계수는 a_{2n}이고, 이 모든 계수들은 0이 된다고 알려져 있다. 이렇게 되는 이유를 설명할 수 있겠는가?

힌트 : 함수 $f(x) - a_0$에 대하여 생각해 보시오.

8-27. CAS 중 하나를 사용하여 그림 8.3과 8.6을 다시 그리시오.

8-28. CAS 중 하나를 사용하여 그림 8.5와 8.7을 다시 그리시오.

제 9 장

푸리에 급수

이 장에서는 응용 수학의 가장 유용하고도 중요한 도구인 푸리에 급수를 주제로 다룬다. 19세기에 접어들면서 프랑스의 수학자이자 물리학자인 조세프 푸리에는 고체 물체 안에서 열로서 에너지의 흐름과 분포를 분석하였다. 이 일을 하는 동안 푸리에는 온도의 분포를 다음과 같은 형태의 사인과 코사인의 무한 급수로 나타내어야 함을 발견하였다.

$$f(x) = \frac{a_0}{2} + \sum_{n=1}^{\infty}\left(a_n \cos\frac{n\pi x}{l} + b_n \sin\frac{n\pi x}{l}\right)$$

여기서 a_n과 b_n은 그 값들이 구간 $(-l,\ l)$에 걸쳐서 정의되는 함수 $f(x)$에 의존하는 상수들이다. 이 형태의 급수를 지금은 **푸리에 급수**(*Fourier series*)라고 부른다. $f(x)$가 구간 $-l < x < l$에 걸쳐 연속적이라면 푸리에 급수가 함수 $f(x)$에 수렴하는 일은 뜻밖이 아닐 수도 있지만, 푸리에 급수에 관한 놀랄 만한 일은 $f(x)$가 연속적일 필요가 없다는 점이다. 이 장에서는 뜨거운 고체를 찬 액체에서 식힐 때 처음에 경계면을 건너서 일어날 수 있는 것과 같이, $f(x)$가 불연속적이어도 푸리에 급수는 $f(x)$에 수렴할 것임을 보게 될 것이다. 당시에는 연속적 함수들의 급수가 불연속적 함수에 수렴할 수 있다는 것을 믿을 수 없었고, 따라서 푸리에의 연구는 호되게 비판을 받았다. 그럼에도 불구하고 푸리에의 연구는 거의 두 세기에 걸친 수학적 조사를 견뎌 내었으며, 현대 수학 연구의 여러 분야에 영향을 주었다. 푸리에 급수에 관한 좋은 웹사이트는 *http://en.wikipedia.org/wiki/Fourier_series*이다.

9.1 직교 함수들의 전개인 푸리에 급수

위에서 말했듯이 푸리에는 다음 형태의 전개를 잘 이용했다.

$$f(x) = \frac{a_0}{2} + \sum_{n=1}^{\infty}\left(a_n \cos\frac{n\pi x}{l} + b_n \sin\frac{n\pi x}{l}\right) \tag{9.1}$$

식 9.1에 있는 모든 항들은 주기 $2l$의 주기 함수들이다(그림 9.1). (모든 x값에 대하여 어떤 함수가

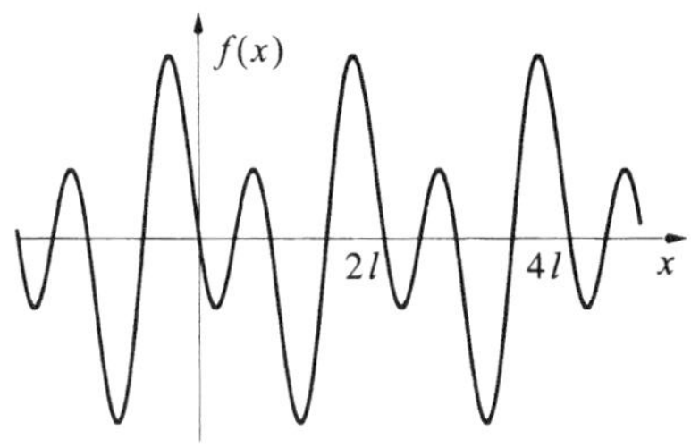

[그림 9.1] 주기 $2l$의 주기 함수.

$f(x+2l) = f(x)$이면 그 주기가 $2l$임을 상기하라.) 그러므로 식 9.1의 급수는 주기 $2l$의 함수로 전개하기에 특별히 적합하다. 실제로, $f(x)$가 구간 $(-l,\ l)$에서 정의되고 주기가 $2l$이며 그 계수들이 아래와 같다면 식 9.1의 급수를 **푸리에 급수**라고 부른다.

$$a_n = \frac{1}{l}\int_{-l}^{l} f(x)\cos\frac{n\pi x}{l}\,dx \qquad n = 0, 1, 2, \ldots \tag{9.2}$$

$$b_n = \frac{1}{l}\int_{-l}^{l} f(x)\sin\frac{n\pi x}{l}\,dx \qquad n = 1, 2, \ldots \tag{9.3}$$

푸리에 계수(*Fourier coefficient*)라고 부르는 이 계수들은 앞 장에서 다룬 것과 아주 비슷하게 직교 조건을 써서 얻는다.

$$\begin{aligned}&\int_{-l}^{l}\sin\frac{n\pi x}{l}\sin\frac{m\pi x}{l}\,dx = \int_{-l}^{l}\cos\frac{n\pi x}{l}\cos\frac{m\pi x}{l}\,dx = l\,\delta_{nm}\\&\int_{-l}^{l}\sin\frac{n\pi x}{l}\cos\frac{m\pi x}{l}\,dx = 0\end{aligned} \tag{9.4}$$

식 9.1에서 a_0 항의 분모에 "2"를 포함시킴으로써 식 9.2를 써서 a_0를 계산할 수 있게 된다. 그렇지 않으면 a_0에 관한 적분을 따로 만들어야 할 것이다.

예제 9-1

$(-l,\ l)$에 대하여 $f(x) = l^2 - x^2$이고, 이 구간 밖에서는 $f(x) = f(x+2l)$인 함수의 푸리에 급수를 구하시오(그림 9.2).

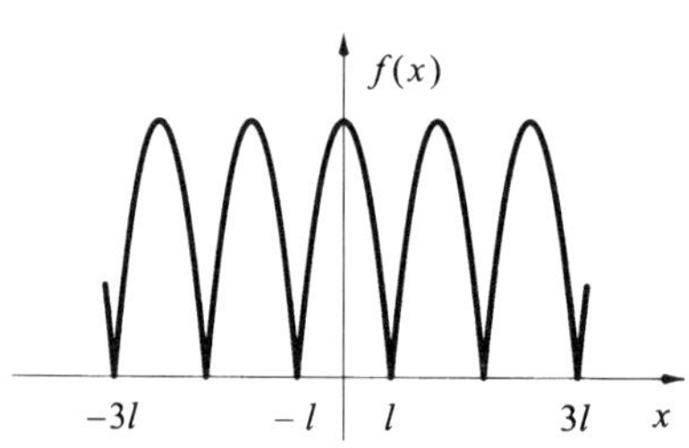

[그림 9.2] 구간 $(-l,\ l)$에서 $f(x) = l^2 - x^2$로, 이 구간 밖에서는 $f(x) = f(x+2l)$로 정의되는 주기 함수.

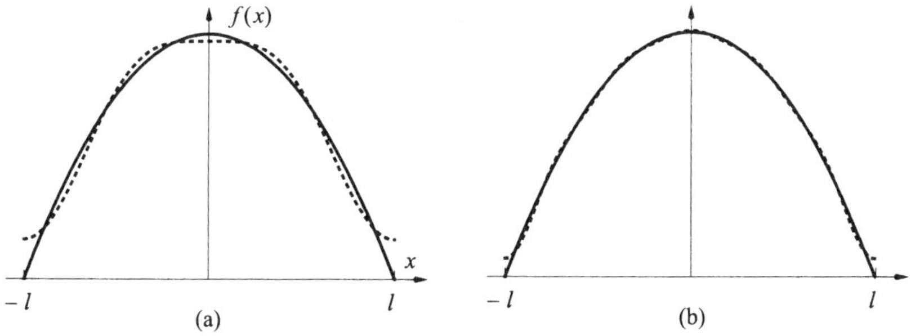

[그림 9.3] 구간 $(-l,\ l)$에 대한 함수 $f(x) = l^2 - x^2$(실선)과 예제 9-1의 푸리에 급수의 (a) 2-항 부분합(점선) 및 (b) 5-항 부분합(점선).

풀이

$$\begin{aligned} a_n &= \frac{1}{l}\int_{-l}^{l}(l^2 - x^2)\cos\frac{n\pi x}{l}\,dx \\ &= \frac{1}{n^3\pi^3}\left[-2ln\pi x\cos\frac{n\pi x}{l} + (2l^2 + l^2n^2\pi^2 - n^2\pi^2x^2)\sin\frac{n\pi x}{l}\right]_{-l}^{l} \\ &= \frac{4l^2}{\pi^2}\frac{(-1)^{n+1}}{n^2} \qquad n \neq 0 \\ a_0 &= \frac{1}{l}\int_{-l}^{l}(l^2 - x^2)\,dx = \frac{4l^2}{3} \end{aligned}$$

$(l^2 - x^2)\sin(n\pi x/l)$이 x의 홀함수이기 때문에 b_n은 0과 같다. 따라서,

$$f(x) = \frac{2l^2}{3} + \frac{4l^2}{\pi^2}\sum_{n=1}^{\infty}\frac{(-1)^{n+1}}{n^2}\cos\frac{n\pi x}{l}$$

그림 9.3은 구간 $(-l,\ l)$에서 $f(x) = l^2 - x^2$과 $f(x)$의 푸리에 급수 표현의 2- 및 5-항 부분합을 보여 준다. 푸리에 급수는 구간 $(-l,\ l)$에서 $f(x)$ 뿐만 아니라 그 주기의 확장까지도 표현함을 실감하라(그림 9.4).

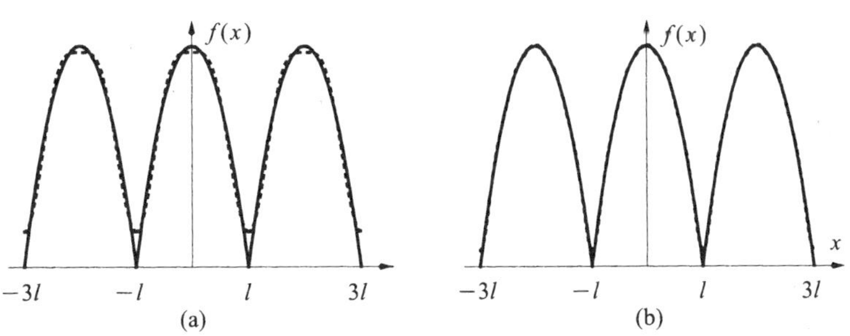

[그림 9.4] 그림 9.3의 주기의 확장.

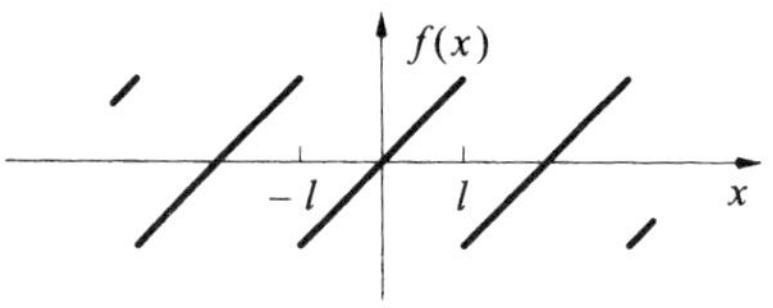

[그림 9.5] 구간 $(-l,\ l)$에서 $f(x)=x$이고 이 구간 밖에서는 $f(x)=f(x+2l)$로 정의되는 주기 함수.

예제 9-2

구간 $(-l,\ l)$에서 $f(x) = x$이고, 이 구간 밖에서는 $f(x+2l) = f(x)$인 함수의 푸리에 급수를 구하시오(그림 9.5).

풀이 푸리에 계수들은

$$a_n = \frac{1}{l}\int_{-l}^{l} f(x)\cos\frac{n\pi x}{l}\,dx = \frac{1}{l}\int_{-l}^{l} x\cos\frac{n\pi x}{l}\,dx = 0$$

$$b_n = \frac{1}{l}\int_{-l}^{l} x\sin\frac{n\pi x}{l}\,dx = \frac{2}{l}\left[\frac{\sin(n\pi x/l)}{n^2\pi^2/l^2} - \frac{x\cos(n\pi x/l)}{n\pi/l}\right]_0^l$$
$$= \frac{(-1)^{n+1}2l}{n\pi}$$

구간 $(-l,\ l)$에서 피적분 함수가 x의 홀함수이므로 $a_n = 0$이다. $f(x)$의 푸리에 급수는

$$f(x) = \frac{2l}{\pi}\sum_{n=1}^{\infty}\frac{(-1)^{n+1}}{n}\sin\frac{n\pi x}{l}$$

그림 9.6은 구간 $(-l,\ l)$에 걸쳐 도시한 $f(x)$와 그 푸리에 급수 표현의 두 부분합들을 보여 준다. $f(x)$의 푸리에 급수는 구간 $(-l,\ l)$에 걸쳐서만이 아니라 그 주기적인 확장에서도 마찬가지로 $f(x)$를 표현함을 한 번 더 알아두어야 한다(그림 9.7 참조).

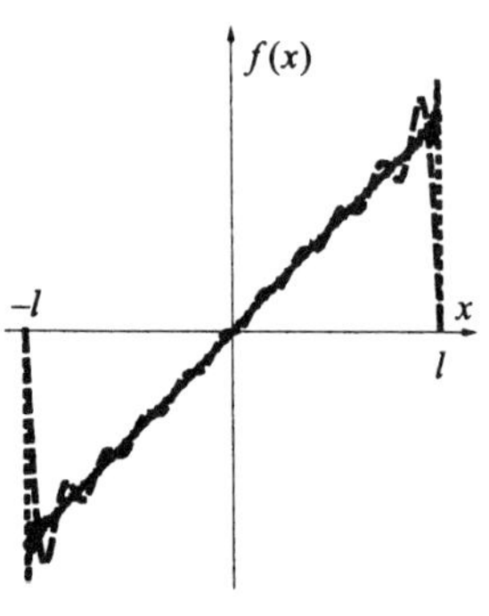

[그림 9.6] 구간 $(-l,\ l)$에 걸쳐 도시한 구간 $(-l,\ l)$의 함수 $f(x)=x$ (실선) 및 예제 9-2에 나오는 푸리에 급수의 10-항 (쇄선) 및 100-항 부분합 (점선).

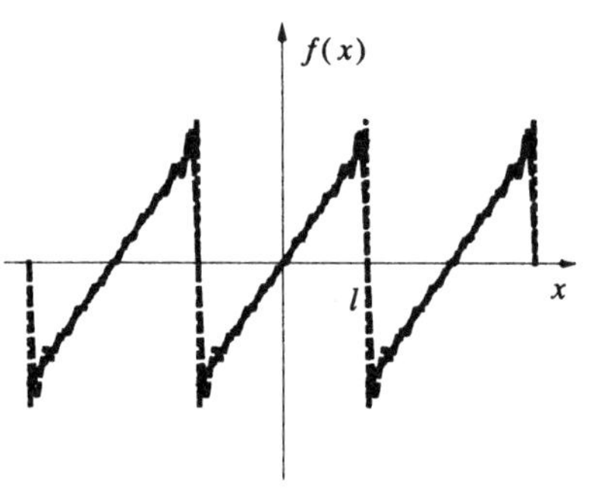

[그림 9.7] 그림 9.6의 주기의 확장.

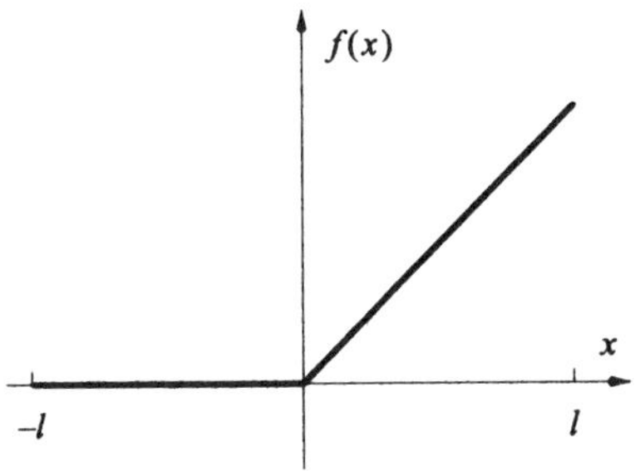

[그림 9.8] 예제 9-3의 함수 $f(x)$.

예제 9-2에서 수렴 속도가 예제 9-1에서보다 훨씬 더 느림에 주목하라. 예제 9-1에서 계수들은 $1/n^2$에 따라 감소함에 반하여 예제 9-2에서는 계수들이 $1/n$에 따라 감소한다. 그 까닭은 예제 9-2에서 $f(x)$는 불연속 함수이고, 예제 9-1에서 $f(x)$는 연속 함수인 점이다. 어떤 점에서 $\sin n\pi x/l$와 $\cos n\pi x/l$와 같은 연속 함수들은 불연속 함수를 재현하는 것보다 연속 함수를 재현하는 것이 더 쉽다. 실은, 푸리에 급수가 불연속성이 있는 함수를 표현할 수 있는 것이 놀랄 만하다. 예를 들어 매클로린 급수는 $f(x)$가 연속적이어야 할 뿐만 아니라 모든 도함수들이 연속적이어야 함을 요구한다.

예제 9-1의 푸리에 급수는 코사인(cosine)만으로 되어 있고, 예제 9-2에서는 사인(sine)만으로 되어 있다. 그 까닭은 구간 $(-l, l)$에서 예제 9-1의 $f(x)$는 x의 짝함수이고, 예제 9-2의 $f(x)$는 x의 홀함수인 점이다. 일반적으로 다음 예제에서 보듯이 푸리에 급수는 사인과 코사인을 둘 다 포함한다.

예제 9-3

$f(x) = \begin{cases} 0 & -l \le x < 0 \\ x & 0 \le x < l \end{cases}$의 푸리에 급수를 결정하시오.

(그림 9.8 참조)

풀이 푸리에 계수들은 다음과 같다.

$$\begin{aligned}
a_n &= \frac{1}{l}\int_0^l x\cos\frac{n\pi x}{l}\,dx = \frac{l}{n^2\pi^2}[(-1)^n - 1] \qquad n \neq 0 \\
&= \begin{cases} 0 & n \text{ even} \quad n \neq 0 \\ -\dfrac{2l}{n^2\pi^2} & n \text{ odd} \quad n \neq 0 \end{cases} \\
a_0 &= \frac{l}{2} \qquad n = 0 \\
b_n &= \frac{1}{l}\int_0^l x\sin\frac{n\pi x}{l}\,dx = \frac{(-1)^{n+1}l}{n\pi}
\end{aligned}$$

푸리에 급수는

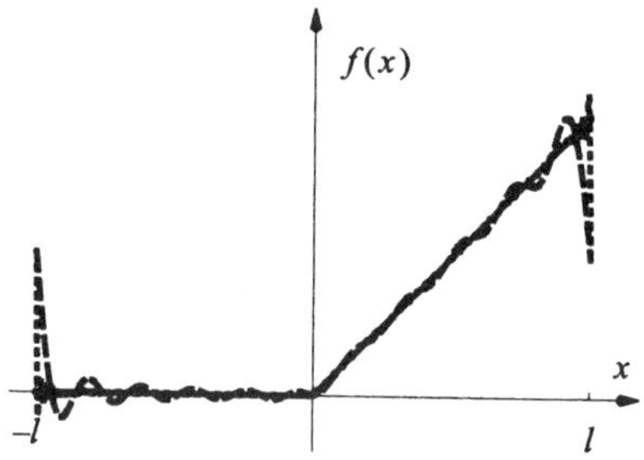

[그림 9.9] 구간 $(-l,\ l)$에 걸쳐 도시한 예제 9-3의 함수 $f(x)$ (실선)와 예제 9-3의 푸리에 급수의 10-항 (쇄선) 및 100-항 (점선) 부분합.

$$f(x) = \frac{l}{4} - \frac{2l}{\pi^2} \sum_{n=1}^{\infty} \frac{1}{(2n-1)^2} \cos \frac{(2n-1)\pi x}{l} + \frac{l}{\pi} \sum_{n=1}^{\infty} \frac{(-1)^{n+1}}{n} \sin \frac{n\pi x}{l}$$

구간 $(-l,\ l)$에서 $f(x)$의 10-항 및 100-항 부분합이 그림 9.9에 나와 있다. 이 함수의 주기적 확장이 n이 홀수 정수일 때는 $x = \pm nl$에서 불연속적이기 때문에 푸리에 계수들이 $1/n$과 같이 감소함에 주목하라.

물리학의 문제에서는 흔히 독립 변수가 시간을 표시하며, 푸리에 급수로 전개할 함수가 주기적 신호이다. t가 0부터 2π까지 (또는 어떤 점 t_0에서 $t_0 + 2\pi$까지) 갈 때 $\sin t$는 한 순환을 거침을 상기하라. 따라서 $\sin 2\pi t$는 t가 0부터 1까지 갈 때 한 순환을 거치며, $\sin 2\pi\nu t$는 t가 0부터 1까지 갈 때 ν 순환을 거친다. 함수 $\sin 2\pi\nu t$는 초당 ν 순환의 진동수 또는 ν **헤르츠** (*Hertz*, Hz)의 사인과 같은 신호를 표현한다. 한 순환(한 원)에는 2π 라디안이 있으므로 $\omega = 2\pi\nu$는 초당 라디안의 단위로 된 각진동수이다. 어떤 신호의 주기가 초당 ν 순환이라고 하면 잇따르는 최대 또는 최소 사이의 시간은 순환당 $1/\nu$ 초이며, 이것은 이 신호의 주기 τ가 $\tau = 1/\nu$ 또는 $\tau = 2\pi/\omega$ 임을 뜻한다(역자 주: 순환 = cycle).

그림 9.10에 보인 네모파를 고려하자. $f(t)$를 수학적으로

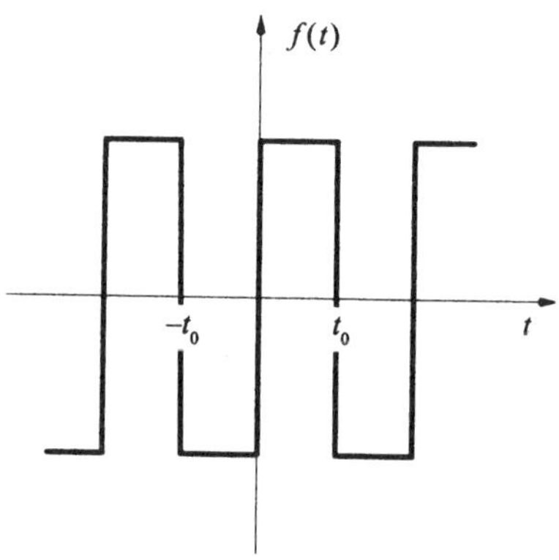

[그림 9.10] 주기 $2t_0$의 네모파.

$$f(t) = \begin{cases} -1 & -t_0 \le t < 0 \\ 1 & 0 \le t < t_0 \end{cases}$$

$f(t) = f(t+\tau)$로 나타낼 수 있다. $f(t)$의 주기는 $\tau = 2t_0$이고, 그 (각)진동수는 $\omega = 2\pi/\tau = \pi/t_0$이다. $f(t)$를

$$f(t) = \frac{a_0}{2} + \sum_{n=1}^{\infty}\left(a_n \cos\frac{n\pi t}{t_0} + b_n \sin\frac{n\pi t}{t_0}\right)\text{로}$$

쓰면 피적분 함수가 t의 홀함수이므로

$$a_n = \frac{1}{t_0}\int_{-t_0}^{t_0} dt\, f(t)\cos\frac{n\pi t}{t_0} = 0\text{이고}$$

$$b_n = \frac{1}{t_0}\int_{-t_0}^{t_0} dt\, f(t)\sin\frac{n\pi t}{t_0} = \frac{2}{n\pi}[1-(-1)^n]\text{이다.}$$

따라서,

$$f(t) = \frac{2}{\pi}\sum_{n=1}^{\infty}\frac{[1-(-1)^n]}{n}\sin\frac{n\pi t}{t_0} = \frac{4}{\pi}\sum_{n=1}^{\infty}\frac{1}{2n-1}\sin(2n-1)\omega t$$

여기서 $\omega = \pi/t_0$다. 그림 9.11은 이 급수의 부분합을 보여 준다. 분모가 차수 n이어서 수렴이 느림에 주목하라. 그림 9.12는 500 항으로 된 부분합을 보여 주는데, 항들을 충분히 취하면 네모파를 푸리에 급수로 기술할 수 있음을 보여 준다(그런데, 이것은 어느 CAS을 써서도 쉽게 할 수 있다).

지금까지 나온 모든 예제들은 대칭적 구간 $(-l,\ l)$에 관한 것들이었다. $f(x) = x^2$을 $f(x+2l) = f(x)$에 따라 $(0,\ 2l)$에서 전개하기를 원한다고 가정하자(그림 9.13 참조). 연습문제 9-14에서는 $f(x)$가 주기가 $2l$로서 주기적이므로 푸리에 계수들에 대한 적분들을 다음과 같이 쓸 수 있다고 한다.

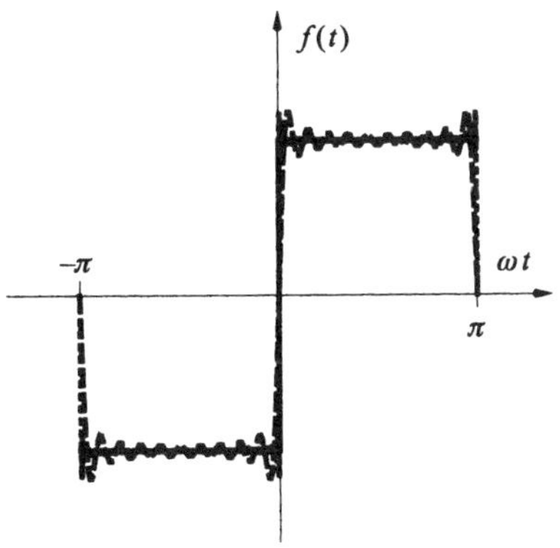

[그림 9.11] 그림 9.10의 네모파와 ωt에 대하여 도시한 그 푸리에 급수의 10-항 부분합.

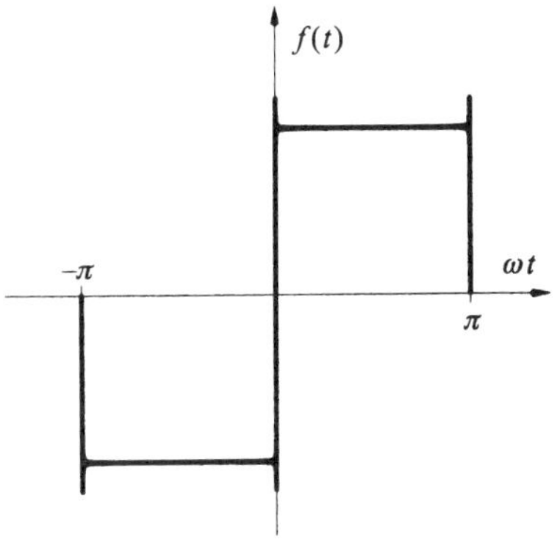

[그림 9.12] ωt에 대하여 도시한 그림 9.10의 네모파의 푸리에 급수의 500 항으로 된 부분합.

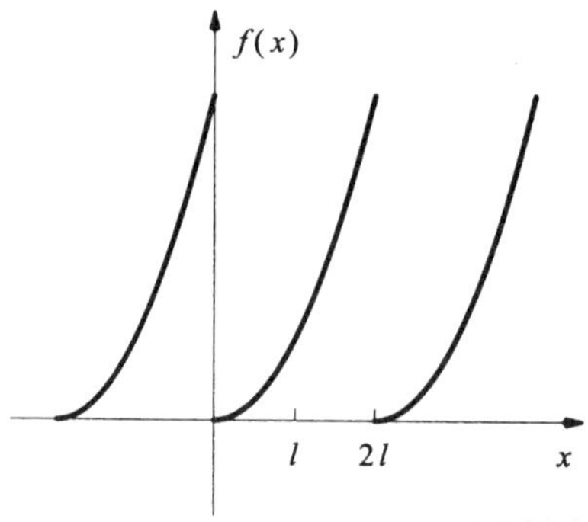

[그림 9.13] 구간 $(0,\ 2l)$에서 $f(x) = x^2$과 $f(x + 2l) = f(x)$로 정의된 함수.

$$a_n = \frac{1}{l}\int_{-l}^{l} f(x)\cos\frac{n\pi x}{l}\,dx = \frac{1}{l}\int_{-l+c}^{l+c} f(x)\cos\frac{n\pi x}{l}\,dx \tag{9.5}$$

그리고

$$b_n = \frac{1}{l}\int_{-l}^{l} f(x)\sin\frac{n\pi x}{l}\,dx = \frac{1}{l}\int_{-l+c}^{l+c} f(x)\sin\frac{n\pi x}{l}\,dx \tag{9.6}$$

c는 임의의 상수다.

그러므로 $(0,\ 2l)$에서 $f(x) = f(x + 2l)$인 $f(x) = x^2$의 푸리에 계수들은 $c = l$로 하여 식 9.5와 9.6으로 얻는다. 즉

$$a_n = \frac{1}{l}\int_0^{2l} f(x)\cos\frac{n\pi x}{l}\,dx = \frac{1}{l}\int_0^{2l} x^2\cos\frac{n\pi x}{l}\,dx = \frac{4l^2}{n^2\pi^2} \qquad n \neq 0$$

$$a_0 = \frac{1}{l}\int_0^{2l} x^2\,dx = \frac{8l^2}{3}$$

그리고

$$b_n = \frac{1}{l}\int_0^{2l} dx\,x^2\sin\frac{n\pi x}{l} = -\frac{4l^2}{\pi n}$$

따라서

$$f(x) = \frac{4l^2}{3} + \frac{4l^2}{\pi}\sum_{n=1}^{\infty}\left(\frac{1}{\pi n^2}\cos\frac{n\pi x}{l} - \frac{1}{n}\sin\frac{n\pi x}{l}\right)$$

구간 $(0,\ 2l)$에 대한 $f(x)$의 5-항 및 50-항 부분합이 그림 9.14에, $f(x)$의 주기적 확장에 대한 $f(x)$의 50-항 부분합이 그림 9.15에 나와 있다. $f(x)$의 푸리에 급수 표현에 있는 $1/n$ 항들은 $n = 0, 1, 2, \cdots$일 때 $x = \pm 2nl$에서 $f(x)$의 주기적 확장이 불연속이 되기 때문이다.

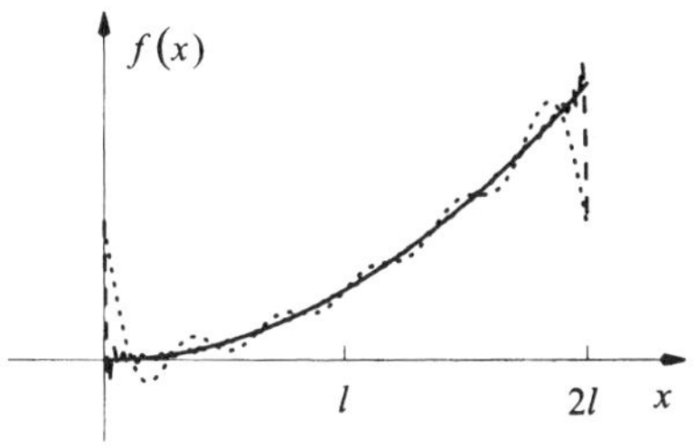

[그림 9.14] 구간 (0, 2l)에서 $f(x)=x^2$으로 정의된 함수 (실선), $f(x)$의 푸리에 급수 표현의 5-항 (점선) 및 50-항 (쇄선) 부분합.

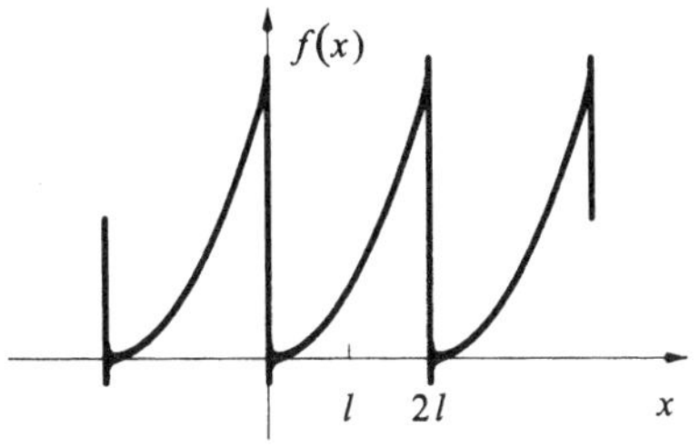

[그림 9.15] 푸리에 급수 표현이 주기 2l의 주기 함수임을 보여 주는, 그림 9.14에 있는 $f(x)$의 50-항 푸리에 급수 표현.

예제 9-4

다음 함수를 $f(x)=f(x+2)$에 따라 전개하시오(그림 9.16 참조).

$$f(x)=\begin{cases}1 & -1/2\le x<1/2\\ 0 & 1/2\le x<3/2\end{cases}$$

풀이 $l=1$과 $c=1/2$로 하여 식 9.5와 9.6을 이용한다.

$$a_n=\int_{-1/2}^{3/2} f(x)\cos n\pi x\,dx=\int_{-1/2}^{1/2}\cos n\pi x\,dx=\frac{2}{n\pi}\sin\frac{n\pi}{2}$$

$$=\begin{cases}0 & n\text{ even}\\ \dfrac{2(-1)^{\frac{n+1}{2}+1}}{n\pi} & n\text{ odd}\end{cases}$$

$$a_0=1$$

$$b_n=\int_{-1/2}^{1/2}\sin n\pi x\,dx=0$$

따라서,

$$f(x)=\frac{1}{2}+\frac{2}{\pi}\sum_{n=1}^{\infty}\frac{(-1)^{n+1}}{2n-1}\cos(2n-1)\pi x$$

구간 (−1/2 , 3/23/2)에 대하여 $f(x)$의 5-항 및 50-항 부분합을 그림 9.17에 도시하였다.

이 장에서 논의할 푸리에 급수의 대부분의 예들은 간단하기 때문에 대칭 구간 ($-l$, l)에 대하여 정의되는 함수들을 포함하겠으나, 위의 예제는 $f(x)$가 대칭 구간에 대하여 정의될 필요가 전혀 없음을 보여 준다.

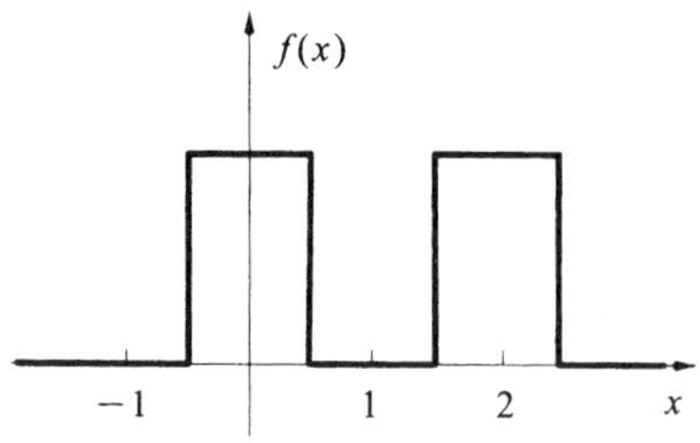

[그림 9.16] 예제 9-4의 함수 $f(x)$.

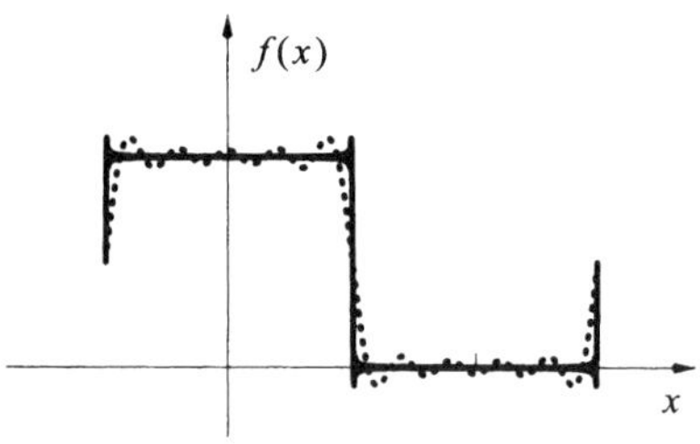

[그림 9.17] 5-항 (점선) 및 50-항 (쇄선)으로 이루어진 예제 9-4에 나온 $f(x)$의 푸리에 급수 표현의 부분합들.

9.2 복소수 푸리에 급수

푸리에 급수의 다른 형태는 복소수 푸리에 급수이다.

$$f(t)=\sum_{n=-\infty}^{\infty} c_n e^{in\omega_0 t} \tag{9.7}$$

이 합이 $-\infty$에서 ∞까지 감에 주목하라. $\{e^{in\omega_0 t}\}$가 $\omega_0\tau=2\pi$일 때 구간 $(-\tau/2,\ \tau/2)$에 대한 직교 집합임을 깨달음으로써 식 9.7의 c_n을 구할 수 있다(연습문제 9-15). 식 9.7에 $e^{-ik\omega_0 t}$을 곱하고 $-\tau/2$에서 $\tau/2$까지 적분하여 다음을 얻는다.

$$\int_{-\tau/2}^{\tau/2} f(t)e^{-ik\omega_0 t}\,dt=\sum_{n=-\infty}^{\infty} c_n\int_{-\tau/2}^{\tau/2} e^{i(n-k)\omega_0 t}\,dt=\sum_{n=-\infty}^{\infty} c_n\tau\delta_{nk}=c_k\tau$$

그러므로

$$c_k=\frac{1}{\tau}\int_{-\tau/2}^{\tau/2} f(t)e^{-ik\omega_0 t}\,dt \tag{9.8}$$

구간 $(-\tau/2,\ \tau/2)$에서 $f(t+\tau)=f(t)$인 $f(t)=t$의 복소수 푸리에 급수를 구하자. 이 경우에,

$$c_k=\frac{1}{\tau}\int_{-\tau/2}^{\tau/2} te^{-ik\omega_0 t}\,dt=\frac{1}{\tau}\left[\frac{e^{-ik\omega_0 t}}{-k^2\omega_0^2}(-ik\omega_0 t-1)\right]_{-\tau/2}^{\tau/2}$$

$$=\frac{i}{k\omega_0}\cos k\pi=\frac{(-1)^k i}{k\omega_0} \qquad k\neq 0$$

$$c_0=\frac{1}{\tau}\int_{-\tau/2}^{\tau/2} t\,dt=0$$

(연습문제 9-16). 따라서

$$f(t)=\frac{i}{\omega_0}\sum_{\substack{n=-\infty \\ \neq 0}}^{\infty}\frac{(-1)^n}{n}e^{in\omega_0 t} \tag{9.9}$$

9.3 푸리에 급수의 수렴

푸리에 급수가 $f(x)$에 수렴하는 조건은 앞 장에서 소개한 푸리에-르장드르 급수에 대한 것들과 비슷하다. 한 벌의 조건들은 다음과 같다.

> $f(x)$와 그 일차 도함수가 구간 $(-l,\ l)$에서 구분적으로 연속적이고 그 주기가 $2l$이면, $f(x)$의 푸리에 급수는 $f(x)$가 연속적인 모든 점에서 $f(x)$에, 불연속적인 점에서 $[f(x+)+f(x-)]/2$에 수렴한다.

이 조건들은 충분하나 필요하지는 않은 것으로 알려졌다.

연속적인 점에서 $f(x)=[f(x+)+f(x-)]/2$이기 때문에 $f(x)$가 위의 조건들을 만족시킨다면, 다음과 같이 써서 위의 정리를 수학적으로 나타낼 수 있다.

$$\frac{1}{2}[f(x+)+f(x-)]=\frac{a_0}{2}+\sum_{n=1}^{\infty}\left(a_n\cos\frac{n\pi x}{l}+b_n\sin\frac{n\pi x}{l}\right) \tag{9.10}$$

여기서

$$a_n=\frac{1}{l}\int_{-l}^{l}f(x)\cos\frac{n\pi x}{l}\,dx \qquad b_n=\frac{1}{l}\int_{-l}^{l}f(x)\sin\frac{n\pi x}{l}\,dx \tag{9.11}$$

확실히, 물리적 문제에서 마주치는 거의 모든 함수들이 수렴에 관한 조건들을 만족시킨다.

예제 9-5

예제 9-2의 푸리에 급수를 써서 다음을 유도하시오.

$$\frac{\pi}{4}=1-\frac{1}{3}+\frac{1}{5}-\frac{1}{7}+\frac{1}{9}+\cdots$$

풀이 그 급수에서 $x=l/2$로 하여 다음을 얻는다.

$$\frac{l}{2}=\frac{2l}{\pi}\sum_{n=1}^{\infty}\frac{(-1)^{n+1}}{n}\sin\frac{n\pi}{2}=\frac{2l}{\pi}\left(1-\frac{1}{3}+\frac{1}{5}-\frac{1}{7}+\frac{1}{9}+\cdots\right)$$

즉

$$\frac{\pi}{4}=1-\frac{1}{3}+\frac{1}{5}-\frac{1}{7}+\frac{1}{9}+\cdots$$

이것은 π를 수반하는 이제껏 발견된 첫 급수이다. 너무 천천히 수렴해서 π의 값을 계산하기에 유용하지 않지만, 처음 발견되었을 때는 놀랄 만큼 진기한 결과였다.

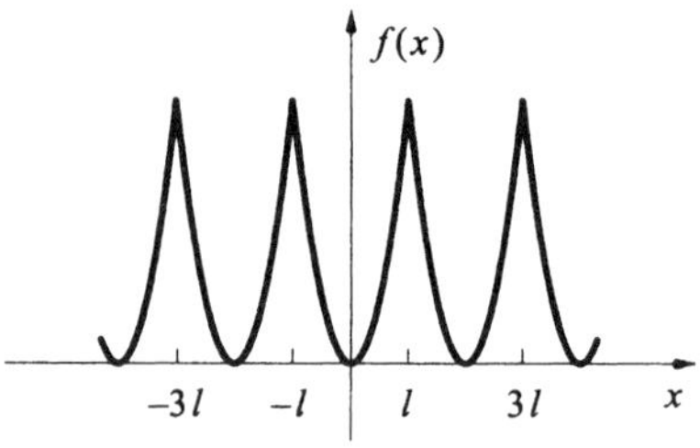

[그림 9.18] 함수 $f(x) = x^2(-l \le x < l)$과 $f(x+2l) = f(x)$로 정의되는 그 주기적 확장. $f(x)$는 x의 모든 범위에 대하여 연속적이지만 그 일차 도함수는 $x = \pm l$, $\pm 3l$에서 불연속적임에 주목하라.

푸리에 계수들의 감소 속도가 $f(x)$의 주기적 확장이 연속적인지 아닌지에 달려 있음을 여러 번 관찰하였다. $f(x)$의 주기적 확장이 불연속적이면 그 푸리에 계수들은 $1/n$에 따라 감소하고, $f(x)$의 주기적 확장이 연속적이면 적어도 $1/n^2$ 만큼 빨리 감소함을 알았다. 이 관찰을 다음 정리로 형식화할 수 있다.

> $f(x)$와 이것의 처음 k 도함수들이 구간 $(-l, l)$에서 구분적으로 연속적이고 그 주기가 $2l$이며 $f(x)$, $f'(x)$, $\cdots$, $f^{(k-1)}(x)$의 주기적 확장이 모두 구분적으로 연속적이면, $f(x)$의 푸리에 계수들은 적어도 $1/n^{k+1}$ 만큼 빨리 감소한다.

예제 9-6

구간 $(-l, l)$에서 $f(x) = x^2$의 푸리에 계수들의 차수를 결정하시오.

풀이 그림 9.18은 구간 $(-l, l)$에서 $f(x) = x^2$와 그 주기적 확장을 보여 준다. 함수 $f(x)$는 연속적이나 그 첫 도함수는 $\pm l$의 홀수 배수에서 불연속적이다. 따라서 위의 정리에서 $k = 1$이고, $f(x)$의 푸리에 급수에서 계수들이 (적어도) $1/n^2$에 따라 감소하리라고 예상한다(연습문제 9-22).

연습문제

처음 여덟 문제는 이 장에서 자주 나오는 적분의 값의 결정을 생각나게 하는 것들이다.

9-1. 오일러 식, $e^{ix} = \cos x + i\sin x$를 써서 $\sin ax \sin bx = \frac{1}{2}\cos(a-b)x - \frac{1}{2}\cos(a+b)x$이고, $\cos ax \cos bx = \frac{1}{2}\cos(a-b)x + \frac{1}{2}\cos(a+b)x$임을 보이시오.

9-2. 오일러 식, $e^{ix} = \cos x + i\sin x$를 써서 $\sin^2 x = \frac{1}{2}(1-\cos 2x)$이고, $\cos^2 x = \frac{1}{2}(1+\cos 2x)$임을 보이시오.

9-3. 연습문제 9-1의 관계식들을 써서

$$\int \sin ax \sin bx\, dx = \frac{\sin(a-b)x}{2(a-b)} - \frac{\sin(a+b)x}{2(a+b)} + c \text{ 이고}$$

$\int \cos ax \, \cos bx \, dx = \dfrac{\sin(a-b)x}{2(a-b)} + \dfrac{\sin(a+b)x}{2(a+b)} + c$ 임을 보이시오.

9-4. 연습문제 9-2의 관계식들을 써서 $\int \sin^2 ax \, dx = \dfrac{x}{2} - \dfrac{1}{4a} \sin 2ax + c$ 이고, $\int \cos^2 ax \, dx = \dfrac{x}{2} + \dfrac{1}{4a} \sin 2ax + c$ 임을 보이시오.

9-5. 오일러 식, $e^{ix} = \cos x + i \sin x$를 써서 $\cos ax \, \sin bx = \frac{1}{2} \sin(a+b)x + \frac{1}{2} \sin(a-b)x$임을 보이고,

$\int \sin ax \, \cos ax \, dx = \dfrac{1}{2a} \sin^2 ax + c_1 = -\dfrac{\cos^2 ax}{2a} + c_2$, $c_2 = \dfrac{1}{2a} + c_1$ 이며,

$\int \sin ax \, \cos bx \, dx = -\dfrac{\cos(a-b)x}{2(a-b)} - \dfrac{\cos(a+b)x}{2(a+b)} + c$ 임을 보이시오.

9-6. 연습문제 9-1에서 9-5의 결과를 써서

m과 n이 정수이고 $m \neq n$일 때

$\int_{-\pi}^{\pi} \sin nx \, \sin mx \, dx = \int_{-\pi}^{\pi} \cos nx \, \cos mx \, dx = \int_{-\pi}^{\pi} \sin nx \, \cos mx \, dx = 0$ 이고,

$n = m$일 때

$\int_{-\pi}^{\pi} \sin^2 nx \, dx = \int_{-\pi}^{\pi} \cos^2 nx \, dx = \pi$ 임을 보이시오.

9-7. 연습문제 9-6의 결과를 식 9.4로 일반화하시오.

9-8. 부분 적분을 이용하여 $\int u \cos au \, du = \dfrac{u \sin au}{a} + \dfrac{\cos au}{a^2} + c$ 이고, $\int u \sin au \, du = \dfrac{\sin au}{a^2} - \dfrac{u \cos au}{a} + c$임을 보이시오.

9-9. 식 9.2에서 $f(x)$가 홀함수이면 $a_n = 0$이고, 식 9.3에서 $f(x)$가 짝함수이면 $b_n = 0$임을 보이시오.

9-10. $f(x) = \begin{cases} 0 & -\pi \le x < 0 \\ 1 & 0 \le x < \pi \end{cases}$ 의 푸리에 급수를 구하시오.

9-11. $-\pi \le x < \pi$에 대하여 $f(x) = x^2$의 푸리에 급수를 구하시오.

9-12. $f(x) = \begin{cases} \dfrac{x}{l} & 0 \le x < l \\ \dfrac{2l - x}{l} & l \le x < 2l \end{cases}$ 의 푸리에 급수를 구하시오.

9-13. $f(x) = \begin{cases} 0 & -2 \le x < 0 \\ 2 & 0 \le x < 2 \end{cases}$ 의 푸리에 급수를 구하시오.

9-14. 식 9.5와 9.6을 증명하시오.

9-15. $\omega_0 \tau = 2\pi$이고 n이 $-\infty$에서 ∞까지 가는 정수일 때, 구간 $(-\tau/2, \tau/2)$에서 $\{e^{in\omega_0 t}\}$이 직교 집합임을 보이시오.

9-16. 식 9.9를 증명하시오.

9-17. CAS을 써서 연습문제 9-10의 푸리에 급수 표현의 부분합을 도시하시오.

9-18. CAS을 써서 연습문제 9-11의 푸리에 급수 표현의 부분합을 도시하시오.

9-19. CAS을 써서 연습문제 9-12의 푸리에 급수 표현의 부분합을 도시하시오.

9-20. 예제 9-1의 급수의 값을 $x = 0$과 $x = l$에서 구하시오. 이 답들이 이해되는가? 힌트: $\sum_{n=1}^{\infty} 1/n^2 = \pi^2/6$ 이고 $\sum_{n=1}^{\infty} (-1)^{n+1}/n^2 = \pi^2/12$인 사실을 이용하시오.

9-21. $f(x+2\pi)=f(x)$일 때, 구간 $(0,\ 2\pi)$에서 $f(x)=x^2$의 푸리에 급수는

$$f(x)=\frac{4\pi^2}{3}+\sum_{n=1}^{\infty}\left(\frac{4}{n^2}\cos nx-\frac{4\pi}{n}\sin nx\right)\text{이다.}$$

$f(2\pi)$는 무엇과 같은가? 이 값이 이해되는가? $f(0)$는 무엇과 같은가? 이 값이 이해되는가?

힌트: $\sum_{n=1}^{\infty}1/n^2=\pi^2/6$을 써야 한다.

9-22. 구간 $(-l\ ,\ l)$에서 $f(x)=x^2$의 푸리에 계수들이 $1/n^2$로 감소함을 증명하시오.

9-23. 다음 푸리에 계수들의 n 의존도에 관하여 무엇을 예측하는가?

(a) $(-\pi,\pi)$에서 $|\cos x|$

(b) $f(x)=\begin{cases}-1 & -l\le x<0\\ 1 & 0\le x<l\end{cases}$

(c) (−1, 1에서 x^3-x

(d) (−1, 1에서 $(x-1)^2$

9-24. 구간 $(0,\ 1)$에서 푸리에 계수들이 적어도 $1/n^4$ 만큼 빨리 감소하는 다항식을 찾으시오.

제 10 장

푸리에 변환

1970년대까지도 푸리에 변환은 대부분의 화학분야에서 사용되지 않던 용어였다. 그러나 푸리에 변환 분광법의 이점이 알려지면서 이 용어는 많은 이론 화학자들과 물리 화학자들뿐만 아니라 모든 화학자들에게 널리 사용되고 있다. 이 장에서 푸리에 변환이 무엇이고, 왜 대부분의 화학분야에 널리 사용되고 있는지 알아볼 것이다.

10.1 푸리에 적분 정리

푸리에 변환은 푸리에 급수로 전개된 함수의 주기가 무한대까지 확장될 경우 푸리에 급수의 성질(거동)이 어떻게 될 것인가에 대한 질문으로부터 자연스럽게 생겨나게 된다. 다른 말로 표현하면, 만일 전개될 함수가 주기적인 함수가 아니라면, 푸리에 급수는 어떤 형태의 함수로 표현될 것인가? 이 질문에 답하기 위해, 먼저 푸리에 급수의 복소수 형태로부터 시작하자(식 9.7).

$$f(t) = \sum_{n=-\infty}^{\infty} c_n e^{in\omega_0 t} \tag{10.1}$$

여기서 $f(t)$는 주기가 $\tau = 2\pi/\omega_0$(τ는 타우라고 읽는다)인 주기 함수이고, 식 9.8에 주어진 계수 c_n은 다음과 같다.

$$c_n = \frac{1}{\tau}\int_{-\tau/2}^{\tau/2} f(t)e^{-in\omega_0 t}\,dt \tag{10.2}$$

이제 곱셈 인자 $1/\tau$을 $\omega_0/2\pi$로 바꾸고, 식 10.2를 식 10.1에 대입하면 다음 식이 된다.

$$f(t) = \sum_{n=-\infty}^{\infty}\left[\frac{\omega_0}{2\pi}\int_{-\tau/2}^{\tau/2} f(u)e^{-in\omega_0 u}\,du\right]e^{in\omega_0 t} \tag{10.3}$$

식 10.1에 있는 t와 혼동을 피하기 위해 계수 c_n에 대한 표현식에서 임의의 적분 변수로서 t 대신 u를 사용하였다. 만일 τ가 매우 크다면, ω_0는 매우 작아진다.

$\Delta\omega$로 ω_0를 쓰면 식 10.3은

$$f(t) = \frac{1}{2\pi} \sum_{n=-\infty}^{\infty} F(n\Delta\omega)\Delta\omega \tag{10.4}$$

여기서

$$F(n\Delta\omega) = \int_{-\tau/2}^{\tau/2} f(u)e^{in\Delta\omega(t-u)}\,du \tag{10.5}$$

$\Delta\omega \to 0$으로 접근할 때, 식 10.4의 극한값은 식 2.1에 주어진 적분의 리만 합(Riemann sum)에 대한 정의와 똑같아진다. 그래서 $n\Delta\omega$를 ω로 바꾸어 쓰고, $\Delta\omega \to 0$(또는 $\tau \to \infty$)로 접근할 때, 식 10.4와 10.5의 극한값을 쓰면, 다음과 같이 된다.

$$f(t) = \frac{1}{2\pi} \int_{-\infty}^{\infty} \int_{-\infty}^{\infty} f(u)e^{i\omega(t-u)}\,du\,d\omega \tag{10.6}$$

식 10.6은 푸리에 변환에 대한 핵심적인 식으로서, **푸리에 적분 정리**(*Fourier Integral Theorem*)라고 부른다. 또한 다음 식을 정의하면,

$$\frac{1}{(2\pi)^{1/2}} \int_{-\infty}^{\infty} f(u)e^{-i\omega u}\,du = \hat{F}(\omega) \tag{10.7}$$

식 10.6은 다음 식이 된다.

$$f(t) = \frac{1}{(2\pi)^{1/2}} \int_{-\infty}^{\infty} \hat{F}(\omega)e^{i\omega t}\,d\omega \tag{10.8}$$

식 10.7과 10.8은 서로 **푸리에 변환쌍**(*Fourier Transform pair*)이 된다. 여기서 $\hat{F}(\omega)$는 함수 $f(t)$의 **푸리에 변환**(*Fourier transform*)이라고 부른다.

10.2 몇 가지 푸리에 변환쌍들

예를 들어 다음과 같은 함수가 주어진다면,

$$f(t) = e^{-\alpha|t|} \qquad -\infty < t < \infty \tag{10.9}$$

그 함수의 푸리에 변환은

$$\begin{aligned}\hat{F}(\omega) &= \frac{1}{(2\pi)^{1/2}} \int_{-\infty}^{\infty} e^{-\alpha|t|}e^{-i\omega t}\,dt \\ &= \frac{1}{(2\pi)^{1/2}} \left\{ \int_{-\infty}^{\infty} e^{-\alpha|t|}\cos\omega t\,dt - i\int_{-\infty}^{\infty} e^{-\alpha|t|}\sin\omega t\,dt \right\}\end{aligned}$$

식 10.9는 t에 대한 짝함수이므로, 첫 번째 항만 남게 되고 푸리에 변환은 다음과 같다.

$$\hat{F}(\omega) = \frac{2}{(2\pi)^{1/2}} \int_0^\infty e^{-\alpha t} \cos \omega t \, dt = \left(\frac{2}{\pi}\right)^{1/2} \frac{\alpha}{\omega^2 + \alpha^2} \tag{10.10}$$

식 10.10은 **코사인 변환**(*cosine transform*)이라고 부른다. 식 10.8을 사용하여 $\hat{F}(\omega)$로부터 함수 $f(t)$를 다시 구할 수 있다.

$$\begin{aligned} f(t) &= \frac{1}{(2\pi)^{1/2}} \int_{-\infty}^\infty \left(\frac{2}{\pi}\right)^{1/2} \frac{\alpha}{\omega^2 + \alpha^2} e^{i\omega t} \, d\omega \\ &= \frac{2\alpha}{\pi} \int_0^\infty \frac{\cos \omega t}{\omega^2 + \alpha^2} d\omega = e^{-\alpha|t|} \end{aligned}$$

여기서 $\alpha/(\omega^2 + \alpha^2)$는 ω에 대한 짝함수인 것을 알아야 한다. 그래서 $e^{-\alpha|t|}$와 $(2/\pi)^{1/2}\alpha/(\omega^2 + \alpha^2)$이 서로 푸리에 변환쌍으로 구성된다는 것을 알 수 있다. 만일 식 10.9와 10.10을 다양한 α값에 따라 그래프로 그리면, 두 그래프의 폭들 사이에 역수 관계가 있다는 것을 알 수 있을 것이다(연습문제 10-4). 다른 말로 설명하면, 한 그래프가 넓어지면(또는 좁아지면), 다른 그래프는 좁아진다(또는 넓어진다). 이 역수 관계의 특성을 그림 10.1에서 볼 수 있다. 그림 10.1은 $f(t) = e^{-\alpha|t|}$과 $\hat{F}(\omega) = \alpha(2/\pi)^{1/2}/(\omega^2 + \alpha^2)$을 $\alpha = 2$(그림의 a)와 $\alpha = 1/2$(그림 10.1의 b)에 대하여 함께 그린 그래프이다. 표 10.1은 몇 개의 다른 푸리에 변환쌍을 정리한 것이다.

식 10.6에서 시작하여, 우리는 식 10.8의 푸리에 변환 $\hat{F}(\omega)$의 계수가 $1/(2\pi)^{1/2}$ 대신에 $1/2\pi$이라고 정의할 수도 있고, 어떤 경우에는 계수를 갖지 않을 수도 있다(계수는 1로 나타내기도 한다). 식 10.7과 10.8이 더욱 더 대칭이 될 수 있도록 하기 위해서 식 10.6에 있는 $1/2\pi$를 $f(t)$와 $\hat{F}(\omega)$에 각각 나누어 써 넣었다. 다른 책의 저자들은 대칭이 아닌 정의를 사용하는 경우도 있다. 그래서 책을 가지고 공부하기 전에 푸리에 변환의 정의인 $\hat{F}(\omega)$가 어떻게 정의되어 있는지 항상 주시해야 한다.

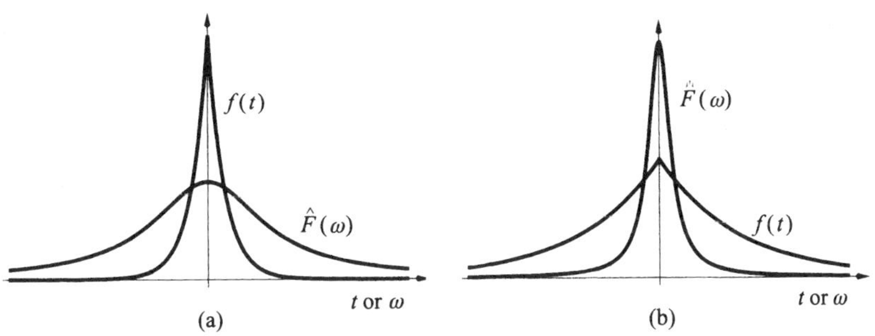

[그림 10.1] 푸리에 변환쌍인 $f(t) = e^{-\alpha|t|}$와 $\hat{F}(\omega) = \alpha(2/\pi)^{1/2}/(\omega^2 + \alpha^2)$의 그래프 (a) $\alpha = 2$일 때, (b) $\alpha = 1/2$일 때 그림. $f(t)$와 $\hat{F}(\omega)$를 그린 그래프의 폭이 역수 관계임을 주목하기 바란다.

[표 10.1] **몇 가지 푸리에 변환쌍. 모든 경우에** $a > 0$

$f(t)$	$\hat{F}(\omega)$	$f(t)$	$\hat{F}(\omega)$
$e^{i\omega_0 t}$	$(2\pi)^{1/2}\delta(\omega-\omega_0)$	$e^{-a^2t^2}$	$\dfrac{1}{(2a^2)^{1/2}}e^{-\omega^2/4a^2}$
$e^{-a\|t\|}$	$\left(\dfrac{2}{\pi}\right)^{1/2}\dfrac{a}{\omega^2+a^2}$	$\dfrac{1}{t^2+a^2}$	$\left(\dfrac{\pi}{2a^2}\right)^{1/2}e^{-a\|\omega\|}$

예제 10-1

가우시안 분포식에 대한 푸리에 변환식을 구하시오(식 4.19).

$$f(t) = \frac{1}{(2\pi\sigma^2)^{1/2}}e^{-t^2/2\sigma^2}$$

그리고 그 결과를 증명하시오.

풀이 변환 변수 ω를 사용하여 다음과 같이 나타낼 수 있다.

$$\begin{aligned}\hat{F}(\omega) &= \frac{1}{2\pi\sigma}\int_{-\infty}^{\infty} e^{-i\omega t}e^{-t^2/2\sigma^2}\,dt \\ &= \frac{1}{2\pi\sigma}\int_{-\infty}^{\infty}(e^{-t^2/2\sigma^2}\cos\omega t + ie^{-t^2/2\sigma^2}\sin\omega t)\,dt\end{aligned}$$

여기서 두 번째 항은 적분 함수가 t의 홀함수이기 때문에 없어진다. 그래서 첫 번째 적분 함수가 t의 짝함수라는 사실을 이용하면,

$$\hat{F}(\omega) = \frac{1}{\pi\sigma}\int_0^{\infty} e^{-t^2/2\sigma^2}\cos\omega t\,dt = \frac{1}{(2\pi)^{1/2}}e^{-\sigma^2\omega^2/2}$$

의 역 변환은 다음과 같다.

$$\begin{aligned}f(t) &= \frac{1}{(2\pi)^{1/2}}\int_{-\infty}^{\infty} e^{i\omega t}\hat{F}(\omega)\,d\omega \\ &= \frac{1}{2\pi}\int_{-\infty}^{\infty}(e^{-\sigma^2\omega^2/2}\cos\omega t + ie^{-\sigma^2\omega^2/2}\sin\omega t)\,d\omega\end{aligned}$$

여기서도 역시 두 번째 항은 ω의 홀함수이기 때문에 적분값은 없어지며, 첫 번째 적분 함수는 ω의 짝함수라는 것을 이용하면 다음과 같다.

$$\begin{aligned}f(t) &= \frac{1}{\pi}\int_0^{\infty} e^{-\sigma^2\omega^2/2}\cos\omega t\,d\omega \\ &= \frac{1}{(2\pi\sigma^2)^{1/2}}e^{-t^2/2\sigma^2}\end{aligned}$$

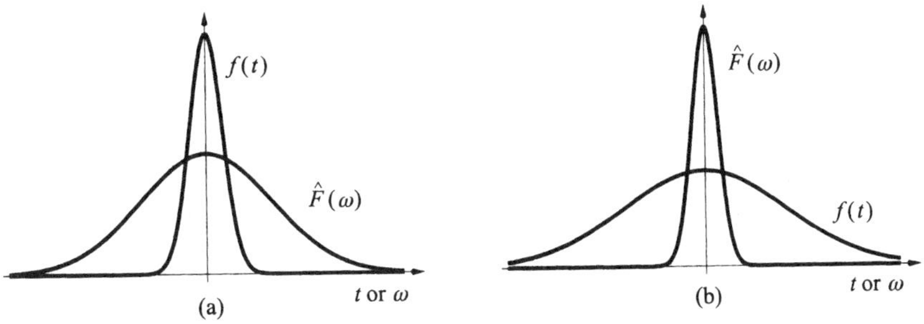

[그림 10.2] 푸리에 변환쌍인 $f(t) = e^{-t^2/2\sigma^2}/(2\pi\sigma^2)^{1/2}$과 $\hat{F}(\omega) = e^{-\sigma^2\omega^2/2}/(2\pi)^{1/2}$에 대한 그림. (a) $\sigma = 2$일 때, (b) $\sigma = 1/2$일 때 $f(t)$와 $\hat{F}(\omega)$의 그래프의 폭은 역수 관계인 것을 주목하라.

예제 10-1은 가우시안 함수의 푸리에 변환은 다른 가우시안(Gaussian) 함수가 된다는 것을 보여 준다. 더욱이, 이 가우시안 함수의 폭들은 서로 역수 관계이다. 그림 10.2는 $f(t) = e^{-t^2/2\sigma^2}/(2\pi\sigma^2)^{1/2}$과 $\hat{F}(\omega) = e^{-\sigma^2\omega^2/2}/(2\pi)^{1/2}$이 $\sigma = 2$(그림 10.2의 a부분)와 $\sigma = 1/2$(그림 10.2의 b부분)인 경우 그래프를 함께 그린 것이고, 그래프 폭들이 서로 역수 관계이다.

다음 예제는 푸리에 변환쌍들의 상대적인 폭이 서로 역수 관계인 것을 보여 주는 다른 예이다.

예제 10-2

정해진 구간의 파동식에 대한 푸리에 변환식을 구하시오(그림 10.3).

$$f(t) = \begin{cases} \cos\omega_0 t & -\dfrac{N\pi}{\omega_0} < t < \dfrac{N\pi}{\omega_0} \\ 0 & \text{다른 경우} \end{cases}$$

함수 $f(t)$ 같은 짧은 펄스는 FT-NMR에서 시료에 있는 핵을 여기시킬 때 사용되는 진동수 영역의 파동을 발생시키는 데 사용된다. 함수 $f(t)$와 푸리에 변환 $\hat{F}(\omega)$ 사이의 관계를 논의해 보자.

풀이 이 파동은 시간 t에 대하여 짝함수이다.

$$\begin{aligned}\hat{F}(\omega) &= \left(\frac{2}{\pi}\right)^{1/2}\int_0^{N\pi/\omega_0}\cos\omega_0 t\cos\omega t\, dt \\ &= \frac{1}{(2\pi)^{1/2}}\left[\frac{\sin(\omega-\omega_0)N\pi/\omega_0}{\omega-\omega_0} + \frac{\sin(\omega+\omega_0)N\pi/\omega_0}{\omega+\omega_0}\right]\end{aligned}$$

진동수 ω가 양수인 경우만 논의하자. 진동수 값 ω_0가 큰 값이면 첫 번째 항이 중요하다(연습문제 10-21). 그림 10.3에서 보여 준다. $(\omega-\omega_0)N\pi/\omega_0 = n\pi$인 점에서 푸리에 변환 $\hat{F}(\omega)$ 값은 0이 된다. 여기서 $n = \pm1, \pm2, \cdots$이고, 즉 $\hat{F}(\omega)$가 0이 되는 점은 다음과 같이 나타낼 수 있다.

$$\frac{\omega}{\omega_0} = 1 \pm \frac{1}{N}, 1 \pm \frac{2}{N}, \ldots$$

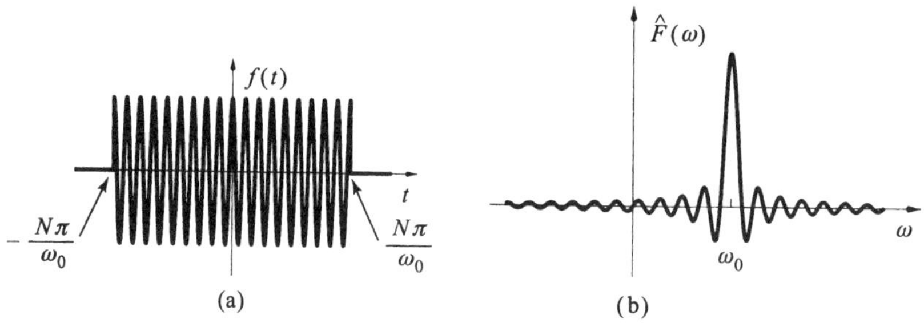

[그림 10.3] 예제 10–2에 주어진 푸리에 변환쌍들. (a) $f(t)$이고 (b) $\hat{F}(\omega)$이다.

$\hat{F}(\omega)$의 가운데 피크 이외의 다른 피크는 작기 때문에(그림 10.3에서) $\hat{F}(\omega)$의 피크 폭은 $\Delta\omega = 2\omega_0/N$로 나타낼 수 있다. 원래 파동 함수의 피크 폭은 $\Delta t = 2N\pi/\omega_0$이기 때문에 폭에 대한 역수 관계는 다음과 같다.

$$\Delta\omega\Delta t = 4\pi$$

이 결과는 에너지와 시간 사이의 **하이젠베르크 불확정성 원리**(*Heisenberg uncertainty principle*)와 밀접한 관계가 있다. 양자 역학에서 에너지는 각 진동수와 $E = \hbar\omega$로 관계된다. 여기서 $\hbar$는 플랑크 상수 h를 2π로 나눈 상수값이다. 그러므로 $\Delta\omega\Delta t = 4\pi$는 $\Delta E\Delta t = 4\pi\hbar$으로 쓸 수 있다. 하이젠베르크의 불확정성의 원리는 $\Delta E\Delta t \geq \hbar/2$라고 알려져 있다. 그래서 다른 파동 함수도 불확정성의 원리를 만족하고 있다.

함수 $f(t)$와 $\hat{F}(\omega)$의 물리적 의미는 시간 신호와 그에 대응하는 스펙트럼(spectrum)을 나타낸다는 것을 명심해야 한다. 시간 영역과 진동수 영역은 푸리에 변환을 통해서 서로 관련된다. 양자 역학에서 입자의 위치와 그 운동량 사이에도 이와 유사한 관계가 있다. 만일 $\psi(x)$가 어떤 입자의 파동 함수이고, $\psi^*(x)\psi(x)\,dx$가 x와 $x + dx$ 사이에서 그 입자를 발견할 확률이라고 하면, 파동 함수 $\psi(x)$의 푸리에 변환은 다음과 같다.

$$\phi(p) = \frac{1}{(2\pi\hbar)^{1/2}}\int_{-\infty}^{\infty}\psi(x)e^{-ipx/\hbar}\,dx \tag{10.11}$$

위에서 $\phi^*(p)\phi(p)\,dp$는 입자가 p와 $p+dp$ 사이의 운동량을 가지는 확률이라는 물리적인 의미를 갖는다(21장에서 확률론에 대하여 공부할 것이다).
식 10.11의 역은

$$\psi(x) = \frac{1}{(2\pi\hbar)^{1/2}}\int_{-\infty}^{\infty}\phi(p)e^{ipx/\hbar}\,dp \tag{10.12}$$

공간 좌표에서 입자의 파동 함수가 다음과 같이 주어진다고 가정하자.

$$\psi(x) = \left(\frac{1}{\pi a^2}\right)^{1/4} e^{-x^2/2a^2} \qquad -\infty < x < \infty \tag{10.13}$$

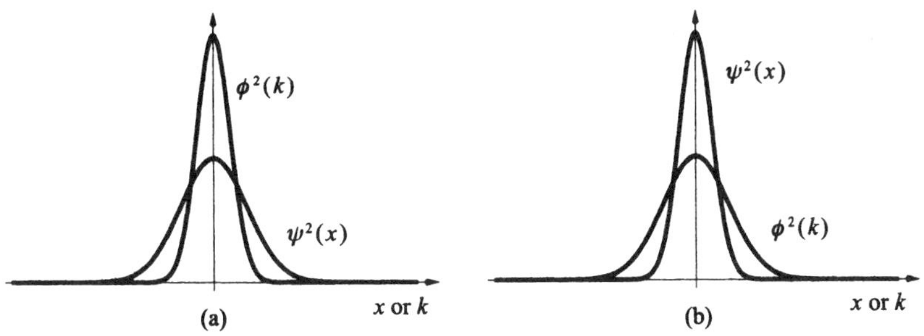

[그림 10.4] 푸리에 변환쌍인 $\psi^2(x) = (1/\pi a^2)^{1/2} e^{-x^2/a^2}$과 $\phi^2(p) = (a^2/2\pi\hbar^2)^{1/2} e^{-\sigma^2}$의 그림 (a) $a = 2$일 때, (b) $a = 1$일 때, 두 그래프의 폭은 역수 관계이다. 여기서 편리하게 하기 위해 $\hbar = 1$이라고 놓았다.

이 함수가 $\int_{-\infty}^{\infty} \psi^2(x)\,dx = 1$이 되도록 정규화되었다면, 그 입자는 공간의 어느 곳에서도 발견될 수 있다는 물리적인 의미를 내포하고 있다. 운동량의 공간에서 대응하는 파동 함수는 식 10.11에 따라 다음과 같이 주어진다.

$$\phi(p) = \frac{1}{(2\pi\hbar)^{1/2}} \int_{-\infty}^{\infty} \psi(x) e^{-ipx/\hbar}\,dx = \left(\frac{a^2}{\pi\hbar^2}\right)^{1/4} e^{-a^2p^2/2\hbar^2} \qquad -\infty < x < \infty \quad (10.14)$$

함수 $\phi(p)$이 $\int_{-\infty}^{\infty} \phi^2(p)\,dp = 1$이 되도록 정규화된다는 것은 당연하다(연습문제 10-17). 예제 10-1과 10-2에서 결과가 서로 역수 관계인 것처럼, 식 10.13과 10.14는 역시 역수 관계가 된다(그림 10.4). 그림 10.4는 식 10.13에 주어진 $\psi^2(x)$과 식 10.14에 주어진 $\phi^2(p)$이 그들의 폭 사이에 역수 관계가 있음을 보여 준다. 다음 예제에서 그 둘 사이에 역수 관계가 있음을 정량적으로 보여 줄 것이다.

예제 10-3

그림 10.4와 같은 곡선의 폭의 정량적인 척도는 다음 적분임을 21장에서 공부할 것이다.

$$(\Delta x)^2 = \int_{-\infty}^{\infty} x^2\psi^2(x)\,dx \text{와 } (\Delta p)^2 = \int_{-\infty}^{\infty} p^2\phi^2(p)\,dp$$

여기서 Δx와 Δp는 폭의 척도이다. $\Delta x \Delta p = \hbar/2$임을 보이시오.

풀이

$$(\Delta x)^2 = \left(\frac{1}{\pi a^2}\right)^{1/2} \int_{-\infty}^{\infty} x^2 e^{-x^2/a^2}\,dx = 2\left(\frac{1}{\pi a^2}\right)^{1/2} \int_0^{\infty} x^2 e^{-x^2/a^2}\,dx = \frac{a^2}{2}$$

와

$$(\Delta p)^2 = \left(\frac{a^2}{\pi\hbar^2}\right)^{1/2} \int_{-\infty}^{\infty} p^2 e^{-a^2p^2/\hbar^2}\,dp = 2\left(\frac{a^2}{\pi\hbar^2}\right)^{1/2} \int_0^{\infty} p^2 e^{-a^2p^2/\hbar^2}\,dp = \frac{\hbar^2}{2a^2}$$

그래서 운동량과 위치 오차의 곱은 $\Delta x \Delta p = \hbar/2$가 된다. 이 관계식은 입자의 위치와 운동량에 대한 하이젠베르크 불확정성의 원리를 나타내는 표현이다. 여기서 알 수 있는 것처럼, 하이젠베르크 불확정성의 원리와 푸리에 변환은 근본적으로 서로 밀접한 관계가 있다.

식 10.7와 10.8은 디랙 델타 함수(Dirac delta function)를 유도하는 데 사용되는 식이다(4.4절). 식 10.7에서 $f(u) = \delta(u - u_0)$이라고 가정하면, 이 함수의 푸리에 변환은 다음과 같이 얻어진다.

$$\hat{F}(\omega) = \frac{1}{(2\pi)^{1/2}} \int_{-\infty}^{\infty} \delta(u - u_0) e^{-i\omega u}\, du = \frac{e^{-i\omega u_0}}{(2\pi)^{1/2}}$$

이 결과를 식 10.8에 넣으면 다음과 같다.

$$\delta(u - u_0) = \frac{1}{(2\pi)^{1/2}} \int_{-\infty}^{\infty} \hat{F}(\omega) e^{i\omega u}\, d\omega = \frac{1}{2\pi} \int_{-\infty}^{\infty} e^{i\omega(u-u_0)}\, d\omega \tag{10.15}$$

이 결과는 이 장의 마지막 절에서 사용할 것이다.

10.3 푸리에 변환과 분광학

푸리에 변환 적외선 스펙트럼과 NMR 스펙트럼(FT-IR과 FT-NMR)은 시료에 적외선이나 라디오파를 조사하여 나오는 신호를 시간에 따라서 측정하고, 이것을 코사인 변환을 취해서 얻어진다. 어떤 실험 조건에서 시간 거동이 다음과 같이 주어진다고 하자.

$$f(t) = e^{-\alpha t} \cos \omega_0 t \qquad t \geq 0 \tag{10.16}$$

여기서 ω_0는 시료에서 나오는 정상적인 진동수(natural frequency)이다(NMR에서 양성자의 스핀이 뒤집어지는 데(스핀 상태를 변화시키는 데) 필요한 공명 진동수 같은 것이다). 이 시간의 함수 $f(t)$의 코사인 변환은 다음과 같다(연습문제 10-10).

$$\hat{F}(\omega) = \left(\frac{2}{\pi}\right)^{1/2} \frac{\alpha}{\alpha^2 + (\omega - \omega_0)^2} + \left(\frac{2}{\pi}\right)^{1/2} \frac{\alpha}{\alpha^2 + (\omega + \omega_0)^2} \tag{10.17}$$

이 함수를 진동수 ω에 대한 그래프로 나타낼 때 첫 번째 항은 $\omega = \omega_0$에서 정점에 이르고, 두 번째 항은 ω가 ω_0의 분광학적으로 중요한 값에 대하여 언제나 무시될 수 있다(연습문제 10-22). 그래서 첫 번째 항에만 초점을 맞춘다.

$$\hat{F}(\omega) \approx \left(\frac{2}{\pi}\right)^{1/2} \frac{\alpha}{\alpha^2 + (\omega - \omega_0)^2} \tag{10.18}$$

식 10.18은 그림 10.5에 그래프로 보여 주고 있으며 **로렌츠 함수**(*Lorentzian function*)라고 부른다. 그림 10.5는 $\hat{F}(\omega)$의 폭(width)이 α값에 따라 변화된다는 것을 보여 주고 있으며, α값이 작으면 작을수록 $\hat{F}(\omega)$은 더 좁아진다. 그러므로 α값은 분광학적 선의 폭의 척도이다(연습문제 10-11). 실험적으로, 분광학적 선(spectral line)의 모양은 흔히 로렌츠 함수로 잘 나타난다.

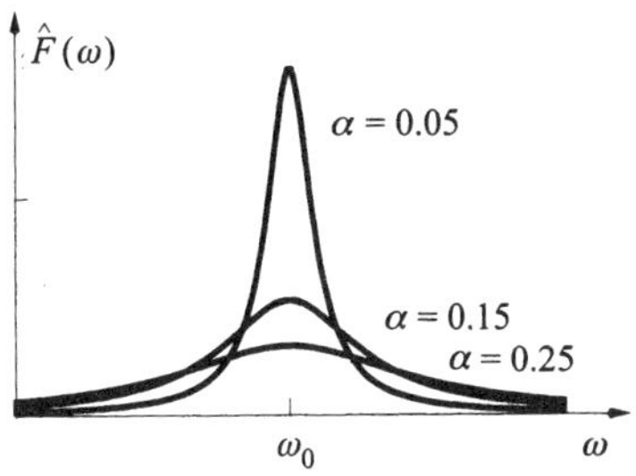

[그림 10.5] 여러 가지 값의 α에 대하여 $\omega_0 = 2$일 때, ω에 대하여 로렌츠 함수 식 10.18를 그린 그래프. α값이 감소할수록, 이 그래프는 폭이 더 좁아지고, 더 뾰족한 피크가 된다는 것을 주목하라.

이제 시간 신호에서 진동수 정보를 얻어내기 위해 푸리에 변환이 어떻게 활용되는지를 알아보자. 이것은 화학에서 푸리에 변환을 활용하는 가장 중요한 부분이다. 그림 10.6a는 $\alpha = 0.075$이고 $\omega_0 = 1$인 경우, 시간의 함수 $e^{-\alpha t}\cos\omega_0 t$을 그린 그래프이나. 이 그래프는 단 하나의 진동수로 구성된 함수인 것을 분명하게 보여 주고 있다. 그림 10.6b는 코사인 변환을 그래프로 나타낸 것이고, 분명히 단 하나의 진동수만을 포함하고 있다는 것을 보여 준다.

그러나 그림 10.7a에 주어진 다음과 같은 시간의 함수는 어떻게 구성되어 있을까?

$$f(t) = 0.70\,e^{-0.010t}\cos(1.2\,t) + 1.25\,e^{-0.025t}\cos(2.0\,t) + 0.75\,e^{-0.075t}\cos(2.6\,t) \quad (10.19)$$

그림만 보고 어떤 진동수들이 얼마나 포함되어 있는지 알 수 없다. 그러나 그 함수의 코사인 변환을 구하면,

$$\hat{F}(\omega) = \left(\frac{2}{\pi}\right)^{1/2}\left[0.70\frac{0.010}{(0.010)^2 + (\omega - 1.2)^2} + 1.25\frac{0.025}{(0.025)^2 + (\omega - 2.0)^2}\right.$$
$$\left. + 0.75\frac{0.075}{(0.075)^2 + (\omega - 2.6)^2}\right] \quad (10.20)$$

그림 10.7과 같은 그래프로 나타낼 수 있다. 이 그림은 시간의 신호에 세 개의 진동수가 포함되어 있다는 것을 분명하게 보여 준다. 그래서 코사인 변환은 계의 시간 거동에 관련된 진동수들을 추출해 내준다. 실험적으로 시간 거동은 해석적인 방법보다 수치계산으로 얻어진다. 푸리에 변환에 대한 수

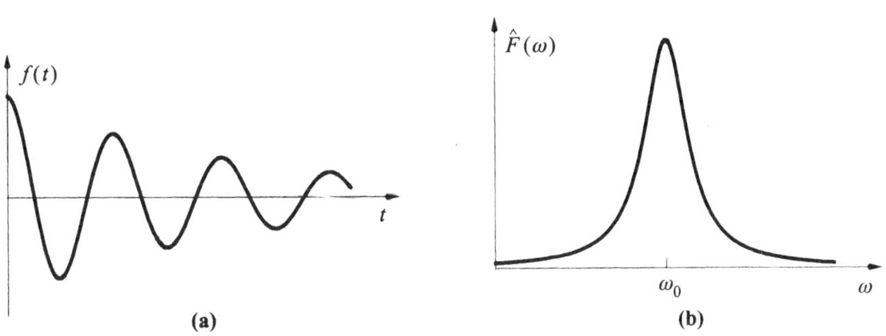

[그림 10.6] (a) $a = 0.075$이고 $\omega_0 = 1$일 때, 시간 t에 대한 함수 $e^{-at}\cos\omega_0 t$의 그래프. (b) 각 진동수 ω에 대한 함수 $F(\omega) = (2/\pi)^{1/2}a/[a^2 + (\omega - \omega_0)^2]$의 그래프.

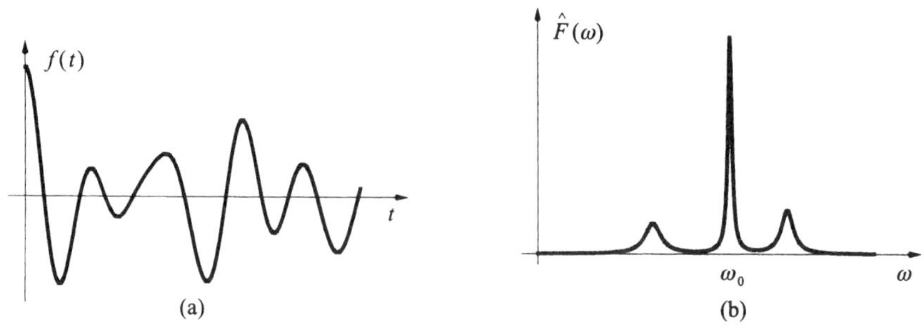

[그림 10.7] (a) 시간 t에 대한 식 10.19에 주어진 함수 $f(t)$의 그래프. (b) 각 진동수 ω에 대한 $f(t)$의 코사인 변환식 10.19의 그래프.

치계산에 쓰이는 매우 효율적인 컴퓨터 알고리즘이 있는데, 이것을 빠른 푸리에 변환(FFT)라고 한다. 이 FFT 방법이 개발되기 전에는 푸리에 변환의 수치계산이 매우 복잡하고 까다로운 일이었다. 푸리에 변환 분광법(FT-NMR, FT-IR 등)이 널리 사용되게 된 것도 FFT 수치 계산 방법이 개발되어 활용되기 때문이다.

10.4 파스발 정리

이 장에서 마지막 주제로 푸리에 변환에 대한 **파스발 정리**(*Parseval's Theorem*)로 알려진 결과를 유도할 것이다. 다음 식에서 출발한다.

$$\int_{-\infty}^{\infty} |f(t)|^2\,dt = \int_{-\infty}^{\infty} f^*(t)f(t)\,dt$$

여기서 함수 $f(t)$는 일반적으로 복소수 함수가 될 수도 있다. 먼저 식 10.8에 주어진 $f(t)$를 사용하여, $|f(t)|^2$을 이중 적분으로 표현하자.

$$\begin{aligned}|f(t)|^2 &= \frac{1}{(2\pi)^{1/2}}\int_{-\infty}^{\infty}\hat{F}^*(\omega)e^{-i\omega t}\,d\omega \times \frac{1}{(2\pi)^{1/2}}\int_{-\infty}^{\infty}\hat{F}(\omega')e^{i\omega' t}\,d\omega \\ &= \frac{1}{2\pi}\int_{-\infty}^{\infty}\int_{-\infty}^{\infty}\hat{F}^*(\omega)e^{-i\omega t}\,\hat{F}(\omega')\,e^{i\omega' t}\,d\omega\,d\omega'\end{aligned}$$

여기서 적분에 대한 두 개의 다른 무작위 변수(dummy variable)를 사용한다는 것을 주목하라. 두 개의 적분에서 ω를 동시에 사용한다면, 그 최종 결과는 무의미하다. 그래서 무작위 변수를 사용한다. 이제 $|f(t)|^2$을 시간 t에 대하여 적분하면

$$\int_{-\infty}^{\infty}|f(t)|^2\,dt = \frac{1}{2\pi}\int_{-\infty}^{\infty}\int_{-\infty}^{\infty}\int_{-\infty}^{\infty}\hat{F}^*(\omega)\hat{F}(\omega')e^{i(\omega'-\omega)t}\,d\omega\,d\omega' dt$$

식 10.15를 사용하여 시간 t에 대한 적분하면 다음과 같다.

$$\int_{-\infty}^{\infty} |f(t)|^2 dt = \int_{-\infty}^{\infty}\int_{-\infty}^{\infty} \hat{F}^*(\omega)\hat{F}(\omega')\,\delta(\omega'-\omega)\,d\omega\,d\omega'$$

ω'에 대해 적분하면 다음과 같다.

$$\int_{-\infty}^{\infty} |f(t)|^2 dt = \int_{-\infty}^{\infty} |\hat{F}(\omega)|^2 d\omega \tag{10.21}$$

식 10.21은 푸리에 변환에 대한 파스발 정리라고 알려져 있다. 이 식의 유도는 델타 함수를 다루는 기법에 대한 좋은 예가 된다.

파스발 정리는 다음과 같은 물리적 의미를 갖고 있다. 만일 양자 역학적인 파동 함수가 정규화되었다면(식 10.13 참조), 그 함수의 푸리에 변환도 정규화된다(식 10.14 참조). 그래서 푸리에 변환은 양자 역학적 파동 함수의 정규화를 당연히 유지하고 있다.

예제 10-4

복사된 파동에서 전기장이 다음과 같이 표현된다고 가정하자.

$$E(t) = \begin{cases} 0 & t < 0 \\ e^{-t/\tau}\sin\omega_0 t & t > 0 \end{cases}$$

파스발 정리를 사용하여 진동수 간격 $(\omega,\ \omega + d\omega)$에서 조사된 일률(power, 시간당 에너지)을 구하시오.

풀이 $E(t)$의 푸리에 변환은

$$\hat{E}(\omega) = \frac{1}{(2\pi)^{1/2}}\int_0^{\infty} e^{-t/\tau}e^{-i\omega t}\sin\omega_0 t\,dt$$

여기서 $\sin\omega_0 t$를 $(e^{i\omega_0 t} - e^{-i\omega_0 t})/2i$으로 바꾸어서 이 적분을 계산할 것이다.

$$\hat{E}(\omega) = \frac{1}{2(2\pi)^{1/2}}\left(\frac{1}{\omega-\omega_0-\dfrac{i}{\tau}} - \frac{1}{\omega+\omega_0-\dfrac{i}{\tau}}\right)$$

조사된 빛의 전체 일률은 다음과 같이 주어진다.

$$\int_{-\infty}^{\infty} |E(t)|^2 dt = \int_{-\infty}^{\infty} |\hat{E}(\omega)|^2 d\omega$$

$\omega > 0$일 때, $|\hat{E}(\omega)|$에 있는 첫 번째 항이 우세하다는 것을 이용하면, 진동수 간격, $(\omega,\ \omega + d\omega)$에서 조사된 일률은 다음과 같이 주어진다.

$$|\hat{E}(\omega)|^2 d\omega \approx \frac{1}{8\pi}\frac{d\omega}{(\omega-\omega_0)^2 + \dfrac{1}{\tau^2}}$$

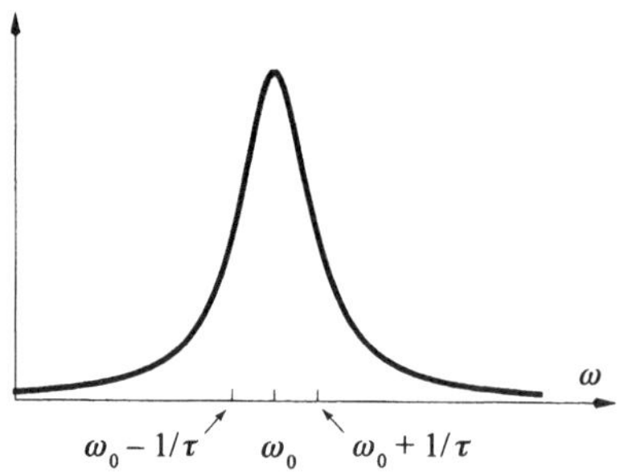

[그림 10.8] $\omega_0 = 25$이고 $\tau = 1/4$일 때, 예제 10-4에서 유도한 조사된 파동에 대응되는 진동수 스펙트럼.

이 진동수의 스펙트럼은 그림 10.8에 나와 있다. 이것은 식 10.18과 같은 로렌츠 함수이다. $\omega = \omega_0 \pm 1/\tau$일 때, 그림에서 보는 것처럼 스펙트럼 피크의 높이는 최대값의 절반으로 줄어든다. 따라서 절반 일률에서 피크의 폭은 $2/\tau$로 주어진다(연습문제 10-11). 이 경우에 진동수 스펙트럼의 폭은 신호의 지속 시간의 역으로 변화된다. 이것은 예제 10-2에서 다루었던 유한 파동 운동에 대한 결과와 유사하다.

연습문제

10-1. $f(t) = 1/(t^2 + a^2)$의 푸리에 변환을 구하시오.

10-2. 다음 식의 푸리에 변환을 구하시오. $f(t)$와 $\hat{F}(\omega)$의 폭 사이에 대한 역수 관계를 보이시오.

$$f(t) = \begin{cases} 1 & -a \le t \le a \\ 0 & \text{다른 경우} \end{cases}$$

10-3. $e^{-|t|/\tau} \cos \omega_0 t$의 푸리에 변환을 구하시오.

10-4. 다양한 α값에 대한 식 10.9와 식 10.10을 그리고, 두 그래프의 폭이 서로 역수 관계에 있음을 보이시오.

10-5. 만일 $f(x)$가 실수 함수이면 $\hat{F}(-\omega) = \hat{F}^*(\omega)$임을 보이시오.

10-6. 식 10.11을 사용하여 식 10.6의 양변이 서로 같다는 것을 보이시오.

10-7. $f(u)$가 짝함수이면 푸리에 적분 정리인 식 10.6은 다음과 같이 쓸 수 있음을 보이시오.

$$f(t) = \frac{2}{\pi} \int_0^\infty \int_0^\infty f(u) \cos \omega t \cos \omega u \, du d\omega \tag{1}$$

그리고 만일 다음 식을 정의하면

$$\hat{F}_C(\omega) = \left(\frac{2}{\pi}\right)^{1/2} \int_0^\infty f(u) \cos \omega u \, du = \left(\frac{2}{\pi}\right)^{1/2} \int_0^\infty f(t) \cos \omega t \, dt \tag{2}$$

식(1)을 사용하여 식(2)와 식(3)이 서로 코사인 변환쌍임을 보이시오.

$$f(t) = \left(\frac{2}{\pi}\right)^{1/2} \int_0^\infty \hat{F}_C(\omega) \cos \omega t \, d\omega \tag{3}$$

10-8. 함수 $e^{-\alpha t}$, $\alpha \geq 0$의 코사인 변환은 다음과 같다(앞 문제 참조).

$$\hat{F}_C(\omega) = \left(\frac{2}{\pi}\right)^{1/2} \frac{\alpha}{\alpha^2 + \omega^2}$$

이 결과를 사용하여 다음 관계가 성립함을 보이시오.

$$\int_0^\infty \frac{\cos ax}{x^2 + b^2} dx = \frac{\pi}{2b} e^{-ab}$$

10-9. 앞 문제의 결과를 사용하여 다음 관계를 보이시오.

$$\int_0^\infty \frac{x \sin ax}{x^2 + b^2} = \frac{\pi}{2} e^{-ab}$$

10-10. 식 10.16의 코사인 변환이 식 10.17과 같이 주어지는 것을 보이시오.

10-11. 식 10.18에 주어진 로렌츠 함수는 ω_0에서 최대값을 갖고, $\omega - \omega_0 = \pm\alpha$에서 최대값의 절반임을 보이시오. 그리고 그 절반 높이에서 폭이 2α임을 보이시오. 이것이 로렌츠 함수의 넓이에 대한 표준값이다.

10-12. 연습문제 10-2의 결과를 사용하여, 다음을 보이시오.

$$\int_{-\infty}^\infty \frac{\sin az \cos xz}{z} dz = \begin{cases} \pi & |x| < a \\ 0 & |x| > a \end{cases}$$

10-13. 앞 문제의 결과를 사용하여 $\int_0^\infty \frac{\sin x}{x} dx = \frac{\pi}{2}$을 보이시오.

10-14. $\alpha = 0.10$이고 $\omega_0 = 2$일 때 $e^{-\alpha t} \cos \omega_0 t$와 그 함수의 코사인 변환을 그래프로 그리시오. 그림 10.6과 당신이 그린 그림과 비교하시오.

10-15. 함수 $f(t) = e^{-0.050t} \cos t + 2e^{-0.025t} \cos 2t$ 와 그 함수의 코사인 변환을 그래프로 그리시오. $f(t)$의 그래프에서 두 개의 진동수를 찾을 수 있는가? 다음의 함수 $f(t)$는 몇 개의 진동수를 가지고 있는가? 이 함수의 코사인 변환을 그래프로 그리시오.

$$g(t) = e^{-0.010t} \cos 1.2t + 1.75\, e^{-0.025t} \cos 2t + 0.50\, e^{-0.075t} \cos 2.6t$$

10-16. 식 10.13에 주어진 파동 함수 $\psi(x)$는 정규화되어 있음을 보이시오($\psi(x)$를 제곱하여 확인하시오).

10-17. 식 10.14에 주어진 파동 함수 $\phi(p)$는 정규화되어 있음을 보이시오($\phi(p)$의 제곱을 구하여 확인하시오).

10-18. 함수 $f(x) = e^{-|x|}$, $-\infty < x < \infty$에 대하여 파스발 정리를 사용하여 다음 관계를 보이시오.

$$\int_0^\infty \frac{du}{(1 + u^2)^2} = \frac{\pi}{4}$$

10-19. 앞 문제의 결과를 사용하여 다음을 계산하시오.

$$\int_0^\infty \frac{du}{(\alpha^2 + u^2)^2}$$

10-20. 이 문제에서는 상자 속 입자의 운동량 분포를 결정할 것이다. 파동 함수는

$$\psi_n(x) = \begin{cases} \left(\dfrac{2}{a}\right)^{1/2} \sin \dfrac{n\pi x}{a} & 0 \le x \le a \\ 0 & \text{다른 경우} \end{cases}$$

여기서 $n = 1, 2, \cdots$이다. 식 10.14를 사용하여 다음을 보이시오.

$$\phi_n(p) = \left(\frac{\pi\hbar^3}{a^3}\right)^{1/2} \frac{n}{\left(\dfrac{n\pi\hbar}{a}\right)^2 - p^2}[1 - (-1)^n e^{-ipa/\hbar}]$$

그리고 다음 관계를 보이시오.

$$\phi_n(p) = \begin{cases} i\left(\dfrac{4\pi\hbar^3}{a^3}\right)^{1/2} \dfrac{ne^{-ipa/2\hbar} \sin \dfrac{pa}{2\hbar}}{\left(\dfrac{n\pi\hbar}{a}\right)^2 - p^2} & n \text{ even} \\ \left(\dfrac{4\pi\hbar^3}{a^3}\right)^{1/2} \dfrac{ne^{-ipa/2\hbar} \cos \dfrac{pa}{2\hbar}}{\left(\dfrac{n\pi\hbar}{a}\right)^2 - p^2} & n \text{ odd} \end{cases}$$

여기서 $-\infty < p < \infty$이다. $n = 1$에서 4까지 $\phi_n^*(p)\phi_n(p)$를 그리고, 그 결과를 설명하시오. CAS 중 하나를 사용하여 $\phi_n(p)$가 정규화되어 있음을 보이시오.

10-21. CAS 중 하나를 사용하여 여러 개의 ω_0값(예를 들면 1/2, 1, 2)에 대하여 예제 10-2에 주어진 $\hat{F}(\omega)$의 첫 번째 항의 그래프와 그 다음 두 항까지의 그래프를 그리시오. 그리고 당신의 결과와 비교하시오.

10-22. CAS 중 하나를 사용하여 여러 개의 ω_0값과 α값에 대하여 식 10.17에 있는 $\hat{F}(\omega)$의 첫 번째 항의 그래프와 첫 번째와 두 번째 항의 합의 그래프를 그리시오. 그리고 당신의 결과와 비교하시오.

10-23. CAS 중 하나를 사용하여, 연습문제 10-15와 비슷한 문제를 만들어 보시오.

제 11 장

연산자

연산자는 양자 역학에서 아주 중요한 역할을 하는 수학적 개념이다. 양자 역학에서 다루는 운동량, 운동 에너지, 위치, 각 운동량 같은 물리적 양들은 연산자로 표현된다. 양자 역학에서 가장 잘 알려진 연산자는 에너지에 대응하는 해밀턴 연산자(Hamiltonian operator)이다.

$$\hat{H}\psi = E\psi$$

여기서 $\hat{H}$는 해밀턴 연산자이고, E는 에너지, ψ는 파동 함수이다. 이 장에서 연산자의 일반적인 성질과 중요한 성질에 대하여 논의할 것이다. 특히 해밀턴 연산자의 특성에 대하여 자세히 다룰 것이다.

11.1 선형 연산자

연산자(*operator*)는 연산자의 기호 뒤에 있는 함수(무엇이든지)에 대하여 연산(계산)하라는 의미를 갖는 연산의 기호이다. 예를 들면, dy/dx는 함수 y를 미분을 하라는 의미이다. 이러한 개념은 정식으로 연산자 기호로 표시할 수 있다. 즉, 미분 연산자 기호를 $\hat{D} = d/dx$로 나타낸다면, $dy/dx = \hat{D}y(x)$로 쓸 수 있다. 그래서 $\hat{D}x^4 = 4x^3$이 된다. 연산자에 대한 다른 예를 들어보면, SQR(제곱 연산자), $\int_0^1 dx\,\square$(0에서 1까지 적분하라는 연산자), 3(3을 곱하라는 연산자) 등등 수많은 연산자들이 있다. 보통 연산자는 연산자를 나타내는 대문자 위에 삿갓(caret)표시를 더하여(즉, $\hat{A}$, $\hat{B}$, $\hat{H}$ 등) 나타낸다. 즉,

$$\hat{A}f(x) = g(x)$$

이 식은 함수 $f(x)$에 연산자 $\hat{A}$를 연산하면 새로운 함수 $g(x)$가 된다는 것을 나타내고 있다.

예제 11-1

다음 연산을 수행하시오.

(a) $\hat{A}x^2, \qquad \hat{A} = \int_0^2 dx\,\square$

(b) $\hat{A}x^2, \qquad \hat{A} = \frac{d^2}{dx^2} + 2\frac{d}{dx} + 3$

(c) $\hat{A}\sin ax, \qquad \hat{A} = -\frac{d^2}{dx^2}$

풀이

(a) $\hat{A}x^2 = \int_0^2 dx\, x^2 = \frac{8}{3}$

(b) $\hat{A}x^2 = \frac{d^2}{dx^2}x^2 + 2\frac{d}{dx}x^2 + 3x^2 = 2 + 4x + 3x^2$

(c) $\hat{A}\sin ax = -\frac{d^2}{dx^2}\sin ax = a^2 \sin ax$

양자 역학에서는 **선형 연산자**(*linear operator*)만을 다룬다. 선형 연산자는 다음 조건을 만족해야 한다.

$$\hat{A}\,[c_1 f_1(x) + c_2 f_2(x)] = c_1 \hat{A} f_1(x) + c_2 \hat{A} f_2(x) \tag{11.1}$$

여기서 c_1과 c_2는 상수이며, 이 상수들은 복소수가 될 수도 있다. "미분" 연산자와 "적분" 연산자는 위의 조건을 만족하기 때문에 분명히 선형 연산자들이다.

$$\frac{d}{dx}[c_1 f_1(x) + c_2 f_2(x)] = c_1 \frac{df_1}{dx} + c_2 \frac{df_2}{dx}$$

그리고

$$\int dx\, [c_1 f_1(x) + c_2 f_2(x)] = c_1 \int dx\, f_1(x) + c_2 \int dx\, f_2(x)$$

반면에 "제곱" 연산자, SQR은 선형 연산자가 아니다.

$$\begin{aligned} \mathrm{SQR}\,[c_1 f_1(x) + c_2 f_2(x)] &= c_1^2 f_1^2(x) + c_2^2 f_2^2(x) + 2c_1c_2 f_1(x) f_2(x) \\ &\neq c_1 f_1^2(x) + c_2 f_2^2(x) \end{aligned}$$

이처럼 제곱 연산자는 식 11.1에 주어진 선형 연산자의 조건을 충족하지 않기 때문에 선형 연산자가 아니다.

예제 11-2

다음에 주어진 연산자들이 선형인지, 비선형인지 결정하시오.

(a) $\hat{A} f(x) = \mathrm{SQRT}\ f(x)$ (제곱근을 취하라)

(b) $\hat{A} f(x) = x^2 f(x)$ (x^2 을 곱하라)

풀이

(a) $\hat{A}\,[c_1 f_1(x) + c_2 f_2(x)] = \text{SQRT}\ [c_1 f_1(x) + c_2 f_2(x)]$
$= [c_1 f_1(x) + c_2 f_2(x)]^{1/2} \neq c_1 f_1^{1/2}(x) + c_2 f_2^{1/2}(x)$

따라서 SQRT는 비선형 연산자이다.

(b) $\hat{A}\,[c_1 f_1(x) + c_2 f_2(x)] = x^2\,[c_1 f_1(x) + c_2 f_2(x)]$
$= c_1 x^2 f_1(x) + c_2 x^2 f_2(x) = c_1 \hat{A} f_1(x) + c_1 \hat{A} f_1(x)$

따라서 이 연산자는 선형 연산자이다.

물리화학에서 흔히 마주치는 연산자들에 대한 문제는 다음과 같다. 연산자 $\hat{A}$가 주어질 때 함수 $\psi(x)$와 a를 구하라.

$$\hat{A}\psi(x) = a\psi(x) \tag{11.2}$$

위 식에서 함수 $\psi(x)$에 대하여 연산자 $\hat{A}$를 수행한 결과가 단지 어떤 상수 a만을 곱하여 다시 그 함수 $\psi(x)$ 꼴이 된다는 것에 주목해야 한다. 여기서, 분명히 함수 $\psi(x)$와 연산자 $\hat{A}$는 서로 매우 특별한 관계를 맺고 있다. 그래서 함수 $\psi(x)$를 연산자 $\hat{A}$의 **고유 함수**(*eigenfunction*)라 부른다. 그리고 상수 a는 연산자 $\hat{A}$의 **고유값**(*eigenvalue*)이라 부른다. 주어진 연산자 $\hat{A}$에 대하여 고유 함수 $\psi(x)$와 고유값 a를 결정하는 문제를 **고유값 문제**(*eigenvalue problem*)라고 부른다. 또는 **고유값 방정식**(*eigenvalue equation*)을 푼다고 말한다.

식 11.2의 고유값 방정식에서, 어떤 연산자는 완전한 세트의 고유 함수 $\psi_n(x)$와 그에 대응되는 고유값 a_n을 갖는 것이 매우 일반적이다. 즉, 연산자 $\hat{A}$가 여러 개의 고유 함수와 각각에 대응되는 여러 개의 고유값을 갖고, n번째 고유 함수 $\psi_n(x)$는 n번째 고유값 a_n을 갖도록 일대일 대응된다.

$$\hat{A}\psi_n(x) = a_n\psi_n(x) \qquad n = 1,\ 2,\ 3, \ldots \tag{11.3}$$

연산자 $\hat{A} = -d^2/dx^2$과 고유 함수 $\psi_n(x) = \sin n\pi x$이 한 가지 예이다. 여기서 $n = 1,\ 2,\ \cdots$이다. 이 연산자와 고유 함수에 대하여 식 11.3은 다음과 같이 쓸 수 있다.

$$\hat{A}\psi_n(x) = -\frac{d^2}{dx^2}\sin n\pi x = n^2\pi^2 \sin n\pi x \qquad n = 1,\ 2, \ldots$$

그래서 연산자 $\hat{A}$의 고유값이 $a_n = n^2\pi^2$가 된다는 것을 알 수 있다(여기서 이 간단한 예가 바로 상자 속에 있는 입자의 양자 역학적 식이라는 것을 알아야 한다).

연산자의 고유값은 실수나 복소수(허수)를 포함할 수 있다. 예를 들면, 선 운동량의 x 성분은 양자 역학에서 연산자로 나타내면 다음과 같이 허수($i=\sqrt{-1}$)를 포함하고 있다.

$$\hat{P}_x = -i\hbar\frac{d}{dx} \tag{11.4}$$

예제 11-3

함수 e^{ikx}가 연산자 $\hat{P}_x$의 고유 함수임을 보이시오. 그리고 고유값은 무엇인가?

풀이 함수 e^{ikx}에 x 성분의 선 운동량 연산자 $\hat{P}_x$를 적용하면 다음과 같이 된다.

$$\hat{P}_x e^{ikx} = -i\hbar\frac{d}{dx}e^{ikx} = \hbar k e^{ikx}$$

따라서 함수 e^{ikx}는 연산자 $\hat{P}_x$의 고유 함수이고, 고유값은 $\hbar k$이다. 실제로 여기서 k값은 어떤 제한을 받지 않는다. 그래서 이 고유값 문제에서 고유 함수와 고유값은 어느 값이든지 가능한 연속적인 양이다(즉, 양자수가 포함되어 있지 않다).

선형 연산자들은 다음 같은 중요한 성질을 갖는다. 두 개의 고유값 방적식이 있다고 가정하자.

$$\hat{A}\psi_1 = a\psi_1 \text{와 } \hat{A}\psi_2 = a\psi_2$$

두 개의 고유 함수 ψ_1과 ψ_2는 동일한 고유값 a을 갖는다. 이런 경우 $\hat{A}$의 고유값이 이중 축퇴(two-fold degenerate)되어 있다고 말한다. 이런 경우 고유 함수 ψ_1과 ψ_2를 **선형 조합**(*linear combination*)하면 $c_1\psi_1 + c_2\psi_2$가 되고, 이 함수는 역시 고유값이 a인 연산자 $\hat{A}$의 고유 함수가 된다. 연산자 $\hat{A}$가 선형 연산자인 성질을 이용하여 증명할 수 있다.

$$\hat{A}(c_1\psi_1 + c_2\psi_2) = c_1\hat{A}\psi_1 + c_2\hat{A}\psi_2 = c_1 a\psi_1 + c_2 a\psi_2 = a(c_1\psi_1 + c_2\psi_2)$$

예제 11-4

다음 고유값 방정식을 살펴보자.

$$\frac{d^2\Phi(\phi)}{d\phi^2} = -m^2\Phi(\phi)$$

여기서 m은 실수이다(복소수나 허수가 아님). 연산자 $\hat{A}$의 두 개의 고유 함수는

$$\Phi_m(\phi) = e^{im\phi} \text{와 } \Phi_{-m}(\phi) = e^{-im\phi}$$

이 고유 함수에 대하여 고유값은 $-m^2$이라는 것은 쉽게 알 수 있다. 이 두 개의 고유 함수 $\Phi_m(\phi)$와 $\Phi_{-m}(\phi)$의 선형 조합된 함수가 연산자 $\hat{A} = d^2/d\phi^2$의 고유 함수임을 보이시오.

풀이

$$\begin{aligned}\frac{d^2}{d\phi^2}(c_1 e^{im\phi} + c_2 e^{-im\phi}) &= c_1\frac{d^2 e^{im\phi}}{d\phi^2} + c_2\frac{d^2 e^{-im\phi}}{d\phi^2} = -c_1 m^2 e^{im\phi} - c_2 m^2 e^{-im\phi} \\ &= -m^2(c_1 e^{im\phi} + c_2 e^{-im\phi})\end{aligned}$$

예제 11-4는 $\hat{A}$가 선형 연산자이기 때문에, 두 고유 함수가 선형 조합으로 만들어진 함수도 고유

함수가 된다는 것을 보여 준다. 이중 축퇴된 경우만 예를 들어 보았지만, 다중 축퇴(n-fold degenerate)된 경우에도 그 결과는 일반화된다.

11.2 연산자의 교환자

만일 운동량을 p, 운동 에너지를 T라고 표시하면, 운동량과 운동 에너지 사이의 관계는 $T = p^2/2m$이다. 이 결과는 x-방향 성분에 대하여 연산자 기호로 쓸 수 있다.

$$\hat{T}_x = \frac{1}{2m}\hat{P}_x^2 \tag{11.5}$$

연산자 $(\hat{P}_x)^2$은 마치 $\hat{P}_x\hat{P}_x$ 처럼 두 개의 연산자를 연속적으로 적용하는 것으로 생각할 수 있다. 이런 경우에, 각각의 연산자를 순서대로 오른쪽에서부터 왼쪽으로 적용하여 연산해야 한다. 즉,

$$\hat{A}\hat{B}f(x) = \hat{A}[\hat{B}f(x)] = \hat{A}h(x)$$

여기서 $h(x) = \hat{B}f(x)$이다. 만일 $\hat{A} = \hat{B}$이면, $\hat{A}^2$은 $\hat{A}\hat{A}f(x)$로 쓸 수 있다. 함수 $f(x)$에 대하여 $\hat{A}^2f(x) \neq [\hat{A}f(x)]^2$임을 명심하기 바란다.

연산자 $(\hat{P}_x)^2$이 $\hat{P}_x$를 연속적으로 두 번 적용하라는 의미이므로, 운동 에너지 연산자는 다음과 같이 쓸 수 있다.

$$\begin{aligned}\hat{T}_x f(x) &= \frac{1}{2m}\hat{P}_x^2 f(x) = \frac{1}{2m}\left(-i\hbar\frac{d}{dx}\right)\left(-i\hbar\frac{d}{dx}\right)f(x) \\ &= -\frac{\hbar^2}{2m}\frac{d^2}{dx^2}f(x)\end{aligned} \tag{11.6}$$

여기서 $f(x)$는 임의의 함수이다. 연산자로 표현된 식을 계산할 때, 연산자가 함수 $f(x)$에 작용하도록 하면 아주 좋은 연습이 된다. 만일 $f(x)$를 포함시키지 않고 계산할 경우, 부정확한 결과를 얻을 수 있는 실례를 예제 11-6에서 볼 수 있다.

예제 11-5

연산자 $\hat{A} = d/dx$와 $\hat{B} = x^2$ (x^2을 곱하는 연산)가 주어질 경우 임의의 함수 $f(x)$에 대하여 다음 관계가 성립됨을 보이시오.

(a) $\hat{A}^2f(x) \neq [\hat{A}f(x)]^2$ (b) $\hat{A}\hat{B}f(x) \neq \hat{B}\hat{A}f(x)$

풀이

(a) $\hat{A}^2 f(x) = \dfrac{d}{dx}\left(\dfrac{df}{dx}\right) = \dfrac{d^2f}{dx^2}$

$[\hat{A}f(x)]^2 = \left(\dfrac{df}{dx}\right)^2 \neq \dfrac{d^2f}{dx^2}$

(b) $\hat{A}\hat{B}f(x) = \frac{d}{dx}[x^2 f(x)] = 2xf(x) + x^2\frac{df}{dx}$

$\hat{B}\hat{A}f(x) = x^2\frac{df}{dx} \neq \hat{A}\hat{B}f(x)$

그래서 연산자들을 적용하는 순서는 정확하게 지켜야 한다. 만일 연산자 $\hat{A}$와 $\hat{B}$가 다음 관계를 만족한다면

$$\hat{A}\hat{B}f(x) = \hat{B}\hat{A}f(x)$$

두 개의 연산자는 **교환가능하다**(*commute*)고 말한다. 그러나 이 예제에서 두 개의 연산자 $\hat{A}$와 $\hat{B}$는 **교환가능하지 않다**(*not commute*).

예제 11-5에서 본 것처럼 연산자들 간의 연산과 보통 대수적 양들 사이의 연산은 중요한 차이가 있다. 그것은 연산자들이 교환가능인가, 교환가능하지 않은가의 차이이다. 만일 임의의 함수 $f(x)$에 대하여

$$\hat{A}\hat{B}f(x) = \hat{B}\hat{A}f(x) \quad \text{(교환가능하다)} \tag{11.7}$$

이면, $\hat{A}$와 $\hat{B}$는 **교환가능하다**고 말한다. 그러나 만일

$$\hat{A}\hat{B}f(x) \neq \hat{B}\hat{A}f(x) \quad \text{(교환가능하지 않다)} \tag{11.8}$$

이면, $\hat{A}$와 $\hat{B}$는 **교환가능하지 않다**고 말한다. 예를 들어, $\hat{A} = d/dx$이고 $\hat{B} = x^2$이면

$$\hat{A}\hat{B}f(x) = \frac{d}{dx}[xf(x)] = f(x) + x\frac{df}{dx}$$

그리고

$$\hat{B}\hat{A}f(x) = x\frac{d}{dx}f(x) = x\frac{df}{dx}$$

따라서 $\hat{A}\hat{B}f(x) \neq \hat{B}\hat{A}f(x)$가 되고, $\hat{A}$와 $\hat{B}$는 교환가능하지 않다. 특별한 경우에,

$$\hat{A}\hat{B}f(x) - \hat{B}\hat{A}f(x) = f(x)$$

또는

$$(\hat{A}\hat{B} - \hat{B}\hat{A})f(x) = \hat{I}f(x) \tag{11.9}$$

여기서 항등 연산자(identity operator), $\hat{I}$는 함수 $f(x)$에 1을 곱한 것과 같은 것을 의미한다. 함수 $f(x)$는 임의의 함수이므로, 식 11.9에서 양쪽에 있는 $f(x)$를 빼고 연산자 방정식을 쓰면

$$\hat{A}\hat{B} - \hat{B}\hat{A} = \hat{I} \tag{11.10}$$

이 된다. 이와 같은 연산자 등식은 $f(x)$가 어떤 함수이든지 성립한다는 것을 명심해야 한다. 식 11.10

에서 보여준 $\hat{A}$와 $\hat{B}$의 연산은 자주 나타나고, $[\hat{A}, \hat{B}]$로 표시되는 연산을 **교환자**(*commutator*)라고 부른다.

$$[\hat{A}, \hat{B}] = \hat{A}\hat{B} - \hat{B}\hat{A} \tag{11.11}$$

만일 $[\hat{A}, \hat{B}]f(x) = 0$인 교환자의 경우 $[\hat{A}, \hat{B}] = 0$이라고 쓰고, 연산자 $\hat{A}$와 $\hat{B}$는 교환가능하다고 말한다.

예제 11-6

연산자 $\hat{A} = d/dx$와 $\hat{B} = x^2$이라고 하자. 교환자, $[\hat{A}, \hat{B}]$를 쓰시오.

풀이 임의의 함수 $f(x)$에 $\hat{A}$와 $\hat{B}$를 작용시키면

$$\hat{A}\hat{B}f(x) = \frac{d}{dx}[x^2 f(x)] = 2xf(x) + x^2\frac{df}{dx}$$

$$\hat{B}\hat{A}f(x) = x^2\frac{d}{dx}f(x) = x^2\frac{df}{dx}$$

두 개의 결과를 빼주면,

$$(\hat{A}\hat{B} - \hat{B}\hat{A})f(x) = 2xf(x)$$

$f(x)$는 임의의 함수이므로, 다음과 같이 쓸 수 있다.

$$[\hat{A}, \hat{B}] = 2x\hat{I}$$

즉, $\hat{A}$와 $\hat{B}$는 교환가능하지 않다. 앞에서 논의한 것처럼, 교환자를 계산할 때 임의의 함수 $f(x)$를 포함시켜 연산해야 한다. 그렇지 않으면, 이상한 결과를 얻을 수도 있다. 결과적으로 다음과 같은 오류를 범할 수 있다.

$$[\hat{A}, \hat{B}] = \hat{A}\hat{B} - \hat{B}\hat{A} = \frac{d}{dx}x^2 - x^2\frac{d}{dx}$$

$$\neq 2x - x^2\frac{d}{dx}$$

이 결과는 임의의 함수 $f(x)$를 포함해야 한다는 것을 잊었기 때문에 생기는 실수이다. 교환자 기호 뒤에 임의의 함수 $f(x)$를 포함시킨다면 이런 실수는 일어나지 않을 것이다.

예제 11-7

양자 역학에서 위치 연산자는 $\hat{X} = x$이고, 운동량 연산자의 x-성분은 $\hat{P}_x = -i\hbar d/dx$로 주어진다. 교환자 $[\hat{P}_x, \hat{X}]$를 구하시오.

풀이 $[\hat{P}_x, \hat{X}]$에 임의의 함수 $f(x)$를 적용시키면

$$
\begin{aligned}
[\hat{P}_x, \hat{X}]f(x) &= \hat{P}_x\hat{X}f(x) - \hat{X}\hat{P}_x f(x) \\
&= -i\hbar\frac{d}{dx}[xf(x)] + xi\hbar\frac{d}{dx}f(x) \\
&= -i\hbar f(x) - i\hbar x\frac{df}{dx} + i\hbar x\frac{df}{dx} \\
&= -i\hbar f(x)
\end{aligned}
$$

따라서 결과는

$$[\hat{P}_x, \hat{X}] = -i\hbar\hat{I}$$

여기서 I 는 단위 연산자(곱하기-일 연산자)이다.

11.3 에르미트 연산자

양자 역학적인 연산자들이 선형 연산자인 것은 당연하지만, 좀 더 정교한 요구조건을 만족해야 한다. 양자 역학의 기본 개념(원리) 중 하나는 "만일 주어진 연산자 $\hat{A}$에 대응하는 물리적 양을 실험적으로 측정한다면, 관측된 물리적 양은 연산자 $\hat{A}$의 고유값이 되어야 한다."는 것이다. 그러나 연산자들은 복소수인 고유값을 가질 수도 있다(식 11.4 참조). 따라서 만일 고유값이 실험적으로 측정된 값의 결과에 대응해야 한다면, 그 연산자의 고유값은 반드시 실수값이 되어야 한다. 이것을 식으로 나타내면,

$$\hat{A}\psi = a\psi \tag{11.12}$$

여기서 $\hat{A}$와 $f(x)$는 복소수가 될 수 있지만, 고유값 a는 실수값이 되어야 한다. 따라서 양자 역학적인 연산자들은 유일한 실수인 고유값을 가져야 한다. 이것이 양자 역학적 연산자에 대한 하나의 요구 조건이다.

이 요구 조건을 확인하기 위하여 식 11.12의 왼쪽에 ψ의 공액 복소수 ψ^*를 곱하고 적분하면 다음과 같이 된다.

$$\int \psi^*\hat{A}\,\psi\,dx = a\int \psi^*\psi\,dx \tag{11.13}$$

그리고 식 11.12의 공액 복소수를 취하면, 다음과 같이 쓸 수 있다.

$$(\hat{A}\psi)^* = a^*\psi^* = a\psi^* \tag{11.14}$$

여기서 고유값 a는 실수이기 때문에 $a^* = a$가 되는 것은 당연하다. 식 11.14의 왼쪽에 ψ를 곱하여 적분하면,

$$\int \psi(\hat{A}\psi)^* dx = a \int \psi\psi^* dx = a \int \psi^* \psi \, dx \tag{11.15}$$

식 11.15와 식 11.13의 왼쪽 항은 같아야 한다.

$$\int \psi^* \hat{A}\psi \, dx = \int \psi(\hat{A}\psi)^* dx \tag{11.16}$$

연산자 $\hat{A}$의 고유값이 실수가 되도록 보장하기 위해서 식 11.16을 충족시켜야 한다. 어떤 잘 정의된 함수에 대하여 식 11.16의 조건을 만족시키는 연산자는 **에르미트 연산자**(*Hermitian operator*)라고 부른다. 따라서 다음 관계를 만족시키는 연산자를 에르미트 연산자의 정의로 사용할 수 있다.

$$\int_{-\infty}^{\infty} f^* \hat{A} f \, dx = \int_{-\infty}^{\infty} f(\hat{A} f)^* dx \qquad \text{(에르미트)} \tag{11.17}$$

여기서 $f(x)$는 잘 정의된 함수이다. 에르미트 연산자는 실수인 고유값을 갖는다. 물리적으로 측정할 수 있는 성질에 대응되는 양자 역학적 연산자들은 모두 에르미트 연산자들이다.

주어진 연산자가 에르미트인지 아닌지를 어떻게 결정할 수 있는가? 연산자 $\hat{A} = d/dx$를 생각해보자. $\hat{A}$가 식 11.17을 만족하는가? $\hat{A} = d/dx$를 식 11.17에 대입하고, 부분 적분을 수행하면,

$$\int_{-\infty}^{\infty} f^* \frac{d}{dx} f \, dx = \int_{-\infty}^{\infty} f^* \frac{df}{dx} dx = \Big[f^* f \Big]_{-\infty}^{\infty} - \int_{-\infty}^{\infty} f \frac{df^*}{dx} dx$$

양자 역학에서 파동 함수로 가능한 함수는 x값이 무한대에서 0으로 수렴해야 한다. 따라서 위 식의 오른쪽 첫 번째 항은 0이 되어야 한다. 그러므로,

$$\int_{-\infty}^{\infty} f^* \frac{d}{dx} f \, dx = -\int_{-\infty}^{\infty} f \frac{d}{dx} f^* \, dx$$

임의의 함수 $f(x)$에 대하여 연산자 $\hat{A}$는 식 11.17을 만족하지 않는다. 그래서 연산자 d/dx는 에르미트 연산자가 아니다.

운동량 연산자의 x 성분, $\hat{P}_x = -i\hbar d/dx$에 대하여 생각해보자. $\hat{P}_x$를 식 11.17의 오른쪽 항에 대입하면,

$$\int_{-\infty}^{\infty} f(\hat{P}_x f)^* dx = \int_{-\infty}^{\infty} f \left(-i\hbar \frac{df}{dx} \right)^* dx = i\hbar \int_{-\infty}^{\infty} f \frac{df^*}{dx} dx$$

비슷하게, $\hat{P}_x$를 식 11.17의 왼쪽 항에 대입하여 부분 적분을 수행하면,

$$\begin{aligned}\int_{-\infty}^{\infty} f^* \hat{P}_x f \, dx &= \int_{-\infty}^{\infty} f^* \left(-i\hbar \frac{d}{dx} \right) f \, dx = -i\hbar \int_{-\infty}^{\infty} f^* \frac{df}{dx} dx \\ &= -i\hbar \Big[f^* f \Big]_{-\infty}^{\infty} + i\hbar \int_{-\infty}^{\infty} f \frac{df^*}{dx} dx = i\hbar \int_{-\infty}^{\infty} f \frac{df^*}{dx} dx\end{aligned}$$

여기서 일반적으로 함수 f는 무한대에서 0이 된다. 따라서 $\hat{P}_x$는 식 11.17의 조건을 만족한다. 그러

므로 운동량 연산자는 에르미트 연산자이다.

예제 11-8

(일차원) 운동 에너지 연산자가 에르미트임을 증명하시오.

$$\hat{T} = -\frac{\hbar^2}{2m}\frac{d^2}{dx^2}$$

풀이 이 연산자를 식 11.17에 대입하여 부분 적분을 수행하면,

$$\begin{aligned}\int_{-\infty}^{\infty} f^*\hat{T} f\,dx &= -\frac{\hbar^2}{2m}\int_{-\infty}^{\infty} f^*\frac{d^2 f}{dx^2}dx = -\frac{\hbar^2}{2m}\left[f^*\frac{df}{dx}\right]_{-\infty}^{\infty} + \frac{\hbar^2}{2m}\int_{-\infty}^{\infty}\frac{df^*}{dx}\frac{df}{dx}dx \\ &= \frac{\hbar^2}{2m}\left[\frac{df^*}{dx}f\right]_{-\infty}^{\infty} - \frac{\hbar^2}{2m}\int_{-\infty}^{\infty}\frac{d^2 f^*}{dx^2}f\,dx = -\frac{\hbar^2}{2m}\int_{-\infty}^{\infty} f\frac{d^2 f^*}{dx^2}dx\end{aligned}$$

여기서 f는 무한대에서 0이 된다. 따라서 결과는 다음과 같다.

$$\begin{aligned}\int_{-\infty}^{\infty} f^*\hat{T} f\,dx &= \int_{-\infty}^{\infty} f\left(-\frac{\hbar^2}{2m}\frac{d^2}{dx^2}\right)f^*\,dx \\ &= \int_{-\infty}^{\infty} f\left(-\frac{\hbar^2}{2m}\frac{d^2 f}{dx^2}\right)^* dx = \int_{-\infty}^{\infty} f(\hat{T}f)^*\,dx\end{aligned}$$

운동 에너지 연산자는 식 11.17의 조건을 만족시키기 때문에 에르미트 연산자이다.

식 11.17에 주어진 에르미트 연산자의 정의는 가장 일반적인 정의가 아니다. 더 일반적인 정의는 다음과 같다.

$$\int_{-\infty}^{\infty} f^*(x)\hat{A}g(x)\,dx = \int_{-\infty}^{\infty} g(x)[\hat{A}f(x)]^*\,dx \qquad \text{(에르미트)} \tag{11.18}$$

여기서 $f(x)$와 $g(x)$는 잘 정의된 파동 함수이다. 식 11.18은 식 11.17을 증명하는 것처럼 입증할 수 있다. 그래서 식 11.17에 주어진 정의로 충분하다. 연습문제 11-13은 이것을 증명하는 문제이다.

양자 역학에서는 연산자들이 실수인 고유값을 갖는다는 조건 때문에 에르미트 연산자를 정의하여 사용한다. 에르미트 연산자의 고유값은 실수일 뿐만 아니라, 그 고유값은 다소 특별한 조건을 만족해야 한다. $\hat{A}$가 에르미트 연산자일 때 두 개의 고유값 방정식을 생각해 보자.

$$\hat{A}\psi_n = a_n\psi_n \text{ 와 } \hat{A}\psi_m = a_m\psi_m \tag{11.19}$$

식 11.19의 첫 번째 식에 ψ_m^*를 곱한 다음 적분하면,

$$\int_{-\infty}^{\infty}\psi_m^*\hat{A}\psi_n\,dx = a_n\int_{-\infty}^{\infty}\psi_m^*\psi_n\,dx \tag{11.20}$$

그리고 식 11.19의 두 번째 식의 공액 복소수를 취한 다음 ψ_n를 곱하여 적분하면,

$$\int_{-\infty}^{\infty} \psi_n(\hat{A}\psi_m)^* \, dx = a_m^* \int_{-\infty}^{\infty} \psi_n \psi_m^* \, dx = a_m^* \int_{-\infty}^{\infty} \psi_m^* \psi_n \, dx \tag{11.21}$$

식 11.20과 식 11.21을 빼주면,

$$\int_{-\infty}^{\infty} \psi_m^* \hat{A} \psi_n \, dx - \int_{-\infty}^{\infty} \psi_n(\hat{A}\psi_m)^* \, dx = (a_n - a_m^*) \int_{-\infty}^{\infty} \psi_m^* \psi_n \, dx \tag{11.22}$$

연산자 $\hat{A}$는 에르미트적이기 때문에 식 11.18은 식 11.22의 왼쪽 항이 0이 됨을 보여 준다. 따라서

$$(a_n - a_m^*) \int_{-\infty}^{\infty} \psi_m^* \psi_n \, dx = 0 \tag{11.23}$$

식 11.23에서 $n = m$인 경우와 $n \neq m$인 경우 두 가지의 가능성이 있다. $n = m$인 경우 모든 x값에 대하여 $\psi_n^*(x)\psi_n(x) \geq 0$이기 때문에 적분이 양이다. 그래서

$$a_n = a_n^* \tag{11.24}$$

여기서 고유값이 실수값이라는 것을 다시 한 번 입증하게 된다.

만일 $n \neq m$인 경우, 다음과 같이 된다.

$$(a_n - a_m) \int_{-\infty}^{\infty} \psi_m^* \psi_n \, dx = 0 \qquad m \neq n \tag{11.25}$$

만일 축퇴되지 않은 경우에, $a_n \neq a_m$이기 때문에

$$\int_{-\infty}^{\infty} \psi_m^* \psi_n \, dx = 0 \qquad n \neq m \tag{11.26}$$

따라서 $\psi_n(x)$와 $\psi_m(x)$는 서로 직교한다는 것을 보여 준다. 적어도 축퇴되지 않은 경우 에르미트 연산자들의 고유 함수들은 서로 직교한다는 것을 입증하였다. 일차원 상자 속의 입자에 대한 양자 역학적 문제는 축퇴되지 않은 경우의 예이고, 그 파동 함수는 $n = 1, 2, 3 \cdots$에 대하여 다음과 같이 주어진다(예제 6-4 참조).

$$\psi_n(x) = \begin{cases} \left(\dfrac{2}{a}\right)^{1/2} \sin \dfrac{n\pi x}{a} & 0 < x < a \\ 0 & \text{otherwise} \end{cases} \tag{11.27}$$

$(2/a)^{1/2}$ 인자는 $\psi_n(x)$가 다음과 같은 뜻으로 정규화되어 있음을 확실하게 한다.

$$\int_o^a \psi_n^2(x) \, dx = \frac{2}{a} \int_0^a \sin^2 \frac{n\pi x}{a} \, dx = 1$$

정규화되고 또 서로 직교하는 함수들의 집합은 **직교정규화**(*orthonormal*) 집합이라고 부른다. 직교정규화 조건은 다음과 같다.

$$\int_{-\infty}^{\infty} \psi_m^* \psi_n \, dx = \delta_{nm} \tag{11.28}$$

여기서

$$\delta_{nm} = \begin{cases} 1 & m = n \\ 0 & m \neq n \end{cases} \tag{11.29}$$

여기서 δ_{nm}는 크로네커 델타이다(식 8.13과 연습문제 8-8 참조).

예제 11-9

다음 함수들이 $(0, 2\pi)$ 구간에서 직교정규화 세트임을 보이시오.

$$\psi_m(\theta) = (2\pi)^{-1/2} e^{im\theta} \qquad m = 0, \ \pm 1, \ \pm 2, \ldots$$

풀이 위 함수들이 직교정규화 세트임을 입증하기 위해서 식 11.28을 만족한다는 것을 보여야 한다. 이 관계를 보이기 위하여

$$\begin{aligned}
\int_0^{2\pi} \psi_m^*(\theta)\psi_n(\theta)\, d\theta &= \frac{1}{2\pi}\int_0^{2\pi} e^{-im\theta} e^{in\theta}\, d\theta \\
&= \frac{1}{2\pi}\int_0^{2\pi} e^{i(n-m)\theta}\, d\theta \\
&= \frac{1}{2\pi}\int_0^{2\pi} \cos(n-m)\theta\, d\theta + \frac{i}{2\pi}\int_0^{2\pi} \sin(n-m)\theta\, d\theta
\end{aligned}$$

$n \neq m$인 경우 사인 함수와 코사인 함수는 완전한 주기에 대한 적분이므로 마지막 두 개의 적분은 없어진다. $n = m$인 경우 마지막 항은 $\sin 0 = 0$이므로 없어지고, 첫 번째 항은 $\cos 0 = 1$이기 때문에 적분하면 2π가 되어 1이 된다.

$$\int_0^{2\pi} \psi_m^*(\theta)\psi_n(\theta)\, d\theta = \delta_{mn}$$

이고, $\psi_m(\theta)$는 직교정규화 세트가 된다.

에르미트 연산자의 고유 함수가 직교한다는 것을 입증할 때 축퇴되지 않은 경우로 제한하였다. 즉, 식 11.25에서 $n \neq m$이면 $a_n - a_m \neq 0$이 된다. 그러나 축퇴된 경우에도 8.2절에서 설명한 그램-슈미트 직교화 과정을 사용하여 축퇴된 세트를 선형 조합함으로써 직교화된 고유 함수를 만들 수 있다. 따라서 에르미트 연산자의 고유 함수들은 서로 직교하거나, 직교하도록 만들 수 있다는 것을 알 수 있다.

연습문제

11-1. $\hat{A}$와 f가 아래와 같이 주어질 때 $g = \hat{A}f$를 계산하시오.

$\hat{A}$	f	$\hat{A}$	f
(a) SQRT	x^4	(c) $\int_0^1 dx\,\square$	$x^3 - 2x + 3$
(b) $\frac{d^3}{dx^3} + x^3$	e^{-ax}	(d) $\frac{\partial^2}{\partial x^2} + \frac{\partial^2}{\partial y^2} + \frac{\partial^2}{\partial z^2}$	$x^3y^2z^4$

11-2. 다음 연산자들이 선형 연산자인지 비선형 연산자인지 결정하시오.

(a) $\hat{A}f(x) = \text{SQR}f(x)$ 〔$f(x)$의 제곱〕

(b) $\hat{A}f(x) = f^*(x)$ 〔$f(x)$의 공액 복소수가 된다.〕

(c) $\hat{A}f(x) = [f(x)]^{-1}$ 〔$f(x)$의 역수를 취한다.〕

(d) $\hat{A}f(x) = \ln f(x)$ 〔$f(x)$의 로그를 취한다.〕

11-3. 다음의 각 경우 함수 f가 주어진 연산자의 고유 함수임을 보이시오. 그리고 고유값을 구하시오.

$\hat{A}$	f	$\hat{A}$	f
(a) $\frac{d^2}{dx^2}$	$\cos\omega x$	(c) $\frac{d^2}{dx^2} + 2\frac{d}{dx} + 3$	$e^{\alpha x}$
(b) $\frac{d}{dt}$	$e^{i\omega t}$	(d) $\frac{\partial}{\partial y}$	x^2e^{6y}

11-4. 함수 $(\cos ax)(\cos by)(\cos cz)$가 다음 연산자의 고유 함수임을 보이시오.

$$\nabla^2 = \frac{\partial^2}{\partial x^2} + \frac{\partial^2}{\partial y^2} + \frac{\partial^2}{\partial z^2}$$

이 연산자는 라플라스 연산자(Laplacian operator)라 부른다. 이 연산자에 대한 고유값은 무엇인가?

11-5. 연산자 $\hat{A}$가 다음과 같이 주어질 경우 연산자 $\hat{A}^2$를 쓰시오.

(a) $\frac{d^2}{dx^2}$ (b) $\frac{d}{dx} + x$ (c) $\frac{d^2}{dx^2} - 2x\frac{d}{dx} + 1$

힌트 : 계산하기 전에 연산자 뒤에 $f(x)$를 포함시키시오.

11-6. 다음 연산자 쌍 $\hat{A}$와 $\hat{B}$가 서로 교환가능인지 아닌지 결정하시오.

$\hat{A}$	$\hat{B}$	$\hat{A}$	$\hat{B}$
(a) $\frac{d}{dx}$	$\frac{d^2}{dx^2} + 2\frac{d}{dx}$	(c) SQR	SQRT
(b) x	$\frac{d}{dx}$	(d) $\frac{\partial}{\partial x}$	$\frac{\partial}{\partial y}$

11-7. 일반적인 대수학에서는 $(P+Q)(P-Q) = P^2 - Q^2$의 관계가 성립한다. 연산자 $\hat{P}$와 $\hat{Q}$에 대하여 $(\hat{P}+\hat{Q})(\hat{P}-\hat{Q})$를 전개하시오. 일반적인 대수학에서의 결과와 같은 결과를 갖기 위한 조건은 무엇인가?

11-8. 다음 적분값이 n값에 따라서 다음과 같음을 보이시오.

$$\int_0^a e^{\pm i2\pi nx/a} dx = 0 \qquad n \neq 0$$

11-9. $n = 0, \pm 1, \pm 2, \cdots$일 때, 일련의 함수 $\psi_n(x) = (2a)^{-1/2} e^{i\pi nx/a}$이 $-a \leq x \leq a$ 구간에서 직교정규화 되어 있음을 보이시오.

11-10. $\hat{A}$와 $\hat{B}$가 다음과 같이 주어질 때 교환자 $[\hat{A}, \hat{B}]$를 계산하시오.

	$\hat{A}$	$\hat{B}$		$\hat{A}$	$\hat{B}$
(a)	$\dfrac{d^2}{dx^2}$	x	(c)	$\int_0^x du \,\square$	$\dfrac{d}{dx}$
(b)	$\dfrac{d}{dx} - x$	$\dfrac{d}{dx} + x$	(d)	$\dfrac{d^2}{dx^2} - x$	$\dfrac{d}{dx} + x^2$

11-11. 다음 연산자들 중에서 에르미트 연산자는 어느 것인가? $d/dx, id/dx, d^2/dx^2, id^2/dx^2, xd/dx$, x가 연산자들에 연산되는 함수는 x가 무한대에서도 잘 정의된 함수라고 가정하시오.

11-12. 만일 $\hat{A}$가 에르미트 연산자이면, $\hat{A} - a$도 에르미트 연산자임을 보이시오. 여기서 a는 상수이다. 이 두 개의 에르미트 연산자의 합이 에르미트 연산자가 되는 것을 보이시오.

11-13. 식 11.17에서 식 11.18이 되는 것을 증명하기 위해서 먼저 식 11.7을 f와 g에 대하여 쓴다.

$$\int f^* \hat{A} f \, dx = \int f (\hat{A} f)^* \, dx \text{와} \quad \int g^* \hat{A} g \, dx = \int g (\hat{A} g)^* \, dx$$

다음, 임의의 복소수인 상수 c_1과 c_2를 사용하여 식 11.17을 다음과 같이 쓴다.

$$\int (c_1 f + c_2 g)^* \hat{A} (c_1 f + c_2 g) \, dx = \int (c_1 f + c_2 g) [\hat{A} (c_1 f + c_2 g)]^* \, dx$$

위식의 양변을 전개하고 맨 위의 두 식을 사용하면 다음과 같이 된다.

$$c_1^* c_2 \int f^* \hat{A} g \, dx + c_2^* c_1 \int g^* \hat{A} f \, dx = c_1 c_2^* \int f (\hat{A} g)^* \, dx + c_1^* c_2 \int g (\hat{A} f)^* \, dx$$

이 식을 정리하면

$$c_1^* c_2 \int [f^* \hat{A} g - g (\hat{A} f)^*] \, dx = c_1 c_2^* \int [f (\hat{A} g)^* - g^* \hat{A} f] \, dx$$

이 식의 양변은 서로 공액 복소수임을 기억하시오. 만일 $z = x + iy$이고 $z = z^*$이면, 값이 실수가 되는 것을 보이시오. 그러면 위식의 양변은 실수값이 된다. c_1과 c_2는 임의의 복소수 상수이기 때문에 위 식의 양변이 실수가 되는 유일한 방법은 두 적분값이 0이 되는 것 밖에 없다. 이렇게 되기 위해서 식 11.18의 조건을 만족해야 한다는 것을 보이시오.

11-14. $\hat{A}$와 $\hat{B}$가 에르미트 연산자이면 다음 관계가 성립함을 보이시오.

$$\int \psi_n (\hat{B} \hat{A} \psi_m)^* \, dx = \int \psi_m^* \hat{A} \hat{B} \psi_n \, dx$$

힌트 : 식 11.18을 사용하시오.

11-15. 앞 문제의 결과를 사용하여 $\hat{A}$와 $\hat{B}$가 에르미트임을 보이시오. 그리고 $\hat{A}$와 $\hat{B}$가 교환 가능하다면, $\hat{A}\hat{B}$가 에르미트 연산자임을 보이시오.

11-16. $f(\hat{A})$와 $\hat{A}$가 의 다항식 함수라고 하자.

$$f(\hat{A}) = a_0 + a_1\hat{A} + a_2\hat{A}^2 + \cdots + a_N\hat{A}^N$$

만일 $\hat{A}$의 고유 함수가 ψ이고, 고유값이 β이면, 다음 관계가 성립함을 보이시오.

$$f(\hat{A})\psi = f(\beta)\psi$$

11-17. 앞 문제에서 보는 것처럼 만일 $f(\hat{A})$와 $g(\hat{A})$가 연산자, $\hat{A}$의 다항식 함수이면, $f(\hat{A})$와 $g(\hat{A})$는 교환 가능하다는 것을 보이시오.

11-18. $\exp(\hat{A})$는 매클로린 급수로 전개하넌,

$$e^{\hat{A}} = \hat{I} + \hat{A} + \frac{1}{2!}\hat{A}^2 + \frac{1}{3!}\hat{A}^3 + \cdots$$

어떤 조건에서 $e^{\hat{A}+\hat{B}} = e^{\hat{A}}e^{\hat{B}}$ 관계가 성립되는가?

11-19. 연산자의 교환자(commutator) 계산에서 $[\hat{A}, \hat{B}\hat{C}] = [\hat{A}, \hat{B}]\hat{C} + \hat{B}[\hat{A}, \hat{C}]$임을 보이시오.

11-20. 다음 세 개의 함수가 $(-\infty, \infty)$ 구간에서 직교정규화되어 있음을 보이시오.

$$\psi_0(x) = (1/\pi)^{1/4}e^{-x^2/2}$$
$$\psi_1(x) = (4/\pi)^{1/4}xe^{-x^2/2}$$
$$\psi_2(x) = (1/4\pi)^{1/4}(2x^2 - 1)\,e^{-x^2/2}$$

11-21. 일련의 함수 $\{(2/a)^{1/2}\cos(n\pi x/a)\}$, $n = 0, 1, 2, \cdots$이 $(0, a)$의 구간에서 직교정규화되어 있음을 보이시오.

제 12 장

여러 변수들의 함수

1장과 2장에서는 단일 변수의 함수들의 미분석분학의 근본적인 몇 가지 특징들을 복습하였다. 제목이 의미하듯, 이 장에서는 하나 이상의 변수들의 함수를 논의할 것이다. 여러 물리적 양이 하나 이상의 많은 변수들에 의존한다. 예를 들면, 일정량의 기체의 압력은 그 온도와 부피에 의존한다. 대부분의 열역학 책을 보면, 많은 열역학의 식들이 편미분 도함수로 되어 있음을 알 수 있다. 한 변수의 함수와 여러 변수들의 함수의 중요한 차이는 여러 변수들의 함수의 편미분 도함수를 만들 수 있다는 것인데 이것은 섞인 고차 편미분 도함수와 여러 가지의 연쇄 법칙에 이르게 한다.

편미분 도함수와 전미분 도함수를 논의한 뒤에 두 변수의 함수의 최대와 최소를 논의하게 될 것이다. 이 주제는 한 변수의 함수에 대한 것보다 좀 더 복잡하다. 임계점(일차 부분 미분이 0과 같은 점)의 성질은 이차 편미분 도함수들 $\partial^2 f/\partial x^2$, $\partial^2 f/\partial y^2$, $\partial^2 f/\partial x\partial y$의 상대적 값들에 의존하며, 이것들은 최대, 최소, 또는 안장점이 생기게 할 수 있다. 마지막으로 맨 끝 절에서는 다중 적분을 논의할 것이다.

12.1 편미분 도함수

여러 변수의 함수의 편미분 도함수를 구하는 것은 단일 변수의 함수의 도함수를 구하는 것과 비슷하다. 함수 $f(x, y)$가 있다고 가정하자. 그러면 $f(x, y)$의 x에 관한 편미분 도함수는 다음과 같이 정의된다.

$$\frac{\partial f}{\partial x} = \lim_{\Delta x \to 0} \frac{f(x + \Delta x, y) - f(x, y)}{\Delta x} \tag{12.1}$$

$\partial f/\partial y$식도 비슷하다.

식 12.1은 다른 변수를 상수로 다루며 한 변수에 관해 미분함으로써 편미분 도함수를 구할 수 있음을 말해 준다. 예를 들어 $f(x, y) = e^x \sin xy$ 라면

$$f_x = \frac{\partial f}{\partial x} = e^x \sin xy + ye^x \cos xy$$

그리고

$$f_y = \frac{\partial f}{\partial y} = xe^x \cos xy$$

여기서 $\partial f/\partial x$를 f_x로 $\partial f/\partial y$를 f_y로 하는 일반적인 표시법을 소개하였다. 이 표시법은 가끔은 편리하지만 f_x와 f_y를 벡터의 성분과 혼동하지 않게 조심해야만 한다. x에 관한 f의 도함수를 취할 때에 y가 일정하게 유지됨을 강조하고자 때때로 $(\partial f/\partial x)_y$를 쓴다. 그렇지만, 보통 어느 변수들이 일정하게 유지되는지는 문맥으로부터 알 수 있을 것이다.

예제 12-1

반데르발스(van der Waals) 식은 온도와 부피의 함수로 된 기체의 압력에 관한 근사식이다. 기체 1몰에 대한 반데르발스 식은

$$P = \frac{RT}{V-b} - \frac{a}{V^2} \tag{12.2}$$

이며, R은 몰당 기체 상수이고, a와 b는 특정한 기체에 특징적인 상수들이다. $\partial P/\partial T$와 $\partial P/\partial V$를 구하시오.

풀이

$$\left(\frac{\partial P}{\partial T}\right)_V = \frac{R}{V-b}$$

그리고

$$\left(\frac{\partial P}{\partial V}\right)_T = -\frac{RT}{(V-b)^2} + \frac{2a}{V^3}$$

물리적으로 이 식들은 일정한 부피에서 온도를 변화시킬 때에 압력이 어떻게 변하는지, 그리고 일정한 온도에서 부피를 변화시킬 때에 압력이 어떻게 변하는지를 결정한다. $(\partial f/\partial x)_y$가 T와 V 둘의 함수임에 주목하라.

편미분 도함수들에는 멋진 기하학적 해석이 있다. 그림 12.1은 식 12.2에 따른 표면을 보여 준다. 어떤 고정된 온도 T_0을 고르자. $T_0 =$ 상수라는 조건은 PV 평면과 평행하고 T 축을 T_0에서 가로지르는 평면으로 기술된다. 그러면 편미분 도함수 $(\partial P/\partial V)_{T_0}$는 그림 12.1의 입력 표면이 $T_0 =$ 상수 평면을 가로지름으로써 생기는 선의 기울기이다. 그림 12.2는 T_0 평면과 압력 표면의 교차에 의해 생기는 곡선을 보여 준다. 이 곡선의 기울기는 $(\partial P/\partial V)_{T_0}$다. 마찬가지로, 편미분 도함수 $(\partial P/\partial T)_V$는 압력 표면과 PT 평면에 평행한 평면, 즉 $V = V_0 =$ 상수인 평면의 교차에 의해 생기는 곡선의 기울기이다.

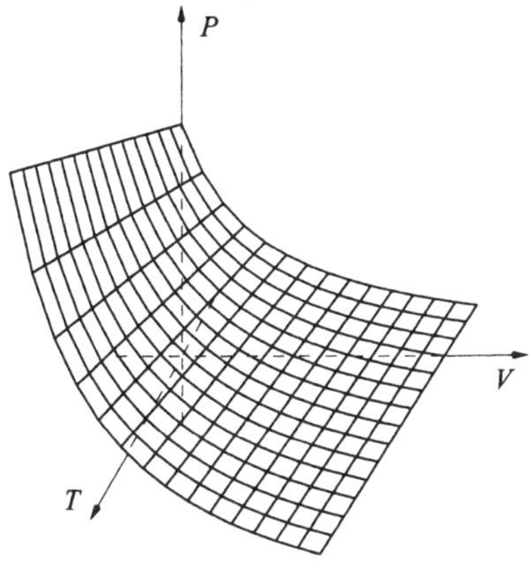

[그림 12.1] 반데르발스 식에 대한 압력 표면. 기체의 압력은 TV 평면 위쪽의 표면의 높이와 같다.

여기서 f_x와 f_y 자신들도 x와 y의 함수일 수 있음을 깨달아야 한다. 예를 들면, $f(x, y) = y^2e^x$이면, $f_x(x, y) = y^2e^x$이고 $f_y(x, y) = 2ye^x$이다. 따라서 $f_x(x, y)$에 대하여 한 것과 같이 $f_x(x, y)$와 $f_y(x, y)$의 편미분 도함수들을 형성할 수 있다. $f(x, y)$의 이차 편미분 도함수들은

$$\begin{aligned}\frac{\partial}{\partial x}\left(\frac{\partial f}{\partial x}\right) &= \frac{\partial f_x}{\partial x} = \frac{\partial^2 f}{\partial x^2} = f_{xx} \\ \frac{\partial}{\partial y}\left(\frac{\partial f}{\partial y}\right) &= \frac{\partial f_y}{\partial y} = \frac{\partial^2 f}{\partial y^2} = f_{yy}\end{aligned} \tag{12.3}$$

예제 12-2

$V(x, y, z) = (x^2 + y^2 + z^2)^{-1/2}$은 이것이 발산하는 원점 (0, 0, 0)을 제외한 모든 곳에서 아래 방정식

$$\frac{\partial^2 V}{\partial x^2} + \frac{\partial^2 V}{\partial y^2} + \frac{\partial^2 V}{\partial z^2} = 0$$을

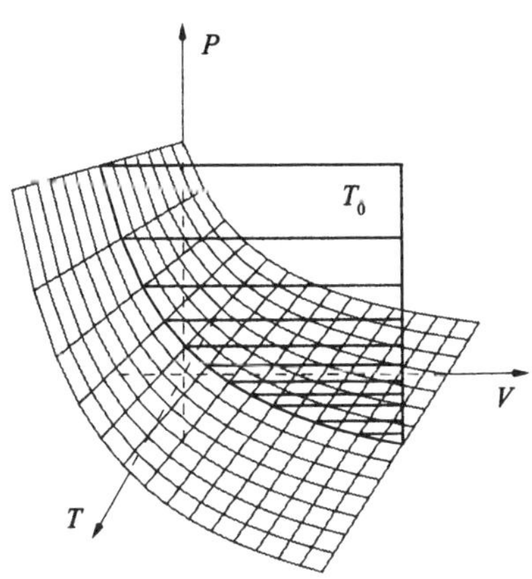

[그림 12.2] T_0 평면과 그림 12.1에 보인 압력 표면의 교차. 이 선의 기울기는 $(\partial P/\partial V)_{T_0}$다.

만족시킴을 보이시오. 이 방정식을 라플라스(Laplace) 방정식이라고 부른다. 라플라스 방정식은 많은 것들 중에서 특히 전하가 없는 지역의 정전 퍼텐셜 $V(x, y, z)$를 결정한다. $V(x, y, z) = (x^2 + y^2 + z^2)^{-1/2} = 1/r$, 즉 원점에 놓인 전하에 의한 (배수 상수의 안에서) 쿨롱 퍼텐셜임을 잘 보시오.

풀이

$$V_x = -\frac{x}{(x^2 + y^2 + z^2)^{3/2}}$$
$$V_{xx} = \frac{2x^2 - y^2 - z^2}{(x^2 + y^2 + z^2)^{5/2}}$$

$V(x, y, z)$가 x, y, z에 대하여 대칭적이기 때문에 V_{xx}에서 x와 y를 서로 바꿈으로써 V_{yy}를 얻을 수 있고, x와 z를 서로 바꿈으로써 V_{zz}를 얻을 수 있다. 따라서,

$$\begin{aligned} V_{xx} + V_{yy} + V_{zz} &= \frac{(2x^2 - y^2 - z^2) + (2y^2 - x^2 - z^2) + (2z^2 - x^2 - y^2)}{(x^2 + y^2 + z^2)^{5/2}} \\ &= 0 \end{aligned}$$

식 12.3의 도함수들의 형태는 단일 변수의 함수의 이차 도함수와 비슷하나 두 변수 이상의 함수들은 **혼합 이차 편미분 도함수**(*mixed partial second derivative*) 또한 허용한다.

$$\begin{aligned} \frac{\partial}{\partial x}\left(\frac{\partial f}{\partial y}\right) &= \frac{\partial^2 f}{\partial x \partial y} = f_{yx} \\ \frac{\partial}{\partial y}\left(\frac{\partial f}{\partial x}\right) &= \frac{\partial^2 f}{\partial y \partial x} = f_{xy} \end{aligned} \tag{12.4}$$

예를 들어 $f(x, y) = xy^2 + e^{x^2 y}$이면,

$$f_x = y^2 + 2xye^{x^2 y} \qquad f_y = 2xy + x^2 e^{x^2 y}$$
$$f_{xy} = 2y + 2x(1 + x^2 y)e^{x^2 y} \qquad f_{yx} = 2y + 2x(1 + x^2 y)e^{x^2 y}$$

$f_{xy} = f_{yx}$임에 주목하라. 이것은 f_{xy}와 f_{yx}가 연속적이면 항상 참이며, 물리학적 응용에서 다루는 거의 모든 함수들에 대한 경우이다. 연습문제 12-3에서 반데르발스 방정식에 대하여 $\partial^2 P/\partial V \partial T = \partial^2 P/\partial T \partial V$ 임을 밝히게 된다.

혼합 이차 편미분 도함수의 상등은 흔히 열역학에서 이용된다. 예를 들면, 열역학은 물질의 엔트로피 (S)와 압력 (P)이 부피와 온도의 함수인 헬름홀츠(Helmholtz) 에너지 $A = A(V, T)$의 편미분 도함수로 표시될 수 있음을 말해 준다.

$$S = -\left(\frac{\partial A}{\partial T}\right)_V \qquad \text{그리고} \qquad P = -\left(\frac{\partial A}{\partial V}\right)_T$$

다음 식을 이용하여

$$\frac{\partial^2 A}{\partial V \partial T} = \left[\frac{\partial}{\partial V}\left(\frac{\partial A}{\partial T}\right)_V\right]_T = \left[\frac{\partial}{\partial T}\left(\frac{\partial A}{\partial V}\right)_T\right]_V$$
$$= \frac{\partial^2 A}{\partial T \partial V}$$

식 12.5임을 알 수 있다.

$$\left(\frac{\partial S}{\partial V}\right)_T = \left(\frac{\partial P}{\partial T}\right)_V \tag{12.5}$$

식 12.5는 열역학에서 맥스웰(Maxwell) 관계식으로 알려져 있다. 식 12.5의 유도는 전형적인 열역학 조작(다루기, manipulation)이다. 식 12.5는 중요하고도 유용한 식인데, 이 식이 (직접적으로 측정할 수 없는 양인) 물질의 엔트로피를 쉽사리 측정할 수 있는 물질의 압력-부피-온도 (***P-V-T***) 의존성에 의거하여 계산하게 해 주기 때문이다.

12.2 전미분

예제 12-1에 있는 편미분 도함수들은 P가 다른 변수를 고정하고 한 독립 변수에 따라 어떻게 변하는지 보여 준다. 여기서 종종 한 종속 변수가 그 독립 변수 둘 (또는 그 이상)의 값이 변함에 따라 어떻게 변하는지 알고자 한다. 예를 들어 $P = P(T, V)$ (1 몰에 대하여)를 이용하여 다음과 같이 쓴다.

$$\Delta P = P(T + \Delta T, V + \Delta V) - P(T, V)$$

이 식에 $P(T, V + \Delta V)$를 더하고 빼면 다음을 얻는다.

$$\Delta P = [P(T + \Delta T, V + \Delta V) - P(T, V + \Delta V)] + [P(T, V + \Delta V) - P(T, V)]$$

대괄호 안에 있는 처음 두 항에 $\Delta T/\Delta T$를 곱하고, 두 번째 두 항에 $\Delta V/\Delta V$를 곱하여 다음을 얻는다.

$$\Delta P = \left[\frac{P(T + \Delta T, V + \Delta V) - P(T, V + \Delta V)}{\Delta T}\right]\Delta T + \left[\frac{P(T, V + \Delta V) - P(T, V)}{\Delta V}\right]\Delta V$$

이제 $\Delta T \to 0$ 및 $\Delta V \to 0$으로 하는 경우에 다음을 얻는다.

$$dP = \lim_{\Delta T \to 0}\left[\frac{P(T + \Delta T, V) - P(T, V)}{\Delta T}\right]\Delta T + \lim_{\Delta V \to 0}\left[\frac{P(T, V + \Delta V) - P(T, V)}{\Delta V}\right]\Delta V \tag{12.6}$$

첫 번째 극한은 $(\partial P/\partial T)_V$(정의에 따라)를, 두 번째 극한은 $(\partial P/\partial V)_T$를 주므로 식 12.6은 원하는 결과를 준다.

$$dP = \left(\frac{\partial P}{\partial T}\right)_V dT + \left(\frac{\partial P}{\partial V}\right)_T dV \tag{12.7}$$

식 12.7을 P의 **전미분**(*total differential*)이라고 부른다. 이것은 P의 변화가 다음과 같이 정해진다는 것을 간단히 말해 준다. P의 변화는 P가(V를 일정하게 하고) T에 따라 변하는 정도에 T의 무한소 변화를 곱한 것과 P가(일정한 T에서) V에 따라 변하는 정도에 V의 무한소 변화를 곱한 것을 더함으로써 정해진다.

예제 12-3

식 12.7을 써서 온도와 부피가 모두 조금 변할 때 부피의 변화를 어림할 수 있다. 유한한 ΔT와 ΔV에 대하여 이것을 달성하고자 식 12.7을 다음과 같이 쓴다.

$$\Delta P \approx \left(\frac{\partial P}{\partial T}\right)_V \Delta T + \left(\frac{\partial P}{\partial V}\right)_T \Delta V$$

이 식을 써서 온도가 273.15 K에서 274.00 K까지, 부피가 10.00 L에서 9.90 L까지 변할 때 이상 기체 1 몰의 압력의 변화를 어림하시오.

풀이 우선

$$\left(\frac{\partial P}{\partial T}\right)_V = \left[\frac{\partial}{\partial T}\left(\frac{RT}{V}\right)\right]_V = \frac{R}{V} \text{ 과}$$

$$\left(\frac{\partial P}{\partial V}\right)_T = \left[\frac{\partial}{\partial V}\left(\frac{RT}{V}\right)\right]_V = -\frac{RT}{V^2} \text{ 를}$$

필요로 하며, 따라서 다음과 같다.

$$\begin{aligned}\Delta P &\approx \frac{R}{V}\Delta T - \frac{RT}{V^2}\Delta V \\ &= \frac{(8.314\ \mathrm{J\cdot K^{-1}\cdot mol^{-1}})}{(10.00\ \mathrm{L\cdot mol^{-1}})}(0.85\ \mathrm{K}) \\ &\quad - \frac{(8.314\ \mathrm{J\cdot K^{-1}\cdot mol^{-1}})(273.15\ \mathrm{K})}{(10.00\ \mathrm{L\cdot mol^{-1}})^2}(-0.10\ \mathrm{L\cdot mol^{-1}}) \\ &= 3.0\ \mathrm{J\cdot L^{-1}} = 3.0\times 10^3\ \mathrm{J\cdot m^{-3}} = 3.0\times 10^3\ \mathrm{Pa} = 0.030\ \mathrm{bar}\end{aligned}$$

이러한 특별히 간단한 경우에는 우연히도 다음으로부터 P의 정확한 변화를 계산한다.

$$\begin{aligned}\Delta P &= \frac{RT_2}{V_2} - \frac{RT_1}{V_1}\\ &= (8.314\ \mathrm{J{\cdot}K^{-1}{\cdot}mol^{-1}})\left(\frac{274.00\ \mathrm{K}}{9.90\ \mathrm{L{\cdot}mol^{-1}}} - \frac{273.15\ \mathrm{K}}{10.00\ \mathrm{L{\cdot}mol^{-1}}}\right)\\ &= 3.0\ \mathrm{J{\cdot}L^{-1}} = 0.030\ \mathrm{bar}\end{aligned}$$

예제 12-1은 반데르발스 기체 1 몰에 대하여 P를 T와 V의 함수, 즉 $P = P(T, V)$로 준다. 식 12.2의 우변을 T와 V에 관하여 미분함으로써 P의 전미분을 형성하여 다음을 얻는다.

$$\begin{aligned}dP &= \frac{R}{V-b}dT - \frac{RT}{(V-b)^2}dV + \frac{2a}{V^3}dV\\ &= \frac{R}{V-b}dT + \left[-\frac{RT}{(V-b)^2} + \frac{2a}{V^3}\right]dV\end{aligned} \tag{12.8}$$

예제 12-1로부터 식 12.8이 바로 반데르발스 식에 관하여 쓴 식 12.7임을 알 수 있다. 그렇지만 dP에 관한 임의의 식을 받고,

$$dP = \frac{RT}{V-b}dT + \left[\frac{RT}{(V-b)^2} - \frac{a}{TV^2}\right]dV \tag{12.9}$$

식 12.9에 이르는 상태 방정식 $P = P(T, V)$를 정하라는 주문을 받는다고 가정하자. 실제로, 더 간단한 질문은 전미분이 식 12.9가 되는 함수 $P(T, V)$가 과연 있는지 묻는 것이다. 어떻게 말할 수 있는가? $P(T, V)$와 같은 함수가 있다면, 그 전미분은 다음(식 12.7)과 같다.

$$dP = \left(\frac{\partial P}{\partial T}\right)_V dT + \left(\frac{\partial P}{\partial V}\right)_T dV$$

만일에 그러한 상태 방정식이 있다면 그 교차 도함수들

$$\left(\frac{\partial^2 P}{\partial V \partial T}\right) = \left[\frac{\partial}{\partial V}\left(\frac{\partial P}{\partial T}\right)_V\right]_T \text{ 와 } \left(\frac{\partial^2 P}{\partial T \partial V}\right) = \left[\frac{\partial}{\partial T}\left(\frac{\partial P}{\partial V}\right)_T\right]_V$$

는 같아야만 한다. 이 필요 조건을 식 12.9에 적용하면

$$\frac{\partial}{\partial T}\left[\frac{RT}{(V-b)^2} - \frac{a}{TV^2}\right] = \frac{R}{(V-b)^2} + \frac{a}{T^2V^2}$$

그리고

$$\frac{\partial}{\partial V}\left(\frac{RT}{V-b}\right) = -\frac{RT}{(V-b)^2}$$ 임을 알게 된다.

따라서 교차 도함수들이 같지 않음을 알 수 있으며, 식 12.9의 표현은 임의의 함수 $P(T, V)$의 전미분이 아니다.

함수 $f(x, y)$의 미분 df를 **완전 미분**(*exact differential*)이라고 부른다. 식 12.8은 완전 미분의 한 예이다. 이것은 반데르발스 식에 관한 $P(T, V)$의 전미분을 명백하게 형성함으로써 얻는다. 연습문제 12-3은 완전 미분에 대하여 반드시 그러하듯이 교차 도함수들이 같음을 보여 준다. df에 관한 표현이 어떤 함수의 미분이 아닌 것으로 밝혀지면 df를 **불완전 미분**(*inexact differential*)이라고 부른다. 식 12.9는 불완전 미분의 한 예이다. 불완전 미분의 교차 도함수들은 같지 않다.

완전 및 불완전 도함수들은 물리화학에서 중요한 구실을 한다. dy가 완전 미분이라면

$$\int_1^2 dy = y_2 - y_1 \qquad \text{(완전 미분)}$$

따라서 이 적분은 종말점(1 및 2)에만 의존하고 1에서 2까지의 경로에 의존하지 않는다. 그렇지만 이 말은 불완전 미분에 대해서는 사실이 아니다. 그러므로

$$\int_1^2 dy \neq y_2 - y_1 \qquad \text{(불완전 미분)}$$

이 경우에 이 적분은 종말점뿐만 아니라 1에서 2까지의 경로에도 의존한다.

첫 번째 경우에 변수 y는 그 값이 각각 1과 2로 나타내는 계의 처음 상태와 마지막 상태에만 의존하고, 계가 한 상태에서 다른 상태로 이르는 방식에는 의존하지 않기 때문에 **상태 함수**(*state function*)라고 부른다. 두 번째 경우 y는 그 값이 계가 처음 상태에서 마지막 상태에 이르는 방식에 의존하기 때문에 상태 함수가 아니다.

12.3 편미분에 관한 연쇄 규칙

x와 y가 단일 변수 t의 함수일 때 $u = f(x, y)$라고 가정하자. 그러면 합성 함수 $f(x(t), y(t)) = u(t)$는 단일 변수 t의 함수이고 $\partial u/\partial x$와 $\partial u/\partial y$가 연속적이라면

$$\frac{du}{dt} = \frac{\partial u}{\partial x}\frac{dx}{dt} + \frac{\partial u}{\partial y}\frac{dy}{dt} \text{이다.} \qquad (12.10)$$

식 12.10을 **편미분의 연쇄 규칙**(*chain rule of partial differentiation*)이라고 부른다. 식 12.10은 둘 이상의 독립 변수들의 함수로 바로 확장할 수 있다.

예제 12-4

$u(x, y) = x^2y + xy^2$이고 $x(t) = te^{-t}$, $y(t) = e^{-t}$이라면 식 12.10을 써서 du/dt의 값을 구하시오.

풀이

$$\frac{\partial u}{\partial x} = 2xy + y^2 \qquad \frac{\partial u}{\partial y} = x^2 + 2xy$$

$$\frac{dx}{dt} = (1-t)e^{-t} \qquad \frac{dy}{dt} = -e^{-t}$$

그러므로

$$\begin{aligned}\frac{du}{dt} &= (2xy + y^2)(1-t)e^{-t} + (x^2 + 2xy)(-e^{-t}) \\ &= [(1+2t)(1-t) - t(t+2)]\,e^{-3t} \\ &= (1 - t - 3t^2)e^{-3t}\end{aligned}$$

물론 $x(t)$와 $y(t)$를 $u(x, y)$에 대입하고 t에 관하여 미분함으로써 같은 결과를 얻는다(연습문제 12-13).

이제 $u = u(x, y)$, $x = x(s, t)$, $y = y(s, t)$라고 가정하자. 이 경우에 u도 또한 s와 t의 함수이다. 여기서 식 12.10을 확장하여 다음과 같이 쓸 수 있다.

$$\frac{\partial u}{\partial s} = \frac{\partial u}{\partial x}\frac{\partial x}{\partial s} + \frac{\partial u}{\partial y}\frac{\partial y}{\partial s} \tag{12.11a}$$

그리고

$$\frac{\partial u}{\partial t} = \frac{\partial u}{\partial x}\frac{\partial x}{\partial t} + \frac{\partial u}{\partial y}\frac{\partial y}{\partial t} \tag{12.11b}$$

u가 s와 t의 함수로 여겨져 s 또는 t로 미분할 때에는 편미분 과정에서 다른 변수를 일정하게 한다. u가 x와 y의 함수로 여겨져 x 또는 y로 미분할 때에는 편미분 과정에서 다른 변수를 일정하게 한다.

예제 12-5

$u(x, y) = ye^{-x} + xy$이고 $x(s, t) = s^2t$, $y(s, t) = e^{-s} + t$일 때 $\partial u/\partial s$와 $\partial u/\partial t$의 값을 구하시오.

풀이

$$\begin{aligned}\frac{\partial u}{\partial s} &= \frac{\partial u}{\partial x}\frac{\partial x}{\partial s} + \frac{\partial u}{\partial y}\frac{\partial y}{\partial s} \\ &= (-ye^{-x} + y)(2st) + (e^{-x} + x)(-e^{-s}) \\ &= 2st[-(e^{-s} + t)e^{-s^2t} + e^{-s} + t] - (e^{-s^2t} + s^2t)e^{-s} \\ &= 2st(e^{-s} + t)(1 - e^{-s^2t}) - (e^{-s^2t} + s^2t)e^{-s}\end{aligned}$$

$$\begin{aligned}\frac{\partial u}{\partial t} &= \frac{\partial u}{\partial x}\frac{\partial x}{\partial t} + \frac{\partial u}{\partial y}\frac{\partial y}{\partial t} \\ &= (-ye^{-x} + y)s^2 + (e^{-x} + x) \\ &= (e^{-s^2t} + s^2t) + s^2(e^{-s} + t)(1 - e^{-s^2t})\end{aligned}$$

연습문제 12-14에서는 $x = s^2t$와 $y = e^{-s} + t$를 $u(x, y)$에 대입하고 $\partial u/\partial s$와 $\partial u/\partial t$를 직접 만듦으로써 같은 결과를 얻게 됨을 증명할 것이다.

열역학에서 아주 유용한 다른 형태의 연쇄 규칙이 있다. $u = u(x, y)$이고 $y = y(x, z)$라면

$$\left(\frac{\partial u}{\partial x}\right)_z = \left(\frac{\partial u}{\partial x}\right)_y + \left(\frac{\partial u}{\partial y}\right)_x \left(\frac{\partial y}{\partial x}\right)_z \tag{12.12}$$

물리화학에서 이 식을 직접적으로 자주 쓰지는 않지만 이것은 자주 쓰이는 형식적 절차에 관한 정당성을 제공한다(수학적 절차는 엄밀함에 상관 없이 기호들이 다루어질 수 있으면 형식적이라고 한다). 여기서 u의 전미분에서 시작함으로써 식 12.12를 "유도할" 수 있다.

$$du = \left(\frac{\partial u}{\partial x}\right)_y dx + \left(\frac{\partial u}{\partial y}\right)_x dy$$

그리고 z를 일정하게 하고 dx로 나누어 다음을 얻는다.

$$\left(\frac{\partial u}{\partial x}\right)_z = \left(\frac{\partial u}{\partial x}\right)_y + \left(\frac{\partial u}{\partial y}\right)_x \left(\frac{\partial y}{\partial x}\right)_z$$

이것은 식 12.12와 같은 결과로서 형식적 절차를 정당화한다.

이제 이 절차를 열역학에서 어떻게 쓰는지 보자. 다음 열역학 방정식을 고려하라.

$$dU = TdS - PdV \tag{12.13}$$

이것은 열역학 제일법칙의 진술이다. "일정한 T에서 dV로 나누라(식 12.13)"고 말하여 다음과 같이 쓰는 것은 일반적인 습관이다.

$$\left(\frac{\partial U}{\partial V}\right)_T = T\left(\frac{\partial S}{\partial V}\right)_T - P \tag{12.14}$$

식 12.5를 쓰면 식 12.14는 다음과 같이 된다.

$$\left(\frac{\partial U}{\partial V}\right)_T = T\left(\frac{\partial P}{\partial T}\right)_V - P \tag{12.15}$$

이것은 열역학의 표준 방정식이다. 이상 기체에 대하여 $(\partial U/\partial V)_T = 0$임을 쉽게 알 수 있는데, 이것은 이상 기체의 열역학적 에너지는 등온 팽창에서 변하지 않음을 말한다. 연습문제 12-28에 12-32까지는 열역학에서 만나는 다른 식들을 유도하는 것을 포함한다.

12.4 오일러의 정리

열역학과 다른 몇 분야에서 유용한 **오일러의 정리**(*Euler's theorem*)라고 부르는 정리가 있다. 우

선 다음과 같은 성질이 있는 **p차의 동차 함수**(*homogeneous function of degree p*)를 정의한다.

$$f(\lambda x_1, \lambda x_2, \ldots, \lambda x_n) = \lambda^p f(x_1, x_2, \ldots, x_n) \tag{12.16}$$

여기서 λ는 매개 변수다. 예를 들면, $f(x, y, z) = x^2z + yz^2 + xyz$는 삼차 동차인데

$$\begin{aligned} f(\lambda x, \lambda y, \lambda z) &= (\lambda x)^2(\lambda z) + (\lambda y)(\lambda z)^2 + (\lambda x)(\lambda y)(\lambda z) \\ &= \lambda^3(x^2z + yz^2 + xyz) = \lambda^3 f(x, y, z) \end{aligned}$$

모든 독립 변수들이 식 12.16에 나타나야 할 필요는 없다. 다음 식의 함수 $f(x, y, z, w)$는

$$f(x, y, z, w) = xy \sin z + \frac{x^3}{y} e^{-w^2}$$

독립 변수 x와 y에 관하여 이차 동차이다. 왜냐하면

$$f(\lambda x, \lambda y) = \lambda^2 f(x, y) \tag{12.17}$$

독립 변수 z와 w는 식 12.17에서 단순히 감추어졌다.

오일러의 정리는 다음을 말해 준다.

$f(\lambda x, \lambda y) = \lambda^p f(x, y)$라면

$$pf(x, y) = x\frac{\partial f}{\partial x} + y\frac{\partial f}{\partial y} \tag{12.18}$$

오일러의 정리의 증명은 다음과 같다. $f(\lambda x, \lambda y) = \lambda^p f(x, y)$부터 시작하여 $u = \lambda x$, $v = \lambda y$로 둔다. $f(\lambda x, \lambda y) = \lambda^p f(x, y)$의 양변을 λ에 관해 미분하여 다음을 얻는다.

$$\frac{\partial f}{\partial u}\frac{\partial u}{\partial \lambda} + \frac{\partial f}{\partial v}\frac{\partial v}{\partial \lambda} = p\lambda^{p-1} f(x, y)$$

그러나 $\partial u/\partial \lambda = x$, $\partial v/\partial \lambda = y$이므로

$$p\lambda^{p-1} f(x, y) = x\frac{\partial f}{\partial u} + y\frac{\partial f}{\partial v}$$

이 식은 어떠한 λ 값에 대하여도 참이므로 $\lambda = 1$에 대해서도 참이며, 따라서 $u = x$, $v = y$가 되어

$$pf(x, y) = x\frac{\partial f}{\partial x} + y\frac{\partial f}{\partial y}$$

열역학에서 오일러의 정리의 유용함은 변수 x와 y가 열역학적 크기 변수이면 $f(\lambda x, \lambda y) = \lambda f(x, y)$인 사실에서 유래한다. 다음 예제는 이 결과의 구체적인 실례를 제공한다.

예제 12-6

한 계의 열역학적 에너지 (U)는 엔트로피 (S), 부피 (V), 몰(n) 수로 나타낼 수 있다. 오일러의

정리를 써서 다음을 유도하시오.

$$U = S\left(\frac{\partial U}{\partial S}\right)_{V,n} + V\left(\frac{\partial U}{\partial V}\right)_{S,n} + n\left(\frac{\partial U}{\partial n}\right)_{S,V}$$

결과 식을 알아보는가?

풀이 엔트로피, 부피, 몰수는 모두 열역학적 크기 양들이므로 $U(\lambda S, \lambda V, \lambda n) = \lambda U(S, V, n)$. 식 12.18은

$$U = S\left(\frac{\partial U}{\partial S}\right)_{V,n} + V\left(\frac{\partial U}{\partial V}\right)_{S,n} + n\left(\frac{\partial U}{\partial n}\right)_{S,V}$$

임을 말한다. 이 결과는 $(\partial U/\partial S)_{V,n} = T$, $(\partial U/\partial V)_{S,n} = -P$, $(\partial U/\partial n)_{S,V} = \mu$(the chemical potential)임을 알아본다면 식 $G = \mu n = U - TS + PV = H - TS$와 동등하다.

연습문제 12-17과 12-18은 오일러의 정리의 열역학에 대한 다른 응용들을 제공한다.

12.5 최대와 최소

함수 $f(x, y)$는 $f(a, b)$가 이웃한 점들에서 값을 구한 $f(x, y)$보다 너 크면 점 (a, b)에서 국소 최대값을 가지며, $f(x, y)$보다 더 작으면 국소 최소값을 갖는다. 여기에는 다음의 기하학적인 설명이 있다. 식 $z = f(x, y)$가 삼차원 공간에서 평탄한 면을 나타낸다고 하자. $f(x, y)$가 (a, b)에서 국소 최대값을 가지며 이 최대값을 $c = f(a, b)$로 표시하면, 평면 $z = c = f(a, b)$는 점 $x = a$, $y = b$, $z = c$ 에서 그 면에 대한 수평 접평면이며, 이 점 부근에서 면 $z = f(x, y)$에 있는 모든 점들은 이 평면 아래에 있다 (그림 12.3). 마찬가지로 $f(x, y)$가 (a, b)에서 국소 최소값을 가지면 점 (a, b)의 부근에서 면 $z = f(x, y)$에 있는 모든 점들은 수평 접평면 $z = c = f(a, b)$ 위에 있다 (그림

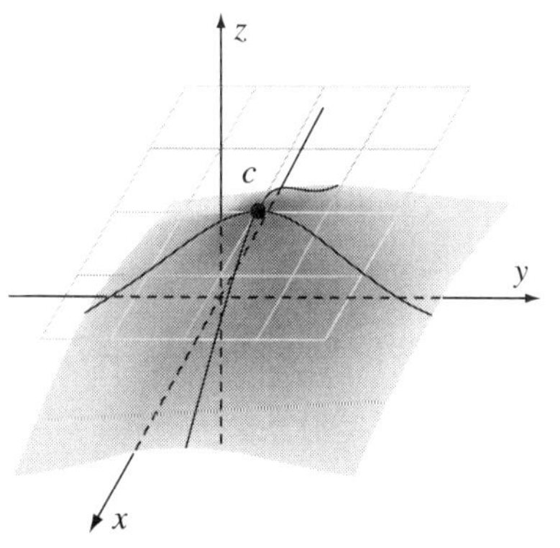

[그림 12.3] (a, b)에서 최대값 c 부근의 $z = f(x, y)$ 그래프와 평면 $z = c = f(a, b)$.

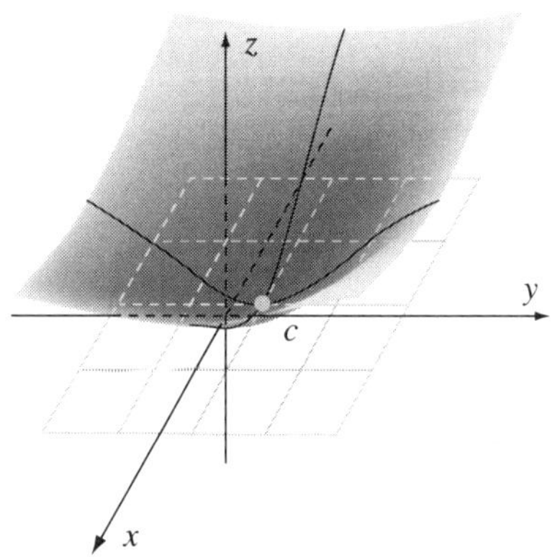

[그림 12.4] (a, b)에서 최소값 c 부근의 $z = f(x, y)$ 그래프와 평면 $z = c = f(a, b)$.

12.4).

$f(x, y)$가 (a, b)에서 국소 최대값을 갖는다는 사실을 h와 k의 작은 값에 대해 $f(a \pm h, b \pm k) < f(a, b)$임에 주목함으로써 수학적으로 나타낼 수 있다. 이제 $k = 0$으로 하면, 이 정의는 $f(a + h, b) < f(a, b)$이면 $f(x, y)$가 (a, b)에서 국소 최대임을 말해 준다. 그러나 이 말은 $y = b$에서 y를 일정하게 하고 $f(x, y)$를 x의 함수로 여길 때, $f(x, y)$가 $x = a$에서 국소 최대임을 단순히 말해 준다. 그러므로 단일 변수의 함수가 $x = a$에서 최대인, 즉 $x = a$에서 $f'(x) = 0$인 조건은 다음과 같이 된다.

$$x = a,\ y = b \text{에서 } \frac{\partial f}{\partial x} = 0 \text{ 또는 } f_x(a, b) = 0 \tag{12.19}$$

$k = 0$ 대신에 $h = 0$으로 하여 같은 논의로 다음을 얻는다.

$$x = a,\ y = b\text{에서 } \frac{\partial f}{\partial y} = 0 \text{ 또는 } f_y(a, b) = 0 \tag{12.20}$$

더욱이 $f(x, y)$가 (a, b)에서 국소 최소인 경우에 같은 논의를 통해 적용할 수 있으므로 $f(x, y)$가 국소 극값을 가지려면 식 12.19와 12.20을 만족시켜야만 한다. 점 (a, b)를 $f(x, y)$의 **임계점**(*critical point*)이라고 한다.

그렇지만 단일 변수 함수의 경우와 마찬가지로 식 12.19와 12.20은 $f(x, y)$가 (a, b)에서 국소 극값이 되기 위한 **필요 조건**(*necessary condition*)이지 충분 조건이 아니다. 이 사실의 좋은 예가 $f(x, y) = x^2 - y^2$으로 주어진다. $f_x = 2x$, $f_y = -2y$가 둘 다 $(0, 0)$에서 0이 되므로 식 12.19와 12.20이 만족된다. 그렇지만, $y = 0$에서 y를 일정하게 하고 $f(x, 0)$을 x의 함수로 보면 $(0, 0)$에서 $f_{xx} = 2 > 0$이기 때문에 이것은 $(0, 0)$에서 최소를 가지며, $x = 0$에서 x를 일정하게 하고 $f(0, y)$를 y의 함수로 보면 $(0, 0)$에서 $f_{yy} = -2 < 0$이기 때문에 이것은 $(0, 0)$에서 최대를 갖는다. 따라서, $z = f(x, y)$ 면은 그림 12.5에 보인 바와 같이 yz 평면에서는 최대를 갖고, xz 평면에서는 최소를 갖는다. 이 경우에 이 임계점은 명백한 이유로 **안장점**(*saddle point*)이라 부른다.

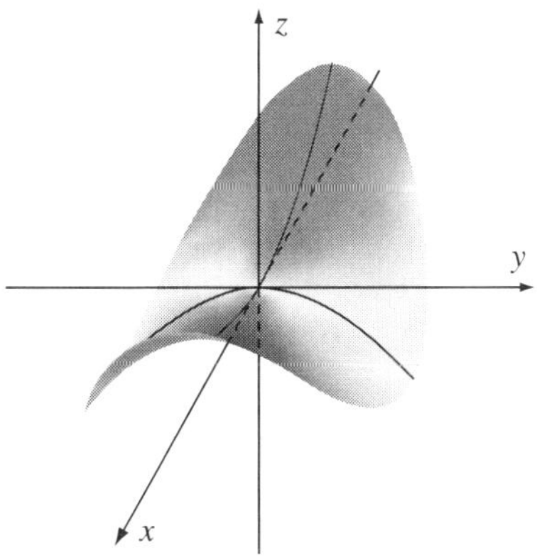

[그림 12.5] 점 $(0, 0)$에서 $z = x^2 - y^2$의 안장점.

예제 12-7

$f(x, y) = x^3 + y^3 - x - 6y + 10$에 대한 임계점들을 밝히시오.

풀이 임계점에 대한 방정식은

$$\frac{\partial f}{\partial x} = 3x^2 - 1 = 0\text{과 } \frac{\partial f}{\partial y} = 3y^2 - 6 = 0\text{이다.}$$

이것은 $x = \pm 1/\sqrt{3}$과 $y = \pm\sqrt{2}$의 임계점들을 생기게 한다. 임계점들은 $\left(\frac{1}{\sqrt{3}}, \sqrt{2}\right)$, $\left(-\frac{1}{\sqrt{3}}, \sqrt{2}\right)$, $\left(\frac{1}{\sqrt{3}}, -\sqrt{2}\right)$, $\left(-\frac{1}{\sqrt{3}}, -\sqrt{2}\right)$에 있다.

단일 변수의 함수에 대하여 $f'(a) = 0$이고 $f''(a) \neq 0$이면, $f(a)$가 최대인지 최소인지 결정하는 것은 $f''(a)$의 부호이다. 마찬가지로 $f_x(a, b) = f_y(a, b) = 0$일 때 $f(x, y)$의 이차 편미분 도함수의 부호가 $f(a, b)$가 최대인지, 최소인지, 또는 안장점인지를 결정한다. 먼저 다음의 양을 결정해야 한다.

$$D(a, b) = f_{xx}(a, b) f_{yy}(a, b) - f_{xy}^2(a, b)$$

이제 $f_x(a, b) = 0$이고 $f_y(a, b) = 0$이면

$f(a, b)$는

1. $f_{xx}(a, b) < 0$이고 $D(a, b) > 0$이면, 국소 최대이고
2. $f_{xx}(a, b) > 0$이고 $D(a, b) > 0$이면, 국소 최소이고
3. $D(a, b) < 0$이면, 안장점이다.

$D(a, b) = 0$이면 더 높은 차수의 도함수들을 고려해야 한다.

예제 12-7에서 네 임계점들을 살펴보자. 우선

$$f_{xx} = 6x,\ f_{yy} = 6y,\ f_{xy} = 0,\ D = 36xy\text{임에 주목한다.}$$

따라서,

$$\left(\frac{1}{\sqrt{3}}, \sqrt{2}\right)\text{에서 } D > 0,\ f_{xx} > 0 : \text{국소 최소}$$

$$\left(-\frac{1}{\sqrt{3}}, \sqrt{2}\right)\text{에서 } D < 0 : \text{안장점}$$

$$\left(\frac{1}{\sqrt{3}}, -\sqrt{2}\right)\text{에서 } D < 0 : \text{안장점}$$

$$\left(-\frac{1}{\sqrt{3}}, -\sqrt{2}\right)\text{에서 } D > 0,\ f_{xx} < 0 : \text{국소 최대}$$

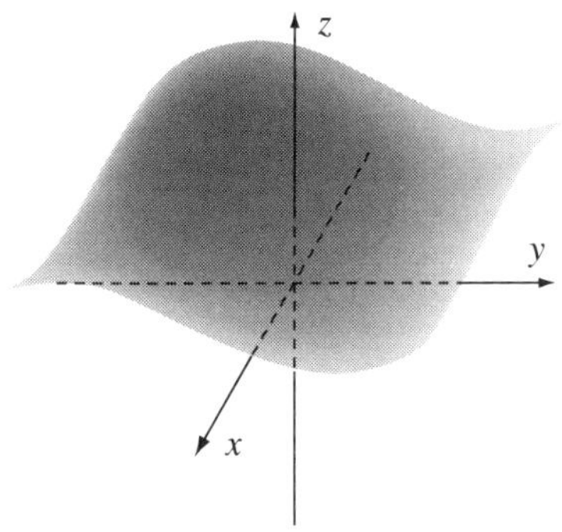

[그림 12.6] 함수 $z(x, y) = x^3 + y^3 - x - 6y + 10$의 임계점 $\left(\pm\frac{1}{\sqrt{3}}, \pm\sqrt{2}\right)$ 부근의 그래프. 각 임계점을 확인할 수 있는가?

그림 12.6에서 이 임계점들을 볼 수 있다.

예제 12-8

$f(x, y) = \ln(x^2 + y^2 + 2)$의 임계점들을 조사하시오.

풀이 임계점에 관한 식들은

$$f_x = \frac{2x}{x^2 + y^2 + 2} = 0 \qquad f_y = \frac{2y}{x^2 + y^2 + 2} = 0$$

이 식들로부터 임계점이 $(0, 0)$에 있음을 알게 된다. 임계점에서 계산한 이차 편미분 도함수들의 값은 $f_{xx}(0, 0) = 1$, $f_{yy}(0, 0) = 1$, $f_{xy}(0, 0) = 0$이다. 따라서 $D(0, 0) = 1 > 0$ 그리고 $f_{xx}(0, 0) = 1 > 0$이므로 이 임계점은 국소 최소다(그림 12.7).

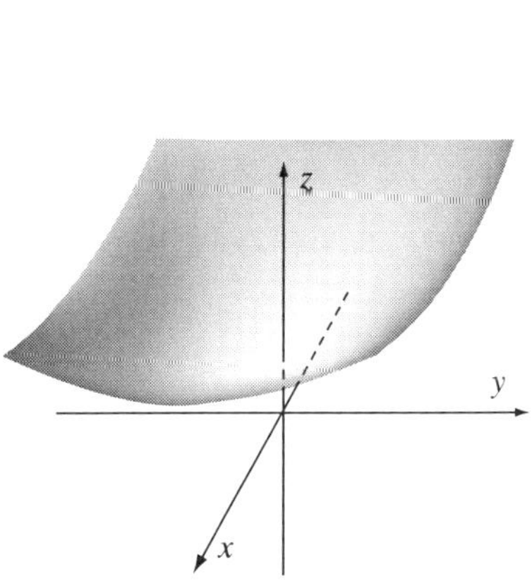

[그림 12.7] 임계점 $(0, 0)$에 최소가 있음을 보여 주는 함수 $z(x, y) = \ln(x^2 + y^2 + 2)$의 거동.

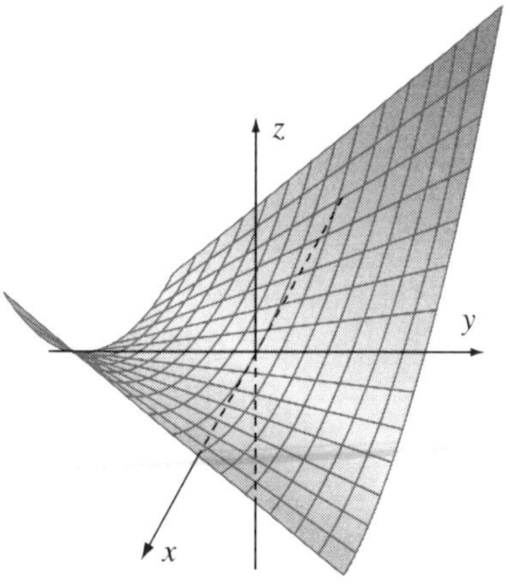

[그림 12.8] (0, 0)에 안장점이 있음을 보여 주는, 임계점 (0, 0) 주변의 $z = \frac{1}{2}x^2 - xy$의 거동.

예제 12-9

$f(x, y) = \dfrac{1}{2}x^2 - xy$의 임계점들을 조사하시오.

풀이 임계점들은 다음에서 나온다.

$$f_x = x - y = 0 \qquad f_y = -x = 0$$

그러므로 (0, 0)에 임계점이 있음을 알게 된다. 임계점에서 계산한 이차 편미분 도함수들의 값은 $f_{xx}(0, 0) = 1 > 0$, $f_{yy}(0, 0) = 0$, $f_{xy}(0, 0) = -1$이다. 따라서 $D(0, 0) = -1 < 0$이므로 임계점은 안장점이다 (그림 12.8).

12.6 다중 적분

첫 다중 적분으로 다음을 고려하자.

$$I = \int_0^\infty \int_0^\infty \int_0^\infty e^{-\alpha x^2} e^{-\beta y^2} e^{-\gamma z^2}\, dx dy dz \tag{12.21}$$

이것은 여러 다른 것들 중에서도 특히 기체의 운동론과 통계 열역학에서 나타난다. 여기서 주목해야 할 기본적인 것은 식 12.21을 삼중 적분으로 썼을지라도 사실은 세 단일 적분들의 곱이라는 점이다. 왜냐하면 피적분 함수 자체가 x의 함수, y의 함수, z의 함수의 곱이고 적분 한계들이 x, y, z를 포함하지 않기 때문이다.

$$\begin{aligned} I &= \int_0^\infty e^{-\alpha x^2}\, dx \int_0^\infty e^{-\beta y^2}\, dy \int_0^\infty e^{-\gamma z^2}\, dz \\ &= \left(\frac{\pi}{4\alpha}\right)^{1/2} \left(\frac{\pi}{4\beta}\right)^{1/2} \left(\frac{\pi}{4\gamma}\right)^{1/2} \end{aligned}$$

이제 나아가 단일 적분들의 곱으로 분리하지 않는 다중 적분들을 논의하자. xy 평면에서 어떤 영역 R에 대한 $f(x, y)$의 이중 적분을 다음과 같이 나타낸다.

$$I = \iint_R f(x, y)\,dA \tag{12.22}$$

여기서 dA는 xy 평면의 면적 요소이다. 단일 적분 $\int_a^b f(x)\,dx$가 구간 (a, b)에 걸쳐서 $f(x)$와 x축 사이의 알짜 넓이와 같다는 기하학적 설명을 갖는 것과 마찬가지로 이중 적분은 영역 R에 걸쳐서 면 $f(x, y)$와 xy 평면 사이의 알짜 부피라는 기하학적 설명을 갖는다.

그림 12.9에 보인 영역을 고려하자. 여기서 y축에 평행한 어떠한 직선도 기껏해야 두 점에서 R의 경계를 가로지른다. R의 꼭대기 경계를 (그림에서 ABC) $y_2(x)$로 나타내고 아래 경계를 (ADC) $y_1(x)$로 나타낸다고 가정하자. 여기서 $y_1(x)$와 $y_2(x)$는 구간 $a \le x \le b$에서 연속적이다. 이 경우 $dA = dxdy$로 놓고 x와 y에 대하여 차례로 적분함으로써 식 12.22의 적분값을 구할 수 있다. 그림 12.9에서 너비 dx의 수직 띠를 고려하자. 곡선 ABC와 ADC 사이에서 이 띠의 I에 대한 기여는 다음과 같다.

$$d\sigma(x) = dx \int_{y_1(x)}^{y_2(x)} dy\, f(x, y)$$

$d\sigma(x)$가 x의 함수임에 주목하라. 그림 12.9에서 $x = a$와 $x = b$ 사이의 모든 수직 띠들의 기여를 더함으로써 이 영역에 걸쳐 I를 구할 수 있으며, 이것은 $d\sigma(x)$를 a부터 b까지 x에 대하여 적분하는 것과 같다. 또는 식으로는

$$I = \int_a^b \left\{ \int_{y_1(x)}^{y_2(x)} f(x, y)\,dy \right\} dx \tag{12.23}$$

식 12.23을 **반복 적분**(*iterated integral*)이라고 부른다. 중괄호 안에 있는 y 적분은 x의 함수를 만들어 내고 이것은 적분 한계 $a \le x \le b$ 사이에서 적분된다.

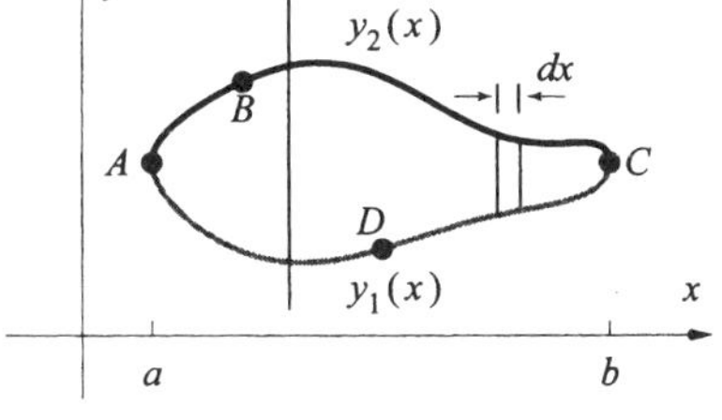

[그림 12.9] y축에 평행한 어떠한 직선도 기껏해야 두 점에서 R의 경계를 가로지르는 이차원 영역 R의 도해.

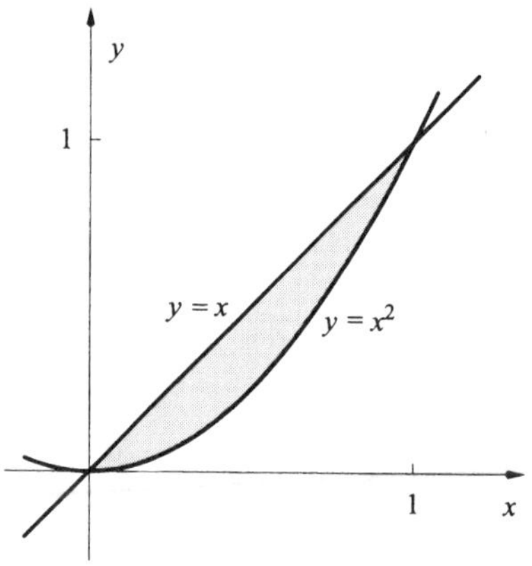

[그림 12.10] 예제 12-10에서 넓이가 결정되는 그림자 부분. 이것은 $x = 0$과 $x = 1$ 사이에서 $y = x$(위쪽)와 $y = x^2$으로 에워싸인 넓이이다.

예제 12-10

식 12.23을 사용하여 그림 12.10에 보이는 그림자 부분의 넓이를 구하시오.

풀이 이 경우에 식 12.22에서 $f(x, y) = 1$이다. 그림자 부분은 $y = x$ (위쪽)와 $y = x^2$(아래쪽)으로 에워싸여 있다. 식 12.23에서 다음을 얻는다.

$$I = \int_0^1 \left\{ \int_{x^2}^{x} dy \right\} dx = \int_0^1 (x - x^2) dx = \frac{1}{6}$$

예제 12-11

식 12.23을 사용하여 $z > 0$에 대해 $x^2 + y^2 + z^2 = a^2$으로 그려지는 반구의 부피를 구하시오.

풀이 이 경우 함수 $f(x, y)$는 xy 평면 위의 반구형의 천장의 높이 $z = f(x, y) = (a^2 - x^2 - y^2)^{1/2}$을 나타내며(그림 12.11), 적분 변수 x와 y는 $z = 0$ 평면에서 단위 원 $x^2 + y^2 = a^2$에 걸쳐서 변한다. 여기서 x와 y가 양의 값만을 갖게 제한함으로써 반구의 1/4만 계산할 것이다. $z = 0$ 평면에서 반구의 경계는 $x^2 + y^2 = a^2$으로 얻는 원이므로 식 12.23의 y는 0에서

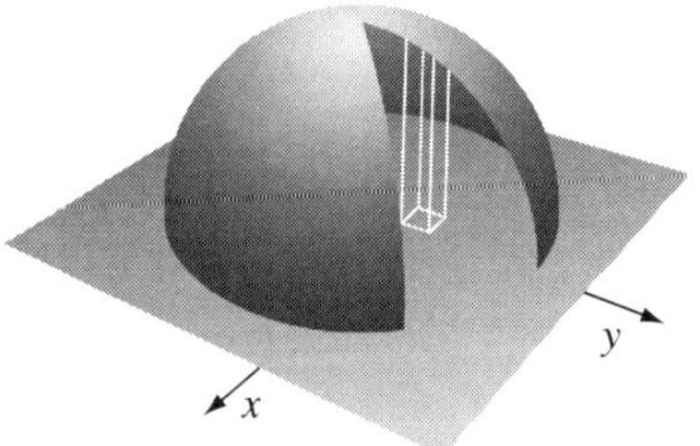

[그림 12.11] 반구의 부피를 구하고자 예제 12-11에서 쓴 적분 개요의 그림으로 나타낸 실례.

$(a^2 - x^2)^{1/2}$까지 x는 0에서 a까지 변한다(그림 12.11). 따라서 다음과 같이 쓸 수 있다.

$$\frac{V}{4} = \int_0^a \left\{ \int_0^{(a^2-x^2)^{1/2}} (a^2 - x^2 - y^2)^{1/2} dy \right\} dx$$
$$= \int_0^a \left\{ \frac{1}{2} \left[y(a^2 - x^2 - y^2)^{1/2} + (a^2 - x^2) \sin^{-1} \frac{y}{(a^2 - x^2)^{1/2}} \right]_0^{(a^2-x^2)^{1/2}} \right\} dx$$
$$= \int_0^a \left\{ \frac{(a^2 - x^2)}{2} \frac{\pi}{2} \right\} dx = \frac{\pi}{4} \frac{2a^3}{3} = \frac{\pi a^3}{6}$$

이 결과의 네 배인 $2\pi a^3/3$이 반지름이 a인 반구의 부피이다.

식 12.23에서는 y에 관해 먼저 적분하고, 그 다음에 x에 관해 적분하였다. 여기서 적분의 순서를 거꾸로 할 수 있으며, x에 관해 먼저 적분하고 그 다음에 y에 관해 적분하여 다음과 같이 쓴다.

$$I = \int_\alpha^\beta \left\{ \int_{x_1(y)}^{x_2(y)} f(x, y)\, dx \right\} dy \tag{12.24}$$

여기서 $x_1(y)$와 $x_2(y)$는 그림 12.9의 영역을 수평적인 의미로 에워싼다(그림 12.12). 그림 12.12에서 x 적분은 y의 함수를 생기게 하며, 그 다음에 이것을 α와 β 사이에서 y에 관해 적분한다. 다음 적분의 값을 구하기 위해 식 12.24를 쓰자.

$$I = \iint_R x\, dx dy$$

여기서 R은 곡선 $y = x^2$과 $y = x$로 에워싸인 첫 사분면에 있는 영역이다(그림 12.13a). 이 경우에 x 적분의 한계는 $x = y$에서 $x = y^{1/2}$이고, y 적분의 한계는 0에서 1이다. 따라서 다음과 같다.

$$I = \int_0^1 \left\{ \int_y^{y^{1/2}} x\, dx \right\} dy = \int_0^1 \left[\frac{y}{2} - \frac{y^2}{2} \right] dy = \frac{1}{12}$$

I의 값을 구하기 위해 식 12.23을 쓸 수도 있다. 이 경우에 y 적분의 한계는 x^2에서 x까지이며, x 적분의 한계는 0에서 1까지이다(그림 12.13b). 그러므로

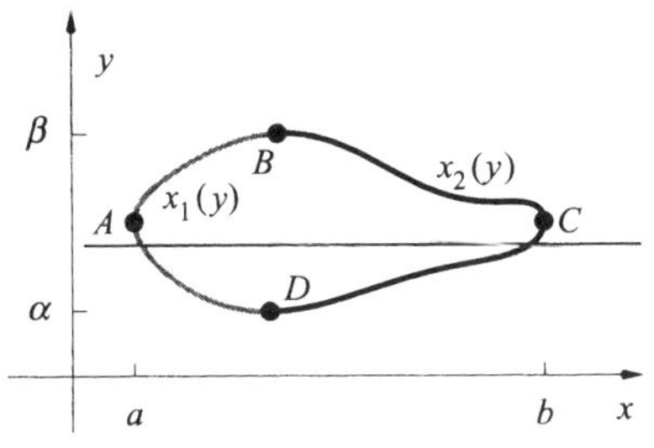

[그림 12.12] x축에 평행한 어떠한 직선도 기껏해야 두 점에서 R의 경계를 가로지르는 그림 12.9에서 보여 주는 영역.

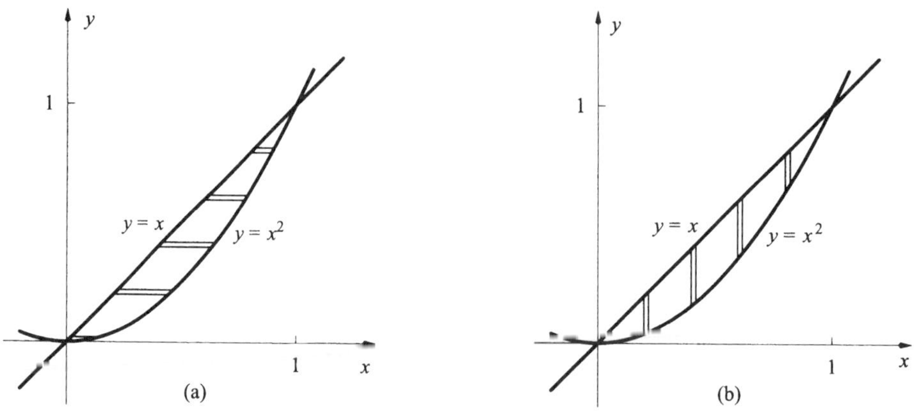

[그림 12.13] 곡선 $y=x^2$과 $y=x$로 에워싸인 첫 사분면에 있는 영역. (a) 적분이 x에 관해 먼저 이루어지고(y에서 $y^{1/2}$), 그 다음 y에 관해(0에서 1) 이루어진다. (b) 적분이 y에 관해 먼저 이루어지고(x^2에서 x), 그 다음 y에 관해 (0에서 1) 이루어진다.

$$I=\int_0^1\left\{x\int_{x^2}^{x}dy\right\}dx=\int_0^1 x(x-x^2)\,dx=\frac{1}{12}$$

첫 번째 경우에는 수평 띠에서 오는 기여를 구하고 나서 이것들을 수직 방향으로 더하였고(그림 12.13a), 두 번째 경우에는 수직 띠에서 오는 기여를 구하고 나서 수직 방향으로 더하였다(그림 12.13b).

식 12.23과 12.24에서는 어떤 변수를 먼저 적분하는지 강조하고자 중괄호를 썼다. 이것은 표준 표기법이 아니다. 식 12.23은 안쪽 적분이 먼저 행해지는 것을 조건으로 흔히 다음과 같이 적는다.

$$I=\int_a^b\int_{y_1(x)}^{y_2(x)} f(x,y)\,dy\,dx \tag{12.25}$$

그렇지만 더 좋은 표기법은 식 12.23을 다음과 같이 적는 것이다.

$$I=\int_a^b dx\int_{y_1(x)}^{y_2(x)} dy\; f(x,y) \tag{12.26}$$

여기서 y 적분을 $f(x,y)$에 작용하여 x의 함수를 생성하고, 그 뒤를 이어 x 적분이 연산자로 되는 연산자로 생각할 수 있다. 두 연산자의 순서는 여느 때처럼 오른쪽에서 왼쪽이다. 예를 들어 식 12.26에서 $f(x,y)=xy$, $y_2(x)=2x$, $y_1(x)=x$이면

$$\begin{aligned}I&=\int_a^b dx\,x\int_x^{2x}dy\,y\\&=\int_a^b dx\,x\left(\frac{4x^2-x^2}{2}\right)=\frac{3}{2}\int_a^b dx\,x^3=\frac{3}{8}(b^4-a^4)\end{aligned}$$

여기서 중요한 점은 오른쪽에서 왼쪽의 차례로 적분을 행한다는 것이다. x에 관해 적분하기에 앞서

y 적분이 그 결과를 내기를 기다린다. 이 표기법은 매우 편리하며 아주 쓸만한 가치가 있다.

이중 적분에서 적분의 순서를 거꾸로 하는 것은 가끔 유익하다. 다음과 같은 이중 적분은 유체의 통계 역학에서 나온다.

$$I = \int_0^x du \int_0^u dt\ v(t) \tag{12.27}$$

적분의 순서를 바꾸어 먼저 u에 관하여 적분하자. 적분 구간을 설명하는 그림을 그리는 것이 항상 도움이 된다. 그림 12.14a는 식 12.27에 관한 이 영역을 보여 준다. t에 관해 0에서 임의의 u 값에 대한 직선 $t = u$까지 적분하고 (그림 12.14a의 수평 띠), 그 다음에 u에 관해 0에서 x까지 적분한다(수평 띠들을 더한다). 그림 12.14b는 순서가 바뀐 같은 영역에 걸친 적분을 설명한다. 여기서 u에 관해 t에서 x까지 적분하고 (그림 12.14b의 수직 띠), 그 다음에 t에 관해 0에서 x까지 적분한다 (수직 띠들을 더한다). 어느 경우에도 같은 영역을 훑어간다. 따라서,

$$I = \int_0^x du \int_0^u dt\ v(t) = \int_0^x dt\ v(t) \int_t^x du = \int_0^t dt(x-t)v(t) \tag{12.28}$$

적분 순서를 바꿈으로써 식 12.27을 한 변수의 적분으로 줄였다.

식 12.23과 12.24는 삼차원으로 쉽사리 확장된다. 예를 들면,

$$I = \int_a^b \left\{ \int_{y_1(x)}^{y_2(x)} \left[\int_{g_1(x,y)}^{g_2(x,y)} f(x,y,z)\,dz \right] dy \right\} dx \tag{12.29}$$

또는 연산자 표기법으로

$$I = \int_a^b dx \int_{y_1(x)}^{y_2(x)} dy \int_{g_1(x,y)}^{g_2(x,y)} dz\ f(x,y,z) \tag{12.30}$$

식 12.29나 12.30 어느 것에서도 z 적분은 x와 y의 함수를 생기게 하고, y 적분은 x의 함수를 생기게 하며, 마지막으로 a와 b 사이의 x 적분은 I를 생기게 한다.

이용할 수 있는 전산기 대수학 계는 대부분 다중 적분의 값을 구할 수 있다. 예를 들면, *Mathematica*의 다음 명령은

```
Integrate [ Sqrt [ a^2 - x^2   y^2 ], {x, 0, a}, {y, 0, Sqrt [a^2 - x^2] } ]
```

예제 12-11에서 보았듯이

$$I = \int_0^a dx \int_0^{(a^2-x^2)^{1/2}} dy\,(a^2 - x^2 - y^2)^{1/2} = \frac{\pi a^3}{6}$$

를 제공한다.

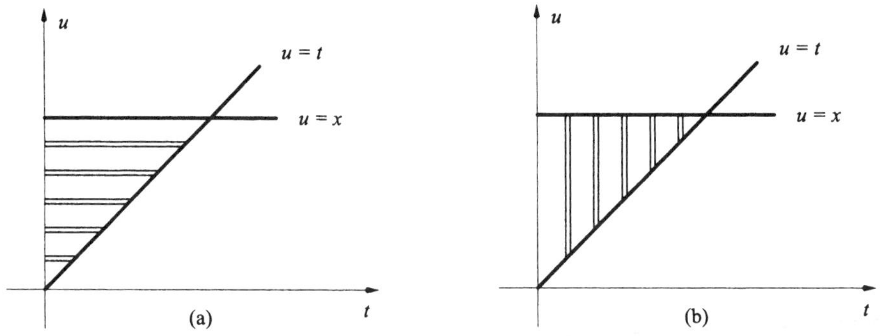

[그림 12.14] 적분의 순서를 바꿈으로써 식 12.27에서 적분의 값을 구하는 방법에 도움이 되는 그림. (a)에서는 t에 관해 먼저 적분하고, (b)에서는 u에 관해 먼저 적분한다.

연습문제

12-1. $f(x, y) =$ (a) $xe^y + y$ (b) $y \sin x + x^2$ (c) $e^{-(x^2+y^2)}$의 모든 편미분 도함수를 이차까지 구하시오.

12-2. (a) $f(x, y) = x^2 e^{-y^2}$, (b) $f(x, y) = e^{-y} \cos xy$, (c) $f(x, y) = \sin xy$에 대하여 $f_{xy} = f_{yx}$임을 보이시오.

12-3. 기체 1 몰에 대한 반데르발스 식, 식 12.2에 대하여 $\partial^2 P/\partial V \partial T = \partial^2 P/\partial T \partial V$임을 보이시오.

12-4. $c(x, t) = (4\pi Dt)^{-1/2} e^{-x^2/4Dt}$이 $\dfrac{\partial c}{\partial t} = D\dfrac{\partial^2 c}{\partial x^2}$를 만족시킴을 보이시오.

12-5. $f(x, y) = \sinh ax \cos ay$가 라플라스 방정식 $\dfrac{\partial^2 f}{\partial x^2} + \dfrac{\partial^2 f}{\partial y^2} = 0$을 만족시킴을 보이시오.

12-6. 이상 기체에 대하여, 상태 방정식이 $P = nRT/(V - nb)$인 기체에 대하여

$$\left(\frac{\partial V}{\partial T}\right)_{n,P} = \frac{1}{\left(\dfrac{\partial T}{\partial V}\right)_{n,P}}$$

임을 보이시오. b는 상수이다. 이 관계식은 일반적으로 참이며 **역 항등식**(*reciprocal identity*)이라고 부른다. 이 식의 양변에서 같은 변수들이 고정되어야 함에 주목하시오.

12-7. 열역학 방정식 $\left(\dfrac{\partial U}{\partial V}\right)_T = T\left(\dfrac{\partial P}{\partial T}\right)_V - P$는 계의 에너지 U가 그 계의 압력, 부피, (켈빈) 온도의 항으로 변화하는 방식을 보여 준다. 이상 기체 1 몰 $(PV = RT)$에 대하여, 반데르발스 기체 1 몰 $\left[\left(P + \dfrac{a}{V^2}\right)(V - b) = RT\right]$에 대하여 $(\partial U/\partial V)_T$의 값을 구하시오. a와 b는 상수이다.

12-8. 일정 부피 열용량이 $C_V = (\partial U/\partial T)_V$이고, 연습문제 12-7의 식이 주어질 때 다음 식을 유도하시오.

$$(\partial C_V/\partial V)_T = T(\partial^2 P/\partial T^2)_V$$

12-9. 열역학에서는 일정 압력 열용량과 일정 부피 열용량의 차이가 $C_P - C_V = T(\partial P/\partial T)_V (\partial V/\partial T)_P$라고 한다. 이상 기체 1 몰에 대하여 $C_P - C_V = R$임을 증명하시오.

12-10. 연습문제 12-8에 있는 식을 써서 이상 기체 1 몰과 반데르발스 기체 1 몰에 대하여 $(\partial C_V/\partial V)_T$를 결정하시오.

12-11. $dV = \pi r^2 dh + 2\pi rhdr$은 완전 미분인가?

12-12. $dx = C_V(T)\,dT + \dfrac{RT}{V}dV$는 완전 미분인가? dx/T는 어떠한가?

12-13. 예제 12-4에 대하여 $x(t)$와 $y(t)$를 $u(x, y)$에 대입하고 t에 관하여 미분하면 같은 결과를 얻음을 증명하시오.

12-14. 예제 12-5에 대하여 $x(s, t)$와 $y(s, t)$를 $u(x, y)$에 바로 대입하고 편미분 도함수를 취하면 같은 결과를 얻음을 증명하시오.

12-15. $u(x, y, z) = x^2 + ze^y$이고 $x(t) = t$, $y(t) = t^2$, $z(t) = t^3$일 때 연쇄 법칙을 써서 du/dt의 값을 구하시오. $x = t$, $y = t^2$, $z = t^3$을 u에 바로 대입함으로써 이 결과를 증명하시오.

12-16. $u(x, y) = e^{x+y}$, $x(t, s) = te^s$, $y(s) = \sin s$일 때 $\partial u/\partial s$와 $\partial u/\partial t$의 값을 구하시오.

12-17. Y가 어떤 세기 성질이라고 하자. 오일러의 정리를 써서 $Y(n_1, n_2, \ldots, T, P) = \sum n_j \overline{Y}_j$임을 보이시오. 여기서 $\overline{Y}_j = (\partial Y/\partial n_j)_{T,P,n_{k\neq j}}$이다. $\overline{Y}_j$를 무엇이라고 부르는가? 이 식을 물리적으로 설명할 수 있는가?

12-18. 계의 헬름홀츠 에너지 (A)는 온도(T), 부피(V), 몰수(n)로 나타낼 수 있다. 오일러의 정리를 $A = A(T, V, n)$에 적용하시오. 결과 식을 알아 볼 수 있는가?

12-19. $f(x, y)$가 정해 준 임계점에서 최대, 최소, 또는 안장점을 갖는지 결정하시오.

(a) $(-4, 2)$와 $(-4, 2)$에서, $f(x, y) = 2x^2 + 8xy + y^4$

(b) $(1, 1)$과 $(1, -1)$에서, $f(x, y) = 2x - x^2 + 2y^2 - y^4$

(c) $(0, 1)$에서, $f(x, y) = 4 + x + y - x^2 - xy - y^2/2$,

(d) $(1, -2)$에서, $f(x, y) = e^{2x-4y-x^2-y^2}$

12-20. 임계점들을 구하고 이 점들에서 $f(x, y)$가 최대, 최소, 또는 안장점을 갖는지 결정하시오.

(a) $f(x, y) = x^2 + y^2 + 2x - 4y + 8$

(b) $f(x, y) = x^2 - y^2 + 2x - 4y + 8$

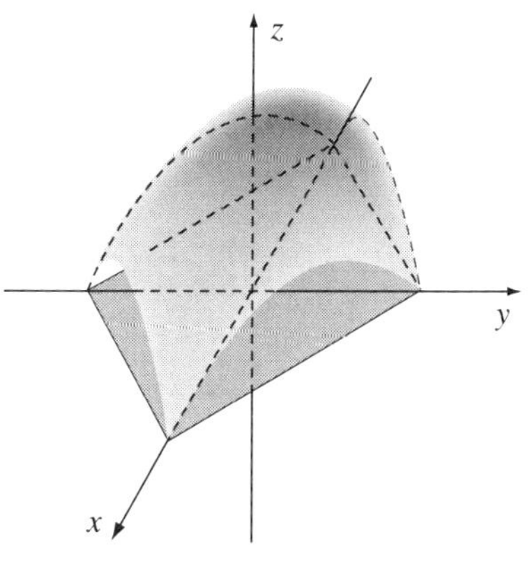

[그림 12.15] 연습문제 12-23에서 결정될 부피의 도해.

(c) $f(x, y) = x^2 - 2x + y^2 - 2y + 3$

12-21. 임계점들을 구하고 이 점들에서 $f(x, y)$가 최대, 최소, 또는 안장점을 갖는지 결정하시오.

(a) $f(x, y) = xy + 6$

(b) $f(x, y) = x^2 + y^2 - 6x + 2y + 5$

(c) $f(x, y) = 3x^2 + 12x + 4y^3 - 6y^2 + 5$

12-22. 두 포물선 $y^2 = a - x$와 $y^2 = a - ax$ 사이의 넓이를 결정하시오. $a > 1$로 하시오.

12-23. $z = 1 - x^2 - y^2$으로 그려지는 표면의 아래와 $z = 0$ 평면에서 꼭짓점이 $(\pm 1, 0)$과 $(0, \pm 1)$인 사각형 위의 부피를 결정하시오(그림 12.15 참조).

12-24. 적분 순서를 바꿈으로써 다음 적분들의 값을 구하시오.

(a) $\displaystyle\int_0^1 dy \int_y^1 dx \frac{ye^x}{x}$

(b) $\displaystyle\int_0^{\pi/2} dx \int_x^{\pi/2} du \frac{\sin u}{u}$

12-25. $\displaystyle\int_0^1 dy \int_y^1 dx\, ye^{x^3} = \frac{1}{6}(e-1)$임을 보이시오. 힌트: 적분의 순서를 바꾸시오.

12-26. CAS 중 하나를 사용하여 $\int_0^1 dx \int_0^{x^3} dy\, e^{y/x}$의 값을 구하시오.

12-27. CAS 중 하나를 사용하여 $\int_0^2 dy \int_0^y dx \sqrt{x^2 + y^2}$의 값을 구하시오.

다음 다섯 문제는 여러 열역학 관계식들의 증명을 포함한다.

12-28. $dU = TdS - PdV$에서 시작하여 양변에 $d(PV)$를 더하고 $d(TS)$를 빼어 다음 식을 얻으시오.

$$d(U + PV - TS) = dG = -SdT + VdP$$

여기서 G는 깁스(Gibbs) 에너지이다. 이 식을 써서 맥스웰 (Maxwell) 관계식을 유도하시오.

$$\left(\frac{\partial S}{\partial P}\right)_T = -\left(\frac{\partial V}{\partial T}\right)_P$$

12-29. $dU = TdS - PdV$의 양변에서 $d(TS)$를 빼어 $d(U - TS) = dA = -SdT - PdV$를 얻으시오. 이제 식 12.5를 유도하시오.

12-30. 12.3절에서는 식 12.15를 형식적으로 유도했으나 여기서는 더 엄밀한 유도를 전개할 것이다. $(\partial U/\partial V)_T$의 식을 유도하고자 하므로 $U = U(V, T)$에서 시작한다. 이제 U의 전미분을 다음과 같이 쓴다.

$$dU = \left(\frac{\partial U}{\partial V}\right)_T dV + \left(\frac{\partial U}{\partial T}\right)_V dT \tag{1}$$

$S = S(V, T)$의 전미분을 써서 $dU = TdS - PdV$에서 dS를 소거하여 다음 식을 얻으시오.

$$dU = \left[T\left(\frac{\partial S}{\partial V}\right)_T - P\right] dV + T\left(\frac{\partial S}{\partial T}\right)_V dT \tag{2}$$

식 (1)과 (2)를 비교하여 다음을 얻으시오.

$$\left(\frac{\partial U}{\partial V}\right)_T = T\left(\frac{\partial S}{\partial V}\right)_T - P \tag{3}$$

그리고

$$\left(\frac{\partial S}{\partial T}\right)_V = \frac{1}{T}\left(\frac{\partial U}{\partial T}\right)_V = \frac{C_V}{T} \tag{4}$$

이제 식 12.5를 식 (3)에 대입하여 식 12.15를 얻으시오. 식 (3)과 (4)의 유용성에 관하여 논평하시오.

12-31. 앞 문제의 과정을 써서 다음을 유도하시오.

$$\left(\frac{\partial H}{\partial P}\right)_T = V - T\left(\frac{\partial V}{\partial T}\right)_P \tag{1}$$

그리고

$$\left(\frac{\partial S}{\partial T}\right)_P = \frac{C_P}{T} \tag{2}$$

이상 기체에 대하여 $(\partial H/\partial P)_T$의 값을 구하시오.

12-32. 여기서는 많은 학생들이 별스러운 열역학 관계식이라 생각하는 것을 유도한다. 식 12.5와 연습문제 12-30의 식 (4)를 써서 $S = S(T, V)$의 전미분을 다음과 같이 쓸 수 있음을 보이시오.

$$dS = \frac{C_V}{T}dT + \left(\frac{\partial P}{\partial T}\right)_V dV$$

이제 $V = V(T, P)$의 전미분을 대입하고 이 결과에서 dV를 소거하여 다음을 얻으시오.

$$dS = \left[\frac{C_V}{T} + \left(\frac{\partial P}{\partial T}\right)_V\left(\frac{\partial V}{\partial T}\right)_P\right]dT + \left(\frac{\partial P}{\partial T}\right)_V\left(\frac{\partial V}{\partial P}\right)_T dP$$

마지막으로, 이 결과를 $S = S(T, P)$의 전미분과 비교하고 연습문제 12-28과 12-31의 결과를 써서 다음을 얻으시오.

$$C_P - C_V = T\left(\frac{\partial P}{\partial T}\right)_V\left(\frac{\partial V}{\partial T}\right)_P \tag{1}$$

그리고

$$\left(\frac{\partial P}{\partial T}\right)_V\left(\frac{\partial V}{\partial P}\right)_T = -\left(\frac{\partial V}{\partial T}\right)_P \tag{2}$$

먼저, 이상 기체에 대하여 $C_P - C_V = nR$임을 보이시오. 이제 연습문제 12-6의 결과를 써서 다음을 얻으시오.

$$\left(\frac{\partial T}{\partial V}\right)_P\left(\frac{\partial V}{\partial P}\right)_T\left(\frac{\partial P}{\partial T}\right)_V = -1 \tag{3}$$

이상 기체에 대하여 이 결과를 증명하시오.

12-33. 이 문제에서는 전미분이 제공될 때 그 함수를 어떻게 결정하는지 볼 것이다. $dz = (2x + y)dx + (x + y)dy$라고 가정하자. 이 식이 완전 미분임을 보이시오. $z(x, y)$의 함수 형태를 결정하기 위해 $\partial z/\partial x$를 x에 관해 부분적으로 적분하여 다음을 얻는다.

$$z(x, y) = \int \frac{\partial z}{\partial x}\, dx = \int (2x + y)\, dx = x^2 + xy + f(y)$$

여기서 $f(y)$는 결정해야 할 y의 함수이다. 이 경우 x에 관해 부분적으로 적분하기 때문에 y의 함수를 얻는다. $z(x, y)$를 y에 관해 미분하고 그 결과를 전미분의 $\partial z/\partial y$와 같게 함으로써 $f(y)$를 결정할 수 있다. 이 단계에서 다음을 얻는다.

$$\frac{\partial z}{\partial y} = \frac{\partial}{\partial y}[x^2 + xy + f(y)] = x + \frac{df}{dy} = x + y$$

또는 $df/dy = y$, 또는 $f(y) = y^2/2 +$ 상수이다. 따라서 $z(x, y) = x^2 + xy + y^2/z +$ 상수이다. 이 과정을 써서 $dz = (x^2 + \sin y)dx + (x \cos y - 2y)dy$일 때 $z(x, y)$를 결정하시오.

12-34. 앞 문제에서 기술한 과정을 통해

$$dz = [\, 2x \sin y + (1 + y)e^x]\, dx + (x^2 \cos y + 2y + e^x)\, dy \text{일 때}$$

$z(x, y)$를 결정하시오.

12-35. 15장에서 $u = u(x, t)$이고 v가 상수일 때 선형 편미분 방정식

$$\frac{\partial^2 u}{\partial x^2} = \frac{1}{v^2}\frac{\partial^2 u}{\partial t^2} \tag{1}$$

를 **일차원 파동 방정식**(*one-dimensional wave equation*)이라고 부름을 배울 것이다. 이제 이 방정식을 더 간단한 형태로 변환하는 새로운 독립 변수쌍을 발견하려고 한다.

$$\xi = x + at \qquad \text{그리고} \qquad \eta = x + bt$$

라고 하자. 여기서 a와 b는 결정해야 할 상수이다. 식 12.11을 써서

$$\frac{\partial^2 u}{\partial x^2} = \frac{\partial^2 u}{\partial \xi^2} + 2\frac{\partial^2 u}{\partial \eta \partial \xi} + \frac{\partial^2 u}{\partial \eta^2} \tag{2}$$

그리고

$$\frac{\partial^2 u}{\partial t^2} = a^2\frac{\partial^2 u}{\partial \xi^2} + 2ab\frac{\partial^2 u}{\partial \eta \partial \xi} + b^2\frac{\partial^2 u}{\partial \eta^2} \tag{3}$$

임을 보이시오. 식 (2)와 (3)을 식 (1)에 대입하여 다음을 얻으시오.

$$\left(1 - \frac{a^2}{v^2}\right)\frac{\partial^2 u}{\partial \xi^2} + 2\left(1 - \frac{ab}{v^2}\right)\frac{\partial^2 u}{\partial \eta \partial \xi} + \left(1 - \frac{b^2}{v^2}\right)\frac{\partial^2 u}{\partial \eta^2} = 0 \tag{4}$$

매개 변수 a와 b는 마음대로 해도 되므로 $a = \pm v$, $b = \pm v$라고 하자. 이제 부호를 적절히 선택하여 식 (4)가 다음과 같이 됨을 보이시오.

$$\frac{\partial^2 u}{\partial\eta\partial\xi} = 0 \tag{5}$$

여기서

$$\xi = x + vt \qquad \text{그리고} \qquad \eta = x - vt \tag{6}$$

식 (5)와 (6)은 식 (1)과 동등하다.

12-36. 앞 문제 식 (5)의 해를 다음과 같이 쓸 수 있음을 보이시오.

$$u(x, t) = f(\xi) + g(\eta) = f(x + vt) + g(x - vt) \tag{1}$$

여기서 $f(\xi)$와 $g(\eta)$는 (거의) 임의인 함수들이다. f와 g는 두 번 미분할 수 있어야만 하며, 이 경우에 식 (1)은 앞 문제의 일차원 파동 방정식의 일반해이다.

제 13 장

벡터

벡터는 크기와 방향을 가진 양이다. 벡터의 예로는 위치, 힘, 속도, 운동량 등이 있다. 예를 들어 사물의 위치는 어떤 점으로부터 떨어진 거리뿐만 아니라 그 점으로부터의 방향을 부여함으로써 정할 수 있다. 여기서는 벡터를 더하거나 빼서 새로운 벡터를 얻는 법 그리고 그들을 어떤 좌표계의 단위 벡터로 표현하는 법을 검토할 것이다. 그 다음 스칼라곱과 벡터곱을 만드는 벡터를 곱하는 두 가지 방법을 토의하고 그들의 몇가지 응용을 설명할 것이다. 마지막 절에서는 벡터 연산자, 기울기 연산자, 발산 연산자를 소개하고 물리 문제에서 그들이 어떻게 등장하는지를 보여줄 것이다.

13.1 벡터의 표현

벡터는 기하학적으로 어떤 좌표계 원점으로부터의 화살표로 표현된다. 화살표의 길이는 벡터의 크기를 나타내고 화살표의 방향은 벡터의 방향을 나타낸다. 같은 길이와 같은 방향을 가진 벡터들은 같다. 따라서 그림 13.1에 보인 모든 벡터들은 같다. 편의상 종종 벡터의 꼬리를 좌표계의 원점에 두기도 하지만, 꼬리가 어디에 있는지는 큰 의미가 없다. 두개의 벡터는 더해져서 새로운 하나의 벡터를 만들 수 있다. 그림 13.2에 $\mathbf{u}$와 $\mathbf{v}$ 두 벡터를 고려해보자(벡터들은 굵은 글씨체로 표기한다). 그림에서 보듯, $\mathbf{w} = \mathbf{u} + \mathbf{v}$를 구하기 위해 $\mathbf{u}$의 꼬리를 $\mathbf{v}$의 머리에 놓고 $\mathbf{v}$의 꼬리로부터 $\mathbf{u}$의 머리까지 $\mathbf{w}$를 그린다. 또한, $\mathbf{v}$의 꼬리를 $\mathbf{u}$의 머리에 놓고 $\mathbf{u}$의 꼬리로부터 $\mathbf{v}$의 머리까지의 $\mathbf{w}$를 그릴 수

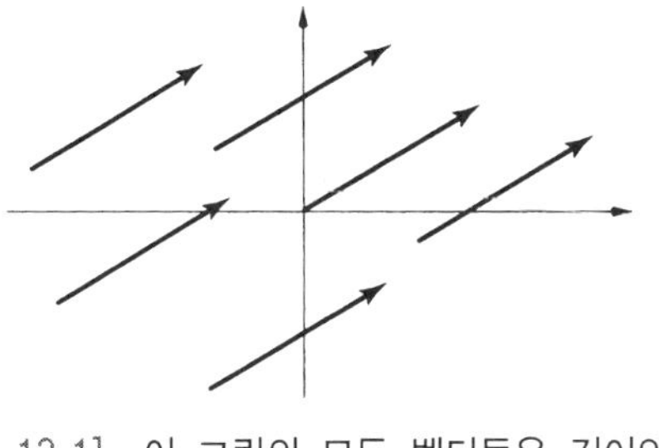

[그림 13.1] 이 그림의 모든 벡터들은 길이와 방향이 같기 때문에 동일한 것들이다.

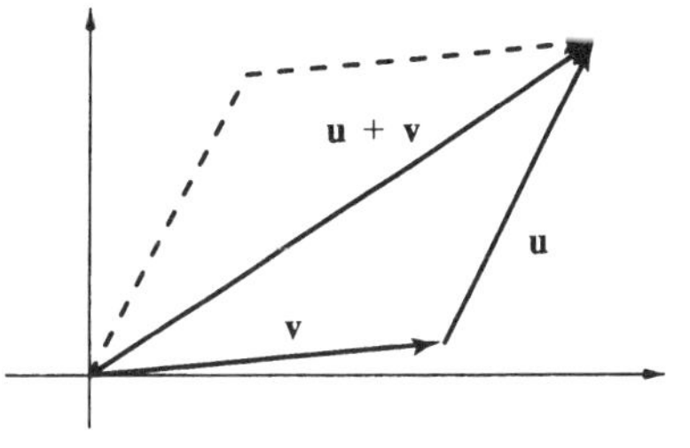

[그림 13.2] 두 벡터의 (교환 가능한) 합, $\mathbf{u} + \mathbf{v} = \mathbf{v} + \mathbf{u} = \mathbf{w}$

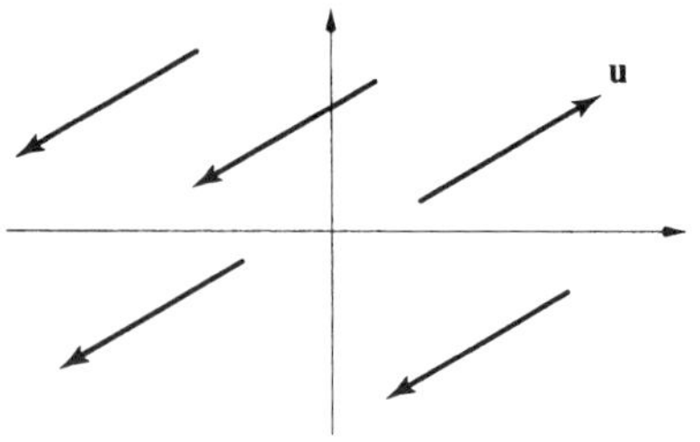

[그림 13.3] 벡터 $-\mathbf{u}$는 $\mathbf{u}$와 정반대 방향을 가리킨다. 이 그림에 아래쪽을 가리키는 모든 벡터들은 $-\mathbf{u}$와 같다.

도 있다. 그림 13.2가 보여주듯이, 두 가지 방법으로 동일한 결과를 얻을 수 있고, 따라서

$$\mathbf{w} = \mathbf{u} + \mathbf{v} = \mathbf{v} + \mathbf{u} \tag{13.1}$$

이다. 벡터의 덧셈은 교환 가능하다.

두 벡터의 차를 구하기 위해서는 하나를 반대 방향으로 그린 다음 그것에 다른 하나를 더한다. 벡터를 반대 방향으로 그리는 것은 벡터 $-\mathbf{v}$를 만드는 것과 같다(그림 13.3). 따라서 수학적으로

$$\mathbf{t} = \mathbf{u} - \mathbf{v} = \mathbf{u} + (-\mathbf{v}) \tag{13.2}$$

이다.

일반적으로 벡터 $\mathbf{u}$에 숫자 a를 곱한 것은 $\mathbf{u}$와 평행하지만 그것의 길이가 $\mathbf{u}$의 길이의 a배가 되는 새로운 벡터이다. a가 양수이면 $a\mathbf{u}$는 $\mathbf{u}$와 같은 방향을 가리킨다. 하지만 a가 음수이면 $a\mathbf{u}$는 반대 방향을 가리킨다.

편리한 벡터들은 직교 좌표계의 x, y, z축의 양의 방향을 가리키는 단위 길이(unit length)를 가진 벡터들이다. 이러한 **단위 벡터**(*unit vector*)는 그림 13.4와 같이 각각 $\mathbf{i}$, $\mathbf{j}$, $\mathbf{k}$로 나타낸다. 항상 직교 좌표계는 오른손 법칙을 따르도록 그릴 것이다. **오른손 법칙 좌표계**(*right-handed coordinate system*)는 오른손 네 손가락으로 $\mathbf{i}$로부터 $\mathbf{j}$로 감을 때 엄지 손가락이 $\mathbf{k}$의 방향을 가리키는 좌표계이다(그림 13.5). 모든 삼차원 벡터 $\mathbf{u}$는 이 단위 벡터로 표현된다.

$$\mathbf{u} = u_x\,\mathbf{i} + u_y\,\mathbf{j} + u_z\,\mathbf{k} \tag{13.3}$$

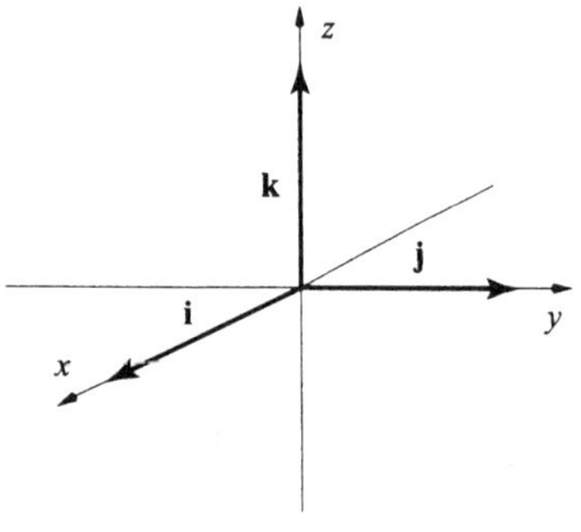

[그림 13.4] 직교 좌표계의 기본 단위 벡터 $\mathbf{i}$, $\mathbf{j}$, $\mathbf{k}$.

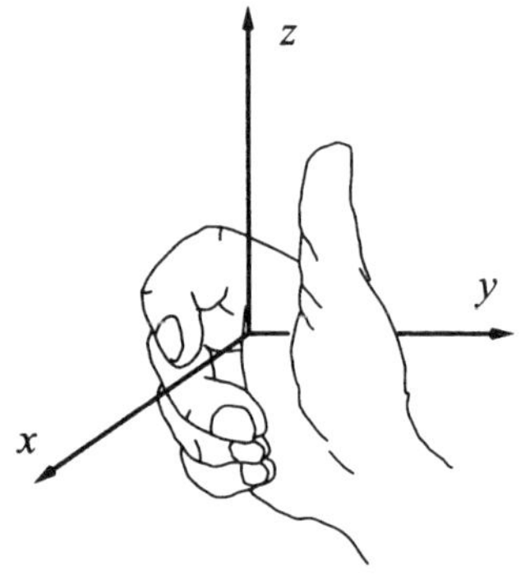

[그림 13.5] 오른손 직교 좌표계.

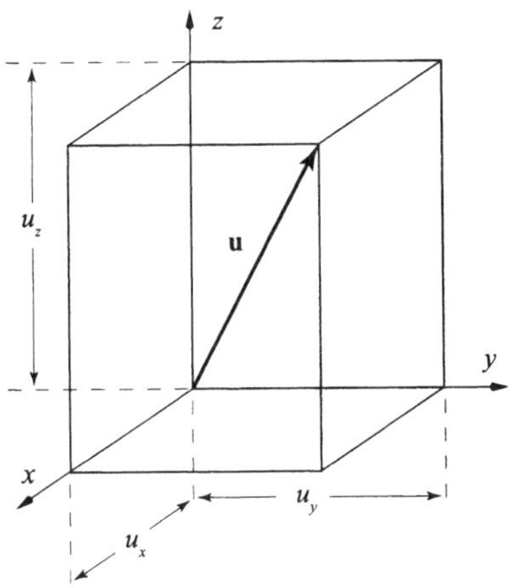

[그림 13.6] 벡터 **u**의 성분은 그것의 x, y, z축으로의 투영값들이고, 길이는 $u = |\mathbf{u}| = (u_x^2 + u_y^2 + u_z^2)^{1/2}$이다.

여기서 예를 하나 들자면, $u_x\mathbf{i}$는 길이가 u_x이고 **i**방향으로 놓여 있는 벡터인 식이다. 식 13.3의 u_x, u_y, u_z는 **u**의 **성분**(*component*)이다. 그것들은 **u**를 각각의 좌표축으로 투영한 것이다(그림 13.6). 성분으로 표현하면 두 벡터의 합 또는 차는

$$\mathbf{u} \pm \mathbf{v} = (u_x \pm v_x)\mathbf{i} + (u_y \pm v_y)\mathbf{j} + (u_z \pm v_z)\mathbf{k} \tag{13.4}$$

으로 주어진다. 그림 13.6은 **u**의 길이가

$$u = |\mathbf{u}| = (u_x^2 + u_y^2 + u_z^2)^{1/2} \tag{13.5}$$

으로 주어짐을 보여 준다. **u**의 크기는 종종 u로 나타낼 것이다.

예제 13-1

$\mathbf{u} = 2\mathbf{i} - \mathbf{j} + 3\mathbf{k}$ 그리고 $\mathbf{v} = -\mathbf{i} + 2\mathbf{j} - \mathbf{k}$ 이면 $\mathbf{u} + \mathbf{v}$의 길이는 무엇인가?

풀이 식 13.4를 이용하면

$$\mathbf{u} + \mathbf{v} = (2-1)\mathbf{i} + (-1+2)\mathbf{j} + (3-1)\mathbf{k} = \mathbf{i} + \mathbf{j} + 2\mathbf{k}$$

이고, 식 13.5를 이용하면 $|\mathbf{u} + \mathbf{v}| = (1^2 + 1^2 + 2^2)^{1/2} = \sqrt{6}$

13.2 벡터의 곱

벡터의 곱을 만드는 방법은 두 가지가 있으며, 두 가지 모두 물리화학 분야에 많이 응용된다. 한 가지 방법은 스칼라양(다른 말로 단순한 숫자)을 만들고 다른 하나는 벡터를 만든다. 당연히, 첫 번째 방법의 결과를 **스칼라곱**(*scalar product*), 두 번째 방법의 결과를 **벡터곱**(*vector product*)이라 부른다.

스칼라곱

두 벡터 **u**와 **v**의 스칼라곱은

$$\mathbf{u}\cdot\mathbf{v} = |\mathbf{u}||\mathbf{v}|\cos\theta \tag{13.6}$$

으로 정의되고, 여기서 θ는 **u**와 **v** 사이의 각도이다. 이 정의로부터

$$\mathbf{u}\cdot\mathbf{v} = \mathbf{v}\cdot\mathbf{u} \tag{13.7}$$

이 됨을 주목하자. 스칼라곱을 하는 것은 **교환가능한 연산**(*commutative operation*)이다. **u**와 **v** 사이의 점은 $\mathbf{u}\cdot\mathbf{v}$를 자주 **u**와 **v**의 **점곱**(*dot product*)이라 불리게 하는 표준 표기법이다. 단위 벡터 **i**, **j**, **k**의 점곱은

$$\begin{aligned} \mathbf{i}\cdot\mathbf{i} = \mathbf{j}\cdot\mathbf{j} = \mathbf{k}\cdot\mathbf{k} = |1||1|\cos 0^\circ = 1 \\ \mathbf{i}\cdot\mathbf{j} = \mathbf{j}\cdot\mathbf{i} = \mathbf{i}\cdot\mathbf{k} = \mathbf{k}\cdot\mathbf{i} = \mathbf{j}\cdot\mathbf{k} = \mathbf{k}\cdot\mathbf{j} = |1||1|\cos 90^\circ = 0 \end{aligned} \tag{13.8}$$

이다. 식 13.8을 이용하여 두 벡터의 점곱을 구할수 있다.

$$\begin{aligned} \mathbf{u}\cdot\mathbf{v} &= (u_x\,\mathbf{i} + u_y\,\mathbf{j} + u_z\,\mathbf{k})\cdot(v_x\,\mathbf{i} + v_y\,\mathbf{j} + v_z\,\mathbf{k}) \\ &= u_xv_x\,\mathbf{i}\cdot\mathbf{i} + u_xv_y\,\mathbf{i}\cdot\mathbf{j} + u_xv_z\,\mathbf{i}\cdot\mathbf{k} \\ &\quad + u_yv_x\,\mathbf{j}\cdot\mathbf{i} + u_yv_y\,\mathbf{j}\cdot\mathbf{j} + u_yv_z\,\mathbf{j}\cdot\mathbf{k} \\ &\quad + u_zv_x\,\mathbf{k}\cdot\mathbf{i} + u_zv_y\,\mathbf{k}\cdot\mathbf{j} + u_zv_z\,\mathbf{k}\cdot\mathbf{k} \end{aligned}$$

따라서

$$\mathbf{u}\cdot\mathbf{v} = u_xv_x + u_yv_y + u_zv_z \tag{13.9}$$

이다. 여기서, $\mathbf{v} = \mathbf{u}$이면 $\mathbf{u}\cdot\mathbf{u} = u_x^2 + u_y^2 + u_z^2 = u^2$임을 주목하라.

예제 13-2

$\mathbf{u} = 2\,\mathbf{i} - \mathbf{j} + 3\,\mathbf{k}$와 $\mathbf{v} = -\mathbf{i} + 2\,\mathbf{j} - \mathbf{k}$의 스칼라곱을 구하시오.

풀이 식 13.9를 이용하면,

$$\mathbf{u}\cdot\mathbf{v} = -2 - 2 - 3 = -7$$

이다.

예제 13-3

두 벡터 $\mathbf{u} = \mathbf{i} + 3\,\mathbf{j} - \mathbf{k}$와 $\mathbf{v} = \mathbf{j} - \mathbf{k}$ 사이의 각도를 구하시오.

풀이 식 13.6을 이용하기 위해 먼저 다음을 구해야 한다.

$$|\mathbf{u}| = (\mathbf{u}\cdot\mathbf{u})^{1/2} = (1 + 9 + 1)^{1/2} = \sqrt{11}$$

$$|\mathbf{v}| = (\mathbf{v}\cdot\mathbf{v})^{1/2} = (0+1+1)^{1/2} = \sqrt{2}$$

그리고

$$\mathbf{u}\cdot\mathbf{v} = 0+3+1 = 4$$

이다. 그러므로

$$\cos\theta = \frac{\mathbf{u}\cdot\mathbf{v}}{|\mathbf{u}||\mathbf{v}|} = \frac{4}{\sqrt{22}} = 0.8528$$

이며, 따라서 $\theta = 31.48°$이다.

$\cos 90° = 0$이므로, 서로 직교하는 두 벡터의 점곱은 항상 0이다. 예를 들어 직교 단위 벡터 $\mathbf{i}$, $\mathbf{j}$, $\mathbf{k}$ 사이의 점곱은 식 13.8이 보여 주듯이 0이다.

예제 13-4

세 벡터 $\mathbf{v}_1 = \frac{1}{\sqrt{3}}\mathbf{i} + \frac{1}{\sqrt{3}}\mathbf{j} + \frac{1}{\sqrt{3}}\mathbf{k}$, $\mathbf{v}_2 = \frac{1}{\sqrt{6}}\mathbf{i} - \frac{2}{\sqrt{6}}\mathbf{j} + \frac{1}{\sqrt{6}}\mathbf{k}$, $\mathbf{v}_3 = -\frac{1}{\sqrt{2}}\mathbf{i} + \frac{1}{\sqrt{2}}\mathbf{k}$가 단위 길이를 가지며 서로 수직함을 보이시오.

풀이 길이는

$$v_1 = (\mathbf{v}_1\cdot\mathbf{v}_1)^{1/2} = \left(\frac{1}{3}+\frac{1}{3}+\frac{1}{3}\right)^{1/2} = 1$$

$$v_2 = (\mathbf{v}_2\cdot\mathbf{v}_2)^{1/2} = \left(\frac{1}{6}+\frac{4}{6}+\frac{1}{6}\right)^{1/2} = 1$$

$$v_3 = (\mathbf{v}_3\cdot\mathbf{v}_3)^{1/2} = \left(\frac{1}{2}+0+\frac{1}{2}\right)^{1/2} = 1$$

으로 주어진다.

다른 벡터들 사이의 점곱은

$$\mathbf{v}_1\cdot\mathbf{v}_2 = \frac{1}{\sqrt{18}} - \frac{2}{\sqrt{18}} + \frac{1}{\sqrt{18}} = 0$$

$$\mathbf{v}_1\cdot\mathbf{v}_3 = -\frac{1}{\sqrt{6}} + 0 + \frac{1}{\sqrt{6}} = 0$$

$$\mathbf{v}_2\cdot\mathbf{v}_3 = -\frac{1}{\sqrt{12}} + 0 + \frac{1}{\sqrt{12}} = 0$$

이다.

지금까지 수행한 벡터 연산들은 그 어느 것도 이차원이나 삼차원에 국한되지 않는다. 식 13.9를 다음과 같이 N차원으로 쉽게 일반화할 수 있다.

$$\mathbf{u} \cdot \mathbf{v} = \sum_{j=1}^{N} u_j v_j \tag{13.10}$$

N차원 벡터의 길이는

$$u = (\mathbf{u} \cdot \mathbf{u})^{1/2} = \left(\sum_{j=1}^{N} u_j^2 \right)^{1/2} \tag{13.11}$$

으로 주어진다.

두 N차원 벡터의 점곱이 0이면 두 벡터가 **직교**(*orthogonal*)한다고 말한다. 따라서 직교라는 용어는 단순히 **수직**(*perpendicular*)을 일반화한 것이다. 더 나아가 벡터의 길이가 1이면 벡터는 **정규화**(*normalized*)되었다 말한다. 서로 직교하고 또한 정규화된 벡터들의 집합을 **직교정규**(*orthonormal*)하다 말한다. 예제 13-4의 벡터들은 직교정규화된 것들이다. N차원 벡터를 그것의 성분을 괄호 안에 단순히 나열하여 나타낸 것은 일반적인 표기법이다. 연습문제 13-5는 벡터 $(1/\sqrt{3}, 1/\sqrt{3}, 0, 1/\sqrt{3})$, $(1/\sqrt{3}, -1/\sqrt{3}, 1/\sqrt{3}, 0)$, $(0, 1/\sqrt{3}, 1/\sqrt{3}, -1/\sqrt{3})$, $(1/\sqrt{3}, 0, -1/\sqrt{3}, -1/\sqrt{3})$이 직교정규화된 집합을 구성함을 보이는 것이다.

점곱 응용의 한 가지는 일의 정의이다. 일은 힘과 거리의 곱으로 정의되며, 여기서 **힘**(*force*)은 변위와 같은 방향에 놓인 힘의 성분을 의미한다는 것을 기억하자. $\mathbf{F}$를 힘, $\mathbf{d}$를 변위라 하면, **일**(*work*)은

$$\text{일} = \mathbf{F} \cdot \mathbf{d} \tag{13.12}$$

으로 정의된다. 여기에서 $F\cos\theta$가 $\mathbf{d}$방향으로의 $\mathbf{F}$성분임을 강조하기 위해 식 13.12를 $(F\cos\theta)(d)$로도 쓸 수 있다(그림 13.7).

점곱의 또 다른 중요한 응용은 쌍극자 모멘트와 전기장의 상호작용이다. 분자 내 상이한 전하들의 분리는 쌍극자 모멘트를 만들며, 그것을 음의 전하로부터 양의 전하로 가는 화살표로 표기한다. 예를 들어 염소 원자는 수소 원자보다 더 전기음성도를 띠므로, HCl은 쌍극자 모멘트를 가지며, 이것을 $\overleftarrow{\text{HCl}}$로 써서 표기한다(어떤 저자들은 쌍극자의 방향을 여기서 사용한 것과 반대로 정의하기도

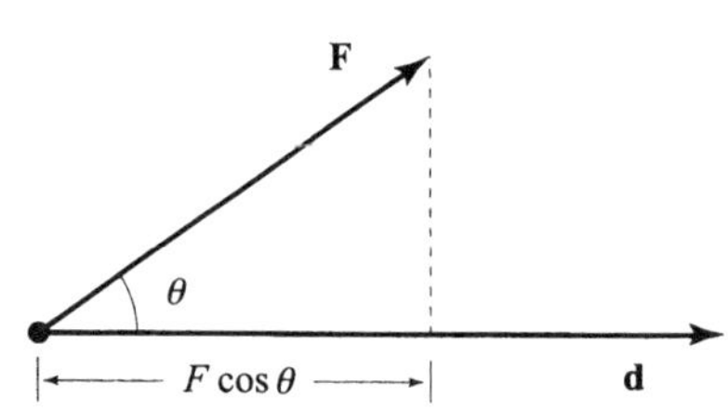

[그림 13.7] 일은 $w = \mathbf{F} \cdot \mathbf{d}$, 즉 $(F\cos\theta)d$로 정의하며, 여기서 $F\cos\theta$는 $\mathbf{d}$에 평행한 $\mathbf{F}$의 성분이다.

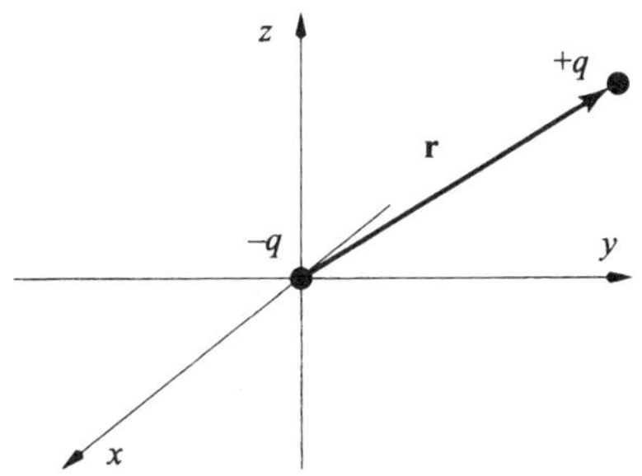

[그림 13.8] 쌍극자 모멘트는 음전하, $-q$으로부터 양전하 $+q$를 가리키는 벡터이며, 이것의 크기는 qr이다.

하지만, 대부분 물리화학과 물리학 책들은 여기에 보인 것과 같은 관례를 따른다). 쌍극자 모멘트는 크기가 양의 전하와 전하 사이의 거리의 곱이고 음의 전하로부터 양의 전하로 향하는 방향을 가진 벡터 양이다. 따라서 그림 13.8에 실명된 떨어져 있는 두 전하에 대해, 쌍극자 모멘트 $\boldsymbol{\mu}$는

$$\boldsymbol{\mu} = q\,\mathbf{r}$$

이다. 쌍극자 모멘트에 전기장 $\mathbf{E}$를 적용하면, 상호 작용의 퍼텐셜 에너지는

$$V = -\boldsymbol{\mu}\cdot\mathbf{E} \tag{13.13}$$

일 것이다. 식 13.13은 물리화학 분야에서 자주 사용되는 것이다.

벡터곱

두 벡터의 벡터곱은

$$\mathbf{u}\times\mathbf{v} = |\mathbf{u}||\mathbf{v}|\,\mathbf{c}\sin\theta \tag{13.14}$$

의 벡터로 정의된다. 여기서 θ는 $\mathbf{u}$와 $\mathbf{v}$사이의 각도이며 $\mathbf{c}$는 $\mathbf{u}$와 $\mathbf{v}$가 만드는 평면에 수직인 단위 벡터이다(그림 13.9). $\mathbf{c}$의 방향은 오른손 법칙으로 주어진다. 오른손 네 손가락을 $\mathbf{u}$로부터 $\mathbf{v}$로 감을 때, $\mathbf{c}$는 엄지 손가락의 방향을 가리킨다(비슷한 상황에 대한 그림 13.5 참조). 식 13.14의 표기법은 매우 흔하게 사용되며, 벡터곱은 종종 **가위곱**(*cross product*)이라 불린다. $\mathbf{c}$방향은 오른손 법칙으로 주어지기 때문에 가위곱 연산은 교환 가능하지 않지만, 특별한 것은

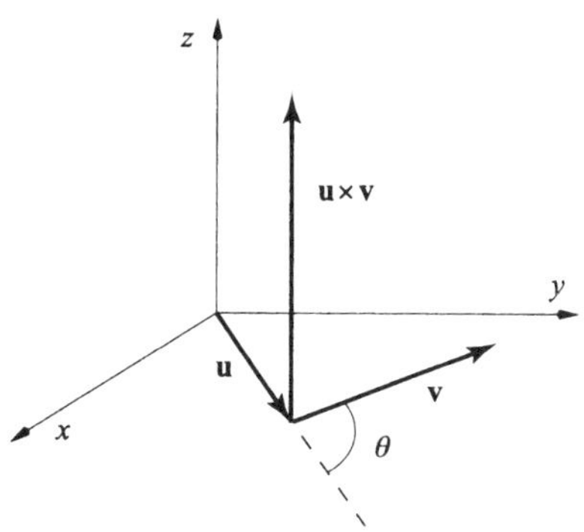

[그림 13.9] 벡터곱 $\mathbf{u}\times\mathbf{v}$. $\mathbf{u}\times\mathbf{v}$의 방향은 오른손 법칙에 의해 주어진다.

$$\mathbf{u} \times \mathbf{v} = -\mathbf{v} \times \mathbf{u} \tag{13.15}$$

이라는 것이다.

직교 단위 벡터의 가위곱은

$$\begin{aligned} \mathbf{i} \times \mathbf{i} = \mathbf{j} \times \mathbf{j} = \mathbf{k} \times \mathbf{k} &= |1||1|\,\mathbf{c}\sin 0^\circ = 0 \\ \mathbf{i} \times \mathbf{j} = -\mathbf{j} \times \mathbf{i} &= |1||1|\,\mathbf{k}\sin 90^\circ = \mathbf{k} \\ \mathbf{j} \times \mathbf{k} = -\mathbf{k} \times \mathbf{j} &= \mathbf{i} \\ \mathbf{k} \times \mathbf{i} = -\mathbf{i} \times \mathbf{k} &= \mathbf{j} \end{aligned} \tag{13.16}$$

이다. **u**와 **v**를 그 성분들로 표현하면

$$\mathbf{u} \times \mathbf{v} = (u_y v_z - u_z v_y)\,\mathbf{i} + (u_z v_x - u_x v_z)\,\mathbf{j} + (u_x v_y - u_y v_x)\,\mathbf{k} \tag{13.17}$$

이다(연습문제 13-8). 식 13.17은 편리하게 행렬식으로 표현될 수 있다.

$$\mathbf{u} \times \mathbf{v} = \begin{vmatrix} \mathbf{i} & \mathbf{j} & \mathbf{k} \\ u_x & u_y & u_z \\ v_x & v_y & v_z \end{vmatrix} \tag{13.18}$$

(행렬식의 토의는 17장 참조) 식 13.17과 13.18은 동치이다.

예제 13-5

$\mathbf{u} = -2\mathbf{i} + \mathbf{j} + \mathbf{k}$와 $\mathbf{v} = 3\mathbf{i} - \mathbf{j} + \mathbf{k}$가 주어질 때, $\mathbf{w} = \mathbf{u} \times \mathbf{v}$를 구하시오.

풀이 식 13.17을 이용하면

$$\begin{aligned} \mathbf{w} &= [(1)(1) - (1)(-1)]\,\mathbf{i} + [(1)(3) - (-2)(1)]\,\mathbf{j} + [(-2)(-1) - (1)(3)]\,\mathbf{k} \\ &= 2\,\mathbf{i} + 5\,\mathbf{j} - \mathbf{k} \end{aligned}$$

이다.

두 벡터의 가위곱 크기에 대하여 훌륭한 기하학적 해석이 가능하다. 그림 13.10은 두 변이 벡터 **u**와 **v**인 평행사변형을 보여 준다. 이 평행사변형의 면적는 두 개의 삼각형과 하나의 직사각형 면적의 합과 같다. 즉,

$$A = 2\left(\frac{1}{2}\right)(v\cos\theta)(v\sin\theta) + (v\sin\theta)(u - v\cos\theta) = uv\sin\theta \tag{13.19}$$

이다. 식 13.19에 따르면 면적은 한변의 길이와 높이의 곱과 같다. 그러나 $uv\sin\theta$는 단순히 $\mathbf{u} \times \mathbf{v}$의 크기이므로

$$A = |\mathbf{u} \times \mathbf{v}| = uv\sin\theta \tag{13.20}$$

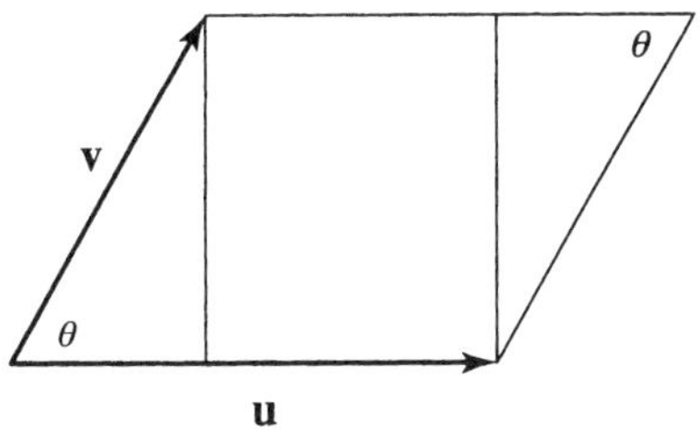

[그림 13.10] $\mathbf{u} \times \mathbf{v}$의 기하학적 해석.

으로 쓸 수 있다.

가위곱은 하나의 벡터를 만들므로, 이제 **삼중 스칼라곱**(*triple scalar product*) $\mathbf{u} \cdot (\mathbf{v} \times \mathbf{w})$을 고려해 보자. 식 13.17을 이용하면,

$$\mathbf{u} \cdot (\mathbf{v} \times \mathbf{w}) = u_x(v_y w_z - v_z w_y) + u_y(v_z w_x - v_x w_z) + u_z(v_x w_y - v_y w_x)$$

이다. 이 수식은 식 13.17의 $\mathbf{i}$, $\mathbf{j}$, $\mathbf{k}$를 u_x, u_y, u_z로 바꾸어 놓은 것과 꼭 같아지며, 따라서 $\mathbf{u} \cdot (\mathbf{v} \times \mathbf{w})$는 다음

$$\mathbf{u} \cdot (\mathbf{v} \times \mathbf{w}) = \begin{vmatrix} u_x & u_y & u_z \\ v_x & v_y & v_z \\ w_x & w_y & w_z \end{vmatrix} \tag{13.21}$$

형식으로 표현될 수 있다. 이것은 식 13.18의 $\mathbf{i}$, $\mathbf{j}$, $\mathbf{k}$를 u_x, u_y, u_z로 바꾸어 놓은 것과 꼭 같다.

$|\mathbf{u} \times \mathbf{v}|$이 $\mathbf{u}$와 $\mathbf{v}$를 변으로 하는 평행사변형의 면적인 것처럼 $|\mathbf{u} \cdot (\mathbf{v} \times \mathbf{w})|$는 $\mathbf{u}$, $\mathbf{v}$, $\mathbf{w}$를 변으로 하는 평형육면체의 부피이다(그림 13.11). 그러하다는 것을 알기 위해, $|\mathbf{u} \cdot (\mathbf{v} \times \mathbf{w})| = u|\mathbf{v} \times \mathbf{w}| \cos\theta$, $|\mathbf{v} \times \mathbf{w}|$가 그림 13.11의 평행육면체의 밑면 면적, $u\cos\theta$가 그것의 높이임을 주목하라.

가위곱의 가장 중요한 물리적 응용 중 하나는 각운동량의 정의이다. 입자가 고정된 점으로부터 $\mathbf{r}$ 만큼 떨어진 위치에서 운동량 $\mathbf{p} = m\mathbf{v}$를 가질 때, **각운동량**(*angular momentum*)은

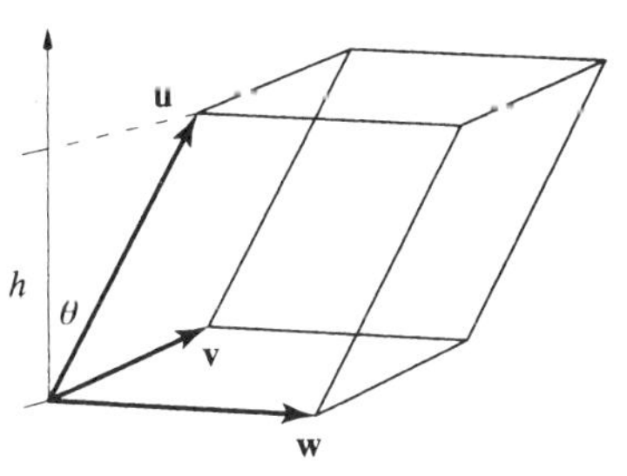

[그림 13.11] $\mathbf{u}$, $\mathbf{v}$, $\mathbf{w}$를 변으로 하는 평행육면체.

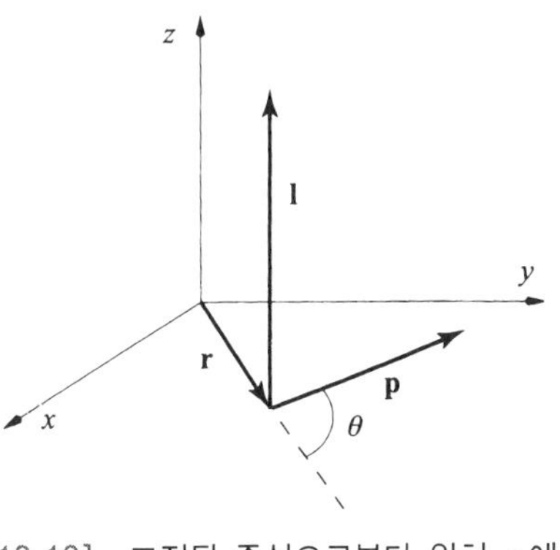

[그림 13.12] 고정된 중심으로부터 위치 $\mathbf{r}$에 놓인 운동량 $\mathbf{p}$를 가진 입자의 각운동량은 $\mathbf{r}$과 $\mathbf{p}$가 만드는 평면에 수직이고 $\mathbf{r} \times \mathbf{p}$의 방향을 가리킨다.

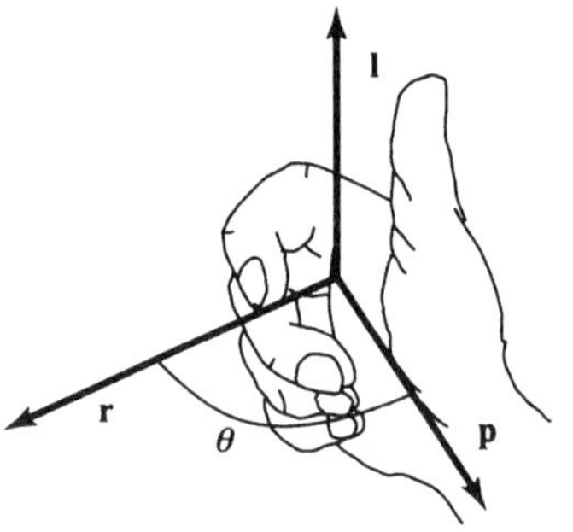

[그림 13.13] 각운동량 **l**은 **r**과 **p**가 만드는 평면에 수직이고 **r**, **p**, **l**이 오른손 직교 좌표계를 만들도록 하는 벡터량이다.

$$\mathbf{l} = \mathbf{r} \times \mathbf{p} \tag{13.22}$$

으로 정의된다. 각운동량은 **r**과 **p**가 만드는 평면에 수직인 벡터임을 주목하라(그림 13.13). 성분으로 표현하면, **l**은

$$\mathbf{l} = (yp_z - zp_y)\,\mathbf{i} + (zp_x - xp_z)\,\mathbf{j} + (xp_y - yp_x)\,\mathbf{k} \tag{13.23}$$

이다(식 13.17 참조). 각운동량은 양자 역학에서 중요한 역할을 한다.

가위곱에 관련된 또 다른 예는 자기장 **B** 안에서 속도 **v**로 움직이는 전하 q를 띤 입자에 작용하는 힘 **F**를 표현하는 방정식,

$$\mathbf{F} = q(\mathbf{v} \times \mathbf{B})$$

이다. 힘은 **v**와 수직이고, 따라서 **B**의 효과는 입자 운동의 속도를 증가시키거나 감소시키는 것이 아니라, 곡선 운동을 하도록 하는 것이다.

예제 13-6

자기장 **B** 안에서 속도 **v**로 운동하는 전하 q의 입자에 작용하는 힘은 $\mathbf{F} = q\mathbf{v} \times \mathbf{B}$이다. $\mathbf{B} = B\mathbf{k}$일 때의 운동을 결정하시오. 여기서 B는 상수이다.

풀이 뉴턴의 운동 방정식은

$$m\frac{d\mathbf{v}}{dt} = q\mathbf{v} \times \mathbf{B} = q\begin{vmatrix} \mathbf{i} & \mathbf{j} & \mathbf{k} \\ v_x & v_y & v_z \\ 0 & 0 & B \end{vmatrix}$$
$$= \mathbf{i}\,qv_yB - \mathbf{j}\,qv_xB$$

즉

$$m\frac{dv_x}{dt} = qv_yB \qquad m\frac{dv_y}{dt} = -qv_xB \qquad m\frac{dv_z}{dt} = 0$$

이다. 연습문제 13-13은 이 방정식의 해를 찾도록 유도하고 있으며, 마지막 결과는

$$x(t) = x_0 + \frac{v_{0y}}{\omega} + \frac{v_{0x}}{\omega}\sin\omega t - \frac{v_{0y}}{\omega}\cos\omega t$$
$$y(t) = y_0 - \frac{v_{0x}}{\omega} + \frac{v_{0y}}{\omega}\sin\omega t + \frac{v_{0x}}{\omega}\cos\omega t \qquad (1)$$
$$z(t) = z_0 + v_{0z}t$$

이다. 여기서 $\omega = qB/m$이다. $x(t)$와 $y(t)$에 식으로부터

$$\left(x(t) - x_0 - \frac{v_{0y}}{\omega}\right)^2 + \left(y(t) - y_0 + \frac{v_{0x}}{\omega}\right)^2 = \frac{v_{0x}^2 + v_{0y}^2}{\omega^2}$$

를 구할 수 있으며, 이것은 중심이 $x = x_0 + v_{0y}/\omega$, $y = y_0 - v_{0x}/\omega$에 놓인 반지름 $(v_{0x}^2 + v_{0y}^2)^{1/2}/\omega$인 원의 방정식이다. 따라서, xy(평면)방향의 운동은 정해진 반지름을 가진 원이 된다. 식 (1)에 따르면, z방향의 운동은 등속이며, 따라서 식 (1)은 z축을 따라 고른 속력을 가진 나선형 궤적을 묘사한다. 이 나선의 반지름은

$$R = \frac{(v_{0x}^2 + v_{0y}^2)^{1/2}}{\omega} = \frac{mv_0^2}{qB}$$

이고 입자는 xy방향으로 회전에 대한 주파수 $\omega = qB/m$는 **라모 주파수**(*Larmour frequency*) 또는 **사이클로트론 주파수**(*cyclotron frequency*)라 불린다.

13.3 벡터 미적분

예제 13-6에서 벡터의 도함수를 취할 수 있음을 보았다. 운동량 $\mathbf{p}$의 성분이 시간에 의존한다고 가정해보자. 그러면

$$\frac{d\mathbf{p}(t)}{dt} = \frac{dp_x(t)}{dt}\mathbf{i} + \frac{dp_y(t)}{dt}\mathbf{j} + \frac{dp_z(t)}{dt}\mathbf{k} \qquad (13.24)$$

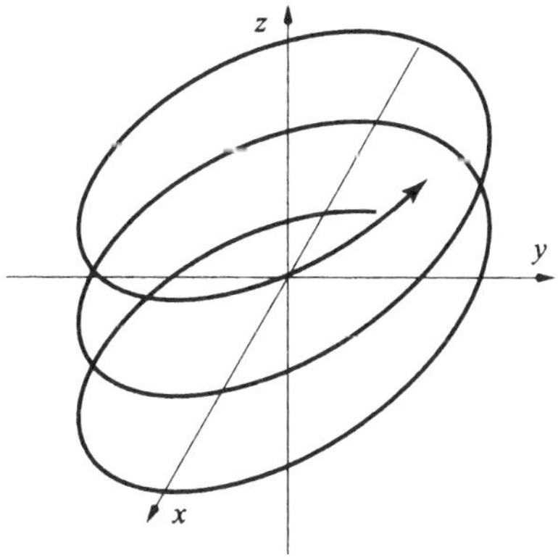

[그림 13.14] 예제 13-6에 묘사된 나선. xy방향에서의 운동은 원형이며, z방향에서의 운동은 균일하다(등속).

이다($\mathbf{i}$, $\mathbf{j}$, $\mathbf{k}$는 공간에 고정되어 있기 때문에 그들의 도함수는 존재하지 않는다). 뉴턴의 운동 방정식은

$$\frac{d\mathbf{p}}{dt} = \mathbf{F} \tag{13.25}$$

이다. 식 13.25는 사실 성분마다 하나씩 존재하는 세 개의 독립된 방정식이다(예제 13-6 참조). $\mathbf{p} = m\mathbf{v}$이기 때문에, m이 상수라면 뉴턴의 식은

$$m\frac{d\mathbf{v}}{dt} - \mathbf{F}$$

으로 쓸 수 있다. 더 나아가, $\mathbf{v} = d\mathbf{r}/dt$이므로 뉴턴의 방정식을

$$m\frac{d^2\mathbf{r}}{dt^2} = \mathbf{F} \tag{13.26}$$

으로 표현할 수도 있다. 다시 한번, 식 13.26은 성분마다 하나씩 존재하는 세 개의 독립된 방정식이다.

화학과 물리 문제에 자주 등장하는 미분 벡터 연산자 몇 가지가 존재한다. 그 중 하나는 **기울기 연산자**(*gradient operator*) 또는 단순히 **기울기**(*gradient*)라 불리는 것으로

$$\nabla f(x, y, z) = \text{grad} f(x, y, z) = \mathbf{i}\frac{\partial f}{\partial x} + \mathbf{j}\frac{\partial f}{\partial y} + \mathbf{k}\frac{\partial f}{\partial z} \tag{13.27}$$

으로 정의된다. 기울기 연산자 ∇는 스칼라 함수에 작용함을 주목하자. 벡터 ∇f는 $f(x, y, z)$의 **기울기 벡터**(*gradient vector*)라 불린다. 지형도의 등고선, 일기도의 등온선이나 등압선, 퍼텐셜 에너지 도표의 등위선을 생각해보자. 이 선들은 집합적으로 **준위 곡선**(*level curve*)이라 불린다. 표면이 $z = f(x, y)$로 표현된다면, 준위 곡선들은 $z =$ 상수로 주어진다(그림 13.15). 그림 13.15의 ∇f에 의해 찾아가는 경로는 그 경로가 가로지르는 각 준위 곡선에 수직하고 가장 가파르게 내려가는 방향을 따른다. 예를 들어, 등전위선에 대하여 $-\nabla f$는 대응하는 전기장을 나타내고 양전하의 입자가 따르는 가속 방향을 찾아낸다(그림 13.16).

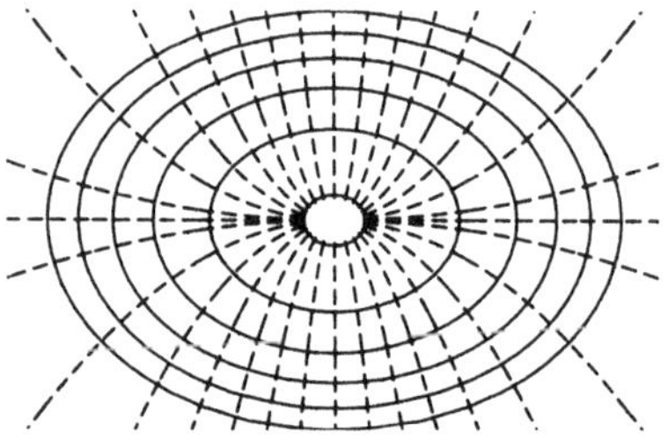

[그림 13.15] 표면 $z = f(x, y)$에 대한 준위 곡선들(실선)과 경로 $\nabla f(x, y)$(점선), 여기서 경로는 가장 가파르게 내려가는 방향을 따른다.

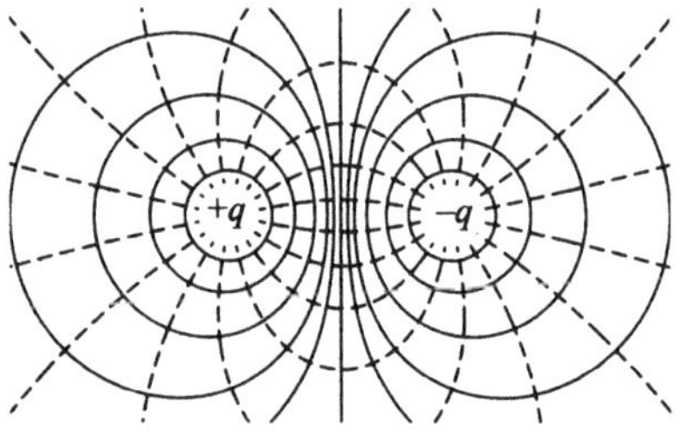

[그림 13.16] 크기가 같고 부호가 다른 두 전하가 만드는 전기 쌍극자의 등전위선들(실선)과 전기장(점선).

많은 물리법칙들은 기울기 벡터로 표현된다. 예를 들어, Fick의 확산 법칙은 용질의 유속이 그것의 농도 기울기에 비례함을 이른다. 즉, $c(x, y, z, t)$가 시간 t일 때 점 (x, y, z)에서의 용질 농도라 하면,

$$\text{용질의 유속} = -D\nabla c(x, y, z, t)$$

이다. 여기서 D는 확산 상수라 불린다. 마찬가지로, Fourier의 열 흐름 법칙은 열의 유속이

$$\text{열의 유속} = -\lambda\nabla T(x, y, z, t)$$

으로 묘사됨을 이른다. 여기서 T는 온도이고 λ는 열 전도도이다. $V(x, y, z)$가 어떤 물체가 경험하는 역학적 퍼텐셜 에너지라면, 그 물체에 작용하는 힘은

$$\mathbf{F}(x, y, z) = -\nabla V(x, y, z) \tag{13.28}$$

으로 주어진다. 또, $\mathbf{A}(x, y, z)$가 정전기적 퍼텐셜, 즉 전위라면, 이것과 관련된 전기장은

$$\mathbf{E}(x, y, z) = -\nabla \phi(x, y, z) \tag{13.29}$$

으로 주어진다.

예제 13-7

입자가 다음 퍼텐셜 에너지를 경험한다고 가정해 보자.

$$V(x, y, z) = \frac{k_x x^2}{2} + \frac{k_y y^2}{2} + \frac{k_z z^2}{2}$$

여기서 k_x, k_y, k_z는 상수이다. 입자에 작용하는 힘의 식을 유도하시오.

풀이 식 13.28을 이용하여

$$\begin{aligned}\mathbf{F}(x, y, z) &= -\mathbf{i}\frac{\partial V}{\partial x} - \mathbf{j}\frac{\partial V}{\partial y} - \mathbf{k}\frac{\partial V}{\partial z} \\ &= -\mathbf{i}\,k_x x - \mathbf{j}\,k_y y - \mathbf{k}\,k_z z\end{aligned}$$

으로 쓸 수 있다.

물리 문제에서 자주 등장하는 또 다른 벡터 연산자는 **발산 연산자**(*divergence operator*), 또는 간단히 **발산**(*divergence*)이라 불리는 것으로, 이것은

$$\text{div}\mathbf{A}(x, y, z) = \nabla \cdot \mathbf{A}(x, y, z) = \frac{\partial A_x}{\partial x} + \frac{\partial A_y}{\partial y} + \frac{\partial A_z}{\partial z} \tag{13.30}$$

으로 정의된다. 발산 연산자는 벡터 $\mathbf{A}(x, y, z)$에 작용함을 주목하자. 발산은 점 (x, y, z)를 둘러싸는 작은 영역으로부터 나오는 단위 부피당 유출률의 척도이다.

예제 13-8

div grad $\phi(x, y, z) = \nabla^2 \phi$임을 보이시오.

풀이 식 13.27

$$\mathrm{grad}\,\phi = \mathbf{i}\frac{\partial\phi}{\partial x} + \mathbf{j}\frac{\partial\phi}{\partial y} + \mathbf{k}\frac{\partial\phi}{\partial z}$$

와 식 13.30으로부터

$$\mathrm{div\ grad}\,\phi = \frac{\partial^2\phi}{\partial x^2} + \frac{\partial^2\phi}{\partial y^2} + \frac{\partial^2\phi}{\partial z^2} \tag{13.31}$$

을 얻는다. 이전에 언급했듯이 연산자

$$\nabla^2 = \frac{\partial^2}{\partial x^2} + \frac{\partial^2}{\partial y^2} + \frac{\partial^2}{\partial z^2} \tag{13.32}$$

은 라플라스 연산자라 불린다.

연습문제

13-1. 벡터 $\mathbf{v} = 2\mathbf{i} - \mathbf{j} + 3\mathbf{k}$와 $\mathbf{v} = x\,\mathbf{i} + y\,\mathbf{j} + z\,\mathbf{k}$의 길이를 구하시오.

13-2. 벡터 $\mathbf{u} = 2\mathbf{i} - 4\mathbf{j} - 2\mathbf{k}$와 $\mathbf{v} = 3\mathbf{i} + 4\mathbf{j} - 5\mathbf{k}$가 직교함을 보이시오.

13-3. 벡터 $\mathbf{v} = 2\mathbf{i} - 3\mathbf{k}$가 y축에 수직인 평면에 완전하게 놓여 있음을 보이시오.

13-4. 두 벡터 $\mathbf{u} = -\mathbf{i} + 2\mathbf{j} + \mathbf{k}$와 $\mathbf{v} = 3\mathbf{i} - \mathbf{j} + 2\mathbf{k}$ 사이의 각도를 구하시오.

13-5. 벡터 $(1/\sqrt{3}, 1/\sqrt{3}, 0, 1/\sqrt{3})$, $(1/\sqrt{3}, -1/\sqrt{3}, 1/\sqrt{3}, 0)$, $(0, 1/\sqrt{3}, 1/\sqrt{3}, -1/\sqrt{3})$, $(1/\sqrt{3}, 0, -1/\sqrt{3}, -1/\sqrt{3})$의 집합이 직교정규함을 보이시오.

13-6. $\mathbf{u} = -\mathbf{i} + 2\mathbf{j} + \mathbf{k}$, $\mathbf{v} = 3\mathbf{i} - \mathbf{j} + 2\mathbf{k}$로 주어질 때, $\mathbf{w} = \mathbf{u} \times \mathbf{v}$를 결정하시오. $\mathbf{v} \times \mathbf{u}$와 같은 것은 무엇인가?

13-7. $\mathbf{u} \times \mathbf{u} = \mathbf{0}$임을 보이시오.

13-8. 식 13.16을 이용하여, $\mathbf{u} \times \mathbf{v}$가 식 13.17로 주어짐을 보이시오.

13-9. 원점에 중심을 둔 원에서의 운동에 대한 각운동량이 $l = |\mathbf{l}| = mvr$임을 보이시오.

13-10. $\dfrac{d}{dt}(\mathbf{u} \cdot \mathbf{v}) = \dfrac{d\mathbf{u}}{dt} \cdot \mathbf{v} + \mathbf{u} \cdot \dfrac{d\mathbf{v}}{dt}$와 $\dfrac{d}{dt}(\mathbf{u} \times \mathbf{v}) = \dfrac{d\mathbf{u}}{dt} \times \mathbf{v} + \mathbf{u} \times \dfrac{d\mathbf{v}}{dt}$을 증명하시오.

13-11. 바로 전 문제의 결과를 이용하여, $\mathbf{u} \times \dfrac{d^2\mathbf{u}}{dt^2} = \dfrac{d}{dt}\left(\mathbf{u} \times \dfrac{d\mathbf{u}}{dt}\right)$을 증명하시오.

13-12. 뉴턴의 방정식

$$m\frac{d^2\mathbf{r}}{dt^2} = \mathbf{F}(x, y, z)$$

으로부터 시작하여, 왼쪽 편에 $\mathbf{r}\times$를 적용하고 연습문제 13-11의 결과를 이용하여

$$m\frac{d}{dt}\left(\mathbf{r}\times\frac{d\mathbf{r}}{dt}\right)=\mathbf{r}\times\mathbf{F}$$

을 증명하시오. 운동량은 $\mathbf{p}=m\mathbf{v}=m\frac{d\mathbf{r}}{dt}$으로 정의되므로, 위의 표현은

$$\frac{d}{dt}(\mathbf{r}\times\mathbf{p})=\mathbf{r}\times\mathbf{F}$$

이 된다.

하지만 $\mathbf{r}\times\mathbf{p}=\mathbf{l}$이 운동량이므로, 상수인 질량 m에 대하여,

$$\frac{d\mathbf{l}}{dt}=\mathbf{r}\times\mathbf{F}$$

이 된다.

이것이 회전계에 대한 뉴턴의 방정식 형태이다. $\mathbf{r}\times\mathbf{F}=0$이면, $d\mathbf{l}/dt=0$, 즉 각운동량이 보존됨을 주목하라. $\mathbf{r}\times\mathbf{F}$를 어떤 물리량으로 확인할 수 있는가?

13-13. 이 문제에서는 예제 13-6의 미분 방정식을 푼다. 먼저 그것을

$$\frac{dv_x}{dt}=\omega v_y \qquad \frac{dv_y}{dt}=-\omega v_x \qquad \frac{dv_z}{dt}=0 \tag{1}$$

으로 쓴다(여기서 $\omega=qB/m$). dv_z/dt에 대한 방정식은 쉬우며, $z(t)=z_0+v_{0z}t$의 결과를 얻는다. dv_x/dt와 dv_y/dt에 대한 방정식을 미분하고 식 (1)을 이용하여,

$$\frac{d^2v_x}{dt^2}+\omega^2v_x=0 \qquad \text{와} \qquad \frac{d^2v_y}{dt^2}+\omega^2v_y=0$$

을 구하시오.

$$v_x=A\cos\omega t+B\sin\omega t \qquad \text{와} \qquad v_y=C\cos\omega t+D\sin\omega t \tag{2}$$

가 이것의 해가 됨을 보이시오. 이 결과를 식 (1)에 넣어, $C=B=v_{0y}$와 $D=-A=-v_{0x}$이 됨을 보이시오. 마지막으로, 식 (2)를 적분하여

$$x(t)=x_0+\frac{v_{0y}}{\omega}+\frac{v_{0x}}{\omega}\sin\omega t-\frac{v_{0y}}{\omega}\cos\omega t$$

와

$$y(t)=y_0-\frac{v_{0x}}{\omega}+\frac{v_{0y}}{\omega}\sin\omega t+\frac{v_{0x}}{\omega}\cos\omega t$$

을 얻으시오.

연습문제 6-22는 복소수를 이용하여 식 (1)을 푸는 법을 보여 준다.

13-14. 점 (1, 1, 1)에서 $f(x,y,z)=x^2-yz+xz^2$의 기울기를 구하시오.

13-15. $\mathbf{c}$가 상수 벡터라면, $\boldsymbol{\nabla}(\mathbf{c}\cdot\mathbf{r})=\mathbf{c}$임을 보이시오.

13-16. (a) $\mathbf{A} = xy^2\,\mathbf{i} + 2xyz\,\mathbf{j} - x^2z\,\mathbf{k}$와 (b) $\mathbf{A} = (x - \cos yz)\,\mathbf{i} + (y - \cos xz)\,\mathbf{j} + (z - \cos xy)\,\mathbf{k}$에 대하여, div $\mathbf{A}$를 구하시오.

다음 다섯 문제에 대하여, $\mathbf{r} = x\,\mathbf{i} + y\,\mathbf{j} + z\,\mathbf{k}$임을 고려하라.

13-17. ($\mathbf{r} \neq \mathbf{0}$일 때) grad $(1/r) = -\mathbf{r}/r^3$와 grad $(1/r^3) = -3\,\mathbf{r}/r^5$을 보이시오.

13-18. ($\mathbf{r} \neq \mathbf{0}$일 때) $\nabla \cdot \mathbf{r} = 3$을 보이시오.

13-19. ($\mathbf{r} \neq \mathbf{0}$일 때) div $(\mathbf{r}/r^3) = 0$을 보이시오.

13-20. ($r \neq 0$일 때) $\nabla^2 \left(\dfrac{1}{r}\right) = 0$을 보이시오.

13-21. 원점에 놓여 있고 x축 방향을 가리키는 쌍극자 모멘트 $\boldsymbol{\mu}$가 만드는 정전기 전위는

$$\phi(x, y, z) = \frac{\mu x}{(x^2 + y^2 + z^2)^{3/2}} \qquad (x, y, z \neq 0)$$

으로 주어진다.

이 전위와 관련된 전기장에 대한 수식을 유도하시오. 쌍극자 모멘트가 임의의 방향을 가리킨다면 정전기 전위는

$$\phi = \frac{\boldsymbol{\mu} \cdot \mathbf{r}}{r^3}$$

이다.

먼저, $\boldsymbol{\mu}$가 x축 방향을 가리킨다면 이 식은 바로 위 식으로 정리됨을 보이시오. 이제, 이 경우의 전기장은

$$\mathbf{E} = -\nabla\phi = \frac{3(\boldsymbol{\mu} \cdot \mathbf{r})\,\mathbf{r}}{r^5} - \frac{\boldsymbol{\mu}}{r^3}$$

으로 주어짐을 보이시오. 마지막으로 이 식은 $\boldsymbol{\mu}$가 x축 방향을 가리킬 경우 얻은 수식으로 정리됨을 보이시오. 힌트: 연습문제 13-15와 13-17의 결과를 이용하시오.

13-22. (a) div $\phi\mathbf{v} = \phi\nabla \cdot \mathbf{v} + \mathbf{v} \cdot \nabla\phi$을 증명하시오. (b) 이 결과를 이용하여, $\phi = xy$이고 $\mathbf{v} = y^2\,\mathbf{i} + xz\,\mathbf{k}$일 때, div $\phi\mathbf{v}$의 값을 구하시오. (c) div를 $\phi\mathbf{v}$에 직접 적용하여 값을 구하고, 이것을 앞의 결과와 비교하시오.

13-23. 연습문제 5-22에서 복소수에 대한 **슈바르츠 부등식**(*Schwarz inequality*)을 증명하였다. 벡터에 대해서 슈바르츠 부등식은

$$|\mathbf{u} \cdot \mathbf{v}| \leq |\mathbf{u}|\,|\mathbf{v}|$$

의 형태를 취한다. 벡터에 대한 슈바르츠 부등식을 증명하기 위해,

$$(\mathbf{u} + \lambda\,\mathbf{v}) \cdot (\mathbf{u} + \lambda\,\mathbf{v}) \geq 0$$

으로부터 출발한다(여기서 λ는 임의의 숫자). 이 표현을 λ의 이차 형식으로 전개한 후, $\lambda = -\mathbf{u} \cdot \mathbf{v}/v^2$으로 놓고 $(\mathbf{u} \cdot \mathbf{v})^2 \leq u^2v^2$, 즉 $|\mathbf{u} \cdot \mathbf{v}| \leq |\mathbf{u}|\,|\mathbf{v}|$를 얻으시오. 이 부등식에 대하여 기하학적 해석을 하시오. 이차원 벡터에 대한 이 부등식의 결과와 복소수에 대한 부등식 결과에 유사점이 있는가?

13-24. 부등식

$$|\mathbf{u}+\mathbf{v}| \le |\mathbf{u}| + |\mathbf{v}|$$

은 **삼각 부등식**(*triangle inequality*)이라 불린다. 이 부등식을

$$|\mathbf{u}+\mathbf{v}|^2 = |\mathbf{u}|^2 + |\mathbf{v}|^2 + 2\,\mathbf{u}\cdot\mathbf{v}$$

으로부터 시작하여 슈바르츠 부등식(이전 문제)을 이용하여 증명하시오. 이것이 왜 삼각 부등식이라 불린다고 생각하는가?

13-25. 이 문제에서는 18장 벡터의 회전에 대하여 논한다. 하지만 벡터는 회전 시에는 그 길이가 변하지 않음을 이 시점에서 분명히 하고자 한다. 어떤 방정식에서 $\mathbf{u}_0$를 원래 벡터, $\mathbf{u}_\mathrm{R}$을 회전된 벡터라고 한다면, $u_\mathrm{R} = u_0$이다. 여기서 벡터의 길이는 **회전 하에 불변**(*invariant under rotation*)이다라고 말할 수 있다. 이제 두 벡터의 스칼라곱이 회전 하에 불변함을 보이시오. 이 결과를 물리적으로 해석하시오. 힌트: $\mathbf{w}_0 = \mathbf{u}_0 + \mathbf{v}_0$와 $\mathbf{w}_\mathrm{R} = \mathbf{u}_\mathrm{R} + \mathbf{v}_\mathrm{R}$로부터 시작하고, $\mathbf{w}$, $\mathbf{u}$, $\mathbf{v}$의 불변 성질을 이용하시오.

제 14 장

평면 극좌표와 구면 좌표

비록 직교 좌표가 사용법을 알게 된 첫 번째 좌표이고 가장 자주 사용되는 좌표이기는 하지만, 항상 가장 편리한 좌표는 아니다. 예를 들어 무거운 핵을 중심에 둔 원자의 경우처럼, 계가 자연스러운 대칭점을 가지고 있다면, 정확히 그러한 계를 고려하여 만들어진 구면 좌표계를 사용하는 것이 훨씬 더 편리할 것이다. 좌표계의 적절한 선택으로 훨씬 더 쉬워지는 문제들의 예는 많이 존재한다. 보통, 계의 대칭은 이용 가능한 많은 좌표계 중 어느 것을 사용할 지를 가르쳐 줄 것이다. 이 장에서는 극좌표와 구면 좌표를 공부하고, 기울기와 발산과 같은 벡터양을 이들 좌표계에서 표현하는 법을 배울 것이다.

14.1 평면 극좌표

평면상의 점을 두 좌표값 (x, y)으로 정하는 것 대신, 원점으로부터의 거리 r, 그리고 원점으로부터 그 점까지의 직선이 양의 x축과 이루는 각 θ를 지정함으로써 똑같이 만족스럽게 정할 수 있다(그림 14.1). r과 θ는 **극좌표**(*polar coordinates*)라 불린다. r은 $r \geq 0$으로 제한되고, θ는 0부터 2π까지의 값을 가지게 된다. 그림 14.1로부터 직교 좌표계와 극좌표계의 관계가

$$x = r\cos\theta \qquad \text{와} \qquad y = r\sin\theta \tag{14.1}$$

그리고

$$r^2 = x^2 + y^2 \qquad \text{와} \qquad \theta = \tan^{-1}\frac{y}{x} \tag{14.2}$$

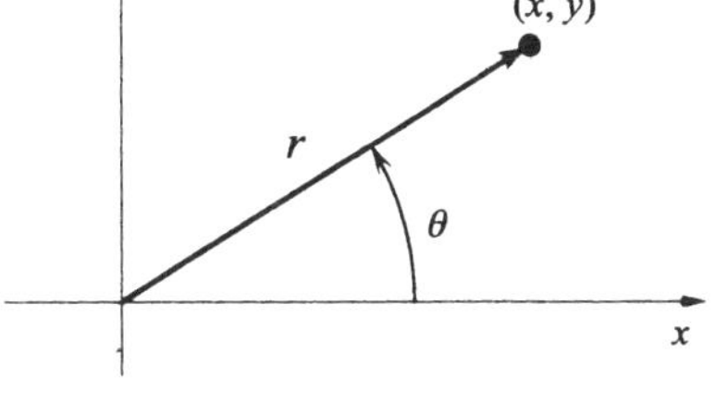

[그림 14.1] 평면상 점의 위치를 극좌표 (r, θ)로 지정하기.

으로 주어짐을 알 수 있다.

따라서, 직교 좌표계의 점 **(1, 1)**는 극좌표계의 점 $(\sqrt{2}, \pi/4)$이 된다. 식 14.2의 아크탄제트 공식으로부터 θ를 계산할 때에는 점이 어느 사분면에 존재하는지 생각해 보아야 한다. 점 **(−1, −1)**에 대하여 식 14.2를 맹목적으로 사용하면 $\theta = \pi/4$를 얻지만, 사실 tan $5\pi/4$=tan(225°)=1의 경우가 바른 결과임을 알 수 있다.

예제 14-1

식 14-1로부터

$$\theta = \cos^{-1}\frac{x}{r} \qquad \text{와} \qquad \theta = \sin^{-1}\frac{y}{r}$$

을 얻고, 식 14-2는 다음과 같다.

$$\theta = \tan^{-1}\frac{y}{x}$$

이 관계식들을 이용하여 점 $(x = -1,\ y = -\sqrt{3})$의 θ를 계산하시오(그림 14.2).

풀이 이 경우, $r = (x^2 + y^2)^{1/2} = 2$이다. 휴대용 계산기를 이용하면,

$$\theta = \cos^{-1}\left(\frac{-1}{2}\right) = 120°$$

$$\theta = \sin^{-1}\left(\frac{-\sqrt{3}}{2}\right) = -60°$$

$$\theta = \tan^{-1}\left(\frac{-\sqrt{3}}{-1}\right) = 60°$$

을 얻을 수 있으나, 이 어느 것도 맞는 값이 아니다. 점은 제3사분면에 있으므로, 정답은 $180° + \cos^{-1}(1/2) = 240°$이다. 여기에서 나타난 문제들은 사실 아크코사인, 아크사인, 아크탄젠트가 다중값을 갖는 함수이기 때문이다.

xy평면 어떤 영역 R에서 수행하는 다음 형식의 적분을 고려해 보자.

$$I = \iint_R dxdy\, f(x, y) \tag{14.3}$$

극좌표로 바꾸었을 때, 대응하는 적분식은 무엇일까? 먼저, $dxdy$가 단순히 $drd\theta$가 되지 않음을 깨닫기 바란다. 정확히 그것이 정말 무엇이 되는지를 보려면, 그림 14.3을 보라. 여기서 r이 dr만큼 θ가 $d\theta$만큼 변할 때, 그려 놓은 미분 면적 원소를 볼 수 있다. 그림 14.3이 보여 주듯이, dr과 $d\theta$는 무한히 작기 때문에 면적은 본질적으로 dr과 $rd\theta$(호 길이)를 두 변으로 하는 직사각형이 된다. 따라

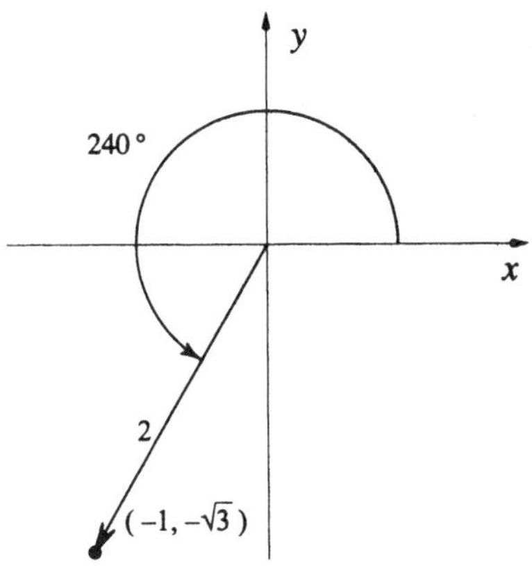

[그림 14.2] 점 $x = -1,\ y = -\sqrt{3}$

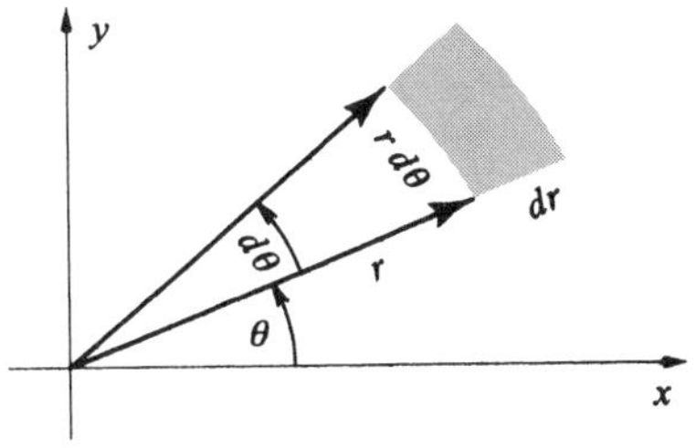

[그림 14.3] 극좌표계 미분 면적 원소의 기하학적 작도. 미분 면적 원소는 미분 호길이 $r\,d\theta$와 어둡게 칠해진 면적의 미분 두께 dr의 곱 $r\,drd\theta$으로 주어진다.

서 미분 면적 원소의 직교 좌표계로부터 평면 극좌표계로의 정확한 변환은 $dxdy \to rdrd\theta$이 되고, 극좌표계에서

$$dA = rdrd\theta \tag{14.4}$$

을 얻는다. 그러므로 극좌표계에서 식 14.3은

$$I = \iint_R rdrd\theta\, f(r,\theta) \tag{14.5}$$

이 된다.

식 14.5를 이용하여 닫힌 곡선으로 둘러싸인 면적을 결정해 보자(이 경우 $f(r,\theta) = 1$이다). 그림 14.4는 **심장형**(*cardioid*)이라 불리는 곡선을 보여 준다(극좌표의 많은 곡선들은 화려한 이름들을 가지고 있다. 스코틀랜드 세인트 앤드류스 대학 수학부는, 훌륭한 길잡이 웹사이트(*wwwhistory.mcs.st-and.ac.uk/history/*)를 가지고 있으며, 여기의 "Famous Curves Index"는 프리트(Freeth)의 신장형(nephroid), 페르마(Fermat)의 나선(spiral), 드슬뤠즈(de Sluze)의 나사선(conchoids) 등을 포함한 거의 100개의 "유명한 곡선들" 이름을 쌍방향 접근 방식으로 제공하고 있다). 아무튼, 그림 14.4의 심장형에 대한 방정식은 $r = a(1 + \cos\theta)$이다. r이 θ의 함수인 $r(\theta)$로 주어

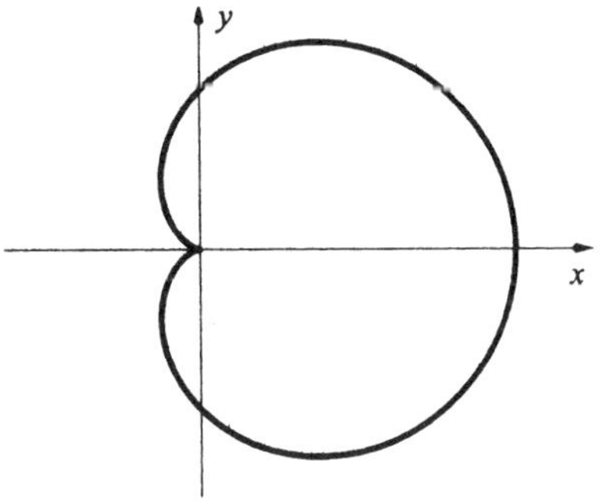

[그림 14.4] 심장형, $r = a(1 + \cos\theta)$

지므로, 식 14.5는

$$I = \int_0^{2\pi} d\theta \int_0^{r(\theta)} dr\, r = \frac{1}{2}\int_0^{2\pi} d\theta\, r^2(\theta) = \frac{a^2}{2}\int_0^{2\pi} d\theta\,(1+\cos\theta)^2$$
$$= \frac{a^2}{2}\left(2\pi + \frac{2\pi}{2}\right) = \frac{3\pi a^2}{2}$$

이 된다.

다음의 적분

$$I = \int_0^{\infty} dx\, e^{-ax^2} \tag{14.6}$$

은 기초적인 적분법으로는 값을 구하기가 쉽지 않지만, 식 14.5는 이 적분을 가능하게 하는 대표적인 요령을 보여 준다. 먼저 I^2를

$$I^2 = \int_0^{\infty} dx\, e^{-ax^2} \int_0^{\infty} dy\, e^{-ay^2} = \int_0^{\infty}\int_0^{\infty} dxdy\, e^{-a(x^2+y^2)} \tag{14.7}$$

으로 써보자. I^2가 $\int_0^{\infty} dx \int_0^{\infty} dx\, e^{-2ax^2}$ (이것이 무엇을 의미하든지 상관하지는 말자)으로 쓰여 있지 않음을 주목하라. 식 14.7에서처럼, I^2를 이중 적분으로 표현할 때는 두 가지 다른 더미(dummy) 변수를 사용하여야 한다. 이제 식 14.7을 극좌표로 변환하면,

$$I^2 = \iint_R r dr d\theta\, e^{-ar^2} \tag{14.8}$$

을 얻는다.

r과 θ의 적분 한계를 살펴보자. 식 14.7의 적분 영역은 제1사분면 전체($0 \le x < \infty$와 $0 \le y < \infty$)이다. 그러므로 r과 θ의 적분 한계는 제1사분면을 그려 놓을 수 있는 $0 \le r < \infty$와 $0 \le \theta \le \pi/2$이다. 이 적분 한계를 이용하면, 식 14.8은

$$I^2 = \int_0^{\infty} dr\, r \int_0^{\pi/2} d\theta\, e^{-ar^2} = \frac{\pi}{2}\int_0^{\infty} dr\, re^{-ar^2}$$

이 된다. 하지만 남은 피적분 함수는 $e^{-u}du\,(u = ar^2)$ 형태이므로 $I^2 = (\pi/2)\int_0^{\infty} e^{-u}du/2a = \pi/4a$, 또는 $I = (\pi/4a)^{1/2}$을 얻을 수 있다.

극좌표와 관련하여 여기에서 논해야 할 마지막 하나의 주제가 있다. 이차원 라플라스 연산자는

$$\nabla^2 = \frac{\partial^2}{\partial x^2} + \frac{\partial^2}{\partial y^2}$$

이다. 대칭 중심을 가진 평면 극좌표를 사용하는 이차원 계를 다룰 때는 당연히 ∇^2를 직교 좌표계보다는 극좌표계로 표현한다. ∇^2의 직교 좌표계로부터 극좌표계로의 변환은 식 14.1을 가지고 시작하

여 수행될 수 있고, 편도 함수를 수반하는 좋은 연습이 될 수 있다. 마지막 결과는

$$\nabla^2 = \frac{\partial^2}{\partial r^2} + \frac{1}{r}\frac{\partial}{\partial r} + \frac{1}{r^2}\frac{\partial^2}{\partial \theta^2} \tag{14.9}$$

이다(연습문제 14-15와 14-16 참조).

14.2 구면 좌표

공간 상의점을 직교 좌표값 x, y, z로 정하는 것 대신, 구면 좌표 r, θ, ϕ를 지정함으로써 같은 점을 똑같이 만족스럽게 정할 수 있다. 그림 14.5로부터, 두 좌표계 사이의 관계가

$$\begin{aligned} x &= r\sin\theta\cos\phi \\ y &= r\sin\theta\sin\phi \\ z &= r\cos\theta \end{aligned} \tag{14.10}$$

으로 주어짐을 알 수 있다.

이 좌표계는 방정식 $r = c =$ 상수의 그래프가 원점에 중심을 둔 반지름 c인 구이기 때문에, **구면 좌표계**(*spherical coordinate system*)라 불린다. 때때로 r, θ, ϕ를 x, y, z로 표현하는 것을 알 필요가 있다. 이 관계는

$$\begin{aligned} r &= \left(x^2+y^2+z^2\right)^{1/2} \\ \cos\theta &= \frac{z}{(x^2+y^2+z^2)^{1/2}} \\ \tan\phi &= \frac{y}{x} \end{aligned} \tag{14.11}$$

으로 주어진다.

단위 반지름의 구 표면의 어느 한 점은 θ와 ϕ의 값으로 반드시 정할 수 있다. 각 θ는 북극으로부터의 기울어짐을 나타내므로 $0 \le \theta \le \pi$이 된다. 각 ϕ는 적도를 따라 생기는 각을 나타내므로

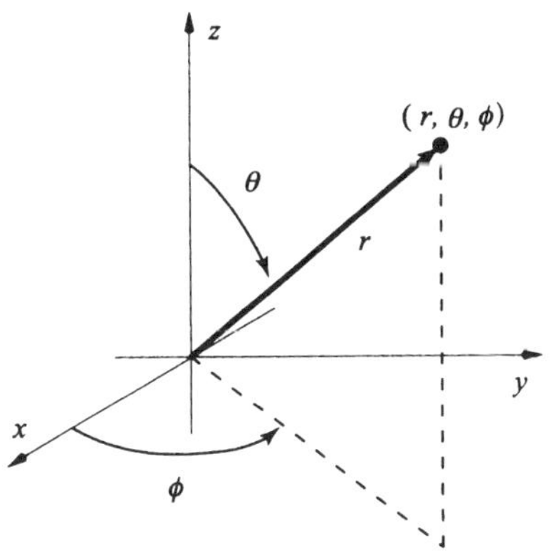

[그림 14.5] 구면 좌표계상의 점의 표현. 점은 구면 좌표 r, θ, ϕ로 지정된다.

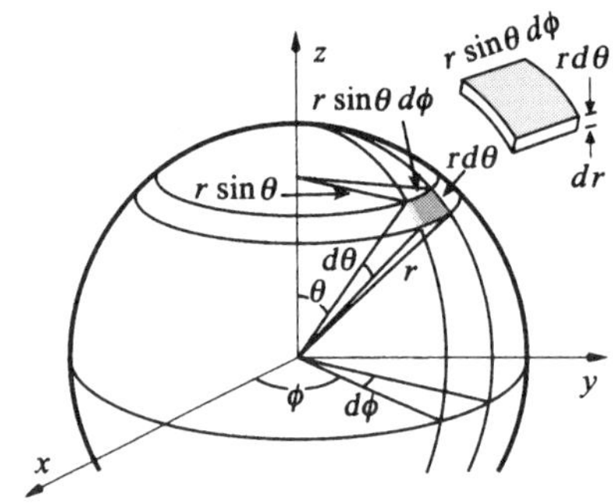

[그림 14.6] 구면 좌표계 미분 부피 원소의 기하학적 작도. 미분 부피 원소는 세 가지 미분 길이, dr, $r\,d\theta$, $r\sin\theta\,d\phi$ 의 곱으로 주어진다.

$0 \le \phi \le 2\pi$ 이 된다. θ에 대해서는 북극이라는 자연스러운 0의 값이 존재하나, ϕ에 대해서는 그런 것이 없다. 그림 14.5에 설명된 것처럼, 각 ϕ는 보통 x축으로부터 재어진다. 원점으로부터의 거리인 r은 본질적으로 양의 값임을 주의하라. 수학적 용어로, $0 \le r < \infty$이다.

우리는 구면 좌표와 관련된 적분을 자주 맞닥뜨리게 된다. 직교 좌표계의 미분 부피 원소는 $dxdydz$이나, 구면 좌표에서는 그렇게 간단하지가 않다. 그림 14.6은 구면 좌표의 미분 부피 원소를 보여 주는데, 이것은

$$dV = (r\sin\theta d\phi)(rd\theta)dr = r^2\sin\theta drd\theta d\phi \tag{14.12}$$

으로 주어지게 된다.

식 14.12를 이용하여, 반지름 a인 구의 부피값을 구해보자. 이 경우, $0 \le r \le a$, $0 \le \theta \le \pi$, $0 \le \phi \le 2\pi$이다. 그러므로

$$V = \int_0^a r^2 dr \int_0^\pi \sin\theta d\theta \int_0^{2\pi} d\phi = \left(\frac{a^3}{3}\right)(2)(2\pi) = \frac{4\pi a^3}{3}$$

이다. 마찬가지로, θ와 ϕ에 대하여만 적분하면,

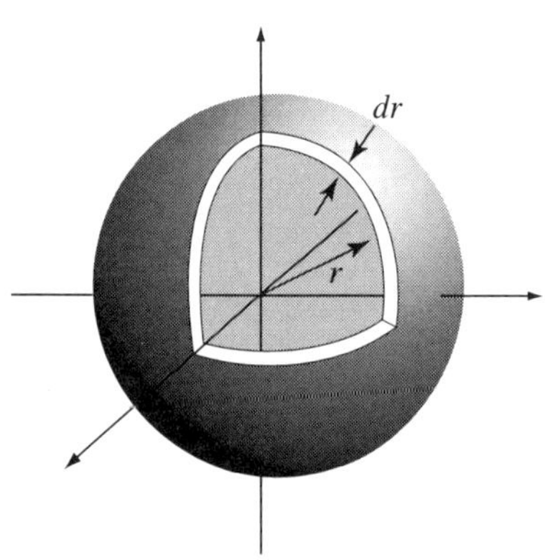

[그림 14.7] 반지름 r과 두께 dr의 구 껍질. 이러한 껍질의 부피는 $4\pi r^2 dr$이며, 이것은 이것의 면적 $(4\pi r^2)$ 곱하기 두께(dr)이다.

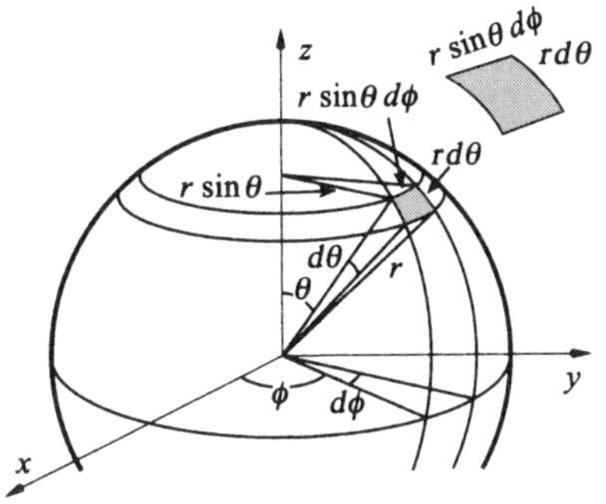

[그림 14.8] 구면 좌표계의 미분 면적 원소는 $dA = r^2 \sin\theta\, d\theta d\phi$ 이다.

$$dV = r^2 dr \int_0^{\pi} \sin\theta d\theta \int_0^{2\pi} d\phi = 4\pi r^2 dr \tag{14.13}$$

을 얻을 수 있다. 이 양은 반지름이 r이고 두께가 dr인 구 껍질의 부피이다(그림 14.7). 인자 $4\pi r^2$은 구 껍질의 표면적을 나타내고 dr은 그것의 두께이다.

$$dA = r^2 \sin\theta\, d\theta d\phi \tag{14.14}$$

식 14.14는 반지름 r인 구 표면의 미분 면적이다(그림 14.8 참조). 식 14.14를 θ와 ϕ의 모든 값에서 적분하면, 반지름 r인 구 표면적 $A = 4\pi r^2$을 얻는다.

값을 구해야 할 적분은 종종

$$I = \int_0^{\infty} dr\, r^2 \int_0^{\pi} d\theta\, \sin\theta \int_0^{2\pi} d\phi\, F(r, \theta, \phi) \tag{14.15}$$

의 형태를 가진다. 12장의 내용 중에서, 각 적분은 그것의 오른편에 있는 모든 것에 "작용"한다는 것을 기억해 보자. 다른 말로, $F(r, \theta, \phi)$를 0부터 2π까지 ϕ에 대하여 적분한 다음, 그 결과에 $\sin\theta$를 곱한 후, 0부터 π까지 θ에 대하여 적분하고, 마지막으로 r^2을 곱하고 0부터 ∞까지 r에 대하여 적분한다. 식 14.15 표기법의 장점은 적분 변수와 그들의 적분 한계가 항상 명확하다는 것이다. 이 표기법의 응용 예로서,

$$F(r, \theta, \phi) = \frac{1}{32\pi} r^2 e^{-r} \sin^2\theta \cos^2\phi$$

을 가지고 식 14.15의 값을 구해보자(이 함수는 수소 원자 $2p_x$ 오비탈의 제곱이다). $F(r, \theta, \phi)$를 식 14.15에 대입하면,

$$I = \frac{1}{32\pi} \int_0^{\infty} dr\, r^2 \int_0^{\pi} d\theta\, \sin\theta \int_0^{2\pi} d\phi\, r^2 e^{-r} \sin^2\theta \cos^2\phi$$

을 얻는다. ϕ에 대한 적분은

$$\int_0^{2\pi} d\phi \cos^2 \phi = \pi$$

되므로 I는 다음과 같다.

$$I = \frac{1}{32}\int_0^{\infty} dr\, r^2 \int_0^{\pi} d\theta \sin\theta\, r^2 e^{-r} \sin^2\theta \qquad (14.16)$$

θ에 대한 적분 I_θ는

$$I_\theta = \int_0^{\pi} d\theta \sin^3\theta$$

이다. 종종 θ에 관련된 적분에서는 변수를 바꾸어 $x = \cos\theta$로 놓는 것이 편리하다. 그러면 $\sin\theta\, d\theta$는 $-dx$가 되고, 적분 범위는 $+1$에서 -1이 되어, 이 경우 다음을 얻는다.

$$I_\theta = \int_0^{\pi} d\theta \sin^3\theta = -\int_1^{-1} dx\,(1-x^2) = \int_{-1}^{1} dx\,(1-x^2) = 2 - \frac{2}{3} = \frac{4}{3}$$

이 결과를 식 14.17에 이용하면,

$$I = \frac{1}{24}\int_0^{\infty} dr\, r^4 e^{-r} = \frac{1}{24}(4!) = 1$$

을 얻는다. I에 대한 이 마지막 결과는 단순히 수소 원자 $2p_x$ 오비탈에 대한 위의 식이 정규화됨을 보여 준다.

종종 식 14.15의 피적분 함수는 오직 r에 대한 함수일 수 있는데, 이 때의 피적분 함수를 구면 대칭하다 말한다. $F(r, \theta, \phi) = f(r)$일 때의 식 14.15를보자.

$$I = \int_0^{\infty} dr\, r^2 \int_0^{\pi} d\theta \sin\theta \int_0^{2\pi} d\phi f(r) \qquad (14.17)$$

$f(r)$이 θ와 ϕ에 독립이기 때문에, ϕ에 대해 적분하여 2π를, θ에 대해 적분하여 2를 얻을 수 있다.

$$\int_0^{\pi} \sin\theta\, d\theta = \int_{-1}^{1} dx = 2$$

그러므로 식 14.17은

$$I = \int_0^{\infty} f(r) 4\pi r^2\, dr \qquad (14.18)$$

이 된다. 여기서 요점은 $F(r, \theta, \phi) = f(r)$일 때, 식 14.15는 실질적으로 피적분 함수에 $4\pi r^2 dr$ 인자를 곱한 일차원 적분이 된다. $4\pi r^2 dr$이라는 양은 반지름이 r이고 두께가 dr인 구 껍질의 부피이다(그림 14.7).

예제 14-2

수소 원자 $1s$ 오비탈은

$$f(r) = \frac{1}{(\pi a_0^3)^{1/2}} e^{-r/a_0}$$

으로 주어진다. 이 함수의 제곱이 정규화됨을 보이시오.

풀이 $4\pi r^2$이 x, y, z의 구면 대칭 함수임을 고려하자(여기서, $r = (x^2 + y^2 + z^2)^{1/2}$이다). 그러므로 식 14.18을 이용하여

$$\begin{aligned} I &= \int_0^\infty f^2(r) 4\pi r^2 \, dr = \frac{4\pi}{\pi a_0^3} \int_0^\infty r^2 e^{-2r/a_0} dr \\ &= \frac{4}{a_0^3} \cdot \frac{2}{(2/a_0)^3} = 1 \end{aligned}$$

을 쓸 수 있다.

단위 반지름의 구 표면에 대하여만 생각한다면, 식 14.14의 각 부분이

$$dA = \sin\theta \, d\theta d\phi \tag{14.19}$$

으로 미분 표면적이 된다. 이것을 전체 구면($0 \le \theta \le \pi, 0 \le \phi \le 2\pi$)에서 적분하면,

$$A = \int_0^\pi \sin\theta \, d\theta \int_0^{2\pi} d\phi = 4\pi \tag{14.20}$$

이며, 이것은 단위 반지름의 구의 면적이다.

그림 14.9에서 보여 주는 것처럼, 원점과 면적 dA를 연결하는 표면으로 둘러싸인 입체를 **입체각**

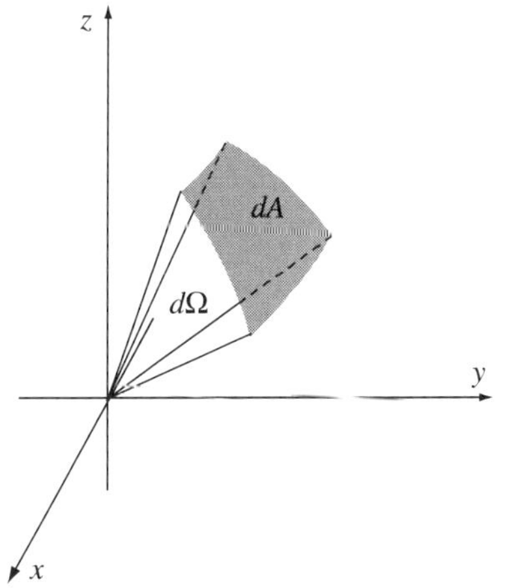

[그림 14.9] 미분 면적 원소 $dA = \sin\theta d\theta d\phi$가 입체각 $d\Omega$의 범위를 정한다.

(*solid angle*)이라 부른다. 마치 원의 완전한 각이 2π인 것처럼, 식 14.20에 의해 완전한 입체각은 4π이다. 입체각은 종종 $d\Omega$로 표기되며, 따라서 때로는

$$d\Omega = \sin\theta \, d\theta d\phi \tag{14.21}$$

으로 쓰고, 식 14.20은 다음과 같이 된다.

$$\int_{\text{구}} d\Omega = 4\pi \tag{14.22}$$

수소 원자의 양자 이론을 논할 때, 자주 맞닥뜨리는 각 적분은

$$I = \int_0^{\pi} d\theta \, \sin\theta \int_0^{2\pi} d\phi \, F(\theta, \phi) \tag{14.23}$$

의 형태이다. 이것이 $F(\theta, \phi)$를 구의 전 표면에서 적분하는 것임을 주목하자. 예를 들어, 적분

$$I = \frac{15}{8\pi} \int_0^{2\pi} d\phi \int_0^{\pi} d\theta \, \sin^2\theta \cos^2\theta \sin\theta$$

을 보자. 이 적분의 값은 다음과 같다.

$$\begin{aligned} I &= \frac{15}{8\pi} \int_0^{\pi} d\theta \, \sin\theta \cos^2\theta \sin^2\theta \int_0^{2\pi} d\phi \\ &= \frac{15}{4} \int_{-1}^{1} (1 - x^2) x^2 \, dx = \frac{15}{4} \left[\frac{2}{3} - \frac{2}{5} \right] = 1 \end{aligned}$$

예제 14-3

다음 식을 증명하시오.

$$I = \int_0^{\pi} d\theta \, \sin\theta \int_0^{2\pi} d\phi \, Y_1^1(\theta, \phi)^* Y_1^{-1}(\theta, \phi) = 0$$

여기서

$$Y_1^1(\theta, \phi) = -\left(\frac{3}{8\pi} \right)^{1/2} e^{i\phi} \sin\theta$$

그리고

$$Y_1^{-1}(\theta, \phi) = \left(\frac{3}{8\pi} \right)^{1/2} e^{-i\phi} \sin\theta$$

이다.

풀이

$$I = -\frac{3}{8\pi}\int_0^{\pi} d\theta\, \sin^3\theta \int_0^{2\pi} d\phi\, e^{-2i\phi}$$

ϕ에 대한 적분은 $\sin 2\phi$와 $\cos 2\phi$의 정수 배 주기에 대하여 적분한 것이므로 $I = 0$이다. $Y_1^1(\theta,\phi)$과 $Y_1^{-1}(\theta,\phi)$은 단위원의 표면에서 직교한다고 일컬어 진다.

대칭 중심을 가진 문제를 다룰 때, 라플라스 연산자 ∇^2은 당연히 직교 좌표계보다는 구면 좌표계로 표현하는 것이 필요하다. ∇^2의 직교 좌표계로부터 구면 좌표계로의 변환은 식 14.10을 가지고 시작하여 수행될 수 있으나, 이것은 아마도 독자들이 한번은 해보겠지만 다시는 결코 하지 않을 편도 함수들을 수반하는 길고 지루한 연습이다. 마지막 결과는

$$\nabla^2 = \frac{1}{r^2}\frac{\partial}{\partial r}\left(r^2\frac{\partial}{\partial r}\right) + \frac{1}{r^2\sin\theta}\frac{\partial}{\partial\theta}\left(\sin\theta\frac{\partial}{\partial\theta}\right) + \frac{1}{r^2\sin^2\theta}\frac{\partial^2}{\partial\phi^2} \tag{14.24}$$

이다(연습문제 14-22).

예제 14-4

$u(r,\theta,\phi) = 1/r$이 $\nabla^2 u = 0$의 해임을 보이시오(이 방정식은 **라플라스 방정식**(*Laplace's equation*)이라 불린다).

풀이 u가 오직 r에만 의존한다는 사실은 $\nabla^2 u$이

$$\nabla^2 u = \frac{1}{r^2}\frac{\partial}{\partial r}\left(r^2\frac{\partial u}{\partial r}\right)$$

으로 정리됨을 의미한다. $u = 1/r$을 여기에 대입하면, $r^2\partial u/\partial r = -1$과 $\nabla^2 u = 0$을 얻는다.

구면 좌표와 관련하여 여기에서 논해야 할 마지막 하나의 주제가 있다. 우리는 종종 삼차원에서 푸리에 변환을 다룬다. 식 10.7의 삼차원 확장은

$$\hat{F}(k_x,k_y,k_z) = \frac{1}{(2\pi)^{3/2}}\iiint_{-\infty}^{\infty} dxdydz\, f(x,y,z)e^{-i\mathbf{k}\cdot\mathbf{r}} \tag{14.25}$$

이다. 여기서 $\mathbf{k}\cdot\mathbf{r} = k_x x + k_y y + k_z z$이다. 역변환은 더 일반적인 표기법으로

$$f(\mathbf{r}) = \frac{1}{(2\pi)^{3/2}}\iiint d^3k\, \hat{F}(\mathbf{k})e^{i\mathbf{k}\cdot\mathbf{r}} \tag{14.26}$$

이다. 여기서 $f(\mathbf{r})$은 $f(x,y,z)$를 나타낸다. $\hat{F}(\mathbf{k})$은 $\hat{F}(k_x,k_y,k_z)$을 나타내고 $d^3k = dk_x dk_y dk_z$이다. 이제, 흔히 있는 경우이듯 $f(\mathbf{r})$이 오직 $\mathbf{r}$의 크기 $|\mathbf{r}| = (x^2+y^2+z^2)^{1/2}$에만 의존한다고 하자. $f(\mathbf{r}) = f(|\mathbf{r}|)$일 때 $\hat{F}(\mathbf{k})$의 값을 구하려면, 식 14.25에 구면 좌표를 도입하여

$$\hat{F}(\mathbf{k}) = \frac{1}{(2\pi)^{3/2}} \int_0^\infty dr\, r^2 \int_0^\pi d\theta\, \sin\theta \int_0^{2\pi} d\phi\, f(r) e^{-i\mathbf{k}\cdot\mathbf{r}} \tag{14.27}$$

을 얻는다.

구면 좌표계의 z축(극축)을 $\mathbf{k}$와 같은 방향을 가리키도록 선택하면, $\mathbf{k}\cdot\mathbf{r} = kr\cos\theta$이다. 그러면, 식 14.27의 θ와 ϕ에 대한 적분을 하여 다음을 얻는다(연습문제 14-19).

$$\hat{F}(k) = \left(\frac{2}{\pi}\right)^{1/2} \int_0^\infty dr\, f(r) \frac{r \sin kr}{k} \tag{14.28}$$

역의 공식은

$$f(r) = \left(\frac{2}{\pi}\right)^{1/2} \int_0^\infty dk\, \hat{F}(k) \frac{k \sin kr}{r} \tag{14.29}$$

이다. $f(\mathbf{r}) = f(|\mathbf{r}|) = f(r)$일 때, $\hat{F}(\mathbf{k}) = \hat{F}(|\mathbf{k}|) = \hat{F}(k)$임을 주목하라. 달리 말하면, $f(r)$이 구면 대칭일 때 $f(r)$의 푸리에 변환은 오직 $\mathbf{k}$의 크기에 의존하는 함수이다.

예제 14-5

r이 구면 좌표계의 반지름 좌표로 주어질 때,

$$f(r) = \frac{Z^3}{\pi} e^{-2Zr}$$

의 푸리에 변환을 구하시오.

풀이 식 14.28을 사용한다.

$$\begin{aligned}\hat{F}(k) &= \left(\frac{2}{\pi}\right)^{1/2} \frac{Z^3}{\pi k} \int_0^\infty r e^{-2Zr} \sin kr\, dr \\ &= \left(\frac{2}{\pi}\right)^{1/2} \frac{4Z^4/\pi}{(k^2 + 4Z^2)^2}\end{aligned}$$

연습문제

14-1. 다음 점들에 대한 평면 극좌표의 θ값을 계산하시오.

(a) $(x = -1, y = \sqrt{3})$, (b) $(x = -1, y = -1)$, (c) $(x = 1, y = 1)$,

(d) $(x = \sqrt{3}, y = -1)$

14-2. $r = a\sin\theta$로 둘러싸인 면적을 계산하시오. 도시하였을 때, 이 곡선은 무엇처럼 보이는가? $r \geq 0$을 기억하시오.

14-3. $r = 2\cos 2\theta$ 베르누이의 렘니스케이트(lemniscate)로 둘러싸인 면적을 계산하시오. θ의 적분 한계를 결정하려면 먼저 곡선을 그려보아야 한다. $r \geq 0$을 기억하라.

14-4. 직교 좌표로 주어진 다음 점들을 구면 좌표로 표현하시오. (x, y, z) : (1, 0, 0), (0, 1, 0), (0, 0, 1), (0, 0, −1)

14-5. 구면 좌표의 다음 방정식들의 그래프를 설명하시오.

(a) $r = 5$ (b) $\theta = \pi/4$ (c) $\phi = \pi/2$

14-6. 식 14.12를 이용하여 반지름이 a인 반구의 부피를 결정하시오.

14-7. 식 14.14를 이용하여 반지름이 a인 반구의 표면적을 결정하시오.

14-8. $x = \cos\theta$로 치환하여, 적분

$$I = \int_0^{\pi} \cos^2\theta \sin^3\theta \, d\theta$$

의 값을 구하시오.

14-9. 수소 원자의 $2p_y$ 오비탈은

$$\psi_{2p_y} = \frac{1}{4\sqrt{2\pi}} r e^{-r/2} \sin\theta \sin\phi$$

으로 주어진다. ψ_{2p_y}가 정규화되어 있음을 보이시오(먼저 ψ_{2p_y}를 제곱하는 것을 잊지 마시오).

14-10. 수소 원자의 $2s$ 오비탈은

$$\psi_{2s} = \frac{1}{4\sqrt{2\pi}}(2 - r)e^{-r/2}$$

으로 주어진다. ψ_{2s}가 정규화되어 있음을 보이시오(먼저 ψ_{2s}를 제곱하는 것을 잊지 마시오).

14-11.

$$Y_1^0(\theta, \phi) = \left(\frac{3}{4\pi}\right)^{1/2} \cos\theta$$

$$Y_1^1(\theta, \phi) = -\left(\frac{3}{8\pi}\right)^{1/2} e^{i\phi} \sin\theta$$

$$Y_1^{-1}(\theta, \phi) = \left(\frac{3}{8\pi}\right)^{1/2} e^{-i\phi} \sin\theta$$

가 단위 구면에서 직교정규임을 보이시오.

14-12. 단위 구면에서 $\cos\theta$와 $\cos^2\theta$의 적분의 값을 구하시오.

14-13. 구면 좌표의 부피 원소를 표현하기 위해 종종 표기법 $d\mathbf{r}$을 사용한다. 적분

$$I = \int d\mathbf{r}\, e^{-r} \cos^2\theta$$

의 값을 구하시오. 여기서 적분은 전 공간에(다시 말해, r, θ, ϕ의 모든 값에 대하여)걸쳐 있다.

14-14. 두 함수 $f_1(r, \theta) = e^{-r}\cos\theta$와 $f_2(r, \theta) = (2 - r)e^{-r/2}\cos\theta$은 전 공간에서(다시 말해, r, θ, ϕ의 모든 값에 대하여) 직교함을 보이시오.

14-15. 이 문제와 다음 문제에서 ∇^2를 이차원 직교 좌표로부터 극좌표로 변환할 것이다. 함수 $f(r,\theta)$가 극좌표 r, θ에 의존한다면, 편미분 연쇄 법칙에 따라

$$\left(\frac{\partial f}{\partial x}\right)_y = \left(\frac{\partial f}{\partial r}\right)_\theta \left(\frac{\partial r}{\partial x}\right)_y + \left(\frac{\partial f}{\partial \theta}\right)_r \left(\frac{\partial \theta}{\partial x}\right)_y \tag{1}$$

와

$$\left(\frac{\partial f}{\partial y}\right)_x = \left(\frac{\partial f}{\partial r}\right)_\theta \left(\frac{\partial r}{\partial y}\right)_x + \left(\frac{\partial f}{\partial \theta}\right)_r \left(\frac{\partial \theta}{\partial y}\right)_x \tag{2}$$

을 얻는다. 간결함을 위해 r이 상수 l과 같다고 가정하면, r에 대한 도함수에 관계된 항들을 무시할 수 있다. 식 (1)과 (2)를 이용하여,

$$\left(\frac{\partial f}{\partial x}\right)_y = -\frac{\sin\theta}{l}\left(\frac{\partial f}{\partial \theta}\right)_r \quad \text{그리고} \quad \left(\frac{\partial f}{\partial y}\right)_x = \frac{\cos\theta}{l}\left(\frac{\partial f}{\partial \theta}\right)_r \tag{3}$$

임을 보이시오.

이제 다시 식 (1)을 적용하여

$$\begin{aligned}\left(\frac{\partial^2 f}{\partial x^2}\right)_y &= \left[\frac{\partial}{\partial x}\left(\frac{\partial f}{\partial x}\right)_y\right] = \left[\frac{\partial}{\partial \theta}\left(\frac{\partial f}{\partial x}\right)_y\right]_r \left(\frac{\partial \theta}{\partial x}\right)_y \\ &= \left\{\frac{\partial}{\partial \theta}\left[-\frac{\sin\theta}{l}\left(\frac{\partial f}{\partial \theta}\right)_r\right]\right\}_r \left(-\frac{\sin\theta}{l}\right) \\ &= \frac{\sin\theta\cos\theta}{l^2}\left(\frac{\partial f}{\partial \theta}\right) + \frac{\sin^2\theta}{l^2}\left(\frac{\partial^2 f}{\partial \theta^2}\right)\end{aligned}$$

을 보이시오.

마찬가지로,

$$\left(\frac{\partial^2 f}{\partial y^2}\right)_x = -\frac{\sin\theta\cos\theta}{l^2}\left(\frac{\partial f}{\partial \theta}\right) + \frac{\cos^2\theta}{l^2}\left(\frac{\partial^2 f}{\partial \theta^2}\right)$$

그리고

$$\nabla^2 f = \frac{\partial^2 f}{\partial x^2} + \frac{\partial^2 f}{\partial y^2} \longrightarrow \frac{1}{l^2}\left(\frac{\partial^2 f}{\partial \theta^2}\right)$$

을 보이시오.

14-16. 연습문제 14-15를 중심력의 영향 하에 평면에서 움직이는 입자의 경우로 일반화하시오. 바꿔 말해, 이번에는 r이 상수라고 가정하지 말고

$$\nabla^2 = \frac{\partial^2}{\partial x^2} + \frac{\partial^2}{\partial y^2}$$

을 평면 극좌표로 변환시키시오(식 14.9 참조).

14-17. $u(r,\theta,\phi) = r\sin\theta\cos\phi$이 구면 좌표의 라플라스 방정식, $\nabla^2 u = 0$을 만족시킴을 보이시오.

14-18. $u(r, \theta, \phi) = r^2 \sin^2\theta \cos 2\phi$이 구면 좌표의 라플라스 방정식, $\nabla^2 u = 0$을 만족시킴을 보이시오.

14-19. 식 14.28과 14.29를 유도하시오.

14-20. $f(r) = \dfrac{1}{(4\pi\alpha)^{3/2}} e^{-r^2/4\alpha}$의 푸리에 변환을 결정하시오(여기서 α는 상수).

14-21. 그림 14.3을 이용함으로써, 직교 좌표로부터 평면 극좌표로의 미분 면적 원소 변환($dxdy \rightarrow r\,drd\theta$)을 기하학적으로 결정하였다. 한편, 이 변환을 가능하게 하는 해석적 방법도 있는데, 이것은

$$dxdy = \begin{vmatrix} \partial x/\partial r & \partial x/\partial \theta \\ \partial y/\partial r & \partial y/\partial \theta \end{vmatrix} drd\theta \tag{1}$$

으로 주어지며, 여기서 오른편의 행렬식은 야코비의 행렬식(Jacobian determinant)이라 불린다(행렬식 논의에 대해서는 17장 참조). 식 14.1을 식 (1)에 넣으면,

$$\begin{vmatrix} \partial x/\partial r & \partial x/\partial \theta \\ \partial y/\partial r & \partial y/\partial \theta \end{vmatrix} = \begin{vmatrix} \cos\theta & -r\sin\theta \\ \sin\theta & r\cos\theta \end{vmatrix} = r(\cos^2\theta + \sin^2\theta) = r$$

을 얻게 되고, 이것은 식 14.4와 일치한다. 이 과정은 쉽게 삼차원까지 확장될 수 있다. 식 (1)의 삼차원 확장을 이용하여 식 14.12를 유도하시오.

14-22. 식 14.24를 유도하시오.

제 15 장

고전 파동 방정식

1925년 슈뢰딩거와 하이젠베르크는 독자적으로 양자론을 공식화하였다. 하이젠베르크의 방법은 행렬식을 이용하고, 슈뢰딩거의 방법은 편미분 방정식을 이용하여, 어떻게 보면 이 두 방법이 서로 다른 것처럼 보인다. 그러나 바로 일 년 후, 이 두 방법이 수학적으로 동일함을 보여 주었다. 물리화학을 배우는 대부분의 학생들이 행렬식에 익숙하지 않아 편미분 방정식이 중심인 슈뢰딩거의 방법을 이용하여, 현재는 양자론을 기술하는 **슈뢰딩거 방정식**(*Schrödinger equation*)이 보편화되어 있다. 이 장에서는 **고전 파동 방정식**(*classical wave equation*)이라는 간단한 편미분 방정식을 논의하고자 한다. 고전 파동 방정식은 진동하는 현, 북의 진동, 바다의 파도, 소리의 파동과 같은 여러 가지 파동 현상을 기술하고 있다. 이 방법은 슈뢰딩거 방정식에 물리적인 배경을 제공할 뿐만 아니라 더욱이 슈뢰딩거 방정식을 푸는 방법과 유사하다.

15.1 진동하는 현

그림 15.1에 보인, 두 점 간에 팽팽히 연결된 현에 대해 생각해 보자. 평형에 있는 현의 수평 위치에서부터의 최대 변위를 **진폭**(*amplitude*)이라 부른다. $u(x, t)$를 현의 진폭이라고 하면, $u(x, t)$는 다음의 식을 만족한다.

$$\frac{\partial^2 u}{\partial x^2} = \frac{1}{v^2}\frac{\partial^2 u}{\partial t^2} \tag{15.1}$$

이때 v는 파동이 현을 따라 이동하는 속도이다(연습문제 15-12에서 식 15.1을 유도하게 된다). 식 15.1은 고전 파동 방정식이며, 미지수인 $u(x, t)$가 편미분이기 때문에 **편미분 방정식**(*partial*

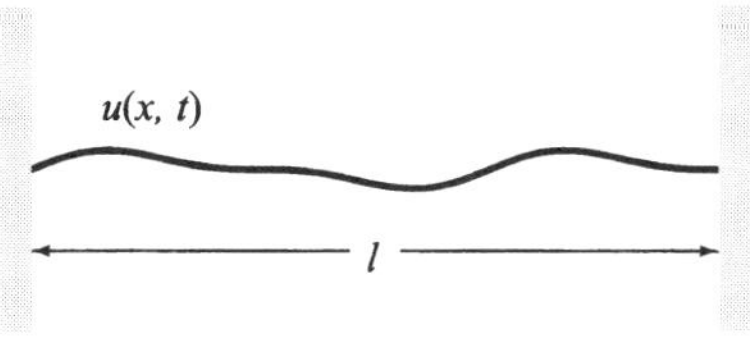

[그림 15.1] 양끝 0과 l이 고정된 진동하는 현. 위치 x와 시간 t에서 진폭은 $u(x, t)$이다.

differential equation)이다. 변수 x, t는 **독립 변수**(*independent variable*)이고, x, t에 의존하는 $u(x, t)$는 **종속 변수**(*dependent variable*)이다. 식 15.1은 $u(x, t)$와 그의 미분이 일차식으로 주어지고 교차항이 나타나지 않기 때문에 **선형 편미분 방정식**(*linear partial differential equation*)이다.

변위 $u(x, t)$는 식 15.1을 만족해야 하는 것과 함께 다음의 물리적인 조건을 만족시켜야 한다. 현의 양끝이 고정되어 있으므로 이 두 점에서 진폭은 항상 0이 되어야 한다. 따라서 다음과 같다.

$$u(0, t) = 0 \quad \text{그리고} \quad u(l, t) = 0 \ (\text{모든 } t\text{에 대해}) \tag{15.2}$$

$u(x, t)$가 경계에서 정해지기 때문에 이 두 조건을 **경계 조건**(*boundary condition*)이라고 한다. 일반적으로 편미분 방정식은 특정한 경계 조건에 대해 풀어야 하며, 이러한 성질은 물리적인 배경에서 명확하게 나타난다.

15.2 변수 분리법

슈뢰딩거 방정식과 고전 파동 방정식 그리고 물리학에서 다루는 많은 편미분 방정식들은 **변수 분리법**(*separation of variable*)의 방법으로 쉽게 해가 구해진다. 진동하는 현의 문제로 이 방법을 설명하자.

변수 분리법의 주된 과정은 $u(x, t)$를 x만의 함수, $X(x)$와 t만의 함수, $T(t)$의 곱으로 분리할 수 있다고 가정하는 것이다.

$$u(x, t) = X(x)T(t) \tag{15.3}$$

15.3식을 15.1식에 대입하면

$$T(t)\frac{d^2X(x)}{dx^2} = \frac{1}{v^2}X(x)\frac{d^2T(t)}{dt^2} \tag{15.4}$$

이 얻어진다. 이 식을 $u(x, t) = X(x)T(t)$로 나누면

$$\frac{1}{X(x)}\frac{d^2X(x)}{dx^2} = \frac{1}{v^2T(t)}\frac{d^2T(t)}{dt^2} \tag{15.5}$$

가 된다. 식 15.5의 좌변은 x만의 함수이고, 우변은 t만의 함수이다. x와 t가 독립 변수이므로 식 15.5의 각 변은 독립적으로 변한다. x와 t가 변할 때 이 식의 등호가 성립되는 단 하나의 방법은 각 변이 같은 상수값을 갖는 것이다. 이 상수를 K라고 하면 다음과 같다.

$$\frac{1}{X(x)}\frac{d^2X(x)}{dx^2} = K \tag{15.6}$$

$$\frac{1}{v^2T(t)}\frac{d^2T(t)}{dt^2} = K \tag{15.7}$$

여기서 K를 **분리 상수**(*separation constant*)라고 하며, 나중에 결정될 것이다. 식 15.6과 15.7은 다시

$$\frac{d^2X(x)}{dx^2} - KX(x) = 0 \tag{15.8}$$

$$\frac{d^2T(t)}{dt^2} - Kv^2T(t) = 0 \tag{15.9}$$

로 쓸 수 있다. 이 경우 두 개의 독립 변수를 갖는 편미분 방정식과 달리 변수 분리법에 의해 두 개의 보통 미분 방정식이 되었다. 이 두 미분 방정식은 미지수와 미분이 일차식으로 나타나 선형이며 쉽게 해가 구해진다(6.2절 참조).

식 15.8과 15.9의 K값은 아직 정해지지 않았다. 현재 K가 양수, 음수 또는 0인지 알 수 없다. 우선 $K = 0$이라고 가정해 보자. 이 경우 식 15.8과 15.9는 바로 적분이 되어

$$X(x) = a_1x + b_1 \tag{15.10}$$

$$T(t) = a_2t + b_2 \tag{15.11}$$

이고 a와 b는 각각 식 15.2의 경계 조건에서 구해지는 적분 상수이다. $X(x)$와 $T(t)$에 대한 경계 조건은

$$u(0, t) = X(0)T(t) = 0 \qquad \text{과} \qquad u(l, t) = X(l)T(t) = 0$$

이고 $T(t)$는 모든 t에 대해 0이 아니므로

$$X(0) = 0 \qquad \text{과} \qquad X(l) = 0 \tag{15.12}$$

이다. 식 15.10에서 보면 식 15.12를 만족하는 단 하나의 조건은 $a_1 = b_1 = 0$이고, 이것은 $X(x) = 0$ 그리고 모든 x에 대해 $u(x, t) = 0$을 의미한다. 이것을 식 15.1의 **자명해**(뻔한 풀이, *trivial solution*)라 하며 물리적인 의미는 없다(풀이를 수학 방정식에 대입해도 문제되지 않는다. 우리가 알고 있는 것은, 모든 물리학적으로 허용되는 풀이 $u(x, t)$는 식 15.1을 만족시켜야 한다는 것이다. 또한 그 식의 모든 해가 물리학적으로 허용되지 않는다는 것도 알고 있다).

식 15.8에서 $K > 0$이라 가정하자. 결국은 k가 실수인 k^2으로 K를 쓴다. K는 실수의 제곱이기 때문에 양수이나. 이 경우 식 15.8은

$$\frac{d^2X(x)}{dx^2} - k^2X(x) = 0 \tag{15.13}$$

이다. 이 식의 일반해는

$$X(x) = c_1e^{kx} + c_2e^{-kx} \tag{15.14}$$

이다. 식 15.12의 경계 조건을 적용하면 식 15.14는

$$c_1 + c_2 = 0 \qquad \text{그리고} \qquad c_1 e^{kl} + c_2 e^{-kl} = 0$$

이다. $k > 0$ 조건을 만족하는 유일한 방법은 $c_1 = c_2 = 0$이어야 한다. 그러므로 다시 한 번 자명해(연습문제 15-1)만을 찾아본다. 지금까지 $K = 0$이거나 $K > 0$인 경우, 식 15.1의 자명해만을 찾았다.

K가 음수인 경우를 생각해보자. 만일 $K = -\beta^2$이라 하자. 그러면 β가 실수일 때 K는 음수이다. 이 경우 식 15.8은

$$\frac{d^2X(x)}{dx^2} + \beta^2 X(x) = 0 \tag{15.15}$$

이고 일반해는

$$X(x) = A\cos\beta x + B\sin\beta x \tag{15.16}$$

이다. $X(0) = 0$인 경계 조건은 $A = 0$을 의미한다. $x = l$에서의 경계 조건은

$$X(l) = B\sin\beta l = 0 \tag{15.17}$$

을 준다. 이 식을 만족시키는 두 가지 방법이 있다. 하나는 $B = 0$인데 $A = 0$과 함께 의미 없는 해를 준다. 다른 하나는 $\sin\beta l = 0$이다. $\theta = 0,\ \pi,\ 2\pi,\ 3\pi, \cdots$일 때 $\sin\theta = 0$이므로, 식 15. 17은

$$\beta_n l = n\pi \qquad n = 1,\ 2,\ 3, \ldots \tag{15.18}$$

을 의미하게 된다. 이때 $n = 0$을 생략하였는데, 이때 역시 의미 없는 해를 주기 때문이다. β에 첨자 n을 강조하는 것은 그 값이 n에 의존하기 때문이다. 식 15.18에서 변수 β_n을 결정할 수 있고, 따라서 분리 상수 $K = -\beta_n^2$을 결정할 수 있다. 이때

$$X(x) = B\sin\frac{n\pi x}{l} \tag{15.19}$$

을 얻는다.

이제 식 15.9의 해도 구해야 한다. 식 15.9는 이미 결정된 $K = -\beta_n^2$을 포함하여

$$\frac{d^2T(t)}{dt^2} + \beta_n^2 v^2 T(t) = 0 \tag{15.20}$$

이 된다. 여기서 $\beta_n = n\pi/l$이다. 식 15.20의 일반해는

$$T(t) = D\cos\omega_n t + E\sin\omega_n t \tag{15.21}$$

이고 $\omega_n = \beta_n v = n\pi v/l$이다. D와 E에 내해 아무 조건이 없으므로 진폭 $u(x,t)$는

$$\begin{aligned} u(x,t) &= X(x)T(t) \\ &= \left(B\sin\frac{n\pi x}{l}\right)(D\cos\omega_n t + E\sin\omega_n t) \\ &= (a\cos\omega_n t + b\sin\omega_n t)\sin\frac{n\pi x}{l} \qquad n = 1,\ 2, \ldots \end{aligned}$$

이고(식 15.3 참조), 이때 $a = DB$, $b = EB$이다. 각 정수 n에 대해 $u(x,t)$가 존재하고 a와 b가 n에 의존할 수 있으므로, $u(x,t)$는 다음과 같이 되어야 한다.

$$u_n(x,t) = (a_n \cos\omega_n t + b_n \sin\omega_n t)\sin\frac{n\pi x}{l} \qquad n = 1,\ 2, \ldots \tag{15.22}$$

예제 15-1

식 15.22가 식 15.1의 해임을 보이시오.

풀이 $u_n(x,t)$의 이차 편미분은

$$\begin{aligned}\frac{\partial^2 u_n(x,t)}{\partial x^2} &= -\frac{n^2\pi^2}{l^2}(a_n \cos\omega_n t + b_n \sin\omega_n t)\sin\frac{n\pi x}{l} \\ &= -\frac{n^2\pi^2}{l^2}u_n(x,t) \\ \frac{\partial^2 u_n(x,t)}{\partial t^2} &= -\omega_n^2 u_n(x,t)\end{aligned}$$

이다. $\omega_n = n\pi v/l$이라는 사실을 이용하면 $\omega_n^2 = v^2(n^2\pi^2/l^2)$을 얻는다. 그 결과 식 15.1을 만족한다.

식 15.22의 각각의 $u_n(x,t)$는 식 15.1의 선형 미분 방정식의 해가 될 것이므로 그들의 합도 역시 식 15.1의 해가 되고 실제 일반해는 그들의 합이 된다. 그러므로 일반해는 다음과 같다.

$$u(x,t) = \sum_{n=1}^{\infty}(a_n \cos\omega_n t + b_n \sin\omega_n t)\sin\frac{n\pi x}{l} \qquad n = 1,\ 2, \ldots \tag{15.23}$$

진동하는 현이 처음에 아무리 잡아당겨 지더라도 그 모양은 식 15.23에 따라 전개된다. 식 15.23이 식 15.1의 해가되는 것을 보이는 것은 직접 대입하여 쉽게 증명할 수 있다(연습문제 15−2).

학생들은 종종 변수 분리법을 처음 만났을 때, 특히 식 15.3의 가정을 경계의 눈초리로 보게 된다. 아마도 똑같은 경계 조건을 만족하는 다른 해가 있는지 다른 형태의 진동은 $u(x,t) = X(x)T(t)$의 형식으로 쓸 수 없는지 의아해할지 모른다. 편미분 방정식의 이론은 만일 $u(x,t)$가 식 15.1과 식 15.2를 만족하면 그것이 유일한 함수임이 증명된다. 따라서 해를 어떤 방법으로든지 일단 발견하면 그것이 유일한 해라고 확신할 수 있다.

15.3 기준 모드의 중첩

식 15.23으로 주어진 일반해는 다른 형태로 쓸 수 있다. 6.2절은 $a\cos\omega t + b\sin\omega t$를 $A\cos(\omega t + \phi)$로 표현할 수 있고, 이때 A와 ϕ는 상수로서 a와 b를 이용해서 표현한다(식 6.23 참조). 이 관계를 이용하여 식 15.23을 나타내면

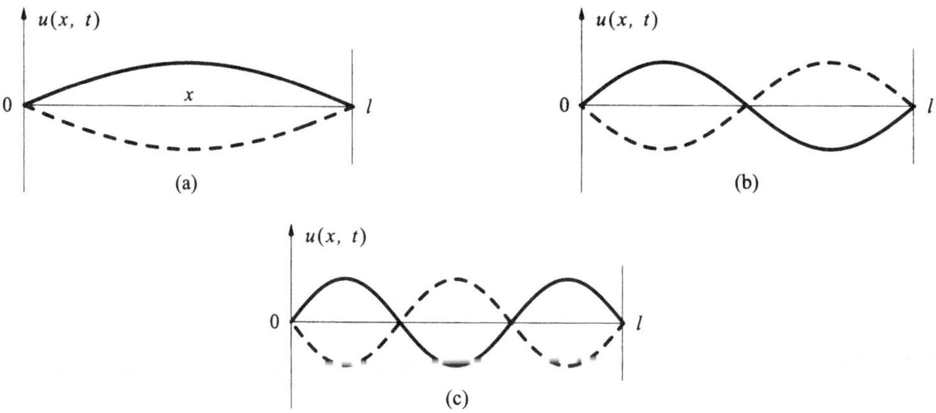

[그림 15.2] 진동하는 현의 처음 세 기준 모드. 각 기준 모드는 정류파이며, n번째 조화 진동은 $n-1$개의 마디를 갖는다. 정류파의 파장은 $\lambda_n = 2l/n$을 만족한다.

$$u(x,t) = \sum_{n=1}^{\infty} A_n \cos(\omega_n t + \phi_n) \sin\frac{n\pi x}{l} = \sum_{n=1}^{\infty} u_n(x,t) \tag{15.24}$$

이 된다.

식 15.24는 좋은 물리적인 해석을 준다. 각각의 $u_n(x,t)$를 **기준 모드**(*normal mode*)라 부르며, 각 모드의 시간 의존도는 다음의 진동수를 갖는 조화 운동을 나타낸다.

$$\nu_n = \frac{\omega_n}{2\pi} = \frac{vn}{2l} \tag{15.25}$$

여기에서 $\omega_n = \beta_n v = n\pi v/l$이라는 사실을 이용하였다(식 15.18 참조). 대응 파장은 v/ν_n 혹은 $\lambda_n = 2l/n$으로 주어진다.

식 15.24의 처음 몇 항의 공간 의존도를 그림 15.2에 나타내었다. 첫 번째 항 $u_1(x,t)$를 **기본 진동**(*fundamental mode*) 또는 **첫 번째 조화 진동**(*first harmonic*)이라 부르며, 그림 15-2a의 시간 의존 진동수 $v/2l$로 진동하는 사인파의 형태로 나타난다. 이 경우에 파장은 $\lambda_1 = 2l$이다. **두 번째 조화 진동**(*second harmonic*) 또는 **첫 번째 배진동**(*first overtone*)인 $u_2(x,t)$는 진동수 v/l로 조화적인 진동을 하며 그림 15.2b의 운동 모습을 보인다. 이 경우 파장은 $\lambda_2 = l$이다. 모든 t에 대해 이 진동의 중간점이 0에 고정되어 있음을 주목하라. 이 점을 **마디**(*node*)라 부르며, 이러한 개념은 양자 역학에서도 생겨난다. 또한 $u(0)$과 $u(l)$도 0과 같음을 주목하라. 이 항들은 그 값이 경계 조건에 의해 고정되기 때문에 마디는 아니다. 또 두 번째 조화 진동의 진동수는 첫 번째 진동의 진동수의 두 배임을 명심하라. 그림 15.2c는 **세 번째 조화 진동**(*third harmonic*) 또는 **두 번째 배진동**(*second overtone*)이 두 개의 마디를 갖는 것을 보여 주고 있다. 그림 15.2에 보인 파들은 마디들의 위치가 시간에 대해 고정되어 있어 **정류파**(*standing wave*)라 부른다. 마디들의 사이에서 현은 위아래로 진동한다.

$u(x,t)$가 다음으로 표시되는 처음 두 조화 진동만으로 이루어진 간단한 경우를 고려하자(식

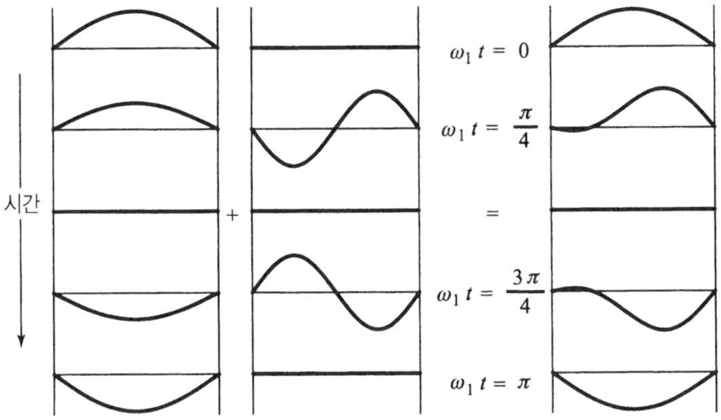

[그림 15.3] 두 개의 정류파가 결합하여 어떻게 진행파를 만드는가를 설명하는 그림. 양 부분에서 시간은 아래로 갈수록 증가한다. 왼편은 처음 두 조화 진동의 독립적인 운동 모습을 보여 준다. 두 조화 진동은 모두 정류파이다. 첫 번째 조화 진동은 주어진 시간에 반주기를 움직이고 두 번째 진동은 완전히 한 주기를 움직인다. 오른편은 이 두 조화 진동의 합을 보여 준다. 그림에 보인대로 합은 정류파가 아니며 고정된 끝점 사이를 오가는 진행파이다. 이 진행파는 주어진 시간에서 반주기를 움직인다.

15.24 참조).

$$u(x,t) = \cos\omega_1 t \sin\frac{\pi x}{l} + \frac{1}{2}\cos\left(\omega_2 t + \frac{\pi}{2}\right)\sin\frac{2\pi x}{l} \tag{15.26}$$

식 15.26을 그림 15.3에 나타내었다. 그림 15.3의 왼편에는 각 모드들의 시간 의존도를 각각 나타내었다. $u_1(x,t)$가 주어진 시간 동안 반주기를 운동하는 반면, $u_2(x,t)$는 완전히 한주기를 운동하는 것이 나타나 $\omega_2 = 2\omega_1$임을 명확히 보여 준다. 그림 15.3의 오른편에는 이 두 조화 진동의 합을 나타내어 현의 실제 운동 모습을 시간의 함수로 나타내었다. 그림의 왼편에는 정류파들의 중첩이 어떻게 오른편의 진행파로 나타나는가를 살펴보는 것은 매우 흥미로운 일이다. 복잡하고 일반적인 파동 운동이 기준 모드들의 합 또는 중첩으로 표현된다는 것은 진동 운동의 기본 성질이며, 파동 방정식이 선형 방정식이라는 사실에서 연유한다.

15.4 푸리에 급수의 해

우리는 식 15.1의 풀이를 마치지 못하였다. 식 15.23(또는 식 15.24)은 여전히 결정해야 할 상수의 두 개의 무한 세트를 갖고 있다. 식 15.23은 푸리에 급수의 한 예인데, 푸리에 계수는 $a_n \cos\omega_n t + b_n \sin\omega_n t$이다. 두 개의 초기 조건으로부터 a_n과 b_n 모두를 계산할 수 있다. 현의 초기 변위와 속도는 다음과 같이 주어진다고 가정하자.

$$u(x,0) = f(x) \qquad \text{그리고} \qquad u_t(x,0) = g(x)$$

식 15.23에서 $t = 0$으로 놓으면 다음과 같이 된다.

$$u(x,0)=f(x)=\sum_{n=1}^{\infty}a_n\sin\frac{n\pi x}{l}\qquad 0\le x\le l \tag{15.27}$$

15.27식은 푸리에 급수이다(9장). a_n은 구간 $(0,l)$에 대하여 $\{\sin n\pi x/l\}$의 직교정규화를 이용해서 구할 수 있다. 이 식은 다음과 같다.

$$a_n=\frac{2}{l}\int_0^l f(x)\sin\frac{n\pi x}{l}dx\qquad n=1,2,\ldots \tag{15.28}$$

비슷한 방법으로 t에 대하여 15.23식을 미분하면 다음과 같다.

$$u_t(x,0)=g(x)=\sum_{n=1}^{\infty}\omega_n b_n\sin\frac{n\pi x}{l}\qquad 0\le x\le l \tag{15.29}$$

그리고

$$b_n=\frac{2}{\omega_n l}\int_0^l g(x)\sin\frac{n\pi x}{l}dx\qquad n=1,2,.. \tag{15.30}$$

이들 결과를 사용해서 경계 조건 $u(0,t)=u(l,t)=0$, 초기 조건 $u(x,0)=u_0\sin 2\pi x/l$과 $u_t(x,0)=0$으로 파동 방정식을 풀어보자. 식 15.23으로부터 전개는 변함이 없으므로 다음 식으로 출발해보자.

$$u(x,t)=\sum_{n=1}^{\infty}(a_n\cos\omega_n t+b_n\sin\omega_n t)\sin\frac{n\pi x}{l}$$

여기서 $\omega_n=n\pi v/l$이다. 초기 조건 $u_t(x,0)=0$은 $b_n=0$ (식 15.30)을 의미한다. a_n은 초기 조건 $u(x,0)=u_0\sin 2\pi x/l$에 의해 주어진다.

$$a_n=\frac{2u_0}{l}\int_0^l\sin\frac{2\pi x}{l}\sin\frac{n\pi x}{l}dx=u_0\delta_{n2}$$

여기서 δ_{n2}는 **크로네커 델타**(*Kronecker delta*)이다. 완전 해는

$$u(x,t)=u_0\sin\frac{2\pi x}{l}\cos\frac{2\pi vt}{l} \tag{15.31}$$

이다. 이 해는 주어진 경계 조건과 초기 조건에 따라 파동 방정식이 만족함을 쉽게 보여 준다(연습문제 15-3).

예제 15-2

현이 중앙에서 처음에 작은 진폭 h만큼 튕겨졌다 놓였다고 가정하자. 그림과 같이 그 결과에 따라 일어나는 운동을 결정하시오.

풀이 $u(x,0)$에 대한 식은

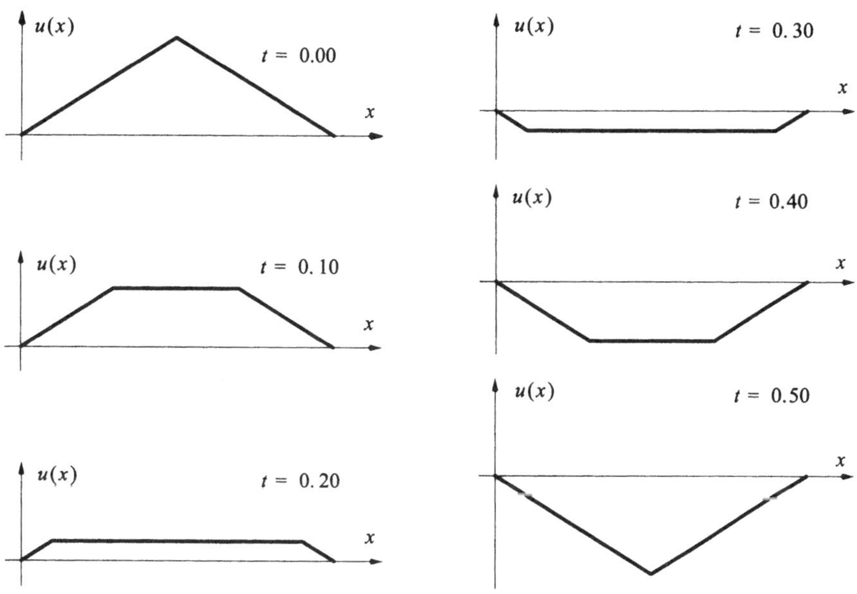

[그림 15.4] 예제 15−2에 설명된 $t = 0$에서 주어진 모양에서부터 시작하여 진동하는 현의 반주기를 나타낸 그림

$$u(x, 0) = \begin{cases} \dfrac{2hx}{l} & 0 < x < \dfrac{l}{2} \\ \dfrac{2h}{l}(l - x) & \dfrac{l}{2} < x < l \end{cases}$$

로 주어지고, $u_t(x, 0) = 0$이다. 식 15.30은 $b_n = 0$이고, 식 15.28은

$$\begin{aligned} a_n &= \frac{2}{l}\left[\int_0^{l/2} \frac{2hx}{l} \sin \frac{n\pi x}{l} dx + \int_{l/2}^{l} \frac{2h}{l}(l - x) \sin \frac{n\pi x}{l} dx\right] \\ &= \frac{8h}{n^2\pi^2} \sin \frac{n\pi}{2} \end{aligned}$$

이다. 따라서,

$$u(x, t) = \frac{8h}{\pi^2} \sum_{n=0}^{\infty} \frac{(-1)^n}{(2n+1)^2} \cos \frac{(2n+1)v\pi t}{l} \sin \frac{(2n+1)\pi x}{l}$$

홀수 조화 진동만이 들뜸에 유의하고 중심 $(x = l/2)$에서 마디를 갖는 조화 진동은 초기 변위에서 들뜨지는 않는다. 그림 15.4는 시간의 함수로 현의 변위를 보여 준다.

15.5 사각형 막의 진동

식 15.1을 이차원으로 일반화하면

$$\frac{\partial^2 u}{\partial x^2} + \frac{\partial^2 u}{\partial y^2} = \frac{1}{v^2}\frac{\partial^2 u}{\partial t^2} \tag{15.32}$$

이고, 이때 $u = u(x, y, t)$이고 x, y, t가 독립 변수이다. 이 식을 각 변들이 고정된 직사각형의 막에 적용하여 보자. 그림 15.5의 도형에서 각 변들이 고정되어 있으므로 모든 t에 대하여 다음의 경계 조건을 만족해야 한다.

$$\begin{aligned} u(0, y) &= u(a, y) = 0 \\ u(x, 0) &= u(x, b) = 0 \end{aligned} \tag{15.33}$$

식 15.32에 변수 분리법을 적용하고 $u(x, y, t)$를 공간의 함수와 시간의 함수의 곱으로 쓸 수 있다고 가정하면 다음과 같다.

$$u(x, y, t) = F(x, y)T(t) \tag{15.34}$$

식 15.34을 식 15.32에 대입하고 양변을 $F(x, y)T(t)$로 나누면

$$\frac{1}{v^2 T(t)}\frac{d^2T}{dt^2} = \frac{1}{F(x, y)}\left(\frac{\partial^2 F}{\partial x^2} + \frac{\partial^2 F}{\partial y^2}\right)$$

을 얻을 수 있다. 이 식의 우변은 x, y의 함수이고, 좌변은 t만의 함수이다. 이 등식은 양변이 상수일 때에만 성립된다. 앞 절에서처럼 분리 상수는 음수가 됨을 알 수 있고, 이 상수를 $-\beta^2$으로 놓으면 다음의 두 식을 얻을 수 있다.

$$\frac{d^2T}{dt^2} + v^2\beta^2 T(t) = 0 \tag{15.35}$$

$$\frac{\partial^2 F}{\partial x^2} + \frac{\partial^2 F}{\partial y^2} + \beta^2 F(x, y) = 0 \tag{15.36}$$

식 15.36은 여전히 편미분 방정식이다. 이것을 풀기 위해 다시 변수 분리법을 사용한다. $F(x, y) = X(x)Y(y)$를 식 15.35에 대입하고 $X(x)Y(y)$로 양변을 나누면

$$\frac{1}{X(x)}\frac{d^2X}{dx^2} + \frac{1}{Y(y)}\frac{d^2Y}{dy^2} + \beta^2 = 0 \tag{15.37}$$

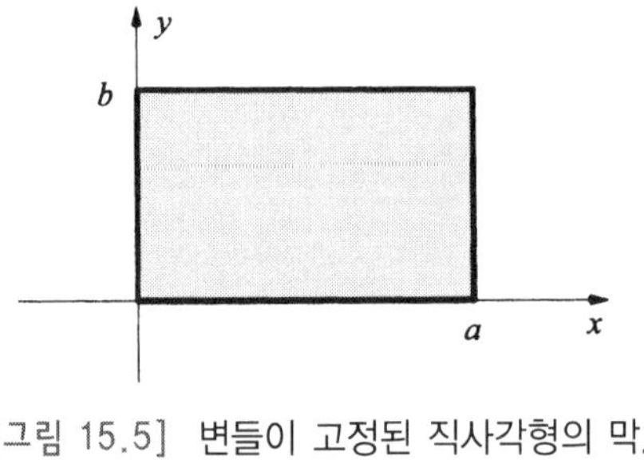

[그림 15.5] 변들이 고정된 직사각형의 막.

이 된다. x, y가 독립 변수이므로 이 식이 성립할 수 있으려면 다음과 같다.

$$\frac{1}{X(x)}\frac{d^2X}{dx^2} = -p^2 \tag{15.38}$$

그리고

$$\frac{1}{Y(y)}\frac{d^2Y}{dy^2} = -q^2 \tag{15.39}$$

여기서 p^2과 q^2은 분리 상수로 식 15.37에서 다음과 같은 식을 만족시키는 것을 알 수 있다.

$$p^2 + q^2 = \beta^2 \tag{15.40}$$

식 15.38과 15.39는 다음과 같이 다시 쓸 수 있다.

$$\frac{d^2X}{dx^2} + p^2X(x) = 0 \tag{15.41}$$

$$\frac{d^2Y}{dy^2} + q^2Y(y) = 0 \tag{15.42}$$

세 개의 독립 변수로 되어 있는 편미분 방정식인 식 15.32는 세 개의 보통 미분 방정식으로 된다(식 15.35, 15.41, 15.42). 식 15.33의 경계 조건을 $X(x)$와 $Y(y)$로 나타내면

$$X(0)Y(y) = X(a)Y(y) = 0$$

그리고

$$X(x)Y(0) = X(x)Y(b) = 0$$

이고 이것은 간단히

$$\begin{aligned} X(0) = X(a) = 0 \\ Y(0) = Y(b) = 0 \end{aligned} \tag{15.43}$$

이다. 이들 경계 조건을 적용한 식 15.41과 15.42의 해는

$$X_n(x) = B_n \sin\frac{n\pi x}{a} \qquad n = 1,\ 2, \ldots \tag{15.44}$$

$$Y_m(y) = D_m \sin\frac{m\pi y}{b} \qquad m = 1,\ 2, \ldots \tag{15.45}$$

이다. $p^2 + q^2 = \beta^2$이므로

$$\beta_{nm} = \pi\left(\frac{n^2}{a^2} + \frac{m^2}{b^2}\right)^{1/2} \qquad \begin{aligned} n = 1,\ 2, \ldots \\ m = 1,\ 2, \ldots \end{aligned} \tag{15.46}$$

β_{nm}의 n, m 하첨자는 이것이 정수 n과 m에 의존함을 보여 준다.

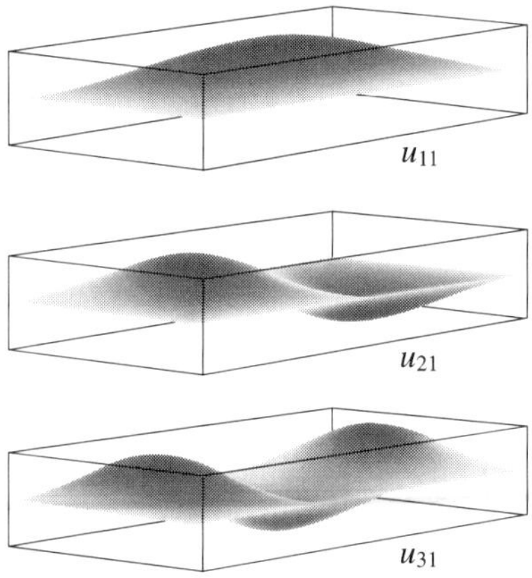

[그림 15.6] 직사각형의 막에서 처음 몇 개의 기준 모드.

마지막으로 시간 의존도를 알기 위해 식 15.35의 해를 구하여 보자.

$$\begin{aligned} T_{nm}(t) &= E_{nm}\cos\omega_{nm}t + F_{nm}\sin\omega_{nm}t \\ &= G_{nm}\cos(\omega_{nm}t + \phi_{nm}) \end{aligned} \tag{15.47}$$

여기서

$$\omega_{nm} = v\beta_{nm} = v\pi\left(\frac{n^2}{a^2} + \frac{m^2}{b^2}\right)^{1/2} \tag{15.48}$$

이다.

15.32 식의 해는 곱 $u_{nm}(x, y, t) = X_n(x)Y_m(y)T_{nm}(t)$에 의해서 주어지며, 일반해는 다음과 같이 된다.

$$\begin{aligned} u(x, y, t) &= \sum_{n=1}^{\infty}\sum_{m=1}^{\infty} u_{nm}(x, y, t) \\ &= \sum_{n=1}^{\infty}\sum_{m=1}^{\infty} A_{nm}\cos(\omega_{nm}t + \phi_{nm})\sin\frac{n\pi x}{a}\sin\frac{m\pi y}{b} \end{aligned} \tag{15.49}$$

여기서 $A_{nm} = B_n D_m G_{nm}$이다.

진동하는 현의 일차원 경우에서와 같이 직사각형 드럼의 진동 운동은 기준 모드 $u_{nm}(x, y, t)$들의 중첩으로 나타난다. 몇몇 모드들을 그림 15.6에 나타내었다. 이 이차원 문제에서 **마디선**(*nodal line*)이 보임을 주의하라. 일차원에서 마디가 점으로 나타나는 것과 달리 이차원의 문제에서는 마디가 선으로 나타난다.

연습문제

15-1. $k > 0$ 때 식 $c_1 + c_2 = 0$과 $c_1 e^{kl} + c_2 e^{-kl} = 0$의 유일한 해는 $c_1 = c_2 = 0$임을 보이시오. 이를 증명할 완전한 방법은 주먹구구식이다. 그러나 17장에서 배우겠지만 이들 식에 비자명해의 요구는 계수들의 행렬식이 0과 같다는 것이다. 또 행렬식에 친숙하면 $c_1 + c_2 = 0$과 $c_1 e^{kl} + c_2 e^{-kl} = 0$의 행렬식이 $e^{-kl} - e^{kl}$과 같고 이것이 $k > 0$때 0이 아님을 보이시오.

15-2. 식 15.23은 식 15.1의 해임을 보이시오.

15-3. 식 15.31은 파동 방정식과 경계 조건 $u(0, t) = u(l, t) = 0$ 및 초기 조건 $u(x, 0) = u_0 \sin 2\pi x/l$과 $u_t(x, 0) = 0$을 만족시킴을 보이시오.

15-4. 일차원 파동 방정식을 다음 조건 $u(0, t) = u(l, t) = 0$ 및 $u(x, 0) = u_0 \sin(3\pi x/l)$과 $u_t(x, 0) = 0$에 의하여 푸시오.

15-5. 만일 앞의 문제에서 $u(x, 0) = u_0 \sin^3 \pi x/l$이라면 어느 기준 모드가 들뜰 수 있는가를 예측하시오.

15-6. 속박된 입자는 변의 길이가 a, b인 직사각형의 평면 내에서 자유롭게 운동한다. 이 문제에 대한 슈뢰딩거 방정식은

$$\frac{\partial^2 \psi}{\partial x^2} + \frac{\partial^2 \psi}{\partial y^2} + \left(\frac{8\pi^2 mE}{h^2}\right)\psi(x, y) = 0$$

이고 경계 조건은 다음과 같다.

$$\psi(0, y) = \psi(a, y) = 0 \qquad \text{for all } y, \qquad 0 \le y \le b$$
$$\psi(x, 0) = \psi(x, b) = 0 \qquad \text{for all } x, \qquad 0 \le x \le a$$

이 방정식을 풀어 $\psi(x, y)$를 구하고 경계 조건을 적용하여 에너지가 다음과 같이 양자화됨을 보이시오.

$$E_{n_x, n_y} = \frac{n_x^2 h^2}{8ma^2} + \frac{n_y^2 h^2}{8mb^2} \qquad \begin{array}{l} n_x = 1,\ 2,\ 3, \ldots \\ n_y = 1,\ 2,\ 3, \ldots \end{array}$$

15-7. 이 문제는 앞의 문제를 삼차원으로 확장한 것이다. 이 경우, 변의 길이가 a, b, c인 상자 속을 입자가 자유롭게 운동한다. 이 계에 대한 슈뢰딩거 방정식은

$$\frac{\partial^2 \psi}{\partial x^2} + \frac{\partial^2 \psi}{\partial y^2} + \frac{\partial^2 \psi}{\partial z^2} + \left(\frac{8\pi^2 mE}{h^2}\right)\psi(x, y, z) = 0$$

이고 경계 조건은 상자의 표면에서 $\psi(x, y, z)$가 0이 된다는 것이다(다음 장에서 이 문제를 풀 것이다).

15-8. $u(x, t) = A \sin\left[\frac{2\pi}{\lambda}(x - vt)\right]$이 파장 λ, 진동수 $\nu = v/\lambda$, 속도 v로 오른쪽으로 운동하는 파를 보이시오.

15-9. 앞의 문제는 운동하는 파의 아이디어를 소개한 것이다. 삼각 함수 항 등식 $\sin\alpha\cos\beta = \frac{1}{2}\sin(\alpha + \beta) - \frac{1}{2}\sin(\alpha - \beta)$을 사용하고 $\cos\omega_n t \ \sin n\pi x/l$과 같은 정류파는 같은 속력의 서로 반대방향으로 움직

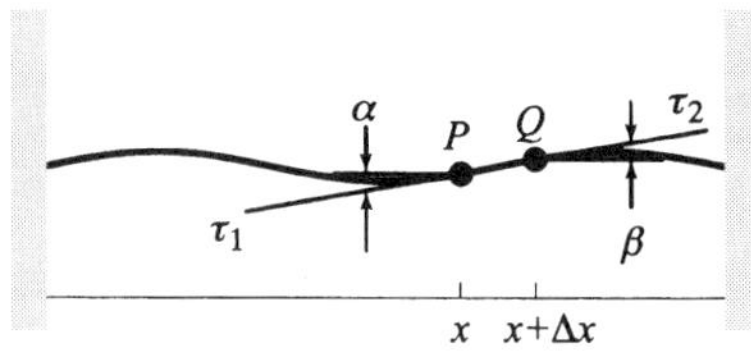

[그림 15.7] 어떤 순간에서의 진동하는 현. 그림에서 보여 준 양들은 연습문제 15-12의 고전적 일차원 파동 방정식의 유도에 사용된다.

이는 두 운동파의 합으로 나타냄을 보이시오. $\omega_n = n\pi v/l$임을 기억하시오(식 15.25).

15-10. 앞의 문제에서 운동하는 파형은 $\sin[n\pi(x \pm vt)/l]$이다. 이 형을 $\sin\left[\frac{2\pi}{\lambda_n}(x \pm vt)\right]$으로 나타냄을 보이시오.

15-11. 앞의 두 문제에서 운동하는 파는 일차원 파동 방정식의 해임을 보이시오.

15-12. 이 문제에서 일차원 파동 방정식을 유도한다. 완전히 유연한 현은 두 점 사이를 장력 τ로 늘어난다고 하자. 수평 위치에서 현의 변위는 $u(x, t)$로 놓는다(그림 15.7). 그림 15.7에서 τ_1과 τ_2는 현의 두 점 P와 Q에서의 장력이다. τ_1과 τ_2는 현의 곡선의 접선이다. 현의 수직 운동만을 가정하면 현의 모든 점들에서 수평 성분은 같다. 그림 15.7의 기호를 사용하여 다음과 같이 된다.

$$\tau_1 \cos\alpha = \tau_2 \cos\beta = \tau = \text{constant} \tag{1}$$

수직 방향의 알짜 힘은 현의 수직 운동을 일으킨다.

$$\text{알짜 수직 힘} = \tau_2 \sin\beta - \tau_1 \sin\alpha$$

뉴턴의 제이법칙에 의하여 알짜힘은 질량과 선분 PQ와 현의 가속도 $\partial^2 u/\partial t^2$의 곱이다. 따라서,

$$\tau_2 \sin\beta - \tau_1 \sin\alpha = \rho\Delta x \frac{\partial^2 u}{\partial t^2} \tag{2}$$

이다. 식 (1)을 (2)식으로 나누면 다음과 같이 된다.

$$\tan\beta - \tan\alpha = \frac{\rho\Delta x}{\tau}\frac{\partial^2 u}{\partial t^2} \tag{3}$$

탄젠트 β와 탄젠트 α가 각각 현 $x + \Delta x$와 x에서 기울기이므로

$$u_x(x + \Delta x) - u_x(x) = \frac{\rho\Delta x}{\tau}\frac{\partial^2 u}{\partial t^2} \tag{4}$$

을 얻는다. 식 (4)는 극한 $\Delta x \to 0$일 때 다음 식이 됨을 보이시오.

$$\frac{\partial^2 u}{\partial x^2} = \frac{1}{v^2}\frac{\partial^2 u}{\partial t^2}$$

여기서 $v = (\tau/\rho)^{1/2}$로 속도 단위이다.

15-13. 이 문제에서는 진동하는 현의 에너지를 유도할 것이다. 운동 에너지 부분은 쉽다. 즉, 현의 어느 점에서나 속력은 $\partial u/\partial t$이고, 전체 현의 운동 에너지 T는 다음과 같다.

$$T = \int_0^l \frac{1}{2}\rho\left(\frac{\partial u}{\partial t}\right)^2 dx$$

여기서 ρ는 현의 선형 질량 밀도이다. 퍼텐셜 에너지는 그림15.7의 작은 호 PQ의 길이 ds의 증가를 고려해서 얻는다. 호를 따라서 현의 선분은 dx에서 ds로 증가한다. 따라서 이 증가와 관련된 퍼텐셜 에너지는

$$V = \int_0^l \tau(ds - dx)$$

이다. 여기서 τ는 현의 일정 장력이 된다. $(ds)^2 = (dx)^2 + (du)^2$을 사용하여 다음과 같이 됨을 보이시오.

$$V = \int_0^l \tau\left\{\left[1 + \left(\frac{\partial u}{\partial x}\right)^2\right]^{1/2} - 1\right\}dx$$

작은 x에 대하여 $(1+x)^{1/2} \approx 1 + (x/2)$를 사용하여 작은 변위에 대하여 다음과 같이 됨을 보이시오.

$$V = \frac{1}{2}\tau\int_0^l \left(\frac{\partial u}{\partial x}\right)^2 dx$$

진동하는 전체 에너지는 T와 V의 합이다. 따라서 일정한 선형 질량 밀도에 대해서 다음 식이 된다.

$$E = \frac{\rho}{2}\int_0^l \left(\frac{\partial u}{\partial t}\right)^2 dx + \frac{\tau}{2}\int_0^l \left(\frac{\partial u}{\partial x}\right)^2 dx$$

15-14. 이 문제는 파동의 세기가 진폭의 제곱에 비례하는 것을 보여 준다. 식 15.24는 n번째 기준 모드가 다음과 같이 됨을 보였다.

$$u_n(x, l) = A_n \cos(\omega_n t + \phi_n)\sin\frac{n\pi x}{l}$$

여기서 $\omega_n = vn\pi/l$이다. 앞의 문제의 결과를 이용하여 다음을 보이시오.

$$T_n = \frac{\pi^2 v^2 n^2 \rho}{4l} A_n^2 \sin^2(\omega_n t + \phi_n)$$

$$V_n = \frac{\pi^2 n^2 \rho}{4l} A_n^2 \cos^2(\omega_n t + \phi_n)$$

여기서 T_n과 V_n은 n번째 기준 모드의 운동 에너지와 퍼텐셜 에너지이다. $v = (\tau/\rho)^{1/2}$임을 이용하여 다음을 보이시오.

$$E_n = \frac{\pi^2 v^2 n^2 \rho}{4l} A_n^2$$

총 에너지나 세기는 진폭의 제곱에 비례함을 주목하라. 이것을 진동하는 현의 경우에 대해 보였지만 파의 세기가 진폭의 제곱에 비례한다는 것이 일반적인 결과라는 것을 보여 준다. 모든 것을 사인, 코사인 대신 복소수 지수 함수로 나타내면, E_n이 A_n^2에 비례하는 것이 아니라 $|A_n|^2$에 비례하는 것임을 보

일 수 있다.

15-15. CAS을 이용하여 그림 15.2의 파동 운동의 동영상을 보이시오.

15-16. CAS을 이용하여 그림 15.3의 두 정류파를 결합해 하나의 운동하는 파로 만드는 방법을 자신의 판으로 만들어 보시오.

15-17. CAS을 이용하여 그림 15.4의 파동 운동의 동영상을 보이시오.

제 16 장

슈뢰딩거 방정식

슈뢰딩거 방정식(Schrödinger equation)은 양자 역학의 기본적인 방정식이며 물리학에서 가장 유명한 방정식 중 하나이다. 이는 다음과 같이 고유값 방정식으로 자주 나타낸다.

$$\hat{H}\psi = E\psi \tag{16.1}$$

여기서 $\hat{H}$는 해밀턴(Hamiltonian) 연산자이고, E는 에너지, ψ는 계의 **파동 함수**(*wave function*)라 부른다. 물리적인 해석으로 파동 함수의 제곱은 확률과 관계가 있다. 11장에서 논할 때 물리적인 양은 양자 역학의 연산자로 나타내고, 슈뢰딩거 방정식은 계의 에너지가 해밀턴 연산자로 나타내는 것을 반영하고 있다. 한 개의 입자를 나타내는 해밀턴 연산자는 다음과 같이 쓸 수 있다.

$$\hat{H} = -\frac{\hbar^2}{2m}\nabla^2 + V(x, y, z) \tag{16.2}$$

여기에서 m은 입자의 질량이다. ∇^2은 라플라스(Laplacian) 연산자로

$$\nabla^2 = \frac{\partial^2}{\partial x^2} + \frac{\partial^2}{\partial y^2} + \frac{\partial^2}{\partial z^2}$$

이고 $V(x, y, z)$는 입자가 겪는 퍼텐셜 에너지이다. 이 장에서는 상자 속의 입자, 강체 회전자, 한 수소 원자의 전자에 관한 슈뢰딩거 방정식을 풀 것이다. 이들 계의 각각은 퍼텐셜 에너지 $V(x, y, z)$의 형태에 따라 정의된다.

16.1 상자 속 입자

가장 간단한 양자 역학 문제는 상자 속 입자이다. 이 경우 입자는 퍼텐셜 에너지가 없는 길이가 각각 a, b, c인 직사각형의 평행육면체 내에 제한되어 있다(그림 16.1). 따라서 $V(x, y, z) = 0$이고, 이 계의 슈뢰딩거 방정식은

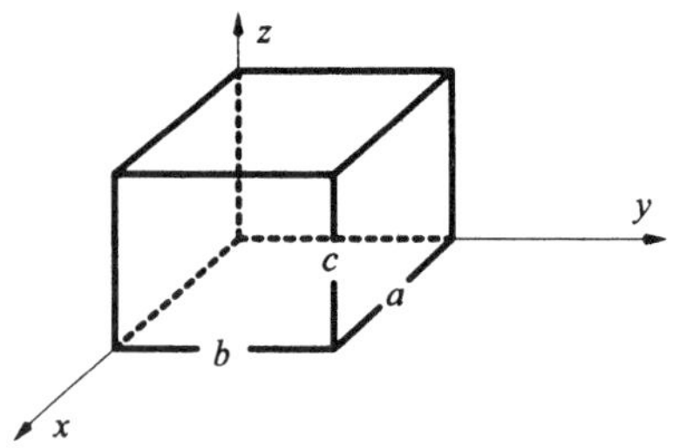

[그림 16.1] 길이가 각각 a, b, c인 직사각형의 평행육면체. 삼차원 상자 속 입자의 양자 역학 문제에서 입자는 그림의 영역 내에 있도록 제한되어 있다.

$$-\frac{\hbar^2}{2m}\left(\frac{\partial^2\psi}{\partial x^2}+\frac{\partial^2\psi}{\partial y^2}+\frac{\partial^2\psi}{\partial z^2}\right)=E\psi(x,y,z) \qquad \begin{array}{l} 0\le x\le a \\ 0\le y\le b \\ 0\le z\le c \end{array} \tag{16.3}$$

이 된다. 파동 함수 $\psi(x, y, z)$는 상자의 벽에서 0이 되어야 한다는 경계 조건을 만족하여야 하므로

$$\begin{aligned} &\psi(0,y,z)=\psi(a,y,z)=0 && (\text{모든 } y \text{ 와 } z \text{ 에 대해}) \\ &\psi(x,0,z)=\psi(x,b,z)=0 && (\text{모든 } x \text{ 와 } z \text{ 에 대해}) \\ &\psi(x,y,0)=\psi(x,y,c)=0 && (\text{모든 } x \text{ 와 } y \text{ 에 대해}) \end{aligned} \tag{16.4}$$

이다. 식 16.3을 풀기 위해 변수 분리법을 사용한다. 그러면

$$\psi_{n_x,n_y,n_z}(x,y,z)=A_xA_yA_z\sin\frac{n_x\pi x}{a}\sin\frac{n_y\pi y}{b}\sin\frac{n_z\pi z}{c} \tag{16.5}$$

을 얻는다(연습문제 16-1). 여기서 n_x, n_y, n_z는 각각 독립적으로 1, 2, 3, …의 값을 갖는다. 정규화 상수 $A_xA_yA_z$는 다음 식으로부터 구할 수 있다.

$$\int_0^a dx\int_0^b dy\int_0^c dz\,\psi^*(x,y,z)\psi(x,y,z)=1 \tag{16.6}$$

연습문제 16-2에서 $A_xA_yA_z = (8/abc)^{1/2}$이고, 따라서 삼차원 상자 속 입자의 파동 함수는

$$\psi_{n_x,n_y,n_z}(x,y,z)=\left(\frac{8}{abc}\right)^{1/2}\sin\frac{n_x\pi x}{a}\sin\frac{n_y\pi y}{b}\sin\frac{n_z\pi z}{c} \qquad \begin{array}{l} n_x=1,2,3,\ldots \\ n_y=1,2,3,\ldots \\ n_z=1,2,3,\ldots \end{array} \tag{16.7}$$

이 된다. 식 16.7을 식 16.3에 대입하여 다음 식을 얻는다(연습문제 16-3).

$$E_{n_x,n_y,n_z}=\frac{h^2}{8m}\left(\frac{n_x^2}{a^2}+\frac{n_y^2}{b^2}+\frac{n_z^2}{c^2}\right) \qquad \begin{array}{l} n_x=1,2,3,\ldots \\ n_y=1,2,3,\ldots \\ n_z=1,2,3,\ldots \end{array} \tag{16.8}$$

그림 16.2에 정육면체 속에 들어 있는 입자의 처음 몇몇 허용된 에너지 준위들을 나타내었다. 입자의 에너지는 어떤 값만으로 제한되거나 **양자화**(*quantized*)된다. 게다가 몇몇 에너지 준위는 축퇴된다.

식 16.8에 의해 주어진, 허용된 에너지의 양자화는 파동 함수의 경계 조건으로부터 자연적으로 나

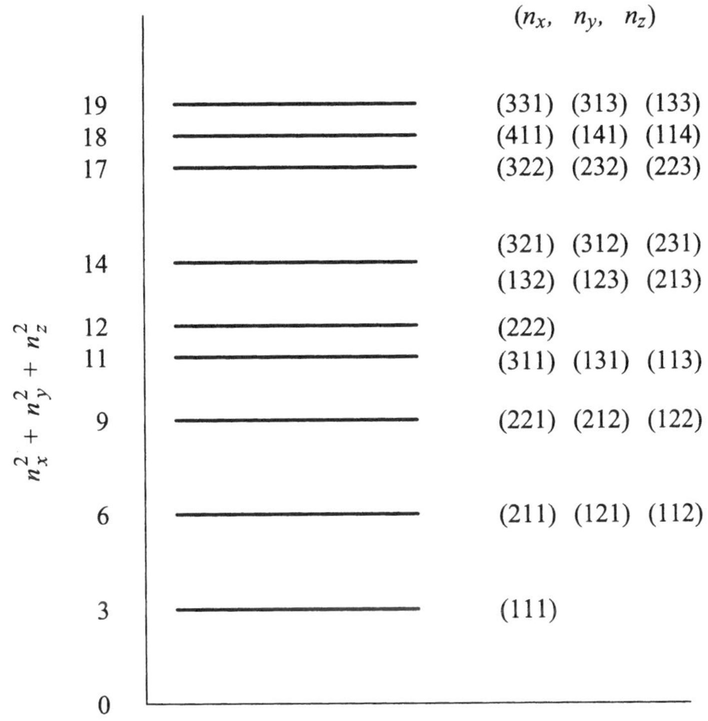

[그림 16.2] 길이가 $a = b = c$인 상자 속 입자의 허용된 에너지 준위.

타난다. 우리는 이 장에서 논의한 양자 역학 문제의 다른 사례를 보게 될 것이다. 슈뢰딩거 방정식의 위대한 성과 중의 하나는 양자수를 초기의 양자론에 무작정 도입했던 것보다 경계 조건으로부터 자연적으로 나타나게 한 것이다.

16.2 강체 회전자

이 절에서 논의할 양자 역학 문제는 일정 거리 l에 의해 떨어져 있는 두 질량 m_1과 m_2로 이루어진 강체 회전자이다. 강체 회전자는 회전하는 이원자 분자를 나타내는 간단하면서 유용한 모델이다. 상대좌표를 선택함에 따라 강체 회전자를 환산 질량 $\mu = m_1m_2/(m_1 + m_2)$ (연습문제 16-4)인 하나의 입자가 고정된 거리 l에서 원점을 중심으로 회전하는 구형 좌표계(그림 16.3)로 취급할 수 있다. 강체 회전자의 위치는 두 개의 각 θ와 ϕ에 의해 완전히 정해지고, 따라서 강체 회전자의 파동 함수는 이 두 변수의 함수가 된다. 강체 회전자의 파동 함수는 보통 $Y(\theta, \phi)$로 표시하며, 강체 회전자의 슈뢰딩거 방정식은 다음과 같다.

$$-\frac{\hbar^2}{2\mu}\nabla^2 Y(\theta, \phi) = EY(\theta, \phi)$$

여기서 ∇^2은 라플라스 연산자이다. 이 경우 퍼텐셜 에너지는 없으며, 총 에너지는 간단히 회전 운동 에너지가 된다.

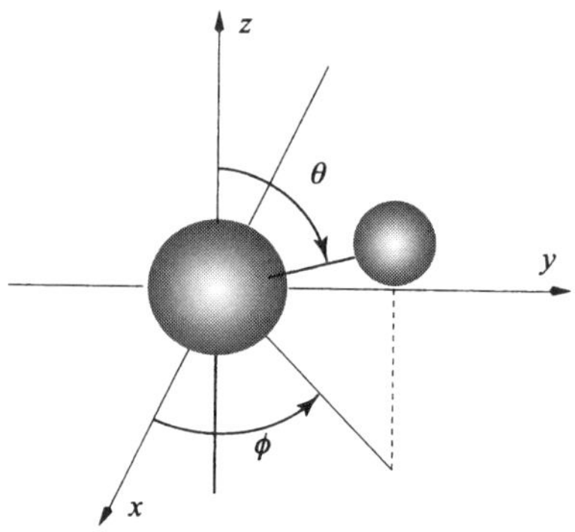

[그림 16.3] 강체 회전자의 모델. 한 질량은 원점에 위치하고, 다른 질량은 환산 질량 $\mu = m_1 m_2/(m_1 + m_2)$으로 취한 좌표계.

한 질량은 원점에 고정되어 있어 자연스럽게 구형 좌표계를 사용한다. 식 14.24에 주어진 ∇^2에서 강체 회전자의 경우, r은 상수이므로 r에 관한 도함수는 포함하지 않는다. 그러므로 ∇^2은 다음과 같이 된다.

$$\nabla^2 = \frac{1}{l^2 \sin\theta} \frac{\partial}{\partial\theta} \left(\sin\theta \frac{\partial}{\partial\theta} \right) + \frac{1}{l^2 \sin^2\theta} \frac{\partial^2}{\partial\phi^2}$$

여기에서 l은 r의 고정된 값이다. 따라서 강체 회전자의 슈뢰딩거 식은

$$-\frac{\hbar^2}{2I} \left[\frac{1}{\sin\theta} \frac{\partial}{\partial\theta} \left(\sin\theta \frac{\partial}{\partial\theta} \right) + \frac{1}{\sin^2\theta} \frac{\partial^2}{\partial\phi^2} \right] Y(\theta, \phi) = EY(\theta, \phi) \tag{16.9}$$

이다. 여기서 $I = \mu l^2$은 강체 회전자의 관성 모멘트이다(연습문제 16-7). 이제 식 16.9의 양변에 $\sin^2\theta$를 곱하고

$$\beta = \frac{2IE}{\hbar^2} \tag{16.10}$$

로 놓으면 다음의 편미분 방정식을 얻는다.

$$\sin\theta \frac{\partial}{\partial\theta} \left(\sin\theta \frac{\partial Y}{\partial\theta} \right) + \frac{\partial^2 Y}{\partial\phi^2} + (\beta \sin^2\theta) Y = 0 \tag{16.11}$$

이 편미분 방정식을 풀기 위해 변수 분리법을 사용한다.

$$Y(\theta, \phi) = \Theta(\theta)\Phi(\phi) \tag{16.12}$$

식 16.12을 식 16.11에 대입하고 $\Theta(\theta)\Phi(\phi)$로 나누어 다음을 얻는다.

$$\frac{\sin\theta}{\Theta(\theta)} \frac{d}{d\theta} \left(\sin\theta \frac{d\Theta}{d\theta} \right) + \beta \sin^2\theta + \frac{1}{\Phi(\phi)} \frac{d^2\Phi}{d\phi^2} = 0$$

θ와 ϕ는 독립 변수이므로

$$\frac{\sin\theta}{\Theta(\theta)}\frac{d}{d\theta}\left(\sin\theta\frac{d\Theta}{d\theta}\right)+\beta\sin^2\theta=m^2 \tag{16.13}$$

$$\frac{1}{\Phi(\phi)}\frac{d^2\Phi}{d\phi^2}=-m^2 \tag{16.14}$$

이어야 한다. 이때 m^2은 분리 상수이다. 식 16.14는 다음과 같이 쓸 수 있다.

$$\frac{d^2\Phi}{d\phi^2}+m^2\Phi(\phi)=0$$

이 식은 상수 계수를 갖는 이차 미분 방정식이고 쉽게 해가 구해진다. 그 해는

$$\Phi(\phi)=A_m e^{im\phi} \quad \text{과} \quad \Phi(\phi)=A_{-m}e^{-im\phi} \tag{16.15}$$

이고, $\Phi(\phi)$는 일가 함수이며 연속이어야 하므로 $\Phi(\phi+2\pi)=\Phi(\phi)$이다.
그러면

$$A_m e^{im(\phi+2\pi)}=A_m e^{im\phi} \tag{16.16a}$$

그리고

$$A_{-m}e^{-im(\phi+2\pi)}=A_{-m}e^{-im\phi} \tag{16.16b}$$

이 된다. 식 16.16은 $e^{\pm i2\pi m}=1$을 의미하며 삼각 함수로 표시하면 $\cos(2\pi m)\pm i\sin(2\pi m)=1$이 되어 $m=0,\ \pm1,\ \pm2,\ \cdots$일 때 $\cos 2\pi m=1$이고 $\sin 2\pi m=0$이므로, 식 16.15은 한 개의 식으로 나타낼 수 있다.

$$\Phi_m(\phi)=A_m e^{im\phi} \qquad m=0,\ \pm1,\ \pm2,\dots \tag{16.17}$$

여기에서 A_m은 $\Phi_m(\phi)$이 정규화되어야 한다는 조건에서 얻을 수 있다.

예제 16-1

$\Phi_m(\phi)$이 정규화되어야 한다는 조건에서 16.15 식의 A_m을 결정하시오.

풀이 정규화 조건은

$$\int_0^{2\pi}\Phi_m^*(\phi)\Phi_m(\phi)\,d\phi=1$$

이다. 식 16.17을 이용하면

$$|A_m|^2\int_0^{2\pi}d\phi=1$$

또는 $A_m=(2\pi)^{-1/2}$이다. 따라서 식 16.17의 정규화된 파동 함수는 다음과 같다.

표 16.1 **처음 몇몇 르장드르 다항식,** $P_l(x)$.

$$P_0(x) = 1$$
$$P_1(x) = x$$
$$P_2(x) = \tfrac{1}{2}(3x^2 - 1)$$
$$P_3(x) = \tfrac{1}{2}(5x^3 - 3x)$$
$$P_4(x) = \tfrac{1}{8}(35x^4 - 30x^2 + 3)$$

$$\Phi_m(\phi) = \frac{1}{(2\pi)^{1/2}} e^{im\phi} \qquad m = 0, \pm 1, \pm 2, \ldots \tag{16.18}$$

식 16.13의 $\Theta(\theta)$의 미분 방정식은 상수 계수를 갖고 있지 않기 때문에 식 16.14와 같이 쉽게 풀리지 않는다. 식 16.13에서 $x = \cos\theta$와 $\Theta(\theta) = P(x)$로 하면 편리하다(이 x는 직교 좌표 x와 혼동해서는 안 된다). $0 \le \theta \le \pi$이므로, x의 범위는 $-1 \le x \le +1$이다. 변수를 치환함에 따라 식 16.13은 다음과 같다(연습문제 16-8).

$$(1 - x^2)\frac{d^2 P}{dx^2} - 2x\frac{dP}{dx} + \left[\beta - \frac{m^2}{1 - x^2}\right] P(x) = 0 \tag{16.19}$$

여기에서 $m = 0, \pm 1, \pm 2, \cdots$이다.

식 16.19는 익숙해보이지 않지만 $m = 0$일 때 다음과 같다.

$$(1 - x^2)\frac{d^2 P}{dx^2} - 2x\frac{dP}{dx} + \beta P(x) = 0$$

이 식은 르장드르 방정식이며 7.2절에서 상세히 다루었다. $x = \pm 1$ $(\theta = 0$ 혹은 $\pi)$에서 유한한 값을 가지며, 르장드르 다항식은 $P_l(x)$이고 $\beta = l(l+1)$이다. 여기에서 $l = 0, 1, 2, \cdots$이다. 처음 몇몇 르장드르 다항식을 표 16.1에 나타내었다. 르장드르 다항식은 서로 직교함을 보인다.

$$\int_{-1}^{1} dx\, P_l(x) P_{l'}(x) = \frac{2}{2l + 1}\delta_{ll'} \tag{16.20}$$

$\beta = l(l+1)$을 식 16.19에 대입하면

$$(1 - x^2)\frac{d^2 P_l^{|m|}}{dx^2} - 2x\frac{dP_l^{|m|}}{dx} + \left[l(l+1) - \frac{m^2}{1 - x^2}\right] P_l^{|m|}(x) = 0 \tag{16.21}$$

을 얻는다. 식 16.21에서 두 변수는 l과 m이므로 이 식의 해는 $P_l^{|m|}(x)$로 나타낸다. 식 16.21은 m^2에만 의존하므로 $|m|$의 부호에 관계없다. 식 16.21은 보통 르장드르 방정식과 같이 급수법으로 구해진다. $x = \pm 1$ $(\theta = 0$과 $\pi)$에서 조건 갖춘 해이므로 m은 $0, \pm 1, \pm 2, \ldots, \pm l$이어야 한다. 이 **버금 르장드르 함수**(*associated Legendre function*)라 부르는 해는 르장드르 다항식을 이용하면

표 16.2. 처음 몇몇 버금 르장드르 함수

$P_0^0(x) = 1$
$P_1^0(x) = x = \cos\theta$
$P_1^1(x) = (1 - x^2)^{1/2} = \sin\theta$
$P_2^0(x) = \frac{1}{2}(3x^2 - 1) = \frac{1}{2}(3\cos^2\theta - 1)$
$P_2^1(x) = 3x(1 - x^2)^{1/2} = 3\cos\theta\sin\theta$
$P_2^2(x) = 3(1 - x^2) = 3\sin^2\theta$
$P_3^0(x) = \frac{1}{2}(5x^3 - 3x) = \frac{1}{2}(5\cos^3\theta - 3\cos\theta)$
$P_3^1(x) = \frac{3}{2}(5x^2 - 1)(1 - x^2)^{1/2} = \frac{3}{2}(5\cos^2\theta - 1)\sin\theta$
$P_3^2(x) = 15x(1 - x^2) = 15\cos\theta\sin^2\theta$
$P_3^3(x) = 15(1 - x^2)^{3/2} = 15\sin^3\theta$

$$P_l^{|m|}(x) = (1 - x^2)^{|m|/2}\frac{d^{|m|}}{dx^{|m|}}P_l(x) \tag{16.22}$$

이 된다. $P_l(x)$에서 주요 항은 x^l이므로(표 16.1), 식 16.22는 $m > l$면 $P_l^{|m|}(x) = 0$임을 보여 준다. 처음 몇몇 버금 르장드르 함수(연습문제 16-9)를 표 16.2에 나타내었다.

버금 르장드르 다항식의 성질을 논의하기에 앞서 물리적으로 흥미가 있는 변수가 x가 아니고 θ임을 확실히 하자. 표 16.2에는 버금 르장드르 함수를 $\cos\theta$, $\sin\theta$, x의 함수로도 나타낸다. 표 16.2의 $(1 - x^2)^{1/2}$인자가 버금 르장드르 함수를 변수 θ로 나타내면 $\sin\theta$가 된다. $|m| > l$때 $P_l^{|m|}(x) = 0$임을 주목하여라.

$x = \cos\theta$이므로 $dx = -\sin\theta\, d\theta$이고 식 16.20은 다음과 같다.

$$\int_{-1}^{1} P_l(x)P_{l'}(x)dx = \int_0^{\pi} P_l(\cos\theta)P_{l'}(\cos\theta)\sin\theta d\theta = \frac{2\delta_{ll'}}{2l+1} \tag{16.23}$$

구형 극좌표계의 미분 부피 요소는 $d\tau = r^2\sin\theta dr d\theta d\phi$이므로 식 16.23의 $\sin\theta d\theta$인자는 구좌표 $d\tau$의 θ성분임을 알 수 있다.

버금 르장드르 함수는 다음 관계를 만족시킨다.

$$\begin{aligned}\int_{-1}^{1} P_l^{|m|}(x)P_{l'}^{|m|}(x)dx &= \int_0^{\pi} P_l^{|m|}(\cos\theta)P_{l'}^{|m|}(\cos\theta)\sin\theta d\theta \\ &= \frac{2}{(2l+1)}\frac{(l+|m|)!}{(l-|m|)!}\delta_{ll'}\end{aligned} \tag{16.24}$$

$(0! = 1$임을 기억하라(4.1절)). 식 16.24을 이용하면 버금 르장드르 함수의 정규화 상수가 다음과 같음을 보일 수 있다.

$$N_{lm} = \left[\frac{(2l+1)}{2}\frac{(l-|m|)!}{(l+|m|)!}\right]^{1/2}$$

따라서 식 16.12의 $\Theta(\theta)$의 성분은 다음과 같이 주어진다.

$$\Theta_l^m(\theta) = \left[\frac{2l+1}{2}\frac{(l-|m|)!}{(l+|m|)!}\right]^{1/2} P_l^{|m|}(\cos\theta) \tag{16.25}$$

예제 16-2

16.24 식의 x와 θ의 변수와 표 16.2를 이용하여 $P_1^1(x)$와 $P_2^1(x)$가 직교함을 증명하시오.

풀이 16.24 식에 따라 다음을 증명하여야 한다.

$$\int_{-1}^{1} P_1^1(x)P_2^1(x)\,dx = 0$$

표 16.2로부터

$$\int_{-1}^{1}[(1-x^2)^{1/2}][3x(1-x^2)^{1/2}]\,dx = 3\int_{-1}^{1} x(1-x^2)\,dx = 0$$

θ의 함수로 보면 식 16.24과 표 16.2로부터

$$\int_0^\pi (\sin\theta)(3\cos\theta\sin\theta)\sin\theta d\theta = 3\int_0^\pi \sin^3\theta\cos\theta d\theta = 0$$

이다.

이제 원래의 문제로 돌아가서 식 16.9의 해는 강체 회전자 파동 함수뿐만 아니라, 또한 수소 원자 궤도의 각도 성분은 $\Theta_l^m(\cos\theta)\Phi_m(\phi)$로 주어진다. 식 16.17과 16.25을 이용하면 정규화 함수는

$$Y_l^m(\theta,\phi) = i^{m+|m|}\left[\frac{(2l+1)}{4\pi}\frac{(l-|m|)!}{(l+|m|)!}\right]^{1/2} P_l^{|m|}(\cos\theta)e^{im\phi} \tag{16.26}$$

이고 $l = 0, 1, 2, \cdots, m = 0, \pm1, \pm2, \cdots, \pm l$로 식 16.9을 만족한다. 식 16.26의 특별하게 보이는 인자 $i^{m+|m|}$는 대부분의 저자들이 사용하는 단순한 규약이다. 이 인자는 m이 홀수이고 음수일 때 1과 같고, 홀수이고 양수일 때는 −1과 같다(연습문제 16-11). 표 16.3에 주어진 구면 조화 함수는 이 규약을 나타낸다. $Y_l^m(\theta,\phi)$는 직교정규화된 세트를 형성한다. 즉

$$\int_0^\pi d\theta\sin\theta\int_0^{2\pi} d\phi\, Y_l^m(\theta,\phi)^* Y_{l'}^k(\theta,\phi) = \delta_{ll'}\delta_{mk} \tag{16.27}$$

이다. $Y_l^m(\theta,\phi)$가 $d\theta d\phi$에 대해서가 아니라 $\sin\theta\, d\theta d\phi$에 대해 직교정규화되어 있음을 주목하라. 14장은 인자 $\sin\theta\, d\theta d\phi$가 단위 반경을 갖는 구의 표면의 미분 면적 요소임을 보여 준다. 식 16.27에 따르면 $Y_l^m(\theta,\phi)$는 직교정규화되어 있고 **구면 조화 함수**(*spherical harmonics*)라고 부른다.

표 16.3 처음 몇몇 구면 조화 함수, $Y_l^m(\theta, \phi)^a$

$Y_0^0 = \dfrac{1}{(4\pi)^{1/2}}$	$Y_1^0 = \left(\dfrac{3}{4\pi}\right)^{1/2} \cos\theta$
$Y_1^1 = -\left(\dfrac{3}{8\pi}\right)^{1/2} \sin\theta e^{i\phi}$	$Y_1^{-1} = \left(\dfrac{3}{8\pi}\right)^{1/2} \sin\theta e^{-i\phi}$
$Y_2^0 = \left(\dfrac{5}{16\pi}\right)^{1/2} (3\cos^2\theta - 1)$	$Y_2^1 = -\left(\dfrac{15}{8\pi}\right)^{1/2} \sin\theta\cos\theta e^{i\phi}$
$Y_2^{-1} = \left(\dfrac{15}{8\pi}\right)^{1/2} \sin\theta\cos\theta e^{-i\phi}$	$Y_2^2 = \left(\dfrac{15}{32\pi}\right)^{1/2} \sin^2\theta e^{2i\phi}$
$Y_2^{-2} = \left(\dfrac{15}{32\pi}\right)^{1/2} \sin^2\theta e^{-2i\phi}$	

[a] $Y_1^1(\theta, \phi)$과 $Y_2^1(\theta, \phi)$에서 음의 부호는 단순한 규약이다(식 16.26).

예제 16-3

$Y_1^{-1}(\theta, \phi)$는 정규화되어 있고 $Y_2^1(\theta, \phi)$와 직교함을 보이시오.

풀이 표 16.3의 $Y_1^{-1}(\theta, \phi)$을 이용하면 직교정규화 조건은 식 16.27에 주어져 있다.

$$\begin{aligned} I &= \int_0^\pi d\theta \sin\theta \int_0^{2\pi} d\phi\, Y_1^{-1}(\theta, \phi)^* Y_1^{-1}(\theta, \phi) \\ &= \frac{3}{8\pi} \int_0^\pi d\theta \sin\theta \sin^2\theta \int_0^{2\pi} d\phi \stackrel{?}{=} 1 \end{aligned}$$

$x = \cos\theta$라 놓으면 다음을 얻는다.

$$I = \frac{3}{8\pi} \cdot 2\pi \int_{-1}^{1} (1 - x^2)\, dx = \frac{3}{4}\left(2 - \frac{2}{3}\right) = 1$$

직교 조건은 다음과 같이 된다.

$$\begin{aligned} &\int_0^\pi d\theta \sin\theta \int_0^{2\pi} d\phi\, Y_2^1(\theta, \phi)^* Y_1^{-1}(\theta, \phi) \\ &= -\left(\frac{15}{8\pi}\right)^{1/2} \left(\frac{3}{8\pi}\right)^{1/2} \int_0^\pi d\theta \sin\theta \int_0^{2\pi} d\phi\, (e^{-i\phi} \sin\theta\cos\theta)(e^{-i\phi} \sin\theta) \\ &= -\left(\frac{45}{64\pi^2}\right)^{1/2} \int_0^\pi d\theta \sin^3\theta\cos\theta \int_0^{2\pi} d\phi\, e^{-2i\phi} \end{aligned}$$

여기에서 $\cos 2\phi$와 $\sin 2\phi$의 적분은 완전한 사이클이기 때문에 ϕ의 적분은 0이 된다. 따라서 $Y_1^{-1}(\theta, \phi)$는 $Y_2^1(\theta, \phi)$와 직교한다.

요약하면 강체 회전자의 슈뢰딩거 방정식은 식 16.9으로 주어지며, 에너지는 식 16.10, $E = \hbar^2\beta/2I$로 주어진다. $l = 0, 1, 2, \cdots$이고 $\beta = l(l+1)$이라는 사실을 이용하면 식 16.9는 다음과 같이 쓸 수 있다.

$$\hat{H}Y_l^m(\theta,\phi) = E_l Y_l^m(\theta,\phi) = \frac{\hbar^2 l(l+1)}{2I}Y_l^m(\theta,\phi) \qquad l = 0,\ 1,\ 2,\ldots \tag{16.28}$$

여기에서 $\hat{H}$는 다음과 같이 주어진다.

$$\hat{H} = -\frac{\hbar^2}{2I}\left[\frac{1}{\sin\theta}\frac{\partial}{\partial\theta}\left(\sin\theta\frac{\partial}{\partial\theta}\right) + \frac{1}{\sin^2\theta}\frac{\partial^2}{\partial\phi^2}\right]$$

$Y_l^m(\theta,\phi)$는 구면 조화 함수이다(식 16.26). 다시 한 번 이산적인 에너지 준위들의 집합, $E_l = \hbar^2 l(l+1)/2I$를 얻게 된다. 여기에서 $l = 0, 1, 2, \cdots$이다. 식 16.28에 주어진 허용된 에너지에 덧붙여서 각 에너지 준위는 $g_l = 2l+1$로 나타내는 축퇴도 g_l을 갖는다. 이 축퇴도는 $2l+1$에서 l은 $-m$에서 $+m$까지 취할 수 있는 사실에 기인하고 에너지는 m에 의존하지 않는다.

16.3 수소 원자의 전자

이 장에서 논의할 마지막 문제는 양자 역학의 위대한 성과 중의 하나인 수소 원자의 슈뢰딩거 방정식이다. 수소 원자의 모델로 원점에 고정된 양성자와 질량 m의 전자가 쿨롱 퍼텐셜 에너지를 통해 양성자와 상호작용하고 있는 계를 생각해보자.

$$V(r) = -\frac{e^2}{4\pi\epsilon_0 r} \tag{16.29}$$

e는 양성자의 전하량, ϵ_0는 진공 중에서의 유전율, r은 양성자와 전자 사이의 거리이다. 이 모델은 양성자를 원점에 놓는 구형 극좌표계를 사용해야 한다는 것을 시사하고 있다(그림 16.4). 그러므로

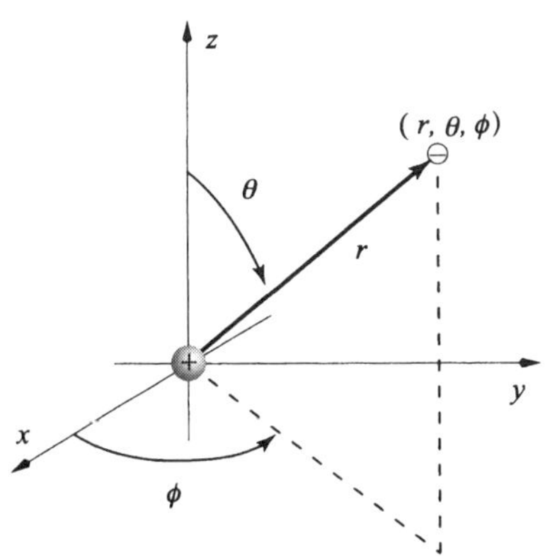

[그림 16.4] 수소 원자를 설명하는 데 사용되는 구형 극좌표계. 수소 원자핵은 원점에 위치하고, 전자의 위치는 세 개의 구형 극좌표계, r, θ, ϕ로 주어진다.

수소 원자의 슈뢰딩거 방정식은

$$-\frac{\hbar^2}{2m}\nabla^2\psi(r,\theta,\phi)-\frac{e^2}{4\pi\varepsilon_0 r}\psi(r,\theta,\phi)=E\psi(r,\theta,\phi)$$

이고, 또는

$$\begin{aligned}-\frac{\hbar^2}{2m}\left[\frac{1}{r^2}\frac{\partial}{\partial r}\left(r^2\frac{\partial\psi}{\partial r}\right)+\frac{1}{r^2\sin\theta}\frac{\partial}{\partial\theta}\left(\sin\theta\frac{\partial\psi}{\partial\theta}\right)+\frac{1}{r^2\sin^2\theta}\frac{\partial^2\psi}{\partial\phi^2}\right]\\-\frac{e^2}{4\pi\varepsilon_0 r}\psi(r,\theta,\phi)=E\psi(r,\theta,\phi)\end{aligned}\tag{16.30}$$

이다. 얼른 보기에 이 편미분 방정식은 매우 복잡하게 보인다. 그러나 이 식을 $\psi(r,\theta,\phi)=R(r)Y_l^m(\theta,\phi)$로 대입하면 $R(r)$에 대한 보통의 미분 방정식이 된다(연습문제 16-18).

$$-\frac{\hbar^2}{2mr^2}\frac{d}{dr}\left(r^2\frac{dR}{dr}\right)+\left[\frac{\hbar^2 l(l+1)}{2mr^2}-\frac{e^2}{4\pi\varepsilon_0 r}-E\right]R(r)=0\tag{16.31}$$

식 16.31을 수소 원자의 **방사방향 방정식**(*radial equation*)이라 부르고 수소 원자의 완전한 해를 구하기 위해 풀어야 하는 새로운 방정식이다.

식 16.31은 r에 대한 보통의 미분 방정식으로 급수 방법으로 풀어야 한다. 해가 파동 함수로 적합하기 위해서는 (다른 말로 연속이고, 일정하고, 정규화 가능한) 다음과 같이 에너지가 양자화되어야 한다는 것을 발견할 수 있을 것이다.

$$E_n=-\frac{me^4}{8\epsilon_0^2 h^2 n^2}\qquad n=1,\ 2,\ldots\tag{16.32}$$

따라서 가장 중요한 원자 성질들 중의 하나를 얻었다. 즉, 원자내 전자의 에너지는 양자화된다. 이 성질은 직접 선 스펙트럼이 되는 원자 스펙트럼인 것이다.

식 16.31의 해를 구하는 과정에서 성수 n이 사인직으로 나타나는 것은 물론, n이 $n\geq l+1$을 만족하여야 한다는 것을 발견할 수 있으며, 이것은 보통 다음과 같이 쓰여진다.

$$0\leq l\leq n-1\qquad n=1,2,\ldots\tag{16.33}$$

그 이유는 가장 작은 가능한 l이 0이기 때문이다(식 16.33은 일반화학에서 나오는 익숙한 식이다). 식 16.31의 해는 두 양자수 n과 l에 의존하고 해가 다음으로 주어진다.

$$R_{nl}(r)=-\left\{\frac{(n-l-1)!}{2n[(n+l)!]^3}\right\}^{1/2}\left(\frac{2}{na_0}\right)^{l+3/2}r^l e^{-r/na_0}L_{n+l}^{2l+1}\left(\frac{2r}{na_0}\right)\tag{16.34}$$

여기에서 $a_0=4\pi\varepsilon_0\hbar^2/me^2$은 **보어 반경**(*Bohr radius*)이라 부르는 거리이다. $L_{n+l}^{2l+1}(2r/na_0)$은 **버금 라게르 다항식**(*associated Laguerre polynomial*)이다.

라게르 다항식과 버금 라게르 다항식은 8장에서 논의하였다. 처음 몇몇 라게르 다항식은 예제 8-5

표 16.4 처음 몇몇 버금 라게르 다항식

$n=1;\ l=0$	$L_1^1(x) = -1$
$n=2;\ l=0$	$L_2^1(x) = -2!(2-x)$
$l=1$	$L_3^3(x) = -3!$
$n=3;\ l=0$	$L_3^1(x) = -3!(3-3x+\frac{1}{2}x^2)$
$l=1$	$L_4^3(x) = -4!(4-x)$
$l=2$	$L_5^5(x) = -5!$

에서 유도하였고 그들의 성질은 8.2절에서 논의하였다. 버금 라게르 다항식은 라게르 다항식, $L_n(x)$와 다음과 같은 관계가 된다(연습문제 16-19).

$$L_n^\alpha(x) = \frac{d^\alpha}{dx^\alpha}L_n(x) \tag{16.35}$$

처음 몇몇 버금 라게르 다항식이 표 16.4에 주어져 있다. 식 16.34으로 주어진 함수는 복잡하게 보일지도 모르지만 각각은 지수 함수가 곱해진 다항식일 뿐이다.

수소 원자의 완전한 파동 함수는 다음과 같다.

$$\psi_{nlm}(r,\theta,\phi) = R_{nl}(r)Y_l^m(\theta,\phi) \tag{16.36}$$

$\hat{H}$는 에르미트(Hermitian) 연산자이므로 ψ_{nlm}은 직교하여야 한다. 직교 조건은 다음과 같이 주어진다.

$$\int_0^{2\pi} d\phi \int_0^{\pi} d\theta\ \sin\theta \int_0^{\infty} dr\ r^2 \psi_{nlm}^*(r,\theta,\phi)\psi_{n'l'm'}(r,\theta,\phi) = \delta_{nn'}\delta_{ll'}\delta_{mm'} \tag{16.37}$$

예제 16-4

수소 원자 꼴의 파동 함수 ψ_{210}은 정규화되어 있고 ψ_{200}과 직교함을 보이시오.

풀이 먼저 식 16.36, 표 16.3, 표 16.4로부터 ψ_{210}과 ψ_{200}을 만들어야 한다.

$$\begin{aligned}\psi_{200}(r,\theta,\phi) &= R_{20}(r)Y_0^0(\theta,\phi)\\ &= -\left\{\frac{1!}{4(2!)^3}\right\}^{1/2}\left(\frac{2}{2a_0}\right)^{3/2} e^{-r/2a_0}L_2^1\left(\frac{2r}{2a_0}\right)\frac{1}{(4\pi)^{1/2}}\\ &= \frac{a_0^{-3/2}}{(32\pi)^{1/2}}(2-\rho)e^{-\rho/2}\end{aligned}$$

$$\begin{aligned}\psi_{210}(r,\theta,\phi) &= R_{21}(r)Y_1^0(\theta,\phi)\\ &= -\left\{\frac{0!}{4(3!)^3}\right\}^{1/2}\left(\frac{2}{2a_0}\right)^{5/2} re^{-r/2a_0}L_3^3\left(\frac{2r}{2a_0}\right)\left(\frac{3}{4\pi}\right)\\ &= \frac{a_0^{-3/2}}{(32\pi)^{1/2}}\rho e^{-\rho/2}\cos\theta\end{aligned}$$

여기에서 $\rho = r/a_0$이다. 정규화 조건은 식 16.37에 주어져 있다.

$$\begin{aligned}\int_0^{2\pi} d\phi \int_0^{\pi} d\theta\ \sin\theta \int_0^{\infty} dr\, r^2 \psi_{210}^*(r,\theta,\phi)\psi_{210}(r,\theta,\phi) &= \int_0^{2\pi} d\phi \int_0^{\pi} d\theta\ \sin\theta \int_0^{\infty} dr\, r^2 \frac{\rho^2 e^{-\rho}\cos^2\theta}{32\pi a_0^3} \\ &= \frac{2\pi}{32\pi}\int_0^{\infty} d\theta\ \sin\theta\cos^2\theta \int_0^{\infty} d\rho\, \rho\rho^2 e^{-\rho} \\ &= \frac{1}{16}\cdot\frac{2}{3}\cdot 24 = 1\end{aligned}$$

직교화 조건은 다음과 같이 주어진다.

$$\begin{aligned}\int_0^{2\pi} d\phi \int_0^{\pi} d\theta\ \sin\theta \int_0^{\infty} dr\, r^2 \psi_{200}^*(r,\theta,\phi)\psi_{210}(r,\theta,\phi) &= \int_0^{2\pi} d\phi \int_0^{\pi} d\theta\ \sin\theta \int_0^{\infty} dr\, r^2 \left(\frac{\rho(2-\rho)e^{-\rho}\cos\theta}{32\pi a_0^3}\right) \\ &= \frac{2\pi}{32\pi}\int_0^{\infty} d\theta\ \sin\theta\cos\theta \int_0^{\infty} d\rho\, \rho^3(2-\rho)e^{-\rho} = 0\end{aligned}$$

여기에서 ϕ에 대한 적분이 0이 되어 이 적분은 0이 된다. 따라서 ψ_{210}과 ψ_{200}은 직교한다.

문헌에 라게르 다항식의 몇 가지 정의가 있음을 8장 끝에 지적하였다. 몇 가지 정의들은 내부적으로 자기일치이나 자료에 따라서 건너뜀을 유의해야 한다. 여기에서 사용하는 정의들은 폴링(Pauling)과 윌슨(Wilson)으로 거슬러 올라간다(참고문헌 참조). 이것은 대부분 물리화학자나 물리학자들이 사용하는 것이다.

연습문제

16-1. 식 16.5을 증명하시오.

16-2. 식 16.5 $\psi(x, y, z)$의 정규화 상수가 $A_x A_y A_z = (8/abc)^{1/2}$임을 보이시오.

16-3. 식 16.7을 식 16.3에 내입하면 식 16.8이 얻어짐을 보이시오.

16-4. 일차원 상의 두 질량 m_1, m_2가 상대적인 거리 $(x_1 - x_2)$에만 의존하는 퍼텐셜 에너지 $V(x_1, x_2) = V(x_1 - x_2)$에 따라 상호작용하고 있는 계를 고려해 보자. j번째 입자에 작용하는 힘이 $f_j = -(\partial V/\partial x_j)$로 주어질 때 $f_1 = -f_2$임을 보이시오. 이것은 무엇을 의미하는가?

m_1, m_2에 대한 뉴턴 방정식은

$$m_1\frac{d^2x_1}{dt^2} = -\frac{\partial V}{\partial x_1} \quad 과 \quad m_2\frac{d^2x_2}{dt^2} = -\frac{\partial V}{\partial x_2}$$

이다. 이제 다음의 질량 중심 그리고 상대 좌표를 도입하여

$$X = \frac{m_1 x_1 + m_2 x_2}{M} \qquad x = x_1 - x_2$$

이다. 여기에서 $M = m_1 + m_2$이고 x_1과 x_2를 구하면

$$x_1 = X + \frac{m_2}{M}x \qquad \text{와} \qquad x_2 = X - \frac{m_1}{M}x$$

이다. 이 좌표계를 이용하면 뉴턴 방정식이 다음과 같이 됨을 보이시오.

$$m_1 \frac{d^2 X}{dt^2} + \frac{m_1 m_2}{M}\frac{d^2 x}{dt^2} = -\frac{\partial V}{\partial x} \tag{1}$$

그리고

$$m_2 \frac{d^2 X}{dt^2} - \frac{m_1 m_2}{M}\frac{d^2 x}{dt^2} = +\frac{\partial V}{\partial x} \tag{2}$$

이 두 개의 식을 더하여 다음을 구하시오.

$$M\frac{d^2 X}{dt^2} = 0$$

이 결과를 해석하시오. 이제 식 (1)을 m_1으로 나누고 식 (2)를 m_2로 나눈 다음 빼서 다음을 구하시오.

$$\frac{d^2 x}{dt^2} = -\left(\frac{1}{m_1} + \frac{1}{m_2}\right)\frac{\partial V}{\partial x}$$

$$\text{혹은} \qquad \mu\frac{d^2 x}{dt^2} = -\frac{\partial V}{\partial x}$$

여기에서 $\mu = m_1 m_2/(m_1 + m_2)$은 환산 질량이다. 이 결과를 해석하고 어떻게 원래의 두 입자 문제가 두 개의 단일 입자 문제로 되는지를 논의하시오.

16-5. 연습문제 16-4의 결과를 삼차원으로 확장하시오. 삼차원계에서 상대적인 거리는 다음으로 주어진다.

$$r_{12} = [(x_1 - x_2)^2 + (y_1 - y_2)^2 + (z_1 - z_2)^2]^{1/2}$$

16-6. 두 입자가 동일 질량, m의 환산 질량은 $m/2$임을 보이시오.

16-7. 그림 16.5와 같이 두 개의 입자가 상대적으로 서로 회전하고 있다고 생각해 보자. 이 계에 작용하는 외

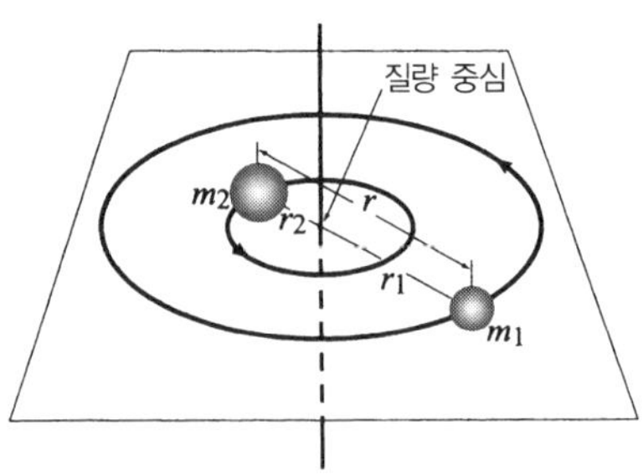

[그림 16.15] 질량 중심에 대해 회전하고 있는 두 입자, m_1과 m_2.

부 힘이 없다면 질량 중심은 고정되고, 두 입자는 질량 중심을 중심으로 회전하게 된다. 질량 중심은 두 질량의 중심을 잇는 선위에 존재하고, $m_1r_1 = m_2r_2$의 조건으로 정의된다.

총 운동 에너지는

$$T = \frac{1}{2}m_1v_1^2 + \frac{1}{2}m_2v_2^2$$

이다. 고정된 질량 중심에 대해 회전하는 두 입자의 각속도를 ω라 하면 $v_1 = r_1\omega$와 $v_2 = r_2\omega$이다. 그러면 총 운동 에너지는 다음과 같음을 보이시오.

$$T = \frac{1}{2}I\omega^2$$

여기에서 $r = r_1 + r_2$이고, $I = m_1r_1^2 + m_2r_2^2 = \mu r^2$,

여기에서 $\mu = m_1m_2/(m_1 + m_2)$은 환산 질량이다. I를 **관성 모멘트**(*moment of inertia*)라고 부른다.

16-8. $x = \cos\theta$를 대입하여 식 16.13이 식 16.19으로 됨을 보이시오.

16-9. 식 16.22을 이용하여 표 16.2에 있는 버금 르장드르 함수를 구하시오.

16-10. 표 16.2의 처음 몇몇 버금 르장드르 함수가 식 16.21의 해임을 보이시오.

16-11. m이 홀수이고 음일 때 $i^{m+|m|} = 1$이고, m이 홀수이고 양일 때 $i^{m+|m|} = -1$임을 보이시오.

16-12. 표 16.2의 처음 몇몇 버금 르장드르 함수가 식 16.24을 만족하는 것을 보이시오.

16-13. 표 16.2의 버금 르장드르 함수, $P_3^1(x)$가 다음 회귀식을 만족하는 것을 보이시오.

$$(2l+1)xP_l^{|m|}(x) - (l-|m|+1)P_{l+1}^{|m|}(x) - (l+|m|)P_{l-1}^{|m|}(x) = 0$$

16-14. 표 16.3의 처음 몇몇 구면 조화 함수가 다음 식을 만족하는 것을 보이시오.

$$\sin\theta\frac{\partial}{\partial\theta}\left(\sin\theta\frac{\partial Y_l^m}{\partial\theta}\right) + \frac{\partial^2 Y_l^m}{\partial\phi^2} + l(l+1)\sin^2\theta\, Y_l^m = 0$$

16-15. 표 16.3의 처음 몇몇 구면 조화 함수가 $E = \hbar^2 l(l+1)/2I$를 갖는 식 16.9을 만족하는 것을 보이시오.

16-16. 표 16.3의 처음 몇몇 구면 조화 함수가 직교정규화 조건을 만족하는 것을 보이시오.

16-17. 표 16.3을 이용하여 다음을 보이시오.

$$|Y_1^1(\theta,\phi)|^2 + |Y_1^0(\theta,\phi)|^2 + |Y_1^{-1}(\theta,\phi)|^2 = 3/4\pi$$

이것은 **운솔드 정리**(*Unsöld's theorem*)로 알려진 다음의 일반적인 정리의 특별한 경우에 해당된다.

$$\sum_{m=-l}^{l}|Y_l^m(\theta,\phi)|^2 = \text{상수}$$

$l = 2$에 대한 같은 상수는 무엇인가? 운솔드 정리의 물리적 해석을 하시오.

16-18. 식 16.31을 유도하시오.

16-19. 표 16.4의 버금 라게르 함수는 다음 관계식으로 만들 수 있다.

$$L_n^a(x) = \frac{d^a}{dx^a}L_n(x)$$

여기에서 $L_n(x)$는 라게르 다항식이며, 차례로 다음 식에 의해서 만들 수 있다.

$$L_n(x) = e^x \frac{d^n}{dx^n}(x^n e^{-x})$$

이와 같은 미분식은 8장에서 논의한 모든 직교 다항식에 대해 이용 가능하고, 이를 **로드리게스 식** (*Rodrigues formula*)이라 부른다. 위에 로드리게스 식을 이용하여 표 16.4의 버금 라게르 함수를 구하시오.

16-20. 이 장에 있는 식들로부터 $\psi_{100}(r, \theta, \phi)$을 만들고 정규화 조건을 보이시오.

16-21. 이 장에 있는 식들로부터 $\psi_{310}(r, \theta, \phi)$을 만들고 정규화 조건을 보이시오.

16-22. $\psi_{210}(r, \theta, \phi)$은 식 16.32에 의해 주어진 E와 함께 식 16.30을 명백하게 만족하는 것을 보이시오.

16-23. 슈뢰딩거 방정식에서 $V = V(r)$이라면, $\psi(r, \theta, \phi) = R(r)Y_l^m(\theta, \phi)$임을 보이시오. 여기에서 $R(r)$은 $V(r)$ 대신에 $-e^2/4\pi\epsilon_0 r$의 식 16.31을 만족한다.

16-24. 식 $\nabla^2 u + k^2 u = 0$은 헬름홀츠 식이라 부른다. $u(r, \theta, \phi) = f(r)Y_l^m(\theta, \phi)$는 구형 극좌표의 헬름홀츠 식임을 보이시오.

16-25. 이 문제에서는 슈뢰딩거 방정식으로 반경 a인 구로 한정된 입자의 바닥 상태 파동 함수와 에너지를 풀게 된다. 슈뢰딩거 방정식은 식 16.31에 대해 $l = 0$ (바닥 상태)과 $e^2/4\pi\epsilon_0 r$ 항이 없는 식으로 다음과 같이 주어진다.

$$-\frac{\hbar^2}{2mr^2}\frac{d}{dr}\left(r^2 \frac{d\psi}{dr}\right) = E\psi$$

$u = r\psi$를 이 식에 대입하면 다음 식을 얻는다.

$$\frac{d^2u}{dr^2} + \frac{2mE}{\hbar^2}u = 0$$

이 식의 일반해는 다음과 같음을 보이시오.

$$u(r) = A\cos\alpha r + B\sin\alpha r$$

또는

$$\psi(r) = \frac{A\cos\alpha r}{r} + \frac{B\sin\alpha r}{r}$$

여기에서 $\alpha = (2mE/\hbar^2)^{1/2}$이다. 어느 항이 $r = 0$에서 일정한가?

바닥 상태에 대하여 $\alpha a = \pi$임을 증명하기 위해 $\psi(a) = 0$인 사실 또는 바닥 상태 에너지는

$$E = \frac{\pi^2\hbar^2}{2ma^2}$$

이라는 사실을 이용하자. 정규화 바닥 상태 파동 함수는 다음과 같음을 보이시오.

$$\psi(r) = (2\pi a)^{-1/2}\frac{\sin \pi r/a}{r}$$

제 17 장

행렬식

아마 여러분은 고등학교에서 n개의 미지수를 가진 n원 일차 연립 방정식(linear algebraic equation)을 풀이할 때 이용하는 행렬식에 대해서 배웠을 것이다. 이 응용은 연립 방정식의 수인 n이 그리 크지 않으면 유용하지만 n이 크면 유용하지 않다. 행렬식의 활용 측면이 이 한 가지에 한정되어 있다면 대부분의 응용 수학 교재에서 그렇게 많이 행렬식을 설명하고 있지는 않을 것이다. 행렬식은 행렬을 연구하는 과정에서 저절로 생겨난 것으로 밝혀졌고 행렬은 물리적인 문제를 해결하는 데 광범위하게 활용되고 있다. 이러한 용도를 생각하며 이 장에서 행렬식의 기본 성질에 대해 살펴보도록 하겠다.

17.1 행렬식의 정의

물리화학의 많은 문제는 n개의 미지수를 가진 일차 연립 방정식과 관련된 문제들이 많이 있다. 이러한 연립 방정식은 **행렬식**(*determinant*)을 이용하여 풀 수 있는데 이 방법을 설명하도록 하겠다. 다음과 같은 이원 일차 연립 방정식을 고려해 보자.

$$\begin{aligned} a_{11}x + a_{12}y &= d_1 \\ a_{21}x + a_{22}y &= d_2 \end{aligned} \tag{17.1}$$

첫 번째 식에 a_{22}, 두 번째 식에 a_{12}를 곱한 다음 빼주면 다음과 같이 된다.

$$(a_{11}a_{22} - a_{12}a_{21})x = d_1a_{22} - d_2a_{12}$$

x에 대해 정리하면 다음과 같다.

$$x = \frac{a_{22}d_1 - a_{12}d_2}{a_{11}a_{22} - a_{12}a_{21}} \tag{17.2}$$

마찬가지로 첫 번째 식에 a_{21}을, 두 번째 식에 a_{11}을 곱해 준 다음에 빼주고 y에 대해 정리하면 다음 식이 주어진다.

$$y = \frac{a_{11}d_2 - a_{21}d_1}{a_{11}a_{22} - a_{12}a_{21}} \tag{17.3}$$

식 17.2와 식 17.3의 분모는 서로 같음을 알 수 있다. $a_{11}a_{22} - a_{12}a_{21}$은 2×2 행렬식인 $\begin{vmatrix} a_{11} & a_{12} \\ a_{21} & a_{22} \end{vmatrix}$으로 나타낼 수 있다. n개의 미지수를 가진 n원 일차 연립 방정식에 쉽게 적용시킬 수 있기 때문에 이러한 표기를 사용한다. 일반적으로 $n \times n$ 행렬식은 n^2개의 요소가 정사각형에서 n개의 행과 n개의 열에 배열된다. 3×3 행렬식은 다음과 같이 주어진다.

$$\begin{vmatrix} a_{11} & a_{12} & a_{13} \\ a_{21} & a_{22} & a_{23} \\ a_{31} & a_{32} & a_{33} \end{vmatrix} = \begin{array}{l} a_{11}a_{22}a_{33} + a_{21}a_{32}a_{13} + a_{12}a_{23}a_{31} \\ -a_{31}a_{22}a_{13} - a_{21}a_{12}a_{33} - a_{11}a_{23}a_{32} \end{array} \tag{17.4}$$

이 내용은 곧 증명하겠다. 요소 a_{ij}는 i번째 행과 j번째 열의 교차점에 있음에 유의하기 바란다. 식 17.4와 차수가 더 높은 행렬식에 관한 대응하는 식들은 체계적인 방법으로 얻을 수 있다. 먼저 여인수를 정의한다. 요소 a_{ij}의 **여인수**(*cofactor*), A_{ij}는 i번째 행과 j번째 열에 있는 요소를 제거한 다음, $(-1)^{i+j}$를 곱해준 $(n-1) \times (n-1)$ 행렬식을 말한다. 예를 들면 다음 행렬식 D에서 요소 a_{12}의 여인수, A_{12}는 다음과 같다.

$$D = \begin{vmatrix} a_{11} & a_{12} & a_{13} \\ a_{21} & a_{22} & a_{23} \\ a_{31} & a_{32} & a_{33} \end{vmatrix}$$

$$A_{12} = (-1)^{1+2} \begin{vmatrix} a_{21} & a_{23} \\ a_{31} & a_{33} \end{vmatrix}$$

예제 17-1

다음 행렬식 D에서 1행의 각 요소에 대한 여인수를 구하시오.

$$D = \begin{vmatrix} 2 & -1 & 1 \\ 0 & 3 & -1 \\ 2 & -2 & 1 \end{vmatrix}$$

풀이 a_{11}의 여인수, A_{11}은 다음과 같다.

$$A_{11} = (-1)^{1+1} \begin{vmatrix} 3 & -1 \\ -2 & 1 \end{vmatrix} = 3 - 2 = 1$$

a_{12}의 여인수, A_{12}는 다음과 같다.

$$A_{12} = (-1)^{1+2} \begin{vmatrix} 0 & -1 \\ 2 & 1 \end{vmatrix} = -2$$

a_{13}의 여인수, A_{13}은 다음과 같다.

$$A_{13} = (-1)^{1+3} \begin{vmatrix} 0 & 3 \\ 2 & -2 \end{vmatrix} = -6$$

행렬식을 계산할 때 여인수를 사용할 수 있다. 식 17.4에 있는 **3 × 3** 행렬식의 값을 다음 공식으로 구할 수 있다.

$$\begin{vmatrix} a_{11} & a_{12} & a_{13} \\ a_{21} & a_{22} & a_{23} \\ a_{31} & a_{32} & a_{33} \end{vmatrix} = a_{11}A_{11} + a_{12}A_{12} + a_{13}A_{13} \tag{17.5}$$

따라서 예제 17-1의 D값은 다음과 같다.

$$D = (2)(1) + (-1)(-2) + (1)(-6) = -2$$

식 17.5는 1행의 여인수에 관한 전개식이다.

예제 17-2

예제 17-1의 행렬식 D에서 1행 대신 1열의 각 요소에 대한 여인수로 전개하여 D를 구하시오.

풀이 다음 공식을 이용한다.

$$D = a_{11}A_{11} + a_{21}A_{21} + a_{31}A_{31}$$

1열의 각 요소에 대해 여인수는 다음과 같다.

$$A_{11} = (-1)^2 \begin{vmatrix} 3 & -1 \\ -2 & 1 \end{vmatrix} = 1$$

$$A_{21} = (-1)^3 \begin{vmatrix} -1 & 1 \\ -2 & 1 \end{vmatrix} = -1$$

$$A_{31} = (-1)^4 \begin{vmatrix} -1 & 1 \\ 3 & -1 \end{vmatrix} = -2$$

그러므로

$$D = (2)(1) + (0)(-1) + (2)(-2) = -2$$

예제 17.1에서 얻은 D값과 같음을 유의하기 바란다. 행렬식의 값은 어떤 행이나 열에 있는 요소의 여인수로 전개시켜도 구할 수 있다는 사실을 이 결과로부터 알 수 있다. 두 번째 행을 선택하면 D값은 다음과 같이 된다.

$$D = (0)(-1)^3 \begin{vmatrix} -1 & 1 \\ -2 & 1 \end{vmatrix} + (3)(-1)^4 \begin{vmatrix} 2 & 1 \\ 2 & 1 \end{vmatrix} + (-1)(-1)^5 \begin{vmatrix} 2 & -1 \\ 2 & -2 \end{vmatrix} = -2$$

비록 **3 × 3** 행렬식에 대해서만 설명했지만 이러한 과정은 어떤 차원의 행렬식에도 쉽게 확장해서 적용할 수 있다.

예제 17-3

다음 **행렬 방정식**(*determinantal equation*)은 뷰타다이엔(butadiene)의 휘켈(Hückl)의 분자 궤도함수 이론에서 나온다.

$$\begin{vmatrix} x & 1 & 0 & 0 \\ 1 & x & 1 & 0 \\ 0 & 1 & x & 1 \\ 0 & 0 & 1 & x \end{vmatrix} = 0$$

x에 대한 시차 방정식 형태로 이 행렬식을 전개하시오.

풀이 1행에 대해 전개시키면 다음과 같다.

$$x\begin{vmatrix} x & 1 & 0 \\ 1 & x & 1 \\ 0 & 1 & x \end{vmatrix} - \begin{vmatrix} 1 & 1 & 0 \\ 0 & x & 1 \\ 0 & 1 & x \end{vmatrix} = 0$$

이제 각 3 × 3 행렬식의 1행에 대해 전개시키면 다음과 같다.

$$(x)(x)\begin{vmatrix} x & 1 \\ 1 & x \end{vmatrix} - (x)(1)\begin{vmatrix} 1 & 0 \\ 1 & x \end{vmatrix} - (1)\begin{vmatrix} x & 1 \\ 1 & x \end{vmatrix} = 0$$

즉,

$$x^2(x^2-1) - x(x) - (1)(x^2-1) = 0$$

즉,

$$x^4 - 3x^2 + 1 = 0$$

임의의 행이나 열을 기준으로 행렬식을 전개시킬 수 있으므로, 0을 가장 많이 포함하는 것을 선택하는 것이 가장 쉽다.

17.2 행렬식의 성질

다음과 같은 행렬식의 성질을 알고 있으면 유용하다.

1. 행과 열에 있는 요소를 서로 바꾸어도 그 행렬식의 값은 변하지 않는다.
   다시 말하면 1행을 1열, 2행을 2열 등으로 취하는 것이다.
   예를 들면 다음과 같다.

$$\begin{vmatrix} 1 & 2 & 5 \\ -1 & 0 & -1 \\ 3 & 1 & 2 \end{vmatrix} = \begin{vmatrix} 1 & -1 & 3 \\ 2 & 0 & 1 \\ 5 & -1 & 2 \end{vmatrix}$$

이 두 행렬식은 대각선을 통해 각 요소를 서로 뒤집어 준 것과 같다.

2. 다음과 같이 임의의 행이나 열이 같은 것이 있으면 그 행렬식의 값은 0이다. 이 경우 1열과 3열이 같다.

$$\begin{vmatrix} 4 & 2 & 4 \\ -1 & 0 & -1 \\ 3 & 1 & 3 \end{vmatrix} = 0$$

3. 다음과 같이 임의의 행이나 열을 서로 교환해주면 그 행렬식의 부호가 바뀐다.

$$\begin{vmatrix} 3 & 1 & -1 \\ -6 & 4 & 5 \\ 1 & 2 & 2 \end{vmatrix} = -\begin{vmatrix} 1 & 3 & -1 \\ 4 & -6 & 5 \\ 2 & 1 & 2 \end{vmatrix}$$

4. 행이나 열에 있는 모든 요소에 인수 k를 곱해 준 것은 그 행렬식에 k를 곱해 준 것과 같다. 예를 들면 다음과 같다.

$$\begin{vmatrix} 6 & 8 \\ -1 & 2 \end{vmatrix} = 2\begin{vmatrix} 3 & 4 \\ -1 & 2 \end{vmatrix}$$

5. 어떤 행이나 열에 두 항이나 그 이상의 합이나 차를 적을 때, 그 행렬식은 다음 형식에 따라 두 개 이상 행렬식의 합이나 차를 쓸 수 있다.

$$\begin{vmatrix} a_{11} \pm a'_{11} & a_{12} & a_{13} \\ a_{21} \pm a'_{21} & a_{22} & a_{23} \\ a_{31} \pm a'_{31} & a_{32} & a_{33} \end{vmatrix} = \begin{vmatrix} a_{11} & a_{12} & a_{13} \\ a_{21} & a_{22} & a_{23} \\ a_{31} & a_{32} & a_{33} \end{vmatrix} \pm \begin{vmatrix} a'_{11} & a_{12} & a_{13} \\ a'_{21} & a_{22} & a_{23} \\ a'_{31} & a_{32} & a_{33} \end{vmatrix}$$

예를 들면 다음과 같다.

$$\begin{vmatrix} 3 & 3 \\ 2 & 6 \end{vmatrix} = \begin{vmatrix} 2+1 & 3 \\ -2+4 & 6 \end{vmatrix} = \begin{vmatrix} 2 & 3 \\ -2 & 6 \end{vmatrix} + \begin{vmatrix} 1 & 3 \\ 4 & 6 \end{vmatrix}$$

6. 어떤 한 행이나 열을 다른 행이나 열에 다음과 같이 더해주거나 빼주어도 그 행렬식의 값은 변하지 않는다.

$$\begin{vmatrix} a_{11} & a_{12} & a_{13} \\ a_{21} & a_{22} & a_{23} \\ a_{31} & a_{32} & a_{33} \end{vmatrix} = \begin{vmatrix} a_{11}+a_{12} & a_{12} & a_{13} \\ a_{21}+a_{22} & a_{22} & a_{23} \\ a_{31}+a_{32} & a_{32} & a_{33} \end{vmatrix}$$

예를 들면 다음과 같다.

$$\begin{vmatrix} 1 & -1 & 3 \\ 4 & 0 & 2 \\ 1 & 2 & 1 \end{vmatrix} = \begin{vmatrix} 0 & -1 & 3 \\ 4 & 0 & 2 \\ 3 & 2 & 1 \end{vmatrix} = \begin{vmatrix} 0 & -1 & 3 \\ 4 & 0 & 2 \\ 7 & 2 & 3 \end{vmatrix}$$

첫 번째 경우에는 1열에 2열을 더해주었고 두 번째 경우는 다시 3행에 2행을 더해준 것이다. 이러한 과정을 n번 반복하면 다음과 같이 된다.

$$\begin{vmatrix} a_{11} & a_{12} & a_{13} \\ a_{21} & a_{22} & a_{23} \\ a_{31} & a_{32} & a_{33} \end{vmatrix} = \begin{vmatrix} a_{11}+na_{12} & a_{12} & a_{13} \\ a_{21}+na_{22} & a_{22} & a_{23} \\ a_{31}+na_{32} & a_{32} & a_{33} \end{vmatrix} \tag{17.6}$$

이러한 결과는 다음 과정을 통해 쉽게 증명할 수 있다.

$$\begin{aligned} \begin{vmatrix} a_{11}+na_{12} & a_{12} & a_{13} \\ a_{21}+na_{22} & a_{22} & a_{23} \\ a_{31}+na_{32} & a_{32} & a_{33} \end{vmatrix} &= \begin{vmatrix} a_{11} & a_{12} & a_{13} \\ a_{21} & a_{22} & a_{23} \\ a_{31} & a_{32} & a_{33} \end{vmatrix} + n \begin{vmatrix} a_{12} & a_{12} & a_{13} \\ a_{22} & a_{22} & a_{23} \\ a_{32} & a_{32} & a_{33} \end{vmatrix} \\ &= \begin{vmatrix} a_{11} & a_{12} & a_{13} \\ a_{21} & a_{22} & a_{23} \\ a_{31} & a_{32} & a_{33} \end{vmatrix} + 0 \end{aligned}$$

여기서 첫 번째 줄을 적을 때 제5의 규칙을 사용하였다. 우변의 두 번째 행렬식은 1열과 2열이 서로 같으므로 그 값은 0이다.

17.3 크래머 공식

위의 규칙을 이용하면 일차 연립 방정식을 행렬식을 이용하여 풀 수 있다. 쉽게 설명하기 위해서 이원 일차 연립 방정식을 고려하지만 최종 결과는 쉽게 일반화시킬 수 있다. 다음 두 식을 고려해보자.

$$\begin{aligned} a_{11}x + a_{12}y &= d_1 \\ a_{21}x + a_{22}y &= d_2 \end{aligned} \tag{17.7}$$

d_1과 d_2가 0이면 **동차**(*homogeneous*) 방정식이라 부르고, 그렇지 않을 때 **비동차**(*nonhomogeneous*) 방정식이라 말한다. 우선 비동차 방정식이라 가정하자. x와 y의 계수 행렬식 D는 다음과 같다.

$$D = \begin{vmatrix} a_{11} & a_{12} \\ a_{21} & a_{22} \end{vmatrix}$$

규칙 4에 따라 다음과 같이 적을 수 있다.

$$\begin{vmatrix} a_{11}x & a_{12} \\ a_{21}x & a_{22} \end{vmatrix} = xD$$

다시 규칙 6에 따라 다음과 같이 쓸 수 있다.

$$\begin{vmatrix} a_{11}x + a_{12}y & a_{12} \\ a_{21}x + a_{22}y & a_{22} \end{vmatrix} = xD \tag{17.8}$$

식 17.7을 식 17.8이 대입하면 다음과 같다.

$$\begin{vmatrix} d_1 & a_{12} \\ d_2 & a_{22} \end{vmatrix} = xD$$

x에 대해 정리하면 다음과 같다.

$$x = \frac{\begin{vmatrix} d_1 & a_{12} \\ d_2 & a_{22} \end{vmatrix}}{\begin{vmatrix} a_{11} & a_{12} \\ a_{21} & a_{22} \end{vmatrix}} \tag{17.9}$$

마찬가지로 y에 대해서 다음과 같이 주어진다.

$$y = \frac{\begin{vmatrix} a_{11} & d_1 \\ a_{21} & d_2 \end{vmatrix}}{\begin{vmatrix} a_{11} & a_{12} \\ a_{21} & a_{22} \end{vmatrix}} \tag{17.10}$$

식 17.9와 17.10은 식 17.3과 같음에 유의하기 바란다. x와 y에 대한 해를 이렇게 행렬식으로 구하는 것을 **크래머 공식**(*Cramer's rule*)이라 부른다. 분자에 있는 행렬식은 미지수와 관련된 D의 열을 식 17.7의 우변에 있는 열로 바꿈으로써 얻어짐을 주목하라.

예제 17-4

다음 연립 방정식을 크래머 공식을 이용하여 푸시오.

$$\begin{aligned} 3x - y &= 6 \\ x + 2y &= 5 \end{aligned}$$

풀이

$$x = \frac{\begin{vmatrix} 6 & -1 \\ 5 & 2 \end{vmatrix}}{\begin{vmatrix} 3 & -1 \\ 1 & 2 \end{vmatrix}} = \frac{17}{7}$$

$$y = \frac{\begin{vmatrix} 3 & 6 \\ 1 & 5 \end{vmatrix}}{\begin{vmatrix} 3 & -1 \\ 1 & 2 \end{vmatrix}} = \frac{9}{7}$$

이러한 결과는 미지수가 더 많은 연립 방정식을 푸는 데에 바로 적용시킬 수 있다.

예제 17-5

다음 연립 방정식을 크래머 공식으로 푸시오.

$$\begin{aligned} x + y + z &= 2 \\ 2x - y - z &= 1 \\ x + 2y - z &= -3 \end{aligned}$$

풀이 식 17.9와 식 17.10을 확장시켜 다음과 같이 구할 수 있다.

$$x = \frac{\begin{vmatrix} 2 & 1 & 1 \\ 1 & -1 & -1 \\ -3 & 2 & -1 \end{vmatrix}}{\begin{vmatrix} 1 & 1 & 1 \\ 2 & -1 & -1 \\ 1 & 2 & -1 \end{vmatrix}} = \frac{9}{9} = 1$$

$$y = \frac{\begin{vmatrix} 1 & 2 & 1 \\ 2 & 1 & -1 \\ 1 & -3 & -1 \end{vmatrix}}{\begin{vmatrix} 1 & 1 & 1 \\ 2 & -1 & -1 \\ 1 & 2 & -1 \end{vmatrix}} = \frac{-9}{9} = -1$$

$$z = \frac{\begin{vmatrix} 1 & 1 & 2 \\ 2 & -1 & 1 \\ 1 & 2 & -3 \end{vmatrix}}{\begin{vmatrix} 1 & 1 & 1 \\ 2 & -1 & -1 \\ 1 & 2 & -1 \end{vmatrix}} = \frac{18}{9} = 2$$

비록 **2 × 2**와 **3 × 3**의 방정식에 대해서는 크래머 공식을 쉽게 이용할 수 있지만, 식의 차원이 커지면 이용하기 어렵게 된다. 23장에서 보다 차원이 큰 방정식에 쉽게 이용할 수 있는 다른 방법을 설명하도록 하겠다.

식 17.7에서 $d_1 = d_2 = 0$이면 어떻게 될까? 이 경우에 $x = y = 0$인 명확한 해를 구할 수 있는데 이것을 **자명해**(*trivial solution*)라고 부른다. 동차 방정식에 대해 **비자명해**(*non-trivial colution*)를 구하는 유일한 방법은 식 17.9와 17.10에 있는 분모를 다음과 같이 0으로 두는 것이다.

$$D = \begin{vmatrix} a_{11} & a_{12} \\ a_{21} & a_{22} \end{vmatrix} = 0 \tag{17.11}$$

이것은 애써 강조할 필요가 있는 중요한 결과이다.

일차 연립 방정식에서는 계수의 행렬식이 0일 경우에만 비자명해를 갖는다.

휘켈 분자 궤도함수 이론의 설명에서 다음과 같은 식을 볼 수 있을 것이다.

$$c_1(H_{11} - ES_{11}) + c_2(H_{12} - ES_{12}) = 0$$

그리고

$$c_1(H_{12} - ES_{12}) + c_2(H_{22} - ES_{22}) = 0$$

여기서 H_{ij}와 S_{ij}는 알고 있는 양이고 c_1, c_2, E는 결정해야 하는 양이다. 식 17.11이 비자명해를 가지려면(즉 c_1과 c_2가 0이 아님) 다음 관계식이 성립해야 한다.

$$\begin{vmatrix} H_{11} - ES_{11} & H_{12} - ES_{12} \\ H_{12} - ES_{12} & H_{22} - ES_{22} \end{vmatrix} = 0 \tag{17.12}$$

이 행렬식을 전개하면 E에 대한 이차 방정식이 되며, 두 개의 근이 나온다. 식 17.12의 행렬식을 **영년 행렬식**(*secular determinant*)이라 부른다. 식 17.12는 그 자체가 **영년 행렬 방정식**(*secular determinant equation*)을 구성한다.

예제 17-6

다음 행렬식의 근을 구하시오.

$$\begin{vmatrix} 2-\lambda & 3 \\ 3 & 4-\lambda \end{vmatrix} = 0$$

풀이 행렬식을 전개시키면 다음과 같이 된다.

$$(2-\lambda)(4-\lambda) - 9 = 0 \quad \text{또는} \quad \lambda^2 - 6\lambda - 1 = 0$$

두 근은 다음과 같다.

$$\lambda = \frac{6}{2} \pm \frac{\sqrt{40}}{2} = 3 \pm \sqrt{10}$$

여기서는 두 일차 연립 방정식만 고려했지만, 식 17.11은 식의 수가 많은 경우에도 쉽게 적용시킬 수 있다.

연습문제

17-1. 다음 행렬식을 계산하시오.

$$D = \begin{vmatrix} 2 & 1 & 1 \\ -1 & 3 & 2 \\ 2 & 0 & 1 \end{vmatrix}$$

1열에 2열을 더해주었을 때 주어지는 다음 행렬식을 계산하시오.

$$\begin{vmatrix} 3 & 1 & 1 \\ 2 & 3 & 2 \\ 2 & 0 & 1 \end{vmatrix}$$

D의 값과 비교해 보시오. 이제 D의 1행에 2행을 더해 준 다음 행렬식을 계산하고 앞에서 구한 D값과 비교해 보시오.

$$\begin{vmatrix} 1 & 4 & 3 \\ -1 & 3 & 2 \\ 2 & 0 & 1 \end{vmatrix}$$

17-2. 문제 17-1의 D에서 1열과 3열을 서로 교환한 다음에 그 행렬식의 값을 구하시오. D의 값과 비교해보시오. 마찬가지로 1행과 2행을 교환한 다음에도 똑같이 비교해보시오.

17-3. 다음 행렬식의 값을 구하시오.

$$D = \begin{vmatrix} 2 & -1 & 1 \\ 0 & 3 & 1 \\ 2 & -2 & 1 \end{vmatrix}$$

17-4. 다음 행렬식의 값을 구하시오.

$$D = \begin{vmatrix} 1 & 6 & 1 \\ -2 & 4 & -2 \\ 1 & -3 & 1 \end{vmatrix}$$

다음 행렬식의 값을 살펴보고 그 값을 구할 수 있다면 어떻게 구했는지 설명하시오.

$$D = \begin{vmatrix} 2 & 6 & 1 \\ -4 & 4 & -2 \\ 2 & -3 & 1 \end{vmatrix}$$

17-5. 식 17.1의 주어진 D에서 2행에 3행을 두 번 더해준 다음, 그 행렬식의 값을 구하시오.

17-6. 다음 행렬식의 값을 구하시오.

$$D = \begin{vmatrix} 1 & \sin x & \cos x \\ 0 & \cos x & -\sin x \\ 0 & -\sin x & -\cos x \end{vmatrix}$$

17-7. 트라이메틸렌메테인(trimethylenemethane) 분자를 휘켈 분자 궤도함수 이론으로 취급할 때 다음과 같은 행렬 방정식이 나온다. 이 식을 만족시키는 x값을 구하시오.

$$\begin{vmatrix} x & 1 & 1 & 1 \\ 1 & x & 0 & 0 \\ 1 & 0 & x & 0 \\ 1 & 0 & 0 & x \end{vmatrix} = 0$$

17-8. 사이클로뷰타다이엔(cyclobutadiene) 분자를 휘켈 분자 궤도함수 이론으론 취급할 때 다음과 같은 행렬 방정식이 나온다. 이 식을 만족시키는 x값을 구하시오.

$$\begin{vmatrix} x & 1 & 0 & 1 \\ 1 & x & 1 & 0 \\ 0 & 1 & x & 1 \\ 1 & 0 & 1 & x \end{vmatrix} = 0$$

17-9. 벤젠 분자를 휘켈 분자 궤도함수 이론으론 취급할 때 다음과 같은 행렬식이 나온다.

이 식을 만족시키는 x값을 구하시오.

$$D = \begin{vmatrix} x & 1 & 0 & 0 & 0 & 1 \\ 1 & x & 1 & 0 & 0 & 0 \\ 0 & 1 & x & 1 & 0 & 0 \\ 0 & 0 & 1 & x & 1 & 0 \\ 0 & 0 & 0 & 1 & x & 1 \\ 1 & 0 & 0 & 0 & 1 & x \end{vmatrix}$$

17-10. 다음 행렬 방정식을 전개하시오.

$$\begin{vmatrix} \cos\theta & -\sin\theta & 0 \\ \sin\theta & \cos\theta & 0 \\ 0 & 0 & 1 \end{vmatrix} = 1$$

17-11. 다음 행렬 방정식의 세 근을 구하시오.

$$\begin{vmatrix} 1-\lambda & 1 & 0 \\ 1 & 1-\lambda & 1 \\ 0 & 1 & 1-\lambda \end{vmatrix} = 0$$

17-12. 크래머 공식으로 다음 연립 방정식을 풀이하시오.

$$x + y = 2$$
$$3x - 2y = 5$$

17-13. 크래머 공식으로 다음 연립 방정식을 풀이하시오.

$$x + 2y + 3z = -5$$
$$-x - 3y + z = -14$$
$$2x + y + z = 1$$

17-14. 비자명해를 갖는 다음 연립 방정식의 x값을 구하시오.

$$xc_1 + c_2 + c_4 = 0$$
$$c_1 + xc_2 + c_3 = 0$$
$$c_2 + xc_3 + c_4 = 0$$
$$c_1 + c_3 + xc_4 = 0$$

17-15. 다음 연립 방정식을 크래머 공식으로 풀이하시오.

$$x + 2y = 3$$
$$2x + 4y = 1$$

여기서 어떤 문제점이 있으며 그러한 문제점이 생기는 이유를 설명하시오.

17-16. 비자명해를 갖는 다음 연립 방정식의 λ의 값은 무엇인가?

$$x + y = \lambda x$$
$$-x + y = \lambda y$$

제 18 장

행렬

1920년대 하이젠베르크(Heisenberg)가 양자 역학을 공식화할 때, 그는 분광학적 전이 확률과 같은 구체적인 실험양으로 연구하였다. 이러한 방법에서, 기술하려는 계의 처음과 나중 상태에 해당하는 아래 첨자를 가진 두 변수를 사용하게 되었으며, 놀랍게도 교환 법칙(두 양의 곱하는 순서에 따른 결과)이 성립하지 않는 점을 알게 되었다. 하이젠베르크는 그 당시 행렬에 대해 몰랐지만, 이러한 비교환적인 양들은 약 1세기쯤 전에 수학자들이 연구한 바 있는 행렬이었다. 오늘날 행렬은 물리학과 화학 분야에서 광범위하게 사용되고 있으며, 현대 계산화학은 거의 대부분 행렬로 공식화되어 있다.

18.1 행렬 대수

확대, 회전 및 어떤 대칭면을 통한 반사와 같은 많은 물리 조작은 행렬을 이용하여 수학적으로 표현할 수 있다. 행렬 배열이 이차원일 때 **행렬 대수**(*matrix algebra*)라고 부르는 일련의 규칙이 적용된다.

그림 18.1에 있는 두 벡터를 고려해 보자. $\mathbf{r}_1$ 벡터의 길이를 r이라고 하면 이 벡터의 x와 y 성분은 $x_1 = r\cos\alpha$와 $y_1 = r\sin\alpha$가 된다. 이제 이 벡터를 그림 18.1에 나타낸 것처럼 반시계 방향으로 각 θ만큼 회전시키면, 그 성분은 $x_2 = r\cos(\alpha+\theta)$와 $y_2 = r\sin(\alpha+\theta)$가 된다. 삼각 함수의

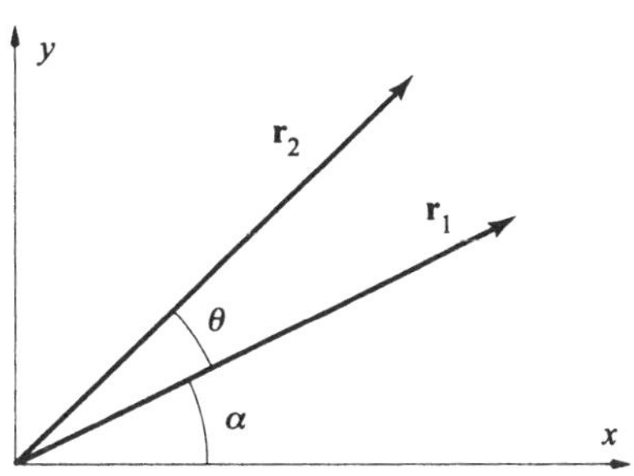

[그림 18.1] 벡터 $\mathbf{r}$을 각 θ로 반시계 방향으로 회전한 그림.

공식을 이용하면 다음과 같이 쓸 수 있다.

$$x_2 = r\cos(\alpha+\theta) = r\cos\alpha\cos\theta - r\sin\alpha\sin\theta$$
$$y_2 = r\sin(\alpha+\theta) = r\cos\alpha\sin\theta + r\sin\alpha\cos\theta$$

$$\begin{aligned} x_2 &= x_1\cos\theta - y_1\sin\theta \\ y_2 &= x_1\sin\theta + y_1\cos\theta \end{aligned} \tag{18.1}$$

식 18.1에서 x_1와 y_1의 계수를 표현하면 다음과 같다.

$$\mathsf{R} = \begin{pmatrix} \cos\theta & -\sin\theta \\ \sin\theta & \cos\theta \end{pmatrix} \tag{18.2}$$

행렬(*matrix*) 형태로 R을 표현하였으며, 이 배열은 행렬 대수의 규칙이 적용된다. 행렬은 A, B 등과 같이, 산 세리프체(sans serif)의 활자로 나타내겠다. 행렬식(17장)과 같이 반드시 정방 배열(행과 열의 수가 같음)일 필요는 없다. 게다가 행렬식과 달리 그 요소가 숫자일지라도 단일수로 전개시킬 수 없다. 식 18.2에 있는 행렬 R은 각 θ만큼 회전시키는 연산에 해당한다.

식 18.1을 다음과 같은 기호로 쓸 수 있다.

$$\mathbf{r}_2 = \mathsf{R}\,\mathbf{r}_1 \tag{18.3}$$

다시 말해서 행렬 R은 벡터 $\mathbf{r}_1$에 회전 연산을 해서 새로운 벡터 $\mathbf{r}_2$가 되게 하는 것이다(그림 18.1 참조). 식 18.3은 식 18.1과 같다. 식 18.3을 다음 식으로 바꾸는 것은 일차(선형) 변환으로 쉽게 증명할 수 있다(연습문제 18-1 참조).

$$\mathsf{R}(\alpha\,\mathbf{u} + \beta\,\mathbf{v}) = \alpha\,\mathsf{R}\,\mathbf{u} + \beta\,\mathsf{R}\,\mathbf{v} \tag{18.4}$$

여기서 $\mathbf{u}$와 $\mathbf{v}$는 벡터이고 α와 β는 스칼라 양이다. 이러한 행렬 연산을 일차 연산(linear operation, 선형 연산)이라 부른다.

행렬 A에 있는 양들을 **행렬 요소**(*matrix element*)라 부르고 a_{ij}로 표시하는데, 행렬식에서처럼 i는 행을 나타내고 j는 열을 나타낸다. 두 행렬 A와 B는 모든 i와 j에 대해 $a_{ij} = b_{ij}$이고 차원이 같으면 같은 행렬이다. 행렬은 행과 열의 수가 같을 때만 서로 더하거나 빼줄 수 있다. 덧셈의 경우 $a_{ij} + b_{ij}$로 주어진다. 따라서 A와 B 행렬이 다음과 같으면 A + B와 2A는 다음과 같이 구할 수 있다.

$$\mathsf{A} = \begin{pmatrix} -3 & 6 & 4 \\ 1 & 0 & 2 \end{pmatrix} \quad \text{그리고} \quad \mathsf{B} = \begin{pmatrix} 2 & 1 & 1 \\ -6 & 4 & 3 \end{pmatrix}$$

$$\mathsf{C} = \mathsf{A} + \mathsf{B} = \begin{pmatrix} -1 & 7 & 5 \\ -5 & 4 & 5 \end{pmatrix}$$

$$\mathsf{A} + \mathsf{A} = 2\,\mathsf{A} = \begin{pmatrix} -6 & 12 & 8 \\ 2 & 0 & 4 \end{pmatrix}$$

다음과 같이 행렬의 스칼라 곱셈(scalar multiplication)은 각 요소에 그 스칼라 양을 곱해 준 것을 의미한다.

$$cA = \begin{pmatrix} c\,a_{11} & c\,a_{12} \\ c\,a_{21} & c\,a_{22} \end{pmatrix} \tag{18.5}$$

예제 18-1

위의 행렬 A와 B를 이용하여 D = 3A − 2B의 행렬을 구하시오.

풀이

$$\begin{aligned} D &= 3\begin{pmatrix} -3 & 6 & 4 \\ 1 & 0 & 2 \end{pmatrix} - 2\begin{pmatrix} 2 & 1 & 1 \\ -6 & 4 & 3 \end{pmatrix} \\ &= \begin{pmatrix} -9 & 18 & 12 \\ 3 & 0 & 6 \end{pmatrix} - \begin{pmatrix} 4 & 2 & 2 \\ -12 & 8 & 6 \end{pmatrix} = \begin{pmatrix} -13 & 16 & 10 \\ 15 & -8 & 0 \end{pmatrix} \end{aligned}$$

행렬에서 가장 중요한 것 중에 한 가지가 행렬 곱셈이다. 쉽게 이해할 수 있도록 먼저 이차원 행렬로 설명하겠다. 다음과 같은 $(x_1,\ y_1)$이 $(x_2,\ y_2)$로 변하는 일차 변환을 고려해 보자.

$$\begin{aligned} x_2 &= a_{11}x_1 + a_{12}y_1 \\ y_2 &= a_{21}x_1 + a_{22}y_1 \end{aligned} \tag{18.6}$$

이 식은 행렬식 $\mathbf{r}_2 = A\,\mathbf{r}_1$으로 나타낼 수 있다. 여기서 A는 다음과 같다.

$$A = \begin{pmatrix} a_{11} & a_{12} \\ a_{21} & a_{22} \end{pmatrix} \tag{18.7}$$

이제 $(x_2,\ y_2)$를 $(x_3,\ y_3)$로 변환시켜 보자.

$$\begin{aligned} x_3 &= b_{11}x_2 + b_{12}y_2 \\ y_3 &= b_{21}x_2 + b_{22}y_2 \end{aligned} \tag{18.8}$$

이 식은 행렬식 $\mathbf{r}_3 = B\,\mathbf{r}_2$로 나타낼 수 있으며, B는 다음과 같다.

$$B = \begin{pmatrix} b_{11} & b_{12} \\ b_{21} & b_{22} \end{pmatrix} \tag{18.9}$$

이제 $(x_1,\ y_1)$을 $(x_3,\ y_3)$로 직접 변환시키면 다음 식이 주어진다.

$$\begin{aligned} x_3 &= c_{11}x_1 + c_{12}y_1 \\ y_3 &= c_{21}x_1 + c_{22}y_1 \end{aligned} \tag{18.10}$$

이 식은 행렬식 $\mathbf{r}_3 = C\,\mathbf{r}_1$로 나타낼 수 있으며 C는 다음과 같다.

$$C = \begin{pmatrix} c_{11} & c_{12} \\ c_{21} & c_{22} \end{pmatrix} \tag{18.11}$$

기호로 나타내면 $\mathbf{r}_3 = B\,\mathbf{r}_2 = BA\,\mathbf{r}_1$이며 다음 식을 쓸 수 있다.

$$\mathsf{C} = \mathsf{BA}$$

다시 말하자면 C는 A로 (x_1, y_1)을 (x_2, y_2)로 변환시킨 후에, B로 (x_2, y_2)를 (x_3, y_3)로 변환시킨 결과이다. C의 요소와 A와 B에 있는 요소 사이의 관계를 찾아보자. 식 18.6을 18.8에 대입하면 다음 식이 주어진다.

$$\begin{aligned} x_3 &= b_{11}(a_{11}x_1 + a_{12}y_1) + b_{12}(a_{21}x_1 + a_{22}y_1) \\ y_3 &= b_{21}(a_{11}x_1 + a_{12}y_1) + b_{22}(a_{21}x_1 + a_{22}y_1) \end{aligned} \tag{18.12}$$

재정리하면 다음과 같다.

$$\begin{aligned} x_3 &= (b_{11}a_{11} + b_{12}a_{21})x_1 + (b_{11}a_{12} + b_{12}a_{22})y_1 \\ y_3 &= (b_{21}a_{11} + b_{22}a_{21})x_1 + (b_{21}a_{12} + b_{22}a_{22})y_1 \end{aligned}$$

따라서 다음과 같은 관계가 있음을 알 수 있다.

$$\mathsf{C} = \mathsf{BA} = \begin{pmatrix} b_{11} & b_{12} \\ b_{21} & b_{22} \end{pmatrix} \begin{pmatrix} a_{11} & a_{12} \\ a_{21} & a_{22} \end{pmatrix} = \begin{pmatrix} b_{11}a_{11} + b_{12}a_{21} & b_{11}a_{12} + b_{12}a_{22} \\ b_{21}a_{11} + b_{22}a_{21} & b_{21}a_{12} + b_{22}a_{22} \end{pmatrix} \tag{18.13}$$

이러한 결과는 복잡해 보이지만 두 가지 방법으로 명확하게 설명할 수 있다. 수학적으로 C의 ij 요소는 다음 공식으로 주어진다.

$$c_{ij} = \sum_k b_{ik}a_{kj} \tag{18.14}$$

중간 지수에 대해 합해 주는 것에 유의하기 바란다. 식 18.13에서 알 수 있듯이 예를 들면 다음과 같다.

$$c_{11} = \sum_{k=1}^{2} b_{1k}a_{k1} = b_{11}a_{11} + b_{12}a_{21}$$

행렬 C에 있는 임의 요소는 B에 있는 임의 행에 A에 있는 어떤 열의 대응 요소를 곱해서 더해 준 다음, 행과 열이 교차하는 C에 두면 구할 수 있는데, 그림으로 나타내는 것이 더 편리하다. 벡터로 나타내면 B의 행과 A의 열을 서로 점곱(dot product)을 취해서 행과 열이 교차하는 C에 두면 된다. 예를 들어 c_{11}은 B의 1행 요소와 A의 1열 요소를 곱해서 다음과 같이 더해주면 된다.

$$\begin{matrix} & & \downarrow & \\ \rightarrow & \begin{pmatrix} b_{11} & b_{12} \\ b_{21} & b_{22} \end{pmatrix} & \begin{pmatrix} a_{11} & a_{12} \\ a_{21} & a_{22} \end{pmatrix} & = \begin{pmatrix} b_{11}a_{11} + b_{12}a_{21} & \cdot \\ \cdot & \cdot \end{pmatrix} \end{matrix}$$

c_{12}도 다음과 같이 구한다.

$$\begin{matrix} & & \quad\downarrow & \\ \rightarrow & \begin{pmatrix} b_{11} & b_{12} \\ b_{21} & b_{22} \end{pmatrix} & \begin{pmatrix} a_{11} & a_{12} \\ a_{21} & a_{22} \end{pmatrix} & = \begin{pmatrix} \cdot & b_{11}a_{12} + b_{12}a_{22} \\ \cdot & \cdot \end{pmatrix} \end{matrix}$$

예제 18-2

B와 C가 다음과 같을 때 C = BA를 구하시오.

$$\mathrm{B} = \begin{pmatrix} 1 & 2 & 1 \\ 3 & 0 & -1 \\ -1 & -1 & 2 \end{pmatrix} \quad \text{그리고} \quad \mathrm{A} = \begin{pmatrix} -3 & 0 & -1 \\ 1 & 4 & 0 \\ 1 & 1 & 1 \end{pmatrix}$$

풀이

$$\begin{aligned} \mathrm{C} &= \begin{pmatrix} 1 & 2 & 1 \\ 3 & 0 & -1 \\ -1 & -1 & 2 \end{pmatrix} \begin{pmatrix} -3 & 0 & -1 \\ 1 & 4 & 0 \\ 1 & 1 & 1 \end{pmatrix} \\ &= \begin{pmatrix} -3+2+1 & 0+8+1 & -1+0+1 \\ -9+0-1 & 0+0-1 & -3+0-1 \\ 3-1+2 & 0-4+2 & 1+0+2 \end{pmatrix} \\ &= \begin{pmatrix} 0 & 9 & 0 \\ -10 & -1 & -4 \\ 4 & -2 & 3 \end{pmatrix} \end{aligned}$$

예제 18-3

식 18.2의 행렬 R은 각 θ만큼 회전하는 것을 나타낸다. 각 2θ만큼 회전하는 것을 나타내는 R^2을 구하시오. 다시 말하면 R^2은 R 연산을 두 번 연속하는 것을 의미한다.

풀이

$$\begin{aligned} \mathrm{R}^2 &= \begin{pmatrix} \cos\theta & -\sin\theta \\ \sin\theta & \cos\theta \end{pmatrix} \begin{pmatrix} \cos\theta & -\sin\theta \\ \sin\theta & \cos\theta \end{pmatrix} \\ &= \begin{pmatrix} \cos^2\theta - \sin^2\theta & -2\sin\theta\cos\theta \\ 2\sin\theta\cos\theta & \cos^2\theta - \sin^2\theta \end{pmatrix} \end{aligned}$$

삼각 함수의 항등식을 이용하면 다음과 같이 나타낼 수 있다.

$$\mathrm{R}^2 = \begin{pmatrix} \cos 2\theta & -\sin 2\theta \\ \sin 2\theta & \cos 2\theta \end{pmatrix}$$

이것은 각 2θ만큼 회전하는 것을 나타낸다.

행렬 곱셈에서 중요한 성질은 BA는 AB와 반드시 같지는 않다는 것이다. 다음 예에서 볼 수 있듯이 AB ≠ BA이므로 교환 법칙이 성립하지 않는다.

$$\mathrm{A} = \begin{pmatrix} 0 & 2 \\ 1 & 0 \end{pmatrix} \quad \text{와} \quad \mathrm{B} = \begin{pmatrix} 3 & 0 \\ 0 & -1 \end{pmatrix}$$

즉 다음과 같다.

$$AB = \begin{pmatrix} 0 & 2 \\ 1 & 0 \end{pmatrix} \begin{pmatrix} 3 & 0 \\ 0 & -1 \end{pmatrix} = \begin{pmatrix} 0 & -2 \\ 3 & 0 \end{pmatrix}$$

$$BA = \begin{pmatrix} 3 & 0 \\ 0 & -1 \end{pmatrix} \begin{pmatrix} 0 & 2 \\ 1 & 0 \end{pmatrix} = \begin{pmatrix} 0 & 6 \\ -1 & 0 \end{pmatrix}$$

만일 AB = BA이면 A와 B는 서로 **교환이 가능**(*commute*)하다고 말한다.

예제 18-4

A와 B가 다음과 같을 때 두 행렬 곱셈의 교환여부를 결정하시오.

$$A = \begin{pmatrix} 2 & 1 \\ 0 & 1 \end{pmatrix} \quad \text{와} \quad B = \begin{pmatrix} 1 & 1 \\ 0 & 1 \end{pmatrix}$$

풀이

$$AB = \begin{pmatrix} 2 & 3 \\ 0 & 1 \end{pmatrix}$$

그리고

$$BA = \begin{pmatrix} 2 & 2 \\ 0 & 1 \end{pmatrix}$$

따라서 이들의 곱셈은 교환되지 않는다.

보통 스칼라 곱셈과 다른 행렬 곱셈의 또 다른 성질은 다음과 같은 경우이다.

$$AB = O$$

여기서 O은 영행렬(모두 요소가 0)인데 다음에서 볼 수 있듯이 A나 B가 반드시 영행렬일 필요는 없다.

$$\begin{pmatrix} 1 & 1 \\ 2 & 2 \end{pmatrix} \begin{pmatrix} -1 & 1 \\ 1 & -1 \end{pmatrix} = \begin{pmatrix} 0 & 0 \\ 0 & 0 \end{pmatrix} = O$$

행렬과 행렬식은 이차원 수의 배열을 하고 있지만 전혀 다른 것임을 강조하고자 한다. 행렬식은 그 요소가 숫자일 때 한 개의 수로 되지만, 행렬은 수로 배열되어 있어도 숫자로 전개시킬 수 없다. 그렇지만 정방 행렬과 관련시켜 행렬식을 다음과 같이 적을 수 있다.

$$\det A = |A| = \begin{vmatrix} a_{11} & a_{12} & \cdots & a_{1n} \\ a_{21} & a_{22} & \cdots & a_{2n} \\ \vdots & \vdots & \vdots & \vdots \\ a_{n1} & a_{n2} & \cdots & a_{nn} \end{vmatrix}$$

따라서 식 18.2에 주어진 R의 행렬식은 다음과 같이 된다.

$$|\mathsf{R}| = \begin{vmatrix} \cos\theta & -\sin\theta \\ \sin\theta & \cos\theta \end{vmatrix} = \cos^2\theta + \sin^2\theta = 1$$

$\det \mathsf{A} = 0$일 때 A를 **특이 행렬**(*singular matrix*)이라 부른다.

행렬을 곱할 때 서로 정방형일 필요는 없으며, 식 18.4나 앞서 그림으로 설명했듯이 B의 열의 수와 A의 행의 수는 서로 같아야 한다. 이렇게 될 때 A와 B를 **합치된**(*compatible*) 형태라고 말한다. 예를 들면 식 18.6은 행렬 형태로 다음과 같이 적을 수 있다.

$$\begin{pmatrix} x_2 \\ y_2 \end{pmatrix} = \begin{pmatrix} a_{11} & a_{12} \\ a_{21} & a_{22} \end{pmatrix} \begin{pmatrix} x_1 \\ y_1 \end{pmatrix} \tag{18.15}$$

18.2 역행렬

벡터에 아무런 변화를 주지 않는 변환을 **동등 변환**(*identity transformation*)이라 부르고 이에 대응하는 행렬을 **동등 행렬**(*identity matrix*) 또는 **단위 행렬**(*unit matrix*)이라 부른다. 단위 행렬은 다음과 같이 대각선 요소가 모두 1이고, 그 나머지 요소는 모두 0인 것이다.

$$\mathsf{I} = \begin{pmatrix} 1 & 0 & 0 & \cdots & 0 \\ 0 & 1 & 0 & \cdots & 0 \\ 0 & 0 & 1 & \cdots & 0 \\ \vdots & \vdots & \vdots & \vdots & \vdots \\ 0 & 0 & 0 & \cdots & 1 \end{pmatrix}$$

I의 요소는 크로네커 델타 δ_{ij}이다. 단위 행렬은 어떤 행렬 A에 대해 다음과 같은 성질을 갖는다.

$$\mathsf{IA} = \mathsf{AI} \tag{18.16}$$

단위 행렬은 **대각 행렬**(*diagonal matrix*)의 일례이다. 대각 행렬은 대각선에 있는 요소를 제외한 모든 요소가 0인 것을 말한다. 대각 행렬은 정방 행렬이어야 한다.

$\mathsf{BA} = \mathsf{AB} = \mathsf{I}$일 때 B를 A의 **역**(*inverse*)이라 부르고 A^{-1}로 나타낸다. 따라서 A^{-1}은 다음과 같은 성질을 갖는다.

$$\mathsf{AA}^{-1} = \mathsf{A}^{-1}\mathsf{A} = \mathsf{I} \tag{18.17}$$

A가 어떤 변환을 나타내면 A^{-1}은 원래 상태로 되돌리는 변환을 나타낸다. 식 18.2에 있는 R의 역행렬은 이러한 물리적 의미를 생각하면 다음과 같이 구할 수 있다.

$$\mathsf{R}^{-1}(\theta) = \mathsf{R}(-\theta) = \begin{pmatrix} \cos(-\theta) & -\sin(-\theta) \\ \sin(-\theta) & \cos(-\theta) \end{pmatrix} = \begin{pmatrix} \cos\theta & \sin\theta \\ -\sin\theta & \cos\theta \end{pmatrix} \tag{18.18}$$

다시 말해서 $\mathsf{R}(\theta)$는 각 θ만큼 회전시키는 것을 나타내고 $\mathsf{R}^{-1}(\theta) = \mathsf{R}(-\theta)$는 그 역회전을 나타낸다. R과 R^{-1}이 식 18.17을 만족하는 것은 쉽게 증명할 수 있다. 식 18.2와 18.8을 이용하면 다음과

같이 되는 것을 알 수 있다.

$$\begin{aligned} \mathsf{R}^{-1}\mathsf{R} &= \begin{pmatrix} \cos\theta & \sin\theta \\ -\sin\theta & \cos\theta \end{pmatrix} \begin{pmatrix} \cos\theta & -\sin\theta \\ \sin\theta & \cos\theta \end{pmatrix} \\ &= \begin{pmatrix} \cos^2\theta + \sin^2\theta & 0 \\ 0 & \cos^2\theta + \sin^2\theta \end{pmatrix} \\ &= \begin{pmatrix} 1 & 0 \\ 0 & 1 \end{pmatrix} \end{aligned}$$

그리고

$$\begin{aligned} \mathsf{R}\mathsf{R}^{-1} &= \begin{pmatrix} \cos\theta & -\sin\theta \\ \sin\theta & \cos\theta \end{pmatrix} \begin{pmatrix} \cos\theta & \sin\theta \\ -\sin\theta & \cos\theta \end{pmatrix} \\ &= \begin{pmatrix} \cos^2\theta + \sin^2\theta & 0 \\ 0 & \cos^2\theta + \sin^2\theta \end{pmatrix} \\ &= \begin{pmatrix} 1 & 0 \\ 0 & 1 \end{pmatrix} \end{aligned}$$

주어진 행렬의 역행렬을 구하는 방법을 설명하기 전에 A의 행과 열을 교환할 때 주어지는 A의 전치 행렬 A^T를 먼저 정의할 필요가 있다. 예를 들면 A의 전치 행렬은 다음과 같이 주어진다.

$$\mathsf{A} = \begin{pmatrix} 1 & 8 & -4 \\ 4 & -4 & -7 \\ 8 & 1 & 4 \end{pmatrix}$$

$$\mathsf{A}^\mathsf{T} = \begin{pmatrix} 1 & 4 & 8 \\ 8 & -4 & 1 \\ -4 & -7 & 4 \end{pmatrix}$$

A에서 그 대각선에 대해 뒤집어주면 A^T를 구할 수 있다. A의 요소를 표현하면 $a_{ij}^\mathsf{T} = a_{ji}$이다. $\mathsf{A}^\mathsf{T} = \mathsf{A}$이면 **대칭**(*symmetric*) 행렬이라 부른다. A의 요소로 표현하면 $a_{ij} = a_{ji}$이다. 양자 역학에 나오는 행렬은 대부분 대칭 행렬이다.

역행렬을 구하는 표준 과정은 다음과 같다.

1. 대응하는 행렬식의 여인수(여인수 정의는 17장 참조)로 A의 각 요소를 바꾼다. 이 행렬을 A_{cof}로 나타낸다.
2. 여인수 행렬의 전치를 구하고 $\mathsf{A}_{\text{cof}}^\mathsf{T}$로 나타낸다.
3. A의 행렬식으로 $\mathsf{A}_{\text{cof}}^\mathsf{T}$의 각 요소를 나누어 주면 그 결과가 A^{-1}이다.

이것을 하나의 식으로 표현하면 다음과 같다.

$$\mathsf{A}^{-1} = \frac{\mathsf{A}_{\text{cof}}^\mathsf{T}}{|\mathsf{A}|} \tag{18.19}$$

다음 행렬을 예로 들어보자.

$$A = \begin{pmatrix} 1 & 2 \\ 3 & 4 \end{pmatrix}$$

A의 여인수 행렬에서 $A_{cof,11} = 4$, $A_{cof,12} = -3$, $A_{cof,21} = -2$, $A_{cof,22} = 1$이 된다. 여인수 행렬, $A_{cof} = \begin{pmatrix} 4 & -3 \\ -2 & 1 \end{pmatrix}$이고, 그 전치 행렬 $A^T_{cof} = \begin{pmatrix} 4 & -2 \\ -3 & 1 \end{pmatrix}$이 된다. A의 행렬식은 −2이므로 식 18.19에 따라 A^{-1}은 다음과 같이 구할 수 있다.

$$A^{-1} = \frac{A^T_{cof}}{|A|} = -\frac{1}{2}\begin{pmatrix} 4 & -2 \\ -3 & 1 \end{pmatrix} = \begin{pmatrix} -2 & 1 \\ \frac{3}{2} & -\frac{1}{2} \end{pmatrix}$$

여기서 $AA^{-1} = A^{-1}A = I$임을 쉽게 증명할 수 있을 것이다.

역행렬을 구하는 이러한 과정에서 정칙 행렬(그 행렬식이 0)은 역을 갖지 못하는 것을 분명히 알 수 있다.

예제 18-5

다음 행렬의 역을 구하시오.

$$A = \begin{pmatrix} 1 & -1 & 0 \\ 0 & 1 & 1 \\ 2 & 2 & 0 \end{pmatrix}$$

풀이 A의 행렬식은 −4이고, 여인수 행렬은 다음과 같다.

$$A_{cof} = \begin{pmatrix} -2 & 2 & -2 \\ 0 & 0 & -4 \\ -1 & -1 & 1 \end{pmatrix}$$

식 18.19를 이용하면 다음과 같이 역행렬을 구할 수 있다.

$$A^{-1} = \frac{A^T_{cof}}{|A|} = -\frac{1}{4}\begin{pmatrix} -2 & 0 & -1 \\ 2 & 0 & -1 \\ -2 & -4 & 1 \end{pmatrix} = \begin{pmatrix} \frac{1}{2} & 0 & \frac{1}{4} \\ -\frac{1}{2} & 0 & \frac{1}{4} \\ \frac{1}{2} & 1 & \frac{1}{4} \end{pmatrix}$$

$AA^{-1} = A^{-1}A = I$임을 쉽게 증명할 수 있다.

역조작이 다음 관계식을 만족시킴을 증명해보기 바란다(연습문제 18-11).

$$(AB)^{-1} = B^{-1}A^{-1} \tag{18.20}$$

물리적인 측면에서 이해가 되지 않는다면 AB는 B 조작을 먼저 한 다음, A 조작을 행하는 것임을 기억하기 바란다. 그리고 AB 결과의 역과정을 생각해보기 바란다.

18.3 직교 행렬

n차원 벡터를 한 개의 열과 n행으로 구성되는 $n \times 1$ 행렬로 보는 것은 유용하다. 따라서 v의 행렬 요소는 $(v_{11}, v_{21}, \ldots, v_{n1})$이다(이때 두 번째 아래 첨자는 불필요한 것으로 보이지만 해당 열을 나타낸다). 이러한 행렬은 다음과 같이 나타내며, **열행렬**(*column matrix*)이라 부른다(식 18.15 참조).

$$\mathsf{v} = \begin{pmatrix} v_{11} \\ v_{21} \\ \vdots \\ v_{n1} \end{pmatrix}$$

보통 지면을 아끼기 위해 $\mathsf{v} = (v_{11}, v_{21}, \ldots, v_{n1})$으로 적는데, 이것은 열행렬임을 명심해야 한다. v의 전치가 행행렬(row matrix)이다.

$$\mathsf{v}^{\mathsf{T}} = (v_{11}\ v_{21}\ \cdots\ v_{n1})$$

여기서 첫 번째 아래 첨자는 불필요한 것으로 보이지만 지정 행을 나타낸다. 행렬 표기로 벡터 v의 길이 제곱은 다음과 같은 식으로 쓸 수 있다.

$$\mathsf{v}^{\mathsf{T}}\mathsf{v} = \sum_{j=1}^{n} v_{1j}^{\mathsf{T}} v_{j1} = \sum_{j=1}^{n} v_{j1}^2 \tag{18.21}$$

그림 형식으로 나타내면 다음과 같다.

$$(v_{11}\ v_{21} \ldots v_{n1}) \begin{pmatrix} v_{11} \\ v_{21} \\ \vdots \\ v_{n1} \end{pmatrix} = v_{11}^2 + v_{21}^2 + \cdots + v_{n1}^2$$

식 18.21은 벡터의 점곱(dot product)과 동등한 행렬이다. 벡터 표기로는 $\mathbf{u} \cdot \mathbf{v}$로 적고, 행렬 표기에서는 $\mathsf{u}^{\mathsf{T}}\mathsf{v}$로 적는다.

식 18.2의 행렬은 어떤 벡터를 반시계 방향으로 각 θ만큼 회전시키는 것에 해당한다. Ru는 u의 회전에 해당하므로 R 조작에서 u의 길이는 일정함을 알 수 있다(연습문제 18-3). $\mathsf{v} = \mathsf{A\,u}$는 일차 변환이며 길이는 보존되므로 다음 식을 쓸 수 있다.

$$\mathsf{v}^{\mathsf{T}}\mathsf{v} = (\mathsf{A\,u})^{\mathsf{T}}(\mathsf{A\,u})$$

이제 $(\mathsf{AB})^{-1} = \mathsf{B}^{-1}\mathsf{A}^{-1}$(식 18.20)처럼 $(\mathsf{AB})^{\mathsf{T}} = \mathsf{B}^{\mathsf{T}}\mathsf{A}^{\mathsf{T}}$(연습문제 18-10)입을 알 수 있다. 이 결과를 이용하면 다음 식을 쓸 수 있다.

$$\mathsf{v}^{\mathsf{T}}\mathsf{v} = (\mathsf{A\,u})^{\mathsf{T}}(\mathsf{A\,u}) = \mathsf{u}^{\mathsf{T}}\mathsf{A}^{\mathsf{T}}\mathsf{A\,u}$$

v와 u의 길이가 같다면 $\mathsf{A}^{\mathsf{T}}\mathsf{A} = \mathsf{I}$ 또는 $\mathsf{A}^{\mathsf{T}} = \mathsf{A}^{-1}$이 성립되어야 한다. 이러한 행렬의 성질을 **직교**

성(*orthogonal*)이라 부르고, $\mathsf{v} = \mathsf{A}\mathsf{u}$를 **직교 변환**(*orthogonal transformation*)이라 한다. 직교 행렬은 벡터 길이를 보존한다. $\mathsf{A}^{-1} = \mathsf{A}^{\mathsf{T}}$의 관계식은 따로 분리해서 다음과 같이 표현할 만큼 매우 중요한 식이다.

$$\mathsf{A}^{-1} = \mathsf{A}^{\mathsf{T}} \qquad (\text{직교 행렬}) \tag{18.22}$$

예제 18-6

식 18.2에 주어진 R이 직교 행렬임을 증명하시오.

풀이 $\mathsf{R}^{\mathsf{T}} = \mathsf{R}^{-1}$ 또는 $\mathsf{R}\mathsf{R}^{\mathsf{T}} = \mathsf{I}$임을 보여줄 필요가 있다.

$$\begin{aligned}\mathsf{R}^{\mathsf{T}}\mathsf{R} &= \begin{pmatrix}\cos\theta & \sin\theta \\ -\sin\theta & \cos\theta\end{pmatrix}\begin{pmatrix}\cos\theta & -\sin\theta \\ \sin\theta & \cos\theta\end{pmatrix} \\ &= \begin{pmatrix}\cos^2\theta + \sin^2\theta & 0 \\ 0 & \sin^2\theta + \cos^2\theta\end{pmatrix} = \begin{pmatrix}1 & 0 \\ 0 & 1\end{pmatrix}\end{aligned}$$

$\mathsf{R}\mathsf{R}^{\mathsf{T}} = \mathsf{I}$도 역시 성립한다.

직교성 표현은 다음과 같은데

$$\mathsf{A}^{\mathsf{T}}\mathsf{A} = \mathsf{A}\mathsf{A}^{\mathsf{T}} = \mathsf{I} \tag{18.23}$$

A^{T}의 행과 A의 열이 직교정규성임을 암시하고 있다. 그러나 A^{T}의 행이 A의 열이면 식 18.23은 직교 행렬의 열벡터(또한 행벡터)가 직교정규성임을 의미한다. 이것을 해석학적으로 이해하기 위해서 $a_{ij}^{\mathsf{T}} = a_{ji}$를 $\mathsf{A}^{\mathsf{T}}\mathsf{A} = \mathsf{I}$에 대입해 보면 다음 식을 얻을 수 있다.

$$\sum_{j=1}^{n} a_{ij}^{\mathsf{T}} a_{jk} = \delta_{ik} = \sum_{j=1}^{n} a_{ji} a_{jk} \tag{18.24}$$

식 18.24는 A의 i번째와 k번째 열이 직교정규성 벡터임을 나타낸다. $\mathsf{A}^{\mathsf{T}}\mathsf{A} = \mathsf{I}$ 대신에 $\mathsf{A}\mathsf{A}^{\mathsf{T}} = \mathsf{I}$를 사용하면 A의 i번째와 j번째 행이 직교정규성 벡터임을 알 수 있다(연습문제 18-12).

예제 18-7

먼저 다음 행렬이 직교성임을 증명한 다음에 그 행(열)이 직교정규성 벡터임을 증명하시오.

$$\mathsf{A} = \frac{1}{9}\begin{pmatrix}1 & 8 & -4 \\ 4 & -4 & -7 \\ 8 & 1 & 4\end{pmatrix}$$

풀이 다음 식이 성립하므로 열은 정규화되어 있다.

$$\mathsf{A}^\mathsf{T}\mathsf{A} = \frac{1}{81}\begin{pmatrix} 1 & 4 & 8 \\ 8 & -4 & 1 \\ -4 & -7 & 4 \end{pmatrix}\begin{pmatrix} 1 & 8 & -4 \\ 4 & -4 & -7 \\ 8 & 1 & 4 \end{pmatrix} = \frac{1}{81}\begin{pmatrix} 81 & 0 & 0 \\ 0 & 81 & 0 \\ 0 & 0 & 81 \end{pmatrix}$$

$$\mathsf{A}\mathsf{A}^\mathsf{T} = \frac{1}{81}\begin{pmatrix} 1 & 8 & -4 \\ 4 & -4 & -7 \\ 8 & 1 & 4 \end{pmatrix}\begin{pmatrix} 1 & 4 & 8 \\ 8 & -4 & 1 \\ -4 & -7 & 4 \end{pmatrix} = \frac{1}{81}\begin{pmatrix} 81 & 0 & 0 \\ 0 & 81 & 0 \\ 0 & 0 & 81 \end{pmatrix}$$

$$\frac{1}{81}(1+16+64) = 1, \quad \frac{1}{81}(64+16+1) = 1, \qquad \frac{1}{81}(16+49+16) = 1$$

1열과 2열은 다음 식이 성립하므로 직교 벡터이다.

$$(1 \quad 4 \quad 8)\begin{pmatrix} 8 \\ -4 \\ 1 \end{pmatrix} = 8 - 16 + 8 = 0$$

마찬가지로 1열과 3열, 2열과 3열도 직교 벡터이다. 2행과 3행에 대해서는 다음 식이 성립하므로 직교 벡터이다.

$$(4 \quad -4 \quad -7)\begin{pmatrix} 8 \\ 1 \\ 4 \end{pmatrix} = 32 - 4 - 28 = 0$$

1행과 2행, 1행과 3행도 역시 직교 벡터이다.

$\det(\mathsf{AB}) = \det(\mathsf{A})\det(\mathsf{B})$란 사실을 이용하면 직교 행렬의 행렬식은 ±1과 같음을 증명할 수 있다(연습문제 18-16). A가 $\det(\mathsf{A}) = 1$이면 완전 회전에 해당하고, $\det(\mathsf{A}) = -1$이면 회전과 원점에 대한 반전에 해당한다.

18.4 유니타리 행렬

지금까지 실수 벡터와 실수 행렬만 고려해왔다. 양자 역학에서는 복소 벡터와 복소 행렬을 자주 취급하므로 이 단원의 마지막에서 복소 벡터와 행렬에 지금까지 설명을 확대시켜 보고자 한다. 이것을 복소 공간으로 말한다. 복소 공간에서 스칼라곱은 다음과 같이 정의된다.

$$\mathsf{u}^{*\mathsf{T}}\mathsf{v} = u_1^* v_1 + u_2^* v_2 + \cdots + u_n^* v_n \tag{18.25}$$

스칼라곱, $\mathsf{u}^{*\mathsf{T}}\mathsf{u}$의 제곱근을 **노름**(*norm*, 벡터 크기)이라 부르며, 다음과 같이 주어진다.

$$\sqrt{\mathsf{u}^{*\mathsf{T}}\mathsf{u}} = (u_1^* u_1 + u_2^* u_2 + \cdots + u_n^* u_n)^{1/2} \tag{18.26}$$

식 18.26에 따라 이 노름은 실수양이 된다. 실수 성분을 가진 벡터의 노름은 그 길이를 말한다. 마찬가지로 복소 공간에서도 노름은 길이가 된다.

예제 18-8

벡터 $\mathbf{u} = (2i, 4, 1-3i, 2+i)$의 노름을 구하시오.

풀이 식 18.26을 이용하면 다음식이 주어진다.

$$\begin{aligned} \mathbf{u}^{*\mathsf{T}}\mathbf{u} &= [(-2i)(2i) + (4)(4) + (1+3i)(1-3i) + (2-i)(2+i)] \\ &= [4 + 16 + 10 + 5] = 35 \end{aligned}$$

따라서 u의 노름은 $\sqrt{35}$이다.

복소 공간에서 대칭 행렬 $(\mathsf{A} = \mathsf{A}^{\mathsf{T}})$는 다음과 같이 유사하게 주어진다.

$$\mathsf{A}^{\dagger} = (\mathsf{A}^{*})^{\mathsf{T}} = \mathsf{A} \quad (\text{에르미트 행렬}) \tag{18.27}$$

여기서 $\mathsf{A}^{\dagger} = (\mathsf{A}^{*})^{\mathsf{T}}$를 A의 **에르미트 공액**(*Hermitian conjugate*)이라 부른다. 단도 기호(dagger notation, †)를 이용해서 나타내면 식 18.25는 다음과 같이 된다.

$$\mathsf{u}^{\dagger}\mathsf{v} = u_1^* v_1 + u_2^* v_2 + \cdots + u_n^* v_n \tag{18.28}$$

복소 공간에서 길이가 보전되는 일차 변환 $\mathsf{v} = \mathsf{A}\mathsf{u}$는 다음 식을 만족시켜야만 한다.

$$\mathsf{v}^{\dagger}\mathsf{v} = (\mathsf{A}^{*}\mathsf{u}^{*})^{\mathsf{T}}(\mathsf{A}\mathsf{u}) = \mathsf{u}^{*\mathsf{T}}(\mathsf{A}^{*})^{\mathsf{T}}\mathsf{A}\mathsf{u} = \mathsf{u}^{\dagger}\mathsf{A}^{\dagger}\mathsf{A}\,\mathsf{u} = \mathsf{u}^{\dagger}\mathsf{u}$$

v의 노름이 u의 노름과 같다면, $\mathsf{A}^{\dagger}\mathsf{A} = \mathsf{I}$ 또는 다음과 같이 된다.

$$\mathsf{A}^{\dagger} = \mathsf{A}^{-1} \quad (\text{유니타리 행렬}) \tag{18.29}$$

식 18.29를 만족시키는 것을 **유니타리**(*unitary*) 행렬이라 부른다. 식 18.29는 다음과 같이 표현할 수도 있다.

$$\mathsf{A}^{\dagger}\mathsf{A} = \mathsf{A}\mathsf{A}^{\dagger} = \mathsf{I} \tag{18.30}$$

유니타리 행렬은 복소 공간에서 직교 행렬과 유사하다. 유니타리 변환을 통해 벡터의 노름은 보존된다.

식 18.30은 유니타리 행렬의 행(열)은 $\mathsf{v}_i^{\dagger}\mathsf{v}_j = \delta_{ij}$라는 견지에서 직교정규성임을 나타낸다. $a_{ij}^{\dagger} = a_{ji}^{*}$를 이용하면 식 18.30은 다음과 같이 된다.

$$\sum_{j=1}^{n} a_{ij}^{\dagger} a_{jk} = \sum_{j=1}^{n} a_{ji}^{*} a_{jk} = \delta_{ik}$$

여기서 $\mathsf{A}^{\dagger}$의 행이 직교정규성임을 나타내고 있다. 식 18.30의 두 번째 표현은 열이 직교정규성임을 나타내는 것이다. 연습문제 18-22에서 유니타리 행렬의 행렬식은 그 절대값이 1임을 알 수 있을 것이다.

예제 18-9

다음 행렬이 유니타리 행렬임을 증명하시오.

$$A = \frac{1}{5}\begin{pmatrix} -1+2i & -4-2i \\ 2-4i & -2-i \end{pmatrix}$$

풀이 다음에서 $A^{\dagger}A = AA^{\dagger} = I$임을 알 수 있다.

$$A^{\dagger} = (A^*)^T = \frac{1}{5}\begin{pmatrix} -1-2i & 2+4i \\ -4+2i & -2+i \end{pmatrix}$$

$$A^{\dagger}A = \frac{1}{25}\begin{pmatrix} -1-2i & 2+4i \\ -4+2i & -2+i \end{pmatrix}\begin{pmatrix} -1+2i & -4-2i \\ 2-4i & -2-i \end{pmatrix} = \frac{1}{25}\begin{pmatrix} 25 & 0 \\ 0 & 25 \end{pmatrix}$$

$$AA^{\dagger} = \frac{1}{25}\begin{pmatrix} -1+2i & -4-2i \\ 2-4i & -2-i \end{pmatrix}\begin{pmatrix} -1-2i & 2+4i \\ -4+2i & -2+i \end{pmatrix} = \frac{1}{25}\begin{pmatrix} 25 & 0 \\ 0 & 25 \end{pmatrix}$$

A의 행과 열이 직교정규성이고 $\det A = (20-15i)/25$의 크기 단위를 가짐에 유의하기 바란다.

연습문제

18-1. 식 18.1~18.3의 행렬 변환은 일차 변환임을 증명하시오.

18-2. 이차원 벡터 u에 다음 행렬을 곱해줄 때 생기는 기하학적 변화를 설명하시오.

(a) $\begin{pmatrix} -1 & 0 \\ 0 & -1 \end{pmatrix}$ (b) $\begin{pmatrix} 1 & 0 \\ 0 & -1 \end{pmatrix}$ (c) $\begin{pmatrix} -1 & 0 \\ 0 & 1 \end{pmatrix}$

18-3. R이 식 18.2로 주어질 때 u와 Ru의 길이가 같음을 증명하시오.

18-4. 다음 두 행렬이 주어질 때, $C = 2A - 3B$와 $D = 6B - A$의 결과를 구하고 각 행렬의 행렬식 값을 계산하시오.

$$A = \begin{pmatrix} 1 & 0 & -1 \\ -1 & 2 & 0 \\ 0 & 1 & 1 \end{pmatrix} \quad 와 \quad B = \begin{pmatrix} -1 & 1 & 0 \\ 3 & 0 & 2 \\ 1 & 1 & 1 \end{pmatrix}$$

18-5. 다음과 같은 세 개의 행렬이 주어질 때 $A^2 + B^2 + C^2 = \frac{3}{4}I$임을 증명하시오. 여기서 I는 단위 행렬이다. 또한 $AB - BA = iC$, $BC - CB = iA$, $CA - AC = iB$임을 증명하시오.

$$A = \frac{1}{2}\begin{pmatrix} 0 & 1 \\ 1 & 0 \end{pmatrix} \quad B = \frac{1}{2}\begin{pmatrix} 0 & -i \\ i & 0 \end{pmatrix} \quad C = \frac{1}{2}\begin{pmatrix} 1 & 0 \\ 0 & -1 \end{pmatrix}$$

18-6. 다음과 같은 행렬이 주어져 있을 때 $AB - BA = iC$, $BC - CB = iA$, $CA - AC = iB$ 그리고 $A^2 + B^2 + C^2 = 2I$임을 증명하시오. 여기서 I는 단위 행렬이다.

$$A = \frac{1}{\sqrt{2}}\begin{pmatrix} 0 & 1 & 0 \\ 1 & 0 & 1 \\ 0 & 1 & 0 \end{pmatrix} \quad B = \frac{1}{\sqrt{2}}\begin{pmatrix} 0 & -i & 0 \\ i & 0 & -i \\ 0 & i & 0 \end{pmatrix} \quad C = \begin{pmatrix} 1 & 0 & 0 \\ 0 & 0 & 0 \\ 0 & 0 & -1 \end{pmatrix}$$

18-7. z축을 중심으로 한 삼차원 회전은 다음 행렬로 표현된다.

$$R(\theta) = \begin{pmatrix} \cos\theta & -\sin\theta & 0 \\ \sin\theta & \cos\theta & 0 \\ 0 & 0 & 1 \end{pmatrix}$$

$\det R = |R| = 1$임을 증명한 다음에, 다음 관계식이 성립함을 증명하시오.

$$R^{-1}(\theta) = R(-\theta) = \begin{pmatrix} \cos\theta & \sin\theta & 0 \\ -\sin\theta & \cos\theta & 0 \\ 0 & 0 & 1 \end{pmatrix}$$

18-8. 앞 문제(18-7)에서 행렬 R이 직교임을 증명하시오.

18-9. 다음 행렬 A와 S를 고려해 보자.

$$A = \begin{pmatrix} 1 & 0 & 1 \\ 0 & 1 & 0 \\ 1 & 0 & 1 \end{pmatrix} \qquad S = \begin{pmatrix} \frac{1}{\sqrt{2}} & 0 & \frac{1}{\sqrt{2}} \\ 0 & 1 & 0 \\ \frac{1}{\sqrt{2}} & 0 & -\frac{1}{\sqrt{2}} \end{pmatrix}$$

먼저 S가 직교 행렬임을 증명하고 행렬 $D = S^{-1}AS = S^{T}AS$를 구하시오.

D가 가지는 형태는 어떤 것인가요?

18-10. $(AB)^{T} = B^{T}A^{T}$ 임을 증명하시오.

18-11. $(AB)^{-1} = B^{-1}A^{-1}$임을 증명하시오.

18-12. 직교 행렬의 행은 직교정규성임을 증명하시오.

18-13. 두 직교 행렬의 곱은 직교 행렬임을 증명하시오.

18-14. 다음 행렬이 주어질 때 $\det AB = \det BA = \det A \cdot \det B$임을 증명하시오.

$$A = \begin{vmatrix} a_{11} & a_{12} \\ a_{21} & a_{22} \end{vmatrix} \quad \text{와} \quad B = \begin{vmatrix} b_{11} & b_{12} \\ b_{21} & b_{22} \end{vmatrix}$$

이러한 관계식이 2×2 행렬식에서 성립하는 것을 증명하겠지만, $n \times n$ 행렬식에 대해서도 성립함을 증명할 수 있을 것이다.

18-15. 다음 행렬이 주어질 때 $\det AB = \det BA = \det A \cdot \det B$임을 증명하시오(앞 문제 참조).

$$A = \begin{vmatrix} 1 & 2 & -1 \\ 0 & 1 & 2 \\ 1 & 3 & -1 \end{vmatrix} \quad \text{와} \quad B = \begin{vmatrix} 1 & 2 & -1 \\ 0 & 3 & 1 \\ 2 & 1 & 3 \end{vmatrix}$$

18-16. $\det(AB) = \det(A)\det(B)$ (앞 두 문제 참조)를 이용하여 직교 행렬의 행렬식이 ± 1과 같음을 증명하시오.

$\det(A^{T}) = \det(A)$의 관계식 (17장 참조)을 이용할 필요가 있다.

18-17. $\det AB = \det A \cdot \det B$(연습문제 18-14 참조)를 이용하여 $\det A^{-1} = 1/\det A$ 임을 증명하시오.

18-18. 다음 행렬 A가 직교 행렬임을 증명하시오.

$$A = \frac{1}{3}\begin{pmatrix} 1 & 2 & 2 \\ 2 & 1 & -2 \\ -2 & 2 & -1 \end{pmatrix}$$

18-19. 벡터 $v = (i, 3, -2i)$의 노름을 구하시오.

18-20. $v = (i, 1, i)$와 $u = (-i, 2, -i)$가 직교임을 증명하시오.

18-21. 다음 행렬 A가 에르미트 행렬임을 증명하시오.

$$A = \begin{pmatrix} 1 & i & 1-i \\ -i & 0 & -1+i \\ 1+i & -1-i & 3 \end{pmatrix}$$

18-22. 유니타리 행렬식의 절대값이 1임을 증명하시오. 예제 18-9, 연습문제 18-23, 연습문제 18-25에 있는 유니타리 행렬에 대해 이 결과를 증명하시오.

힌트. $\det(AB) = \det(A)\det(B)$(연습문제 18-14)의 관계식을 이용할 필요가 있다.

18-23. 다음 행렬 A가 유니타리 행렬임을 증명하시오.

$$A = \frac{1}{6}\begin{pmatrix} 2-4i & 4i \\ -4i & -2-4i \end{pmatrix}$$

18-24. 위 문제에 있는 유니타리 행렬의 행과 열은 직교정규성임을 증명하시오.

18-25. 다음 행렬 A가 유니타리 행렬임을 증명하시오.

$$A = \frac{1}{\sqrt{3}}\begin{pmatrix} 1 & 1 & 1 & 0 \\ 1 & 0 & -1 & -i \\ 1 & -1 & 0 & i \\ 0 & -i & i & 1 \end{pmatrix}$$

18-26. 다음과 같은 연립 방정식을 고려해 보자.

$$x_1 + x_2 = 3$$
$$4x_1 - 3x_2 = 5$$

이 연립식을 행렬을 이용하면 다음과 같이 쓸 수 있다.

$$Ax = c \tag{1}$$

여기서 x, c, A는 다음과 같다.

$$x = \begin{pmatrix} x_1 \\ x_2 \end{pmatrix} \qquad c = \begin{pmatrix} 3 \\ 5 \end{pmatrix} \qquad A = \begin{pmatrix} 1 & 1 \\ 4 & -3 \end{pmatrix}$$

식 (1)에 A^{-1}을 곱하면 다음과 같이 된다.

$$x = A^{-1}c \tag{2}$$

A^{-1}이 다음과 같이 주어짐을 증명하시오.

$$A^{-1} = -\frac{1}{7}\begin{pmatrix} -3 & -1 \\ -4 & 1 \end{pmatrix}$$

이 때 미지수 벡터는 다음과 같이 구할 수 있다.

$$x = \begin{pmatrix} x_1 \\ x_2 \end{pmatrix} = -\frac{1}{7}\begin{pmatrix} -3 & -1 \\ -4 & 1 \end{pmatrix}\begin{pmatrix} 3 \\ 5 \end{pmatrix} = \begin{pmatrix} 2 \\ 1 \end{pmatrix}$$

즉 $x_1 = 2$, $x_2 = 1$ 얻어진다. 이러한 과정을 미지수가 여러 개인 연립 방정식에 대해서 일반화시켜 적용시키는 방법에 대해 설명해 보시오.

18-27. 앞 문제에서 제시된 역행렬 법으로 다음 연립 방정식을 풀이하시오.

$$\begin{aligned} x_1 + x_2 - x_3 &= 1 \\ 2x_1 - 2x_2 + x_3 &= 6 \\ x_1 + 3x_3 &= 0 \end{aligned}$$

먼저 A^{-1}이 다음과 같이 주어짐을 증명하시오.

$$A^{-1} = \frac{1}{13}\begin{pmatrix} 6 & 3 & 1 \\ 5 & -4 & 3 \\ -2 & -1 & 4 \end{pmatrix}$$

그 다음, $x = A^{-1}c$를 통해 미지수를 구하시오.

제 19 장

행렬 고유값 문제

슈뢰딩거 방정식

$$\hat{H}\psi = E\psi \tag{19.1}$$

은 고유값 문제이다. ψ는 고유 함수이며, E는 이에 대응하는 고유값이다. 18장에서 이미 연산자가 행렬로 표현될 수 있음을 보았다. 따라서, 행렬 방정식

$$\mathsf{A}\mathsf{c} = \lambda\mathsf{c} \tag{19.2}$$

은 식 19.1과 유사하여, c가 행렬 A의 **고유벡터**(*eigenvector*)이고 λ가 대응하는 **고유값**(*eigenvalue*)인, **행렬 고유값 문제**(*matrix eigenvalue problem*)라 불린다. 식 19.1과 19.2는 슈뢰딩거 방정식과 행렬 고유값 문제가 밀접한 관계를 이룸을 시사한다. 계산 양자화학의 대부분 연구는 행렬과 행렬 고유값 문제로 수식화되어 있다.

슈뢰딩거 방정식과 행렬 고유값 문제의 관계를 명시적으로 보기 위해, 식 19.1의 (미지의)고유 함수 ψ를 어떤 편리한 함수들 ϕ_j의 집합으로 전개해 보자.

$$\psi = \sum_{j=1}^{N} c_j \phi_j \tag{19.3}$$

함수 집합 $\{\phi_j\}$는 **기저 집합**(*basis set*), ϕ_j는 **기저 함수**(*basis function*)라 불린다. ϕ_j를 현명하게 선택한다면, N이 커지면 커질수록, 식 19.3의 ψ는 정확한 ψ에 점점 더 좋은 근사가 되리라고 기대한다. 이제, ψ의 미지 성질은 미지의 계수들의 집합 $\{c_j\}$에 의해 표현된다. 식 19.3을 식 19.1에 넣고, ϕ_i^*를 곱한 다음, 모든 좌표에 걸쳐 적분하여 다음의 대수 방정식 집합을 얻는다.

$$\begin{aligned}
H_{11}c_1 + H_{12}c_2 + \cdots + H_{1N}c_N &= E(c_1S_{11} + c_2S_{12} + \cdots + c_NS_{1N}) \\
H_{21}c_1 + H_{22}c_2 + \cdots + H_{2N}c_N &= E(c_1S_{21} + c_2S_{22} + \cdots + c_NS_{1N}) \\
\vdots \qquad \vdots \qquad\qquad \vdots \quad &= \qquad\qquad \vdots \\
H_{N1}c_1 + H_{N2}c_2 + \cdots + H_{NN}c_N &= E(c_1S_{N1} + c_2S_{N2} + \cdots + c_NS_{NN})
\end{aligned} \tag{19.4}$$

여기서

$$H_{ij} = \int d\tau\, \phi_i^* \hat{H} \phi_j \tag{19.5a}$$

와

$$S_{ij} = \int d\tau\, \phi_i^* \phi_j \tag{19.5b}$$

은 **행렬 원소**(*matrix element*)라 불린다. ϕ_j이 알려져 있으므로, 모든 행렬 원소들의 값들은 아는 것과 나찬가지이다. 식 19.5의 $d\tau$는 적분 원소이며, 일차원일때 dx, 이차원일 때 $dxdy$ 등등이 된다.

식 19.4는 이제 행렬 고유값 문제로 쓰여질 수 있다.

$$\mathsf{H}\mathsf{c} = E\,\mathsf{S}\mathsf{c} \tag{19.6}$$

이런 유형의 방정식은 양자화학에서 자주 등장한다. 식 19.6 왼편에 S^{-1}을 곱하면, 식 19.6은($\mathsf{A} = \mathsf{S}^{-1}\mathsf{H}$로 놓았을 때) 식 19.2와 똑같아진다. 따라서, 슈뢰딩거 방정식은 행렬 고유값 문제로 표현될 수 있음을 알 수 있다.

19.1 고유값 문제

식 19.2를 좀 더 자세히 보자. 식 19.2는 동차 연립 일차 방정식을 표현한다.

$$\begin{aligned}
(a_{11} - \lambda)c_1 + a_{12}c_2 + \cdots + a_{1N}c_N &= 0 \\
a_{21}c_1 + (a_{22} - \lambda)c_2 + \cdots + a_{2N}c_N &= 0 \\
\vdots \qquad\qquad \vdots \qquad\qquad\qquad \vdots \quad &= \vdots \\
a_{N1}c_1 + a_{N2}c_2 + \cdots + (a_{NN} - \lambda)c_N &= 0
\end{aligned} \tag{19.7}$$

이전에도 여러 번 보았듯이, 자명하지 않은 해(다시 말하면, 모든 c_j가 한꺼번에 0이 아닌해)를 갖기 위해서 c_j의 계수들의 행렬식은 0이어야 한다. 따라서,

$$\det(\mathsf{A} - \lambda\,\mathsf{I}) = 0 \tag{19.8}$$

으로 쓸 수 있고, 이것은 미지수 λ의 N차 다항 방정식이 된다. 식 19.8에 주어진 다항 방정식은 A의 **특성 방정식**(*characteristic equation*) 또는 **영년 방정식**(*secular equation*)이라 불린다. 이 방정식의 N개 근들은 모두 식 19,2를 만족하는 고유값 λ가 된다. 각 고유값에는 관련된 고유벡디가 존재한다. 식 19.7에 각 λ값을 대입하고 c_j들에 대하여 풀면, 고유벡터를 구할 수 있다. 다음 예제는 이 과정을 설명한다.

예제 19-1

다음 행렬 A의 고유값과 고유벡터를 찾으시오.

$$A = \begin{pmatrix} a & 1 \\ 1 & a \end{pmatrix}$$

여기서 a는 상수이다.

풀이 A − λI의 행렬식은

$$\det(A - \lambda I) = \begin{vmatrix} a-\lambda & 1 \\ 1 & a-\lambda \end{vmatrix} = (a-\lambda)^2 - 1 = 0$$

으로 주어지고, 따라서 고유값은 $(a-\lambda)^2 - 1 = 0$의 해, 즉 $\lambda = a \pm 1$로 주어진다. 고유벡터들에 대한 방정식(식 19.7 참조)은

$$\begin{aligned} (a-\lambda)c_1 + c_2 &= 0 \\ c_1 + (a-\lambda)c_2 &= 0 \end{aligned} \tag{1}$$

으로 주어진다.

이 방정식에 $\lambda = a + 1$를 대입하면,

$$\begin{aligned} -c_1 + c_2 &= 0 \\ c_1 - c_2 &= 0 \end{aligned}$$

을 얻으며, 이는 $c_1 = c_2$를 의미한다. 따라서, $\lambda = a + 1$에 대응하는 고유벡터는 (c_1, c_1)이다. 여기서 c_1은 단순히 임의의 상수이다. c_1의 값은 고유벡터가 정규화되어야 함을 이용해 정할 수 있으며, 이 경우

$$\mathbf{c}_1 = \begin{pmatrix} 1/\sqrt{2} \\ 1/\sqrt{2} \end{pmatrix}$$

이 된다.

또 다른 고유벡터는 식 (1)에 $\lambda = a - 1$를 대입하여 얻는다. 이 경우 $c_1 = -c_2$를 얻으며, 따라서 정규화된 고유벡터는

$$\mathbf{c}_2 = \begin{pmatrix} 1/\sqrt{2} \\ -1/\sqrt{2} \end{pmatrix}$$

이다.

독자들은 $A\mathbf{c}_1 = \lambda_1\mathbf{c}_1$와 $A\mathbf{c}_2 = \lambda_2\mathbf{c}_2$이 성립함을 쉽게 증명할 수 있을 것이다.

예제 19-2

다음 행렬 A의 고유값과 고유벡터를 찾으시오.

$$\mathsf{A} = \begin{pmatrix} -1 & 2 \\ 2 & 2 \end{pmatrix}$$

풀이 특성 방정식은

$$\begin{vmatrix} -1-\lambda & 2 \\ 2 & 2-\lambda \end{vmatrix} = \lambda^2 - \lambda - 6 = 0$$

이므로, $\lambda = 3$과 -2이다. 따라서 이 2×2 고유값 문제는 두 개의 다른 고유값을 갖는다.

식 19.7에 $\lambda = 3$을 대입하면,

$$\begin{aligned} -4c_1 + 2c_2 &= 0 \\ 2c_1 - c_2 &= 0 \end{aligned}$$

을 얻는다, 이 두 방정식은 동일하며, $c_2 = 2c_1$을 얻는다. 따라서 $\lambda = 3$에 대응하는 고유벡터는 벡터 $\mathsf{c}_1 = (a, 2a)$이다(a는 0이 아닌 상수). $\lambda = -2$에 대해서는

$$\begin{aligned} c_1 + 2c_2 &= 0 \\ 2c_1 + 4c_2 &= 0 \end{aligned}$$

이므로, $c_2 = -c_1/2$이다. 그러므로 $\lambda = -2$에 해당하는 고유벡터는 $\mathsf{c}_2 = (b, -b/2)$이다(b는 0이 아닌 상수). a, b는 고유벡터가 정규화되어야 한다는 것을 이용해 정할 수 있으며, 이 경우

$$\mathsf{c}_1 = \frac{1}{\sqrt{5}}\begin{pmatrix} 1 \\ 2 \end{pmatrix} \quad \text{과} \quad \mathsf{c}_2 = \frac{1}{\sqrt{5}}\begin{pmatrix} 2 \\ -1 \end{pmatrix}$$

을 얻는다. 이것은 두 고유벡터들이 하나의 임의의 상수가 남겨질 때까지만 결정될 수 있다는 것을 보여 준다. 하지만, 식 19.2를 보았을 때 벡터 c가 해이면 그것의 모든 상수곱 역시 해가 됨을 알 수 있기 때문에, 이것은 놀라운 일이 아니다. 따라서, 식 19.2에서 c는 곱셈 상수가 남겨질 때까지만 정할 수 있다. 보통, 곱셈 상수는 고유벡터를 정규화하여 정한다.

예제 19-1과 19-2에서 2×2 고유값 문제를 풀었다. 단지 이차 방정식을 풀어서 두 고유벡터를 구했기 때문에 수식은 간단하였다. 하지만, 이차원을 넘는 차원의 문제들로 나아가면 수식은 급격히 복잡해진다. 3×3 문제조차도 λ의 삼차식을 만들며, 이것은 보통 풀기에 꽤 지루하게 느껴지는데, 이 지루함은 행렬의 크기와 함께 급속히 증가한다. 하지만 여러번 언급했듯이, *MathCad*, *Maple*, *Mathematica*와 같은 CAS를 이용하면, 꽤 큰 행렬의 고유값과 고유벡터를 불과 몇 초 만에 찾을 수 있다.

예제 19-1의 두 고유벡터가 직교함을

$$c_1 \cdot c_2 = \left[\frac{1}{\sqrt{2}}\frac{1}{\sqrt{2}} + \frac{1}{\sqrt{2}}\left(-\frac{1}{\sqrt{2}}\right)\right] = 0$$

으로 알 수 있다는 것을 주목하라. 예제 19-2의 고유벡터 역시 직교한다. 예제 19-1과 19-2 행렬의 고유벡터들이 직교하는 이유는 그들이 대칭 행렬(달리 말하면, $A = A^T$, 즉 $a_{ij} = a_{ji}$인 행렬)의 서로 다른 고유값들에 대응하는 고유벡터들이기 때문이다. 에르미트 행렬의 서로 다른 고유값들에 대응하는 고유벡터들도 역시 직교함이 알려져 있다. 바로 앞장으로부터 에르미트 행렬은 $A = (A^*)^T = A^\dagger$ (즉, $a_{ij} = a_{ji}^*$)의 성질이 있음을 기억해 보자. 이것은 대칭 행렬의 복소 공간 유사체이다.

이 결과는 에르미트 연산자의 퇴화되지 않은 고유 함수들이 직교한다는 사실과 완전히 유사하다. 11.3절로부터, 에르미트 연산자 $\hat{A}$의 성의가

$$\int d\tau\, \psi_i^* \hat{A} \psi_j = \int d\tau\, (\hat{A}\psi_i)^* \psi_j = \int d\tau\, \psi_j (\hat{A}\psi_i)^* \tag{19.9}$$

으로 주어짐을 기억하자.

$a_{ij} = \int d\tau \psi_i^* \hat{A} \psi_j$라 한다면, 식 19.9는

$$a_{ij} = a_{ji}^* \tag{19.10}$$

을 의미하고, 따라서 에르미트 연산자와 에르미트 행렬은 밀접한 관계가 있음을 알 수 있다. 행렬은 연산자를 표현한 것이므로, 양자 역학의 모든 행렬은 에르미트이어야 한다. 그런데 이것은 다음 절에서 보여 주듯, 에르미트 연산자의 고유값이 실수인 것처럼 에르미트 행렬의 고유값도 실수이기 때문이다.

19.2 에르미트 행렬의 고유값과 고유벡터

에르미트 연산자의 고유값이 실수임을 증명해 보자. 대칭 행렬은 원소들이 실수일 때의 에르미트 행렬이므로, 그것은 에르미트 행렬의 특수한 경우로 볼 수 있으며, 따라서 다음 증명은 대칭 행렬에도 마찬가지로 유효하다. A를 고유값 λ와 이에 대응하는(자명하지 않은) 고유벡터 c의 에르미트 행렬이라 하면, 다음과 같다.

$$A c = \lambda c \qquad \text{와} \qquad A^* c^* = \lambda^* c^*$$

첫 번째 방정식 왼편에 $(c^*)^T = c^\dagger$을 곱하면

$$c^\dagger A c = \lambda c^\dagger c \tag{19.11}$$

을 얻는다. 이제 두 번째 방정식을 전치하고 관계식 $(AB)^T = B^T A^T$을 이용하면

$$(A^* c^*)^T = (c^*)^T (A^*)^T = c^\dagger A^\dagger = \lambda^* c^\dagger$$

을 얻는다. 이 결과 오른편에 c를 곱하면

$$c^{\dagger}A^{\dagger}c = \lambda^{*}c^{\dagger}c \tag{19.12}$$

을 얻는다. 이제 식 19.11에서 식 19.12를 빼면

$$c^{\dagger}(A - A^{\dagger})c = c^{\dagger}(\lambda - \lambda^{*})c = (\lambda - \lambda^{*})c^{\dagger}c$$

을 얻는다. 하지만 A가 에르미트이므로 $A = A^{\dagger}$이고, $c \neq 0$이므로 $c^{\dagger}c > 0$이 되어서, $\lambda = \lambda^{*}$(즉, λ는 실수)가 얻어진다. 양자 역학에서 측정 가능한 양들은 행렬의 고유값들에 해당되고, 따라서 측정 가능한 양들이 실수값을 가지게 하려면, 그 행렬은 에르미트이어야 한다.

에르미트 행렬의 고유값이 실수라는 방금 내놓은 증명을 약간 수정하면, 에르미트 행렬의 서로 다른 고유값들에 대응하는 고유벡터들이 서로 직교함을 증명할 수 있다. 이를 증명하기 위해, A를 서로 다른 고유값들 λ_1과 λ_2, 그리고 이에 대응하는 각각의 고유벡터 c_1과 c_2를 가진 에르미트 행렬이라 하면,

$$A c_1 = \lambda_1 c_1 \qquad \text{과} \qquad A c_2 = \lambda_2 c_2 \tag{19.13}$$

으로 쓸 수 있다. 첫 번째 식 왼편에 $c_2^{*T} = c_2^{\dagger}$을 곱하면

$$c_2^{\dagger}A c_1 = \lambda_1 c_2^{\dagger}c_1 \tag{19.14}$$

을 얻을 수 있다. 이제 식 19.13의 두 번째 것을 복소 켤레를 취한 다음, 전치하면

$$(A^{*}c_2^{*})^{T} = c_2^{*T}A^{*T} = c_2^{\dagger}A^{\dagger} = (\lambda_2^{*}c_2^{*})^{T} = \lambda_2 c_2^{\dagger}$$

을 얻게 된다. 이 식의 마지막 단계는 λ_2가 실수임을 알고 진행한 것이다. 이제 이 결과의 오른편에 c_1을 곱하면,

$$c_2^{\dagger}A^{\dagger}c_1 = \lambda_2 c_2^{\dagger}c_1 \tag{19.15}$$

을 얻는다. 식 19.14에서 식 19.15를 빼면,

$$c_2^{\dagger}(A - A^{\dagger})c_1 = (\lambda_1 - \lambda_2)c_2^{\dagger}c_1$$

을 얻는다. 여기서 왼쪽 변은 A가 에르미트($A = A^{\dagger}$)이므로 0이며, 따라서

$$(\lambda_1 - \lambda_2)c_2^{\dagger}c_1 = 0$$

을 얻는다. $\lambda_1 \neq \lambda_2$이기 때문에 $c_2^{\dagger}c_1 = 0$이어야 하며, 이것은 서로 다른 고유값들의 고유벡터들이 직교함을 의미한다.

예제 19-3

다음 행렬

$$\mathsf{A} = \begin{pmatrix} 1 & 0 & 1 \\ 0 & 1 & 0 \\ 1 & 0 & 1 \end{pmatrix}$$

의 고유값과 고유벡터를 찾고 고유벡터들이 서로 직교함을 보이시오.

풀이 A의 특성 방정식은

$$\begin{vmatrix} 1-\lambda & 0 & 1 \\ 0 & 1-\lambda & 0 \\ 1 & 0 & 1-\lambda \end{vmatrix} = (1-\lambda)^3 - (1-\lambda) = (1-\lambda)(\lambda^2 - 2\lambda) = 0$$

이므로, $\lambda = 0, 1, 2$이다. 영년 방정식의 계수에 대한 방정식은

$$\begin{aligned} c_1(1-\lambda) + 0 + c_3 &= 0 \\ 0 + c_2(1-\lambda) + 0 &= 0 \\ c_1 + 0 + c_3(1-\lambda) &= 0 \end{aligned}$$

이다. $\lambda = 0$에 대해,

$$\begin{aligned} c_1 \qquad + c_3 &= 0 \\ c_2 \qquad &= 0 \\ c_1 \qquad + c_3 &= 0 \end{aligned}$$

이다. 그러므로 $c_3 = -c_1$이고 $c_2 = 0$이다. 즉, 고유벡터는 $\mathsf{c}_0 = (a, 0, -a)$이며, 여기서 a는 임의의 상수이다. $\lambda = 1, 2$에 대해서는 각각 $\mathsf{c}_1 = (0, b, 0)$와 $c_2 = (c, 0, c)$이며, 여기서 b와 c는 임의의 상수들이다. 이 세 고유벡터들이 직교함을 보이기 위해, 이들의 스칼라곱을 계산한다.

$$\mathsf{c}_0^{\mathsf{T}}\mathsf{c}_1 = \mathbf{c}_0 \cdot \mathbf{c}_1 = (a\ 0\ -a)\begin{pmatrix} 0 \\ b \\ 0 \end{pmatrix} = 0$$

$$\mathsf{c}_0^{\mathsf{T}}\mathsf{c}_2 = \mathbf{c}_0 \cdot \mathbf{c}_2 = (a\ 0\ -a)\begin{pmatrix} c \\ 0 \\ c \end{pmatrix} = 0$$

$$\mathsf{c}_1^{\mathsf{T}}\mathsf{c}_2 = \mathbf{c}_1 \cdot \mathbf{c}_2 = (0\ b\ 0)\begin{pmatrix} c \\ 0 \\ c \end{pmatrix} = 0$$

이 방정식들은 행렬 표기법 ($\mathsf{c}_i^{\mathsf{T}}\mathsf{c}_j$)과 벡터 표기법 ($\mathbf{c}_i \cdot \mathbf{c}_j$)의 두 가지 방식으로 쓰여져 있다.

에르미트 행렬의 고유값들이 서로 다르지 않다 하더라도, 고유벡터들을 직교하도록 만들 수 있다. 고유값 λ_1가 k-겹 퇴화되어 있다고 가정하자. 이 경우,

$$\mathsf{A}\,\mathsf{c}_i = \lambda_1 \mathsf{c}_i \qquad (i = 1, 2, \ldots, k) \tag{19.16}$$

으로 쓸 수 있다. 이때 8.2절에서 도입했던 그램−슈미트 직교정규화 과정을 이용하여, 식 19.16의 k개의 선형적으로 독립하는 고유벡터들로부터 k개의 직교 고유벡터들을 만들 수 있다. 결과적으로, 에르미트 연산자가 n개의 서로 직교하는 고유 함수를 가진다고 말할 수 있는 것처럼, $n \times n$ 에르미트 행렬은 n개의 서로 직교하는 고유벡터를 가진다고 말할 수 있다.

19.3 몇 가지 고유값 문제의 응용

이 절에서는 물리 계들에 대하여 자주 나오는 고유값 문제의 몇 가지 예를 보여 줄 것이다. 고유값 문제의 광범위한 응용으로는 상수 계수를 가진 연립 일차 선형 미분 방정식(simultaneous first-order linear differential equation)을 들 수 있다. 예를 들어, 어미 동위 원소로부터 후속 세대로 일련의 방사능 붕괴 (A ⟶ B ⟶ C ⟶ D), 레이저를 내는 물질의 분자 에너지 준위 점유의 시간 의존, 평형계 안정도의 연구, 전기 회로망의 전류 계산 등은 다음 형태의 미분 방정식 집합을 만들게 한다(여기서 a_{ij}는 상수들이다).

$$\begin{aligned}
\frac{dx_1}{dt} &= a_{11}x_1 + a_{12}x_2 + \cdots + a_{1n}x_n \\
\frac{dx_2}{dt} &= a_{21}x_1 + a_{22}x_2 + \cdots + a_{2n}x_n \\
&\vdots \\
\frac{dx_n}{dt} &= a_{n1}x_1 + a_{n2}x_2 + \cdots + a_{nn}x_n
\end{aligned}$$

이 식들을 행렬 형식으로 쓰면

$$\frac{d\mathsf{x}}{dt} = \dot{\mathsf{x}} = \mathsf{A}\,\mathsf{x} \tag{19.17}$$

이 되며, 여기서 윗점은 시간 미분에 대한 표준 표기법이다.

먼저 2 × 2의 경우를 고려해 보자. 붕괴 방식 A → B → C에 대한 속도 방정식은

$$\dot{A} = -k_1 A \qquad \text{과} \qquad \dot{B} = k_1 A - k_2 B \tag{19.18}$$

이다. $\dot{C}$에 대한 방정식은, 질량 보존 법칙에 의해 '$A + B + C =$ 상수' 이므로, 고려할 필요가 없다. 표기법을 간단히 하기 위해, 식 19.18을

$$\dot{x}_1 = -k_1 x_1 \qquad \text{과} \qquad \dot{x}_2 = k_1 x_1 - k_2 x_2 \tag{19.19}$$

으로 쓰자.

일차원의 경우, $\dot{x} = ax$이며, 해는 간단히 $x(t) = x(0)e^{at}$이 된다. 그러므로 식 19.19의 해로 $x_j(t) = u_j e^{\lambda t}$의 형태를 시도해 보자. 여기서 u_j와 λ는 나중에 결정될 것이다. 이것을 식 19.19에

대입하면,

$$u_1(\lambda + k_1) = 0 \qquad \text{과} \qquad k_1u_1 - u_2(\lambda + k_2) = 0 \tag{19.20}$$

을 얻는다. u_1과 u_2에 대해 자명하지 않은 해를 갖기 위해서는 계수들의 행렬식이 0이어야 하므로,

$$\begin{vmatrix} \lambda + k_1 & 0 \\ k_1 & -(\lambda + k_2) \end{vmatrix} = -(\lambda + k_1)(\lambda + k_2) = 0$$

을 얻게 된다. 이것은 단순히 식 19.19의 계수 행렬의 특성 방정식이다. 고유값은 $\lambda = -k_1$과 $\lambda = -k_2$이다. 각 λ값에 동반하는 u_1과 u_2를 결정하려면, 식 19.20에 $\lambda = -k_1$를 넣어서 $0u_1 = 0$과 $k_1u_1 = u_2(k_2 - k_1)$을 얻는다. 첫 번째 식으로부터는 아무 정보도 알 수 없지만, 두 번째 것은 $\mathrm{u}_1 = (u_1, u_2) = (1, k_1/(k_2 - k_1))$을 의미한다. 여기서, 편의상 u_1을 임의로 1로 간주하였다. 마찬가지로 $\lambda = -k_2$에 대하여, $u_1(k_1 - k_2) = 0$과 $k_1u_1 = 0$을 알게 되고, 이로써 $u_1 = 0$이고, u_2는 임의의 값임을 알 수 있다. 따라서, $\mathrm{u}_2 = (u_1, u_2) = (0, 1)$을 찾았다. 우선은 여기서 $u_2 = 1$로 놓는다. 그러므로,

$$\mathrm{x}_1 = \begin{pmatrix} 1 \\ \dfrac{k_1}{k_2 - k_1} \end{pmatrix} e^{-k_1t} \qquad \text{과} \qquad \mathrm{x}_2 = \begin{pmatrix} 0 \\ 1 \end{pmatrix} e^{-k_2t}$$

은 둘 다 식 19.19의 해가 된다. 일반적인 해는 $\mathrm{x}_1(t)$과 $\mathrm{x}_2(t)$의 선형 결합, 즉

$$\mathrm{x}(t) = \begin{pmatrix} x_1(t) \\ x_2(t) \end{pmatrix} = c_1 \begin{pmatrix} 1 \\ \dfrac{k_1}{k_2 - k_1} \end{pmatrix} e^{-k_1t} + c_2 \begin{pmatrix} 0 \\ 1 \end{pmatrix} e^{-k_2t} \tag{19.21}$$

이다.

c_1과 c_2의 값은 $x_1(t)$과 $x_2(t)$의 초기값들을 이용하여 정할 수 있다. $x_1(0) = A_0$과 $x_2(0) = 0$의 경우를 생각해 보자. 그러면, 식 19.21은

$$x_1(0) = c_1 = A_0$$
$$x_2(0) = \frac{c_1k_1}{k_2 - k_1} + c_2 = 0$$

즉, $c_2 = -c_1k_1/(k_2 - k_1)$이 된다. 따라서 식 19.21은

$$\mathrm{x}(t) = A_0 \begin{pmatrix} 1 \\ \dfrac{k_1}{k_2 - k_1} \end{pmatrix} e^{-k_1t} - \frac{A_0k_1}{k_2 - k_1} \begin{pmatrix} 0 \\ 1 \end{pmatrix} e^{-k_2t}$$

이 되며, $x_1(t)$과 $x_2(t)$으로 표현하면,

$$x_1(t) = A_0e^{-k_1t}$$
$$x_2(t) = \frac{A_0k_1}{k_2 - k_1}e^{-k_1t} - \frac{A_0k_1}{k_2 - k_1}e^{-k_2t}$$

이 되어 식 6.7과 같아진다. 여기서 사용되는 이 방법의 이점은 이것이 쉽게 n개의 연립 방정식으로 확장될 수 있다는 것이다.

일반적으로, $\mathrm{x}(t) = \mathrm{u}e^{\lambda t}$을 식 19.17에 대입하면,

$$(\mathrm{A} - \lambda \mathrm{I})\,\mathrm{u} = 0 \tag{19.22}$$

을 얻는다. A의 고유값과 대응하는 고유벡터를 $\lambda_1, \dots, \lambda_n$과 $\mathrm{u}_1, \dots, \mathrm{u}_n$으로 하면,

$$\mathrm{A}\mathrm{u}_j = \lambda_j \mathrm{u}_j \qquad j = 1, 2, \dots, n \tag{19.23}$$

을 얻는다.

$\mathrm{x}(t) = \mathrm{u}_j e^{\lambda_j t}$을 식 19.17에 대입하면, 이것이 식 19.17의 해가 됨을 알 수 있다. 식 19.17의 일반적 해는 개별 해들 $\mathrm{u}_j e^{\lambda_j t}$의 선형 결합으로 쓰여질 수 있다.

$$\mathrm{x}(t) = c_1 \mathrm{u}_1 e^{\lambda_1 t} + c_2 \mathrm{u}_2 e^{\lambda_2 t} + \cdots + c_n \mathrm{u}_n e^{\lambda_n t} \tag{19.24}$$

이것이 실제로 식 19.17의 해임을 증명하려면, 식 19.17에 대입하여 양변이 같음을 보이면 된다(연습문제 19-10). 식 19.24는 식 19.17의 해를 A의 고유값과 고유벡터로 표현한 것이다. 식 19.24의 c_j는 초기 조건 $x_1(0), x_2(0), \dots, x_n(0)$에 의존한다.

예제 19-4

어떤 핵의 방사능 붕괴는 다음 식을 만족시킨다.

$$\frac{dA}{dt} = -k_1 A$$
$$\frac{dB}{dt} = k_1 A - k_2 B$$
$$\frac{dC}{dt} = k_2 B$$

$k_1 = 2$, $k_2 = 1$일 때, 초기 조건 $A(0) = A_0$과 $B(0) = C(0) = 0$을 가지고 이 방정식들을 푸시오.

풀이 이 방정식들을 행렬 표기법으로 쓰면,

$$\frac{d\mathrm{x}}{dt} = \mathrm{M}\mathrm{x} = \begin{pmatrix} -2 & 0 & 0 \\ 2 & -1 & 0 \\ 0 & 1 & 0 \end{pmatrix} \mathrm{x}$$

이며, 여기서 x의 성분은 (A, B, C)이다. M의 고유값과 대응하는 고유벡터는 $\lambda_1 = -2$, $\lambda_2 = -1$, $\lambda_3 = 0$과 $\mathrm{u}_1 = (1, -2, 1)$, $\mathrm{u}_2 = (0, -1, 1)$, $\mathrm{u}_3 = (0, 0, 1)$이다. 따라서, 일반 해는

$$\begin{pmatrix} A \\ B \\ C \end{pmatrix} = c_1 \begin{pmatrix} 1 \\ -2 \\ 1 \end{pmatrix} e^{-2t} + c_2 \begin{pmatrix} 0 \\ -1 \\ 1 \end{pmatrix} e^{-t} + c_3 \begin{pmatrix} 0 \\ 0 \\ 1 \end{pmatrix}$$

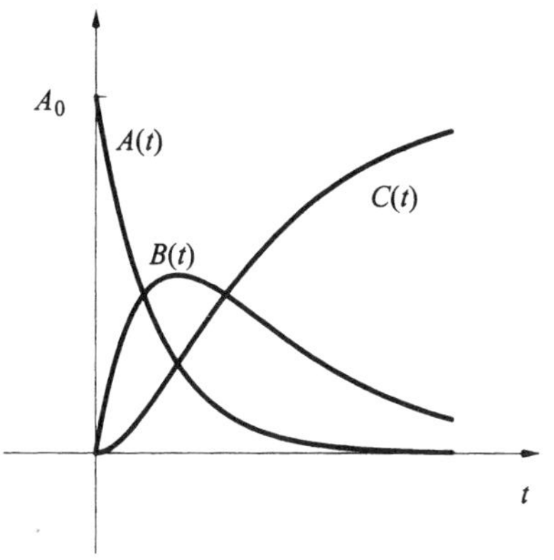

[그림 19.1] 예제 19-4의 방사능 붕괴 속도 방정식의 해.

이다. $A(0) = A_0$과 $B(0) = C(0) = 0$을 사용하면, $c_1 = A_0, c_2 = -2A_0, c_3 = A_0$을 얻게 되므로,

$$
\begin{aligned}
A(t) &= A_0 e^{-2t} \\
B(t) &= 2A_0(e^{-t} - e^{-2t}) \\
C(t) &= A_0(1 - 2e^{-t} + e^{-2t})
\end{aligned}
$$

을 얻는다. 그림 19.1은 $A(t), B(t), C(t)$를 t에 대해 도시한 것이다. 곡선 $B(t)$의 모양을 설명할 수 있는가?

우리는 이 방법을 **2 × 2**와 **3 × 3** 계로 설명하였지만, 계의 크기는 방법 사용과 사실 관련이 없다.

진동하는 역학 계는 고유값 문제로 수식화할 수 있다. 첫 번째 예는 그림 19.2의 평형 길이가 l인 동일한 세 용수철로 연결된 질량 m의 두 입자가 수평 방향으로 제한된 운동을 하는 것이다. 두 질량을 평형 위치에서 옮겨 놓아, 그것들이 움직이도록 하고, 이후의 운동을 조사해 보자. x_1과 x_2가 그들의 평형 위치로부터 벗어난 작은 변위를 나타낸다면, 이 계의 퍼텐셜 에너지는

$$V = \frac{k}{2}x_1^2 + \frac{k}{2}(x_2 - x_1)^2 + \frac{k}{2}x_2^2 \tag{19.25}$$

으로 주어진다. 여기서 k는 각 용수철의 힘 상수이다. 각 입자의 뉴턴 방정식은

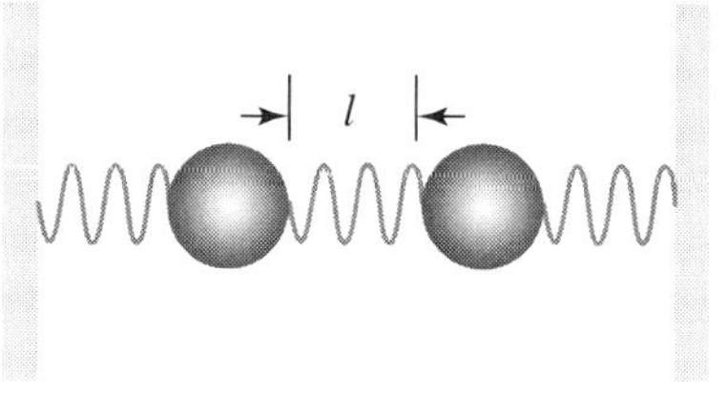

[그림 19.2] 평형 상태의 길이가 l인 세 개의 동일한 용수철로 연결되어 있고, 종적인 움직임만 허용된 질량 m의 두 입자.

$$\begin{aligned} m\frac{d^2x_1}{dt^2} &= -\frac{\partial V}{\partial x_1} = k(x_2 - 2x_1) \\ m\frac{d^2x_2}{dt^2} &= -\frac{\partial V}{\partial x_2} = k(x_1 - 2x_2) \end{aligned} \tag{19.26}$$

이다. 식 19.26을 행렬 표기법으로 쓰면,

$$m\frac{d^2\mathsf{x}}{dt^2} = \mathsf{A}\,\mathsf{x} \tag{19.27}$$

이고, 여기서

$$\mathsf{A} = \begin{pmatrix} -2k & k \\ k & -2k \end{pmatrix} \tag{19.28}$$

이다.

이 계가 시간에 따라 진동함을 알기 때문에, 형태 $\mathsf{x}(t) = \mathsf{u}\,e^{i\omega t}$의 해를 시도해 볼 수 있다. 물론 $\mathsf{x}_1(t)$과 $\mathsf{x}_2(t)$은 실수 양이므로, 마지막 결과에서 $\mathsf{x}_1(t)$과 $\mathsf{x}_2(t)$의 실수부만을 취할 예정이다. $\mathsf{x}(t) = \mathsf{u}\,e^{i\omega t}$을 식 19.27에 대입하면,

$$-m\omega^2 \begin{pmatrix} u_1 \\ u_2 \end{pmatrix} = \begin{pmatrix} -2k & k \\ k & -2k \end{pmatrix} \begin{pmatrix} u_1 \\ u_2 \end{pmatrix}$$

을 얻는다. 따라서, ω^2는

$$\begin{vmatrix} 2k - m\omega^2 & -k \\ -k & 2k - m\omega^2 \end{vmatrix} = 0 \tag{19.29}$$

으로 주어지고, 두 개의 **특성 주파수**(*characteristic frequencies*)를

$$\omega_1 = \left(\frac{k}{m}\right)^{1/2} \quad \text{과} \quad \omega_2 = \left(\frac{3k}{m}\right)^{1/2} \tag{19.30}$$

을 찾게 되며, 대응하는 고유벡터는

$$\mathsf{u}_1 = \begin{pmatrix} a \\ a \end{pmatrix} \quad \text{과} \quad \mathsf{u}_2 = \begin{pmatrix} a \\ -a \end{pmatrix} \tag{19.31}$$

으로 주어진다. 여기서 a는 미지의 (일반적으로 복소수인) 상수이다. 두 질량의 운동은

$$\mathsf{x}(t) = c_1 \begin{pmatrix} a \\ a \end{pmatrix} e^{i\omega_1 t} + c_2 \begin{pmatrix} a \\ -a \end{pmatrix} e^{i\omega_2 t} \tag{19.32}$$

즉,

$$\begin{aligned} x_1(t) &= b_1 e^{i\omega_1 t} + b_2 e^{i\omega_2 t} \\ x_2(t) &= b_1 e^{i\omega_1 t} - b_2 e^{i\omega_2 t} \end{aligned} \tag{19.33}$$

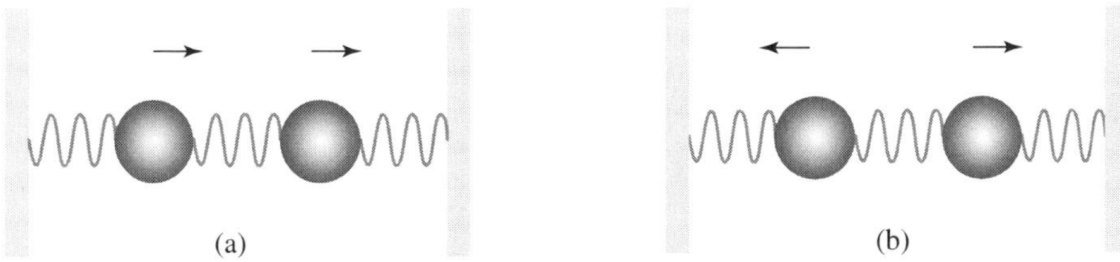

[그림 19.3] 그림 19.2에 그린 계의 정상 모드들. (a)에서는 질량들이 같은 상(in-phase)으로 진동하고, (b)에서는 서로 다른 상(out-of-phase)으로 진동한다.

으로 주어진다. 여기서 $b_1 = ac_1$과 $b_2 = ac_2$이다.

식 19.33은 $b_2 = 0$ $(b_1 \neq 0)$이면 질량들이 같은 상으로, $b_1 = 0$ $(b_2 \neq 0)$이면 질량들이 180° 다른 상으로 진동함을 알려준다. 이 마지막 주장을 입증하기 위해, $b_1 = A_1 e^{i\phi_1}$과 $b_2 = 0$을 쓰면, $x_1(t)$과 $x_2(t)$의 실수부는

$$x_1(t) = A_1 \cos(\omega_1 t + \phi_1) \qquad \text{과} \qquad x_2(t) = A_1 \cos(\omega_1 t + \phi_1) \tag{19.34}$$

이 된다.

식 19.34는 두 질량이 앞뒤로 일치하여 진동함을 보여 준다. 마찬가지로, $b_2 = A_2 e^{i\phi_2}$과 $b_1 = 0$을 쓰면, $x_1(t)$과 $x_2(t)$의 실수부는

$$\begin{aligned} x_1(t) &= A_2 \cos(\omega_2 t + \phi_2) \\ x_2(t) &= -A_2 \cos(\omega_2 t + \phi_2) = A_2 \cos(\omega_2 t + \phi_2 + \pi) \end{aligned} \tag{19.35}$$

이 된다. 따라서, 이 경우에 두 질량은 반대방향으로 진동한다.

식 19.34와 19.35는 이 질량 진동의 **정상 모드**(*normal mode*)라 불린다. 초기 조건이 정상 모드로 만들어진다면, 계는 ω_1을 가지고 같은 상으로, 또는 ω_2을 가지고 180° 다른 상으로 진동할 것이다(그림 19.3). 하지만, 보통 계의 운동은

$$x_1(t) = A_1 \cos(\omega_1 t + \phi_1) + A_2 \cos(\omega_2 t + \phi_2)$$

과

$$x_2(t) = A_1 \cos(\omega_1 t + \phi_1) - A_2 \cos(\omega_2 t + \phi_2)$$

을 따르는 두 정상 모드의 중첩으로 묘사된다.

네 가지 상수들, A_1, A_2, ϕ_1, ϕ_2는 $x_1(0)$, $x_2(0)$, $\dot{x}_1(0)$, $\dot{x}_2(0)$의 값으로 결정된다.

예제 19-5

그림 19.4는 힘 상수 k의 조화 용수철로 이어져 있고, 평면상에서만 움직이도록 제한된 길이 l의 두 진자를 보여 준다. 연습문제 19-17은 운동 방정식이 다음과 같음을 보여 준다.

$$m\frac{d^2 s_1}{dt^2} = -\frac{\partial V}{\partial s_1} = -\frac{mgs_1}{l} + k(s_2 - s_1)$$

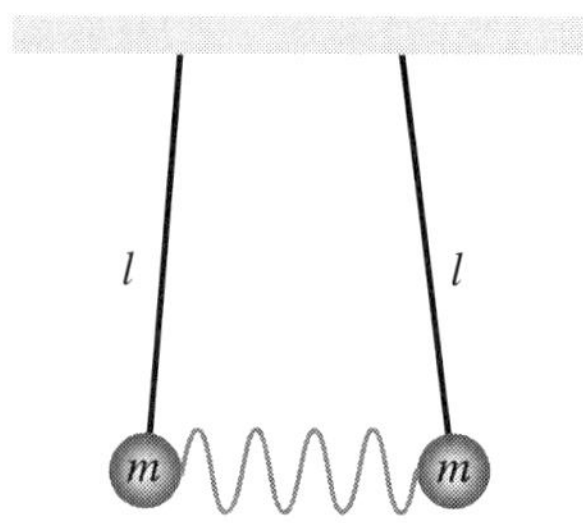

[그림 19.4] 조화 용수철로 이어져 있고, 평면상에서만 움직이도록 제한된 길이 l의 두 전자.

과

$$m\frac{d^2 s_2}{dt^2} = -\frac{\partial V}{\partial s_2} = -\frac{mgs_2}{l} - k(s_2 - s_1)$$

여기서 s_1과 s_2는 질량들이 운동의 호를 그릴 때, 그것을 따라 그들의 수직위치로부터 거리를 잰 것이다. 이 계의 특성 주파수와 정상 모드에 대하여 푸시오.

풀이 행렬 형식의 운동 방정식은

$$m\frac{d^2\mathsf{s}}{dt^2} = \mathsf{A\,s} = \begin{pmatrix} -\left(\frac{mg}{l}+k\right) & k \\ k & -\left(\frac{mg}{l}+k\right) \end{pmatrix}\mathsf{s}$$

이다. 이 방정식에 $\mathsf{s} = \mathsf{u}e^{i\omega t}$을 대입하면, 고유값 방정식

$$\begin{vmatrix} \frac{mg}{l}+k-m\omega^2 & -k \\ -k & \frac{mg}{l}+k-m\omega^2 \end{vmatrix} = 0$$

을 얻고, 이것은

$$\omega_1 = (g/l)^{1/2} \qquad \text{과} \qquad \omega_2 = (g/l)^{1/2}(1+2kl/mg)^{1/2}$$

의 결과를 준다. $\omega_1^2 = g/l$에 대하여, 고유벡터는

$$\begin{pmatrix} k & -k \\ -k & k \end{pmatrix}\begin{pmatrix} u_1 \\ u_2 \end{pmatrix} = 0$$

으로 주어지며, 즉 $u_1 = u_2$이 된다. $\omega_2^2 = g/l(1+2kl/mg)$에 대하여는, $u_1 = -u_2$을 얻는다. 따라서 두 고유벡터는 $\mathsf{u}_1 = (a, a)$과 $\mathsf{u}_2 = (b, -b)$으로 쓸 수 있다. 여기서 a와 b는 임의의 상수들이다. 두 질량의 운동은

$$\begin{pmatrix} s_1 \\ s_2 \end{pmatrix} = c_1\begin{pmatrix} a \\ a \end{pmatrix}e^{i\omega_1 t} + c_2\begin{pmatrix} b \\ -b \end{pmatrix}e^{i\omega_2 t}$$

즉

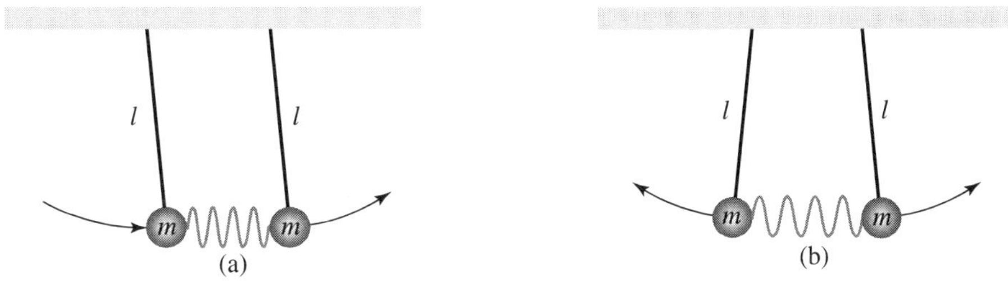

[그림 19.5] 그림 19.4에 그린 이어진 전자의 정상 모드 두 가지. (a)에서는 질량들이 같은 상으로 진동하고, (b)에서는 서로 다른 상으로 진동한다.

$$s_1(t) = \alpha_1 e^{i\omega_1 t} + \alpha_2 e^{i\omega_2 t}$$
$$s_2(t) = \alpha_1 e^{i\omega_1 t} - \alpha_2 e^{i\omega_2 t}$$

으로 주어지며, 여기서 $\alpha_1 = c_1 a$과 $\alpha_2 = c_2 b$이다. 식 19.33으로 묘사된 운동과 마찬가지로, ω_1에 해당하는 운동은 같은 상이며, ω_2에 해당하는 운동은 180° 다른 상이다(그림 19.5).

19.4 행렬의 대각선화

식 19.2로 돌아가 보면, 이것은 다음 형식으로 쓸 수 있다.

$$\mathsf{A}\,\mathsf{c}_k = \lambda_k\,\mathsf{c}_k \qquad k = 1,\ 2, \ldots,\ N \tag{19.36}$$

N개의 λ_k와 대응하는 N개의 고유벡터 c_k가 존재한다. 이제 c_k를 정규화하여 다음 행렬

$$\mathsf{S} = (\mathsf{c}_1,\ \mathsf{c}_2, \ldots,\ \mathsf{c}_N) \tag{19.37}$$

을 만든다. 여기서, S의 열은 A의 정규화된 고유벡터들이다. S는 A의 **모달 행렬**(*modal matrix*)이라 불린다. S의 열은 A의 정규화된 고유벡터들로 구성되고, A가 대칭 행렬이면(보통의 경우, 그러함) 고유벡터들은 직교정규 집합을 이루기 때문에, S는 직교 행렬이다. 달리 말하면, $\mathsf{S}^{-1} = \mathsf{S}^{\mathsf{T}}$이다. 더 나아가, 행렬 S는 그것에 A를 곱해서 다음과 같은 식을 발견할 수 있다는 주목할 만한 성질을 가지고 있다.

$$\begin{aligned}\mathsf{AS} &= (\mathsf{A}\,\mathsf{c}_1,\ \mathsf{A}\,\mathsf{c}_2, \ldots,\ \mathsf{A}\,\mathsf{c}_N) \\ &= (\lambda_1\,\mathsf{c}_1,\ \lambda_2\,\mathsf{c}_2, \ldots,\ \lambda_N\,\mathsf{c}_N) \\ &= \mathsf{SD}\end{aligned} \tag{19.38}$$

여기서

$$\mathsf{D} = \begin{pmatrix} \lambda_1 & 0 & 0 & \cdots & 0 \\ 0 & \lambda_2 & 0 & \cdots & 0 \\ \vdots & \vdots & \vdots & \ddots & \vdots \\ 0 & 0 & 0 & \cdots & \lambda_N \end{pmatrix} \tag{19.39}$$

은 A의 고유값들을 원소로 하는 대각 행렬이다.

식 19.38 왼편에 S^{-1}을 곱하면,

$$D = S^{-1}AS = S^{T}AS \tag{19.40}$$

이 얻어진다. 여기서, 마지막 등식을 쓰기 위해 S가 직교 행렬임을 이용하였다. 식 19.40은 **닮음 변환**(*similarity transformation*)이라 불린다. 행렬 A는 식 19.40의 닮음 변환으로 **대각선화**(*diagonalization*)되었다고 말한다. 물리적으로, A와 D는 동일한 연산(예를 들어, 회전이나 평면에 대한 대칭 이동)을 나타낸다. 이들이 다른 형태로 나타나는 것은 D가 최적인 즉 자연스러운 좌표계에서 표현되었기 때문이다.

한 가지 예로서, 식 19.25에 주어진 퍼텐셜 에너지를 고려해 보자.

$$V(x_1, x_2) = kx_1^2 - kx_1x_2 + kx_2^2 \tag{19.41}$$

(편의상 $k = 1$로 정하기로 하자. 즉, $V(x_1, x_2)/k$을 고려하는 것인데, 이것은 결국 같은 이야기이다.) 벡터 $x = (x_1, x_2)$을 정의하면, 식 19.41의 $V(x_1, x_2)$은

$$V = x^{T}Vx = (x_1\ x_2)\begin{pmatrix} 1 & -\frac{1}{2} \\ -\frac{1}{2} & 1 \end{pmatrix}\begin{pmatrix} x_1 \\ x_2 \end{pmatrix} = x_1^2 - x_1x_2 + x_2^2$$

으로 주어지고, 여기서

$$V = \begin{pmatrix} 1 & -\frac{1}{2} \\ -\frac{1}{2} & 1 \end{pmatrix} \tag{19.42}$$

이다. 이제 x_1과 x_2를 새 좌표 η_1과 η_2의 선형 결합으로 표현하고자 하는데, 이것은 $V(\eta_1, \eta_2)$가 η_1과 η_2의 교차항을 갖지 않도록 하려는 것이다.

$$x = S\eta \tag{19.43}$$

으로 하고, 여기서 S를 V의 모달 행렬이라 하면,

$$V = x^{T}Vx = (S\eta)^{T}VS\eta = \eta^{T}S^{T}VS\eta = \eta^{T}D\eta \tag{19.44}$$

을 얻는다. 여기서 D는 대각 행렬 $S^{T}VS$이다. D가 대각 행렬이기 때문에 식 19.44의 마지막 항은 $V(\eta_1, \eta_2)$가 η_1과 η_2의 제곱항만으로 구성됨을 의미한다.

V의 고유값과 대응하는 정규화된 고유벡터는

$$\lambda = \frac{1}{2},\quad c_1 = \begin{pmatrix} \frac{1}{\sqrt{2}} \\ \frac{1}{\sqrt{2}} \end{pmatrix} \qquad \text{그리고} \qquad \lambda = \frac{3}{2},\quad c_2 = \begin{pmatrix} \frac{1}{\sqrt{2}} \\ -\frac{1}{\sqrt{2}} \end{pmatrix} \tag{19.45}$$

이고(연습문제 19-21), 따라서 모달 행렬은 다음과 같다.

$$\mathsf{S} = \begin{pmatrix} \frac{1}{\sqrt{2}} & \frac{1}{\sqrt{2}} \\ \frac{1}{\sqrt{2}} & -\frac{1}{\sqrt{2}} \end{pmatrix}$$

식 19.43에 따르면, $\mathsf{x} = \mathsf{S}\eta$, 즉

$$\begin{aligned} \eta = \mathsf{S}^{-1}\mathsf{x} = \mathsf{S}^{\mathsf{T}}\mathsf{x} &= \begin{pmatrix} \frac{1}{\sqrt{2}} & \frac{1}{\sqrt{2}} \\ \frac{1}{\sqrt{2}} & -\frac{1}{\sqrt{2}} \end{pmatrix} \begin{pmatrix} x_1 \\ x_2 \end{pmatrix} \\ &= \begin{pmatrix} \frac{1}{\sqrt{2}}(x_1 + x_2) \\ \frac{1}{\sqrt{2}}(x_1 - x_2) \end{pmatrix} = \begin{pmatrix} \eta_1 \\ \eta_2 \end{pmatrix} \end{aligned} \tag{19.46}$$

이다. 여기서 S가 직교 행렬 ($\mathsf{S}^{-1} = \mathsf{S}^{\mathsf{T}}$)임을 이용하였다. 이제, 식 19.44를 이용하여

$$V(\eta_1, \eta_2) = \eta^{\mathsf{T}}\mathsf{D}\,\eta = \frac{1}{2}\eta_1^2 + \frac{3}{2}\eta_2^2$$

을 얻는다. 그러므로 $V(\eta_1, \eta_2)$는 교차항을 갖지 않으며, 이 좌표로 표현된 운동 방정식들은 서로 분리됨을 알 수 있다. 이것은 퍼텐셜 에너지 V하에서 입자의 운동을 결정하기 위해 사용하는 최적의 좌표이다.

이 결과는 훌륭한 기하학적 해석을 가진다. 그림 19.6a는 x_1, x_2 좌표계에서 도시된 $V(x_1, x_2)$를, 그림 19.6b는 η_1, η_2 좌표계에서 도시된 $V(\eta_1, \eta_2)$를 보여 준다. V를 대각선화한다는 것은 어떤 새로운 좌표계를 선택한다는 것이고, 이 좌표계에서 타원은 기울어져 있지 않고, 좌표축 상을 따라 바로놓여 있게 된다.

행렬 A를 대각선화하는 것은 식 19.36의 고유값 문제를 푸는 것과 **완전히 동치**(*completely*

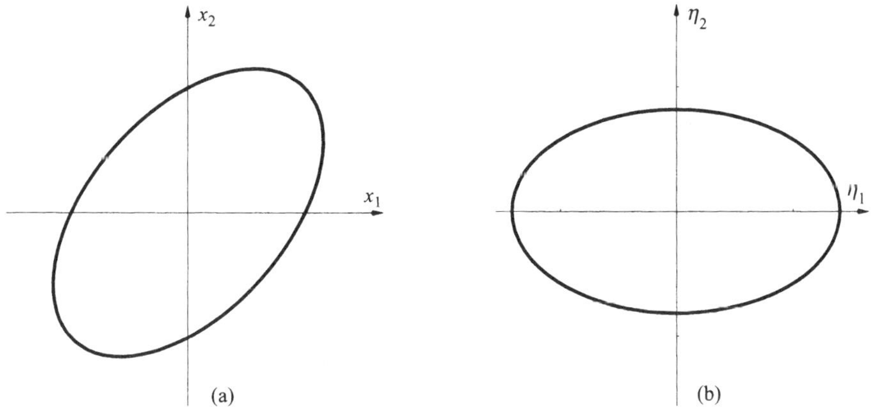

[그림 19.6] (a) x_1, x_2 좌표계에 도시된 함수 $V(x_1, x_2) = x_1^2 - x_1x_2 + x_2^2 = 1$, (b) η_1, η_2 좌표계에 도시된 함수 $V(\eta_1, \eta_2) = \frac{1}{2}\eta_1^2 + \frac{3}{2}\eta_2^2 = 1$

equivalent)이다. 즉, 식 19.1과 식 19.2가 동치이기 때문에, 에르미트 행렬을 대각선화하는 것은 슈뢰딩거 방정식을 푸는 것과 완전히 동치이다. 행렬 대각선화는 양자화학에서 핵심적으로 중요하기 때문에, 행렬대각선화에 대한 세련되고 효율적인 알고리즘들을 수치 해석 문헌에서 많이 찾아볼 수 있다.

연습문제

19-1. $A = \begin{pmatrix} 1 & 1 \\ 1 & 1 \end{pmatrix}$의 고유값를 결정하시오.

19-2. $A = \begin{pmatrix} 1 & -2 \\ -2 & 1 \end{pmatrix}$의 고유값과 고유벡터를 결정하시오.

19-3. $A = \begin{pmatrix} 1 & 0 & 1 \\ 0 & 1 & 0 \\ 1 & 0 & 0 \end{pmatrix}$의 고유값과 고유벡터를 결정하시오.

19-4. $A = \begin{pmatrix} 1 & 0 & -1 \\ 0 & 1 & 0 \\ -1 & 0 & 1 \end{pmatrix}$의 고유값과 고유벡터를 결정하시오.

19-5. A^T의 고유값들이 A의 고유값들과 같음을 보이시오.

19-6. 유니타리 행렬의 고유값들은 그 절대값이 1임을 보이시오.

19-7. A^{-1}의 고유값들이 λ_i^{-1}임을 보이시오.

19-8. $A^n x = \lambda^n x$이면, $Ax = \lambda x$ 임을 보이시오.

19-9. **케일리-해밀턴 정리**(*Cayley-Hamilton theorem*)는 모든 정사각 행렬이 자신의 특성 방정식을 만족시킴을 이른다. 첫 세 문제에서 주어진 행렬들에 대하여 이 정리를 증명하시오.

19-10. 식 19.24가 식 19.17의 해가 됨을 보이시오.

19-11. $x_j(t) = u_j e^{\lambda t}$ 형태의 해를 시도하여 다음의 연립 방정식을 푸시오.

$$\dot{x}_1 = -x_1 + x_2$$
$$\dot{x}_2 = -3x_2$$

19-12. $x_j(t) = u_j e^{\lambda t}$ 형태의 해를 시도하여 다음의 연립 방정식을 푸시오.

$$\dot{x}_1 = x_1 + x_2$$
$$\dot{x}_2 = 4x_1 + x_2$$

19-13. $x(0) = (3, -2)$일 때, 연립 방정식 $\frac{dx}{dt} = Ax = \begin{pmatrix} 2 & 5 \\ 1 & 6 \end{pmatrix} x$ 을 푸시오.

19-14. $x(0) = (1, 1, 0)$일 때, 연립 방정식 $\frac{dx}{dt} = Ax = \begin{pmatrix} 2 & -2 & 0 \\ 1 & -2 & -1 \\ -2 & 1 & -2 \end{pmatrix} x$ 을 푸시오.

19-15. 그림 19.2의 이-질량 진동계에서 초기 변위가 $x_1(0) = x_2(0)$ 또는 $x_1(0) = -x_2(0)$이라면, 계는 두 모

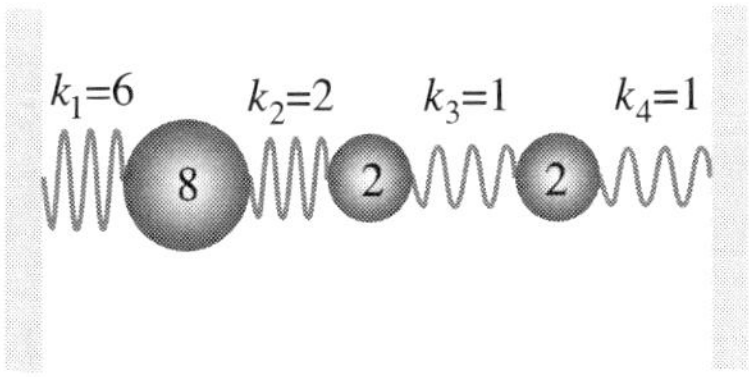

[그림 19.7] 연습문제 19-18에 분석된 삼-질량, 사-용수철 계. 이 계는 종적으로만 진동한다.

드 중 오직 하나의 정상 모드로만 진동함을 보이시오.

19-16. 식 19.25의 퍼텐셜 에너지를 두 정상 모드 $y_1 = (x_1 + x_2)/\sqrt{2}$와 $y_2 = (x_1 - x_2)/\sqrt{2}$로 표현한다면, 교차항들은 없어짐을 보이시오. 이 결과를 해석할 수 있는가?

19-17. 그림 19.4의 질량에 대한 운동 방정식이 예제 19-5에서와 같이 주어짐을 보이시오.

19-18. 그림 19.7의 삼-질량, 사-용수철 계를 고려해 보자. 이 계의 퍼텐셜 에너지는 $V = 3x_1^2 + (x_2 - x_1)^2 + \frac{1}{2}(x_3 - x_2)^2 + \frac{1}{2}x_3^2$ 으로 주어짐과 이 계의 뉴턴 방정식이

$$8\frac{d^2x_1}{dt^2} = -8x_1 + 2x_2$$
$$2\frac{d^2x_2}{dt^2} = -3x_2 + 2x_1 + x_3$$
$$2\frac{d^2x_3}{dt^2} = -2x_3 + x_2$$

임을 보이시오. 이 계와 관련된 세 개의 기본 주파수를 결정하시오.

19-19. 식 19.38의 $(\lambda_1\mathbf{c}_1, \lambda_2\mathbf{c}_2, \ldots, \lambda_N\mathbf{c}_N) = \mathsf{S\,D}$을 증명하시오.

19-20. 연습문제 19-4의 세 고유벡터는 $c_1(1, 0, -1)$, $c_2(0, 1, 0)$, $c_3(1, 0, 1)$이다. 여기서 c_1, c_2, c_3는 임의의 상수들이므로, 세 고유벡터들이 정규화되도록 이들 값들을 선택하시오. 이제 열이 세 정규화된 고유벡터들로 구성된 모달 행렬 S를 만드시오. S의 역행렬을 찾은 다음, $\mathsf{S}^{-1} = \mathsf{S}^{\mathsf{T}}$, 즉 S가 실제로 직교 행렬임을 명시적으로 보이시오.

19-21. 식 19.42에 정의된 V의 고유값과 정규화된 고유벡터가 식 19.45로 주어짐을 보이시오.

19-22. 연습문제 19-1의 행렬을 대각선화하시오.

19-23. 연습문제 19-2의 행렬을 대각선화하시오.

19-24. 연습문제 19-4의 행렬을 대각선화하시오.

19-25. 행렬 A의 **대각합**(*trace*), Tr A ,은 A의 대각선 원소들의 합이다. 먼저 Tr AB = Tr BA임을 보이시오. 이제, $\mathsf{D} = \mathsf{S}^{-1}\mathsf{AS}$일 때, Tr D = Tr A임을 보이시오.

19-26. *MathCad*, *Maple*, *Mathematica*와 같은 프로그램을 이용하면, 아주 큰 행렬의 고유값과 고유벡터를 몇 초 만에 찾을 수 있다. 이들 프로그램 중 하나를 이용해

$$A = \begin{pmatrix} a & 1 & 0 & 0 & 0 & 1 \\ 1 & a & 1 & 0 & 0 & 0 \\ 0 & 1 & a & 1 & 0 & 0 \\ 0 & 0 & 1 & a & 1 & 0 \\ 0 & 0 & 0 & 1 & a & 1 \\ 1 & 0 & 0 & 0 & 1 & a \end{pmatrix}$$

의 고유값과 고유벡터를 구하시오. 이 행렬은 벤젠의 휘켈 분자 궤도함수 이론에 등장한다.

제 20 장

벡터 공간

여러분은 복소수와 이차원 벡터 사이의 유사성을 알고 있을 것이다. 각각은 좌표계의 원점과 점을 연결하는 선으로 나타내며, 똑같이 평행사변형 덧셈 법칙을 따른다. 여러분은 또한 벡터와 직교 다항식 사이의 유사성을 알고 있을 것이다. 즉, 직교 단위 벡터 집합과 직교 다항식 집합을 갖는다. **i**, **j**, **k**와 같은 직교 단위 벡터를 이용하여 한 벡터를 확장할 수 있고, 직교 다항식을 이용하여 함수를 확장할 수 있다. 따라서 복소수, 벡터, 직교 다항식 사이의 중요한 유사성을 알아본다. 수학 공식은 모든 이러한 양들을 통일된 방법으로 다루며 이들 사이의 유사성을 활용하도록 해준다. 이 공식을 **벡터 공간**(*vector space*)이라 부른다. 즉 **벡터**(*vector*)라 부르는 양의 집합은 대수 규칙을 따른다. 벡터와 벡터 공간이라는 용어를 사용하지만 보통 벡터는 벡터 공간을 이루는 대단히 많은 양 중의 오직 한 예이다.

이 장은 이 교재의 모든 장들 중에 가장 요약된 것이지만, 벡터 공간의 개념은 양자 역학의 중심 역할을 하는 것이다. 실제로 한때는 물리화학 선생님들이 학생들에게 양자화학을 잘 준비할 수 있도록 하기 위해서 미분 방정식 강의를 추천하기도 하였다. 오늘날에는 선형 대수학을 추천하고 있으며, 여기에서 벡터 공간을 다룬다.

20.1 벡터 공간의 공리

먼저 벡터 공간을 정의하는 공리를 보여 주고 많은 예를 들겠다. **벡터 공간** V(*vector space* V)는 다음 조건을 만족하는, 벡터라 부르는 모든 대상들의 집합이라고 정의한다.

A1. 두 벡터 $\mathbf{x}$, $\mathbf{y}$가 또 다른 벡터 $\mathbf{x}+\mathbf{y}$인 덧셈이 될 수 있으며, 이는 또한 V가 된다. 다른 말로, 만일 $\mathbf{x}$와 $\mathbf{y}$가 V라면 $\mathbf{x}+\mathbf{y}$도 V에 속한다(이 집합은 덧셈에 **닫혀 있다**라고 말한다).

A2. 덧셈은 교환 법칙이 성립한다. 즉, $\mathbf{x}+\mathbf{y}=\mathbf{y}+\mathbf{x}$.

A3. 덧셈은 결합 법칙이 성립한다. 즉, $(\mathbf{x}+\mathbf{y})+\mathbf{z}=\mathbf{x}+(\mathbf{y}+\mathbf{z})=\mathbf{x}+\mathbf{y}+\mathbf{z}$.

A4. V에는 독특한 **영벡터**(*zero vector*), 0이 존재한다. V에 어떤 $\mathbf{x}$에 대하여 $\mathbf{x}+0=0+\mathbf{x}=\mathbf{x}$이다.

A5. V에서 모든 $\mathbf{x}$에 대한 역원 $-\mathbf{x}$의 덧셈이 성립한다. 즉, $\mathbf{x}+(-\mathbf{x})=0$이다.

M1. 어떤 벡터 $\mathbf{x}$에 스칼라 c를 곱하면 $c\mathbf{x}$가 되고 V 안에 있다(이 집합을 스칼라곱으로 닫혀 있다라고 말한다).

M2. 스칼라 곱셈은 결합 법칙이 성립한다. 즉, 어떤 두 수 a, b에 대하여 $a(b\,\mathbf{x})=(ab)\mathbf{x}$이다.

M3. 스칼라 곱셈은 덧셈에 대하여 분배 법칙이 성립한다. 즉, $a(\mathbf{x}+\mathbf{y})=a\mathbf{x}+a\mathbf{y}$이고 $(a+b)\mathbf{x}=a\,\mathbf{x}+b\,\mathbf{x}$이다.

M4. 단위 스칼라에 대하여 V 안의 모든 $\mathbf{x}$에 대해서 $1\mathbf{x}=\mathbf{x}$이다.

이들 아홉 개의 성질을 **벡터 공간의 공리**(*axioms of a vector space*)라 부른다. 만일 스칼라가 실수라면 V는 **실수 벡터 공간**(*real vector space*)이라 부른다. 만일 복소수인 경우는 V를 **복소 벡터 공간**(*complex vector space*)이라 부른다. 위의 공리를 외울 필요는 없다. 잘 살펴보면 자명하기 때문이다.

보통 벡터(ordinary vector)들은 위에 나온 벡터 공간의 모든 성질을 잘 만족하며, 이를 **유클리드 벡터 공간**(*Euclidean vector space*)이라 부른다. 그러나 벡터 공간의 원소들은 기하학적 벡터일 필요는 없다. 실수는 복소수와 마찬가지로 벡터 공간을 이룬다. 모든 $n\times n$ 행렬도 마찬가지이다(연습문제 20-1). 또 다른 벡터 공간은 실수인, 모든 순서 있는 n-짝(n-tuples)을 이룬다. 여기에서 $(u_1, u_2, \ldots, u_n)$과 $(v_1, v_2, \ldots, v_n)$의 합은 $(u_1+v_1, u_2+v_2, \ldots, u_n+v_n)$으로 정의한다. n-짝의 스칼라곱은 $a(u_1, u_2, \ldots, u_n)=(au_1, au_2, \ldots, au_n)$으로 정의한다(연습문제 20-3). 순서 있는 n-짝은 벡터 공간의 성질을 설명하는 데 자주 이용할 것이다. 따라서 모든 순서 있는 n-짝 공간을 실수의 경우 R^n, 복소수의 경우 C^n으로 나타낸다.

벡터 공간은 추상 수학적 구상이며, 벡터 공간의 "벡터들"은 공리를 만족하는 어떤 대상일 수 있다. 하지만 이들은 벡터 공간으로부터 도출된 정의와 결과들에 물리적 의미를 기술하기 위한 "벡터들"로서의 보통 벡터를 보여줌에 있어 여전히 도움이 된다. 위에서 이용한 순서 있는 n-짝은 어떤 좌표계에 있는 n-차원 벡터의 성분들로 간주할 수 있다.

함수의 집합은 벡터 공간을 이룰 수 있다. 예를 들면, n개 혹은 그 이하의 실수나 복소수 계수를 갖는 모든 다항식의 집합은 벡터 공간을 이룬다. 다항식은 다음과 같이

$$P_n(x)=a_nx^n+a_{n-1}x^{n-1}+\cdots+a_1x+a_0$$

벡터 공간의 모든 아홉 개의 조건을 만족한다. 즉, n과 같거나 그 이하인 두 개의 다항식의 합은 n과 같거나 그 이하인 다항식이 된다. 덧셈은 교환과 결합 법칙이 성립한다. $P_n(x)=0$은 영벡터이다. $-P_n(x)$는 역원이다. $cP_n(x)=ca_nx^n+\cdots+ca_0$이고, 스칼라곱은 덧셈에 대하여 결합과 분배 법칙이 성립한다. 1은 단위 곱셈 스칼라이다. n차 다항식은 순서 있는 $n+1$-짝$(a_n, a_{n-1}, \ldots, a_0)$으로 쓸 수 있음에 유의하기 바란다.

다음 예제는 선형 동차 미분 방정식의 해 또한 벡터 공간임을 보여 준다.

예제 20-1

일차 미분의 함수 집합이 구간 (a, b)에서 연속이며, 다음 식이 벡터 공간을 성립함을 보이시오.

$$\frac{df}{dx} + 2f(x) = 0$$

풀이 덧셈 (A1)에 의해서 닫혀 있음을 보이기 위해 f와 g를 V의 두 원소라 놓자(다른 말로 f와 g는 위식을 만족한다).

$$\begin{aligned}\frac{d}{dx}(f+g) + 2(f+g) &= \frac{df}{dx} + \frac{dg}{dx} + 2f + 2g \\ &= \left(\frac{df}{dx} + 2f\right) + \left(\frac{dg}{dx} + 2g\right) = 0 + 0 = 0\end{aligned}$$

덧셈은 결합과 분배 법칙이 성립하며, $P_n(x) = 0$은 영벡터이다. 이 집합이 스칼라 곱셈(M1)에 의하여 닫혀 있음을 보이기 위하여 다음 식을 생각해보자.

$$\frac{d}{dx}(af) + 2(af) = a\left(\frac{df}{dx} + 2f\right) = 0$$

또한 공리 M2에서 M4까지는 임의의 연속 함수에 의해서 만족한다.

예제 20-1은 어떤 선형 동차 미분 방정식의 해의 집합이 벡터 공간을 이루는 것을 제시하며(연습문제 20-6), 실제로 그 같은 사례가 있으며 미분 방정식의 이론에 광범위하게 사용되고 있다.

20.2 일차 독립

벡터 공간과 관련된 중요한 개념은 벡터의 일차(선형) 독립이다. 6.2절에서 이러한 생각을 이미 다루었지만 여기에서 좀 더 철저하게 공부하겠다. 벡터 공간 V에서 0이 아닌 벡터의 집합을 $\{\mathbf{v}_j;\ j = 1, 2, \ldots, n\}$이라 놓자(이들은 벡터임을 유의하자). 벡터의 집합이 만일 유일한 방법으로 각각에 대해 그리고 모든 $c_j = 0$일 경우, 다음 식이

$$\sum_{j=1}^{n} c_j \mathbf{v}_j = 0 \tag{20.1}$$

이면 **일차 독립**(*linearly independent*, 선형 독립)이라고 말한다. 만일 벡터가 일차 독립이 아니면 일차 종속이 된다. 일차 독립은 벡터가 다른 벡터와 일차 결합을 나타낼 수 없음을 의미하며, 일차 종속은 적어도 한 벡터가 다른 것과 일차 결합을 나타낼 수 있을 때를 의미한다. 예를 들면 세 개의 단위 직교 벡터 $\mathbf{i}$, $\mathbf{j}$, $\mathbf{k}$는 일차 독립이나, 세 벡터 $\mathbf{i}$, $\mathbf{j}$, $2\mathbf{i} + 3\mathbf{j}$에서는 세 번째 벡터가 처음 두 개의 일차 결합이기 때문에 일차 독립이 아니다. 이들 세 벡터는 평면에 있으며, 직관적으로 두 일차

독립 벡터만이 평면에 있을 수 있음을 예상할 수 있다. 행렬식을 이용해 벡터의 집합이 일차 독립인지를 찾아낼 수 있다. 일차 독립에 대해 세 벡터 $\mathbf{v}_1 = (1, 0, 0), \mathbf{v}_2 = (1, -1, 1), \mathbf{v}_3 = (1, 2, -1)$을 시험해보자. 다음과 같이 모두 0이 아닌 c_j의 집합이 있는지

$$\sum_{j=1}^{3} c_j \mathbf{v}_j = (c_1, 0, 0) + (c_2, -c_2, c_2) + (c_3, 2c_3, -c_3) = (0, 0, 0)$$

혹은 다른 말로, 다음 식의 비자명해가 있는지 알아보자.

$$\begin{aligned} c_1 + c_2 + c_3 &= 0 \\ -c_2 + 2c_3 &= 0 \\ c_2 - c_3 &= 0 \end{aligned}$$

행렬 계수의 행렬식

$$\begin{vmatrix} 1 & 1 & 1 \\ 0 & -1 & 2 \\ 0 & 1 & -1 \end{vmatrix} = -1$$

은 0이 아니다. 따라서 유일한 해는 $c_1 = c_2 = c_3 = 0$이고, 그러므로 세 벡터는 일차 독립이다.

예제 20-2

벡터 $\mathbf{v}_1 = (1, 1, 0, 1), \mathbf{v}_2 = (-1, -1, 0, -1), \mathbf{v}_3 = (1, 0, 1, 1), \mathbf{v}_4 = (-1, 0, -1, -1)$은 일차 독립임을 보이시오.

풀이 식 20.1은 다음과 같이 된다.

$$\sum_{j=1}^{4} c_j \mathbf{v}_j = (c_1, c_1, 0, c_1) + (-c_2, -c_2, 0, -c_2) + (c_3, 0, c_3, c_3) + (-c_4, 0, -c_4, -c_4) = 0$$

이들 식의 계수의 행렬식은 다음과 같다.

$$\begin{vmatrix} 1 & -1 & 1 & -1 \\ 1 & -1 & 0 & 0 \\ 0 & 0 & 1 & -1 \\ 1 & -1 & 1 & -1 \end{vmatrix} = 0$$

따라서 벡터는 일차 독립이 아니다. 실제로 $\mathbf{v}_1 = -\mathbf{v}_2$와 $\mathbf{v}_3 = -\mathbf{v}_4$이므로 그들 중 둘만이 일차 독립이다.

만일 $\mathbf{v}_1, \mathbf{v}_2, \ldots, \mathbf{v}_n$이 벡터 공간 V 내의 벡터이고 V 내의 어떤 다른 벡터 $\mathbf{u}$가 $\mathbf{v}_1, \mathbf{v}_2, \ldots, \mathbf{v}_n$의 일차 결합으로 나타낼 수 있다면, 다음과 같다.

$$\mathbf{u} = c_1 \mathbf{v}_1 + c_2 \mathbf{v}_2 + \cdots + c_n \mathbf{v}_n$$

여기에서 c_j는 상수이고, 이때 $\mathbf{v}_1, \mathbf{v}_2, \ldots, \mathbf{v}_n$을 *span* V라고 부른다. 예를 들면, 세 개의 단위 벡터 **i**, **j**, **k**는 어떤 세 개의 비동일 평면(일차 독립) 벡터와 같이 삼차원 공간 R^3을 생성한다.

실제로 세 개의 비동일 평면 벡터 더하기 n개의 다른 벡터 집합도 R^3을 생성한다. 아마도 이들 다른 n개의 벡터들이 R^3을 생성할 필요는 없을 것으로 생각할 수 있지만, 정의에 따라서 $3+n$벡터는 R^3을 생성한다. 만일 벡터 $\mathbf{v}_1, \mathbf{v}_2, \ldots, \mathbf{v}_n$이 벡터 공간 V내에서 일차 독립이고 *span* V라면, 집합 $\mathbf{v}_1, \mathbf{v}_2, \ldots, \mathbf{v}_n$을 V의 기저 혹은 기저 집합이라 부른다. 기저 집합은 *span* V에 필요한 최소수의 벡터들로 이루어진다. 단위 벡터 **i**, **j**, **k** 혹은 어떤 세 개의 비동일 평면 벡터들은 R^3의 기저를 이룬다. 기저내의 벡터의 수는 벡터 공간의 **차원**(*dimension*)으로 정의한다. 벡터 공간 V의 차원은 V내의 일차 독립 벡터의 최대 수 혹은 기저 집합 내 벡터수와 같다. 위에서 세 개의 비동일 평면 벡터 더하기 n개의 다른 *span* R^3를 말할 때, 실제로 n개의 다른 벡터는 필요 없지만, 직관적으로 삼차원 벡터 공간이기 때문에, *span* R^3는 단지 세 개의 일차 독립 벡터가 필요함을 예상할 수 있다.

만일 $\{\mathbf{v}_j;\ j = 1, 2, \ldots, n\}$이 V의 기저라면 이때 V의 어떤 벡터 $\mathbf{u}$는 $\mathbf{v}_j$의 일차 결합으로 다음과 같이 쓸 수 있다.

$$\mathbf{u} = \sum_{j=1}^{n} u_j \mathbf{v}_j$$

u_j는 주어진 기저 집합에 대하여 $\mathbf{u}$의 j번째 좌표이다. 비록 $\mathbf{u}$의 성분을 u_j라 부를 때 보통 벡터의 언어로 사용하지만, 다시 한 번 $\mathbf{u}$와 $\mathbf{v}_j$는 추상 벡터임을 기억해야 한다.

예제 20-3

벡터 (1, 0, 0), (0, 1, 0), (0, 0, 1)가 R^3의 기저가 됨을 보이시오. 이들에 대응하는 친숙한 벡터는 무엇인가?

풀이 먼저 이 집합이 R^3의 기저임을 보라. $\mathbf{u} = (x, y, z)$를 R^3의 임의의 벡터라고 할 때 다음 식으로 쓸 수 있다.

$$\mathbf{u} = x(1, 0, 0) + y(0, 1, 0) + z(0, 0, 1)$$

이들 벡터는 단위 벡터 **i**, **j**, **k**에 대응한다. 기저 집합에서 $\mathbf{u}$의 성분은 x, y, z이다.

예제 20-4

순서가 있는 n-짝의 벡터 공간은 n-차원 공간임을 보이시오.

풀이 n개의 벡터 $(1, 0, \ldots, 0), (0, 1, \ldots, 0), \ldots, (0, 0, \ldots, 1)$는 서로 직교하기 때문에 벡

터 공간 V에서 일차 독립이다. 더욱이 V에서 임의의 다른 벡터는 다음과 같이 이들 벡터의 일차 결합으로 쓸 수 있기 때문에 V를 생성한다.

$$\mathbf{u} = (u_1, u_2, \ldots, u_n) = u_1(1, 0, \ldots, 0) + u_2(0, 1, \ldots, 0) + \cdots + u_n(0, 0, \ldots, 1)$$

따라서 n벡터는 기저를 이루고 V의 차원은 n이다. 이 기저 집합에서 $\mathbf{u}$의 성분은 u_j이다.

20.3 내적 공간

베터 공긴의 개념은 13상에서 논의한 이차원, 삼차원 기하학 벡터의 공간을 일반화한다. 이들 공간에서는 벡터들의 길이와 두 벡터 사이의 각을 정의하는 데 점곱(dot product)을 사용한다. 이 개념들은 일반 벡터 공간으로 확장하는 데 아주 유용하다.

첫 번째 절에 나오는 아홉 가지 조건에 덧붙여 실수인 V에서 임의의 두 벡터 $\mathbf{u}$와 $\mathbf{v}$의 결합 규칙이 있을 때 이러한 벡터 공간을 **내적 공간**(*inner product space*)이라 하며, $\langle \mathbf{u}, \mathbf{v} \rangle$(일부 저자들은 $(\mathbf{u}, \mathbf{v})$로 사용한다.)로 쓰고 다음 세 가지 성질을 만족한다.

1. $\langle a\,\mathbf{u_1} + b\,\mathbf{u_2}, \mathbf{u_3} \rangle = a\langle \mathbf{u_1}, \mathbf{u_3} \rangle + b\langle \mathbf{u_2}, \mathbf{u_3} \rangle$ (20.2)
   여기에서 a와 b는 스칼라이다(내적은 선형 연산이다).
2. $\langle \mathbf{u}, \mathbf{v} \rangle = \langle \mathbf{v}, \mathbf{u} \rangle$ (20.3)
   (내적은 교환이다.)
3. $\langle \mathbf{u}, \mathbf{u} \rangle \geq 0$, 단 $\mathbf{u} = 0$일 때, 그리고 그 때에 한하여 $\langle \mathbf{u}, \mathbf{u} \rangle = 0$이다.
   (이러한 성질은 **양의 정부호**(*positive definiteness*)로 알려져 있다.) (20.4)

연습문제 20-13은 기하학 벡터를 위해 13장에서 정의한 점곱을 증명하게 된다. 그러므로 정의된 점곱의 이, 삼차원 기하학 벡터의 유클리드 공간은 내적 공간이다.

예제 20-5

$\mathbf{u} = (u_1, u_2, \ldots, u_n)$와 $\mathbf{v} = (v_1, v_2, \ldots, v_n)$로 하자. 다음과 같이 정의되는 $\langle \mathbf{u}, \mathbf{v} \rangle$가 R^n의 내적임을 보이시오.

$$\langle \mathbf{u}, \mathbf{v} \rangle = u_1 v_1 + \cdots + u_n v_n$$

풀이 위 세 가지 성질을 적용하여 차례로 각각을 증명한다.

1. $$\begin{aligned}\langle a\,\mathbf{u} + b\,\mathbf{v}, \mathbf{w} \rangle &= (au_1 + bv_1)w_1 + (au_2 + bv_2)w_2 + \\ &\qquad \cdots + (au_n + bv_n)w_n \\ &= au_1w_1 + au_2w_2 + \cdots + au_nw_n + bv_1w_1 + \\ &\qquad \cdots + bv_nw_n \\ &= a\langle \mathbf{u}, \mathbf{w} \rangle + b\langle \mathbf{v}, \mathbf{w} \rangle,\end{aligned}$$

2. $\langle \mathbf{u}, \mathbf{v} \rangle = u_1 v_1 + \cdots + u_n v_n = v_1 u_1 + \cdots + v_n u_n = \langle \mathbf{v}, \mathbf{u} \rangle$,

3. $\langle \mathbf{u}, \mathbf{u} \rangle = u_1^2 + \cdots + u_n^2 > 0$ unless $u_1 = u_2 = \cdots = u_n = 0$.

예제 20-6

V는 구간 $(\alpha,\ \beta)$에 대하여 적분 가능한 실수값 함수의 벡터 공간이라 하자. 다음 함수가 내적임을 보이시오.

$$\langle f, g \rangle = \int_\alpha^\beta f(x)g(x)\,dx$$

풀이

1. $\langle af_1 + bf_2, g \rangle = \int_\alpha^\beta [af_1(x) + bf_2(x)]\,g(x)\,dx$
$= a\langle f_1, g \rangle + b\langle f_2, g \rangle$

2. $\langle f, g \rangle = \int_\alpha^\beta f(x)g(x)\,dx = \int_\alpha^\beta g(x)f(x)\,dx = \langle g, f \rangle$

3. $\langle f, f \rangle = \int_\alpha^\beta f^2(x)\,dx \geq 0$단 $(\alpha,\ \beta)$를 통하여 $f(x) = 0$일 때 그리고 그때에 한하여 0과 같다.

기하학 벡터에 의해 동기화되면 다음 식으로 V의 벡터 길이를 정의한다.

$$\|\mathbf{u}\| = \langle \mathbf{u}, \mathbf{u} \rangle^{1/2} \tag{20.5}$$

또한 $\|\mathbf{u}\|$를 $\mathbf{u}$의 **노름**(*norm*)이라 부른다. R^n의 경우 노름은 다음 식으로 주어진다.

$$\|\mathbf{u}\| = \langle \mathbf{u}, \mathbf{u} \rangle^{1/2} = \left(u_1^2 + u_2^2 + \cdots + u_n^2\right)^{1/2} \tag{20.6}$$

이것은 n차원 피타고라스 정리이다.

내적은 **슈바르츠 부등식**(*Schwarz inequality*)이라 불리는 중요한 부등식을 만족한다(연습문제 20-19, 연습문제 13-23 참조).

$$|\langle \mathbf{u}, \mathbf{v} \rangle| \leq \|\mathbf{u}\|\,\|\mathbf{v}\| \tag{20.7}$$

$-1 \leq \langle \mathbf{u}, \mathbf{v} \rangle / \|\mathbf{u}\|\,\|\mathbf{v}\| \leq +1$ 때문에 $\mathbf{u}$와 $\mathbf{v}$ 사이의 각도를 $\cos\theta = \langle \mathbf{u}, \mathbf{v} \rangle / \|\mathbf{u}\|\,\|\mathbf{v}\|$로 정의할 수 있다. 여기에서 $0 \leq \theta \leq \pi$이다.

노름은 다음 성질을 만족한다.

$\|\mathbf{v}\| \geq 0$이며, 여기서 등호가 성립하기 위한 필요충분조건은 $\mathbf{v} = 0$이다. (20.8)

$$\|c\mathbf{v}\| = |c|\,\|\mathbf{v}\| \tag{20.9}$$

$$\|\mathbf{u}+\mathbf{v}\| \le \|\mathbf{u}\| + \|\mathbf{v}\| \tag{20.10}$$

식 20.10을 삼각형 부등식(triangle inequality)이라 하는 이유는 무엇인가?

예제 20-7

$\mathbf{u} = (2, 1, -1, 2, 4)$와 $\mathbf{v} = (-1, 0, 1, -2, -3)$에 대하여 식 20.7의 슈바르츠 부등식을 증명하시오.

풀이 먼저 다음 식을 얻는다.

$$\langle \mathbf{u}, \mathbf{v} \rangle = -2 + 0 - 1 - 4 - 12 = -19$$
$$\langle \mathbf{u}, \mathbf{u} \rangle = 4 + 1 + 1 + 4 + 16 = 26$$
$$\langle \mathbf{v}, \mathbf{v} \rangle = 1 + 0 + 1 + 4 + 9 = 15$$
$$|\langle \mathbf{u}, \mathbf{v} \rangle| = 19$$

그리고 $\|\mathbf{u}\| = \sqrt{\langle \mathbf{u}, \mathbf{u} \rangle} = 26^{1/2}$이고, $\|\mathbf{v}\| = \sqrt{\langle \mathbf{v}, \mathbf{v} \rangle} = 15^{1/2}$이다. 이 경우에 식 20.7은 $19 < (26 \cdot 15)^{1/2} = 19.7$이다.

만일 $\langle \mathbf{u}, \mathbf{v} \rangle = 0$이며, $\mathbf{u}$도 $\mathbf{v}$도 0이 아니면, $\mathbf{u}$와 $\mathbf{v}$는 **직교**(*orthogonal*)한다고 말한다. 주어진 예제 20-6에서처럼 두 함수의 내적의 정의를 이용하여 만일 다음 식이 성립하면

$$\langle f, g \rangle = \int_a^b f(x)g(x)\,dx = 0$$

(a, b)에 대해서 두 함수 $f(x)$와 $g(x)$는 직교한다고 말한다. 이 결과는 이전 장에서 자주 이용하였다.

벡터 집합 $\mathbf{v}_j;\ j = 1, 2, \ldots, n$에 대하여 $\langle \mathbf{v}_i, \mathbf{v}_j \rangle = \|\mathbf{v}_j\|^2\delta_{ij}$로 써서 직교성을 나타낼 수 있으며 여기에서 δ_{ij}는 크로네커 델타라고 한다. 모든 벡터의 길이를 노름 $\|\mathbf{v}_j\|$로 각각을 나누어서 1로 만든다면, 그때 새로운 집합은 **직교정규**(*orthonormal*)이고 $\langle \mathbf{v}_i, \mathbf{v}_j \rangle = \delta_{ij}$가 된다.

벡터의 직교정규 집합이 일차 독립을 보여 주는 것은 쉽다. $\mathbf{v}_1, \mathbf{v}_2, \ldots, \mathbf{v}_n$이 직교정규 집합이라 하자. 그러면 다음의 일차 결합이 성립한다.

$$c_1\mathbf{v}_1 + c_2\mathbf{v}_2 + \cdots + c_n\mathbf{v}_n = 0 \tag{20.11}$$

여기에서 c_j는 결정된다. 이제는 차례로 벡터 $\mathbf{v}_1, \mathbf{v}_2, \ldots, \mathbf{v}_n$이 각각 식 20.11의 내적을 이루고 $j = 1, 2, \ldots, n$에 대하여 $c_j = 0$이 된다. 따라서 벡터 집합은 일차 독립이다.

이제 모든 n-차원 벡터 공간 V는 실제로 직교정규 기저를 구성한다. $j = 1, 2, \ldots, n$에 대하여 $\mathbf{v}_j$는 V의 (0이 아닌)일차 독립 벡터의 임의의 집합이라 하자. $\mathbf{v}_1$으로 시작하여 이를 $\mathbf{u}_1$이라 부르자. 이제 새 집합에 두 번째 벡터를 취하면 다음의 $\mathbf{v}_2$와 $\mathbf{u}_1$의 일차 결합이 된다.

$$\mathbf{u}_2 = \mathbf{v}_2 + a_1 \mathbf{u}_1$$

이때 $\langle \mathbf{u}_1, \mathbf{u}_2 \rangle = 0$이다. 이 조건은 $0 = \langle \mathbf{u}_1, \mathbf{v}_2 \rangle + a_1 \langle \mathbf{u}_1, \mathbf{u}_1 \rangle$이며, 따라서 다음과 같다.

$$\mathbf{u}_2 = \mathbf{v}_2 - \frac{\langle \mathbf{u}_1, \mathbf{v}_2 \rangle}{\langle \mathbf{u}_1, \mathbf{u}_1 \rangle} \mathbf{u}_1 \tag{20.12}$$

이제 직교 집합의 세 번째를 다음으로 두자.

$$\mathbf{u}_3 = \mathbf{v}_3 + b_1 \mathbf{u}_1 + b_2 \mathbf{u}_2$$

이는 $\langle \mathbf{u}_3, \mathbf{u}_1 \rangle = 0$과 $\langle \mathbf{u}_3, \mathbf{u}_2 \rangle = 0$이 필요하다. 이것은 다음 식으로 나타낼 수 있다(연습문제 20-17).

$$\mathbf{u}_3 = \mathbf{v}_3 - \frac{\langle \mathbf{v}_3, \mathbf{u}_2 \rangle}{\langle \mathbf{u}_2, \mathbf{u}_2 \rangle} \mathbf{u}_2 - \frac{\langle \mathbf{v}_3, \mathbf{u}_1 \rangle}{\langle \mathbf{u}_1, \mathbf{u}_1 \rangle} \mathbf{u}_1 \tag{20.13}$$

이러한 절차는 직교정규 다항식 집합을 유도하기 위해 8.2절에서 사용한 것과 완전 유사하다. 실제 일단 직교정규 다항식이 벡터 공간에서 벡터로 인식하면 두 개의 절차는 동일하다. 위 절차는 내적이 20.2절에서부터 20.4절에서 정의될 때 벡터 공간에 대한 **그램-슈미트**(*Gram-Schmidt*) 직교화 절차를 간단히 설명한다.

예제 20-8

세 개의 벡터 $\mathbf{v}_1 = (1, 0, 0)$, $\mathbf{v}_2 = (1, 1, 0)$, $\mathbf{v}_3 = (1, 1, 1)$로부터 직교정규 기저를 만드시오.

풀이 $\mathbf{v}_1 = (1, 0, 0)$을 정규화로 출발하여 이를 $\mathbf{u}_1$이라 부르자. 이제 $\langle \mathbf{u}_1, \mathbf{v}_2 \rangle = \mathbf{u}_1 \cdot \mathbf{v}_2 = 1$과 $\langle \mathbf{u}_1, \mathbf{u}_1 \rangle = \mathbf{u}_1 \cdot \mathbf{u}_1 = 1$이고, 식 20.12는

$$\mathbf{u}_2 = \mathbf{v}_2 - \mathbf{u}_1 = (0, 1, 0)$$

으로 정규화 된다. 마지막으로 $\langle \mathbf{v}_3, \mathbf{u}_1 \rangle = \mathbf{v}_3 \cdot \mathbf{u}_1 = 1$과 $\langle \mathbf{v}_3, \mathbf{u}_2 \rangle = 1$이면 식 20.13은

$$\mathbf{u}_3 = \mathbf{v}_3 - \mathbf{u}_2 - \mathbf{u}_1 = (0, 0, 1)$$

이다. $\mathbf{u}_1$, $\mathbf{u}_2$, $\mathbf{u}_3$는 직교 좌표계에서 세 개의 단위 벡터 $\mathbf{i}$, $\mathbf{j}$, $\mathbf{k}$임에 유의해야 한다.

20.4 복소 내적 공간

지금까지 벡터 공간의 논의에서 스칼라와 벡터는 실수값으로 인정하였다. 양자 역학은 복소 내적과 함께 복소 벡터 공간을 이용하여 공식화할 수 있음이 판명되어, 이 절에서는 앞 절의 결과를 복소수를 포함하여 확장할 것이다.

일차 독립의 정의는 실수 대신으로 복소수 공간을 다루면 변경되지 않는다. 앞의 절에서 일차 독립의 정의에서 벡터라든지 상수의 집합이 실수였음을 어디에도 명시하지 않았다. 벡터

$\mathbf{v}_1 = (1, i, -1)$, $\mathbf{v}_2 = (1+i, 0, 1-i)$, $\mathbf{v}_3 = (i, -1, -i)$가 일차 독립인지를 결정하자. 다음 식이 비자명해인지 알아보자.

$$\sum_{j=1}^{3} c_j \mathbf{v}_j = 0 = (c_1, ic_1, -c_1) + ((1+i)c_2, 0, (1-i)c_2) + (ic_3, -c_3, -ic_3)$$

다음 식 또한 알아보자.

$$\begin{aligned} c_1 + (1+i)c_2 + ic_3 &= 0 \\ ic_1 - c_3 &= 0 \\ -c_1 + (1-i)c_2 - ic_3 &= 0 \end{aligned}$$

계수의 행렬식은 다음과 같다.

$$\begin{vmatrix} 1 & 1+i & i \\ i & 0 & -1 \\ -1 & 1-i & -i \end{vmatrix} = 0$$

그리고 벡터가 일차 독립이 아님을 보자(실제로, $\mathbf{v}_3 = i\,\mathbf{v}_1$).

실수와 복소 내적 공간 사이의 기본적인 차이는 내적의 정의이다. 만일 스칼라와 벡터가 복소수를 허용한다면 식 20.2부터 식 20.4까지는 다음과 같다.

1. $\langle \mathbf{u} | a\,\mathbf{v}_1 + b\,\mathbf{v}_2 \rangle = a\langle \mathbf{u}|\mathbf{v}_1 \rangle + b\langle \mathbf{u}|\mathbf{v}_2 \rangle$ (20.14)
2. $\langle \mathbf{u}|\mathbf{v} \rangle = \langle \mathbf{v}|\mathbf{u} \rangle^*$ (20.15)
3. $\langle \mathbf{u}|\mathbf{u} \rangle \geq 0$, with $\langle \mathbf{u}|\mathbf{u} \rangle = 0$ if and only if $\mathbf{u} = 0$ (20.16)

실수와 복소수 곱 공간 사이를 구별하기 위해 식 20.14부터 식 20.16까지 괄호 안의 두 벡터를 구분하기 위해 콤마 대신 수직선을 사용한다(이는 양자 역학의 표준 표기법이다).

식 20.14의 복소 공액을 취하면

$$\langle \mathbf{u} \,|\, a\,\mathbf{v}_1 + b\,\mathbf{v}_2 \rangle^* = a^*\langle \mathbf{u} \,|\, \mathbf{v}_1 \rangle^* + b^*\langle \mathbf{u} \,|\, \mathbf{v}_2 \rangle^*$$

이고, 식 20.15을 이용하면 다음 식을 얻는다.

$$\langle a\,\mathbf{v}_1 + b\,\mathbf{v}_2|\mathbf{u} \rangle = a^*\langle \mathbf{v}_1|\mathbf{u} \rangle + b^*\langle \mathbf{v}_2|\mathbf{u} \rangle \tag{20.17}$$

특히, 식 20.14에서 $b = 0$이라 두면 다음 식을 갖는다.

$$\langle \mathbf{u}|a\,\mathbf{v} \rangle = a\langle \mathbf{u}|\mathbf{v} \rangle \tag{20.18}$$

그리고 식 20.17에서 $b = 0$이라 두면 다음 시을 갖는다.

$$\langle a\,\mathbf{v}|\mathbf{u} \rangle = a^*\langle \mathbf{v}|\mathbf{u} \rangle \tag{20.19}$$

이들 두 식을 통해 스칼라가 두 번째 자리에서는 "있는 그대로" 내적의 밖으로 나오지만, 첫 번째 자리에서는 복소 공액으로서 나옴을 알 수 있다.

만일 $\mathbf{u}$와 $\mathbf{v}$가 복소수의 순서 있는 n-짝이라면 다음과 같이 $\langle \mathbf{u}|\mathbf{v}\rangle$를 정의한다.

$$\langle \mathbf{u}|\mathbf{v} \rangle = u_1^* v_1 + u_2^* v_2 + \cdots + u_n^* v_n \tag{20.20}$$

그리고 $\mathbf{u}$의 **노름**(*norm*)은 다음과 같이 $\|\mathbf{u}\|$를 정의한다.

$$\|\mathbf{u}\| = \langle \mathbf{u}|\mathbf{u} \rangle = u_1^* u_1 + u_2^* u_2 + \cdots + u_n^* u_n \geq 0 \tag{20.21}$$

식 20.20은 종종 **에르미트 내적**(*Hermitian inner product*)이라 부른다. 연습문제 20-26은 이러한 정의가 식 20.14에서 식 20.16에 이르기까지 만족함을 보여 준다.

예제 20-9

$\mathbf{u} = (1+i, 3, 4-i)$와 $\mathbf{v} = (3-4i, 1+i, 2i)$로 주어질 때 $\langle \mathbf{u}|\mathbf{v}\rangle$, $\langle \mathbf{v}|\mathbf{u}\rangle$, $\|\mathbf{u}\|$, $\|\mathbf{v}\|$를 계산하시오.

풀이

$$\langle \mathbf{u}|\mathbf{v} \rangle = (1-i)(3-4i) + 3(1+i) + (4+i)(2i) = 4i$$
$$\langle \mathbf{v}|\mathbf{u} \rangle = (3+4i)(1+i) + 3(1-i) - 2i(4-i) = -4i = \langle \mathbf{u}|\mathbf{v} \rangle^*$$
$$\|\mathbf{u}\| = [(1-i)(1+i) + 9 + (4+i)(4-i)]^{1/2} = \sqrt{28}$$
$$\|\mathbf{v}\| = [(3+4i)(3-4i) + (1-i)(1+i) + (-2i)(2i)]^{1/2} = \sqrt{31}$$

$j = 1, 2, \ldots, n$에 대하여 벡터 $\mathbf{v}_j$가 조건 $\langle \mathbf{v}_i|\mathbf{v}_j\rangle = \delta_{ij}$를 만족하면 그 집합은 직교정규라고 한다.

예제 20-10

세 개의 3-짝 $\mathbf{u}_1 = (1, i, 1+i)$, $\mathbf{u}_2 = (0, 1-i, i)$, $\mathbf{u}_3 = (3i-3, 1+i, 2)$가 직교함을 보이시오. 직교정규도 만들어 보시오.

풀이

$$\langle \mathbf{u}_1|\mathbf{u}_2 \rangle = 0 - i(1-i) + (1-i)i = 0$$
$$\langle \mathbf{u}_1|\mathbf{u}_3 \rangle = (3i-3) - i(1+i) + 2(1-i) = 0$$
$$\langle \mathbf{u}_2|\mathbf{u}_3 \rangle = 0 + (1+i)(1+i) - 2i = 0$$

직교정규를 만들기 위해서 각각을 노름으로 나눈다.

$$\|\mathbf{u}_1\| = \langle \mathbf{u}_1|\mathbf{u}_1 \rangle^{1/2} = [(1)(1) - i(i) + (1-i)(1+i)]^{1/2} = 2$$
$$\|\mathbf{u}_2\| = \langle \mathbf{u}_2|\mathbf{u}_2 \rangle^{1/2} = [(1+i)(1-i) + (-i)(i)]^{1/2} = 3^{1/2}$$
$$\|\mathbf{u}_3\| = \langle \mathbf{u}_3|\mathbf{u}_3 \rangle^{1/2} = [(-3i-3)(3i-3) + (1-i)(1+i) + 4]^{1/2} = (24)^{1/2}$$

슈바르츠 부등식은 복소 벡터 공간에 대하여 같은 형태를 취한다.

$$|\langle \mathbf{u}|\mathbf{v} \rangle| \leq \|\mathbf{u}\| \, \|\mathbf{v}\| \tag{20.22}$$

그리고 그 증명은 실수 벡터 공간의 하나와 병행한다. 예제 20-9의 벡터는 식 20.22을 만족함에 유의한다($4 < (28 \cdot 31)^{1/2} = 29.46$).

그램-슈미트 방법은 복소 벡터 공간에 대해서도 유용하다. 두 벡터 $\mathbf{v}_1 = (-1, 1)$과 $\mathbf{v}_2 = (i, -1)$로부터 직교정규 기저를 만들어 보자. $\mathbf{u}_1 = \mathbf{v}_1 = (-1, 1)$로 시작해서 다음과 같이 쓴다.

$$\mathbf{u}_2 = \mathbf{v}_2 + a\,\mathbf{u}_1$$

왼쪽으로부터 $\mathbf{u}_1$과 내적을 만들면 $\langle \mathbf{u}_1 | \mathbf{u}_2 \rangle = 0 = \langle \mathbf{u}_1 | \mathbf{v}_2 \rangle + \langle \mathbf{u}_1 | a\,\mathbf{u}_1 \rangle$을 얻는다. 이것은

$$0 = -i - 1 + a\langle \mathbf{u}_1 | \mathbf{u}_1 \rangle = -i - 1 + 2a$$

또는 $a = (1+i)/2$가 된다. 따라서 두 직교 벡터 $\mathbf{u}_1 = (-1, 1)$이고

$$\mathbf{u}_2 = \mathbf{v}_2 + a\,\mathbf{u}_1 = (i, -1) + \frac{1+i}{2}(-1, 1) = \frac{1}{2}(i-1, i-1)$$

이다. 두 직교정규 벡터는 각각을 노름으로 나누어서 얻는다.

$$\mathbf{u}_1 = \frac{1}{\sqrt{2}}(-1, 1) \qquad \text{그리고} \qquad \mathbf{u}_2 = \frac{1}{2}(i-1, i-1)\text{이다.}$$

이 장을 마치기 전에 한 가지 마지막 주제를 다루겠다. 양자 역학에서의 표준 방법은 계의 해밀턴 연산자의 고유 함수를 이용하여 함수를 확장한다. 고유 함수는 (대개) 무한차원 (가끔 복소수) 벡터 공간에서의 벡터로 간주한다. 이 장에서의 모든 정의와 결과가 이 경우에 적용되지만 추가적인 복잡성은 여러 가지 확장의 수렴 문제를 다루어야 한다. 벡터 공간의 내적의 정의는 다음과 같이 파동함수의 집합으로 정의된다.

$$\langle f \,|\, g \rangle = \int_a^b f^*(x) g(x)\, dx$$

이 식은 양자 역학을 공부할 때 볼 수 있다. 무한차원 내적 공간을 **힐베르트 공간**(*Hilbert space*)이라 부른다. 양자 역학의 수학적 기초는 힐베르트 공간의 개념을 중심으로 만들어졌다.

연습문제

20-1. 모든 $n \times n$행렬들의 집합은 벡터 공간을 형성함을 보이시오.

20-2. 모든 이차원 기하 벡터들은 벡터 공간을 형성함을 보이시오.

20-3. 만일 두 n-짝 $(u_1, u_2, \ldots, u_n)$과 $(v_1, v_2, \ldots, v_n)$의 덧셈이 $(u_1+v_1, u_2+v_2, \ldots, u_n+v_n)$으로 정의되고, 스칼라곱은 $c(u_1, u_2, \ldots, u_n) = (cu_1, cu_2, \ldots, cu_n)$으로 정의된다면, 실수의 모든 순서 있는 n-짝이 벡터 공간으로 이루어짐을 보이시오.

20-4. 삼차보다 작거나 같은 모든 다항식이 벡터 공간이 됨을 보이시오. 이것의 차원은 무엇인가?

20-5. 함수들의 집합이 구간 (a, b)에서 연속이고 벡터 공간이 됨을 보이시오.

20-6. n차 선형 동차 미분 방정식의 해의 집합이 벡터 공간이 됨을 보이시오.

20-7. V의 벡터 부분집합이 V와 같이 덧셈과 곱셈 연산에 대하여 벡터 공간이 가끔 일어나게 된다. 그러한 경우 벡터 집합은 V의 **부분공간**(*subspace*)이 된다고 말한다. 부분공간의 간단한 기하학적 예는 삼차원 유클리드 공간의 xy평면이다. xy평면에 놓여 있는 모든 벡터의 집합은 삼차원 유클리드 공간의 이차원 부분공간이 된다. n-짝 $(a, a, \dots, a)$은 R^n의 부분공간임을 보이시오. 여기에서 a는 임의의 실수이다.

20-8. 다음 벡터들이 일차 독립임을 증명하시오.

$$(0, 1, 0, 0), (1, 1, 0, 0), (0, 1, 1, 0), (0, 0, 0, 1)$$

20-9. 다음 벡터들이 일차 독립임을 증명하시오.

$$(1, 1, 1), (1, -1, 1), (-1, 1, -1)$$

20-10. 벡터 $(1, 0, 2)$는 $(1, 1, 1), (1, -1, -1), (3, 1, 1)$에 의해 생성함을 보이시오.

20-11. 다음 벡터 집합 $\{(1, 1, 1, 1), (1, -1, 1, -1), (1, 2, 3, 4), (1, 0, 2, 0)\}$은 R^4의 기저임을 보이시오.

20-12. R^3의 기저 $(1, 1, 0), (1, 0, 1), (1, 1, 1)$에 대하여 $(1, 2, 3)$의 좌표를 찾으시오.

20-13. 기하 벡터에 대하여 13장에서 정의한 점곱은 내적임을 보이시오.

20-14. 두 기하 벡터 $\mathbf{u} = \mathbf{i} + 2\mathbf{j} - \mathbf{k}$와 $\mathbf{v} = -\mathbf{i} + \mathbf{j} + 2\mathbf{k}$는 슈바르츠 부등식을 만족함을 보이시오.

20-15. 구간 $(0, 1)$에 대해서 두 함수 $f_1(x) = 1 + x$와 $f_2(x) = x$는 예제 20-6에 있는 내적의 정의가 주어진 슈바르츠 부등식을 만족함을 보이시오.

20-16. 예제 20-5에 정의된 내적을 이용하여 실수의 순서 있는 n-짝의 노름은 $\|(u_1, u_2, \dots, u_n)\| = (u_1^2 + u_2^2 + \cdots + u_n^2)^{1/2}$임을 보이시오.

20-17. 식 20.13을 증명하시오.

20-18. 세 벡터 $(1, -1, 0), (1, 1, 0), (0, 1, 1)$로부터 직교정규 기저를 구하시오.

20-19. 이 문제에서는 슈바르츠 부등식을 증명할 것이다. $\langle \mathbf{u} + \lambda\mathbf{v}, \mathbf{u} + \lambda\mathbf{v} \rangle \geq 0$으로 시작한다. 여기에서 λ는 임의 상수이다. 이 내적을 다음과 같이 확장하시오.

$$\lambda^2\langle \mathbf{v}, \mathbf{v} \rangle + 2\lambda\langle \mathbf{u}, \mathbf{v} \rangle + \langle \mathbf{u}, \mathbf{u} \rangle \geq 0$$

이 부등식은 임의의 λ에 대해 참이고 식 20.7을 유도하기 위해 $\lambda = -\langle \mathbf{u}, \mathbf{v} \rangle \langle \mathbf{v}, \mathbf{v} \rangle$를 선택한다.

20-20. 세 벡터 $(1, i, -1), (1 + i, 0, 1 - i), (i, -1, -i)$는 이들 중 한 벡터가 나머지 벡터들의 일차 결합으로 표현하여 일차 독립이 아님을 보이시오.

20-21. 벡터 $(1, 1, -i), (0, i, i), (0, 1, -1)$이 일차 독립인지를 결정하시오.

20-22. $\langle \mathbf{u} \,|\, \mathbf{v} \rangle = 2 + i$라 가정하고, (a) $\langle (1 - i)\mathbf{u} \,|\, \mathbf{v} \rangle$와 (b) $\langle \mathbf{u} \,|\, 2i\,\mathbf{v} \rangle$를 결정하시오.

20-23. 다음 네 행렬 $\mathbf{I} = \begin{pmatrix} 1 & 0 \\ 0 & i \end{pmatrix}, \boldsymbol{\sigma}_x = \begin{pmatrix} 0 & 1 \\ 1 & 0 \end{pmatrix}, \boldsymbol{\sigma}_y = \begin{pmatrix} 0 & -i \\ i & 0 \end{pmatrix}, \boldsymbol{\sigma}_z = \begin{pmatrix} 1 & 0 \\ 0 & -1 \end{pmatrix}$이 일차 독립인지를 결정하시오. 이들 행렬을 **파울리 스핀 행렬**(*Pauli spin matrices*)이라 부른다.

20-24. (a) $\mathbf{u} = (1 + i, 1)$; $\mathbf{v} = (-i, -1)$와 (b) $\mathbf{u} = (3, -i, 2i)$; $\mathbf{v} = (1, 3i, -1)$에 대하여 식 20.15가 명백함을 증명하시오.

20-25. $\mathbf{u} = (1, 1)$와 $\mathbf{v} = (1, -2)$라 하자. $a = i$에 대하여 식 20.18과 식 20.19가 명백함을 증명하시오.

20-26. 식 20.20에 의해 정의된 내적(inner product)은 식 20.14에서 식 20.16까지 만족함을 보이시오.

제 21 장

확률

확률론은 양자 역학에서 파동 함수의 확률적 해석으로부터 기체 운동론과 분자론적 엔트로피의 해석에 이르기까지 물리학적인 과학 분야에 널리 사용되고 있으며, 물리화학뿐만 아니라 물리학과 생물학 분야에서도 중요한 역할을 한다. 이 장에서는 확률론의 기본 이론을 소개하고 그 응용에 대하여 설명할 것이다.

21.1 불연속 분포

동전을 던진다든지, 주사위를 굴린다든지 또는 핵 각운동량의 z 성분을 측정하는 등의 어떤 실험을 n번 시행한다고 하고, 각각의 경우에 그 확률을 p_j라고 하자(이때, $j = 1, 2, \ldots, n$). 만약 이 실험을 무한대로 시행한다면, 다음을 기대할 수 있다.

$$p_j = \lim_{N \to \infty} \frac{N_j}{N} \qquad j = 1, 2, \ldots, n \tag{21.1}$$

이때, N_j는 j가 일어날 경우의 수이고, N은 실험의 전체 시행횟수이다(그림 21.1 참조). $0 \le N_j \le N$이기 때문에 p_j는 다음 조건을 만족한다.

$$0 \le p_j \le 1 \tag{21.2}$$

$p_j = 1$인 경우, j가 일어날 경우는 확실하며, $p_j = 0$인 경우, j는 전혀 일어나지 않는다. 또한 다음 조건을 만족하기 때문에,

$$\sum_{j=1}^{n} N_j = N$$

다음과 같은 표준화 조건을 얻는다.

$$\sum_{j=1}^{n} p_j = 1 \tag{21.3}$$

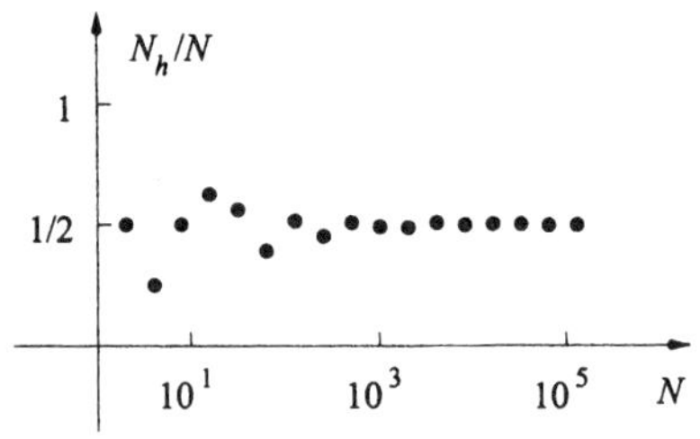

[그림 21.1] 동전 던지기에 대한 전산 모의 실험 결과. 도표에서 전체 시행횟수 N에 대하여 앞면이 나올 경우 수의 비를 나타내었다.

식 21.3은 어떤 경우가 일어날 확률이 확실하다는 것을 의미한다.

카드놀이에서 다음에 펼쳐질 카드가 붉은색일 경우처럼, 많은 시행에서는 서술적인 결과를 얻는다. 그러나 또다른 많은 시행에서는 자연수의 결과를 얻는다. 시행 $E_1, E_2, \ldots, E_n$ 경우에 대하여 각각 다른 값을 얻는다면, 그것을 임의 변수 X로 표현할 수 있다. **임의 변수**(*random variable*)는 각 시행에서 얻어지는 값에 대한 규칙이나 식이다. 각 시행에서 얻어지는 임의 변수는 대문자로 표현하고, 특정한 임의 변수는 소문자로 표현한다. 임의 변수 X의 값이 $x_1, x_2, \ldots, x_n$인 경우의 확률을 각각 $p(x_1), p(x_2), \ldots, p(x_n)$로 표시하자. 확률 집합 $\{p(x_j)\}$는 n개의 $\{x_j\}$에 대한 확률 $p(X)$의 집합이다. 이 함수 $p(X)$를 이 분포의 **확률 밀도**(*probability density*)라 부르고, 다음과 같이 표현한다.

$$p(x_j) = \text{Prob}\{X = x_j\} \tag{21.4}$$

이 확률 밀도를 그림 21.2에 도시하였다.

때때로 확률 집합 $\{p(x_j)\}$를 x축에 나열한 단위 질량으로 해석하는 것이 편리하다. 이때 m_j는 x_j에 위치한 질량이다. $\sum_j p(x_j) = 1$이기 때문에 $\sum_j m_j = 1$이다. 그래서 확률 분포는 x축에 나열한 단위 질량의 분포로 간주할 수 있다.

X의 **평균값**(*mean value*)은 다음과 같다.

$$\langle x \rangle = \sum_{j=1}^{n} x_j p(x_j) \tag{21.5}$$

($\bar{x}$가 때로는 응용 통계학(다음 장 참조)과 물리학 분야에서 사용된다) 단위 질량 분포의 경우로 간주한다면, 식 21.5는 평균값이 단지 질량 중심에 해당된다. 더 일반적으로, 만약 $f(X)$가 X의 함수이면, $f(X)$의 평균값은 다음 수식으로 정의할 수 있다.

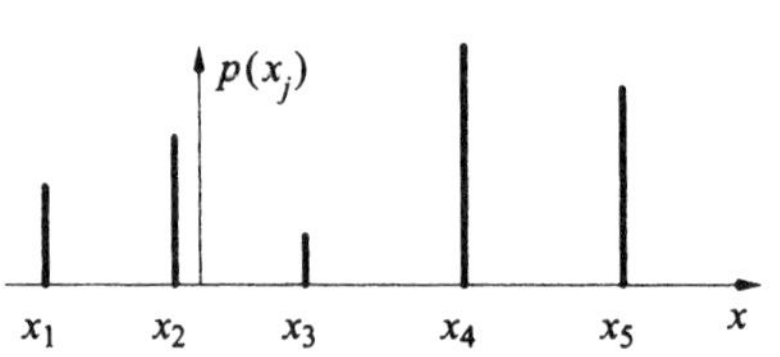

[그림 21.2] 불연속 확률 밀도, $p(x_j) = \text{Prob}\{X = x_j\}$.

$$\langle f(x) \rangle = \sum_{j=1}^{n} f(x_j)p(x_j)$$

$f(X) = X^n$이면, $\langle x^n \rangle$는 확률 분포 $\{p(x_j)\}$의 n차 **모멘트**(*moment*)라 부른다. 다음의 이차 모멘트는 질량 분포의 관성능률에 해당된다.

$$\langle x^2 \rangle = \sum_{j=1}^{n} x_j^2 p(x_j) \tag{21.6}$$

다음의 예제에서 알 수 있듯이, $\langle x^2 \rangle$가 꼭 $\langle x \rangle^2$일 필요는 없다.

예제 21-1

다음의 확률값에 대하여 $\langle x \rangle$, $\langle x \rangle^2$, $\langle x^2 \rangle$를 계산하시오.

x	1	2	3	4	5
$p(x)$	0.10	0.15	0.05	0.50	0.20

풀이

$$\begin{aligned}\langle x \rangle &= (1)(0.10) + (2)(0.15) + (3)(0.05) + (4)(0.50) + (5)(0.20) \\ &= 3.55\end{aligned}$$

$$\langle x \rangle^2 = 12.60$$

$$\begin{aligned}\langle x^2 \rangle &= (1)(0.10) + (4)(0.15) + (9)(0.05) + (16)(0.50) + (25)(0.20) \\ &= 14.14\end{aligned}$$

그러므로, $\langle x^2 \rangle \neq \langle x \rangle^2$이다. 아래에서 이것이 일반적인 성질인 것을 증명할 것이다.

$\langle x^2 \rangle$보다 더 중요한 양은 다음과 같이 정의되는 **이차 중심 모멘트**(*second central moment*) 또는 **분산**(*variance*)이다.

$$\sigma_x^2 = \mathrm{Var}[X] = \langle (x - \langle x \rangle)^2 \rangle = \sum_{j=1}^{n} (x_j - \langle x \rangle)^2 p_j \tag{21.7}$$

식 21.7의 제곱근 σ_x를 **표준 편차**(*standard deviation*)라 부른다. 식 21.7의 합에서 알 수 있듯이, x_j와 $\langle x \rangle$의 차이가 클수록 σ_x^2는 커지고, 이것은 p_j가 아주 작지 않는 한 $(x_j - \langle x \rangle)^2$이 커지기 때문이다. 반면에, x_j와 $\langle x \rangle$의 차이가 작을수록 또는 x_j값이 $\langle x \rangle$ 주위에 있을 경우, p_j가 아주 크지 않는 한 $(x_j - \langle x \rangle)^2$이 작아지기 때문에 σ_x^2는 작아진다. 그래서 분산이나 표준 편차는 평균값에 대하여 값들이 어떻게 분포되었는지를 판단하는 척도가 된다.

식 21.7에서 σ_x^2는 양의 항을 합하여 얻어지므로 $\sigma_x^2 \geq 0$이다. 더욱이, 다음과 같다.

$$\sigma_x^2 = \sum_{j=1}^{n} (x_j - \langle x \rangle)^2 p_j = \sum_{j=1}^{n} (x_j^2 - 2\langle x \rangle x_j + \langle x \rangle^2) p_j$$

$$= \sum_{j=1}^{n} x_j^2 p_j - 2\sum_{j=1}^{n} \langle x \rangle x_j p_j + \sum_{j=1}^{n} \langle x \rangle^2 p_j$$

여기에서 첫 번째 항이 바로 $\langle x^2 \rangle$이다(식 21.6 참조). x_j의 평균인 $\langle x \rangle$가 단지 수값이므로 전체합 계산에서 외부로 옮길 수 있기 때문에, 두 번째와 세 번째 항에는 $\sum x_j p_j$와 $\sum p_j$만이 남게 된다. 이때, 정의에 의하여 $\sum x_j p_j$는 $\langle x \rangle$이고, $\sum p_j$는 표준화(식 21.3)에 의하여 1이 된다. 이제 모든 항을 대입하면, 다음과 같이 된다.

$$\begin{aligned} \sigma_x^2 &= \langle x^2 \rangle - 2\langle x \rangle^2 + \langle x \rangle^2 \\ &= \langle x^2 \rangle - \langle x \rangle^2 \geq 0 \end{aligned} \tag{21.8}$$

$\sigma_x^2 \geq 0$이기 때문에, $\langle x^2 \rangle \geq \langle x \rangle^2$이 된다. 확률이 1인 $x_j = \langle x \rangle$인 경우에, 식 21.7로부터 $\sigma_x^2 = 0$ 또는 $\langle x \rangle^2 = \langle x^2 \rangle$이 되나, 이런 경우는 모든 시행에서 j가 얻어지는 것이기 때문에 실제로 확률적이라고 할 수 없다.

이제 잘 알려진 중요한 두 가지 불연속 확률 분포에 대하여 논의해 보자. 우선 동전을 n번 연속하여 던지고, 앞면이 m번 나올 확률을 구해보자. 동전을 n번 연속하여 던질 때, 그 결과를 $hhhthttt \cdots tth$와 같이 h(앞면)와 t(뒷면)로 표현할 수 있다. 이 나열에는 n개의 위치가 있고, 각 위치에는 h와 t가 있을 수 있기 때문에, 2^n개의 나열이 가능하고, 모든 위치는 같은 2^{-n}의 확률을 가질 수 있다. h를 m번 가지는 나열에 대한 경우의 수는 다음과 같이 계산할 수 있다. 첫 번째 h가 위치할 경우는 n이고, 두 번째 h가 위치할 경우는 $n - 1$이며, m개 중의 마지막 h가 위치할 경우는 $n - m + 1$이다. 그러므로 h를 m번 가지는 나열의 수는 다음과 같다.

$$\underbrace{n(n-1)\cdots(n-m+1)}_{m\text{번}}$$

이 곱을 다음과 같이 편리하게 표현할 수 있다.

$$n(n-1)\cdots(n-m+1) = \frac{n!}{(n-m)!}$$

그러나 모든 h는 동일하기 때문에, 첫 번째 h, 두 번째 h 등은 없고, 단지 구별되지 않는 h만이 있다. 이것은 이 과정에서 $m!$번 중복하여 나열하였다는 것이고, 이것은 m개의 h를 나열하는 경우수이다. 그러므로 m개의 h와 $(n - m)$개의 t를 나열하는 경우의 수는 n개의 위치에 m개의 h를 나열하는 경우의 수와 같다. 즉,

$$\frac{n!}{m!(n-m)!}$$

이것을 **이항 계수**(*binomial coefficient*)라고 한다(이 식은 표 21.1과 표 21.2에 나열한 동전을 두 세 번 던져 얻어질 모든 가능한 결과를 분석하여 확인할 수 있다). m개의 h가 나열하는 경우의 확

표 21.1 동전을 두 번 던졌을 때 가능한 경우.

시행		앞면의 수
#1	#2	
H	H	2
H	T	1
T	H	1
T	T	0

표 21.2 동전을 세 번 던졌을 때 가능한 경우.

시행			앞면의 수
#1	#2	#3	
H	H	H	3
H	H	T	2
H	T	H	2
T	H	H	2
H	T	T	1
T	H	T	1
T	T	H	1
T	T	T	0

률 p_m은 이 결과에 2^{-n}을 곱하여 구할 수 있다.

$$p_m = \frac{n!}{m!(n-m)!}\left(\frac{1}{2}\right)^n$$

더 일반적으로, 만약에 성공할 확률이 p이고 실패할 확률이 q이면, $p + q = 1$이고 m번 성공할 확률은 다음과 같다.

$$p_m = \frac{n!}{m!(n-m)!} p^m q^{n-m} = \frac{n!}{m!(n-m)!} p^m (1-p)^{n-m} \tag{21.9}$$

이 분포를 **이항 분포**(*binomial distribution*)라고 하며, 카드놀이에서 카드를 한 장씩 테이블 위에 뒤집어 던지는 것과 같이 반복적이고 서로 독립적인 경우에 적용할 수 있다. 식 21.9는 다음과 같은 이항 정리와 같기 때문에, 이항 분포라고 한다.

$$(x+y)^n = \sum_{m=0}^{n} \frac{n!}{m!(n-m)!} x^{n-m} y^m \tag{21.10}$$

예를 들어,

$$(x+y)^2 = \sum_{m=0}^{2} \frac{2!}{m!(2-m)!} x^{2-m} y^m = x^2 + 2xy + y^2$$

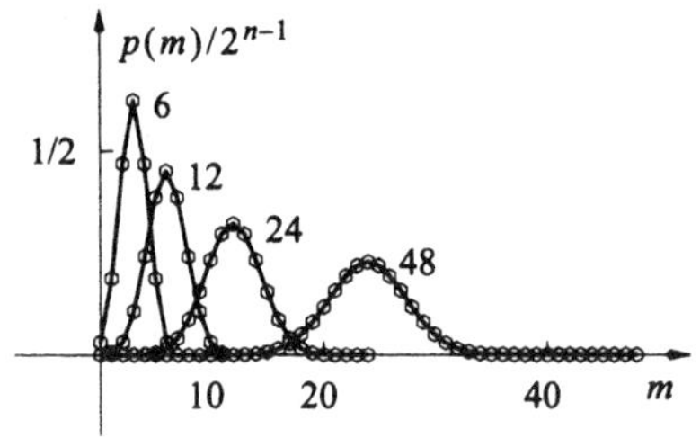

[그림 21.3] $p = 1/2$ 경우에 n (6, 12, 24와 48)에 따른 m에 대하여 얻은 이항 분포. n값이 증가할수록 분포가 더욱 종모양이 된다.

그리고

$$(x+y)^3 = \sum_{m=0}^{3} \frac{3!}{m!(3-m)!} x^{3-m} y^m = x^3 + 3x^2y + 3xy^2 + y^3$$

식 21.10의 왼쪽 항은 x와 y에 대하여 대칭이기 때문에, 다음과 같이 표현할 수 있다.

$$(x+y)^n = \sum_{m=0}^{n} \frac{n!}{m!(n-m)!} x^m y^{n-m} \tag{21.11}$$

식 21.10과 21.11은 서로 같으며, 보다 대칭적인 식으로 표현할 수 있다.

$$(x+y)^n = \sum_{n_1=0}^{n} \sum_{n_2=0}^{n}{}^{*} \frac{n!}{n_1! n_2!} x^{n_1} y^{n_2} \tag{21.12}$$

여기에서 *가 있는 합은 $n_1 + n_2 = n$인 경우만을 포함한다는 의미이다.

이항 분포를 가지는 m의 평균값은 다음과 같이 표현된다.

$$\langle m \rangle = \sum_{m=0}^{n} m p_m = \sum_{m=0}^{\infty} \frac{n!}{m!(n-m)!} m p^m (1-p)^{n-m}$$

이 식의 오른쪽 항을 식 21.11과 비교하여 다음을 얻는다.

$$\langle m \rangle = x \frac{\partial}{\partial x} (x+y)^n$$

여기에서 $x = p$와 $y = 1 - p$를 대입하고, 미분을 하면 다음을 얻을 수 있다(연습문제 21-4).

$$\langle m \rangle = np \qquad \text{(이항 분포)} \tag{21.13}$$

그림 21.3은 $p = 1/2$ 경우에 n에 따른 m에 대하여 얻은 이항 분포를 보여 준다. 이 그림에서 n이 증가할수록 분포가 더욱 더 종모양이 되는 것을 알 수 있다.

예제 21-2

동전을 열 번 던질 때, 다섯 번 앞면이 나올 확률을 계산하시오.

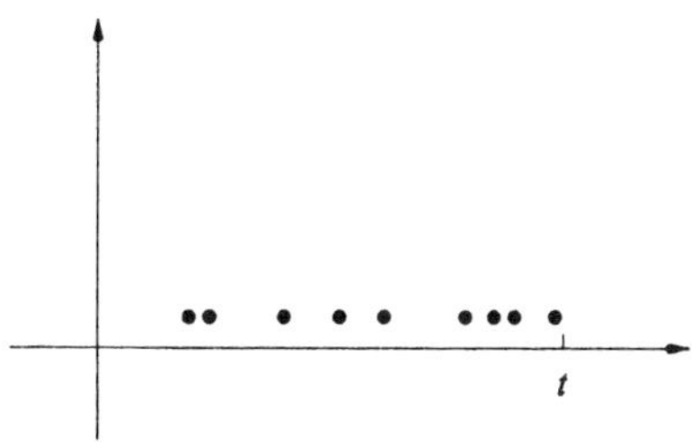

[그림 21.4] n점들을 시간 구간 $(0, t)$에 임의로 분포하였다.

풀이 식 21.9에 $n = 10, m = 5$, $p = 1/2$를 대입하면 다음과 같다.

$$p_5 = \frac{10!}{5!5!}\left(\frac{1}{2}\right)^{10} = 0.246$$

비록 이항 분포가 중요하고 유용하기는 하나, 더 잘 알려진 **포아송 분포**(*Poisson distribution*)의 기초가 될 것이다. 다음 문제를 고려해 보자. n점들을 시간 구간 $(0, t)$에 무작위로 분포시키고, 이 중에서 m점들이 어떤 구간 Δt에 위치할 확률을 구해보자(그림 21.4). 이 문제는 구간 Δt에 각 점을 성공적으로 위치시킬 확률(즉, $p = \Delta t/t$)이 같은 n점들을 시간 구간 $(0, t)$에 반복적으로 분포시키는 경우와 같다. 따라서 n점들 중에 m점들이 구간 Δt에 있게 될 확률은 다음과 같다.

$$\begin{aligned} p_m &= \frac{n!}{m!(n-m)!}p^m(1-p)^{n-m} \\ &= \frac{n!}{m!(n-m)!}\left(\frac{\Delta t}{t}\right)^m\left(1-\frac{\Delta t}{t}\right)^{n-m} \end{aligned} \tag{21.14}$$

m의 평균값은 $np = n\Delta t/t$이고, 이것을 $\lambda\Delta t$로 표시하자. 때때로 n이 크고 Δt가 작은 경우(즉, $\langle m \rangle$이 $\lambda\Delta t$로 고정)에 관심을 가지게 되는데, 식 21.14는 다음과 같이 더욱 더 편리한 모양으로 표현할 수 있다(연습문제 21-29).

$$p_m = \frac{(\lambda\Delta t)^m}{m!}e^{-\lambda\Delta t} \tag{21.15}$$

만약에 아주 많은 n점들을 시간 구간 $(0, t)$에 임의로 분포하면(이때, $\lambda = n/t$), 식 21.15는 구간 Δt에 m점들이 있을 확률이다. 이 식 21.15를 **포아송 분포**라고 부른다.

예제 21-3

포아송 분포에서 m의 평균값을 결정하시오.

풀이 m의 평균값은 다음과 같다.

$$\langle m \rangle = e^{-\lambda\Delta t}\sum_{m=0}^{\infty}\frac{m(\lambda\Delta t)^m}{m!} \tag{1}$$

다음 식을 이용하여 이 합을 간단히 정리할 수 있다.

$$\sum_{m=0}^{\infty} \frac{x^m}{m!} = e^x$$

이 식의 양변을 x에 대하여 미분하고 x를 곱하면, 다음이 얻어진다.

$$\sum_{m=0}^{\infty} \frac{mx^m}{m!} = x\frac{d}{dx}e^x = xe^x$$

이 결과를 식 (1)에 대입하면, 다음을 얻을 수 있다.

$$\langle m \rangle = \lambda \Delta t$$

식 21.15는 많은 물리적 현상의 하나인 방사능 붕괴에 적용할 수 있다. 이 경우에 λ는 평균 붕괴 속도이고, 식 21.15은 시간 구간 Δt 에 m번 붕괴를 관찰할 수 있다는 것을 알려준다. 그리고 시간 구간 Δt 에 붕괴를 관찰할 수 없는 확률은 $p_0 = e^{-\lambda\Delta t}$이다.

예제 21-4

붕괴 속도가 분당 1.5인 알파 입자를 방출하는 방사능물질을 긴 시간 동안 관찰하였다. 2분 동안에 관찰할 수 있는 알파 입자의 평균수를 결정하시오. 또한 알파 입자의 수가 0, 1, 2, 3, 4, 5 이상일 때의 확률을 계산하시오.

풀이 예제 21-3에 의하여, 2분 동안에 관찰할 수 있는 알파 입자의 평균수는 $\lambda\Delta t = 3.0$이다. m번을 관찰할 확률은 식 21.15로부터 구할 수 있다.

m	0	1	2	3	4
p_m	0.050	0.15	0.22	0.22	0.17

$m \geq 5$인 확률은 다음과 같다.

$$\text{Prob}\,\{m \geq 5\} = 1 - \sum_{m=0}^{4} \text{Prob}\,\{M = m\} = 0.19$$

포아송 분포는 방사능 붕괴, 항공 연구, 전자 충돌 관측, 신경계의 신경 전달과 은하계의 분포 등과 같은 아주 광범위한 분야에 응용되고 있다. 식 21.15를 일반적인 경우에 다음과 같이 표현한다.

$$p_m = \frac{a^m}{m!}e^{-a} \tag{21.16}$$

여기에서 $a = \langle m \rangle$이다(그림 21.5). 예를 들어 500쪽인 책에 300개의 오류가 있다면, 각 쪽에 오류가 없을 확률은 얼마인가? 세 개 이상의 오류가 있을 확률은 얼마인가? 이 경우에 "시간 구간"은 각

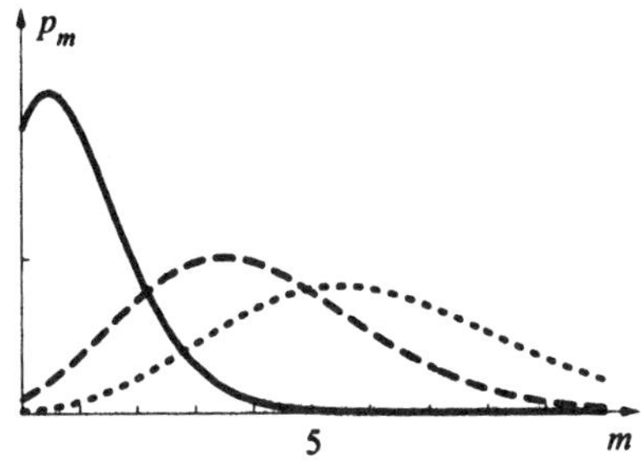

[그림 21.5] $a = 1.0$(실선), $a = 4.0$(굵은 점선)과 $a = 6.0$(점선)인 경우에 m에 대하여 도시한 포아송 분포(식 21.16).

쪽의 면적에 해당되고 각 쪽에서 오류 빈도를 계산하면 된다. 이때, a의 평균값은 각 쪽에서 300/500 = 0.6이다. 그러므로 각 쪽에 오류가 없을 확률은 $p_0 = e^{-0.6} = 0.5488$이고, 세 개 이상의 오류가 있을 확률은 다음과 같다.

$$\text{Prob}\{m \geq 3\} = \sum_{m=3}^{\infty} \left(\frac{a^m}{m!}\right) e^{-a} = 1 - e^{-a} - ae^{-a} - \frac{a^2}{2}e^{-a} = 0.0231$$

포아송 분포의 다른 응용은 연습문제 21-10과 21-11을 참조하시오.

21.2 다항 분포

앞 절에서 구별 가능한 N개 물체를 N_1과 나머지 $N - N_1 = N_2$로 나누는 경우의 수가 다음과 같은 이항 계수로 표현되는 것을 알았다.

$$W(N_1, N_2) = \frac{N!}{(N - N_1)!N_1!} = \frac{N!}{N_1!N_2!} \tag{21.17}$$

보다 일반적으로 구별 가능한 N개 물체를 $N_1, N_2, \cdots, N_r$ 등의 r 그룹으로 나눌 때, 그 경우의 수는 다음과 같다.

$$W(N_1, N_2, \ldots, N_r) = \frac{N!}{N_1!N_2!\cdots N_r!} \tag{21.18}$$

이때, $N_1 + N_2 + \cdots + N_r = N$이다. 이것이 다항 전개에서 얻어지기 때문에 다항 계수라고 부른다.

$$(x_1 + x_2 + \cdots + x_r)^N = \sum_{N_1=0}^{N} \sum_{N_2=0}^{N} \cdots \sum_{N_r=0}^{N}{}^{*} \frac{N!}{N_1!N_2!\cdots N_r!} x_1^{N_1} x_2^{N_2} \ldots x_r^{N_r} \tag{21.19}$$

여기에서 *는 $N_1 + N_2 + \cdots + N_r = N$인 경우만을 포함한다. 식 21.19는 식 21.12를 일반화한 것이다.

예제 21-5

카드놀이인 브리지에서는 52장의 카드를 13장씩 네 그룹으로 나누게 된다. 이때 가능한 경우의 수를 계산하시오.

풀이 $N = 52$이고, $N_1 = N_2 = N_3 = N_4 = 13$인 경우에 식 21.18에 대입하면,

$$\text{경우의 수} = \frac{52!}{(13!)^4} = 5.49 \times 10^{28}$$

이것은 아보가드로 수보다 큰 수이다.

식 21.18을 사용하여 아보가드로 수 정도의 분자를 그것들의 에너지 준위에 분포시킨다면, 아주 큰 수의 계승(factorial)을 처리해야 한다. 100!도 계산하기가 어려운데, $N!$에 대한 근사법이 없으면 $10^{23}!$은 결코 계산할 수 없다. N이 아주 클수록, $N!$의 근사값을 얻을 수 있다. 이것을 **점근 근사법**(*asymptotic approximation*)이라고 하고, 이는 함수의 독립 변수가 증가할수록 상대적으로 함수값에 더욱 더 접근시키는 방법이다.

$N!$이 수의 곱이기 때문에, $\ln N!$으로 표시하는 것이 편리한데, 이것은 이 값이 합으로 표시되기 때문이다. $N!$에 대한 점근 근사법을 **스털링 근사식**(*Stirling's approximation*)이라 하며 다음과 같다.

$$\ln N! = N \ln N - N \tag{21.20}$$

이것은 $N!$이나 $\ln N!$을 계산하는 것 보다 훨씬 쉽다. 표 21.3에 여러 N에 대한 $\ln N!$과 스털링 근사식에 의한 결과를 비교하였다. N이 증가할수록, 상대 오차가 현저하게 감소하는 것을 알 수 있다.

표 21.3 $\ln N!$과 스털링 근사식에 의한 결과 비교.

N	$\ln N!$	$N \ln N - N$	상대 오차[a]
10	15.104	13.026	0.1376
50	148.48	145.60	0.0194
100	363.74	360.52	0.0089
500	2611.3	2607.3	0.0015
1000	5912.1	5907.7	0.0007

[a] 상대 오차 $= (\ln N! - N \ln N + N)/ \ln N!$

예제 21-6

보다 정확한 스털링 근사식은 다음과 같다.

$$\ln N! = N \ln N - N + \ln(2\pi N)^{1/2}$$

$N = 10$인 경우에 이 근사식을 사용하여 $\ln N!$을 계산하고, 표 21.3의 상대 오차와 비교하시오.

풀이 $N = 10$인 경우에,

$$\ln N! = N \ln N - N + \ln (2\pi N)^{1/2} = 15.092$$

이고, 표 21.3의 $\ln 10!$값을 사용하여 상대 오차를 계산하면 다음과 같다.

$$\text{상대 오차} = \frac{15.104 - 15.096}{15.104} = 0.0005$$

상대 오차는 표 21.3의 값보다 훨씬 작다. 이 근사식을 사용하면, 표 21.3의 다른 경우에 상대 오차는 거의 0이다.

스털링 근사식을 증명하는 것은 그리 어려운 것이 아니다. $N! = N(N-1)(N-2)\ldots(2)(1)$이기 때문에, $\ln N!$은 다음과 같다.

$$\ln N! = \sum_{n=1}^{N} \ln n \tag{21.21}$$

그림 21.6에 정수 x에 대하여 $\ln x$를 도시하였다. 식 21.21에 의하면, 그림 21.6에서 N까지의 직사각형들의 면적의 합이 $\ln N!$이다. 또한 그림 21.6에 동일한 그래프에 연속적인 $\ln x$의 곡선을 도시하였다. 그러므로 $\ln x$는 이 직사각형들에 대한 싸개선이고, 이것은 x가 증가할수록 점점 더 직사각형들과 일치하게 된다. 그러므로 이 직사각형들의 면적을 근사적으로 $\ln x$의 적분값이라고 할 수 있다. $\ln x$ 아래의 면적은 단지 처음에만 이 직사각형들과 잘 일치하지 않는다. 만약 N이 충분히 크면 (즉, 점근 근사법을 사용하면), 이 면적은 전체 면적에 비하여 무시할 수 있다. 그래서 다음과 같이 된다.

$$\ln N! = \sum_{n=1}^{N} \ln n \approx \int_1^N \ln x \, dx = N \ln N - N \quad (N \text{ large}) \tag{21.22}$$

이것이 $\ln N!$에 대한 스털링 근사식이다. N이 충분히 크기 때문에, 식 21.22에서 하한을 0이라고

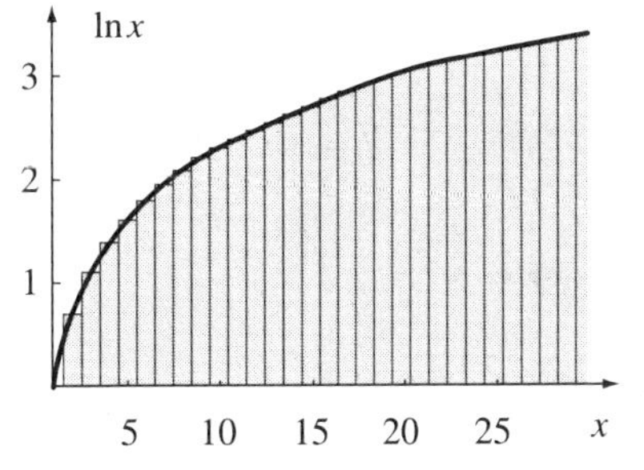

[그림 21.6] x에 대한 $\ln x$ 도시. N까지의 직사각형들의 면적의 합이 $\ln N!$이다.

할 수 있다. $x \to 0$일 때, $x \ln x \to 0$임을 기억하라(연습문제 21-13).

21.3 연속 분포

이제까지 불연속 분포만을 다루었지만, 아마도 연속 분포가 물리화학 분야에서는 더 중요할 것이다. 앞에서 언급한 단위 질량을 사용하는 것이 편리할 것이다. x축에나 x축의 어느 구간에 연속적으로 단위 질량을 분포하자. 선형 질량 밀도 $\rho(x)$를 다음과 같이 정의하자.

$$dm(x) = \rho(x)\,dx$$

여기에서 dm은 x와 $x + dx$사이의 질량 분율이다. 마치 상자 안 입자의 경우처럼, 어떤 양 x가 x와 $x + dx$사이에 있을 확률은 다음과 같다.

$$\text{Prob}\{x \le X \le x + dx\} = p(x)\,dx \tag{21.23}$$

그리고

$$\text{Prob}\{a \le X \le b\} = \int_a^b p(x)\,dx \tag{21.24}$$

질량 관점에서 보면, $\text{Prob}\{a \le X \le b\}$는 구간 $a \le x \le b$에서 질량 분율이다. 정규화 조건은 다음과 같다.

$$\int_{-\infty}^{\infty} p(x)\,dx = 1 \tag{21.25}$$

식 21.25을 이용하여, 다음 식 21.26~21.8을 정의할 수 있다.

$$\langle x \rangle = \int_{-\infty}^{\infty} xp(x)\,dx \tag{21.26}$$

$$\langle x^2 \rangle = \int_{-\infty}^{\infty} x^2 p(x)\,dx \tag{21.27}$$

$$\sigma_x^2 = \langle (x - \langle x \rangle)^2 \rangle = \int_{-\infty}^{\infty} (x - \langle x \rangle)^2 p(x)\,dx \tag{21.28}$$

예제 21-7

아마도 가장 간단한 연속 분포는 소위 균등 분포(uniform distribution)이고,

$$p(x) = \begin{cases} \text{상수} = A & a \le x \le b \\ 0 & \text{다른 경우} \end{cases}$$

A가 $1/(b-a)$인 것을 증명하시오. 이 분포의 $\langle x \rangle$, $\langle x^2 \rangle$, σ_x^2과 σ_x을 계산하시오.

풀이 $p(x)$는 정규화되어야 하므로,

$$\int_a^b p(x)\,dx = 1 = A\int_a^b dx = A(b-a)$$

그러므로, $A = 1/(b-a)$이고

$$p(x) = \begin{cases} \dfrac{1}{b-a} & a \le x \le b \\ 0 & \text{다른 경우} \end{cases}$$

x의 평균은 다음과 같다.

$$\begin{aligned}\langle x \rangle &= \int_a^b xp(x)\,dx = \frac{1}{b-a}\int_a^b x\,dx \\ &= \frac{b^2-a^2}{2(b-a)} = \frac{b+a}{2}\end{aligned}$$

그리고 x의 이차 모멘트는 다음과 같다.

$$\begin{aligned}\langle x^2 \rangle &= \int_a^b x^2 p(x)\,dx = \frac{1}{b-a}\int_a^b x^2\,dx \\ &= \frac{b^3-a^3}{3(b-a)} = \frac{b^2+ab+a^2}{3}\end{aligned}$$

마지막으로 식 21.28로부터 분산을 구하면 다음과 같고,

$$\sigma_x^2 = \langle x^2 \rangle - \langle x \rangle^2 = \frac{(b-a)^2}{12}$$

표준 편차는 다음과 같다.

$$\sigma_x = \frac{(b-a)}{\sqrt{12}}$$

이론적으로나 실용적인 관점에서 가장 중요한 연속 분포는 무엇보다도 **가우스 분포**(*Gaussian disribution*)이다. 가우스 분포는 다음과 같다.

$$p(x)\,dx - \frac{1}{\sqrt{2\pi\sigma^2}}e^{-x^2/2\sigma^2}\,dx \qquad -\infty < x < \infty \tag{21.29}$$

오른쪽 수식의 맨 앞에 있는 항은 $p(x)$를 정규화시키기 위해서 필요하다.

예제 21-8

식 21.29로 표현된 가우스 분포의 평균과 분산을 결정하시오.

풀이 평균은 다음과 같다.

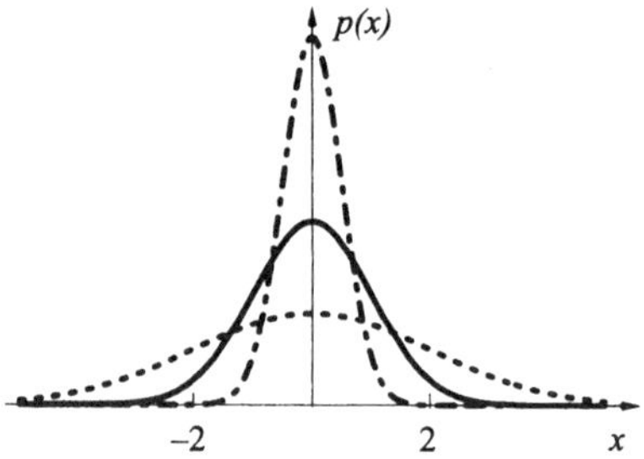

[그림 21.7] 여러 σ값에 대한 가우스 분포(식 21.29). 점선은 $\sigma = 2$인 경우이고, 실선은 $\sigma = 1$인 경우이며, 굵은 점선은 $\sigma = 0.5$인 경우이다.

$$\langle x \rangle = \int_{-\infty}^{\infty} xp(x)\,dx = \frac{1}{\sqrt{2\pi\sigma^2}} \int_{-\infty}^{\infty} xe^{-x^2/2\sigma^2}\,dx$$

그런데 $xe^{-x^2/2\sigma^2}$이 홀함수이기 때문에, 이 식은 0이다. 분산은 다음과 같다.

$$\sigma_x^2 = \langle (x - \langle x \rangle)^2 \rangle = \frac{1}{\sqrt{2\pi\sigma^2}} \int_{-\infty}^{\infty} x^2 e^{-x^2/2\sigma^2}\,dx$$
$$= \sigma^2$$

그러므로 가우스 분포에서 매개 변수 σ^2는 분산이다.

4.4절과 10.1절에서 σ값이 가우스 분포의 폭을 조절하는 것을 알았다. σ값이 작을수록, 분포의 폭이 좁아지고 그 높이가 높아지는 것을 알았다. 그림 21.7에 여러 σ값에 대한 가우스 분포를 도시하였다.

어떤 구간 $(-a, a)$에 x가 있을 확률은 다음과 같다.

$$\text{Prob}\{-a \le X \le a\} = \frac{1}{\sqrt{2\pi\sigma^2}} \int_{-a}^{a} e^{-x^2/2\sigma^2}\,dx \tag{21.30}$$

오차 함수의 표(4.3절)를 이용하면, $-\sigma \le x \le \sigma$에서 확률은 0.6827이고, $-2\sigma \le x \le 2\sigma$에서 확률은 0.9545이며, $-3\sigma \le x \le 3\sigma$에서 확률은 0.9973이다. 다른 말로 표현하면, 가우스 곡선 아래의 면적 중의 99%는 $\pm 3\sigma$ 내에 존재하는 것이다(연습문제 21-27).

더 일반적인 가우스 분포는 다음과 같다.

$$p(x)dx = (2\pi\sigma^2)^{-1/2} e^{-(x-\langle x \rangle)^2/2\sigma^2}\,dx \tag{21.31}$$

식 21.31을 도시하면, 곡선의 중심이 $x = 0$에 있지 않고 $x = \langle x \rangle$에 있다는 것을 제외하고는 그림 21.7과 동일하다(그림 21.8).

4.4절에서 $\sigma \to 0$일 때 가우스 분포는 점점 좁아지지만, 곡선 아래의 면적은 고정된 단위 면적을 유지하는 것을 알았다. 이것이 디락 델타 함수(Dirac delta function)의 물리적인 설명이고, 이 함수의 정의 중의 하나가 다음과 같다.

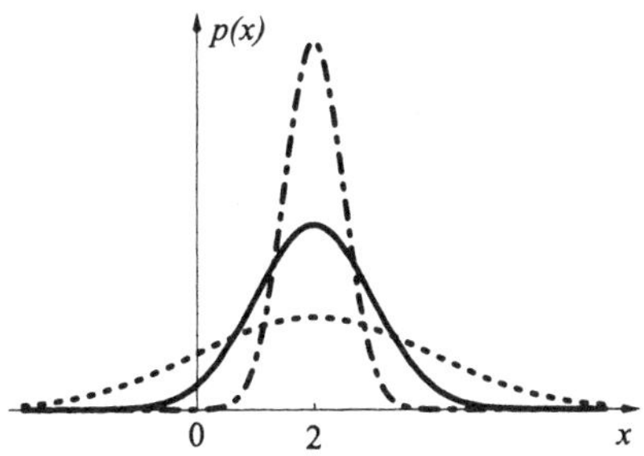

[그림 21.8] $\langle x \rangle = 2$와 여러 σ값에 대한 가우스 분포(식 21.31). 점선은 $\sigma = 2$, 실선은 $\sigma = 1$, 굵은 점선은 $\sigma = 0.5$인 경우이다.

$$\delta(x-a) = \lim_{\sigma \to 0} \frac{1}{\sqrt{2\pi\sigma^2}} e^{(x-a)^2/2\sigma^2} \tag{21.32}$$

가우스 분포는 모든 과학 분야에서 널리 사용되는 중요한 확률 분포이다. 생물학뿐만 아니라 물리학에서 가우스 분포가 얼마나 중요한지를 언급할 필요는 없을 것이다. 대부분이 종모양이나 정규화 곡선에 대하여 알고 있다. 가우스 분포가 아주 중요한 이유는 통계학에서 **중심 극한 정리**(*central limit theorem*)라고 불리는 정리 때문이다. 이 정리에 의하면, 만약 $X_1, X_2, \ldots, X_n$이 동일한 분포를 가지는 n 독립 무작위 변수(independent random variable)라면, 이들의 평균인 $(X_1 + X_2 + \cdots + X_n)/n$이 근사적으로 정규화 분포를 하고, n이 증가할수록 더욱 더 정규화 분포된다는 것이다. 분자 집단에 대한 많은 실험이 이루어졌으며, 우리가 측정하는 값이 실제로 많은 분자에 대한 값들의 평균이다. 더욱이, 평균값들은 거의 항상 정규화 분포를 가지기 때문에, 실험 측정에 대한 오차 이론은 가우스 분포를 사용한다.

21.4 공동 확률 분포

이 장의 이론들을 두 개 이상의 변수를 가지는 경우로 확대해 보자. X와 Y를 연속적인 두 무작위 변수라고 하자. 이때 공동 확률 밀도(joint probability density)는 다음과 같다.

$$p(x, y)\,dx\,dy = \text{Prob}\,\{x \le X \le x + dx \quad \text{and} \quad y \le Y \le y + dy\} \tag{21.33}$$

이 $p(x, y)$를 둘 중의 한 변수인 y에 대하여 적분하면, 다음과 같이 된다.

$$p(x) = \int_{-\infty}^{\infty} dy\, p(x, y) \tag{21.34}$$

이것을 X의 조건 밀도 함수(marginal density function)라고 한다. X와 Y 모두에 대한 함수의 기대값은 다음과 같다.

$$\langle f(x, y) \rangle = \int_{-\infty}^{\infty} dy \int_{-\infty}^{\infty} dx\, f(x, y) p(x, y) \tag{21.35}$$

측정한 X의 값이 측정한 Y의 값에 아무 영향을 주지 않으면, 또는 역의 경우에도, X와 Y는 서로 **독립**(*independent*)이라고 말하고, 이때 전체 확률은 다음이 된다.

$$p(x, y) = p(x)p(y) \tag{21.36}$$

연습문제 21-28에서 X와 Y가 두 무작위 변수라면, 다음을 증명하고

$$\langle x + y \rangle = \langle x \rangle + \langle y \rangle \tag{21.37}$$

X와 Y가 서로 독립이라면, 다음을 증명할 것이다.

$$\begin{aligned} \text{Var}[X + Y] &= \langle (x + y - \langle x \rangle - \langle y \rangle)^2 \rangle = \text{Var}[X] + \text{Var}[Y] \\ &= \langle (x - \langle x \rangle)^2 \rangle + \langle (y - \langle y \rangle)^2 \rangle \end{aligned} \tag{21.38}$$

더욱이 X와 Y가 서로 독립이라면, 다음이 성립한다.

$$\langle xy \rangle = \langle x \rangle \langle y \rangle \tag{21.39}$$

두 무작위 변수의 독립성 결여 정도의 중요한 척도를 **상관관계 계수**(*correlation coefficient*)라고 한다. 다음과 같다면,

$$\langle (x - \langle x \rangle)^2 \rangle = \sigma_x^2 \tag{21.40}$$

$$\langle (y - \langle y \rangle)^2 \rangle = \sigma_y^2 \tag{21.41}$$

여기서 논의하는 것은 $\text{Cov}[X, Y] = \langle (x - \langle x \rangle)(y - \langle y \rangle) \rangle$이며, 이것을 **$X$와 Y의 공동분산**(*covariance of X and Y*)이라 부른다. 상관관계 계수 ρ_{xy}는 다음과 같다.

$$\text{Cov}[X, Y] = \int_{-\infty}^{\infty} dy \int_{-\infty}^{\infty} dx\, (x - \langle x \rangle)(y - \langle y \rangle) p(x, y) = \rho_{xy} \sigma_x \sigma_y \tag{21.42}$$

X와 Y가 서로 독립이라면, $\rho_{xy} = 0$이고, X와 Y는 서로 관련이 없다고 말한다. 특히, $-1 \le \rho_{xy} \le 1$이고, ρ_{xy}가 0에서 벗어난 것이 두 X와 Y의 상관관계에 대한 척도를 의미한다.

연습문제

확률 문제를 풀려면 요령이 필요하고, 때때로 결과가 아주 직관적이지 않다. 처음 두 문제가 모두가 놀랄 만한 이런 문제이다.

21-1. 동전을 던질 때 처음 열 번이 모두 앞면이 나왔다면, 다음에 나올 경우에 앞면보다 뒷면이 나올 것으로 기대한다. 이것이 아주 틀렸다는 것을 어떻게 설명할 것인가?

21-2. n 사람으로 구성된 그룹을 간주하자. $n = 50$인 경우에 적어도 두 사람이 같은 생일을 가질 확률을 계산하시오. 확률이 1/2보다 클 n은 무엇인가? 힌트: 이것은 반대의 경우에 대한 확률을 계산하고, 그것을 1에서 빼는 예 중의 하나이다. 즉, 모든 n 사람이 서로 다른 생일을 가질 확률을 계산하고, 1에서

이 확률을 빼면, 적어도 두 사람이 같은 생일을 가질 확률이 된다.

21-3. 동전을 네 번 던졌을 때 얻어지는 앞면과 뒷면의 수를 계산하시오.

21-4. 식 21.13을 유도하시오.

21-5. 이항 분포(식 21.9)가 표준화됨을 증명하고, $\langle m \rangle$과 σ_m^2을 n과 p로 표현하시오.

21-6. 어떤 실험 논문은 14개의 관측을 포함한 표를 가지고 있는데, 이 중에서 13개의 관측에서 마지막 숫자가 짝수이다. 만약에 짝수와 홀수를 가질 확률이 같다면, 이 경우의 확률은?

21-7. $(1+x)^n$을 전개할 때, 그 계수는 다음과 같이 나열할 수 있다.

n									
0					1				
1				1		1			
2			1		2		1		
3		1		3		3		1	
4	1		4		6		4		1

각 줄에 있는 숫자들과 그 줄 위에 있는 숫자들 사이의 관계는 무엇인가? 이러한 삼각형 나열을 파스칼의 삼각형이라고 한다. 이 결과를 이용하여 $(x+y)^5$를 전개하시오.

21-8. 아홉 명 중에서 세 명으로 구성된 위원회를 만드는 방법은 몇 가지인가?

21-9. 포아송 분포(식 21.16)가 표준화되었음을 증명하고, $\langle m \rangle$과 σ_m^2를 a로 표현하시오.

21-10. 여러 해 동안을 한 주기로 어떤 교수는 근무시간에 평균 4.3명의 학생이 방문하는 것을 알았다. 근무시간에 한 명의 학생도 방문하지 않을 확률은? 5명 이상의 학생이 방문할 확률은? (이때, 임박한 시험은 없다고 가정하자)

21-11. 어떤 실험에서 결과를 형광스크린으로 관측할 수 있다. 한 주기의 시간에 1초당 평균 6.7번의 결과를 관측하였다. 1초에 6-7번을 관측할 확률은 무엇인가?

21-12. 예제 21-6에서 스털링 근사식을 사용하여 $N = 50$ 경우에 상대 오차를 계산하고, 식 21.3을 사용하여 얻은 표 21.3의 결과와 비교하시오. $\ln N! = 148.47777$을 이용하시오.

21-13. $x \to 0$일 때, $x \ln x \to 0$임을 증명하시오.

21-14. 중요한 연속 분포 중의 하나가 지수 분포이다.

$$p(x)\,dx = ce^{-\lambda x}\,dx \qquad 0 \le x < \infty$$

c, $\langle x \rangle$와 σ_x^2를 계산하고, $x \ge a$인 확률을 λ로 표현하시오.

21-15. 다음과 같은 형태의 적분은 많은 응용에서 자주 나타난다.

$$I_n(\alpha) = 2\int_0^\infty x^{2n} e^{-\alpha x^2}\,dx$$

적분표에서 간단히 이것을 찾아보고, 이 문제를 계속 풀어보자. 13.1절에서 $I_0^2(\alpha)$를 x와 y에 대한 중적분으로 전개하고 평면 극좌표로 변형하여 $I_0(\alpha)$을 계산하는 것을 배웠다. 그 결과가 다음과 같다.

$$I_0(\alpha) = \left(\frac{\pi}{\alpha}\right)^{1/2}$$

$I_0(\alpha)$을 α에 대하여 반복적으로 미분하여 $I_n(\alpha)$가 얻어짐을 증명하고, 특히 다음을 증명하시오.

$$\frac{d^n I_0(\alpha)}{d\alpha^n} = (-1)^n I_n(\alpha)$$

이 결과와 $I_0(\alpha) = (\pi/\alpha)^{1/2}$를 이용하여, $I_1(\alpha)$, $I_2(\alpha)$, $I_3(\alpha)$과 $I_4(\alpha)$를 구하시오.

21-16. 앞의 문제에서 유도한 결과를 이용하여, 가우스 분포의 $\langle x^4 \rangle$를 계산하시오.

21-17. 한 자유 입자가 일차원 구간인 0과 a 사이에 있다. 이 입자가 x와 $x + dx$ 사이에서 발견될 확률은 다음과 같다.

$$p(x)\,dx = \frac{2}{a}\sin^2\frac{n\pi x}{a}dx$$

여기에서 $n = 1, 2, 3, \ldots$이다. 우선 $p(x)$가 표준화되었음을 증명하시오. 이제 구간 0과 a 사이에서 입자를 발견할 확률이 $a/2$인 것을 증명하시오. 이 결과가 물리적으로 타당한가? 마지막으로 다음을 증명하시오.

$$\langle x^2 \rangle = \left(\frac{a}{n\pi}\right)^2\left(\frac{n^2\pi^2}{3} - \frac{1}{2}\right)$$

21-18. 앞 문제의 얻은 결과를 이용하여, 모든 n에 대하여 상자의 길이가 a보다 작을 때 $\sigma_x = (\langle x^2 \rangle - \langle x \rangle^2)^{1/2}$임을 증명하시오. σ_x가 입자의 위치에 대한 불확정성이라면, σ_x가 a보다 클 수가 있나?

21-19. 연습문제 21-17의 확률 분포를 사용하여, 입자가 0과 $a/2$ 사이에서 발견될 확률을 계산하시오. 이 결과가 타당한가?

21-20. 물리화학 과목에서 기체 상태의 분자는 다양한 속도로 이동하고 분자의 속력이 v와 $v + dv$ 사이일 확률이 다음과 같음을 배웠을 것이다.

$$p(v)\,dv = 4\pi\left(\frac{m}{2\pi k_B T}\right)^{3/2} v^2 e^{-mv^2/2k_B T}dv \qquad 0 \le v < \infty$$

여기에서 m은 입자의 질량이고, k_B는 볼츠만 상수(몰기체 상수를 아보가드로 수로 나눈 값)이며, T는 절대 온도이다. 분자 속력의 확률 분포를 **맥스웰-볼츠만 분포**(*Maxwell–Boltzmann distribution*)라고 한다. 우선 $p(v)$가 표준화되었음을 증명하고, 온도의 함수로서 평균 속력을 결정하시오. 필요한 적분은 다음과 같다(연습문제 21-16).

$$\int_0^\infty x^{2n}e^{-\alpha x^2}dx = \frac{1\cdot 3\cdot 5\cdots(2n-1)}{2^{n+1}\alpha^n}\left(\frac{\pi}{\alpha}\right)^{1/2} \qquad n \ge 1$$

과

$$\int_0^\infty x^{2n+1}e^{-\alpha x^2}dx = \frac{n!}{2\alpha^{n+1}}$$

21-21. 앞 문제의 맥스웰-볼츠만 분포를 사용하여, 온도의 함수로서 기체상 분자의 평균 운동 에너지를 결정하시오. 필요한 적분은 앞 문제에 제시하였다.

21-22. 기체상에서 한 분자의 속도 성분 v_x에 대한 맥스웰-볼츠만 분포는 다음과 같다.

$$p(v_x)\,dv_x = \left(\frac{m}{2\pi k_B T}\right)^{1/2} e^{-mv_x^2/2k_B T}\,dv_x \qquad -\infty < v_x < \infty$$

이때 속도 성분은 $-\infty$에서 ∞로 변할 수 있어도, 분자의 속력은 0에서 ∞이다. 속도의 크기인 속력은 본질적으로 양수이나, 속도의 성분은 분자가 움직임에 따라 양수이거나 음수이다. 우선 $p(v_x)$가 표준화되었음을 증명하고, $\langle v_x \rangle$와 $\langle v_x^2 \rangle$를 계산하시오. 이 $\langle v_x \rangle$의 결과를 연습문제 21-20에서 얻은 $\langle v \rangle$와 비교하시오. 이 $\langle v_x \rangle$의 결과를 물리적으로 해석하시오. 필요한 적분은 연습문제 21-20에 제시하였다.

21-23. 앞 문제의 분포를 사용하여, Prob$\{-v_{x0} \le V_x \le v_{x0}\}$을 구하시오. 이 결과를 $w_0 = (m/2k_B T)^{1/2} v_{x0}$의 오차 함수로 표현하시오. 확률 Prob$\{(-2k_B T/m)^{1/2} \le V_x \le (2k_B T/m)^{1/2}\}$을 계산하시오.

21-24. 앞 문제의 결과를 사용하여, Prob$\{|V_x| \ge v_{x0}\} = 1 - \text{erf}(w_0)$임을 증명하시오. 확률 Prob$\{|V_x| \ge (k_B T/m)^{1/2}\}$와 Prob$\{|V_x| \ge (2k_B T/m)^{1/2}\}$을 계산하시오.

21-25. 연습문제 21-23의 결과를 사용하여, $v_{x0}/(2k_B T/m)^{1/2}$에 대한 Prob$\{-v_{x0} \le V_x \le v_{x0}\}$을 도시하시오.

21-26. 기체 운동론에서 자주 사용되는 또 다른 분포가 에너지 분포나 운동 에너지 분포이다. $\epsilon = mu^2/2$라 하고, 연습문제 21-20의 분포를 사용하여, Prob$\{\epsilon \le E \le \epsilon + d\epsilon\} = F(\epsilon)d\epsilon = \frac{2\pi}{(\pi k_B T)^{3/2}} \epsilon^{1/2} e^{-\epsilon/k_B T}$ $d\epsilon$ 수식을 증명하시오. 우선 $F(\epsilon)$가 표준화되었음을 증명하며, $\langle \epsilon \rangle$를 계산하고, 연습문제 21-21에서 얻은 $\left\langle \frac{1}{2} m v^2 \right\rangle$와 비교하시오.

21-27. 오차 함수표나 수치 적분(23장)을 사용하여, 다음을 증명하시오.

$$\frac{1}{\sqrt{2\pi\sigma^2}} \int_{-n\sigma}^{n\sigma} e^{-x^2/2\sigma^2}\,dx = \begin{cases} 0.6827 & n = 1 \\ 0.9545 & n = 2 \\ 0.9973 & n = 3 \end{cases}$$

21-28. 임의의 두 무작위 변수 X와 Y에 대하여 $\langle x + y \rangle = \langle x \rangle + \langle y \rangle$임을 증명하고, 서로 독립적인 X와 Y에 대하여 $\text{Var}[X + Y] = \text{Var}[X] + \text{Var}[Y]$임을 증명하시오.

21-29. n이 아주 커지고 Δt가 아주 작아지면, 즉 $\Delta t/t = \lambda \Delta t/n$일 때, 식 21.14가 식 21.15와 같아짐을 증명하시오. 이 문제는 다소 도전할 가치가 있다.

제 22 장

통계 : 곡선의 회귀와 상관관계

모든 자연과학에서 공통적이고 실제적인 실험은 서로 나른 두 물리적 양들 사이의 관계를 결정하기 위하여 관측을 반복적으로 시행한다. 직선 관계를 얻고자 변수들을 변형하기도 하지만, 자주 선형 관계를 찾고자 한다. 예를 들어, 직선은 아니지만 그림 22.1에 물의 증기압 P를 섭씨 온도에 대하여 도시하였다. 그렇지만, 열역학으로부터 만약에 절대 온도의 역수에 대하여 $\ln P$를 도시하면, 직선(또는 적어도 거의 직선과 같은)을 얻을 수 있고, 그것을 그림 22.1b에 도시하였다.

이 장에서는 곡선의 회귀(regression)와 상관관계(correlation)를 다루고자 한다. 회귀 분석에서 두 변수 중의 하나는, 즉 x라고 하면 큰 오차가 없이 측정할 수 있기에, 이것을 보통 변수(ordinary variable)로 간주하자. x의 함수인 다른 변수 y는 약간의 부정확성을 가질 수 있기에, 무작위 변수(random variable)로 간주할 수 있다. 여기에서 y와 x가 $y = \alpha x + \beta$의 선형 관계를 가지는 경우에 대하여 선형 관계를 논의하기로 하자. 주어진 데이터로부터 최적의 α와 β를 구하기 위하여, 최소 제곱법을 사용하고자 한다. 그리고 α와 β에 대한 신뢰 구간을 결정하는 방법을 소개하려고 한다. 다르게 말하면, α가 $\alpha_1 \le \alpha \le \alpha_2$ 구간에, β가 $\beta_1 \le \beta \le \beta_2$ 구간에 있을 확률이 95%이라는 것과 같은 것이다.

다음 절에서 두 y와 x를 무작위 변수로 간주하고, 그 상관관계를 논의하며, 사실상 그 관계를 결정하고자 한다. 이 절에서 가장 중요한 양은 상관관계 계수(correlation coefficient)인데, 이것이 y와 x의 상관관계를 결정하는 직접적인 척도이다. 또한 상관관계 계수에 대한 신뢰 구간을 결정하는

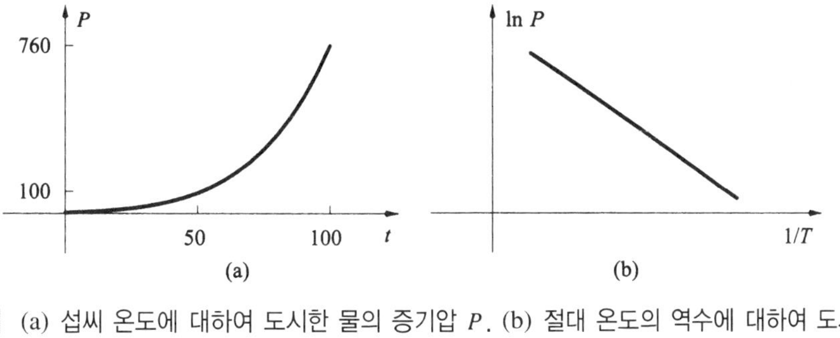

[그림 22.1] (a) 섭씨 온도에 대하여 도시한 물의 증기압 P. (b) 절대 온도의 역수에 대하여 도시한 $\ln P$.

표 22.1. 섭씨 온도의 함수로 얻은 니켈크롬선에 대한 저항 ρ의 값. 저항은 $\mathbf{m \cdot \Omega} \times 10^{-7}$ 단위로 표시하였다.

t/°C	20	25	30	35	40	45	50
ρ	9.137	8.913	8.665	8.528	8.242	8.203	7.972

방법에 대하여 설명할 것이다.

22.1 선형 회귀 분석

표 22.1에 섭씨 온도 t의 함수로 얻은 니켈크롬선에 대한 저항 ρ의 값을 나열하였다. 이 값들을 그림 22.2에 도시하였다. 그림 22.2와 이론은 모두 ρ와 t가 선형 관계를 가지는 것을 나타낸다. 가장 객관적인 방법으로, 그림 22.2의 값들로부터 직선을 구하려고 한다. 그림 22.3에서 이 값들 사이를 지나는 직선을 형성하는 점들을 볼 수 있다. 직선의 식이 $y = a + bx$ 라면, 직선으로부터 y_j의 수직 거리는 다음과 같다.

$$d_j = y_j - (a + bx_j) \tag{22.1}$$

이제 모든 거리 d_j의 합이 최소가 되는 a와 b를 찾으려고 한다. 특히, d_j^2의 합을 최소화하려고 한다.

$$S(a,b) = \sum_{j=1}^{n} d_j^2 = \sum_{j=1}^{n} (y_j - a - bx_j)^2 = \text{최소} \tag{22.2}$$

여기에서 n은 데이터 쌍의 수이다. 이러한 표준 과정을 **최소 제곱법**(*the method of least square*)이라고 한다. 식 22.2의 $S(a,b)$를 최소화하기 위해서는 단지 $\partial S/\partial a$와 $\partial S/\partial b$를 0으로 두고, a와 b를 구하면 된다(연습문제 22-1).

$$a = \overline{y} - b\overline{x} \quad \text{와} \quad b = \frac{\displaystyle\sum_{j=1}^{n} x_j y_j - n\overline{x}\,\overline{y}}{\displaystyle\sum_{j=1}^{n} x_j^2 - n\overline{x}^2} \tag{22.3}$$

여기에서 $\overline{y}$와 $\overline{x}$는 각각 y와 x의 평균이다. 식 22.3의 첫 번째 항이 $\overline{y} = a + b\overline{x}$이다.

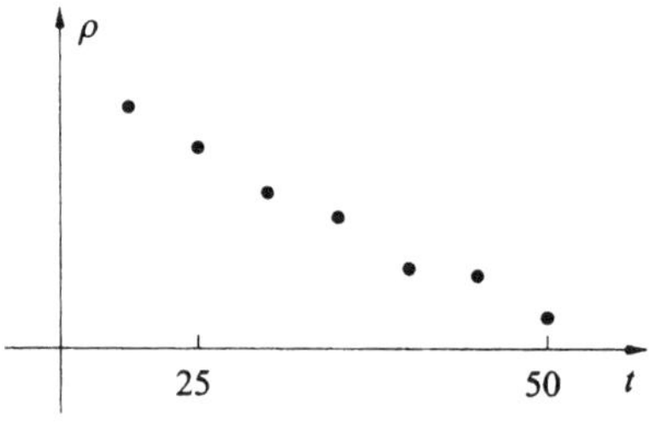

[그림 22.2] 섭씨 온도의 함수로 얻은 니켈크롬선에 대한 저항 ρ. 저항은 $\mathbf{m \cdot \Omega} \times 10^{-7}$ 단위로 표시하였다.

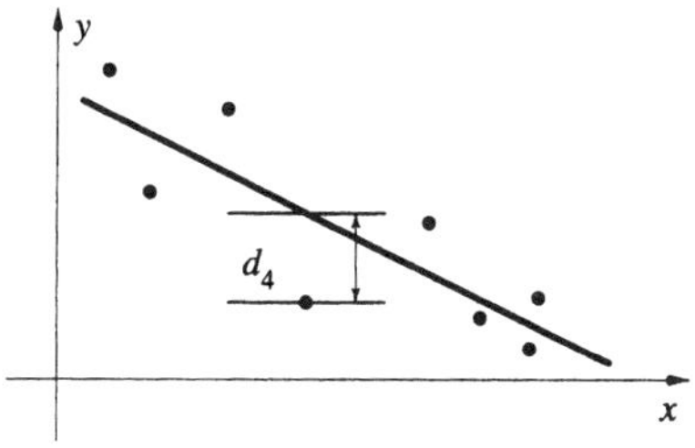

[그림 22.3] 데이터들 사이를 지나는 직선을 형성하는 점들. 직선의 식이 $y = a + bx$라면, 직선으로부터 y_j의 수직 거리는 $d_j = y_j - a - bx_j$이다.

식 22.3은 그 자체로 유용하게 사용되기는 하나, 다음과 같이 표현하는 것이 더 편리하다.

$$b = \frac{s_{xy}}{s_x^2} \tag{22.4}$$

여기에서

$$s_x^2 = \frac{1}{n-1}\sum_{j=1}^{n}(x_j - \overline{x})^2 \tag{22.5}$$

그리고

$$s_{xy} = \frac{1}{n-1}\sum_{j=1}^{n}(x_j - \overline{x})(y_j - \overline{y}) \tag{22.6}$$

합 s_x^2를 **표본 분산**(*sample variance*), s_{xy}를 **표본 공분산**(*sample covariance*)이라고 한다. 최종 얻어진 직선을 **표본의 최소 제곱 직선**(*least-squares straight line of the sample*)이라고 한다.

표 22.2의 데이터에 대하여, $\overline{t} = 35, \overline{\rho} = 8.523, s_t^2 = 116.7$, $s_{t\rho} = -4.449$이기 때문에,

$$b = \frac{-4.449}{116.7} = -0.03812$$

그리고

$$a = 8.523 + (0.03812)(35) = 9.858$$

그러므로 최소 제곱 직선은 $\rho = 9.858 - 0.03812\,t$이다(그림 22.4).

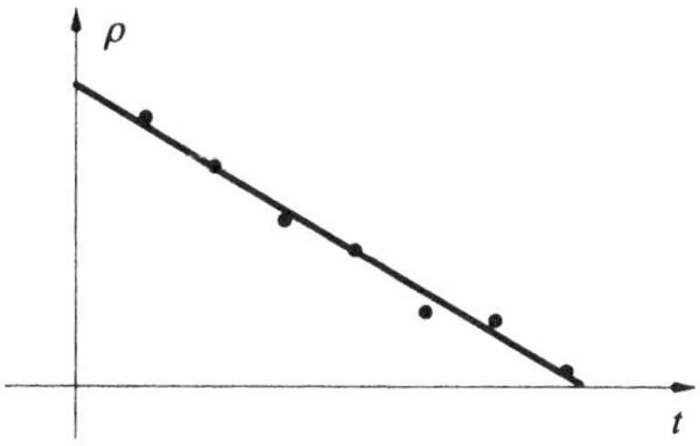

[그림 22.4] 표 22.1의 데이터로부터 얻은 최소 제곱 직선은 $\rho = 9.858 - 0.03812\,t$이다.

표 22.2. 절대 온도의 함수로 얻은 일산화 탄소의 몰열용량($J \cdot mol^{-1} \cdot K^{-1}$).

T	600	650	700	750	800	850	900	950	1000
C_P	30.93	31.54	31.32	32.18	32.25	32.27	33.41	33.21	33.97

예제 22-1

표 22.2에 절대 온도의 함수로 얻은 일산화 탄소의 몰열용량이 나열되어 있다. 이 데이터에 대한 최소 제곱 직선을 결정하시오.

풀이 계산에 필요한 양들은 다음과 같다.

$$\overline{T} = 800 \qquad \overline{C}_P = 32.34$$
$$s_T^2 = 18750 \qquad s_{TC} = 134.0$$

그래서 $b = s_{TC}/s_T^2 = 0.007\,147$과 $a = 26.62$이고, 최소 제곱 직선은 다음과 같다.

$$C_P = 26.62 + 0.007\,147\,T$$

이 데이터들과 결과를 그림 22.5에 도시하였다.

식 22.3으로부터 얻은 a와 b. 값은 표본에 따라서 그 값이 다를 것이다. 이 표본 모집단에 대한 a와 b. 값을 구하는 것도 흥미로울 것이다. 이 모집단의 매개 변수를 α와 β라고 하자. 최소 제곱 분석으로 a와 b.을 구하듯이, 이 α와 β도 구할 수 있다. y_j가 평균값 $\mu(x) = \alpha + \beta x$를 갖는 표준분포(기초통계에서 기본 가정임)를 하고, 동일한 분산을 가진다고 가정하면, α와 β에 대한 **신뢰 구간**(*confidence interval*)을 결정할 수 있다. 다르게 말하면, 확률 η를 1에 가까운 값(예를 들어, 95% 또는 99%)으로 선택하고, 다음과 같은 (α_1, α_2)와 (β_1, β_2)의 쌍들을 결정한다.

$$\text{Prob}\{\alpha_1 \le \alpha \le \alpha_2\} = \eta$$
$$\text{Prob}\{\beta_1 \le \beta \le \beta_2\} = \eta \tag{22.7}$$

이것들이 신뢰 수준 η에서 α와 β에 대한 신뢰 구간들이다.

α와 β에 대한 신뢰 구간들을 구하는 과정이 단계별로 다음에 설명되었다. 이것은 대부분의 기초 통계책에서 찾을 수 있는 표준 과정을 약간 요약한 것이다.

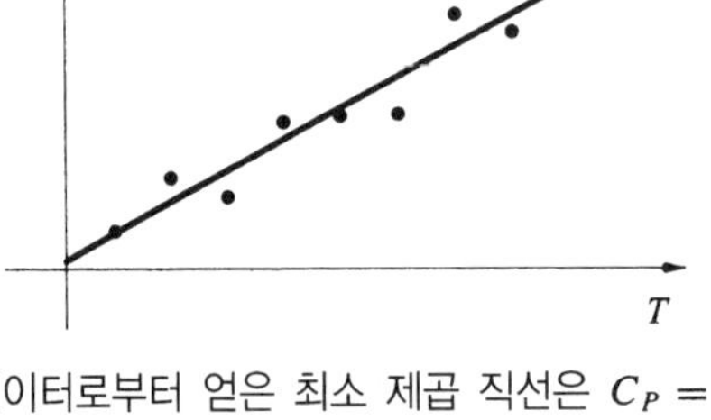

[그림 22.5] 표 22.2의 데이터로부터 얻은 최소 제곱 직선은 $C_P = 26.64 + 0.007\,147\,T$이다.

표 22.3 식 22.10을 만족시키는 γ의 값들.

η	γ
0.9000	1.645
0.9500	1.960
0.9800	2.326
0.9900	2.576
0.9950	2.810

단계 1: 다음의 두 양들을 계산한다.

$$\sigma_a^2 = \frac{\left[(n-1)s_x^2 + n\overline{x}^2\right]\left(s_y^2 - b^2 s_x^2\right)}{n(n-2)s_x^2} \tag{22.8}$$

그리고

$$\sigma_b^2 = \frac{s_y^2 - b^2 s_x^2}{(n-2)s_x^2} \tag{22.9}$$

단계 2: 신뢰 수준 η(예를 들어, 95%, 99% 등)을 선택한다.

단계 3: 다음과 같은 γ의 값을 결정하기 위하여, $\sigma = 1$인 표준 분포 $p(z)$의 표를 사용한다.

$$\text{Prob}\{-\gamma \le Z \le \gamma\} = \int_{-\gamma}^{\gamma} p(z)\,dz = \eta \tag{22.10}$$

(표 22.3 참조)

단계 4: $\gamma\,\sigma_a$와 $\gamma\,\sigma_b$를 계산한다. α와 β에 대한 신뢰 구간들은 다음과 같다.

$$\text{Conf}\{a - \gamma\,\sigma_a < \alpha < a + \gamma\,\sigma_a\}$$

그리고

$$\text{Conf}\{b - \gamma\,\sigma_b < \beta < b + \gamma\,\sigma_b\}$$

예제 22-2

표 22.2의 값들을 사용하여, α와 β에 대한 95%의 신뢰 구간을 결정하시오.

풀이 예제 22-1으로부터 $\overline{T} = 800, \overline{C}_P = 32.34, s_T^2 = 18750, s_{TC} = 134.0, n = 9, a = 26.62$, $b = 0.007\,147$이다. 더욱이 표 22.2의 데이터로부터 $s_C^2 = 1.0332$이다. 이제 앞에서 소개한 과정을 단계별로 따라해 보자.

단계 1:

$$\sigma_a^2 = \frac{[(n-1)s_T^2 + n\overline{T}^2][s_C^2 - b^2 s_T^2]}{n(n-2)s_T^2}$$

$$= \frac{[(8)(18750) + (9)(800)^2][1.0332 - (0.007\,147)^2(18750)]}{(9)(7)(18750)}$$
$$= 0.3781$$
$$\sigma_b^2 = \frac{s_C^2 - b^2 s_T^2}{(n-2)s_T^2} = \frac{1.0332 - (0.007\,147)^2(18750)}{(7)(18750)}$$
$$= 5.73 \times 10^{-7}$$

또는

$$\sigma_a = 0.6149 \qquad 와 \qquad \sigma_b = 0.000\,757$$

단계 2: $\eta = 0.95$

단계 3: 표 22.3을 이용하여, $\gamma = 1.960$을 얻는다.

단계 4:

$$\text{Conf}\{25.41 < \alpha < 27.83\}$$

그리고

$$\text{Conf}\{0.00566 < \beta < 0.00863\}$$

그러므로, α와 β의 값들이 이 신뢰 구간에 있을 확률이 0.95이다.

22.2 상관관계 해석

이제까지 독립 변수(x_j)들이 불확정성이 없이 결정된다고 가정하였기에, 이 변수들을 보통 변수로 간주하였다. 이제부터는 X와 Y를 모두 무작위 변수로 취급할 것이다. 다음과 같이 **표본의 상관관계 계수**(*correlation coefficient of the sample*)를 정의한다.

$$r = \frac{s_{xy}}{s_x s_y} \qquad s_x > 0,\ s_y > 0 \tag{21.11}$$

s_{xy}는 양수이거나 음수이고, $s_x > 0$과 $s_y > 0$이기 때문에, r은 양수이거나 음수이다. 연습문제 22-4에서 다음을 증명할 수 있다.

$$s_y^2 \ge \frac{s_{xy}^2}{s_x^2} \tag{21.12}$$

그래서 $r^2 \le 1$ 또는 $-1 \le r \le 1$이다. 더욱이 $r^2 = 1$이면, 식 22.9로부터 얻는 σ_β는 0이 되고, 모든 표본쌍인 $(x_1, y_1), (x_2, y_2), \ldots, (x_n, y_n)$은 한 직선 위에 있게 된다. 이것의 반대인 경우도 성립한다. 즉, 모든 표본쌍이 한 직선 위에 있으면, $r^2 = 1$이다(연습문제 22-5). 반면에, x_j와 y_j 사이에 상관관계가 없다면, 다음 합에 포함된 항들이 동등하게 양수나 음수일 수 있고, s_{xy}와 r는 결과적으로 0이 된다.

$$\sum_{j=1}^{n}(x_j - \overline{x})(y_j - \overline{y})$$

이 경우에 x_j와 y_j는 **상관관계가 없다**고 말한다. 그러므로 r값은 x_j와 y_j 사이의 **선형 상관관계**(*linear correlation*)를 판단하는 척도이다($r = 0$이 두 x_j와 y_j 사이에 상관관계가 없다는 것을 의미하는 것이 아니라, **선형** 상관관계가 없다는 것을 의미한다).

예제 22-3

표 22.2의 값들에 대하여, r^2의 값을 결정하시오.

풀이

$$r^2 = \frac{s_{TC}^2}{s_T^2 s_C^2} = \frac{(134.0)^2}{(18750)(1.0332)} = 0.9269$$

이 식은 주어진 온도 범위에서 일산화 탄소의 몰열용량과 절대 온도 사이에 강한 선형 상관관계가 있는 것을 의미한다.

표본 상관관계 계수 r은 모집단 상관관계 계수 ρ을 산출하는 것이고, x와 y 사이의 선형 상관관계를 판단하는 척도이다. 결국 한 직선 위에 우연히 놓인 n 표본점들은 x와 y 사이에 선형 상관관계가 없어도, r은 1이다. 21.4 절에서, 두 무작위 변수들의 공분산을 다음과 같이 정의했다.

$$\sigma_{XY} = \langle (x - \langle x \rangle)(y - \langle y \rangle) \rangle \tag{22.13}$$

식 22.13에서 $\langle x \rangle$와 $\langle y \rangle$는 각각 x와 y의 평균이다. r에 대한 식 22.11과 유사하게, 모집단 상관관계 계수 ρ를 다음과 같이 정의한다.

$$\rho = \frac{\sigma_{XY}}{\sigma_X \sigma_Y} \tag{22.14}$$

여기에서 $\sigma_X^2 = \langle (x - \langle x \rangle)^2 \rangle$와 $\sigma_Y^2 = \langle (y - \langle y \rangle)^2 \rangle$이다. 모집단 상관관계 계수는 표본 상관관계 계수와 유사한 성질을 가지고 있다. 예를 들어 $\rho^2 = 1$이면, 필요충분조건으로 $-1 \le \rho \le 1$이고, X와 Y는 선형 관계를 가진다. 만약 $\rho = 0$이면, 두 무작위 변수 X와 Y는 **상관관계가 없다**고 한다. 식 22.13은 X와 Y가 서로 독립적이면, $\sigma_{XY} = 0$인 것을 나타낸다(연습문제 22-6). 그래서 만약 무작위 변수 X와 Y가 서로 독립적이면, 이것들은 상관관계가 없다.

만약에 X와 Y가 공동으로 표준화 분포를 가진다고 가정하면, ρ에 대한 신뢰 구간을 계산할 수 있다. 증명없이 단계적인 과정을 소개하고자 한다. 이 과정을 때때로 **대표본 과정**(*large-sample procedure*)이라고 한다.

단계 1: 다음의 양을 계산한다.

$$z = \frac{1}{2}\ln\frac{1+r}{1-r}$$

단계 2: 신뢰 수준 η을 선택한다(예를 들어, 95%, 99%, ...).

단계 3: 다음과 같은 γ의 값을 결정하기 위하여, $\sigma = 1$인 표준 분포 $p(z)$의 표 22.3를 사용한다.

$$\text{Prob}\{-\gamma \le Z \le \gamma\} = \int_{-\gamma}^{\gamma} p(z)\,dz = \eta$$

단계 4: 다음을 계산한다.

$$\rho_1 = \tanh\left(z - \frac{\gamma}{\sqrt{n-3}}\right) \qquad \text{그리고} \qquad \rho_2 = \tanh\left(z + \frac{\gamma}{\sqrt{n-3}}\right)$$

ρ에 대한 신뢰 구간은 다음과 같다.

$$\text{Conf}\{\rho_1 \le \rho \le \rho_2\}$$

예제 22-4

표 22.2의 값들을 사용하여, 모집단 상관관계 계수 ρ에 대한 95%의 신뢰 구간을 결정하시오.

풀이 예제 22-3으로부터, $r = (0.9269)^{1/2} = 0.9628$이다.

단계 1: $z = \frac{1}{2}\ln\frac{1+r}{1-r} = \frac{1}{2}\ln\frac{1.9627}{0.0373} = 1.982$

단계 2: $\eta = 0.950$

단계 3: 표 22.3을 이용하여, $\gamma = 1.960$을 얻는다.

단계 4: $\rho_1 = \tanh\left(1.982 - \frac{1.960}{\sqrt{6}}\right) = \tanh(1.18) = 0.828$

$\rho_2 = \tanh\left(1.982 + \frac{1.960}{\sqrt{6}}\right) = \tanh(2.78) = 0.992$

그러므로, 95% 신뢰도에서

$$\text{Conf}\{0.828 \le \rho \le 0.992\}$$

22.3 측정의 오차 증식

이 장을 마치기 전에, 중요한 주제인 측정의 오차 증식에 대하여 논의하고자 한다. x와 y를 서로 분리하여 측정한 값을 $f(x, y)$라고 하자. 예를 들어, x와 y를 각각 사각형의 폭과 길이라고 하면, $f(x, y)$는 그 면적 $A = xy$이다. 이제 x와 y를 측정하면, 그 각 쌍은 $(x_1, y_1), (x_2, y_2), \ldots, (x_n, y_n)$이다. 다음 식에 따라서, x와 y의 평균과 표본 분산을 계산할 수 있다.

$$\overline{x} = \frac{1}{n}\sum_{j=1}^{n} x_j \qquad \text{그리고} \qquad \overline{y} = \frac{1}{n}\sum_{j=1}^{n} y_j \tag{22.15}$$

$$s_x^2 = \frac{1}{n-1}\sum_{j=1}^{n}(x_j - \overline{x})^2 \qquad \text{그리고} \qquad s_y^2 = \frac{1}{n-1}\sum_{j=1}^{n}(y_j - \overline{y})^2 \tag{22.16}$$

또한 $f_j = f(x_j, y_j)$이면, n쌍의 (x_j, y_j)으로부터 n개의 $f(x, y)$ 값을 계산할 수 있고, 이것을 사용하여 다음을 계산할 수 있다.

$$\overline{f} = \frac{1}{n}\sum_{j=1}^{n} f(x_j, y_j) \qquad \text{그리고} \qquad s_f^2 = \frac{1}{n-1}\sum_{j=1}^{n}(f_j - \overline{f})^2 \tag{22.17}$$

s_x와 s_y가 x_j와 y_j 값들의 부정확도에 대한 척도가 되듯이, s_f를 $f(x_j, y_j)$의 부정확도에 대한 척도로 간주한다.

보통 부정확도가 작다고 가정하고, $f_j = f(x_j, y_j)$를 $x_j = \overline{x}$와 $y_j = \overline{y}$에 대하여 테일러 전개(연습문제 3-26)를 하면 다음과 같이 된다.

$$f_j = f(x_j, y_j) = f(\overline{x}, \overline{y}) + \left(\frac{\partial f}{\partial x}\right)_{\overline{x},\overline{y}}(x_j - \overline{x}) + \left(\frac{\partial f}{\partial y}\right)_{\overline{x},\overline{y}}(y_j - \overline{y}) + \cdots \tag{22.18}$$

식 22.18의 양변을 n으로 나누고, j에 대하여 합하면, 다음을 얻는다(연습문제 21-18).

$$\overline{f} = f(\overline{x}, \overline{y}) \tag{22.19}$$

따라서 $f(x, y) = xy$가 직사각형의 면적을 나타내면, $\overline{A} = \overline{x}\,\overline{y}$이다.

또한 (x_j, y_j) 데이터의 부정확도로 s_f^2를 결정할 수 있다. 식 22.18과 22.19를 s_f^2 (22.17)에 대입하여, 다음을 얻을 수 있다(연습문제 22-18).

$$s_f^2 = \left(\frac{\partial f}{\partial x}\right)_{\overline{x},\overline{y}}^2 s_x^2 + \left(\frac{\partial f}{\partial y}\right)_{\overline{x},\overline{y}}^2 s_y^2 + 2\left(\frac{\partial f}{\partial x}\right)_{\overline{x},\overline{y}}\left(\frac{\partial f}{\partial y}\right)_{\overline{x},\overline{y}} s_{xy}^2 \tag{22.20}$$

여기에서 s_x^2, s_y^2와 s_{xy}^2는 앞에서 정의하였다(식 22.5와 22.6). 만약에 x_j와 y_j가 서로 독립적이면, $s_{xy} = 0$이고, 식 22.20은 다음과 같은 측정론의 표준식이 된다.

$$s_f^2 = \left(\frac{\partial f}{\partial x}\right)_{\overline{x},\overline{y}}^2 s_x^2 + \left(\frac{\partial f}{\partial y}\right)_{\overline{x},\overline{y}}^2 s_y^2 \tag{22.21}$$

예제 22-5

질량과 지름을 측정하여 구의 밀도를 결정한다고 하자. 많은 측정으로 평균 질량이 106.4 g, 그 표준 편차가 0.50 g이고, 평균 지름이 4.321 cm, 그 표준 편차가 0.0010 cm이었다. 평균 밀도와 그 표준 편차를 결정하시오.

풀이 구의 밀도는 $\rho = m/(\pi d^3/6) = 6m/\pi d^3$이다. 평균 밀도는 다음과 같다.

$$\overline{\rho} = \frac{6\overline{m}}{\pi \overline{d}^3} = \frac{6(106.4\text{ g})}{\pi(4.321\text{ cm})^3} = 2.519\text{ g}\cdot\text{cm}^{-3}$$

이때 분산은 다음과 같다.

$$\begin{aligned} s_\rho^2 &= \left(\frac{\partial \rho}{\partial m}\right)^2_{\overline{m},\overline{d}} s_m^2 + \left(\frac{\partial \rho}{\partial d}\right)^2_{\overline{m},\overline{d}} s_d^2 \\ &= \left(\frac{6}{\pi \overline{d}^3}\right)^2 s_m^2 + \left(-\frac{18\overline{m}}{\pi \overline{d}^4}\right)^2 s_d^2 \\ &= (5.604 \times 10^{-4})(0.50)^2 + (3.058)(0.0010)^2 \\ &= 1.436 \times 10^{-4} \end{aligned}$$

또는 $s_\rho = \pm 0.01198$이다. 이 결과를 자주 $\rho = 2.519 \pm 0.012\text{ g}\cdot\text{cm}^{-3}$으로 표현한다.

연습문제

22-1. 식 22.3을 유도하시오.

22-2. 식 22.3과 식 22.4-22.5가 같음을 증명하시오.

22-3. 최소 제곱 직선은 항상 점 $(\overline{x}, \overline{y})$을 지나는 것을 증명하시오.

22-4. 식 22.2의 $S(a, b)$가 다음과 같이 표현됨을 증명하시오.

$$S = (n-1)(s_y^2 - b^2 s_x^2) = (n-1)\left(s_y^2 - \frac{s_{xy}^2}{s_x^2}\right),\ \text{이때}\ s_y^2 = \frac{1}{n-1}\sum_{j=1}^{n}(y_j - \overline{y})^2$$

이제 $s_y^2 \geq \dfrac{s_{xy}^2}{s_x^2}$을 증명하시오.

22-5. 만약에 표본쌍들이 한 직선위에 있다면, 상관관계 계수가 $r = \pm 1$임을 증명하시오.

22-6. 만약에 X와 Y가 무작위 변수이면, 식 22.13에 정의된 σ_{XY}가 0인 것을 증명하시오.

22-7. 다음 데이터를 사용하여 최소 제곱 직선을 구하시오.

x	0.00	0.25	0.50	0.75	1.00	1.25	1.50	1.75	
y	−0.2765	0.0605	1.132	1.854	2.300	2.925	4.422	3.248	
x	2.00	2.25	2.50	2.75	3.00	3.25	3.50	3.75	4.00
y	4.120	4.453	5.631	5.125	5.412	6.684	7.307	7.726	8.400

22-8. 앞 문제의 데이터를 사용하여 α와 β에 대한 95%의 신뢰 구간을 결정하시오.

22-9. 연습문제 22-7의 데이터에 대한 상관관계 계수 r을 결정하시오.

22-10. η'을 고분자 용액의 점도라 하고, η을 용매의 점도라 하자. 이때 $(\eta' - \eta)/\eta = \eta_{sp}$를 용액의 고유 점도라 한다. 점도론에 의하면, η_{sp}/c는 용액에서 고분자의 농도 c에 대하여 선형으로 변해야 한다. 표 22.4는 이에 대한 데이터이다. 이 데이터를 사용하여 최소 제곱 직선을 구하시오.

표 22.4 알콜에서 질산 셀룰로스(**cellulose nitrate**)의 고유 점도. 농도의 단위는 **g/L**이다.

c	0.00	0.10	0.20	0.30	0.40	0.50	0.60	0.70	0.80	0.90	1.00
η_{sp}/c	9.04	10.2	11.7	13.6	14.8	16.4	17.7	19.9	20.5	22.3	23.9

22-11. 앞 문제의 데이터를 사용하여 α와 β에 대한 95%의 신뢰 구간을 결정하시오.

22-12. 연습문제 22-7과 22-10을 사용하여 모집단 상관관계 계수 ρ에 대한 99%의 신뢰 구간을 결정하시오.

22-13. 광전 효과에서 금속 표면은 전자기파에 의하여 에너지를 받고 전자를 표면으로 방출한다. 광전 전류가 0이 되는 전위를 측정하여, 방출된 전자의 에너지를 결정한다. 광전 효과론에 따르면, 중지 전위 ϕ_s는 $\phi_s = a\nu + b$ 식으로, 복사 진동수와 선형 관계를 가진다. 표 22.5의 데이터를 사용하여 a와 b, 그리고 상관관계 계수 r을 결정하시오.

표 22.5 **Na 금속에 대한 광전 효과의 중지 전위. 진동수의 단위는 10^{15} Hz이고, 중지 전위 ϕ_s의 단위는 volt이다.**

ν	0.46	0.48	0.50	0.52	0.54	0.56	0.58	0.60
ϕ_s	0.0834	0.315	0.182	0.340	0.786	0.352	0.731	0.430

22-14. 앞 문제의 데이터를 사용하여 α와 β에 대한 90%의 신뢰 구간을 결정하시오.

22-15. 연습문제 22-13의 데이터를 사용하여 모집단 상관관계 계수 ρ에 대한 90%의 신뢰 구간을 결정하시오.

22-16. 표 22.6에 물의 증기압 P (단위 torr)와 해당 온도 t (단위 °C)를 나열하였다. 열역학에서 $\ln P$와 $1/T$는 근사적으로 직선이다. 이 데이터들의 최소 제곱 직선을 구하시오.

표 22.6 **물의 증기압 P(단위 torr)와 해당 섭씨 온도 t(단위 °C).**

t	0	5	10	15	20	25	30
P	4.6	6.5	9.2	12.8	17.4	23.8	31.6
t	35	40	45	50	55	60	65
P	42.2	55.3	71.9	92.5	118.0	149.4	187.5
t	70	75	80	85	90	95	100
P	233.7	289.1	355.1	433.6	525.8	633.9	760

22-17. 앞 문제의 데이터를 사용하여 α와 β에 대한 99.5%의 신뢰 구간을 결정하시오.

22-18. 식 22.18과 22.19를 식 22.17에 대입하여 식 22.20을 유도하시오.

22-19. 높이와 반지름을 측정하여 수직원통의 부피를 측정하자. 많은 측정의 결과로 평균 높이는 16.06 cm, 그 표준 편차가 0.015 cm이고, 평균 반지름이 3.751 cm, 그 표준 편차가 0.018 cm이었다. 이 수직원통의 평균 밀도와 그 표준 편차를 결정하시오.

22-20. 낮은 압력에서 기체의 압력은 이상 기체 방정식을 만족한다. $P = \dfrac{nRT}{V}$, 여기에서 n은 몰수, T는 절대 온도, V는 부피이고, R은 기체 상수($0.083145\ \mathrm{L \cdot bar \cdot mol^{-1} \cdot K^{-1}}$)이다. $\bar{n} = 0.1025$ mol, $s_n = 0.00652$ mol, $\overline{T} = 286.30$ K, $s_T = 0.196$ K, $\overline{V} = 30.444$ L, $s_V = 0.0959$ L 일 때, 기체의 평균 압력과 그 표준 편차를 결정하시오.

제 23 장

수치법

화학을 배우는 과정에서 접하는 문제는 내수학 방법으로 대부분 풀 수 있는 식들이다. 일반적으로 근의 공식을 이용하면 쉽게 풀 수 있는 이차 방정식과 관련된 문제들이 많다. 적분과 관련된 문제도 적분 도표에 나와 있는 공식을 이용하면 대부분 풀 수 있다. 기껏해야 두세 개의 미지수를 포함하는 일차 연립 방정식이 연관된 문제 정도이다. 그러나 화학 연구자의 경우에는 수치해를 구하려면 수치법에 의존해야 하는 경우가 자주 있다. 규모가 큰 대수식을 풀고 적분을 구하며 차원 높은 행렬의 고유값과 고유벡터를 구하는 등 다양한 유형의 문제를 풀이하는 수많은 절차가 있다. 수치법에 대한 문헌도 아주 다양하게 많지만 이 장에서는 일부만 취급하도록 하겠다. 네 가지 유형의 문제, 즉 대수식의 근 구하기, 수치 적분, 급수의 수치합, 일차 연립 방정식(linear algebraic equation)의 풀이법에 대해 설명하고자 한다.

23.1 방정식의 근

이차 방정식의 해는 다음과 같은 근의 공식으로 구하는 것을 고등학교에서 배웠을 것이다.

$$x = \frac{-b \pm \sqrt{b^2 - 4ac}}{2a}$$

따라서 $x^2 + 3x - 2 = 0$의 식을 만족시키는 x값(근)은 다음과 같다.

$$x = \frac{3 \pm \sqrt{17}}{2}$$

비록 삼차와 사차 방정식을 구하는 공식이 있지만, 사용하기가 불편할 뿐만 아니라 오차 방정식 이상인 경우에는 일반 공식이 없다. 애석하게도 실제로는 그러한 식을 자주 접하게 되고 이들을 처리하는 방법을 알아야만 한다. 다행히 계산기와 개인용 컴퓨터가 있으므로 다항식과 $x - \cos x = 0$과 같은 여러 가지 형태의 수치해를 구하는 과정은 평범한 일이 되었다. 비록 이러한 식들은 시행 오차법으로 풀 수도 있지만 보다 체계적인 과정을 통해 원하는 정도의 정확성까지 근접하는 해를 구할

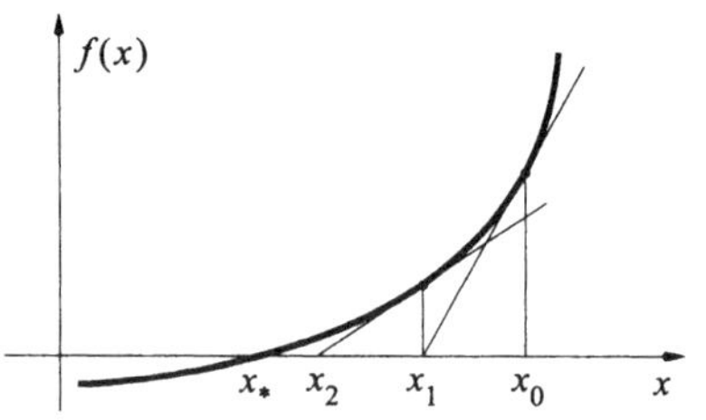

[그림 23.1] 뉴턴-렙슨 방법을 설명하는 그림.

수 있다. 아마 가장 널리 알려진 과정이 그림으로 잘 설명할 수 있는 **뉴턴-렙슨 방법**(*Newton-Raphson method*)일 것이다. 그림 23.1은 x에 대해 $y = f(x)$ 함수를 도시한 것이다. 방정식 $f(x) = 0$의 해는 x_*로 나타낸다. 뉴턴-렙슨 방법의 개념은 x_*에 초기 x값 (x_0)을 추정하고, 그림 23.1에 나타낸 것처럼 x_0에서 곡선 $f(x)$의 접선 기울기를 그린다. 축을 따라서 x_0보다 더 x_*에 가까운 접선의 기울기를 그린다. x_*에 더 가까운 새로운 x_2를 구하기 위해 이 과정을 반복해 나간다. 이러한 과정을 통해 x_*에 원하는 정도의 정확성으로 근접할 때까지 반복해 나간다.

그림 23.1을 사용하여 반복되는 x값에 대한 편리한 공식을 유도할 수 있다. x_n에서 $f(x)$의 기울기, $f'(x_n)$은 다음과 같이 주어진다.

$$f'(x_n) = \frac{f(x_n) - 0}{x_n - x_{n+1}}$$

x_{n+1}에 대해 이 식을 정리하면 다음과 같이 된다.

$$x_{n+1} = x_n - \frac{f(x_n)}{f'(x_n)} \tag{23.1}$$

이것이 뉴턴-렙슨 방법의 반복 공식이다. 이 공식을 응용하기 위해 다음 화학 반응을 고려해 보자.

$$2\,\mathrm{NOCl(g)} \rightleftharpoons 2\,\mathrm{NO(g)} + \mathrm{Cl_2(g)}$$

어떤 온도에서 관련된 평형 상수값은 2.18이다. 반응용기에 1.00 atm의 NOCl(g)이 주입되면 평형에서 $P_{\mathrm{NOCl}} = 1.00 - 2x$, $P_{\mathrm{NO}} = 2x$, $P_{\mathrm{Cl_2}} = x$가 되므로 평형 상수는 이들 압력에 따라 다음과 같이 표현된다.

$$\frac{P_{\mathrm{NO}}^2 P_{\mathrm{Cl_2}}}{P_{\mathrm{NOCl}}^2} = \frac{(2x)^2 x}{(1.00 - 2x)^2} = 2.18$$

이 식을 재정리하면 다음과 같이 된다.

$$f(x) = 4x^3 - 8.72x^2 + 8.72x - 2.18 = 0$$

반응식은 화학량론이므로 x값은 0과 0.5사이 값을 찾아야 되는데, 초기 추정값 (x_0)은 0.250으로 선정한다. 표 23.1에는 식 23.1을 사용한 결과를 나타낸 것이다. 세 단계만 적용시켜도 유효숫자 세 자리까지 수렴함에 유의하기 바란다.

표 23.1 $f(x) = 4x^3 - 8.72x^2 + 8.72x - 2.18 = 0$ 식의 해를 구하기 위해 뉴턴-렙슨 방법을 적용시킨 결과

n	x_n	$f(x_n)$	$f'(x_n)$
0	0.250	-4.825×10^{-1}	5.110
1	0.344	-4.772×10^{-2}	4.137
2	0.356	-7.491×10^{-4}	4.003
3	0.356		

예제 23-1

다음 삼차 방정식은 불완전 기체를 설명할 때 나오는 식이다.

$$x^3 + 3x^2 + 3x - 1 = 0$$

이 식의 근을 뉴턴-렙슨 방법을 이용하여 유효숫자 다섯 개를 갖는 근을 구하시오.

풀이 이 식을 다음과 같이 쓸 수 있다.

$$f(x) = x^3 + 3x^2 + 3x - 1 = 0$$

살펴보면 이 식의 해는 0과 1 사이에 있음을 알 수 있다. $x_0 = 0.5$를 사용하면 다음 표의 결과가 주어진다.

n	x_n	$f(x_n)$	$f'(x_n)$
0	0.500 000	1.375 00	6.7500
1	0.296 300	0.178 294	5.04118
2	0.260 930	0.004 809	4.76983
3	0.259 920	−0.000 005	4.76220
4	0.259 920		

유효숫자 다섯 개인 $x = 0.25992$가 근이다. $f(x) = 0$을 만족시키는 x값에 접근함에 따라 $f(x_n)$값은 현저히 작아지지만, $f'(x_n)$값은 크게 변하지 않음에 유의할 필요가 있다. 표 23.1에서도 이러한 경향을 파악할 수 있다.

뉴턴-렙슨 방법은 효율적이지만 항상 적용시킬 수 있는 것은 아니며, 쉽게 근을 알 수 있지만 방법을 적용시킬 수 없는 경우도 있다. 그 예로서 $x_* = 0$인 $f(x) = x^{1/3} = 0$가 있다. $x_0 = 1$로 시작하면 $x_1 = -2$, $x_2 = +4$, $x_3 = -8$ 등을 얻게 된다. 그림 23.2을 보면 왜 이 방법이 수렴하지 못하는지를 알 수가 있다.

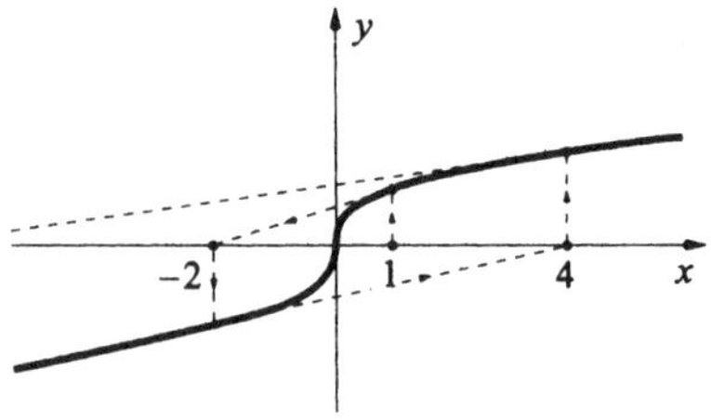

[그림 23.2] 뉴턴-렙슨 방법의 실패를 보여 주는 $y = x^{1/3}$의 그래프 도시.

여기서 명심해야 될 것은 적절한 근의 위치를 찾고 어떤 특별한 성질이 없다는 것을 알기 위해서 항상 $f(x)$의 그래프를 도시해 봐야 한다는 것이다. 뉴턴-렙슨 방법에 익숙해지려면 연습문제 23-1에서 23-8까지 풀어 보아야 한다.

23.2 수치 적분

적분을 구하는 수치법도 있다. 곡선과 x축으로 둘러싸인 면적은 다음 식으로 주어진다.

$$I = \int_a^b f(u)\,du \qquad (23.2)$$

이 적분은 그림 23.3에 짙은색으로 나타내었다. 기본 정리에 따르면 $\frac{dF}{dx} = f(x)$일 때 $F(x) = \int_a^x f(u)\,du$로 나타낸다. 도함수가 $f(x)$인 초등 함수 $F(x)$가 없으면 $f(x)$의 적분은 해석적인 방법으로 구할 수 없다. 여기서 초등 함수는 유한의 다항식, 삼각 함수, 지수 및 로그 함수의 조합으로 표현할 수 있는 함수를 의미한다.

많은 적분이 해석법으로 구할 수 없음이 알려졌다. 특히 초등 함수를 구할 수 없는 중요한 예가 다음의 적분이다.

$$\phi(x) = \int_0^x e^{-u^2}\,du \qquad (23.3)$$

식 23.3은 오차 함수(error function)를 정의하는 데 사용되는 것이다(3.3절). 임의 x값에 대한 $\phi(x)$값은 $u = 0$에서 $u = x$까지 곡선 $f(u) = e^{-u^2}$ 아래 면적으로 주어진다.

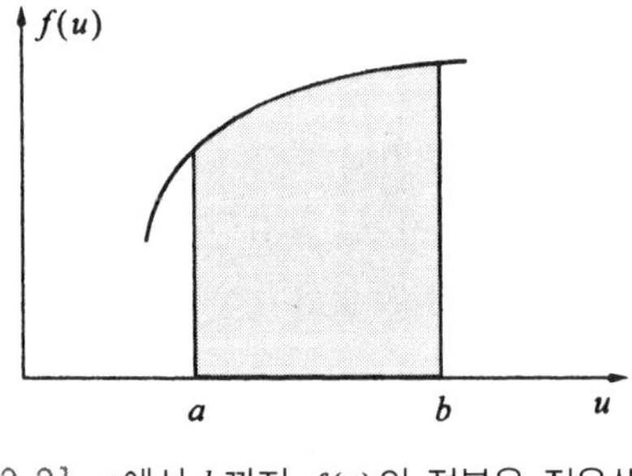

[그림 23.3] a에서 b까지 $f(u)$의 적분은 짙은색 부분임.

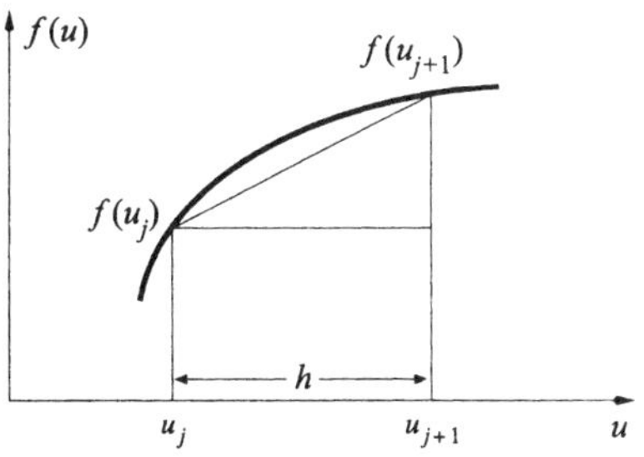

[그림 23.4] 사다리꼴 근사에 의한 $j+1$번째 부분 구간의 면적 보기.

식 23.2와 그림 23.3의 면적에 대해 일반적인 경우를 더 살펴보자. 다양한 방법을 통해 이 면적을 근사적으로 구할 수 있다. 먼저 구간 (a,b)를 $u_0 = a$와 $u_n = b$로 해서 같은 간격의 n개 부분구간 u_1-u_0, $u_2-u_1, \ldots$, u_n u_{n-1}으로 나눈다. 그러면 $j = 0, 1, \ldots, n-1$에 대해 $h = u_{j+1} - u_j$을 얻는다. 그림 23.4는 u_j와 u_{j+1}의 부분구간을 확대해서 나타낸 것이다. 곡선 아래 면적을 근사적으로 구하는 한 가지 방법은 그림 23.4에 나타낸 것처럼 직선으로 점 $f(u_j)$와 $f(u_{j+1})$을 연결하는 것이다. 구간에서 $f(u)$에 근접하는 직선 아래 면적은
직사각형 면적 $[hf(u_j)]$와 삼각형 면적 $\left\{\frac{1}{2}h[f(u_{j+1}) - f(u_j)]\right\}$의 합이다. $u = a$에서 $u = b$까지 곡선 아래 전체 면적은 다음의 합으로 주어진다.

$$\begin{aligned}
I \approx I_n = & \ hf(u_0) + \frac{h}{2}[f(u_1) - f(u_0)] \\
& + hf(u_1) + \frac{h}{2}[f(u_2) - f(u_1)] \\
& \vdots \\
& + hf(u_{n-2}) + \frac{h}{2}[f(u_{n-1}) - f(u_{n-2})] \\
& + hf(u_{n-1}) + \frac{h}{2}[f(u_n) - f(u_{n-1})] \\
= & \ \frac{h}{2}[f(u_0) + 2f(u_1) + 2f(u_2) + \cdots + 2f(u_{n-1}) + f(u_n)]
\end{aligned} \tag{23.4}$$

식 23.4에서 계수가 1, 2, 2, ⋯, 1임에 유의하기 바란다. 식 23.4는 $n = 10$ 등에 대해서는 계산기, 더 큰 n에 대해서는 김퓨터로 손쉽게 처리할 수 있다. 식 23.4에 따라 주어지는 적분 근사를 **사다리꼴 근사**(*trapezoidal approximation*)라 부른다. 오차는 Ah^2으로서, 여기서 A는 함수 $f(u)$의 성질에 의존하는 상수이다. 사실, 구간 (a,b)에서 $|f''(u)|$의 가장 큰 값이 M이면, 오차는 $M(b-a)h^2/12$에 불과하다. 표 23.2는 $n = 10$ $(h = 0.1)$, $n = 100$ $(h = 0.01)$, $n = 1000$ $(h = 0.001)$일 때 다음 적분의 값을 나타낸 것이다.

$$\phi(1) = \int_0^1 e^{-u^2} du \tag{23.5}$$

표 23.2 식 23.5에 주어진 $\phi(1)$값을 사다리꼴 근사(식 23.4)를 적용시킨 보기. 수용값은 유효숫자 여덟 개를 가진 0.746 82413이다.

n	h	I_{2n}
10	0.1	0.746 21800
100	0.01	0.746 81800
1000	0.001	0.746 82407

보다 정교한 수치 적분법에 의해 구한 수용값은 유효 숫자 여덟 개를 가진 0.746 82413이다.

그림 23.4에서 직선 이외에 다른 것을 이용해 $f(u)$의 수치 적분을 구할 수 있는 보다 정교한 방법을 개발할 수 있다. 이차 함수로서 $f(u)$의 근사를 취할 수 있는 다음과 같이 주어지는 **심슨 근사** (*Simpson's approximation*)이다.

$$I_{2n} = \frac{h}{3}[f(u_0) + 4f(u_1) + 2f(u_2) + 4f(u_3) + 2f(u_4) + \cdots + 2f(u_{2n-2}) + 4f(u_{2n-1}) + f(u_{2n})] \tag{23.6}$$

계수가 1, 4, 2, 4, 2, 4, ⋯, 4, 2, 4, 1로 되는 것에 유의하기 바란다. 심슨 근사에서는 구간의 수가 짝수가 되어야 하므로 식 23.6에서 I_{2n}으로 표시하였다. 표 23.3에는 $n = 10, 100, 1000$인 경우에 식 23.5의 $\phi(1)$에 대한 값을 나타내었다.

$n = 100$일 때의 값은 수용값의 여덟 번째 자리 한 개만 다른 것에 유의할 필요가 있다. 심슨 근사의 오차가 h^4로 되는 것과 사다리꼴 근사가 h^2으로 주어지는 것과 비교해 볼 수 있다. 실제로 구간 (a, b)에서 M이 $|f^{(4)}(u)|$의 가장 큰 값이라고 하면 그 오차는 기껏해야 $M(b-a)h^4/180$ 정도에 불과하다. 연습문제 23-9에서 연습문제 23-12는 사다리꼴 근사와 심슨 근사를 적용시키는 것들이다.

예제 23-2

Debye 이론에 의하면 단원자 결정의 몰열용량은 다음과 같이 주어진다.

$$\overline{C}_V = 9R\left(\frac{T}{\Theta_D}\right)^3 \int_0^{\Theta_D/T} \frac{x^4 e^x}{(e^x - 1)^2}\,dx$$

여기서 R은 몰기체 상수 ($8.314\ \mathrm{J\cdot K^{-1}\cdot mol^{-1}}$)이고, Debye 온도인 Θ_D는 결정의 특성을 나타

표 23.3 식 23.5의 $\phi(1)$ 근사값을 심슨 근사(식 23.6)를 적용시켜 구한 결과. 수용값은 유효숫자 여덟 개를 가진 0.746 82413이다.

n	h	I_{2n}
10	0.1	0.746 82494
100	0.01	0.746 82414
1000	0.001	0.746 82413

내는 파라미터이다. 구리에 대한 $\Theta_D = 309$ K일 때, $T = 103$ K에서 구리의 몰열용량을 구하시오.

풀이 $T = 103$ K에서 다음 적분을 수치법으로 구하면 된다.

$$I = \int_0^3 \frac{x^4 e^x}{(e^x - 1)^2} dx$$

사다리꼴 근사(식 23.4)와 심슨 근사(식 23.6)를 이용하면 I값이 다음과 같이 되는 것을 알 수 있다.

n	h	I_n (사다리꼴 근사)	I_{2n} (심슨 근사)
10	0.3	5.9725	5.9648
100	0.03	5.9649	5.9648
1000	0.003	5.9648	5.9648

따라서 103 K에서 몰열용량은 다음과 같이 주어진다.

$$\overline{C}_V = 9R\left(\frac{103 \text{ K}}{309 \text{ K}}\right)^3 I$$

계산하면 $\overline{C}_V = 16.5 \text{ J}\cdot\text{mol}^{-1}\cdot\text{K}^{-1}$로서 실험값과 잘 일치한다.

23.3 급수의 합

모든 n에 대해 양의 항, $u_n \geq 0$을 갖는 다음과 같은 수렴 급수를 생각해 보자.

$$s = \sum_{n=1}^{\infty} u_n \tag{23.7}$$

다음과 같이 이 급수의 n번째 부분합을 $S_N = \sum_{n=1}^{N} u_n$, N번째 항 이후 나머지를 R_N이라 두자.

$$s - S_N + R_N \tag{23.8}$$

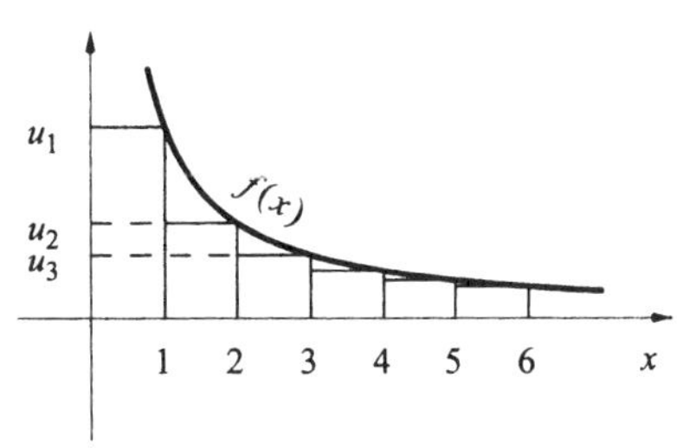

[그림 23.5] 식 23.9의 유효성에 도움이 되는 그림.

표 23.4 식 23.10에 의해 구한 급수 $\sum_{n=1}^{\infty} n^{-2}$의 부분합 ($S_N$), N항 이후 나머지 (R_N), 적분 경계의 비교. 이 급수의 정확한 값은 $\pi^2/6 = 1.64493\ldots.$이다.

N	S_N	R_N	적분 경계
500	1.64294	0.001 9980	0.002 000
1000	1.64393	0.000 9995	0.001 000
2000	1.64443	0.000 4999	0.000 500
3000	1.64460	0.000 3328	0.000 333
4000	1.64468	0.000 2500	0.000 250
5000	1.64473	0.000 2000	0.000 200
10000	1.64483	0.000 1000	0.000 100

S_N이 s에 어느 정도 접근하는지, 달리 표현해 s에 비해 상대적으로 R_N이 얼마나 작은지가 실제적인 문제이다. 이 문제의 해답을 구하기 위해 그림 23.5를 살펴보자. 이 그림에서 곡선은 $n = 1, 2, \cdots$에 대해 $f(n) = u_n$으로 연속 함수이다. 그림을 통해 $f(1) = u_1$, $f(2) = u_2$ 등임을 알 수가 있다. 임의 N값을 선택해보면, N에서 $f(x)$곡선 아래 면적은 $N+1$에서 시작하는 직사각형 면적보다 큰 것을 알 수 있다. 다음과 같은 한 개의 식을 쓸 수 있다.

$$\int_N^{\infty} f(x)\,dx \ge \sum_{n=N+1}^{\infty} u_n = R_N \tag{23.9}$$

급수 $s = \sum_{n=1}^{\infty} n^{-2}$에 대해 S에 대한 S_N의 근사에 접근하기 위해 이 결과를 이용해 보자. 이 경우에 $f(x) = \dfrac{1}{x^2}$이므로 다음과 같이 된다.

$$R_N \le \int_N^{\infty} \frac{dx}{x^2} = \frac{1}{N} \tag{23.10}$$

표 23.4에는 식 23.10으로 구한 S_N, R_N, 적분 경계를 비교해서 나타내었다. 이 급수는 아주 천천히 수렴하는 것에 유의하기 바란다. 100 000항을 취하면 소수 다섯 자리에서 ±1의 정확도를 얻을 수 있다.

예제 23-3

소수점 넷째 자리에서 오차가 1이하가 될 때까지 $S = \sum_{n=1}^{\infty} n^{-4}$의 값을 구하시오.

풀이 이 경우에 식 23.9는 다음과 같이 주어진다. $N = 19$이면 이 양은 0.00005 이하가 될 것이다.

$$R_N = \sum_{n=N+1}^{\infty} \frac{1}{n^4} \leq \int_N^{\infty} \frac{dx}{x^4} = \frac{1}{3N^3}$$

19항을 사용했을 때 부분합은 정확한 값 $\pi^4/90 = 1.08232$와 비교해 볼 수 있다. 이 급수는 $\sum_{n=1}^{\infty} n^{-2}$보다 훨씬 더 빠르게 수렴함에 유의하기 바란다.

이 방법을 멱급수에도 적용시킬 수 있다. 멱급수를 사용하여 e^3을 계산해 보자. 이때 다음과 같이 쓸 수 있다.

$$e^3 = S_N + R_N = \sum_{n=0}^{N} \frac{3^n}{n!} + \sum_{n=N+1}^{\infty} \frac{3^n}{n!} \tag{23.11}$$

경계 함수 $f(x) = 3^x/x!$이고, 식 23.9는 다음과 같이 된다.

$$R_N \leq \int_N^{\infty} dx \, \frac{3^x}{x!} \tag{23.12}$$

이 적분은 반드시 수치법으로 계산해야 되지만 별로 문제될 것은 없다. CAS를 이용하면 표 23.5를 쉽게 구할 수 있으며, 여러 N값에 대한 R_N과 그 적분 경계값을 비교해 볼 수 있다. 표 23.5에서 예를 들면 13항까지 취할 경우 소수점 이하 네 자리까지 정확함을 알 수 있다.

지금까지 설명한 방법은 모든 항이 양수인 급수에만 적합한 것이다. 다음과 같이 항의 부호가 번갈아 가며 바뀌는 **교대 급수**(*alternating series*)를 생각해 보자.

$$s = \sum_{n=0}^{\infty} (-1)^n u,$$

여기서 $u_n \geq 0$이다. 교대 급수에서 $n = N$항 다음을 절단했을 때 생기는 오차 크기는 다음과 같이 R_N의 경우보다 작게 된다.

$$\left| s - \sum_{n=0}^{N} (-1)^n u_n \right| < |u_{N+1}| \tag{23.13}$$

표 23.5 식 23.11에 의한 R_N과 식 23.12에 의해 주어지는 적분 경계의 비교. 이 급수의 수용값은 20.08554...이다.

N	S_N	R_N	적분 경계
10	20.0797	0.005 872	0.012 344
11	20.0841	0.001 434	0.003 168
12	20.0852	0.000 324	0.000 751
13	20.0855	0.000 068	0.000 165
14	20.0855	0.000 013	0.000 034

표 23.6 $x = 3$일 때 부등식 23.14의 적용 결과

N	S_N	$\mid R_N \mid$	$\mid x \mid^{N+1}/(N+1)!$
9	0.037 054	0.012 7335	0.016 272
11	0.048 888	0.000 8991	0.001 109
13	0.049 741	0.000 0456	0.000 055
15	0.049 786	0.000 0012	0.000 002
17	0.049 787	$< 10^{-7}$	$< 10^{-7}$

식 23.13을 x가 양의 값일 때 다음 식에 적용해 보자.

$$e^{-x} = \sum_{n=0}^{\infty} \frac{(-x)^n}{n!} = \sum_{n=0}^{\infty} \frac{(-1)^n x^n}{n!}$$

이 급수에서 $n = N$항 이후를 절단하면, 오차 크기 $|R_N|$은 다음 식을 만족 시킨다.

$$|R_N| \leq \frac{x^{N+1}}{(N+1)!} \tag{23.14}$$

표 23.6에는 $x = 3$일 때 $e^{-3} = 0.049\,787\ldots$인 경우에 식 23.14의 부등식을 적용시켜 본 결과를 나타낸 것이다.

23.4 일차 연립 방정식

크래머 공식(17.3절)은 일차 연립 방정식을 푸는 데 사용하는 체계적인 방법이지만, 행렬식을 풀어야 하므로 편리한 계산 과정은 아니다. 이 단원에서는 크래머 방법보다 더 편리한 **가우스 소거법**(*Gaussian elimination*)이라 부르는 연립 방정식을 풀이하는 또 다른 방법을 설명하고자 한다. 가우스 소거법은 가장 많이 활용하는 정교한 풀이법에 해당한다. 이 방법을 설명하기 전에 일차 연립 방정식의 일반 개념에 대해 먼저 논의하고자 한다.

우선 미지수가 두 개인 다음 연립 방정식으로 시작해 보자.

$$a_{11}x_1 + a_{12}x_2 = h_1$$
$$a_{21}x_1 + a_{22}x_2 = h_2$$

기하학적으로 그림 23.6에 나타낸 것처럼 세 가지 경우가 가능하다. 첫째 두 직선이 교차하며 그 해를 구할 수 있다. 둘째 두 직선이 평행하며 해가 없다. 셋째 두 지선이 일치하며 무한대의 해를 갖는다. 다음은 첫 번째 경우의 예이다.

$$2x_1 + x_2 = 3$$
$$x_1 - 3x_2 = -2$$

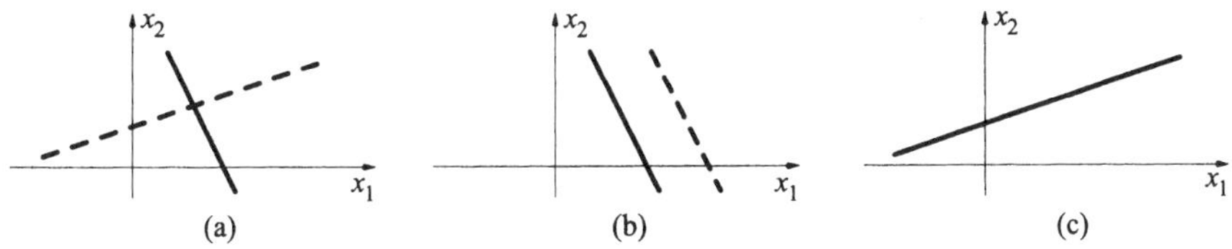

[그림 23.6] 미지수 x_1과 x_2를 가진 일차 연립 방정식의 세 가지 가능성. (a) 직선식 $2x_1+x_2=3$과 점선의 직선식 $x_1-3x_2=-2$가 교차점을 가짐. (b) 직선식 $2x_1+x_2=3$과 점선의 직선식 $2x_1+x_2=5$는 평행하며 교차점이 없음. (c) 두 직선 ($2x_1-x_2=1$과 $4x_1-2x_2=2$)은 겹쳐지며 해의 수가 무한대임.

$x_1=1$과 $x_2=1$의 해를 갖는다. 두 번째 경우의 예는 다음과 같다.

$$2x_1+x_2=3$$
$$2x_1+x_2=5$$

두 직선이 평행이므로 교차점이 없다. 세 번째 경우의 예는 다음과 같다.

$$2x_1+x_2=3$$
$$4x_1+2x_2=6$$

두 직선이 실제로는 일치하며, 그 해는 $x_2=3-2x_1$으로 쓸 수 있고 x_1은 어떤 값이든지 취할 수 있다.

이제 다음과 같은 $n\times n$ 계를 생각해 보자.

$$\begin{aligned} a_{11}x_1+a_{12}x_2+\cdots+a_{1n}x_n&=h_1\\ a_{21}x_1+a_{22}x_2+\cdots+a_{2n}x_n&=h_2\\ &\vdots\\ a_{n1}x_1+a_{n2}x_2+\cdots+a_{nn}x_n&=h_n \end{aligned} \tag{23.15}$$

식 23.15는 AX = H로 적을 수 있으며, 여기서 A는 계의 **계수 행렬**(*coefficient matrix*), X는 미지수 열벡터, H는 상수 열벡터이다. 만약 식 23.15에서 h_j가 모두 0이면 (H = 0), 이것은 **동차**(*homogeneous*) 방정식이라 부르고, 만일 한 개라도 $h_j\neq 0$이면, 이 계를 **비동차**(*nonhomogeneous*) 방정식이라 부른다.

식 23.15의 왼쪽에 다음과 같이 A^{-1}(존재할 경우)을 곱해서 풀 수 있다.

$$X=A^{-1}H \tag{23.16}$$

A^{-1}이 존재할 경우(즉 $|A|\neq 0$), A는 정칙 행렬이 된다. 식 23.16을 분석해 볼 때 비동차 $n\times n$계, AX = H는 A가 정칙 행렬인 경우에만 유일해를 갖게 된다.

H = 0, 즉 동차식일 경우 $x_1=x_2=\cdots=x_n=0$는 항상 갖는 해(자명해)이다. A가 정칙 행렬일 때만 유일해를 갖는다고 말했지만, 동차식의 경우에는 A가 정칙 행렬이라도 자명해만 있게 된다. $n\times n$ 동차 방정식이 비자명해를 가지려면 그 계수 행렬이 반드시 특이 행렬이어야 한다. 17.3절에서도 같은 내용을 설명한 것을 기억하기 바란다.

이 단원의 나머지 부분에서는 실제로 연립 방정식의 해를 구하는 것에 대해 설명하고자 한다. 다음과 같은 연립 방정식을 고려해 보자.

$$\begin{aligned} 2x_1 + x_2 + 3x_3 &= 4 \\ 2x_1 - 2x_2 - x_3 &= 1 \\ -2x_1 + 4x_2 + x_3 &= 1 \end{aligned} \tag{23.17}$$

계수 행렬과 상수 벡터는 다음과 같다.

$$\mathsf{A} = \begin{pmatrix} 2 & 1 & 3 \\ 2 & -2 & -1 \\ -2 & 4 & 1 \end{pmatrix} \quad \text{and} \quad \mathsf{H} = \begin{pmatrix} 4 \\ 1 \\ 1 \end{pmatrix}$$

H에 A를 마지막 열에 붙여서 **확대 행렬**(*augmented matrix*)이라고 부르는 다음과 같은 새로운 형태의 행렬을 만든다.

$$\mathsf{A|H} = \left(\begin{array}{rrr|r} 2 & 1 & 3 & 4 \\ 2 & -2 & -1 & 1 \\ -2 & 4 & 1 & 1 \end{array}\right) \tag{23.18}$$

분명히 이 행렬에는 식 23.17의 연립 방정식에 대한 정보를 포함하고 있으며, 간결한 표현이라 볼 수 있다. 식 23.17의 어떤 식에 0이 아닌 상수를 곱해주어도 그 해에는 아무런 영향을 미치지 않듯이, A|H의 어떤 행을 곱해주어도 무방하다. 마찬가지로 식 20.17이나 A|H에서 어떤 두 행을 서로 교환할 수도 있으며, 어떤 행에 임의 상수를 곱해 준 다음에 다른 행에 더해 준 것을 어느 한 행과 바꾸어 주어도 무방하다. 이러한 다음과 같은 세 가지 연산을 **기본행 연산**(*elementary row operation*)이라 부른다.

1. 0이 아닌 상수를 임의 행에 곱해준다.
2. 한 쌍의 행을 서로 교환한다.
3. 상수를 다른 행에 곱한 후 임의 행에 더해 준 다음 어느 한 행과 바꾸어 준다.

기본행 연산을 하더라도 처음 연립 방정식과 같은 해를 갖는 동등하다는 사실이 요점이다. 행렬은 **동등한**(*equivalent*) 이러한 기본 연산에 의해 다른 것과 구별된다.

이제 A|H의 왼쪽 하단부에 있는 요소가 0이 될 때까지 식 23.18에 기본행 연산을 수행한다. 식 23.18에서 1행에 −1을 곱해서 2행에 더해주고, 1행을 3행에 더해주면 다음과 같이 된다.

$$\left(\begin{array}{rrr|r} 2 & 1 & 3 & 4 \\ 0 & -3 & -4 & -3 \\ 0 & 5 & 4 & 5 \end{array}\right)$$

이제 2행에 5/3을 곱한 다음, 3행에 더해주면 다음과 같이 된다.

$$\left(\begin{array}{ccc|c} 2 & 1 & 3 & 4 \\ 0 & -3 & -4 & -3 \\ 0 & 0 & -8/3 & 0 \end{array}\right)$$

위의 확대 행렬에 대응하는 연립 방정식을 다시 적으면 다음과 같다.

$$\begin{aligned} 2x_1 + x_2 + 3x_3 &= 4 \\ -3x_2 - 4x_3 &= -3 \\ -8/3\, x_3 &= 0 \end{aligned}$$

맨 아래에서부터 위로 대입해보면 $x_3 = 0, x_2 = 1, x_1 = 3/2$을 구할 수 있다.

A|H의 이런 마지막 형태를 **계단형**(*echelon form*)이라 부른다. 다음 두 예제를 통해 가우스 소거법으로 연립 방정식을 풀이하는 것을 나타내는 것이다.

예제 23-4

다음 연립 방정식을 가우스 소거법으로 풀이하시오.

$$\begin{aligned} x_1 + x_2 - x_3 &= 2 \\ 2x_1 - x_2 + 3x_3 &= 5 \\ 3x_1 + 2x_2 - 2x_3 &= 5 \end{aligned}$$

풀이 확대 행렬을 취하면 다음과 같다.

$$\left(\begin{array}{ccc|c} 1 & 1 & -1 & 2 \\ 2 & -1 & 3 & 5 \\ 3 & 2 & -2 & 5 \end{array}\right)$$

1행에 -2를 곱해서 2행에 더해주고, 1행에 -3을 곱해서 3행에 더해주면 다음과 같이 된다.

$$\left(\begin{array}{ccc|c} 1 & 1 & -1 & 2 \\ 0 & -3 & 5 & 1 \\ 0 & -1 & 1 & -1 \end{array}\right)$$

분수가 생기는 것을 피하기 위해 2행과 3행을 서로 교환해 준 다음, 새로운 2행에 -3을 곱해서 새로운 3행에 더해주면 다음과 같이 된다.

$$\left(\begin{array}{ccc|c} 1 & 1 & -1 & 2 \\ 0 & -1 & 1 & -1 \\ 0 & 0 & 2 & 4 \end{array}\right)$$

대응하는 연립 방정식은 다음과 같다.

$$\begin{aligned} x_1 + x_2 - x_3 &= 2 \\ -x_2 + x_3 &= -1 \\ 2x_3 &= 4 \end{aligned}$$

이 식을 밑에서 위로 풀어나가면 $x_3 = 2, x_2 = 3, x_1 = 1$을 구할 수 있다.

예제 23-5

다음 연립 방정식을 가우스 소거법으로 풀이하시오.

$$\begin{aligned} x_1 + x_2 + x_3 &= -2 \\ x_1 - x_2 + x_3 &= 2 \\ -x_1 + x_2 - x_3 &= -2 \end{aligned}$$

풀이 확대 행렬은 다음과 같다.

$$\mathrm{A|H} = \left(\begin{array}{ccc|c} 1 & 1 & 1 & -2 \\ 1 & -1 & 1 & 2 \\ -1 & 1 & -1 & -2 \end{array}\right)$$

1행에 −1을 곱해서 2행에 더해주고, 1행을 3행에 더해주면 다음과 같이 된다.

$$\left(\begin{array}{ccc|c} 1 & 1 & 1 & -2 \\ 0 & -2 & 0 & 4 \\ 0 & 2 & 0 & -4 \end{array}\right)$$

이제 2행을 3행에 더해주면 다음과 같이 된다.

$$\left(\begin{array}{ccc|c} 1 & 1 & 1 & -2 \\ 0 & -2 & 0 & 4 \\ 0 & 0 & 0 & 0 \end{array}\right)$$

이 경우에 대응하는 연립 방정식은 다음과 같다.

$$\begin{aligned} x_1 + x_2 + x_3 &= -2 \\ -2x_2 \qquad &= 4 \\ 0x_3 &= 0 \end{aligned}$$

$x_3 =$ 임의값, $x_2 = -2$, $x_1 = -x_3$가 해이며, 이것은 유일해가 아니다. 이 경우처럼 $|\mathrm{A}| = 0$이면 유일해를 기대할 수 없다.

예제 23-6

다음 연립 방정식을 가우스 소거법으로 풀이하시오.

$$\begin{aligned} 2x_1 - x_3 &= -1 \\ 3x_1 + 2x_2 &= 4 \\ 4x_2 + 3x_3 &= 6 \end{aligned}$$

풀이 확대 행렬은 다음과 같다.

$$\mathrm{A|H} = \left(\begin{array}{ccc|c} 2 & 0 & -1 & -1 \\ 3 & 2 & 0 & 4 \\ 0 & 4 & 3 & 6 \end{array}\right)$$

1행에 $-3/2$을 곱해서 2행에 더해주면 다음과 같이 된다.

$$\left(\begin{array}{ccc|c} 2 & 0 & -1 & -1 \\ 0 & 2 & 3/2 & 11/2 \\ 0 & 4 & 3 & 6 \end{array}\right)$$

이제 2행에 -2를 곱해서 3행에 더해주면 다음과 같이 된다.

$$\left(\begin{array}{ccc|c} 2 & 0 & -1 & -1 \\ 0 & 2 & 3/2 & 11/2 \\ 0 & 0 & 0 & -5 \end{array}\right)$$

마지막 줄에서 $-5 = 0$이므로, 위의 방정식에는 해가 없다는 것을 의미한다. 이들은 일치하지 않는다.

여기서는 $n \times n$계의 연립 방정식만 고려했지만 가우스 소거법은 정방형이 아닌 경우에도 적용할 수 있다.

이 장에서 설명한 뉴턴-렙슨 방법, 심슨 근사, 가우스 소거법과 같은 수치법은 어떤 문제의 수치해를 구하는 문제를 설명하는 데 유용하긴 하지만 실제로는 자주 사용하지 않는다. 서론에서 말했듯이 수치법에 대한 참고 문헌은 무수히 많으며, 여기서 설명했던 것보다 더 정교한 방법들을 찾아 볼 수 있을 것이다. 이러한 방법들은 훨씬 빠른 시간에 원하는 정확도를 가진 값을 구할 수 있게 해주고, 여기서 설명하는 방법으로 실패한 것도 취급할 수 있을 것이다. 이러한 정교한 방법을 이용하는 *MathCad*, *Mathematica*, *Maple*과 같은 CAS로 이 교재에서 나오는 방정식의 해, 수치 적분값, 전개되는 급수값, 연립 방정식의 해 등을 보다 쉽게 구할 수 있으므로 실제 응용에서는 너무 걱정할 필요는 없다.

연습문제

23-1. $x^5 + 2x^4 + 4x = 5$의 근은 0과 1 사이에 주어지는데, 유효숫자 네 자리까지 정확한 근을 구하시오.

23-2. 뉴턴-렙슨 방법을 사용하여 $\sqrt{A}$ 값에 대한 다음 반복 공식을 유도하시오.

$$x_{n+1} = \frac{1}{2}\left(x_n + \frac{A}{x_n}\right)$$

이 공식은 약 2천 년 전에 바빌론의 수학자가 개발했던 것이다. 이 공식으로 유효숫자 다섯 개까지 정확한 $\sqrt{2}$ 값을 구하시오.

23-3. 뉴턴-렙슨 방법을 이용하여 유효숫자 네 자리까지 정확하게 방정식 $e^{-x} + (x/5) = 1$을 풀이하시오. 흑체 복사의 이론에 이 식이 나온다.

23-4. 300 K에서 다음 식으로 표현되는 화학 반응을 생각해 보자.

$$CH_4(g) + H_2O(g) \rightleftharpoons CO(g) + 3\,H_2(g)$$

1 atm 의 $CH_4(g)$ 와 $H_2O(g)$를 반응 용기에 주입시킬 때 평형에서 압력은 다음 식을 따른다.

$$\frac{P_{CO}P_{H_2}^3}{P_{CH_4}P_{H_2O}} = \frac{(x)(3x)^3}{(1-x)(1-x)} = 26$$

x에 대해 이 방정식을 풀이하시오.

23-5. 불완전 기체를 기술할 때 다음과 같은 삼차 방정식이 나온다.

$$64x^3 + 6x^2 + 12x - 1 = 0$$

이 방정식의 실근만 뉴턴-렙슨 방법으로 유효숫자 다섯 자리까지 고려해서 구하시오.

23-6. 불완전 기체를 기술할 때 다음 삼차 방정식이 나온다.

$$V^3 - 0.1231\,V^2 + 0.02056\,V - 0.001271 = 0$$

뉴턴-렙슨 방법으로 $V = 0.120$에 가까운 이 식의 해를 구하시오.

23-7. 불완전 기체를 기술할 때 다음과 같은 삼차 방정식이 나온다.

$$V^3 - 0.36636\,V^2 + 0.038020\,V - 0.0012102 = 0$$

뉴턴-렙슨 방법으로 이 방정식의 세 근이 0.07073, 0.07897, 0.2167 임을 증명하시오.

23-8. 뉴턴-렙슨 방법은 다항식에만 한정된 것이 아니다. 예를 들면 일정한 깊이를 가진 상자 속 입자를 양자역학으로 취급할 때 다음과 같은 식이 나온다.

$$\varepsilon^{1/2}\tan\varepsilon^{1/2} = (12-\varepsilon)^{1/2}$$

ε에 대한 이 식을 풀이하는 한 가지 방법은 같은 그래프에 ε에 대해 $\varepsilon^{1/2}\tan\varepsilon^{1/2}$와 $(12-\varepsilon)^{1/2}$를 도시해서 그 교점을 구하는 것이다. 이렇게 해보면 $\varepsilon = 1.47$과 11.37을 얻을 수 있다. 이 식을 뉴턴-렙슨 방법으로 풀어서 같은 값이 나오는지 확인해 보시오.

다음 네 문제는 *MathCad*, *Maple*, *Mathematica*와 같은 CAS를 사용해야 한다.

23-9. 다음 적분값의 정확도가 ±0.0001이 될 때까지 사다리꼴 근사와 심슨 근사를 적용해서 구하시오.

$$I = \int_0^1 \frac{dx}{1+x^2}$$

각각의 경우 이러한 정확도의 값을 구하려면 n값은 얼마가 되어야 하는가?
이 적분은 해석법으로 계산할 수 있다. $\tan^{-1}(1)$로 주어지는데, $\pi/4$와 같으므로 유효숫자 여덟 개까지 취하면 $I = 0.785\,39816$이 된다.

23-10. 다음 계산을 통해 사다리꼴 근사와 심슨 근사를 이용하여 유효숫자 다섯 자리까지 고려해서 ln 2 값을

구하시오. 유효숫자 다섯 자리의 정확도를 확신하려면 각각의 경우 n값은 얼마가 되어야 하는가?

$$\ln 2 = \int_1^2 \frac{dx}{x}$$

23-11. 다음 적분을 심슨 근사를 이용하여 유효숫자 다섯 자리의 정확도를 갖는 값을 계산하시오. 이러한 정확도를 확신하려면 n값은 얼마가 되어야 하는가?

$$I = \int_0^5 e^{-x^2}\, dx$$

23-12. α값이 0.200과 0.300 사이일 때 다음 적분을 계산하고, $\alpha = 0.271$일 때 최대가 됨을 증명하시오. 화학 결합 이론에 이 문제가 나온다.

$$S = 4\pi^{1/2} \left(\frac{2\alpha}{\pi}\right)^{3/4} \int_0^\infty r^2 c^{-r} c^{-\alpha r^2}\, dr$$

23-13. 급수합의 정확도가 ±0.001인 값을 계산하려면 급수 $\sum_{n=1}^{\infty} n^{-5/2}$에서 필요한 항의 수는 몇 개인가?

23-14. 급수합의 정확도가 ±0.001인 것을 계산하려면 급수 $\sum_{n=1}^{\infty} n^{-3}$에서 필요한 항의 수는 몇 개인가?

23-15. 급수합의 정확도가 ±0.001인 것을 계산하려면 급수 $\sum_{n=1}^{\infty} n^{-3/2}$에서 필요한 항의 수는 몇 개인가?

23-16. 멱급수에서 ±0.001의 정확도를 갖는 e^4값을 계산하는 데 필요한 항의 수를 구하시오.

23-17. 멱급수에서 ±0.001의 정확도를 갖는 e^{-2}값을 계산하는 데 필요한 항의 수를 구하시오.

23-18. 다음 연립 방정식을 풀이하시오.

$$\begin{aligned} x_1 + 2x_2 - 3x_3 &= 4 \\ 2x_1 - x_2 + x_3 &= 1 \\ 3x_1 + 2x_2 - x_3 &= 5 \end{aligned}$$

23-19. 다음 연립 방정식을 풀이하시오.

$$\begin{aligned} 2x + 5y + z &= 5 \\ x + 4y + 2z &= 1 \\ 4x + 10y - z &= 1 \end{aligned}$$

23-20. 다음 연립 방정식을 풀이하시오.

$$\begin{aligned} x + y \quad\;\; &= 1 \\ x \quad\;\; + z &= 1 \\ 2x + y + z &= 0 \end{aligned}$$

23-21. 다음 연립 방정식을 풀이하시오.

$$2x_1 + x_2 - x_3 + x_4 = -2$$
$$x_1 - x_2 - x_3 + x_4 = 1$$
$$x_1 - 4x_2 - 2x_3 + 2x_4 = 6$$
$$4x_1 + x_2 - 3x_3 + 3x_4 = -1$$

23-22. 다음 연립 방정식을 풀이하시오.

$$x + 2y - 6z = 2$$
$$x + 4y + 4z = 1$$
$$3x + 10y + 2z = -1$$

23-23. 다음 연립 방정식을 풀이하시오.

$$x + 2y - z = 3$$
$$x + 3y + z = 5$$
$$3x + 8y + 4z = 17$$

23-24. 연습문제 23-18에서 23-23까지를 적절한 CAS(*MathCad*, *Maple*, *Mathematica*)를 사용해서 풀이하시오.

REFERENCES

참고문헌

The following books are textbooks.

Courant, R., *Differential and Integral Calculus*, Wiley-Interscience: New York, 1992. This two-volume set was first published in 1934 and has never been equaled.

Ayres, F., Jr., and Mendleson, E., *Calculus*, 4th ed., Schaum's Outline Series, McGraw-Hill: New York, 1999. A good, inexpensive introduction to elementary calculus.

Edwards, C. H., and Penney, D. E., *Elementary Differential Equations*, 5th ed., Prentice Hall: Englewood Cliffs, NJ, 2003. A solid, readable book with many applications.

Murphy, G., *Ordinary Differential Equations and Their Solutions*, Van Nostrand: New York, 1960. This book is to ordinary differential equations as a table of integrals is to integrals. It is out of print, but your library may have a copy.

Spiegel, M., *Fourier Analysis*, Schaum's Outline Series, McGraw-Hill: New York, 1974. An inexpensive introduction to the gamma function, beta function, and orthogonal polynomials as well as Fourier series and Fourier integrals.

Tolstov, G., *Fourier Series*, Dover: New York, 1976. A very nice treatment of Fourier series and orthogonal functions.

Lipschutz, S. and Lipson, M., *Linear Algebra*, Schaum's Easy Outline Series, McGraw-Hill: New York, 2002. A fairly short, pleasant introduction to linear algebra.

Farlow, S., *Partial Differential Equations for Scientists and Engineers*, Dover: New York, 1993. An inexpensive, very readable book with many applications.

Spiegel, M., Schiller, J., and Srinivasan, R. A., *Probability and Statistics*, 2nd ed., Schaum's Outline Series, McGraw-Hill: New York, 2000. A good introduction to probability and statistics at the level of physical chemistry.

Taylor, J., *Introduction to Error Analysis*, 2nd ed., University Science Books: Sausalito, CA, 1997. An excellent discussion of the application of statistics to experimental data. (This book has the greatest cover of any textbook.)

Cheung, C-K., Keough, G. E., Landraitis, C., and Gross, R., *Getting Started with Mathematica*, 2nd ed., Wiley: New York, 2005. A fairly short and practical introduction to *Mathematica*.

McQuarrie, D., and Simon, J., *Physical Chemistry: A Molecular Approach*, University Science Books: Sausalito, CA, 1997.

McQuarrie, D., *Quantum Chemistry*, 2nd ed., University Science Books: Sausalito, CA, 2007.

McQuarrie, D., *Mathematical Methods for Scientists and Engineers*, University Science Books: Sausalito, CA, 2003. What can I say about this one and the two above?

Abramowitz, M., and Stegun, I., *Handbook of Mathematical Functions with Formulas, Graphs, and Mathematical Tables*, Dover: New York, 1965. A Dover reprint of a standard mathematical handbook. This book is also available online (see the introduction to Chapter 4).

Pauling, L., and Wilson, E. B., Jr., *Introduction to Quantum Mechanics with Applications to Chemistry*, Dover: New York, 1985. A Dover reprint of a classic early text on quantum chemistry.

The following books are not textbooks, but are books for a general (albeit mathematically pretty literate) reader.

Maor, E., *e: The Story of a Number*, Princeton University Press: Princeton, NJ, 1994. A nicely crafted history of the development of calculus.

Dunham, W., *The Calculus Gallery*, Princeton University Press: Princeton, NJ, 2005. A slightly more demanding history of calculus than Maor's by one of the best general mathematics authors.

Dunham, W., *Journey through Genius*, Wiley: New York, 1990. Any book by Dunham is worth reading; this one focuses on the history of mathematics through some selected theorems.

Nahin, P., *An Imaginary Tale: The Story of* $\sqrt{-1}$, Princeton University Press: Princeton, NJ, 1998. An engaging accounting of the infiltration of $\sqrt{-1}$ into mathematics.

Nahin, P., *Dr. Euler's Fabulous Formula*, Princeton University Press: Princeton, NJ, 2006. Not as easy a read as some of the other books here, but an excellent general discussion of Fourier series and Fourier integrals.

Sawyer, W. W., *Mathematician's Delight*, Dover: New York, 2007. A Dover reprint of a delightful book originally published over 50 years ago and still a great read.

Sawyer, W. W., *Prelude to Mathematics*, Dover: New York, 1982. Like Sawyer's *Mathematician's Delight*, a Dover reprint of a book published over 50 years ago and still an engaging book.

Weaver, W., *Lady Luck*, Dover: New York, 1982. A Dover reprint of a classic popular tour of probability theory first published in 1963. A little dated, but still a fine read.

Salsburg, D., *The Lady Tasting Teas*, Owl Books: New York, 2002. An entertaining discussion of the influence of statistics on science.

Websites

There are many good websites out there, but these are probably still going to be around by the time you read this.

http://en.wikipedia.org/wiki/Computer_algebra_system

http://en.wikipedia.org/wiki/Trigonometric_identity
http://www.sosmath.com/trig/Trig5/trig5/trig5.html
http://en.wikipedia.org/wiki/Table_of_derivatives
http://en.wikipedia.org/wiki/Table_of_integrals
http://en.wikibooks.org/wiki/Calculus/Taylor_series
http://en.wikipedia.org/wiki/Fourier_series
http://en.wikipedia.org/wiki/Vector_space
http://www.sosmath.com/tables/tables.html
http://www.convertit.com/Go/Convertit/Reference/AMS55.ASP
http://www-history.mcs.st-and.ac.uk/
http:///www.wolfram.com
http://www.maplesoft.com
http://www.mathsoft.com

선택한 문제에 대한 해답

1장

1–1. (a) looks like a vee; (c) looks like a curved vee

1–2. looks like a step

1–3. looks like $y = 2x$ for $x < 0$ and it equals zero for $x > 0$

1–4. (a) odd; (b) neither; (c) even; (d) neither

1–5. It equals 1 for $0 < x < 1$ and zero for $x > 1$

1–6. looks like a triangular wave

1–7. (a) periodic, 2π; (b) periodic, $\pi/2$; (c) periodic, π; (d) not periodic

1–8. (a) $1 < x < 2$; (b) $-3/5 < x < 1$; (c) all values of x

1–9. Both functions approach $e^x/2$ for large x

1–10. yes; no

1–11. (a) 1; (b) 0

1–12. (a) $\alpha = \beta = -1/2$

1–13. (a) $(1 - 4x - 2x^2)e^{-x^2}$; (b) $(x\cos x - \sin x)/x^2$; (c) $2x\tan 2x + 2x^2\sec^2 2x$; (d) $-e^{-\sin x}\cos x$

1–14. no

1–15. (a) $2\cos x - x^2\cos x - 4x\sin x$; (b) $-2e^{-x}\cos x$; (c) $3 + 2\ln x$

1–16. (a) $y'(x) = -2xe^{-x^2}$, $y''(x) = (4x^2 - 2)e^{-x^2}$;
(b) $y'(x) = -e^{-x}\cos e^{-x}$, $y''(x) = e^{-x}\cos e^{-x} - e^{-2x}\sin e^{-x}$;
(c) $y'(x) = -e^{-\tan x}\sec^2 x$, $y''(x) = e^{-\tan x}(\sec^4 x - 2\sec^2 x\tan x)$

1–17. $y'(x) = -3/2$, $y = -\frac{3}{2}x + \frac{5}{2}$

1–18. a maximum at $x = -1$, a minimum at $x = 1$, and an inflection point at $x = 0$

1–19. There is an inflection point at $x = 0$

1–20. a minimum at $x = 2$, a maximum at $x = -1$, and an inflection point at $x = 1/2$

1-21. a maximum at $x = 1$, a minima at $x = 2$ and $x = -2$, and inflection points at $x = (1 \pm \sqrt{13})/3$

1-22. $x^x(1 + \ln x)$

1-23. a maximum height of 5120 at $t = 2$

1-24. Minimize $A = ab$, with $2a + 2b = p$ and get $a = b = p/4$

1-25. Minimize $D = (x^2 + 1/x)^{1/2}$ to get $x = \pm(1/2)^{1/3}$ and $y = \pm 2^{1/6}$; $D = 1.3747$

1-26. When you set $d\rho_\lambda/d\lambda$ equal to zero, you get $xe^x = 5(e^x - 1)$ where $x = hc/\lambda_{\max}k_BT$, or $x = 4.965$

1-30. The starting point is $\frac{1}{2}\sin x\cos x \leq \frac{1}{2}x \leq \frac{1}{2}\tan x$

2장

2-1. (a) $x^{n+1}/n + 1 + c$; (b) $\ln x + c$; (c) $-e^{-x} + c$; (d) $-\cos x + c$; (e) $\ln(1 + x) + c$

2-2. (a) $\ln T_2/T - 1$; (b) 2; (c) $(e - 1)/e$; (d) $1/T_1 - 1/T_2$

2-3. (a) $\frac{1}{2}\ln 2$; (b) $\frac{1}{2}\ln 2$; (c) $\frac{1}{2}\ln 5$

2-5. (a) $-(1 + x)e^{-x} + c$; (b) $\sin x - x\cos x + c$; (c) $x\ln x - x + c$; (d) $x^3(3\ln x - 1)/9 + c$

2-6. (a) -2π; (b) $\ln 4 - 3/4$; (c) 2; (d) $\pi - 2$

2-7. (a) 0; (b) 0; (c) 0

2-8. (a) 0; (b) 1/2; (c) $\sin^2 \pi^2/8$; (d) 0

2-9. 4/3

2-10. $\pi a^2/2$

2-13. Let $\beta^{1/2}x = u$

2-14. Let $\alpha x = u$

2-16. $F(1) = 1$ and $F(2) = 3$

2-17. 2

2-18. $F(x) = \begin{cases} 0 & x < 0 \\ x^2/2 & 0 < x < 1 \\ x - \dfrac{1}{2} & 1 < x < 2 \\ 3x - \dfrac{x^2}{2} - \dfrac{5}{2} & 2 < x < 3 \\ 2 & x > 3 \end{cases}$

2-19. $\lim_{x\to\infty} x(x^2 + 1)/(x^6 + 1)^{1/2} = K = 1$ with $p = 1$

2-20. $\lim_{x\to\infty} x^{3/2}x^2/(x^4 + 1) = K = 0$ with $p = 3/2$

2-21. Let $x - a = u$ and investigate the behavior of $\displaystyle\int_0^{b-a} \frac{du}{u^p}$

2-22. The $-x^2$ dominates $6x$ as $x \to \infty$

3장

3-1. 3/2

3-2. 1/3

3-3. 27/99

3-4. 142/999

3-6. 1/24

3-7. (a) converges; (b) converges; (c) diverges; (d) converges

3–8. (a) converges; (b) converges; (c) diverges; (d) converges

3–9. (a) $|x| < 1/2$; (b) $|x-1| < 1$, or $0 < x < 2$; (c) $|2x-1| < 3$, or $-1 < x < 2$; (d) $x < 0$

3–10. no

3–13. (a) $|x| < 1$; (b) all values of x; (c) all values of x; (d) $|x| < 1$

3–14. Differentiate the geometric series two times

3–15. Subtract $\ln(1-x) = -x - x^2/2 - x^3/3 + x^4/4 + \cdots$ from $\ln(1+x) = x - x^2/2 + x^3/3 - x^4/4 + \cdots$

3–16. $(x+x^2)/(1-x)^3$

3–17. Use the geometric series with $x = e^{-h\nu/k_{\rm B}T}$

3 22. (a) 1; (b) 0; (c) $-1/2$

3–23. $-1/2$

3–25. $a^3/3 - a^4/4 + O(a^5)$

3–27. One series converges for $x > 1$ and the other for $x < 1$; their sum converges for no values of x

3–28. (a) converges; (b) converges; (c) converges; (d) diverges

3–30. Another way is to use the fact that $\sinh bx = (e^{bx} - e^{-bx})/2$

3–31. The integrand is well behaved at $x = 0$, and the integral converges. In fact, it is equal to 0.42872.

3–32. The integrand goes as $1/x$ as $x \to 0$, and so the integral diverges

3–33. You get $e^{-1/x^2} = 0 + 0 + 0 + \cdots$

4장

4–1. $3\sqrt{\pi}/4a^{5/2}$

4–2. (a) 9/8; (b) 3/8

4–3. $\Gamma(1)/2a$

4–4. $(-1)^n\Gamma(n+1)$

4–6. (a) 3840; (b) 105

4–7. $\Gamma[(m+1)/n]/n$

4–8. Let $ax^2 = u$

4–10. Write $\ln ab = \int_1^{ab} \frac{du}{u} = \int_1^a \frac{du}{u} + \int_a^{ab} \frac{du}{u}$ and let $u = az$ in the second integral

4–14. $5\pi/8$

4–15. 4

4–19. Integrate by parts

4–20. Complete the square of $ax^2 + 2bx + c$ and write it as $a[(x+b/a)^2 + (ac-b^2)/a^2]$

4–21. Let $(t+x^2)^{1/2} = u$

4–23. $\int_{-\infty}^{\infty} xf(x)\delta(x)\,dx = 0$ and $\int_{-\infty}^{\infty} xf(x)\delta'(x)\,dx = \Big[xf(x)\delta(x)\Big]_{-\infty}^{\infty} - \int_{-\infty}^{\infty} \delta(x)[xf'(x) + f(x)]dx$

$= -\int_{-\infty}^{\infty} \delta(x)f(x)\,dx$ for a continuous function $f(x)$

4–24. Let $ax = u$

4–25. $I(\sigma) = e^{-\sigma/2}\sin x_0$

4–26. $I = \cos b$

4–30. $\operatorname{erf}(x) = \frac{2}{\sqrt{\pi}} \sum_{n=0}^{\infty} \frac{(-1)^n x^{2n+1}}{n!(2n+1)} = \frac{2}{\sqrt{\pi}} \left(x - \frac{x^3}{3} + \frac{x^5}{10} + \cdots \right)$

5장

5–1. (a) $2, -11$; (b) 1; (c) $1/e^2$; (d) $2, -\sqrt{2}$

5–2. (a) x; (b) $x^2 - 4y^2$; (c) $4xy$; (d) $x^2 + 4y^2$; (e) 0

5–3. (a) $225° = 5\pi/4$; (b) $135° = 3\pi/4$; (c) $315° = 7\pi/4$; (d) $270° = 3\pi/2$

5–4. (a) $6e^{i\pi/2}$; (b) $(18)^{1/2}e^{-0.340i}$; (c) $(5)^{1/2}e^{(1.107+\pi)i}$, note quadrant; (d) $\sqrt{2}e^{i\pi/4}$

5–5. (a) $(1-i)/\sqrt{2}$; (b) $-3 + i3\sqrt{3}$; (c) $\sqrt{2}(1-i)$; (d) 2

5–6. Multiplying by i is equivalent to multiplying by $e^{i\pi/2}$

5–7. $e^{i\pi} = \cos\pi + i\sin\pi = -1$

5–9. The region between circles of radius 1 and 3 centered at the point $(0, -1)$

5–11. Equate the real and imaginary parts of each side of $e^{in\theta} = \cos n\theta + i \sin n\theta = (e^{i\theta})^n = (\cos\theta + i\sin\theta)^n$ for $n = 2, 3, \ldots$

5–12. (a) $1 + i = \sqrt{2}e^{i\pi/4}$, and so $(1+i)^{10} = 2^5 e^{10i\pi/4} = 32i$; (b) $(1-i)^{12} = 2^6 e^{-12i\pi/4} = 64(-1) = -64$

5–15. Use the fact that $e^{2i\theta} = (e^{i\theta})^2$ and that $\cos^2\theta + \sin^2\theta = 1$; then use $e^{4i\theta} = (e^{i\theta})^4$

5–18. Start with $\cos\alpha\cos\beta = (e^{i\alpha} + e^{-i\alpha})(e^{i\beta} - e^{i\beta})/4$

5–19. $i^i = (e^{i\pi/2})^i = e^{-\pi/2}$; better yet, $i^i = (e^{i\pi/2+2\pi ni})^i = e^{-\pi/2-2\pi n}$ for $n = 0, \pm1, \pm2, \ldots$

5–20. All the roots lie on a unit circle with one root at the point $(1, 0)$. The remaining roots are uniformly distributed over the unit circle.

5–21. $2, -1 \pm i\sqrt{3}$

6장

6–1. (a) $y(x) = 1/3 + ce^{-x^3}$; (b) $y(x) = x^3/5 + 2x/3 + c/x^2$; (c) $s(t) = t^3e^{3t}/2 + cte^{3t}$; (d) $x(y) = ce^y - y^2 - 2y - 2$

6–2. $y(x) = x$

6–3. $m(t) = \frac{2}{5}(20 + t) + \frac{3(20)^5}{5(20+t)^4}$

6–4. $A(t) = k_2(A_0 + B_0)/(k_1 + k_2) + (k_1A_0 - k_2B_0)e^{-(k_1+k_2)t}/(k_1 + k_2)$

6–5. $m(t) = 10(4000 + 40t + t^2)/(20 + t)$. This function has a minimum at $t = 40$ min.

6–6. 348 s

6–7. (a) $y(x) = c_1e^{2x} + c_2e^{-x}$; (b) $y(x) = (c_1 + c_2x)e^{3x}$; (c) $y(x) = e^{-2x}(c_1e^{\sqrt{3}x} + c_2e^{-\sqrt{3}x})$

6–8. (a) $y(x) = 3e^{2x}/4 + e^{-2x}/4$; (b) $y(x) = e^{-x}(\cos\sqrt{3}x + 2\sin\sqrt{3}x/\sqrt{3})$; (c) $y(x) = \cos 3x + \sin 3x/3$

6–9. (a) $y(x) = (1 - e^{-6x})/6$; (b) $y(x) = (e^{3x} - e^x)/2$; (c) $y(x) = \sin 2x/2 = \cos x \sin x$

6–10. (a) $y(x) = 2e^{2x}$; (b) $y(x) = 2e^{3x} - 3e^{2x}$; (c) $y(x) = 2e^{2x}$

6–11. $y(x) = c/x^2$

6–12. $y(x) = x\ln x$

6–13. A frequency of $\omega/2\pi$ translates into a period of $2\pi/\omega$. If you replace t by $t + 2\pi/\omega$ in $\cos\omega t$, you get $\cos(\omega t + 2\pi) = \cos\omega t$. The same is true for $A\cos\omega t + B\sin\omega t$.

6–14. (a) $x(t) = v_0 \sin\omega t/\omega$; (b) $x(t) = x_0\cos\omega t + v_0\sin\omega t/\omega$

6–16. $\theta(0) = \theta_0$ gives $c_1 = \theta_0$ and $\theta'(0) = 0$ gives $c_2 = \gamma\theta_0/2\omega$

6–20. $v(t) = mg(1 - e^{-\gamma t/m})/\gamma$; $\lim_{t\to\infty} v(t) = mg/\gamma$

7장

7-1. (a) $\sum_{n=0}^{\infty}(n+1)a_{n+1}x^n$; (b) $\sum_{n=0}^{\infty}(n+1)(n+2)a_{n+2}x^n$; (c) $x^2\sum_{n=0}^{\infty}nc_nx^n$

7-2. (a) $a_n=(-1)^n2^na_0/n!$; (b) $a_n=(n+1)a_0/2^n$; (c) $a_n=(-1)^n/(n!)^2$

7-3. $a_{2n}=(-1)^na_0/(2n)!$; $a_{2n+1}=(-1)^na_1/(2n+1)!$

7-4. $y(x)=\sum_{n=0}^{\infty}\frac{(-1)^nx^n}{n!}=e^{-x}$

7-5. $y(x)=a_1x+a_0\left(1-x\sum_{n=0}^{\infty}\frac{x^{2n+1}}{2n+1}\right)=a_1x+a_0\left(1-\frac{x}{2}\ln\frac{1+x}{1-x}\right)$

7-6. $y(x)=a_0\sum_{n=0}^{\infty}(n+1)x^{2n}+a_1\sum_{n=0}^{\infty}\frac{2n+3}{3}x^{2n+1}$

7-7. Use the result of Example 3–5

7-8. Use the ratio test

7-9. (a) $|x|<1$; (b) all values of x; (c) $|x|<2$

7-12. $f_4(x)=a_0(1-10x^2+70x^4/6)$ and $f_5(x)=a_1(x-14x^3/3+21x^5/5)$

7-14. $P_4(1)=1$ gives $a_0=3/8$ and $P_5(1)=1$ gives $a_1=15/8$

7-19. Legendre polynomials are either even or odd functions of x

7-20. $\Theta''(\theta)+\frac{\cos\theta}{\sin\theta}\Theta'(\theta)+\alpha(\alpha+1)\Theta(\theta)=0$. This result is often written as

$$\sin\theta\frac{d}{d\theta}\left(\sin\theta\frac{d\Theta}{d\theta}\right)+\alpha(\alpha+1)\sin^2\theta\Theta(\theta)=0$$

7-23. $p(x)=0$ and $q(x)=-8/(1+4x^2)=-8\sum_{n=0}^{\infty}(-1)^n(4x^2)^n$ and so we predict that the radius of convergence is at least as large as 1/2 $(4x^2<1)$

7-24. $u(x)=\int e^{3x^2/2}\,dx$

8장

8-1. Use $-[(1-x^2)P_n'(x)]'=-(1-x^2)P_n''(x)+2xP_n'(x)$

8-2. $\int_{-1}^{1}P_1(x)P_2(x)\,dx=\int_{-1}^{1}P_1(x)P_4(x)\,dx=0$ because the integrands are odd functions of x

8-3. $4P_4(x)=7xP_3(x)-3P_2(x)=(35x^4-30x^2+3)/8$

8-5. $\int_{-1}^{1}P_n(x)P_m(x)\,dx=h_n\delta_{nm}$ means that only terms with $n=m$ in the double summation survive, or that $G(x,t)G(x,u)$ is a function of tu only

8-7. Let $x=1$ in Equation 8.9 to get $G(1,t)=\frac{1}{1-t}=\sum_{n=0}^{\infty}t^n$; let $x=1$ to get $G(-1,t)=\frac{1}{1+t}=\sum_{n=0}^{\infty}(-1)^nt^n$

8-9. Use Equation 8.8 for $xP_n(x)$ and then use orthogonality of the $\{P_n(x)\}$

8-10. Use Equations 8.9 and 8.10

8-11. Differentiate D_N^2 with respect to α_j and set the result equal to zero

8-13. Use the fact that $D_N^2\ge 0$

8-14. $\phi_0(x)=1$, $\phi_1(x)=2x$, $\phi_2(x)=4x^2-2$; these are Hermite polynomials

8–15. $H_4(x) = 2xH_3(x) - 6H_2(x) = 16x^4 - 48x^2 + 12$

8–17. Use the recursion formula in Table 8.2 for $xH_m(x)$ and then use orthogonality of the $\{H_n(x)\}$

8–18. Use the technique of the preceding problem sequentially

8–19. $L_3(x) = -(x - 1 - 4)L_2(x) - 4L_1(x) = -x^3 + 9x^2 - 18x + 6$

8–21. $L_1^1(x) = -1$; $L_2^1(x) = 2x - 4$; $L_3^1(x) = -18 + 18x - 3x^2$; $L_2^2(x) = 2$; $L_3^2(x) = 18 - 6x$; $L_3^3(x) = -6$

8–24. $H_0(x) = 1$; $H_1(x) = 2x$; $H_2(x) = 4x^2 - 2$; $H_3(x) = 8x^3 - 12x$

8–25. $L_0(x) = 1$; $L_1(x) = 1 - x$; $L_2(x) = x^2 - 4x + 2$; $L_3(x) = 6 - 18x + 9x^2 - x^3$

8–26. The function $f(x) - a_0 = f(x) - 1/2$ is an odd function of x

9장

9–1. Use $\sin ax \sin bx = (e^{iax} - e^{-iax})(e^{ibx} - e^{-ibx})/(2i)^2$ and $\cos ax \cos bx = (e^{iax} + e^{-iax})(e^{ibx} + e^{-ibx})/4$

9–2. Use $\sin^2 x = (e^{ix} - e^{-ix})^2/(2i)^2$ and $\cos^2 x = (e^{ix} + e^{-ix})^2/4$

9–5. Use $\cos ax \sin bx = (e^{iax} + e^{-iax})(e^{ibx} - e^{-ibx})/(4i)$

9–7. Let $x = \pi z/l$

9–10. $a_0 = 1, a_n = 0\ (n \ge 1)$ and $b_n = 2/n\pi$ for n odd and 0 for n even

9–11. $a_0 = 2\pi^2/3, a_n = (-1)^n 4/n^2$, and $b_n = 0$

9–12. $a_0 = 1, a_n = -4/n^2\pi^2$ for n odd, 0 for n even, and $b_n = 0$

9–13. $a_0 = 1, a_1 = 2/\pi, a_2 = 0, a_3 = -2/3\pi, a_4 = 0, a_5 = 2/5\pi, \ldots$ and $b_1 = 2/2\pi, b_2 = 2/\pi, b_3 = 2/3\pi,$ $b_4 = 0, \ldots$

9–20. $f(0) = \dfrac{2l^2}{3} + \dfrac{4l^2}{\pi^2}\sum_{n=0}^{\infty}\dfrac{(-1)^{n+1}}{n^2} = \dfrac{2l^2}{3} + \dfrac{4l^2}{\pi^2}\dfrac{\pi^2}{12} = l^2\ f(l) = \dfrac{2l^2}{3} - \dfrac{4l^2}{\pi^2}\sum_{n=0}^{\infty}\dfrac{1}{n^2} = \dfrac{2l^2}{3} - \dfrac{4l^2}{\pi^2}\dfrac{\pi^2}{6} = 0$

9–21. $f(2\pi) = \dfrac{4\pi^2}{3} + 4\sum_{n=1}^{\infty}\dfrac{1}{n^2} = 2\pi^2 = f(0)$. This result makes sense because the periodic function $f(x)$ has discontinuities at $x = n\pi$ for $n = 0, \pm 2, \pm 4, \ldots$ and $2\pi^2 = (2\pi)^2/2$ is the average value of $f(x)$ at these points.

9–23. (a) $1/n^2$ (actually $1/(n^2 - 1)$, which goes as $1/n^2$ as n gets large); (b) $1/n$; (c) $1/n^3$; (d) $1/n$ (the b_n go as $1/n$)

9–24. $f(x) = a(x^4 - 2x^3 + x^2 + \alpha)$

10장

10–1. $\hat{F}(\omega) = (\pi/2a^2)^{1/2}e^{-|a\omega|}$

10–2. $\hat{F}(\omega) = (2/\pi)^{1/2}\sin a\omega/\omega$

10–3. $\hat{F}(\omega)\dfrac{1}{(2\pi)^{1/2}}\left[\dfrac{\tau}{\tau^2 + (\omega + \omega_0)^2} + \dfrac{\tau}{\tau^2 + (\omega - \omega_0)^2}\right]$

10–8. Use the inverse of $\hat{F}_C(\omega)$ to do the second part of the problem

10–9. Differentiate the integral in Problem 10–8 with respect to a

10–11. Set $d\hat{F}(\omega)/d\omega$ equal to zero to get $\omega_{max} = \omega_0$. Now use $\hat{F}(\omega_0) = (2/\pi\alpha^2)^{1/2}$ and $\hat{F}(\omega_0 \pm \alpha) = \hat{F}(\omega_0)/2$. The width at half maximum is $\omega_0 + \alpha - (\omega_0 - \alpha) = 2\alpha$.

10–12. Use the inverse of $\hat{F}(\omega)$ in Problem 10–2

10–13. Let $a = 1$ and $x = 0$ and use the fact that $\sin az/z$ is an odd function of z

10–15. The Cosine transform displays the frequencies well

10–18. Use Equation 10.20 and the fact that $\hat{F}(\omega) = (2/\pi)^{1/2}/(1 + \omega^2)$

10–19. Let $x = u/\alpha$ to get $\pi/4\alpha^3$

11장

11–1. (a) $\pm x^2$; (b) $(x^3 - a^3)e^{-ax}$; (c) 9/4; (d) $6xy^2z^4 + 2x^3z^4 + 12x^3y^2z^2$

11–2. (a) nonlinear; (b) nonlinear (unless the coefficients are real); (c) nonlinear; (d) nonlinear

11–3. (a) $-\omega^2$; (b) $i\omega$; (c) $\alpha^2 + 2\alpha + 3$; (d) 6

11–4. $-(a^2 + b^2 + c^2)$

11–5. (a) d^4/dx^4; (b) $d^2/dx^2 + 2xd/dx + (1 + x^2)$; (c) $d^4/dx^4 - 4xd^3/dx^3 + (4x^2 - 2)d^2/dx^2 + 1$

11–6. (a) commute; (b) do not commute; (c) do not commute (because of the ± associated with SQRT); (d) commute

11–7. Only if $\hat{P}$ and $\hat{Q}$ commute

11–8. The integral consists of integrals over complete cycles of the cosine and sine

11–10. (a) $[\hat{A}, \hat{B}] = 2d/dx$; (b) $[\hat{A}, \hat{B}] = -2x^2$; (c) $-f(0)$; (d) $4xd/dx + 3$

11–11. id/dx, d^2/dx^2, and x are Hermitian

11–14. $\int \psi_m^* \hat{A}\hat{B}\psi_n \, dx = \int (\hat{A}^*\psi_m^*)\hat{B}\psi_n \, dx = \int (\hat{B}^*\hat{A}^*\psi_m^*)\psi_n \, dx = \int \psi_n \hat{B}^*\hat{A}^*\psi_m^* \, dx$

11–15. From the previous problem, $\int \psi_m^*(\hat{A}\hat{B})\psi_n \, dx = \int \psi_n(\hat{A}\hat{B})^*\psi_m^* \, dx$ only if $\hat{A}$ and $\hat{B}$ commute

11–16. Use the fact that $\hat{A}^n\psi = \beta^n\psi$

11–17. Use the fact that $\hat{A}$ commutes with itself

11–18. Only if $\hat{A}$ and $\hat{B}$ commute

11–19. $[\hat{A}, \hat{B}]\hat{C} + \hat{B}[\hat{A}, \hat{C}] = \hat{A}\hat{B}\hat{C} - \hat{B}\hat{A}\hat{C} + \hat{B}\hat{A}\hat{C} - \hat{B}\hat{C}\hat{A} = \hat{A}\hat{B}\hat{C} - \hat{B}\hat{C}\hat{A} = [\hat{A}, \hat{B}\hat{C}]$

12장

12–1. (a) $\dfrac{\partial f}{\partial x} = e^y$, $\dfrac{\partial f}{\partial y} = xe^y + 1$, $\dfrac{\partial^2 f}{\partial x^2} = 0$, $\dfrac{\partial^2 f}{\partial y^2} = xe^y$, $\dfrac{\partial^2 f}{\partial x \partial y} = e^y$

(b) $\dfrac{\partial f}{\partial x} = y\cos x + 2x$, $\dfrac{\partial f}{\partial y} = \sin x$, $\dfrac{\partial^2 f}{\partial x^2} = -y\sin x + 2$, $\dfrac{\partial^2 f}{\partial y^2} = 0$, $\dfrac{\partial^2 f}{\partial x \partial y} = \cos x$

(c) $\dfrac{\partial f}{\partial x} = -2xe^{-(x^2+y^2)}$, $\dfrac{\partial f}{\partial y} = -2ye^{-(x^2+y^2)}$, $\dfrac{\partial^2 f}{\partial x^2} = (4x^2 - 2)e^{-(x^2+y^2)}$, $\dfrac{\partial^2 f}{\partial y^2} = (4y^2 - 2)e^{-(x^2+y^2)}$,
$\dfrac{\partial^2 f}{\partial x \partial y} = 4xye^{-(x^2+y^2)}$

12–2. (a) $f_{xy} = f_{yx} = -4xye^{-y^2}$; (b) $f_{xy} = f_{yx} = ye^{-y}\sin xy - e^{-y}\sin xy - xye^{-y}\cos xy$;
(c) $f_{xy} = f_{yx} = \cos xy - xy\sin xy$

12–3. $\partial^2 P/\partial T\partial V = \partial^2 P/\partial V\partial T = -R/(V - b)^2$

12–6. (a) $\left(\dfrac{\partial V}{\partial T}\right)_{n,P} = \dfrac{nR}{P}$, $\left(\dfrac{\partial T}{\partial V}\right)_{n,P} = \dfrac{P}{nR}$ (b) $\left(\dfrac{\partial V}{\partial T}\right)_{n,P} = \dfrac{nR}{P}$, $\left(\dfrac{\partial T}{\partial V}\right)_{n,P} = \dfrac{P}{nR}$

12–7. 0 and a/V^2

12–10. 0 in both cases

12–11. Yes. It is the total differential of $\pi r^2 h$.

12–12. No; dx/T is an exact differential. (It is dS for an ideal gas.)

12–15. $2t + t^2(2t^2 + 3)e^{t^2}$

12–16. $\partial u/\partial s = (te^s + \cos s)e^{ts^2+\sin s}$ and $\partial u/\partial t = e^{s+te^s+\sin s}$

12–17. $Y = n_1\left(\dfrac{\partial Y}{\partial n_1}\right) + n_2\left(\dfrac{\partial Y}{\partial n_2}\right) + \cdots = n_1\overline{Y}_1 + n_2\overline{Y}_2 + \cdots$. The $\overline{Y}_j$ are called partial molar quantities.

12–18. $A = -PV + \mu n$, or $\mu n = G = A + PV$

12–19. (a) a minimum at each critical point; (b) a maximum at each critical point; (c) a maximum; (d) a maximum

12–20. (a) a minimum at $(-1, 2)$; (b) a saddle at $(-1, -2)$; (c) a minimum at $(1, 1)$

12–21. (a) a saddle at $(0, 0)$; (b) a minimum at $(3, -1)$; (c) a saddle at $(-2, 0)$ and a minimum at $(-2, 1)$

12–22. $4a^{1/2}(a-1)/3$

12–23. 4/3

12–24. (a) 1/2; (b) 1

12–26. $(e-2)/2$

12–27. $4[\sqrt{2}+\sinh^{-1}(1)]/3 = 3.0608\ldots$

12–31. $(\partial H/\partial P)_T = 0$ for an ideal gas.

12–33. $z(x, y) = x^3/3 - y^2 + x\sin y + \text{constant}$

12–34. $z(x, y) = x^2 \sin y + y^2 + e^x(1+y) + \text{constant}$

13장

13–1. $(14)^{1/2}$ and $(x^2+y^2+z^2)^{1/2}$

13–2. $\mathbf{u}\cdot\mathbf{v} = 6 - 16 + 10 = 0$

13–3. $\mathbf{v}\cdot\mathbf{j} = 0$

13–4. $\cos\theta = -3/(6)^{1/2}(14)^{1/2} = -0.327$, or $\theta = 109° = 1.904$ rad

13–6. $\mathbf{u}\times\mathbf{v} = 5\,\mathbf{i} + 5\,\mathbf{j} - 5\,\mathbf{k}$; $\mathbf{v}\times\mathbf{u} = -5\,\mathbf{i} - 5\,\mathbf{j} + 5\,\mathbf{k}$

13–9. $\theta = 90°$ and $\sin\theta = 1$ for circular motion

13–11. Note that $\dot{\mathbf{u}}\times\dot{\mathbf{u}} = \mathbf{0}$

13–12. $\mathbf{r}\times\mathbf{F}$ is the torque

13–14. $3\,\mathbf{i} - \mathbf{j} + \mathbf{k}$

13–16. (a) $y^2 + 2xz - x^2$; (b) 3

13–21. $\mathbf{E} = 3\mu x\left(\dfrac{x\,\mathbf{i} + y\,\mathbf{j} + z\,\mathbf{k}}{r^5}\right) - \dfrac{\mu\,\mathbf{i}}{r^3}$

13–22. (b) $y^3 + x^2 y$

14장

14–1. (a) 120°; (b) 225°; (c) 45°; (d) 330°

14–2. It is a circle of radius $a/2$ centered at the point $r = a/2$ and $\theta = \pi/2$. Area $= \pi a^2/4$

14–3. The curve consists of lobes directed along the $\pm x$ axes. The area of each lobe is $\pi/2$. (The limits of the integration over the right lobe are $-\pi/4$ to $\pi/4$ and those for the left lobe are $3\pi/4$ to $5\pi/2$.)

14–4. $(1, \frac{\pi}{2}, 0)$; $(1, \frac{\pi}{2}, \frac{\pi}{2})$; $(1, 0, \phi)$; $(1, \pi, \phi)$

14–5. (a) a circle of radius 5 centered at the origin; (b) a cone of angle $\pi/4$ about the z axis with apex at the origin; (c) the plane containing the y and z axes

14–6. $2\pi a^3/3$

14–7. $2\pi a^2$

14–8. 4/15

14–12. 0 and $4\pi/3$

14–13. $8\pi/3$

14–16. $\nabla^2 f = \dfrac{\partial^2 f}{\partial r^2} + \dfrac{1}{r}\dfrac{\partial f}{\partial r} + \dfrac{1}{r^2}\dfrac{\partial^2 f}{\partial\theta^2}$

14–20. $\hat{F}(k) = e^{-\alpha k^2}/(2\pi)^{3/2}$

15장

15–4. $u(x,t) = \cos\dfrac{3\pi vt}{l}\sin\dfrac{3\pi x}{l}$

15–5. Using the relation $\sin^3\theta = \frac{3}{4}\sin\theta - \frac{1}{4}\sin 3\theta$, we predict that the $n = 1$ and $n = 3$ modes will be excited

15–7. $E_{n_x,n_y,n_z} = \dfrac{n_x^2h^2}{8ma^2} + \dfrac{n_y^2h^2}{8mb^2} + \dfrac{n_z^2h^2}{8mc^2}$

15–8. If $t \to t + t_1$, then the shape of the wave will be unaltered if $x \to vt_1$. Furthermore, at any instant of time, if $x \to x + \lambda$, then the wave is unaltered. In addition, if $t \to t + \lambda/v$, then the wave is unaltered.

15–9. $\cos\omega_n t\sin\dfrac{n\pi x}{l} = \dfrac{1}{2}\sin\left(\dfrac{n\pi vt}{l} + \dfrac{n\pi x}{l}\right) - \dfrac{1}{2}\sin\left(\dfrac{n\pi vt}{l} - \dfrac{n\pi x}{l}\right)$

$= \dfrac{1}{2}\sin\left[\dfrac{n\pi}{l}(x+vt)\right] + \dfrac{1}{2}\sin\left[\dfrac{n\pi}{l}(x-vt)\right]$

15–10. Use the fact that $\lambda_n = 2l/n$, or that $n/l = 2/\lambda_n$

16장

16–4. The introduction of the reduced mass reduces a two-body problem to a one-body problem

16–6. $\mu = m_1m_2/(m_1+m_2) = m/2$ when $m_1 = m_2 = m$

16–7. Use $m_1r_1 = m_2r_2$ and $r = r_1 + r_2$ to write $r_1 = m_2r/(m_1+m_2)$ and $r_2 = m_1r/(m_1+m_2)$

16–11. $m = |m| = 2m$ when m is positive and so $i^{m+|m|} = i^{2m} = (-1)^m = -1$ if m is odd; $m + |m| = 0$ when m is negative, and so $i^{m+|m|} = i^0 = 1$

16–13. $2P_3^1(x) = -3P_1^1(x) + 5xP_2^1(x) = 3(5x^2-1)(1-x^2)^{1/2}$

16–17. The constant $= 5/4\pi$ for $l = 2$

16–19. $L_1(x) = e^x\dfrac{d}{dx}(xe^{-x}) = 1 - x;\ L_2(x) = e^x\dfrac{d^2}{dx^2}(x^2e^{-x}) = x^2 - 4x + 2;$

$L_3(x) = e^x\dfrac{d^3}{dx^3}(x^3e^{-x}) = -x^3 + 9x^2 - 18x + 6;$

$L_4(x) = x^4 - 16x^3 + 72x^2 - 96x + 24;$

$L_5(x) = -x^5 + 25x^4 - 200x^3 + 600x^2 - 600x + 120$

$L_1^1(x) = \dfrac{dL_3(x)}{dx} = -1;\ L_2^1(x) = \dfrac{dL_2(x)}{dx} = 2x - 4;$

$L_3^1(x) = \dfrac{dL_3(x)}{dx} = -3x^2 + 18x - 18;\ L_3^3(x) = \dfrac{d^3L_3(x)}{dx^3} = -6;$

$L_4^3(x) = \dfrac{d^3L_4(x)}{dx^3} = 24(x-4);\ L_5^5(x) = \dfrac{d^5L_5(x)}{dx^5} = -120$

16–20. $\psi_{100}(r,\theta,\phi) = e^{-r/a_0}/(\pi a_0^3)^{1/2}$

16–21. $\psi_{310}(r,\theta,\phi) = \dfrac{1}{81}\left(\dfrac{2}{\pi a_0^3}\right)^{1/2}\rho(6-\rho)e^{-\rho/3}\cos\theta$, where $\rho = r/a_0$

17장

17–1. $D = 5$

17–2. -5

17–3. -2

17–4. 0 (the first and third columns are equal); 0 (the first column is twice the third column)

17–5. 5

17–6. -1

17–7. $\pm\sqrt{3}, 0, 0$

17–8. $\pm 2, 0, 0$

17–9. $2, 1, 1, -1, -1, -2$

17–10. 1

17–11. 1 and $1 \pm \sqrt{2}$

17–12. $x = 9/5$ and $y = 1/5$

17–13. $x = 1$, $y = 3$, and $z = -4$

17–14. $2, 0, 0, -2$ (see Problem 17–8)

17–15. $D = 0$; the equations are inconsistent and have no solution

17–16. $1 \pm i$

18장

18–1. Show that $\mathsf{R}(c_1\mathbf{r}_1 + c_2\mathbf{r}_2) = c_1\mathsf{R}\,\mathbf{r}_1 + c_2\mathsf{R}\,\mathbf{r}_2$

18–2. (a) $\mathbf{u} \to -\mathbf{u}$, inversion through the origin; (b) $u_y \to -u_y$, reflection through the x axis; (c) $u_x \to -u_x$, reflection through the y axis

18–3. $x_2^2 + y_2^2 = (x_1\cos\theta - y_1\sin\theta)^2 + (x_1\sin\theta + y_1\cos\theta)^2 = x_1^2 + y_1^2$

18–4. $\mathsf{C} = \begin{pmatrix} 5 & -3 & -2 \\ -11 & 4 & -6 \\ -3 & -1 & -1 \end{pmatrix}$; $\mathsf{D} = \begin{pmatrix} -7 & 6 & 1 \\ 19 & -2 & 12 \\ 6 & 5 & 5 \end{pmatrix}$

$|\mathsf{A}| = 3$, $|\mathsf{B}| = 1$, $|\mathsf{C}| = -117$, and $|\mathsf{D}| = 456$

18–8. Show that $\mathsf{R}^\mathsf{T}\mathsf{R} = \mathsf{R}\mathsf{R}^\mathsf{T} = \mathsf{I}$

18–9. Show that $\mathsf{S}^\mathsf{T}\mathsf{S} = \mathsf{S}\mathsf{S}^\mathsf{T} = \mathsf{I}$; $\mathsf{D} = \mathsf{S}^{-1}\mathsf{A}\mathsf{S} = \mathsf{S}^\mathsf{T}\mathsf{A}\mathsf{S} = \begin{pmatrix} 2 & 0 & 0 \\ 0 & 1 & 0 \\ 0 & 0 & 0 \end{pmatrix}$

D is diagonal.

18–10. $(\mathsf{AB})_{ij} = \sum_k a_{ik}b_{kj}$; $(\mathsf{AB})_{ij}^\mathsf{T} = \sum_k a_{jk}b_{ki} = \sum_k b_{ik}^\mathsf{T}a_{kj}^\mathsf{T} = (\mathsf{B}^\mathsf{T}\mathsf{A}^\mathsf{T})_{ij}$

18–11. $(\mathsf{AB})^{-1}(\mathsf{AB}) = \mathsf{I}$, $(\mathsf{AB})^{-1}\mathsf{A} = \mathsf{B}^{-1}$, $(\mathsf{AB})^{-1} = \mathsf{B}^{-1}\mathsf{A}^{-1}$

18–12. Start with $\sum_k a_{ik}a_{kj}^\mathsf{T} = \delta_{ij} = \sum_k a_{ik}a_{jk}$. This is a summation over columns and so it means that the i and j rows are orthogonal.

18–13. Does $(\mathsf{AB})^{-1} = (\mathsf{AB})^\mathsf{T}$ if $\mathsf{A}^{-1} = \mathsf{A}^\mathsf{T}$ and $\mathsf{B}^{-1} = \mathsf{B}^\mathsf{T}$? But $(\mathsf{AB})^{-1} = \mathsf{B}^{-1}\mathsf{A}^{-1}$ and $(\mathsf{AB})^\mathsf{T} = \mathsf{B}^\mathsf{T}\mathsf{A}^\mathsf{T}$ (Problems 18–10 and 18–11), and so does $\mathsf{B}^{-1}\mathsf{A}^{-1} = \mathsf{B}^\mathsf{T}\mathsf{A}^\mathsf{T}$? The equality is valid because $\mathsf{A}^{-1} = \mathsf{A}^\mathsf{T}$ and $\mathsf{B}^{-1} = \mathsf{B}^\mathsf{T}$.

18–15. $|\mathsf{A}| = -2$, $|\mathsf{B}| = 18$, $|\mathsf{AB}| = -36$, and $|\mathsf{BA}| = -36$

18–16. Start with $\mathsf{A}^\mathsf{T}\mathsf{A} = \mathsf{I}$. Then $|\mathsf{A}^\mathsf{T}| \cdot |\mathsf{A}| = 1$. Now use $|\mathsf{A}^\mathsf{T}| = |\mathsf{A}|$ to show that $|\mathsf{A}| = \pm 1$.

18–17. Start with $\mathsf{A}^{-1}\mathsf{A} = \mathsf{I}$. Then $|\mathsf{A}^{-1}| \cdot |\mathsf{A}| = 1$, or $|\mathsf{A}^{-1}| = 1/|\mathsf{A}|$.

18–18. Show that $\mathsf{A}^\mathsf{T}\mathsf{A} = \mathsf{A}\mathsf{A}^\mathsf{T} = \mathsf{I}$

18–19. $(14)^{1/2}$

18–20. $(i)(i) + (1)(2) + (i)(i) = 0$

18–21. Show that $\mathsf{A}^{\mathsf{T}} = \mathsf{A}^*$

18–22. Start with $\mathsf{A}^\dagger\mathsf{A} = \mathsf{I}$. Then $|\mathsf{A}^\dagger||\mathsf{A}| = 1$. Now $|\mathsf{A}^\dagger| = |\mathsf{A}^*| = |\mathsf{A}|^*$, and so $|\mathsf{A}|$ is of absolute value unity.

18–23. Show that $\mathsf{A}^\dagger\mathsf{A} = \mathsf{A}\mathsf{A}^\dagger = \mathsf{I}$, or that $\mathsf{A}^\dagger = \mathsf{A}^{-1}$

18–24. rows: $(2+4i)(-4i) + (-4i)(-2-4i) = 0$; columns: $(2+4i)(4i) + (4i)(-2-4i) = 0$

18–25. Show that $\mathsf{A}^\dagger\mathsf{A} = \mathsf{A}\mathsf{A}^\dagger = \mathsf{I}$, or that $\mathsf{A}^\dagger = \mathsf{A}^{-1}$

18–27. $x_1 = 24/13, x_2 = -19/13, x_3 = -8/13$

19장

19–1. $\lambda = 2, 0;\ \mathbf{v}_1 = (1,1), \mathbf{v}_2 = (1,-1)$

19–2. $\lambda = 3,\ -1;\ \mathbf{v}_1 = (1,-1), \mathbf{v}_2 = (1,1)$

19–3. $\lambda = (1+\sqrt{5})/2, 1, (1-\sqrt{5})/2;\ \mathbf{v}_1 = ((1+\sqrt{5})/2, 0, 1), \mathbf{v}_2 = (0,1,0), \mathbf{v}_3 = ((1-\sqrt{5})/2, 0, 1)$

19–4. $\lambda = 2,\ 1,\ 0;\ \mathbf{v}_1 = (1,0,-1), \mathbf{v}_2 = (0,1,0), \mathbf{v}_3 = (1,0,1)$

19–11. $x_1(t) = c_1e^{-t} + c_2e^{-3t};\ x_2(t) = -2c_2e^{-3t}$

19–12. $x_1(t) = c_1e^{-t} + c_2e^{3t};\ x_2(t) = -2c_1e^{-t} + 2c_2e^{3t}$

19–13. $x_1(t) = 25e^t/6 - 7e^{7t}/6;\ x_2(t) = -5e^t/6 - 7e^{7t}/6$

19–14. $x_1(t) = e^{-2t}/3 + 2e^t/3;\ x_2(t) = 2e^{-2t}/3 + e^t/3;\ x_3(t) = e^{-2t}/3 - e^t/3$

19–15. If $x_1(0) = x_2(0)$, then Equations 19.30 give $b_2 = 0$ and $b_1 = [x_1(0) + x_2(0)]/2$. If $x_1(0) = -x_2(0)$, then Equations 19.30 give $b_1 = 0$ and $b_2 = [x(0) - x_2(0)]/2$.

19–16. Substitute $x_1 = (y_1+y_2)/\sqrt{2}$ and $x_2 = (y_1-y_2)/\sqrt{2}$ into Equation 19.22 to obtain $V(y_1, y_2) = k(y_1^2 + 3y_2^2)/2$

19–18. $\omega^2 = 2, 1$, and $1/2$

19–20. $\mathsf{S} = \dfrac{1}{\sqrt{2}}\begin{pmatrix} 1 & 0 & 1 \\ 0 & \sqrt{2} & 0 \\ -1 & 0 & 1 \end{pmatrix};\ \mathsf{S}^{-1} = \mathsf{S}^{\mathsf{T}} = \dfrac{1}{\sqrt{2}}\begin{pmatrix} 1 & 0 & -1 \\ 0 & \sqrt{2} & 0 \\ 1 & 0 & 1 \end{pmatrix}$

19–22. $\mathsf{D} = \begin{pmatrix} 2 & 0 \\ 0 & 0 \end{pmatrix}$

19–23. $\mathsf{D} = \begin{pmatrix} -1 & 0 \\ 0 & 3 \end{pmatrix}$

19–24. $\mathsf{D} = \begin{pmatrix} 2 & 0 & 0 \\ 0 & 1 & 0 \\ 0 & 0 & 0 \end{pmatrix}$

19–25. $\mathrm{Tr}\,\mathsf{AB} = \displaystyle\sum_{i=1}^{n}\sum_{j=1}^{n} a_{ij}b_{ji} = \sum_{j=1}^{n}\sum_{i=1}^{n} b_{ji}a_{ij} = \sum_{j=1}^{n}\sum_{i=1}^{n} a_{ij}b_{ji}$

$\mathrm{Tr}\,\mathsf{S}^{-1}\mathsf{AS} = \mathrm{Tr}\,\mathsf{S}\,\mathsf{S}^{-1}\mathsf{A} = \mathrm{Tr}\,\mathsf{A}$

19–26. $\lambda = a+2, a+1, a+1, a-1, a-1, a-2$

20장

20–8. $\begin{vmatrix} 0 & 1 & 0 & 0 \\ 1 & 1 & 0 & 0 \\ 0 & 1 & 1 & 0 \\ 0 & 0 & 0 & 1 \end{vmatrix} = -1 \neq 0$. The only solution to $c_1\mathbf{v}_1 + c_2\mathbf{v}_2 + c_3\mathbf{v}_3 + c_4\mathbf{v}_4 = \mathbf{0}$ is a trivial solution, so the vectors are linearly independent.

20–9. $\begin{vmatrix} 1 & 1 & 1 \\ 1 & -1 & 1 \\ -1 & 1 & -1 \end{vmatrix} = 0$ so there is a nontrivial solution to $c_1\mathbf{v}_1 + c_2\mathbf{v}_2 + c_3\mathbf{v}_3 = \mathbf{0}$. The vectors are not linearly independent. ($\mathbf{v}_2 = -\mathbf{v}_3$)

20–10. There is no solution to $\begin{pmatrix} 1 \\ 0 \\ 2 \end{pmatrix} = c_1 \begin{pmatrix} 1 \\ 1 \\ 1 \end{pmatrix} + c_2 \begin{pmatrix} 1 \\ -1 \\ -1 \end{pmatrix} + c_3 \begin{pmatrix} 3 \\ 1 \\ 1 \end{pmatrix}$. Therefore, (1, 0, 2) is not in the set.

20–11. $\begin{vmatrix} 1 & 1 & 1 & 1 \\ 1 & -1 & 1 & -1 \\ 1 & 2 & 3 & 4 \\ 1 & 0 & 2 & 0 \end{vmatrix} = 4 \neq 0$ and so the vectors are linearly independent

20–12. $(-2, -1, 4)$

20–14. $|\mathbf{u} \cdot \mathbf{v}| = 1 < 6$

20–15. $\langle f_1, f_2 \rangle = 5/6 < 7^{1/3}/3$

20–18. $\mathbf{u}_1 = (1, -1, 0)/\sqrt{2}, \mathbf{u}_2 = (1, 1, 0)/\sqrt{2}, \mathbf{u}_3 = (0, 0, 1)$

20–20. $i\,\mathbf{v}_1 = \mathbf{v}_3$

20–21. $\begin{vmatrix} 1 & 0 & 0 \\ 1 & i & 1 \\ -i & i & -1 \end{vmatrix} = -2i \neq 0$. The vectors are linearly independent.

20–22. (a) $(1+i)(2+i) = 1 + 3i$; (b) $2i(2+i) = -2 + 4i$

20–23. $\begin{vmatrix} 1 & 0 & 0 & 1 \\ 0 & 1 & -i & 0 \\ 0 & 1 & i & 0 \\ i & 0 & 0 & -1 \end{vmatrix} = 2 - 2i \neq 0$. They are linearly independent.

20–24. (a) $\langle \mathbf{u} | \mathbf{v} \rangle = -i - 2, \langle \mathbf{v} | \mathbf{u} \rangle = i - 2$; (b) $\langle \mathbf{u} | \mathbf{v} \rangle = 2i, \langle \mathbf{v} | \mathbf{u} \rangle = -2i$

20–25. $\langle \mathbf{u} | i\,\mathbf{v} \rangle = i - 2i = -i = i\langle \mathbf{u} | \mathbf{v} \rangle$; $\langle i\,\mathbf{u} | \mathbf{v} \rangle = -i + 2i = i = i^*\langle \mathbf{u} | \mathbf{v} \rangle$

21장

21–1. Each toss is an independent event. Or, the probability of 10 heads followed by a head is the very same as the probability of 10 heads followed by a tail.

21–2. The probability that no two people have the same birthday is given by Prob $= \dfrac{365}{365} \cdot \dfrac{364}{365} \cdots \dfrac{365-n+1}{365} = \dfrac{365!}{(365)^n(365-n)!}$, and the probability that two or more people have the same birthday is 1 − Prob. For $n = 50$, the probability is 0.9704. The smallest value of n for which the probability is greater than 1/2 is $n = 23$.

21–5. $\langle m \rangle = np$ and $\sigma_m^2 = np(1-p)$

21–6. Use the binomial distribution: $p_1 = 14!/13!1!/(1/2)^{14} = 8.54 \times 10^{-4}$

21–7. The number on each line is the sum of the two numbers above it; $x^5 + 5x^4y + 10x^3y^2 + 10x^2y^3 + 5xy^4 + y^5$

21–8. $9!/3!6! = 84$

21–9. $\langle m \rangle = a$ and $\sigma_m^2 = a$

21–10. Use the Poisson distribution with $a = 4.3$: $p_0 = e^{-4.3} = 0.0136$;
Prob $(m > 5) = 1 - p_0 - p_1 - p_2 - p_3 - p_4 - p_5 = 0.263$

21–11. Use the Poisson distribution with $a = 6.7$: $p_6 + p_7 = 0.303$

21–12. 1.12×10^{-5}

21–14. $c = \lambda$, $\langle x \rangle = 1/\lambda$, $\sigma_x^2 = 1/\lambda^2$, Prob $\{X > a\} = e^{-\lambda a}$

21–15. $I_1(\alpha) = \pi^{1/2}/2\alpha^{3/2}$, $I_2(\alpha) = 3\pi^{1/2}/4\alpha^{5/2}$

21–16. $3\sigma^4$

21–18. $\sigma_x = a\left(\frac{1}{12} - \frac{1}{2n^2\pi^2}\right)^{1/2} < a$ for $n = 1, 2, \ldots$

21–19. 1/2

21–20. $\langle v \rangle = (8k_BT/\pi m)^{1/2}$

21–21. $\left\langle \frac{1}{2}mv^2 \right\rangle = \frac{m}{2}\langle v^2 \rangle = \frac{3}{2}k_BT$

21–22. $\langle v_x \rangle = 0$ and $\langle v_x^2 \rangle = k_BT/m$

21–23. Prob $\{-v_{x0} \le V_x \le v_{0x}\} = \text{erf}\,(w_0)$
Prob $\{-(2k_BT/m)^{1/2} \le V_x \le (2k_BT/m)^{1/2}\} = \text{erf}\,(1) = 0.8427$

21–24. Prob $\{V_x \ge +(k_BT/m)^{1/2}\} = 1 - \text{erf}\,(1/\sqrt{2}) = 0.3173$ and Prob $\{V_x \ge +(2k_BT/m)^{1/2}\} = 1 - \text{erf}\,(1) = 0.1573$

21–26. $\langle \varepsilon \rangle = 3k_BT/2$

22장

22–3. See the first of Equations 22.3

22–4. $s_y^2 \ge s_{xy}^2/s_x^2$ because $S \ge 0$

22–5. $S = 0$ if the sample pairs lie on a straight line. Therefore, $s_{xy}^2 = s_x^2 s_y^2$ (see previous problem), or $s_{xy} = \pm s_x s_y$, or $r = \pm 1$ (see Equation 22.11).

22–6. If X and Y are independent, then $\sigma_{XY} = E[X - \langle x \rangle]E[Y - \langle y \rangle] = 0 \cdot 0$

22–7. $y = 0.09074 + 2.0288x$

22–8. $0.09074 - (1.960)(0.2279) < \alpha < 0.09074 + (1.960)(0.2279)$
$2.0288 - (1.960)(0.09719) < \beta < 2.0288 + (1.960)(0.09719)$

22–9. $r = 0.9832$

22–10. $\eta_{sp}/c = 8.885 + 14.964c$

22–11. $8.885 - (2.576)(0.1452) < \alpha < 8.885 + (2.576)(0.1452)$
$14.964 - (2.576)(0.2454) < \beta < 14.964 + (2.576)(0.2454)$

22–12. For the data in Problem 22–7, $0.9351 < \rho < 0.9957$. For the data in Problem 22–10, $0.9926 < \rho < 0.9998$.

22–13. $\phi_s = -1.3208 + 3.2513v$

22–14. $-1.3208 - (1.645)(0.8255) < \alpha < -1.3208 + (1.6450(0.8255)$
$3.2513 - (1.645)(1.5517) < \beta < 3.2513 + (1.645)(1.5517)$

22–15. $0.0396 < \rho < 0.9071$

22–16. $\ln P = 20.61 - \frac{5201.9}{T}$

22–17. $20.612 - (2.810)(0.04345) < \alpha < 20.612 + (2.810)(0.04345)$
$-5201.9 - (2.810)(13.848) < \beta < -5201.9 + (2.810)(13.848)$

22–19. $V = (709.9 \pm 6.8)\ \text{cm}^3$

22–20. $P = (0.0801 \pm 0.0051)$ bar

23장

23–1. 0.8596

23–2. 1.4142

23–3. 4.965

23–4. 0.6148

23–5. 0.077796

23–6. 0.07498

23–9. For the trapezoidal approximation, $n > 40$; for Simpson's approximation, $m \approx 6$

23–10. For the trapezoidal approximation, $n > 130$; for Simpson's approximation, $m > 10$

23–11. $n > 14$ and $I = 0.88623$

23–13. > 76, 1.341

23–14. > 70, 1.2021

23–15. $\approx 4\,000\,000$, 2.611

23–16. > 16, 54.5981

23–17. > 9. 0.135

23–18. $x_1 = 13/12, x_2 = 7/12, x_3 = -7/12$

23–19. $x = 11, y = -4, z = 3$

23–20. There is no solution. Note that the determinant of the coefficients is equal to zero.

23–21. There is no solution. Note that the determinant of the coefficients is equal to zero.

23–22. There is no solution. Note that the determinant of the coefficients is equal to zero.

23–23. $x = 17/13, y = -2/3, z = 4/3$

INDEX

찾아보기

영문

국문

ㅈ

ㅊ

ㅋ

대표역자 : 강영기

강영기 : 충북대학교 교수	백경구 : 강릉대학교 교수
김윤수 : 고려대학교 교수	이기환 : 공주대학교 교수
김철주 : 전북대학교 교수	장낙한 : 공주대학교 교수
류 설 : 조선대학교 교수	최종하 : 안동대학교 교수

-가나다순-

화 학 수 학

|저 자 Donald A. McQuarrie
|역 자 강영기 · 김윤수 · 김철주 · 류 설
백경구 · 이기환 · 장낙한 · 최종하
|펴 낸 이 주 정 희
|펴 낸 곳 자유아카데미
|주 소 경기도 파주시 교하읍 문발리 527-2
파주출판문화정보산업단지
|전 화 031-955-1321
|팩 스 031-955-1322
|전자우편 main@freeaca.com(대표)
editor@freeaca.com(편집)
|홈페이지 www.freeaca.com
|등 록 제406-2003-017호, 1980. 7. 12
|제1판1쇄 2010년 2월 28일 발행
|정 가 25,000원

역자와의 협의하에 인지생략

Printed in Korea
ISBN 978-89-7338-814-1 93430

Some Vector Relations

$$\mathbf{u} \cdot \mathbf{v} = uv \cos\theta \qquad \mathbf{u} \times \mathbf{v} = uv\,\mathbf{c}\,\sin\theta$$

$$\mathbf{u} \times \mathbf{v} = \begin{vmatrix} \mathbf{i} & \mathbf{j} & \mathbf{k} \\ u_x & u_y & u_z \\ v_x & v_y & v_z \end{vmatrix}$$

$$= \mathbf{i}\,(u_y v_z - v_y u_z) + \mathbf{j}\,(u_z v_x - v_z u_x + \mathbf{k}\,(u_x v_y - v_x u_y)$$

$$\mathbf{u} \cdot (\mathbf{v} \times \mathbf{w}) = \begin{vmatrix} u_x & u_y & u_z \\ v_x & v_y & v_z \\ w_x & w_y & w_z \end{vmatrix}$$

$$\mathbf{u} \times (\mathbf{v} \times \mathbf{w}) = \mathbf{v}\,(\mathbf{u} \cdot \mathbf{w}) - \mathbf{w}\,(\mathbf{u} \cdot \mathbf{v})$$

$$\text{grad } f = \nabla f = \frac{\partial f}{\partial x}\mathbf{i} + \frac{\partial f}{\partial y}\mathbf{j} + \frac{\partial f}{\partial z}\mathbf{k}$$

$$\text{div } \mathbf{v} = \nabla \cdot \mathbf{v} = \frac{\partial v_x}{\partial x} + \frac{\partial v_y}{\partial y} + \frac{\partial v_z}{\partial z}$$

$$\text{div grad } f = \nabla^2 f$$

Fourier Series

$$f(x) = \frac{a_0}{2} + \sum_{n=1}^{\infty} a_n \cos\frac{n\pi x}{l} + \sum_{n=1}^{\infty} b_n \sin\frac{n\pi x}{l}$$

$$a_n = \frac{1}{2l}\int_{-l}^{l} f(x)\cos\frac{n\pi x}{l}dx \qquad \text{and} \qquad b_n = \frac{1}{2l}\int_{-l}^{l} f(x)\sin\frac{n\pi x}{l}dx$$

Fourier Transforms

$$f(t) = e^{-a|t|} \qquad \hat{F}(\omega) = \left(\frac{2}{\pi}\right)^{1/2} \frac{a}{\omega^2 + a^2}$$

$$f(t) = e^{-a^2 t^2} \qquad \hat{F}(\omega) = \frac{1}{(2a^2)^{1/2}} e^{-\omega^2/4a^2}$$

$$f(t) = e^{-at}\cos\omega_0 t \quad (t > 0) \qquad \hat{F}(\omega) = \left(\frac{2}{\pi}\right)^{1/2} \frac{a}{a^2 + (\omega - \omega_0)^2} + \left(\frac{2}{\pi}\right)^{1/2} \frac{a}{a^2 + (\omega + \omega_0)^2}$$

Linear First-Order Differential Equations

$$y'(x) + p(x)y(x) = q(x)$$

$$y(x) = e^{-\int p(x)\,dx}\left[\int q(x)e^{\int p(x)\,dx}dx + c\right]$$

Probability Densities

binomial: $p_m = \dfrac{n!}{m!(n-m)!} p^m (1-p)^{n-m}$

Poisson: $p_m = \dfrac{\lambda^m}{m!} e^{-\lambda t}$

Gaussian: $p(x)\,dx = \dfrac{1}{\sqrt{2\pi\sigma^2}} e^{-(x-\langle x \rangle)^2/2\sigma^2} dx$

Matrices

$\mathsf{A} = \mathsf{A}^{\mathsf{T}}$ symmetric matrix

$\mathsf{A}^{\mathsf{T}} = \mathsf{A}^{-1}$ orthogonal matrix

$\mathsf{A} = (\mathsf{A}^*)^{\mathsf{T}} = \mathsf{A}^{\dagger}$ Hermitian matrix

$\mathsf{A}^{-1} = (\mathsf{A}^*)^{\mathsf{T}} = \mathsf{A}^{\dagger}$ unitary matrix

$\mathsf{A}^{-1} = \dfrac{1}{|\mathsf{A}|} \mathsf{A}^{\mathsf{T}}_{\mathrm{cof}}$ inverse matrix

Coordinate Systems

Cartesian Coordinates (x, y, z)

$$\boldsymbol{\nabla} f = \mathrm{grad}\, f = \frac{\partial f}{\partial x}\mathbf{i} + \frac{\partial f}{\partial y}\mathbf{j} + \frac{\partial f}{\partial z}\mathbf{k}$$

$$\boldsymbol{\nabla} \cdot \mathbf{u} = \mathrm{div}\,\mathbf{u} = \frac{\partial u_x}{\partial x} + \frac{\partial u_y}{\partial y} + \frac{\partial u_z}{\partial z}$$

$$\nabla^2 f = \frac{\partial^2 f}{\partial x^2} = \frac{\partial^2 f}{\partial y^2} + \frac{\partial^2 f}{\partial z^2}$$

Plane Polar Coordinates (r, θ)

$$x = r\cos\theta \qquad y = r\sin\theta$$

$$0 \le r < \infty \qquad 0 \le \theta \le 2\pi$$

$$dA = r\,dr\,d\theta$$

$$\nabla^2 f = \frac{\partial^2 f}{\partial r^2} + \frac{1}{r}\frac{\partial f}{\partial r} + \frac{1}{r^2}\frac{\partial^2 f}{\partial \theta^2}$$

Spherical Coordinates (r, θ, ϕ)

$$x = r\sin\theta\cos\phi \qquad y = r\sin\theta\sin\phi \qquad z = r\cos\theta$$

$$0 \le r < \infty \qquad 0 \le \theta \le \pi \qquad 0 \le \phi \le 2\pi$$

$$dA = r^2 \sin\theta\, d\theta\, d\phi$$

$$dV = r^2 \sin\theta\, dr\, d\theta\, d\phi$$

$$\nabla^2 f = \frac{1}{r^2}\frac{\partial}{\partial r}\left(r^2 \frac{\partial f}{\partial r}\right) + \frac{1}{r^2 \sin\theta}\frac{\partial}{\partial \theta}\left(\sin\theta \frac{\partial f}{\partial \theta}\right) + \frac{1}{r^2 \sin^2\theta}\frac{\partial^2 f}{\partial \phi^2}$$